조경에 많이 쓰이는 식물

출처 : 일진사 발행 「한국의 야생식물」 참조

가문비나무
- 상록침엽교목
- 꽃 : 5~6월
- 열매 : 9~10월

개나리
- 낙엽활엽관목
- 꽃 : 3월 중순~4월
- 열매 : 9월

고로쇠나무
- 낙엽활엽교목
- 꽃 : 4~5월
- 열매 : 10월

구기자나무
- 낙엽활엽관목
- 꽃 : 6~9월
- 열매 : 8~10월

단풍나무
- 낙엽활엽교목
- 꽃 : 4~5월
- 열매 : 9~10월

담쟁이덩굴
- 낙엽활엽만목
- 꽃 : 6~7월
- 열매 : 8~10월

마가목
- 낙엽활엽소교목
- 꽃 : 5~6월
- 열매 : 9~10월

매화나무
- 낙엽활엽교목
- 꽃 : 4월
- 열매 : 6~7월

맥문동
- 다년초 관엽식물
- 꽃 : 5~6월
- 열매 : 6월

메타세쿼이아
- 낙엽침엽교목
- 꽃 : 2~3월
- 열매 : 다음해 8~9월

모란
- 낙엽활엽관목
- 꽃 : 5월
- 열매 : 7~9월

목련
- 낙엽활엽교목
- 꽃 : 3~4월
- 열매 : 9~10월

미선나무
- 낙엽활엽관목
- 꽃 : 3~4월
- 열매 : 9월

박태기나무
- 낙엽활엽관목
- 꽃 : 4월
- 열매 : 8~9월

백합나무
- 낙엽활엽교목
- 꽃 : 5~6월
- 열매 : 10~11월

벽오동
- 낙엽활엽교목
- 꽃 : 6~7월
- 열매 : 10월

보리수나무
- 낙엽활엽관목
- 꽃 : 5~6월
- 열매 : 10~11월

복자기
- 낙엽활엽교목
- 꽃 : 5월
- 열매 : 9~10월

붉나무
- 낙엽활엽소교목
- 꽃 : 7~8월
- 열매 : 10월

사철나무
- 상록활엽관목
- 꽃 : 6~7월
- 열매 : 10월

산딸나무
- 낙엽활엽교목
- 꽃 : 6~7월
- 열매 : 10월

산수유
- 낙엽활엽소교목
- 꽃 : 3~4월
- 열매 : 8~10월

생강나무
- 낙엽활엽관목
- 꽃 : 3월
- 열매 : 9~10월

소나무
- 상록침엽교목
- 꽃 : 5월
- 열매 : 9월

수양버들
- 낙엽활엽교목
- 꽃 : 4월
- 열매 : 8월

오동나무
- 낙엽활엽교목
- 꽃 : 5~6월
- 열매 : 10월

오리나무
- 낙엽활엽교목
- 꽃 : 3월
- 열매 : 10월

위성류
- 낙엽활엽소교목
- 꽃 : 5~7월
- 열매 : 10월

은행나무
- 낙엽침엽교목
- 꽃 : 5월
- 열매 : 10월

자귀나무
- 낙엽활엽소교목
- 꽃 : 6~7월
- 열매 : 9~10월

자작나무
- 낙엽활엽교목
- 꽃 : 4~5월
- 열매 : 9월

잣나무
- 상록침엽교목
- 꽃 : 5월
- 열매 : 9월

조릿대
- 상록관엽식물
- 꽃 : 4월(5년 1회)
- 열매 : 5~6월

조팝나무
- 낙엽활엽관목
- 꽃 : 4~5월   · 열매 : 9월

주목
- 상록침엽교목
- 꽃 : 4월   · 열매 : 8~9월

쥐똥나무
- 낙엽활엽관목
- 꽃 : 5~6월   · 열매 : 10월

진달래
- 낙엽활엽관목
- 꽃 : 4월   · 열매 : 10월

철쭉
- 낙엽활엽관목
- 꽃 : 5월   · 열매 : 10월

층층나무
- 낙엽활엽교목
- 꽃 : 5~6월   · 열매 : 9~10월

팔손이
- 상록활엽관목
- 꽃 : 10~11월   · 열매 : 4~5월

해당화
- 낙엽활엽관목
- 꽃 : 5~7월   · 열매 : 7~9월

화살나무
- 낙엽활엽관목
- 꽃 : 5~6월   · 열매 : 10월

회화나무
- 낙엽활엽교목
- 꽃 : 7~8월   · 열매 : 9~10월

회양목
- 상록활엽관목
- 꽃 : 3~4월   · 열매 : 6~7월

흰말채나무
- 낙엽활엽관목(다간성)
- 꽃 : 5~6월   · 열매 : 8~9월

조경 필기 기능사

조경자격시험연구회

일진사

책머리에 ...

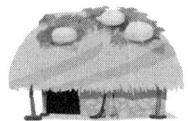

오늘날 우리는 급속도로 발전해가는 산업사회 속에서 살아가고 있다. 첨단 산업사회는 우리에게 물질적인 풍요로움과 편리함을 주었지만, 한편으로는 인간성 상실과 자연생태계 파괴로 인한 여러 가지 환경적인 부작용이 발생하고 있다. 우리 삶의 근원이라고 할 수 있는 자연환경을 최대한 복원하고, 아름답고 쾌적한 환경 친화적인 도시를 만들자는 목소리가 높아지고 있다.

우리도 선진국이 되어감에 따라 좋은 환경 속에서 생활하고 여유로운 삶을 만들기 위해 조경의 중요성을 인식하게 되었고, 이에 자연스럽게 조경과 관련한 산업들이 발전하면서 조경설계와 시공, 관리 업무를 전문적으로 할 수 있는 인력이 필요하게 되었다. 한국산업인력공단에서는 조경전문인력 양성을 위해 조경기능사 자격시험을 시행하고 있다.

이 책은 크게 4장으로 구성하였다. 제1장에서는 조경의 개념과 조경 양식을 비롯하여 조경 계획과 설계 일반 등 조경 일반에 대한 내용을 담았다. 제2장에서는 식물 재료, 목질 재료, 석질 및 점토질 재료, 시멘트와 콘크리트 재료, 금속 재료, 기타 재료 등 조경 재료에 대한 것을 수록하였다. 제3장에서는 조경 시공의 기초에서부터 식재 공사, 조경 시설물 시공, 시방 및 적산, 조경 식물 관리, 조경 시설물 관리에 대한 내용을 실었다. 제4장에는 최근까지 시행된 과년도 출제 문제를 상세한 해설과 함께 수록하였다.

오늘날 조경이란 인간 생활 주변의 공간과 조화를 이루어 새로운 옥외공간을 창조하고 사용하는 데 목적을 둔 종합과학예술이라고 정의하고 있다. 조경기능사는 넓은 정원, 공원 등 옥외공간을 설계하고 관리·봉사하는 전문직업분야로서 실용적이고 기능적인 생활환경을 만드는 종합과학 예술분야의 중요한 전문직업인이라 할 수 있다.

앞으로 생활수준이 향상되고 생활환경과 여가생활이 점점 중요한 자리를 차지하게 됨에 따라 전문조경인력의 수요가 급격히 증가할 것으로 사료된다. 아무쪼록 조경기능사 시험을 준비하는 독자여러분의 합격을 기원하며, 잦은 출제기준 변경에 따른 개정사항은 꾸준히 보완하고 다듬어서 시험을 준비하는 수험자들에게 알찬 정보를 제공하는 책이 되도록 노력할 것이다.

저자 씀

◉ 조경기능사 출제기준 ◉

주요 항목	세부 항목	세세 항목
조경계획 및 설계	1. 조경일반	(1) 조경의 목적 및 필요성　(2) 조경과 환경 요소 (3) 조경의 범위 및 조경의 분류
	2. 조경양식 일반	(1) 조경양식과 발생요인　(2) 서양조경 (3) 중국조경　(4) 일본조경 (5) 한국조경
	3. 조경계획과 설계일반	(1) 조경계획 및 설계의 기초　(2) 기초조사 및 분석 (3) 기본계획 및 설계　(4) 실시설계 (5) 조경미 (6) 주택정원, 공동주택조경, 공원-계획 및 설계 (7) 공장조경, 골프장조경, 학교조경, 사적지조경 계획 및 설계 (8) 생태복원, 옥상조경, 실내조경 계획 및 설계
조경재료	1. 식물재료	(1) 조경식물의 종류 (2) 조경식물의 분류 (3) 조경수목, 지피식물, 초화류의 특성
	2. 목질재료	(1) 목재 및 목재부산물
	3. 석질 및 점토질 재료	(1) 석재, 점토질재, 벽돌 및 타일 재료의 특징
	4. 시멘트와 콘크리트 재료	(1) 시멘트, 모르타르, 콘크리트, 미장재료
	5. 금속재료	(1) 철·비철금속
	6. 기타 재료	(1) 플라스틱, 도장재 (2) 섬유질, 유리 및 기타 조경재료
조경시공 및 관리	1. 조경시공의 기초	(1) 조경시공의 특성　(2) 조경 시공계획 (3) 조경 시공관리　(4) 공사의 일반적 순서
	2. 식재공사	(1) 분뜨기　(2) 옮겨심기(이식) (3) 조경수의 운반　(4) 조경수의 가식 (5) 조경수의 식재방법　(6) 잔디 및 초화류 식재
	3. 조경시설물 시공	(1) 토공시공　(2) 급·배수 (3) 콘크리트공사　(4) 수경공사 (5) 돌쌓기와 놓기　(6) 포장공사 (7) 놀이 및 운동시설물 공사 (8) 휴게 및 편익시설물 공사 (9) 관리시설 및 조명시설물 공사 (10) 기타 장치물 및 그 밖의 시설물 공사
	4. 시방 및 적산	(1) 조경 시방　(2) 조경 적산　(3) 조경 표준품셈
	5. 조경식물 관리	(1) 조경수목의 정지 및 전정관리 (2) 조경수목의 단근작업 (3) 조경수목의 한해 및 월동방지 (4) 조경용 산울타리 손질 (5) 조경수목의 시비 (6) 조경수목의 병해충 방제 (7) 잔디 및 화단관리
	6. 조경시설물의 관리	(1) 조경 관리계획의 작성　(2) 조경 시설물의 유지관리 (3) 기타 조경관리

차 례

제1장 ... 조경 계획 및 설계

section 1. 조경의 개념 ·· 8
   1-1 조경의 개념 ··· 8
   1-2 조경의 대상 ··· 9
   ● 핵심 문제 ·· 11

section 2. 조경 양식 ·· 16
   2-1 조경 양식과 발생 요인 ·· 16
   2-2 서양의 조경 양식 ·· 17
   2-3 동양의 조경 양식 ·· 33
   ● 핵심 문제 ·· 50

section 3. 조경 계획 및 설계 ··· 53
   3-1 조경 계획과 설계 ·· 53
   3-2 조경 설계 방법 ·· 62
   3-3 조경 설계 사례 ·· 66
   ● 핵심 문제 ·· 73

제2장 ... 조경 재료

section 1. 재료의 분류 및 특징 ··· 78
   1-1 조경 재료의 분류 ·· 78
   1-2 조경 재료의 특성 ·· 78

section 2. 식물 재료 ·· 79
   2-1 조경 수목 ··· 79
   2-2 지피 식물 ··· 89
   2-3 초화류 ·· 90
   ● 핵심 문제 ·· 93

section 3. 인공 재료 ·· 101
   3-1 인공 재료의 성질 ·· 101
   3-2 생태 복원 재료 ·· 101
   3-3 목재 ·· 102
   3-4 석질 재료 ··· 105

3-5 물 재료 ·· 107
3-6 시멘트 및 콘크리트 재료 ························ 107
3-7 금속 재료 ·· 109
3-8 점토 재료 ·· 110
3-9 플라스틱 재료 ······································· 112
3-10 유리 재료 ·· 113
3-11 도장 재료 ·· 113
3-12 섬유질 재료 ··· 114
● 핵심 문제 ··· 115

제3장 ••• 조경 시공 및 관리

section 1. 조경 시공 ·· 118
1-1 조경 시공 계획 ····································· 118
1-2 기반 조성 공사 ····································· 119
1-3 조경 시설물 시공 ································· 120
1-4 식재 공사 ··· 129
● 핵심 문제 ··· 135

section 2. 조경 관리 ·· 142
2-1 조경 수목 관리 ····································· 142
2-2 조경 수목의 병충해 및 방제 ·················· 147
2-3 지피 식물 ··· 148
2-4 조경 시설물 관리 ································· 150
● 핵심 문제 ··· 151

제4장 ••• 과년도 출제 문제

● 2004년도 시행 문제 ································· 156
● 2005년도 시행 문제 ································· 185
● 2006년도 시행 문제 ································· 214
● 2007년도 시행 문제 ································· 245
● 2008년도 시행 문제 ································· 275
● 2009년도 시행 문제 ································· 306
● 2010년도 시행 문제 ································· 348
● 2011년도 시행 문제 ································· 389
● 2012년도 시행 문제 ································· 432
● 2013년도 시행 문제 ································· 472

제1장

조경 계획 및 설계

SECTION 1 조경의 개념

1-1 조경의 개념

(1) 조경의 정의

① 일반적 정의 : 경관을 조성하는 전문 분야로서 정원을 포함한 외부 공간을 조성하기 위한 계획 및 설계이다.

② 국토해양부 조경 기준
  (가) 조경 : 예술적, 기능적, 생태적으로 환경을 조성하고 보전하는 것이다.
  (나) 조경 시설 : 조경과 관련된 시설물로 벤치, 퍼걸러, 정원석 등의 설치 시설과 생태하천, 연못, 생물의 서식처, 야생 동물 이동 통로 등의 생태 시설

③ 조경 용어
  (가) 한국(韓國) : 조경(造景)
  (나) 중국(中國) : 원림(園林)
  (다) 일본(日本) : 조원(造園)

④ 프레더릭 로 옴스테드 (F. L. Olmsted)
  (가) '조경은 자연과 인간에게 봉사하는 분야이다.' 라고 정의하였다.
  (나) 'Landscape architect'라는 용어를 최초로 사용하고 조경의 학문적 영역을 정립하였다.
  (다) 미국 뉴욕의 센트럴 파크 공원을 설계하였다.

⑤ 미국조경가협회 (ASLA, American society of landscape architects)
  (가) 1909년 : 조경은 '인간의 이용과 즐거움을 위하여 토지를 다루는 기술'로 정의하였다.
  (나) 1975년 : '실용성과 즐거움을 줄 수 있는 환경 조성에 목적을 두고 자원의 보전과 효율적 관리를 하며 문화적 및 과학적 지식의 응용을 통하여 설계, 계획하고 토지를 관리하며 자연 및 인공 요소를 구성하는 기술'로 정의하였다.
  (다) 1990년 : 자연환경과 인공환경의 연구, 계획, 설계, 시공, 관리 등을 위하여 예술적, 과학적 원리를 적용하는 전문 분야로 정의하였다.

(2) 조경 교육

① 1900년대 미국 하버드대학 조경학과가 신설되어 조경 교육을 시작하였다.
② 1909년, 미국조경가협회를 창설하였다.
③ 1972년, 우리나라에서 처음으로 '조경'이라는 단어를 사용하였다.
④ 1973년, 서울대, 영남대에 조경학과를 신설하여 조경 교육을 시작하였다.

1-2 조경의 대상

(1) 조경의 대상

① 정원 : 주택정원(개인정원), 공공 주거단지 정원, 실내정원, 옥상정원
② 도시공원 : 근린공원, 어린이공원, 소공원, 체육공원, 묘지공원, 수변공원
③ 자연공원 : 국립공원, 도립공원, 군립공원, 천연기념물 보호 구역
④ 관광 시설 : 유원지, 야영장, 골프장, 경마장, 스키장, 낚시터, 삼림욕장, 관광농원
⑤ 문화재 : 전통민가, 궁궐, 사찰, 성터, 고분, 왕릉, 목조와 석조 건축물
⑥ 기타 시설 : 고속도로, 자전거 도로, 공업 단지, 보행자 전용도로

(2) 조경 산업 분야

① 조경 설계 산업 분야
  ㈎ 조경 개발 산업의 타당성 검토 및 조사
  ㈏ 조경 설계 기본 계획
  ㈐ 조경 식재, 시설물 계획 및 설계
② 조경 시공 산업 분야
  ㈎ 조경 식재, 시설물 시공
  ㈏ 벽면 녹화 및 생태 복원 시공
③ 조경 관리 산업 분야
  ㈎ 조경 수목의 관리 : 일반 조경 수목, 천연기념물, 보호수
  ㈏ 자연공원, 휴양림 등 자연 자원 시설과 사용자 관리

(3) 조경의 단계

① 조경 계획 : 목적과 용도에 따른 예비 조사 실시

② 조경 설계 : 예비 조사 자료를 기준으로 기능적, 미적 요소를 고려한 공간 설계
③ 조경 시공 : 수목의 식재, 시설물 배치 등
④ 조경 관리 : 식생의 이용 및 시설물의 효율적인 유지, 보수, 관리

(4) 조경 전문가

① 조경가의 역할
　㈎ 조경 계획 및 평가
　　㉮ 환경 및 생태학, 자연 과학의 기초를 인지한다.
　　㉯ 토지의 평가와 용도상의 적합도를 기본으로 토지 이용 계획과 개발을 한다.
　㈏ 단지 계획 : 대지 분석·이용자를 분석하여 환경에 맞는 자연 요소와 인공 요소의 기능을 대지의 특성에 맞게 배치한다.
　㈐ 조경 설계
　　㉮ 조경 재료, 조경 수목 등을 선정한다.
　　㉯ 식재, 포장, 계단, 분수 등을 시공하기 위한 세부적인 설계를 한다.

② 조경가
　㈎ 조경 계획가 : 조경 설계·시공을 위한 기본 계획 수립 및 대규모 프로젝트를 기획한다.
　㈏ 조경 설계 기술자 : 도면 제도, 시방서 작성 등 기술적 지식과 예술적 감각으로 조경을 설계한다.
　㈐ 조경 시공 기술자 : 공학적 지식을 바탕으로 시공 직무를 수행하는 전문가이다.

핵심문제

1. 조경가에 대한 설명으로 틀린 것은?
㉮ 정원사(landscape gardener)와 같은 개념으로 본다.
㉯ 경관 건축가(landscape arcthiect)라 말한다.
㉰ 조경은 예술성을 지닌 실용적, 기능적인 생활 환경을 만드는 건설 분야이다.
㉱ 미국의 옴스테드(Olmsted, Frederick Law)가 조경가라는 용어를 처음 사용하였다.

해설 정원사는 정원을 관리하는 사람이며, 조경가는 넓은 범위로서 정원을 포함한 옥외 공간을 창조하는 사람이다.

2. 다음 중 오픈 스페이스에 해당되지 않는 것은?
㉮ 건폐지   ㉯ 공원묘지
㉰ 광장   ㉱ 학교운동장

해설 오픈 스페이스
① 도시 계획에서 일상의 생활을 벗어나 스스로를 재창조할 수 있는 장소로서 녹지 공간이나 공터를 말한다.
② 공원묘지, 광장, 학교운동장, 도시자연공원구역, 경관녹지 등이 있다.

3. 조경의 효과라고 볼 수 없는 것은?
㉮ 인간의 안식처로서의 구실을 하게 된다.
㉯ 고층 빌딩이 많이 건립되어 도시화가 촉진된다.
㉰ 살기 좋고 위생적인 주거 환경이 된다.
㉱ 주택은 충분한 햇빛과 통풍을 얻을 수 있게 된다.

해설 조경의 효과
① 공기 정화, 대기 오염의 감소, 소음 차단, 수질 오염의 감소, 토양 침식 방지, 강수 조절 등의 효과를 준다.
② 도시 환경 오염을 감소시켜 쾌적한 도시 환경을 유지시켜 준다.

4. 좁은 의미의 조경 계획이라 볼 수 없는 것은?
㉮ 목표 설정   ㉯ 자료 분석
㉰ 기본 계획   ㉱ 기본 설계

해설 ① 조경 계획(좁은 의미) : 목표 설정, 자료 분석, 기본 계획
② 조경 설계(넓은 의미)
㉠ 기본 설계 : 최종 준비 작업을 하는 단계이다.
㉡ 실시 설계 : 실제 공사를 할 수 있도록 도면 및 시방서, 공사 내역서를 작성한다.

5. 다음 중 미국조경가협회가 내린 조경에 대한 정의 중 시대가 다른 것은?
㉮ 조경은 실용성과 즐거움을 줄 수 있는 환경의 조성에 목표를 둔다.
㉯ 조경은 자원의 보전과 효율적 관리를 도모한다.
㉰ 조경은 문화 및 과학적 지식의 응용을 통하여 설계, 계획하고 토지를 관리하며 자연 및 인공 요소를 구성하는 기술이다.
㉱ 조경은 인간의 이용과 즐거움을 위하여 토지를 다루는 기술이다.

해설 미국조경가협회(ASLA)
① 1909년 : 조경은 '인간의 이용과 즐거움을 위하여 토지를 다루는 기술'로 정의한다.
② 1975년 : '실용성과 즐거움을 줄 수 있는 환경 조성에 목적을 두고 자원의 보전과 효율적 관리를 하며 문화적 및 과학적 지식의 응용을 통하여 설계, 계획하고 토지를 관리하며 자연 및 인공 요소를 구성하는 기술'로 정의한다.

해답 1. ㉮ 2. ㉮ 3. ㉯ 4. ㉱ 5. ㉱

6. 조경 설계 분야와 거리가 먼 것은?

㉮ 조경 관련 개발 사업의 타당성 조사
㉯ 조경 식재 계획 및 설계
㉰ 조경 시설물 설계, 단지 계획 및 설계
㉱ 조경 식재 시공

해설 조경 식재 시공 : 조경 시공 분야이다.

7. 조경을 프로젝트의 대상지별로 구분할 때 문화재 주변 공간에 해당되지 않는 곳은?

㉮ 궁궐   ㉯ 사찰
㉰ 유원지 ㉱ 왕릉

해설 조경 대상지 분류
① 공원
 ㉠ 도시공원과 녹지 : 소공원, 어린이 공원, 묘지공원, 근린공원, 체육공원, 광장, 완충녹지, 경관녹지
 ㉡ 자연공원 : 국립공원, 도립공원, 군립공원, 천연기념물 보호 구역
② 위락 관광 시설 : 유원지, 휴양지, 골프장, 야영장, 경마장, 스키장, 낚시터, 산림욕장, 관광농원
③ 문화재 : 전통 민가, 궁궐, 사찰, 성터, 고분, 왕릉, 목조와 석조 건축물
④ 기타 시설 : 고속도로, 자전거 도로, 공업단지, 보행자 전용도로

8. 정원수의 아름다움의 3가지 요소(삼재미)에 해당되지 않는 것은?

㉮ 색채미   ㉯ 형자미(형태미)
㉰ 내용미   ㉱ 식재미

해설 정원의 삼재미 : 색채미, 형태미, 내용미

9. 조경이라는 용어를 처음 사용하였으며 1858년 자연과 인간에게 봉사하는 분야라고 정의한 사람은?

㉮ 옴스테드   ㉯ 르노트르
㉰ 미켈로초   ㉱ 브리지맨

해설 프레더릭 로 옴스테드(F. L. Olmsted)
① '조경은 자연과 인간에게 봉사하는 분야이다'라고 정의했다.
② 미국 뉴욕의 센트럴 파크 공원을 설계했다.
③ 조경가(landscape architect)라는 용어를 1858년 처음 사용했다.

10. 각국의 조경 용어가 잘못 연결된 것은 어느 것인가?

㉮ 북한 – 원림
㉯ 한국 – 조경
㉰ 중국 – landscape architecture
㉱ 미국 – landscape architecture

해설 중국 : 원림

11. 조경의 정의로 가장 알맞은 것은?

㉮ 정원만을 관리한다.
㉯ 자연을 보호한다.
㉰ 외부 공간을 대상으로 계획, 설계하여 아름다운 환경을 조성 및 보호하는 전문 분야이다.
㉱ 정원수만을 관리한다.

해설 조경의 정의 : 외부 공간을 대상으로 계획, 설계하여 쾌적하고 아름다운 환경을 조성하고 보호하는 전문 분야를 말한다.

12. 조경의 필요성이 대두되어 우리나라에서 근대적 의미의 조경 교육을 시작한 때는?

㉮ 1950년   ㉯ 1960년
㉰ 1973년   ㉱ 1980년

해설 1973년에 서울대, 영남대에 조경학과를 신설하여 근대적인 조경 교육을 시작하였다.

13. 우리나라에서 조경이라는 용어를 처음 사용한 년도는?

해답 6. ㉱ 7. ㉰ 8. ㉱ 9. ㉮ 10. ㉰ 11. ㉰ 12. ㉰ 13. ㉱

㉮ 1951년   ㉯ 1962년
㉰ 1945년   ㉱ 1972년

[해설] 우리나라는 1972년 처음으로 조경이라는 단어를 사용하였으며 국토훼손 및 환경파괴로 인하여 조경이 범국민적으로 대두되기 시작하였다.

14. 조경의 대상지 분류 중 자연환경적 요소가 가장 부족한 대상지는?

㉮ 명승지 및 천연기념물 보호 구역
㉯ 도시 조경
㉰ 자연공원
㉱ 도립공원

[해설] 자연공원법
① '자연공원'이란 국립공원·도립공원·군립공원(郡立公園) 및 지질공원을 말한다.
② '국립공원'이란 우리나라의 자연생태계나 자연 및 문화경관(이하 '경관'이라 한다)을 대표할 만한 지역으로서 제4조 및 제4조의 2에 따라 지정된 공원을 말한다.
③ '도립공원'이란 특별시·광역시·도 및 특별자치도(이하 '시·도'라 한다.)의 자연생태계나 경관을 대표할 만한 지역으로서 제4조 및 제4조의 3에 따라 지정된 공원을 말한다.
④ '군립공원'이란 시·군 및 자치구(이하 '군'이라 한다.)의 자연생태계나 경관을 대표할 만한 지역으로서 제4조 및 제4조의 4에 따라 지정된 공원을 말한다.
⑤ '지질공원'이란 지구과학적으로 중요하고 경관이 우수한 지역으로서 이를 보전하고 교육·관광 사업 등에 활용하기 위하여 제36조의 3에 따라 환경부장관이 인증한 공원을 말한다.
⑥ '공원구역'이란 자연공원으로 지정된 구역을 말한다.

15. 미국 조경과 협회에서 다음 보기와 같이 정의한 연도는?

> 조경은 '인간의 이용과 즐거움을 위하여 토지를 다루는 기술'로 정의한다.

㉮ 1909년   ㉯ 1945년
㉰ 1858년   ㉱ 2002년

[해설] 미국조경가협회(ASLA, American society of landscape architects) : 1909년에 조경은 '인간의 이용과 즐거움을 위하여 토지를 다루는 기술'로 정의하였다.

16. 조경의 효과 및 역할로 볼 수 없는 것은?

㉮ 부지의 선정
㉯ 경관의 유기적 구성
㉰ 환경의 보존 및 개발, 생태계의 종 다양성 및 질서와 조화
㉱ 소음의 증가

[해설] 조경은 소음 및 대기 오염을 감소시킬 수 있다.

17. 미국 조경가 협회에서 다음과 같이 정의한 연도는?

> '실용성과 즐거움을 줄 수 있는 환경 조성에 목적을 두고 자원의 보전과 효율적 관리를 하며, 문화적 및 과학적 지식의 응용을 통하여 설계, 계획하고 토지를 관리하며 자연 및 인공 요소를 구성하는 기술'로 정의한다.

㉮ 1909년   ㉯ 1960년
㉰ 1975년   ㉱ 1858년

[해설] 미국조경가협회(1975년) : 조경을 '실용성과 즐거움을 줄 수 있는 환경 조성에 목적을 두고 자원의 보전과 효율적 관리를 하며 문화적 및 과학적 지식의 응용을 통하여 설계, 계획하고 토지를 관리하며 자연 및 인공 요소를 구성하는 기술'로 정의하였다.

18. 다음 괄호 안에 들어갈 말은?

[해답] 14. ㉯   15. ㉮   16. ㉱   17. ㉰   18. ㉰

> 일본의 경우, 미국에서 사용하는 'landscape architecture' 대신 동일한 개념으로 사용해 오던 ( )이라는 용어를 사용하고 있다.

㉮ 원림 ㉯ 조경
㉰ 조원 ㉱ 정원

해설 일본 : 조원이라는 용어를 사용한다.

19. 녹지 계통의 형태가 아닌 것은?
㉮ 분산형(산재형) ㉯ 환상형
㉰ 입체 분리형 ㉱ 방사형

해설 녹지대 계통의 종류와 형식
① 분산형 : 녹지대가 여러 형태로 흩어진 형태로 녹지 효과가 발생하기 어렵다.
② 환상형 : 녹지가 (도시를 중심으로 5~10 km 폭으로) 환상형 형태로 도시를 둘러싸 도시가 확대되는 현상을 방지하는 효과가 있다.
③ 방사형 : 도시의 중심부에서 외부로 녹지대을 형성하며 도로는 환상 방사식 형태로 한다.
④ 방사환상형 : 방사형 녹지 형태와 환상형 녹지 형태를 결합한 것으로 이상적인 녹지형태이다.

20. 다음 중 조경가의 입장에서 가장 우선을 두어야 할 것은?
㉮ 편리한 교통 체계의 증설
㉯ 공공을 위한 녹지의 조성
㉰ 미개발지의 화려한 개발 촉진
㉱ 상업 위주의 도입 시설 증설

해설 조경 전문가
① 조경 설계, 시공 기술자를 말하며 자연의 아름다움을 인간이 누릴 수 있도록 해 주는 역할을 한다.
② 공공을 위한 녹지의 조성이 최우선이다.

21. '조경가'에 관한 설명으로 부적합한 것은?
㉮ 조경가와 건축가의 작업은 많은 유사성이 있다.
㉯ 정원사와 같은 개념이다.
㉰ 미국의 옴스테드가 처음으로 용어를 사용했다.
㉱ 경관을 조성하는 전문가이다.

해설 ① 정원사는 정원 관리만을 대상으로 한다.
② 조경은 종합 과학 예술로서 광범위하며, 넓은 정원, 공원 등 옥외 공간을 대상으로 한다.

22. 조경 프로젝트의 수행 단계 중 식생의 이용 및 시설물의 효율적 이용 유지, 보수 등 전체적인 것을 다루는 단계는?
㉮ 조경 관리
㉯ 조경 설계
㉰ 조경 계획
㉱ 조경 시공

해설 ① 조경 계획 : 설계하는 목적에 맞게 사전에 예비 조사(자료의 수집, 종합, 분석)를 한다.
② 조경 설계 : 예비 조사 자료를 기준으로 용도 및 목적에 맞게 공간을 기능적, 미적으로 설계한다.
③ 조경 시공 : 설계한 것을 실행하여 시설물 등을 배치하며 시공한다.
④ 조경 관리 : 식생의 이용 및 시설물의 효율적인 유지 및 보수, 관리를 한다.
⑤ 조경 프로젝트의 수행 단계 : 계획 → 설계 → 시공 → 관리

23. 다음은 조경 계획 과정을 나열한 것이다. 가장 바른 순서로 된 것은?
㉮ 기초 조사 – 식재 계획 – 동선 계획 – 터가르기
㉯ 기초 조사 – 터가르기 – 동선 계획 – 식

해답 19. ㉰ 20. ㉯ 21. ㉯ 22. ㉮ 23. ㉯

재 계획
㉰ 기초 조사 – 동선 계획 – 식재 계획 – 터가르기
㉱ 기초 조사 – 동선 계획 – 터가르기 – 식재 계획

해설 조경 계획 과정 : 기초 조사 (예비 조사) → 터가르기 → 동선 계획 → 식재 계획

24. 조경 분야의 프로젝트를 수행하는 단계별로 구분할 때, 자료의 수집 및 분석, 종합과 가장 밀접하게 관련이 있는 것은?
㉮ 계획
㉯ 설계
㉰ 내역서 산출
㉱ 시방서 작성

해설 ① 계획 : 자료를 수집하고 분석하며 종합하는 과정이다.
② 설계 : 자료를 사용하여 기능적, 미적인 3차원적 공간을 창조하는 과정이다.
③ 시공 : 공학적 지식, 생물적 지식을 다룬다는 점에서 특수한 기술이 필요하다.
④ 관리 : 식생, 시설물의 사용을 관리한다.

25. 미국조경가협회에서 '조경은 실용성과 즐거움, 자원의 보전과 효율적 관리, 문화적 지식의 응용을 통하여 설계, 계획하고 토지를 관리하며, 자연 및 인공요소를 구성하는 기술'이라고 새롭게 정의를 내린 연도는?
㉮ 1909년
㉯ 1975년
㉰ 1945년
㉱ 1853년

해답 24. ㉮ 25. ㉯

SECTION 2 조경 양식

2-1 조경 양식과 발생 요인

(1) 조경 양식의 분류

① 조경 양식은 시대, 기후, 지형, 식물, 그 나라의 국민성과 종교, 정치, 경제 등과 밀접한 관계를 가지고 있다.
② 시대적 상황, 역사적 배경 등에 따라서 조경 양식은 다양한 형태를 나타낸다.
  (가) 정형식 정원
    ㉮ 평면 기하학식 : 프랑스 정원의 대표 양식으로 중심축을 기준으로 좌우대칭인 것이 특징이다.
    ㉯ 노단식(계단식)
      ㉠ 경사진 지형에 테라스를 쌓아 계단을 만들고, 물과 같은 기타 조경 요소를 도입하여 자연 경관을 부각시켰다.
      ㉡ 이탈리아 정원이 대표적이다.
    ㉰ 중정식(회랑식, 파티오식)
      ㉠ 연못을 중앙에 배치하고 주위에 수로를 연결하였다.
      ㉡ 스페인(에스파냐)의 이슬람 정원(중세)은 물과 분수를 많이 사용하였으며 회교풍의 건축 양식이 특징이다.
      ㉢ 이슬람교(회교)의 영향으로 정원에서 물을 신성시 사용하였다.
      ㉣ 로마 별장의 영향으로 파티오(patio)식 정원 양식이 발달하였다.
  (나) 자연풍경식 정원
    ㉮ 전원풍경식 : 영국에서 나타난 조경 양식으로 자연미를 강조하였다.
    ㉯ 회유임천식 : 정원 중심에 연못을 조성하고 섬을 만들어 감상하는 방식으로, 자연을 모방한 양식이다.
    ㉰ 고산수식 : 불교의 영향으로 물을 사용하지 않고 수목(산), 바위(폭포), 모래(물) 등을 사용하는 양식으로, 일본 정원이 대표적이다.
  (다) 절충식 정원 : 정형식과 자연풍경식을 절충한 양식이다.

(2) 조경 양식의 발생 요인

① 자연 환경 요소 : 기후, 지형, 지질, 식생, 토양 환경, 해양 환경

② 사회·인문 환경 요소 : 사상과 종교, 역사성, 민족성, 정치, 경제, 문화, 건축, 예술, 주변 교통량, 문화재, 인구

2-2 서양의 조경 양식

(1) 고대 시대 조경

① 이집트

특징		• 나일강을 중심으로 문화와 국가를 형성, 관개 농업 발달, 신전 정치 • 기후와 지형 : 건조하고 무더운 사막 기후, 폐쇄적 지형 • 종교 : 다신교(사후 세계 믿음), 태양의 신 '라(Ra)', 저승의 신 '오시리스(Osiris)' 숭배
조경 식물	시커모어 sycamore	이집트인들이 신성시 하였으며, 사자(死者)를 나무 그늘 아래 쉬게 하는 풍습이 있음
	연꽃 파피루스	이집트의 상징 식물, 무화과, 포도, 대추야자, 석류 등을 함께 식재
정원 유형	주택정원	• 현존하는 이집트 정원이 없지만 무덤의 벽화를 통해 고찰 및 연구 • 탑문(pylon), 저택을 중심으로 좌우 대칭적 공간 배치 • 높은 울담과 정형적인 정원 형태, 수목은 열식, 침상지(sunken pond) 조성, 원로에는 관목과 화훼류를 분에 심어 배치 • 물가에는 키오스크 (kiosk : 정자) 설치 • 유적 : 델 엘 아마르나에 있는 메리레의 정원
	신전정원	• 델 엘 바하리의 핫셉수트 여왕의 장제 신전 • 현존하는 가장 오래된 정원 유적 • 건축가 센누트 설계, 아몬(Amon)신을 모시는 신전 • 3개의 경사로가 점진적으로 높아지면서 성소로 이동, 테라스(2단 terrace) 설계, 제2테라스 전면에 수목 식재를 위한 구덩이가 있음 • 푼트(Punt)의 보랑 벽화 : 외국에서 수목을 옮겨오는 모습
	사자의 정원 (묘지정원)	• 레크미라의 무덤 벽화, 시누헤 이야기 • 묘지 앞에 소정원 설치 - 죽은자를 위로, 내세의 이상향 추구

네바문의 정원

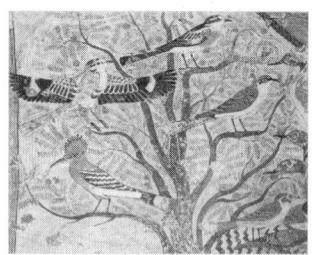
크눔호텝 묘실 벽화

사자의 서

② 서부 아시아 (메소포타미아)

특징	• 유프라테스 강을 배경으로 형성된 문화 • 기후와 지형 : 기후 차가 심하고 강우량이 적음, 개방적 지형 • 종교 : 다신교, 현세적인 삶을 추구(사후 세계 믿지 않음) • 건축 : 낮고 수평적, 평탄한 지붕 – 옥상정원 발달, 아치와 볼트 발달 – 공중정원 • 지구라트 : 수메르인의 신전, 천체 관측소(인공산), 도시 중심에 설치, 지표물 (landmark) 역할, 정치·경제·종교의 구심점	
정원 유형	수렵원 (Hunting garden)	• 귀족의 사냥터, 제사장의 역할, 훈련장, 야영장 • 길가메시 서사시 : 사냥터 경관을 기록한 최고의 문헌 • 현대 공원(park)의 시초 • 호수와 언덕을 조성하여 소나무와 사이프러스를 규칙적으로 식재
	공중정원 (Hanging garden)	• 최초의 옥상공원, 세계 7대 불가사의 중 하나 • 바빌로니아 네부카드 2세가 왕비 아마티스(Amiytis)를 위해 조성 • 유프라테스 강에서 인공 관수를 설치하여 테라스 마다 수목 식재
	파라다이스 가든 (Paradise garden)	• 지상 낙원을 정원에 재현, 중세 이슬람 정원 양식으로 유입 • 카나드(kanad)라는 엄격한 상수 체계 발달 • 방형의 공간에 수로가 교차하는 사분원(四分園)을 조성하여 수목을 식재 – 다양한 과실수 재배

③ 그리스

특징		• 발칸반도 남단의 펠로폰네소스 반도와 크레타 섬을 중심으로 형성된 문화와 해양 국가 • 기후 : 전형적인 지중해성 기후(여름은 고온·건조, 겨울은 온난·다습), 옥외 생활 즐김 • 화려한 개인주택 정원보다 공공적 성격이 강한 도시 조경 발달
정원 유형	주택정원	• 프리에네(Priene)의 주택 중정 : 메가론(megalon) 타입 - 귀족·영주의 주택으로 중정을 중심으로 방 배치, 주랑식 중정의 바닥은 돌로 포장, 주정의 마당은 장식적인 화분에 방향성 식물, 대리석 분수, 조각 장식 등으로 이루어짐 • 아도니스원 : 아도니스를 추모하는 제사에서 유래, 부녀자들에 의해 경영, 여름철에 빨리 자라는 속성(速成) 식물(보리, 밀, 상추) 등을 분이나 바스켓에 식재, 포트가든(pot garden)·윈도우가든·옥상정원에 영향을 줌
	공공조경	• 성림 : 신에게 제사지내는 장소, 식재 - 소나무, 플라타너스, 떡갈나무, 종려나무, 사이프러스, 참나무(제우스), 월계수(아폴론), 올리브(아테네) • 짐나지움 : 도시 외곽에 위치한 청소년들의 체육 훈련 장소, 대중정원으로 발전 • 아카데미 : 플라톤이 설립한 최초의 대학 캠퍼스, 플라타너스 열식
	도시 계획 및 도시 조경	• 히포데이무스 : 최초의 도시 계획가, 밀레토스에 최초로 도시 계획 • 아고라 : 광장의 개념이 최초로 등장, 경제·예술·공공 장소로서 중요한 생활 공간, 도시 계획의 구심점으로 시민들의 토론, 선거, 시장의 기능, 플라타너스 식재, 분수, 조각 등을 설치 • 아크로폴리스 : Acro와 Polis의 합성어, 높은 곳에 위치한 도시 국가를 의미 • 파르테논 신전 : 아테네 신전, 페르시아 전쟁 승리 기념 건축

④ 로마

특징		• 지중해를 향해 뻗어있는 이탈리아 반도 : 북쪽(프랑스, 스위스), 반도 중심 (아펜니 산맥) • 기후 : 겨울(온화), 여름(매우 더움) - 구릉지에 빌라(Villa) 발달 • 건축 : 그리스 건축 계승(기하학적, 열주의 형태), 토목 기술 발달(원형 극장, 투기장, 목욕탕, 대도로, 고가 도로) • 수종 : 상록 활엽수(감탕나무, 사이프러스, 스톤파인 등)가 많이 자생	
정원 유형	호르투스 (Hortus)	과일과 채소를 재배하는 정원	
	주택정원	• 폼페이 시가의 Panas, Vetti, Tiburtinus 가문 • 공간 구성 : 아트리움 → 페리스틸리움 → 지스투스	
		아트리움 (Atrium)	• 제1중정으로 손님 접대의 공적 장소 • 임플루비움(impuvium : 빗물받이 수반) 설치 • 채광 가능한 천장, 화분 장식, 바닥 - 돌포장
		페리스틸리움 (Peristylium)	• 제2중정으로 가족을 위한 사적 장소 • 포장을 하지 않음, 모자이크 판석(색채 보완) • 정형적 양식으로 식재 배치
		지스투스 (Xystus)	• 후원으로 개인의 사적 공간 • 제1, 2중정과 동일한 축선상에 배치 • 5점형 식재, 과수원, 채소밭
	빌라 (Villa)	빌라 유형	• 도시형 빌라(Villa urbana) : 경사지에 위치, 건축물을 중심으로 주위를 감싸는 형태의 정원 • 전원형 빌라(Villa rustiana) : 농촌 지역 부유층의 정원, 과수원, 포도원, 올리브 원 등을 실용적 규모로 설계 • 혼합형 빌라 : 도시형 + 전원형
		대표 빌라	• 빌라 라우렌티아나 : 혼합형 • 빌라 토스카나 : 도시풍의 여름 별장, 토피어리 등장 • 빌라 하드리아누스 : 왕의 빌라(그리스 문화 + 로마 문화)
	포럼 (Forum)	• 공공 시설로서 로마의 광장 • 지배 계급을 위한 상징적 공간, 집회와 휴식의 장소	

(2) 중세시대 조경

① 중세 유럽

특징		• 봉건적 제도에서 회화와 조각 발달, 종교 중심의 신학과 기독교 건축이 주축 • 비잔틴 미술의 영향, 로마네스크 – 엄숙, 장중, 무게감, 고딕 양식 – 수직 상승, 스테인드글라스 • 수도 정원과 성관 정원 발달
정원 유형	목적과 특성에 의한 분류	• 초본원·약초원·과수원 : 실용 위주로 식재 • 매듭 화단(knot) : 주목과 회양목을 사용, 영국에서 크게 발달 • 미원(maze) : 무늬식재 형태로 미로 속에서 즐기는 시설 • 토피어리(topiary) : 주목과 회양목 사용 • 정원 요소 : 분수(fountain), 퍼걸러(pergola), 수반(water fence), 넝쿨의자(turfseat)
	중세 전기	• 이탈리아를 중심으로 발달 • 장식적 정원 : 회랑식 중정(cloister garden) – 주랑의 기둥 사이로 벽을 만들어 정해진 통로 외에는 출입이 불가능한 폐쇄적 중정 • 실용적 정원 : 약초원, 채소원
	중세 후기	• 프랑스, 잉글랜드를 중심으로 발달 • 폐쇄적 정원 : 자급자족 성격, 화려한 화훼류 식재 • 장미 이야기 : 정원의 기록

② 이슬람 조경

(가) 이란

특징	• 기후 : 건조하고 더운 사막 기후 – 나무 그늘과 맑은 물 선호 • 파라다이스 : 작은 정원 여러 개가 연속되어 큰 정원(지상 낙원)을 형성 • 우상 숭배 금지 : 중성적이고 무성적인 문양 발달(아라베스크 문양) • 높은 울담 : 사막의 모래 바람과 외적 방비, 사생활 보호 • 물 : 정원의 핵심, 수로를 이용해 정원의 연못과 분수에 물 공급 • 연못 : 얕은 수심을 깊어보이게 바닥에 색돌(파랑 계열, 회색 조약돌)을 깔아줌
이스파한	• 압바스 1세에 건립된 중부 사막 지대에 위치한 오아시스 정원 도시 • Chahar-Bagh : 수로와 화단, 사이프러스와 플라타너스 식재 – 도로 공원의 원형 • 마이단(maidan) : 왕의 광장(380×140m), 현존하는 이스파한의 거대한 옥외 공간 • 40주궁 : 왕의 광장과 Chahar-Bagh 사이의 궁정 구역, 감귤만 식재 • 황제도로 : 이스파한과 시라즈의 연결 도로

(나) 스페인

특징			• 북아프리카 무어 양식과 이탈리아 르네상스의 영향으로 기독교와 이슬람 양식이 절충 • 파티오(patio)식, 중정(internal court)식 발달 • 회교도풍의 정교한 건축 기법 발달, 물을 중요시 하는 정원
대표 정원	세비야의 알카자르		Alcazar at Seville, 1181년 건설, 타일과 석재로 포장
	코르도바의 대(大) 모스코		오렌지 중정
	그라나다의 알함브라 궁전	알베르카 (alberca) 중정	• 입구의 중정, 주정(主庭)으로서 공적 기능 • 연못 양쪽에 도금양(천인화)이 열식되어 도금양 중정이라고도 함 • 아름다운 연못의 투영미
		사자의 중정	• 1377년 모하메드 5세 조영, 가장 화려한 정원 • 주량식 중정 : 검은 대리석으로 만든 12마리의 사자가 수반과 분수를 받치고 있음 - 4개의 수로와 연결 • 물의 신성함 표현
		다라하(daraxa) 중정	• 린다라야 중정, 부인전용 중정으로 여성적인 분위기, 기독교 색채에 이슬람 양식 • 회양목으로 연취 식재, 중심에 분수 시설
		레하의 중정	• 1445년 조영, 소규모, 사이프러스 중정 • 바닥 : 색자갈로 무늬를 나타냄, 네 귀퉁이에 사이프러스 식재, 중앙에 분수 시설
	제네랄리페 이궁		• 그라나다 왕들의 피서를 위한 은둔처, 높이 솟은 정원 • 경사지의 계단식 처리, 기하학적인 구조 • 수로의 중정 : 입구의 중정, 무늬 화단(연꽃모양의 수반과 회양목으로 구성), 장미원 • 사이프러스 중정 : 노단의 정상부, 물을 문학적으로 활용

(다) 무굴 인도

특징	인도 고유의 토착 문화 + 이슬람 문화
정원 요소	• 물 : 가장 중요한 요소, 종교 행사에 이용, 관개와 목욕이 목적 • 높은 담 : 사생활 보호와 안식, 장엄한 형식미 추구 • 녹음수(綠陰樹) 선호, 연못에는 연꽃 식재 • 연못가의 원정(園亭) : 실용적 목적(피서, 쾌적한 정원 생활의 안식처) + 장식적 목적(주인이 사망 후 기념관 또는 묘소로 활용)
정원 유형	캐시미르 지방	• 경사지에 노단식 정원 발달 • 대표 : 살리마르 바그, 이샤발 바그, 니샤트 바그
	아그라 · 델리 지방	• 정원과 묘지를 결합한 형태, 평지에 궁전이나 능묘를 왕의 생존 시에 미리 건립 • 대표 : 람바그(Ram Bagh) - 무굴 최대의 광대한 정원 • 타지마할(Taj Mahal) - 샤자한 왕이 왕비 뭄 타지마할을 추모하기 위해 세운 묘소, 수로에 의한 4분원

> **Tip** 바그(Bagh) : 건물과 정원을 하나의 유닛으로 하는 환경 계획으로 이탈리아의 villa와 비슷한 개념

(3) 르네상스 조경

① 이탈리아

(가) 정원의 특징

일반적 특징	• 인간 존중, 자연 존중, 종교 비판, 시민 생활 안정, 예술 향유 • 고전주의적 엄격한 비례를 중요시, 원근법 도입 • 지형과 기후의 영향으로 구릉과 전망 좋은 경사지에 빌라 및 노단식 조경 양식 발달 • 구성 요소 : 테라스, 캐스케이드(계단 폭포), 화단, 정원 극장
평면적 특징	• 정형적 대칭 형태로 정원의 축선은 건축의 중심선을 기준으로 함 • 직렬형(예 랑테장), 병렬형(예 에스테장), 직교형(예 메디치장)
입면적 특징	• 일반적인 형태는 주 건물을 테라스 최상부에 배치 • 정원에 주 구조물인 카지노의 위치에 따라 분류 - 상단 위치(예 에스테장), 가운데 위치(예 랑테장, 알도브란디니장), 하단 위치(예 카스텔로장)

(나) 대표 정원

15C	피렌체를 중심으로		메디치 가문이 주도적으로 발전시킴, 설계자의 이름이 정식으로 발표됨, 대부분 전원형 - 전원 식물의 종류가 풍부해짐
		메디치장	• Villa Medici de Careggi : 르네상스 최초의 빌라, 미켈로지 설계 • Villa Medici at Fiesole : 경사지에 테라스 설치, 인공과 자연의 일체감 형성, 미켈로지 설계
		카스텔로장	Villa di Castello, 대표적 빌라
16C	로마를 중심으로		정원의 3대 원칙 : 총림, 테라스, 화단 축선에 따른 배치, 수목원 형태의 정원에서 건축적 구성으로 전환
		벨베데레원	브라망테 설계, 교황의 여름 별장, 노단식 건축의 시작
		빌라 마다마	라파엘로(Raffaello) 설계 시작, 상갈로(Sangallo) 완성, 광대한 식재원을 건물 주위에 배치
		에스테장 (Villa d'Este)	• 리고리오 설계, 4개 노단으로 구성, 에스테 추기경을 추모 • 수경 처리가 가장 뛰어난 정원 - 100개의 분수, 경악분천, 물풍금(water organ), 용의 분수
		랑테장 (Villa Lante)	비뇰라(Vignolia)의 대표작, 카지노와 정원을 결합, 4개의 노단으로 구성, 물호단과 두 카지노가 정원의 클라이맥스, 제2테라스는 두 개의 잔디밭과 플라타너스를 군식 형태로 식재
		파르네제장 (Villa Farnese)	비뇰라 설계, 2단의 테라스, 주변 경관과 일치될 수 있도록 울타리 설치 안 함, 계단에는 캐스케이드 수로
17C	제노바·베니스를 중심으로		매너리즘과 바로크 양식
		감베라이아장	매너리즘의 대표작, 토피어리와 잔디의 과다 사용
		알도브란디니장	건축물은 중간 노단에 위치
		이솔라 벨라	큰 섬 위에 조영, 섬 전체가 바빌론의 공중정원을 연상(10층 테라스), 바로크 양식 정원의 대표 작품
		가르조니장	건물과 정원이 분리, 두 개의 단으로 제작된 테라스

② 프랑스

특징		• 위치와 지형 : 지중해와 대서양 사이에 위치, 지형이 넓고 평탄, 구릉과 습지가 많음 • 기후 : 온난 습윤 – 낙엽 활엽수 삼림이 풍부 • 17세기의 프랑스는 정치·경제적으로 우세한 위치, 루이 14세의 절대주의 왕정 확립 • 데카르트(Descartes)의 철학적 개념(해석 기하학) – 자연은 모든 수학적 원리를 통해 인식이 가능 → 앙드레 르 노트르의 조경 설계에서 기하학적 정형성으로 표현
	15C 말	샤를 8세에 의해 프랑스의 르네상스 시작
	16~17C 초	• 이탈리아의 양식을 성곽과 정원에 사용 • 르네상스 3대 정원 설계가 : 클로드 몰레, 부아소, 세르
	17C 중	르 노트르가 평면 기하학식 정원 양식으로 보르 비 콩트, 베르사유 설계
대표 정원	보르 비 콩트 (Vaux-le-Vicomte)	• 남북 1,200 m/동서 600 m 규모, 최초의 평면 기하학식 정원 • 르 노트르 조경 설계, 루이 르 보 건축 설계, 샤를르 르 브렁 장식 • 건축보다 조경이 주요 요소 • 루이 14세에 의해 베르사유 궁원 설계의 계기 • 구성 : 자수화단, 비스타, 산책로(allee), 그로토(grotto, 정원 동굴)
	베르사유 (Versailles)	• 루이 14세 – 베르사유 궁전에 태양왕의 품격에 맞는 작은 우주 공간 조성 • 르 노트르 조경 설계, 루이 르 보 건축 설계, 샤를르 르 브렁 장식 • 중심 축선과 명확한 대칭을 이루는 구성, 축선은 태양 광선이 펼쳐지는 방사상을 전개(태양왕 상징), 물화단, 라토나, 분수, 녹색의 융단(왕자의 가로), 아폴로 분수, 대수로 등의 시설

베르사유 궁원

(가) 앙드레 르 노트르(1613~1700)의 정원 구성 방법
   ㉮ 장엄한 스케일 : 정원은 광대한 면적의 구성 요소 중 하나이며 그 위에 인간의 위대함을 표현하였다.
   ㉯ 건축보다 정원을 주요소로 설계하였다.
   ㉰ 조각, 분수, 예술 작품 등을 리듬·강조 요소로 사용하였다.
   ㉱ 비스타(visita)를 형성하였다.
   ㉲ 운하(canal) 시설을 사용하였다.
   ㉳ 화려하고 장식적인 정원 : 자수화단, 물화단, 영국화단, 구획화단, 감귤화단, 대칭화단

(나) 앙드레 르 노트르 정원 설계 양식의 영향
   ㉮ 네덜란드, 영국, 독일, 러시아 등 유럽 국가와 중국까지 영향을 미쳤다.
      ㉠ 오스트리아(센부른 궁전), 독일(포츠담, 님펜부르크 궁전), 영국(헴프턴코트), 포르투갈(퀼루츠 성), 이탈리아(카세르타 성), 중국(원명원-청시대)
   ㉯ 정원 설계 단계에서 도시 계획으로 확대되는 데 의의가 있다.
      ㉠ 미국(워싱턴 도시 계획), 러시아(성 페데르스부르크, 니메)

(다) 이탈리아 정원과 프랑스 정원의 비교

이탈리아 정원(16C)	프랑스 정원(17C)
노단건축식 정원	평면기하학식 정원
구릉과 산악 지역	평탄한 저습 지역
높은 곳에서 내려다보는 입체적 경관	웅대하고 평면적 경관(비스타)
캐스케이드, 분수, 물풍금 등 다이내믹	수로, 해자 등 잔잔하고 넓은 수면

③ 영국
   (가) 도버 해협을 두고 유럽 대륙과 접한 지역, 잔디밭과 보울링 그린이 유행, 강렬한 색채의 꽃과 원예에 관심
   (나) 기후 : 온화하고 다습한 해양성 기후, 흐린 날이 많고 안개가 자주 낌
   (다) 지형 : 완만한 기복을 이루는 구릉, 강과 하천도 완만한 흐름
   (라) 튜더 조 후기 영국의 르네상스 절정, 스튜어트 조 시기 청교도 혁명과 명예 혁명이 일어나고 잉글랜드 공화국 성립
   (마) 17C - 정형식 정원, 18C - 자연 풍경식 정원

⑷ 테라스 설치 : 정방형, 사방에 석재 난간 설치, 화분과 조각상 등으로 장식
⑸ 주 도로(forthright) : 주택으로부터 직선으로 뻗은 도로
⑹ 축산(mound) : 중세 – 방어와 감시탑의 기능, 주변이나 정상에 연회 시설 설치
⑺ 매듭화단(knot) : 회양목, 로즈마리, 데이지, 라벤더 등으로 화단 가장 자리 장식
⑻ 보울링 그린 : 실외 경기장
⑼ 기타 : 약초원, 분수, 미원, 철제 장식물 등

> **Tip 조지 런던과 헨리 와이즈**
> - 최초의 상업 목적의 조경가이다.
> - 소로, 바로크식 중심축선을 강조 : 프랑스 궁전과 경쟁
> - 대표 작품 : 햄프턴 코트, 멜버른 홀, 채스워스

영국 대표 정원

튜더 왕조 (1485~1603)	리치먼드 왕궁	헨리 8세에 의해 조성된 왕실정원, 자수화단, 퍼걸러, 운동 시설, 다양한 식물 식재
	햄프턴 코트궁	헨리 8세에 의해 확장
	몬타큐트 정원	엘리자베스 여왕 집권시대
스튜어트 왕조 (1603~1688)		이탈리아, 프랑스, 네덜란드, 중국 등의 영향을 받음
	멜버른 홀 (Melbourne Hall)	영국식 바탕 위에 프랑스식 디자인의 영향 조지 런던과 헨리 와이즈의 대표 작품
	햄프턴 코트 (Hampton court)	중심 축선을 강조한 지면분할 방식의 바로크 양식, 조지 런던과 헨리 와이즈 설계

(4) 18C 영국의 자연 풍경식 정원

① 풍경식 정원 탄생에 영향을 준 요인
  ㈎ 지형적인 영향
  ㈏ 산업 혁명의 영향으로 경제 성장
  ㈐ 회화 분야의 풍경화 유행, 낭만주의 문학, 계몽주의 사상(합리주의, 근대 휴머니즘)
  ㈑ 영국의 자연 환경 조건 (프랑스, 이탈리아와는 차이점이 있음)

② 영국 풍경식 조경가
　㈎ 조지 런던(Georgy London), 헨리 와이즈(Henry Wise) : 최초의 상업 조경가이다.
　㈏ 스티븐 스위처(Stephen Switzer, 1682~1745) : 최초의 풍경식 조경가이다.
　㈐ 찰스 브리지맨(Charles Bridgeman, 1680~1738)
　　㉮ 스토우 정원에 하하(Ha-Ha) 기법을 최초로 도입하였다.
　　㉯ Ha-Ha Wall : 성 밖을 둘러싸는 프랑스의 군사 시설 형태로, 정원과 외부 사이에 울타리 대신 도랑이나 계곡을 만들어 경관을 감상할 때 물리적 경계 없이 정원을 볼 수 있게 하는 방법이다.
　　㉰ 작품 : 치즈윅 하우스, 루스 햄, 스투어 헤드
　㈑ 윌리엄 켄트(Willam Kent, 1684~1748)
　　㉮ 근대 조경의 아버지로 불린다.
　　㉯ "자연은 직선을 싫어한다." : 영국의 전원 풍경을 회화적으로 표현하였으며, 부드럽고 불규칙적인 형태(연못, 시냇물, 원로 등)의 정원을 구성하였다.
　　㉰ 작품 : 켄싱턴 가든, 치즈윅 하우스, 스토우 정원의 수정, 로샴 정원, 윌튼 하우스, 거너스 버리 등
　㈒ 랜실롯 브라운(Lancelot Brown, 1715~1783)
　　㉮ 스토우 정원 등 많은 영국 정원을 개조하였으며, Capability Brown으로 불린다.
　　㉯ 특징 : 부드러운 잔디밭, 잔잔한 수면, 우거진 나무 숲이나 덤불, 빛과 그늘의 대조
　　㉰ 작품 : 햄프턴 코트 설계, 스토우 정원 수정, 블렌하임 개조
　㈓ 험프리 랩턴(Humphry Repton, 1752~1818)
　　㉮ 영국의 풍경식 정원을 완성하였으며, 자연을 1 : 1로 묘사하였다.
　　㉯ 정원사(Landscape Gardener)라는 용어를 최초로 사용하였다.
　　㉰ 자연미를 추구하는 동시에 실용성과 인공적 특성을 잘 조화시켰다.
　　㉱ 레드 북(Red Book)의 저자이며, 정원의 개조 전·후를 비교할 때 사용하였다.
　㈔ 윌리엄 챔버 : 큐 가든에 중국식 건물과 탑을 최초로 도입

③ 대표 정원

스토우 가든	브릿지맨 설계 → 켄트와 브라운 공동 수정 → 브라운 개조, Ha-Ha도입
스투어 헤드	헨리호어 소유, 브리짓맨/켄트 설계

햄프턴 코트

④ 프랑스의 풍경식 정원

에르메농 빌르	3부분(대림원, 소임원, 벽지)으로 구성, 루소의 묘소가 있으며 첨경물 많음
프티 트리아농	루이 14세 때 건설, 루이 16세 때 마리 앙투아네트가 개조
말메종	베르토 설계, 나폴레옹 1세 왕후 조세핀의 거처

⑤ 독일의 풍경식 정원

조경가	• 히르시펠트 : 정원 예술론의 저자, 삼림(森林) 미학자 • 괴테 : 바이마르 공원 설계자 • 칸트 : 철학자 • 쉴러 : 풍경식 정원의 비판자
대표 정원	• 시뵈베르원(1750년) : 독일 최초의 풍경식 정원 • 무스카우어 정원 : 퓌클러 무스카우어 공작이 조성, 수경 시설에 중점

(5) 19C · 20C 조경

① 19C 공공 정원 생성의 배경
  ㈎ 경제적 성장
  ㈏ 공중위생에 대한 관심 고조
  ㈐ 국민의 도덕에 대한 관심

② 영국의 공공 정원
  ㈎ 개요
    ㉮ 왕가의 영역을 대중에게 개방하였다.
      ㉠ 성 제임스 공원, 그린파크, 하이드 파크, 켄싱턴 가든
    ㉯ 공업 도시 형성 – 인구의 도시 유입 – 공업 도시의 슬럼화 – 도시 문제 해결 방안 모색
  ㈏ 비큰히드 파크
    ㉮ 시민의 힘으로 설립된 최초 공원으로, 1843년에 조셉 팩스턴 설계하였다.
    ㉯ 공적 위락용과 사적 주택지로 분리되어 구성되어 있다.
    ㉰ 옴스테드의 센트럴 파크 공원 개념 형성에 영향을 미쳤다.

③ 독일의 공공 정원
  ㈎ 분구원
    ㉮ 독일의 의사 슈레버(Schreber)가 시작, 1차 대전 때 식량난을 완화하는 역할을 한다.
    ㉯ 도시 시민들이 주말에 숙박을 하면서 야채, 꽃, 과수를 재배하면서 즐기는 장소를 제공하고, 국민 보건과 녹지 제공을 목적으로 한다.
  ㈏ 볼크 파크(Volk Park) : 루드비히 레서가 시작하였으며, 전 국민의 공원으로 10ha 이상 넓이의 심신 단련 및 휴식을 할 수 있는 녹지이다.
  ㈐ 도시림 : 후생적 이용을 위해 삼림을 보호 육성한다.

④ 미국의 공공 정원
  ㈎ 배경
    ㉮ 남북 전쟁 후 도시 거주자들이 지방에 별장을 지으면서 건축과 함께 조경이 발달하였다.
    ㉯ 이민 인구 확장으로 뉴욕시 정비를 위해 중앙부에 344ha 규모의 공원 축조 계획을 세웠다.
  ㈏ 풍경식 조경가
    ㉮ 앙드레 파르망티에 : 미국 최초 풍경식 정원을 설계하였다.
    ㉯ 다우닝 : 미국식 문화와 부지에 맞게 풍경식 정원을 설계하였다.
  ㈐ 옴스테드와 센트럴 파크
    ㉮ 옴스테드 : 현대 조경의 아버지로 불리며, 'Landscape architect' 명칭을 최초로 사용하였다.
    ㉯ 센트럴 파크 : 옴스테드와 보우카가 설계하였으며, 1850년 시작해서 1960년에 완성하였다.

㉰ 설계 : 입체적 동선 체계, 차음, 차폐를 위한 위주부 식재, vista 조성, 드라이브 코스, 마차 드라이브 코스, 산책로, 잔디밭, 경기장, 보트와 스케이팅을 위한 넓은 호수, 교육을 위한 화단과 수목원 등이 있다.

⑤ 20C 미국의 조경
  ㈎ 도시미화 운동
    ㉮ 시카고 박람회의 영향으로 로빈슨과 번함의 주도로 도시미화 운동이 시작이 시작되었다.
    ㉯ 아름다운 도시를 창조하여 공익을 확보하였다.
  ㈏ 하워드의 전원도시론(Garden city)
    ㉮ 최초의 전원도시(1903년)
    ㉯ 1902년 하워드의 전원도시론(garden city of tomorrow)이 발간되면서 시작되었다.
    ㉰ 인구의 도시 집중과 도시의 무질서한 팽창 및 공업도시와의 문제를 해결하였다.
  ㈐ 뉴저지의 레드번 도시 계획(1928년)
    ㉮ 하워드의 전원 도시론을 계승하였다.
    ㉯ 쿨데삭(cul-de-sac), 슈퍼블록을 설정하여 차도와 보도를 분리하였다.
  ㈑ T.V.A(Tenessee Valley Authority, 테네시강 유역 개발 공사)
    ㉮ 미시시피강, 테네시강 유역의 21개 댐 건설 계획이다.
    ㉯ 수자원 개발의 효시, 지역 개발의 효시가 되었다.
    ㉰ 설계 과정에 많은 조경가, 토목·건축가들이 참여하였다.

서양 조경 양식의 흐름

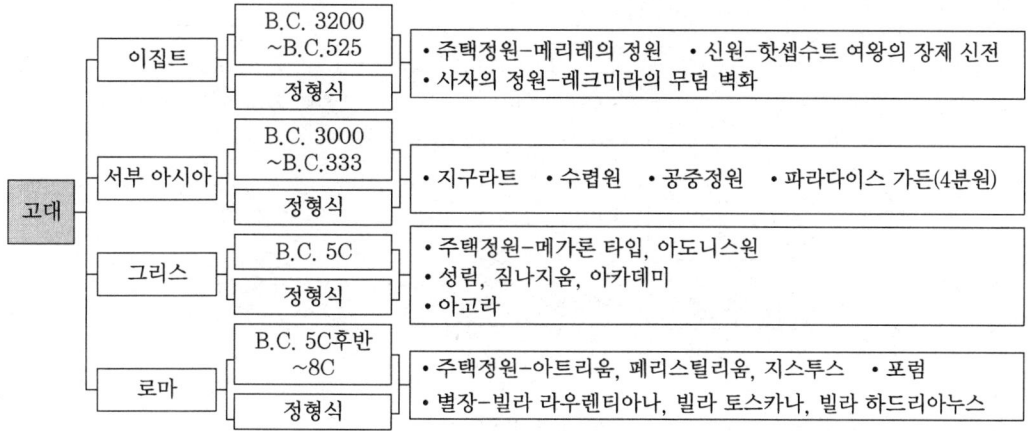

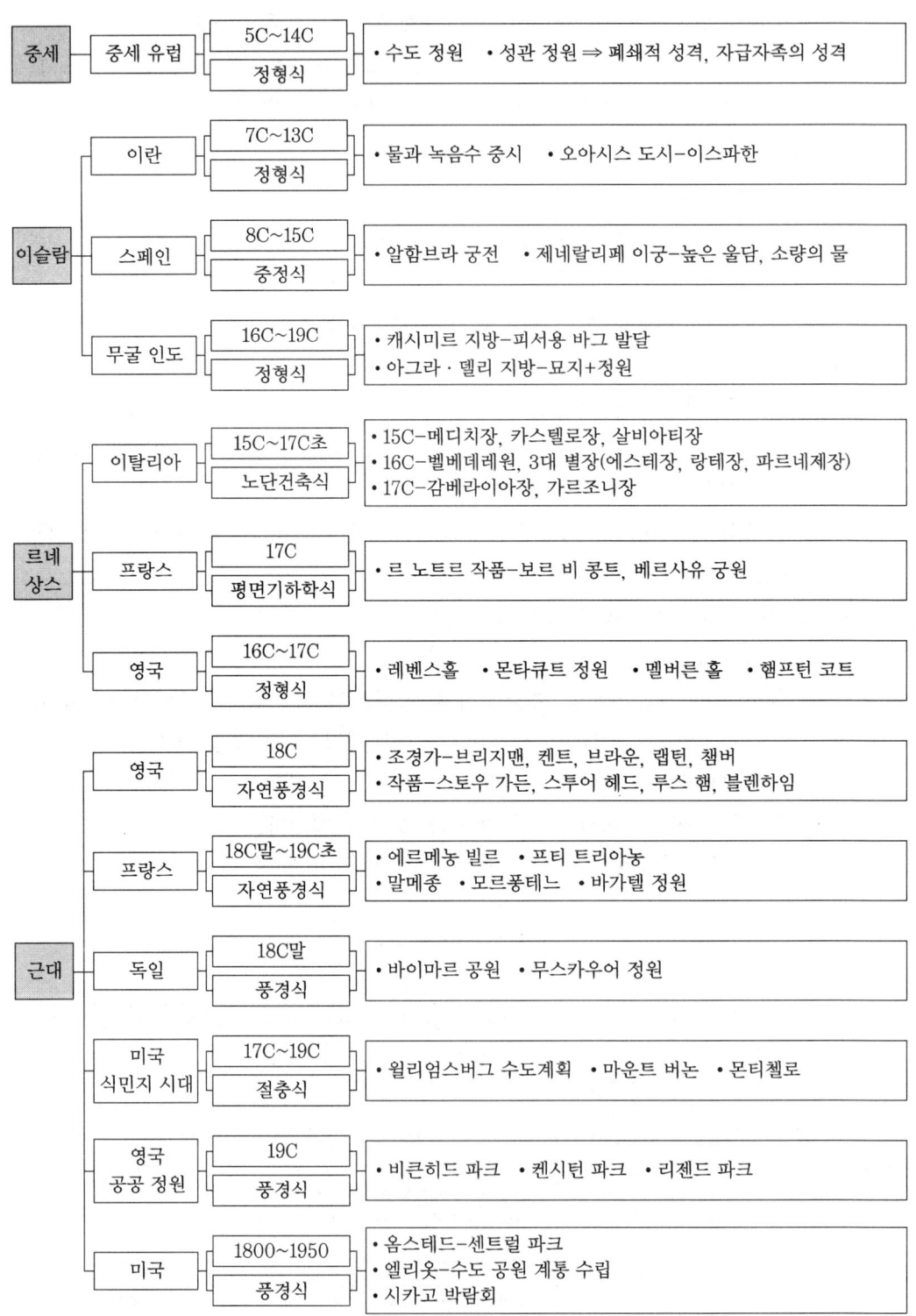

서양 조경 양식의 흐름

2-3. 동양의 조경 양식

(1) 한국 조경

① 한국 정원의 사상적 배경과 특징

신선 사상	• 연못 내에 섬을 조성하여 신선이 사는 곳을 상징 • 불로장생을 추구하며 현세의 이익을 추구 • 삼신산 : 신선이 사는 산으로 봉래(蓬萊), 방장(方丈), 영주(瀛州)를 말하며 유토피아를 상징 • 십장생 : 해, 산, 물, 돌, 소나무, 달 또는 구름, 불로초, 거북, 학, 사슴
음양오행설	• 기(氣)의 작용이 음양오행이며 만물을 이루고 있음 • 음양 : 우주와 인간의 모든 현상, 오행 : 목(木), 화(火), 토(土), 금(金), 수(水) 다섯 기운으로 만물의 생성과 소멸을 관장 • 직사각형 형태의 연못 '방지(方池)' 가운데 인공적으로 둥근 섬을 조성 즉, 방지원도형(方池圓島形) 연못에서 사각형 연못은 땅(음), 둥근 섬은 하늘(양)을 상징하는데, "하늘은 둥글고 땅은 모나다."라는 의미
풍수지리설	• 바람(북풍)을 막아주고 물을 구하기 쉬우며, 맑은 공기가 있는 장소 • 배산임수의 양택 풍수 발달, 후원 양식 발달 • 식재의 방위 및 수종 선택을 풍수지리설에 맞게 설계 • 4계절의 변화를 즐기기 위해 낙엽 활엽수를 많이 식재
은일 사상	• 도가 사상의 영향으로 세속에서 탈피하여 자연과 동화된 삶을 추구 • 조선시대 별서 정원이 대표적
유교 사상	• 유학을 가르치는 향교와 서원의 공간 배치와 정원 양식에 영향 • 궁궐 배치, 민가 공간에 있어서 마당과 채를 구분하는 양식에 영향 • 자연과 안빈낙도, 마음의 수련, 수수한 민족성 표현
불교 사상	석등, 석탑, 석물 등 불교 미술의 조형물에 영향

② 삼국 시대

㈎ 고구려 : 장엄하고 정형화됨

동명왕릉의 묘지경관	• 연못 앞에 4개의 섬(봉래, 방장, 영주, 호량) – 신선 사상 배경 • 연못 바닥에 자갈, 연꽃 씨, 고구려의 붉은 기와 조각
안악궁 (427년)	• 안악궁 : 평양의 대성산 소문봉 남쪽에 위치한 고구려 궁성 • 형태 : 궁전 중심부는 엄격한 대칭으로 배치, 주변 건물은 기하학적으로 배치 • 궁원 : 남궁과 서문 사이의 정원은 자연 풍경식의 연못, 동산, 정자 터 • 북문 정원은 동산, 정자 터, 괴석 배치, 동남쪽에 연못

(나) 백제 : 귀족적 성격과 화려한 문화, 토목, 건축 기술이 일본에 전해짐. 6세기에 백제의 기사천성이 일본에 건너가 오오신궁을 세웠으며, 노자공이 일본에 건너가 남정에 수미산과 오교를 세웠다는 기록(일본서기)이 있다.

임류각 (동성왕 22년, 500년)	• 궁의 동쪽에 위치하며 후원의 기능 • 수 경관, 원 경관을 즐길 수 있게 누각을 물가에 세움 • 인공 동산과 연못을 화려하게 조성하고 새와 짐승을 사육
궁남지 (무왕35년, 634년)	• 삼국사기와 동사강목에 기록, 최초의 신선상을 나타내는 정원 • 궁 남쪽에 못을 파고 8 km 정도 밖에서 물을 끌어들임 • 못 가운데는 방장선산(方丈仙山)을 상징하는 섬을 조성 • 호 안에 버드나무(능수버들) 식재
석연지 (의자왕)	• 백제 말기의 정원 장식용 첨경물(添景物) • 인공 화분인 첨경물의 형태는 조선시대 세심석으로 발전 • 화강암 재질의 돌을 둥근 형태로 제작하여 물을 담고 연꽃을 식재

(다) 신라 : 시가지 가로망 형성 방법으로 격자형 구획을 하는 정전법 사용

③ 통일 신라 시대

임해전과 안압지 (문무왕, 674년)	• 신선 사상을 배경으로 한 해안 풍경을 묘사한 정원으로 위락 공간, 연회의 장소, 뱃놀이 장소의 기능 • 면적 : 전체 40,000m^2, 연못 16,830m^2 • 서남쪽(직선형)에 건물, 동북쪽(굴곡 있는 해안형)에 궁원 배치 • 신선 사상 : 연못에는 3개의 섬 조성, 가산은 무산십이봉 상징 • 북쪽 호안과 동쪽 호안은 곡선 형태, 남쪽 호안과 서쪽 호안은 직선 형태 • 입수구는 남쪽에서 유입한 후 석조 단을 통하여 토사를 거른 후 서쪽으로 출수하도록 설계 • 바닥은 강화석으로 처리, 바닷가의 돌과 조약돌을 많이 사용 • 대형 나무화분을 井 형태로 제작하여 연꽃을 식재 - 뱃놀이에 방해되지 않게 설계
포석정 (경애왕, 927년)	• 유상곡수연을 즐길 수 있게 설계된 왕의 위락 공간으로 왕희지의 난정기에 영향을 받음 • 현재는 곡수거만 존재하지만 정자(포석정)와 같이 있었다는 것으로 추측 • 수로 : 길이 22 m, 깊이 21~23 cm, 폭 31 cm • 음양 이론 : 용두석(양), 곡수거(음)
만불산 (경덕왕)	• 가산을 축조하여 만들었다는 기록(삼국유사)
사절유택	• 4계절에 따라 장소를 바꾸며 즐기는 귀족의 별장 • 동야택(봄), 곡양택(여름), 구지택(가을), 가이택(겨울)
별서풍습	• 최치원의 은서생활(해인사 홍류동 계곡) 영향으로 별서풍습 시작

안압지 직선 호안과 곡선 호안

안압지 입수구   포석정

④ 고려시대
  ㈎ 고려시대 정원의 특징
    ㉮ 시각적인 관상 위주의 정원이다.
    ㉯ 강한 대비 효과와 화려한 양식이 발달하였다.
    ㉰ 석가산, 격구장, 애완동물, 화초를 도입하여 화원을 조성하였다.
    ㉱ 정자는 정원 시설의 건축물 역할을 하였다.
  ㈏ 고려시대 조경 식물 : 고려사절요, 동국이상국집(이규보)의 기록
    ㉮ 소나무, 매화나무, 향나무, 은행나무, 자두나무, 배나무, 대나무
    ㉯ 작약, 국화, 연꽃, 원추리꽃, 매화, 무궁화, 모란, 동백나무, 복숭아, 석류
  ㈐ 고려시대 정원의 분류
    ㉮ 궁궐 정원 : 만월대, 이궁
    ㉯ 사원 정원 : 문수원 남지
    ㉰ 민간 정원 : 이규보 이소원 정원(사륜정)
    ㉱ 객관 정원 : 사신을 접대하는 장소, 순천관

만월대	• 고려시대 개성에 위치한 왕궁터, 정자 중심 • 동지(귀령각 지원) : 위락 공간으로 동쪽 후원에 연못(학, 거위, 산양 사육) • 청연각 : 궁중 경연을 위한 학술 기관, 연못과 석가산 조성 • 화원 : 예종 때 2곳의 화원을 조성, 화초를 수입하여 화려하고 이국적인 분위기 • 내원서 : 궁궐의 정원 관리 부서 • 수창궁원 : 별궁으로 사용, 거란 침입 이후 궁궐로 사용 • 석가산 정원 : 북원에 괴석을 쌓아 석가산을 만들고 정자(만수정)를 세움 • 격구장 : 말을 타고 공을 다루는 놀이터, 동적 기능의 정원
이궁	• 수덕궁원(의종 11년) : 정자 주변을 화려한 나무와 꽃으로 장식 • 장원정(문종 10년) • 중미정(의종 21년) • 만춘정 • 연복정(의종 21년)
사원 정원	• 청평사 문수원 남지(고려 초기, 이자헌 설계) : 사다리꼴의 방지
민간 정원	• 이규보의 이소원 정원, 기홍수의 곡수지 • 경렴정 별서 정원, 맹사성의 고택

⑤ 조선시대

(가) 조선시대 정원의 특징

㉮ 우리나라 정원 양식이 크게 발전한 시기이며 한국적인 정원 양식이 정립되었다.

㉯ 후원 양식 발달하였다.

(나) 조선시대 조경에 관한 문헌

㉮ 강희안 『양화소록』 : 조경 식물에 관한 최초의 문헌

㉯ 유박 『화암수록』 : 양화소록의 부록으로 45종의 화목을 9등급으로 분류

㉰ 홍만선 『산림경제』 : 농업에 필요한 백과사전

㉱ 서유기 『임원경제지』 : 정원 식물의 종류와 경승지 등을 소개

(다) 조선시대 정원의 분류

궁궐 정원		경복궁, 창덕궁, 창경궁, 덕수궁
민가 정원	주택 정원	선교장, 윤증고택, 김동수 가옥, 윤고산 고택, 성락원
	별서 정원	소쇄원, 다산초당, 부용동 원림, 옥호정, 서석지, 초간정
	사찰 정원	승보사찰(송광사), 법보사찰(해인사), 불보사찰(통도사)
	누정원림	광한루 원림, 명옥헌 원림, 활래정 지원

⑷ 궁궐 정원

경복궁 (태조 3년) (1939년)	경회루	대원군에 의해 건설, 누각 주위에는 나무를 식재, 연못에는 물고기를 기름
	경회루 방지 (태종 12년)	• 규모 : 남북 113 m × 동서 128 m의 방지와 3개의 방도(방지방도) • 기능 : 외국 사신의 영접과 연회 장소, 시험 장소, 무예 등의 관람 장소 • 가장 큰 섬에 경회루 건립, 나머지 두 섬에 소나무 식재
	아미산 후원 (1865년)	• 교태전의 후원으로 왕비를 위한 사적인 공간(동서남북의 중앙에 위치) • 평지 위에 인공적으로 4단(사괴석)의 화계축조(관목류 식재) • 괴석, 석지, 굴뚝(십장생 조각) 등의 점경물 설치
	향원정과 향원지	• 모가 둥글게 처리된 방지 중앙에 원형의 섬 위에 건립된 정자 • 연못 안에는 연꽃, 연못 언덕에는 느티나무, 소나무, 산사나무, 버드나무, 회화나무 식재 • 주돈의 '애련설'에서 유래 • 애련설 : 향원익청(香遠益淸)이란 연꽃의 향기는 멀수록 청아하다는 뜻
	자경전 (1876년)	• 대비가 거처하는 침전으로 만수무강을 기원하는 상징물로 장식 • 화문장(꽃담) : 만수의 문자와 꽃무늬가 내벽에 있고 외벽에는 모란, 매화, 국화, 대나무 등 • 십장생 굴뚝(보물 제 810호) : 넓이 318 cm, 높이 236 cm, 폭 65 cm의 벽면에 십장생(해, 산, 구름, 바위, 소나무, 거북, 사슴, 학, 불로초, 물), 용(왕), 해태, 박쥐, 포도, 연꽃, 대나무 등
창덕궁 (태종 5년) (1405년)	특징	• 경복궁의 동쪽에 위치, 동관대궐, 동궐(東闕)이라고도 함 • 지세에 따른 자연스러운 건물 배치, 지형을 이용한 후원 형 조경 양식 • 자연의 순리를 존중하며 자연과의 조화를 기본으로 하는 한국적 미학의 특성이 표현된 정원 • 천연기념물 : 향나무(제194호), 600년 된 다래나무(제251호)

창덕궁 (태종 5년) (1405년)	공간 구성	• 돈화문(敦化門) : 창덕궁의 정문 • 대조전 후원 : 넓은 잔디밭으로 조성 • 낙선재 후원 : 5단의 화계, 관목류 식재 • 금원, 비원, 북원 : 후원 • 애련정역 : 연경당, 99칸 건축물, 단청하지 않음 애련지(송대 주돈이의 시 '애련설'에서 유래) • 부용정역 : 후원 입구에서 가장 가까운 정원(방지원도) • 관람정역 : 상지(관람지)에 존덕정(6각 지붕 정자), 하지(관람지)에 관람정(부채꼴 모양) • 옥류천역 : 후원의 가장 안쪽에 있는 C자형 곡수거와 인공 폭포가 있으며 방지안에 청의정(모정)이 있는 아름다운 계원
창경궁 (성조 14년) (1483년)		• 안순왕후를 위해 만들어진 이궁 • 통명 정원 : 사상적 배경은 불교이며 계단식 후원 • 석란지 : 정토 사상 배경의 연못(중도형 장방지)
덕수궁	석조전	하딩이 설계한 우리나라 최초의 서양식 건축물
	침상원	연못과 분수를 중심으로 한 프랑스식 정형 정원으로 우리나라 최초의 유럽식 정원
기 타	종묘	왕과 왕비를 모신 유교사당
	객관원	태평관, 모화관, 남별궁이 있으며 외국 사신을 영접하는 장소
	3대 이궁	풍양궁, 연희궁, 낙천정

경복궁 향원정

경복궁 교태전 후원

창덕궁 낙선재 후원

창덕궁 후원 옥류천 곡지

⑷ 주택 정원

특징	• 풍수도참설 사상의 영향으로 후원식, 화계식 양식 발달 • 유교사상의 영향으로 상·하, 남·녀 구별이 엄격(채와 마당으로 구분)	
공간 구성	안마당	안채 앞의 가장 폐쇄적인 공간이며 큰 나무는 식재하지 않음
	사랑마당	사랑채의 마당으로 외부 자연 경물을 이용한 인위적 경관 조성 (괴석, 경석)
	행랑마당	노비들의 가사노동 공간
	바깥마당	주택의 내·외부 연결 공간으로 농산물의 야적, 탈곡장 또는 격구장
	뒷마당	안채, 사랑채의 후면 공간으로 약초, 과원, 약포, 화계가 있음

⑸ 별서 정원

특징	세속을 벗어나 자연을 벗 삼고 풍류를 즐기며 전원 생활을 하는 장소	
대표 정원	소쇄원	양산보가 자연계류를 중심으로 조영, 대봉대-매대역-광풍각-제월당
	다산초당	정약용이 조영, 정석바위, 약천, 다조, 방지원도, 비폭, 차나무 식재
	서석지원	정영방이 조영, 중도 없는 방지가 마당을 거의 차지 (수경 정원)
	부용동 원림	윤선도가 조영, 세연정역 (계담과 방지방도, 판석보)

소쇄원

부용동 원림 세연정 일원

(사) 누정원림 양식

구 분	누(樓)의 양식	정(亭)의 양식
이용 행태	정치 행사, 연회 등의 공적 이용 공간	유상(시 짓기·읊기) 등 사적 이용 공간
건물 형태	2층으로 된 방이 없는 집(마루를 높임)	높은 곳에 건축(방이 있는 경우 50%)
대표 사례	• 광한루(1444년) : 삼신선도(봉래, 영주, 방장), 오작교(신선사상) • 활래정 지원(1816년) : 방지방도의 형태	

(아) 조선시대 건축물 특징
  ㉮ 방의 유·무에 따라 유실형(有室型), 무실형(無室型)으로 구분하였다.
  ㉯ 유실형은 방의 위치에 따라 가운데 1칸이면 '중심형', 방이 정자의 좌우 한쪽에 몰려있으면 '편심형', 마루가 가운데 있고 방이 좌우에 분리되어있으면 '분리형', 방이 정자의 뒷면 전체에 있으면 '배면형'으로 구분된다.
(자) 서원 조경
  ㉮ 서원 : 유교 사상을 배경으로 조선시대 사림(士林)에 의해 설립된 학문 연구 기관이다.
  ㉯ 역할 : 학문 연구, 선현제향, 지방의 도서관
  ㉰ 공간 구성 : 외삼문 - 누각 - 재실(기숙사 : 동재, 서재) - 강당(교육 공간) - 사당(제향 공간)
  ㉱ 식재 : 느티나무, 은행나무, 향나무, 회화나무 등을 후면에 식재하였다.
  ㉲ 대표 서원 : 소수서원, 도산서원, 옥산서원, 병산서원, 필암서원
(차) 사찰
  삼보사찰 : 승보사찰(송광사), 법보사찰(해인사), 불보사찰(통도사)

소수서원   통도사 구룡지

㈔ 민속마을
  ㉮ 하회마을 : 산태극, 물태극의 형상, 연화부수의 형상
  ㉯ 외암리 민속마을 : 송화댁, 교수댁, 영암댁 (건재고택)
  ㉰ 양동마을 : 경주, 산촌 반가

하회마을   외암리 민속마을 영암댁

(2) 중국 조경

특징	• 조경 양식은 상징적 축조가 주를 이루는 사의주의 회화 풍경식 • 자연 경관을 즐기기 위해 수려한 경관을 가진 곳에 누각이나 정자를 지음 • 자연미와 인공미의 공존, 조화보다는 대비에 중점 • 차경수법을 도입 • 태호석을 사용한 석가산 기법 • 직선과 곡선을 함께 사용	
지역적 특성	구분	북방 황실원유	소주(강남)일대 원유
	기후	한랭 건조	온난 습윤
	공간	개방적이고 규모가 큰 공간	좁은 공간에 치밀하게 조영
	소유주	봉건 황제를 위한 원유	개인 소유(다양한 원유 형태)
	경관 요소	산을 중심으로 산경과 수경의 조화 기암(태호석, 황석 등)을 이용한 석가산이 주요 경관 요소	
시대별 정원	아방궁(진나라), 온천궁(당나라), 이화원(청나라), 상림원(한나라)	

① 은 시대 : 원림은 왕과 귀족들의 사냥터

② 주 시대

원(園)	과수원
유(囿)	왕후의 놀이터(이궁), 금수를 사육
포(圃)	채소밭
영대	제사를 지내는 장소로 낮에는 조망, 밤에는 은성명월(銀星明月)을 감상

③ 진 시대

왕희지의 난정기	난정에서 벗을 모아 연회를 베푸는 장면을 문장화(유상곡수연)
아방궁·만리장성	진시황이 만든 궁궐과 성곽
도연명의 안빈낙도	전원의 안빈낙도 생활을 찬양, 한국인의 원림 생활에 영향

④ 한 시대

상림원	한나라 시대의 이궁, 꽃나무 식재, 곤명호, 곤명지, 사파지 등 6개 호수 조성
타액지원	궁궐에 근접한 정원, 연못 속에 영주, 봉래, 방장의 3섬을 조성
건축적 특징	• 관 : 궁궐에 설치하여 경관을 감상하는 장소 • 대 : 흙을 쌓아 높게 만든 건물로 경관을 감상 • 각 : 궁(왕), 서원(귀족)의 정자

⑤ 삼국시대 (위·촉·오) : 위·오나라 - 화림원 (연못을 파서 뱃놀이)

⑥ 남북조 시대

남조	화림원 궁원 계승, 수림과 호수의 자연 경관 조성
북조	양현지의 '낙양가람기'에 모습이 묘사
특성	불교와 도교의 성행으로 건축과 정원에 영향

⑦ 수 시대 : 현인궁 조성(대서원), 대운하 완성

⑧ 당 시대 : 인위적 정원을 중시하며 중국정원의 기본적인 양식 완성

궁원	장안의 3원 : 서내원, 동내원, 대흥원
이궁	온천궁 : 화천궁으로 개칭, 양귀비가 있던 장소
민간정원	• 백거이(백락천) : 중국 최초의 조원가, 백목단이나 동파종화와 같은 시에서 당 시대의 정원을 묘사 • 이덕유의 평천산장 : 중국 낙양의 교외 평천에 조영된 화려한 정원, 무산 12봉과 동정호의 9파 상징, 신선 사상 • 왕유 : 자연과 산수에 대한 시, 망천별업이라는 정원 소유

⑨ 송 시대

4대 궁원	경림원, 금명지, 의춘원, 옥진원
간산	세자를 얻기 위하여 태호석을 사용하여 석가산기법으로 쌓은 만세산
간악	• 봉우리에 인공적인 산수경관을 조성 • 화석강 : 태호석, 꽃나무를 운반하기 위해 만든 배
소주 4대 명원	사자림, 유원, 졸정원, 창랑정
창랑정	민간정원으로 소주 4대 명원 중 하나 108종의 다양한 창문 양식
최고 태호석 조건	추(皺 : 주름), 투(透 : 투명), 누(漏 : 구멍), 수(瘦 : 여림)
관련 문헌	• 이격비 『낙양명원기』: 낙양 지방의 명원 20곳을 기록 • 구양수 『취옹정기』: 시골에서의 산수 생활 기록 • 사마광 『독락원기』: 낙양에 독락원을 조성하고 은서 생활 표현 • 주돈이 『애련설』: 연꽃을 군자에 비유하여 예찬 • 주밀 『오흥원림기』: 오흥의 명원 30곳을 기록 • 시목 『사문유취』: 화훼(꽃) 34종을 기록

사자림

유원

졸정원

창랑정

⑩ 금 시대 : 경화도(북경에 건립된 궁궐)

⑪ 원 시대

궁원	금원의 도처에 석가산이나 동굴 만듦
민간정원	• 만류당(북경) : 수백 그루의 버드나무 식재 • 사자림(소주) : 화가 주덕윤과 예운림이 설계, 태호석으로 만든 9마리 사자

⑫ 명 시대

자금성	• 남북 900 m, 동서의 폭 760 m의 자금성 축조 • 높이 10 m, 너비 50 m 성벽
궁원	• 어화원 : 왕의 휴식과 즐거움의 공간, 좌우대칭으로 배치, 석가산과 동굴 조성 • 서원 : 왕의 생활, 휴식, 공무상 업무, 외교 사신 접견 등의 연회공간
민간정원	• 작원 : 미만종이 설계, 북경에 조영, 태호석을 사용한 석가산, 물가에는 버드나무 식재, 물속에는 백련 식재 • 졸정원 : 왕헌신이 설계, 소주에 조영, 중국의 대표적인 사가 정원 • 유원 : 서태시의 개인사원, '한벽산장'이라고도 함
관련문헌	• 이계성 『원야』 : 중국정원의 작정서(3권), 차경기법 강조 • 문진향 『장물지』 : 조경식재(배식)에 관한 기록(12권) • 황세정 『유금릉제원기』 : 36개의 남경 명원을 소개 • 유조형 『경』 : 산거 생활을 수필 형식으로 기록

⑬ 청 시대

원명원 이궁 (북경)	• 청나라 4대왕 강희제가 축조 • 동양 최초의 서양식 기법 도입(르 노트르의 영향), 바로크 양식도 첨가
이화원(청의원) 이궁 (북경)	• 신선 사상을 배경으로 건륭제가 증축, 개축하여 원림완공 • 대가람인 불향각을 중심으로 한 수원(水苑) • 호수 중심에 만수산이 있으며 3/4이 수 경관 • 강남의 명승지를 재현, 청대의 예술적 성과를 대표
승덕 피서 산장	• 강희제가 시작하여 건륭제가 완공한 황제의 여름별장(승덕에 위치) • 규모가 560ha이며 3개의 섬에 호수구가 6개 • 산장 안에 사묘(寺廟)가 많고 강남의 명승지를 재현

원명원

이화원

(3) 일본 조경

특징		• 조경 양식은 조화에 비중을 크게 두는 자연 풍경식 발달 • 자연의 사실적인 묘사보다는 풍경을 이상화하여 상징화된 형태를 표현 • 자연 재현 → 추상적 표현 → 축경화로 발달 • 인공적 기교와 관상적 가치에 집중, 세부적인 표현 기법 발달	
정원 양식의 변천	축산 임천식 회유 임천식	주변을 회유하면서 감상할 수 있도록 정원의 중심에 연못과 섬을 만들고 다리를 연결해주는 기법	
	고산수식	축산 고산수식(14C)	평정 고산수식(15C)
		• 나무를 손질하여 산봉우리, 바위 등을 세워 폭포를 상징하고 왕모래를 사용하여 냇물이 흐르는 이미지를 표현 • 대표 정원 : 대덕사 대선원	• 일본정원의 대표적인 석축 기법이 최고로 발달한 시대 • 왕모래와 바위만 사용 • 대표 정원 : 용안사 방장정원
	다정식 (16C)	• 다실을 중심으로 소박한 아름다움을 보여주는 양식 • 곡선적인 윤곽선 처리가 특징 • 좁은 공간의 효율적인 구성으로 모든 시설 설치 가능	
	원주와 임천형	임천 양식과 다정 양식을 혼합하여 기능성과 아름다움을 표현	
	축경식	자연 경관을 정원에 옮기는 기법	

회유 임천식(평안신궁)

평정 고산수식(교토 용안사)

① 비조(아스카) 시대 (593~700) : 백제의 노자공이 일본에 건너가 6세기 초(612년) 남정에 축산식 정원인 수미산과 오교로 된 정원을 조원했다는 기록(일본서기 : 일본 조경에 관해 현존하는 최고의 기록)

수미산	구산팔해로 되어 있는 세계의 중심에 서있는 상상의 섬(불교 사상이 배경)
봉래 사상	중국의 삼신선 사상에서 비롯되어 봉래 사상으로 발전, 학도, 구도, 봉래산이라는 정원으로 표현

② 나라 시대 : 백제 멸망 이후 백제 유민이 유입되었던 시기, 불교 전파, 귀족 문화 생성, 당나라의 영향 시작

불교 문화	사찰 건축, 불교·봉래 사상으로 봉래 정원 조성
굴도궁	태자의 집으로 바닷가와 같은 모습으로 바위, 돌, 폭포가 존재(만연집의 기록)
평성궁	• 대지천의 모양이 S자 모양 • 대륙식 양식으로 연못은 입석과 호안석조 등

③ 평안 (헤이안) 시대 (793~1191)

하원원	• 해안 풍경을 본 뜬 정원, 귀족들의 사교 또는 가무의 공간 • 연못에 가마솥을 설치하여 해수가 수증기로 변화하여 하늘로 오르게 함
신천원	• 왕의 위락 공간, 낚시, 뱃놀이, 수렵 등 • 자연적인 경관에 입석을 배치, 침전형, 침전조 양식의 초기 형태
대각사 차아원	• 도시 밖 별장의 형태를 한 왕의 이궁으로 후에 사찰로 재축됨 • 신선 사상을 바탕으로 한 풍경식 정원, 바닥에 돌을 고정
침전조 정원	• 남정 : 흰 모래를 사용, 연회나 행사 장소로 사용 • 조전 : 낚시, 뱃놀이를 위한 승하선 공간으로 사용 • 주택 건물 앞에 정원을 배치하는 기법으로 일승원 정원, 동삼조전 정원 등
작정기 (作庭記)	• 일본 최초의 조원 지침서 • 침전조 건물에 어울리는 조원법 수록 • 내용 : 돌을 세울 때 마음가짐과 세우는 방법, 못과 섬의 형태, 야리미즈(견수, 도수법)에 관한 기법, 폭포 만드는 방법
정토정원	• 불교의 정토 사상을 바탕으로 현세에 극락정토를 묘사하는 사원정원 형식 • 조경기법 : 수미산 석조, 구산팔해, 야박석 등 • 기본 배치 : 직선배치 (남대문 → 홍교 → 중도 → 평교 → 금당으로 이어짐) • 대표 정원 : 모월사 정원, 평등원 정원

평등원   평등원 석등

④ 겸창(가마쿠라) 시대 : 선종의 전파로 정원 양식에 영향을 줌

정토정원	정유리사 정원, 청명사 정원, 영보사 정원
선종정원	서천사 정원, 서방사 정원(태사정원), 남선원 정원
몽창국사	• 선종정원의 창시자, 겸창, 실정 시대의 대표적 조경가 • 정토 사상을 바탕으로 선종의 자연 표현 • 대표 정원 : 서방사 정원, 영보사 정원, 서천사 정원, 천룡사 정원

⑤ 실정(무로마찌) 시대(1334~1573) : 선종의 영향으로 정토정원은 유지하면서 고산수 정원의 형성

북산 문화	금각사(녹원사)를 기반으로 사무라이 문화 + 귀족 문화 → 화려한 이미지	
동산 문화	은각사(자조사)를 기반으로 소박한 문화	
정토정원	• 천룡사 : 조원지 중심의 心자형 연못(왕의 명목을 비는), 못가에 경석 배치 • 금각사(녹원사) : 족리의만 조성, 사리전(3층), 관음전(2층), 침전조풍(단층)의 주택 • 황금각이 지원 북안에 배치, 야박석 배치, 화려한 문화 • 은각사(자조사) : 족리의정 조성, 소박하고 은은한 문화	
고산수 정원 (Dry Landscape)	• 돌이나 모래로 바다나 계류를 표현, 물을 쓰지 않은 정원 • 선사상의 영향 → 상징성, 추상적 표현 • 정토 사상을 바탕으로 함 • 정원의 실용적 요소 없이 모래와 돌을 사용하여 산수 풍경을 표현 • 모래 : 호수, 바다 • 입석 : 폭포 • 정원석 : 섬, 부처	
	축산 고산수	평정 고산수
	• 초기의 방법으로 소량의 식물 사용 • 대표 정원 : 대덕사 대선원	• 발전된 단계로서 식물은 전혀 사용하지 않고 왕모래와 바위만을 사용 • 대표 정원 : 용안사 방장 정원

⑥ 도산(모모야마) 시대 (1576~1651)
　㈎ 도요토미 히데요시의 통치시대, 기존의 자연 순응적 정원에서 탈피 → 귀족적, 화려한 정원 출현
　㈏ 다도가 유행하여 다정 양식 정원 시작(기본사상 : 선사상)

서원조 정원	지배계층의 절대 권력을 상징 - 감상만을 목적으로 하는 화려한 양식	
	삼보원 정원	풍신수길 축조, 호화로운 조석(組石)과 명목(名木), 폭포, 석교 등이 과다 사용
	이조성 정원	소굴원주 축조, 삼도형지(三島形池)
다정원	• 다실을 중심으로 다도를 즐기는 소박한 정원 • 첨경물 : 물통(돌그릇), 디딤돌, 석등, 석탑 • 노지 : 다실에 이르는 통로 공간 • 다정 : 차를 마시며 다도를 구성하는 요소	
대표 조원가	• 천리휴 : 자연 속에 있는 듯 한 숲속 분위기 연출 • 소굴원주 : 인공미를 더한 수목 표현	

⑦ 강호(에도) 시대 (1603~1867)
　㈎ 자연 축경식 정원 : 일본의 특징적 조경 문화, 다정 양식의 완성
　㈏ 대명정원 : 대명 저택의 정원, 회유임천식 : 다정 양식 + 임천식

대표 정원	회유식 정원	수학원 이궁, 계리궁 이궁(가쓰라이궁)
	대명 정원	소석천후락원, 빈이궁 정원, 율림공원, 수전자 성취원, 강산후락원

⑧ 명치(메이지) 시대 : 메이지 유신 이후 문화 개방으로 서양 조경 문화 도입

축경식 정원	자연 풍경을 그대로 축소시켜 표현, 규모가 작은 공간에 기암절벽, 폭포, 연못, 탑 등을 한눈에 감상할 수 있게 조성	
대표 정원	신숙(신주쿠)어원	앙리 마르티네 설계, 프랑스식 + 영국식 + 일본식
	적판(아카사카) 이궁원	프랑스 베르사이유 형식
	일미곡(히비야) 공원	일본 최초의 서양식 공원

한·중·일 조경 양식 비교

구분	한국	중국	일본
경관 표현 기법	• 정원 자체를 자연 경관 속에 배치 • 조성된 장소 자체를 바라보는 것과 조성된 공간에서 주변 경관을 바라보는 두 가지 경우	폐쇄된 회랑과 확 트인 오픈스페이스 공존 → 대비감과 경이감 강조	정원 내에서 또는 정원 간의 주변 경관을 충분히 감상할 수 있는 차경 기법 발달
수목 요소	• 자생수종을 이용하며 수목 활용 기법은 전통 중국 조경과 유사	• 중국원산을 많이 사용 • 세한삼우(송, 대, 매)와 분 식물 사용 → 강조 효과	• 전정된 수목, 잔디, 이끼, 지피 식물 많이 이용 • 고밀도 공간에 수목을 축소하여 식재하는 다정원
수경 요소	• 지와 당을 이용 • 연못의 호안을 수직으로 곧게 쌓아올린 바른층 쌓기, 방지원도의 특징	• 태호석 이용 외에 암석을 쌓아서 상징적인 표현을 하는 철산 기법 사용 • 곡선형이 많음	• 물을 인공적으로 돌려 해안을 묘사한 회유식 • 곡선형이 많음
기타	• 낮은 담장을 이용하여 공간을 구분 • 평교와 독목교 • 경사지를 이용한 화계 • 소박한 포장을 지향 • 석분과 괴석 설치	• 곡교-사의적인 의미와 다양한 경관 시점 제공 • 바닥 포장용 포지 • 창문과 문의 기능을 동시에 하는 동문	• 홍예교를 주로 사용 • 고산수식 정원으로 고도의 상징미 표현 • 자연스럽고 소박한 포장을 지향

핵심문제

1. "자연은 직선을 싫어한다." 라고 주장한 영국의 낭만주의 조경가는?
㉮ 브리지맨 ㉯ 켄트
㉰ 챔버 ㉱ 렙턴
해설 윌리엄 켄트 : 영국의 낭만주의 조경가로, 직선을 배척하고 부드럽고 불규칙적인 생김새의 정원 구성 양식을 추구했다.

2. 우리나라 조경의 성격 형성에 영향을 끼친 주요 인자가 아닌 것은?
㉮ 신선 사상
㉯ 급격한 경사를 지닌 구릉 지형
㉰ 사계절이 분명한 기후
㉱ 순박한 민족성
해설 구릉 지형은 계단식(노단식) 조경 양식으로, 이탈리아 조경의 특징이다.

3. 회교식 건축수법과 함께 발달한 정원양식은?
㉮ 이탈리아 정원 ㉯ 프랑스 정원
㉰ 근대건축식 정원 ㉱ 스페인 정원
해설 스페인의 이슬람 정원(중세)은 물과 분수를 많이 이용하였으며 주변은 회교도 풍의 정교한 건축수법을 이용한 정원 양식이다.

4. 다음 중 인도 정원에 영향을 미친 가장 중요한 요소는?
㉮ 노단 ㉯ 토피어리
㉰ 돌수반 ㉱ 물
해설 인도 정원 : 물을 이용하여 목욕 및 종교 의식 행사를 행한다.

5. 정원의 개조전후의 모습을 보여주는 레드북(red book)의 창안자는?
㉮ 험프리 렙턴 (Humphrey Repton)
㉯ 윌리엄 켄트 (William Kent)
㉰ 랜실롯 브라운 (Lancelot Brown)
㉱ 브리지맨 (Bridgeman)
해설 험프리 렙턴 (Humphrey Repton, 1752 ~1818)은 사실주의 자연풍경식 정원을 완성한 이론가 설계자로 자연미를 추구하고 동시에 실용성과 인공적인 특징을 잘 조화시켰으며 레드북(스케치북)을 창안하였다.

6. 베르사유 궁원을 꾸민 사람은?
㉮ 르노트르 ㉯ 옴스테드
㉰ 챔버 ㉱ 팩스톤
해설 프랑스 정원 : 베르사유 궁전 (앙드레 르노트르 설계)은 평면기하학식 (르노트르식)이다.

7. 자연식 조경 중 숲과 깊은 굴곡의 수변을 이용한 정원 양식은?
㉮ 전원 풍경식 ㉯ 회유 임천식
㉰ 고산수식 ㉱ 중정식
해설
① 회유 임천식 : 물을 가져다 정원에 이용한 것으로 물이 자연스럽게 움직인다.
② 전원 풍경식 : 자연의 멋을 그대로 정원에 사용한 양식으로 18세기 이후 영국, 독일의 정원 양식이다.
③ 고산수식 : 물을 사용하지 않으며 일본식 정원 양식이다.
④ 중정식 : 정원의 중심에 화단이 위치하며 스페인의 정원 양식이다.

8. 고려시대 정원 요소의 두드러진 특징이

해답 1. ㉯ 2. ㉯ 3. ㉱ 4. ㉱ 5. ㉮ 6. ㉮ 7. ㉯ 8. ㉱

아닌 것은?
- ㉮ 석가산(石假山)
- ㉯ 원정(園亭)
- ㉰ 화원(花園)
- ㉱ 화계(花階)

해설
① 석가산 : 돌로 쌓아서 만든 인공의 산
② 원정 : 정자
③ 화원 : 정원
④ 화계 : 조선시대 경복궁 교태전 후원

9. 중국 정원의 기원이라 할 수 있는 것은 어느 것인가?
- ㉮ 상림원
- ㉯ 북해공원
- ㉰ 중앙공원
- ㉱ 이화원

해설 상림원
① 중국 진한시대 임금의 동산이다.
② 중국의 정원의 효시이며 동양 정원에서 가장 오래된 정원이다.
③ 황제가 사냥하는 수렵터이기도 하였다.

10. 우리나라에서 최초의 유럽식 정원은?
- ㉮ 덕수궁 석조전 앞 정원
- ㉯ 파고다 공원
- ㉰ 장충 공원
- ㉱ 구 중앙청사 주위 정원

해설
① 덕수궁 석조전 앞 정원 : 우리나라 최초의 유럽식 정원이다.
② 탑골 공원(파고다 공원) : 우리나라 최초의 대중 공원이다.

11. 일본의 다정(茶庭)이 나타내는 아름다움은 무엇인가?
- ㉮ 조화미
- ㉯ 대비미
- ㉰ 단순미
- ㉱ 통일미

해설
① 다정식 : 모양이나 색깔이 비슷한 것을 비교하여 아름다움을 표현하는 조화미의 정원 양식으로 일본 정원 양식이다.
② 다정 : 차를 마시면서 휴식하는 공간의 기능이 있는 정원이다.
③ 대비 : 모양이나 색깔이 다른 것은 비교하여 아름다움을 표현하는 대비미의 정원 양식으로 중국 정원 양식이다.

12. 차폐를 할 필요가 있을 때는?
- ㉮ 아름다운 곳을 돋보이게 하기 위해
- ㉯ 경관상의 가치가 없거나 너무 노출된 것을 막기 위해
- ㉰ 차경(借景)을 하기 위해
- ㉱ 통경선을 조성하기 위해

해설 차폐 : 경관상의 가치가 없거나 시각적으로 보기 흉한 곳을 막고 다른 것을 이용하여 시각적으로 아름답게 나타내는 것

13. 다음 중 중세시대의 스페인-사라센 문화에 의해 이루어진 조경 작품으로 구성된 것은?
- ㉮ 알함브라, 헤네랄리페
- ㉯ 알함브라, 타지마할
- ㉰ 타지마할, 헤네랄리페
- ㉱ 알함브라, 니샤트바

해설 스페인(에스파냐) 정원
① 회교도풍의 정교한 건축수법이 발달하였으며 물을 중요시했다.
② 중정식 정원 : 스페인의 이슬람 정원(중세)의 대표적인 양식이다.
③ 파티오식 발달 : 로마의 영향
④ 궁정정원 유적 : 알함브라, 헤네랄리페

14. 일본 정원의 특색은 일반적으로 다음 중 어디에 치중하는가?
- ㉮ 실용적
- ㉯ 기교와 관상적
- ㉰ 생활과 오락적
- ㉱ 사의적

해설 일본 정원의 특색 : 기교와 관상적 가치에 치중하며, 축경식이다.

15. 다음 중 가장 오래된 정원은?
- ㉮ 공중정원(hanging garden)

해답 9. ㉮ 10. ㉮ 11. ㉮ 12. ㉯ 13. ㉮ 14. ㉯ 15. ㉮

㉯ 알함브라(Alhambra) 궁원
㉰ 베르사유(Versailles) 궁원
㉱ 보르 비 콩트(Vaux-le-Vicomte)

해설 ① 공중정원 : 서양 정원에서 가장 오래 된 정원으로 바벨탑이라고도 한다.
② 상림원 : 중국 진한시대 임금의 동산이 있으며, 중국 정원의 효시이자 동양 정원에서 가장 오래된 정원이며 황제가 사냥하는 수렵터이기도 하였다.

16. 옛날 처사도(處士道)를 근간으로 한 은일 사상이 가장 성행하였던 시대는?
㉮ 고구려시대 ㉯ 백제시대
㉰ 신라시대   ㉱ 조선시대

해설 조선시대 : 은일 사상(자연회귀)은 조선시대에 가장 성행했으며 별서정원의 형태이다.

17. 일본에서 고산수법이 가장 크게 발달했던 시기는?
㉮ 가마쿠라 시대 ㉯ 무로마치 시대
㉰ 모모야마 시대 ㉱ 에도 시대

해설 일본의 정원 양식 : 무로마치 시대에 고산수법 정원 양식이 발달했다.

18. 다음 중 Nicholas Fouguet가 소유하였고, 앙드레 르노트르의 출세작으로 알려진 정원은?
㉮ 베르사유 정원
㉯ 보르 비콩트 정원
㉰ 버컨헤드파크
㉱ 센트럴파크

해설 보르 비콩트 정원 : 니콜라 푸케의 정원으로 루이 13세 시기 앙드레 르노트르가 설계하였다.

19. "자연은 직선을 싫어한다."라는 신조에 따라 직선적인 원로와 수로, 산울타리 등을 배척하고 불규칙적인 생김새의 정원을 꾸민 사람은?
㉮ 런던(London)
㉯ 브리지맨(Bridgeman)
㉰ 윌리엄 켄트(William Kent)
㉱ 험프리 렙턴(Humphrey Repton)

해설 윌리엄 켄트 : 영국의 낭만주의 조경가로, 직선을 배척하고 부드럽게 불규칙적인 생김새의 정원 구성 양식을 추구했다.

해답 16. ㉱ 17. ㉯ 18. ㉯ 19. ㉰

SECTION 3 조경 계획 및 설계

3-1 조경 계획과 설계

(1) 조경 계획과 설계의 정의와 개요

구분	조경 계획(planning)	조경 설계(design)
정의	장래의 행위에 대한 구상을 하는 과정	제작, 시공을 목표로 여러 가지 창의성을 도출하여 도면 또는 스케치로 표현하는 것
과정	목표 설정 → 자료 분석 → 기본 계획	기본 설계 → 실시 설계
작성	합리적 분석 결과를 서술형으로 표현	창의적 표현이며 도면, 그림, 스케치로 표현

> **Tip** 조경 프로젝트의 수행 단계 : 계획 → 설계 → 시공 → 관리

(2) 조경 계획의 접근 방법

① S. Gold(1980)의 레크리에이션 계획 접근 형태
  (가) 행태 접근법 : 이용자의 구체적인 행동 및 생활 양식을 분석, 판단하여 계획에 반영하여 행동하는 방법
  (나) 활동 접근법 : 레크리에이션 활동에서 과거 참가 사례가 앞으로의 레크리에이션 기회를 결정하도록 계획하는 방법으로 공급이 수요를 만들어 내는 방법
  (다) 경제적 방법 : 지역 사회의 경제 기반 및 예산이 레크리에이션의 종류, 입지를 결정
  (라) 자원 접근법 : 공급이 수용를 제한하는 형태로 물리적 자원, 자연 자원이 레크리에이션의 유형과 양을 결정하는 방법

(3) 조경 계획과 설계의 과정

목표 설정 → 현황 분석 및 종합 → 기본 구상 → 기본 계획 → 기본 설계 → 실시 설계

① 조경 계획
  (가) 목표 설정
    ㉮ 계획의 기본 방향을 결정한다.
    ㉯ 조경 대상과 공간 규모(종류, 규모, 수용 인원)를 설정한다.
  (나) 기초 조사 및 자료 분석(현황 분석)과 종합
    ㉮ 자연 환경 분석 : 지형, 토양, 수문(집수, 지하수, 홍수 범람 지역 등) 식생, 기후의 시각 등 물리적, 생태적 분석
    ㉯ 인문 환경 분석 : 인구 조사, 토지 이용(법적 지목과 실제 이용 상태), 교통 조사, 시설물 조사 등의 이용자를 이해하는 사회, 행태적 분석
    ㉰ 경관 분석 : 경관을 구성하고 있는 특성 및 요소 분석
  (다) 기본 구상
    ㉮ 현황 자료 분석을 종합하여 개략적인 계획안을 결정하는 단계로 몇 개의 대안을 비교하여 최종안을 결정한다.
    ㉯ 계획의 기본 방향, 이용자 수요 측정, 도입 활동 및 시설, 시설 공간 배분 등을 한다.
  (라) 기본 계획
    ㉮ 토지 이용 계획, 교통 동선 계획, 시설물 배치 계획, 식재 계획, 하부 구조 및 집행 계획 등 부분별 계획을 세운다.
    ㉯ 토지 이용 계획 : 토지 이용 분류→ 적지 분석→ 종합 배분
② 조경 설계
  (가) 기본 설계
    ㉮ 기본 계획을 구체적으로 발전시켜 공간의 정확한 규모, 재료 등을 제시한다.
    ㉯ 기본 설계의 과정 : 설계 원칙 추출→ 공간 구성 다이어그램→ 설계도 작성
      ㉠ 공간 구성 다이어그램 : 공간별 배치 및 공간 상호 관계를 표현한다.
      ㉡ 설계도 작성 : 설계의 표현적 창의력이 가장 많이 작용하는 단계이다.
  (나) 실시 설계 (세부 설계)
    ㉮ 기본 설계를 바탕으로 실제 시공이 가능할 수 있게 평면도, 입면도, 단면도 및 상세도 등의 시공도면과 시방서, 공사 내역서를 작성한다.
      ㉠ 평면도 : 일반적으로 구조물을 위에서 보고 그린 도면이다.
      ㉡ 입면도 : 구조물을 정면에서 투상하여 본 대로 그린 도면이다.
      ㉢ 단면도 : 내부를 나타낼 필요가 있는 경우에 그 전부 또는 일부를 절단하였다고 생각하고 그림으로 나타낸 도면이다.
      ㉣ 투시도 : 보이는 형상 그대로 그리는 그림으로 3차원의 느낌이 실제의

모습과 비슷하다.
㉯ 시방서 : 설계, 제조, 시공 등 설계 도면에 표시하기 어려운 재료의 종류, 품질, 기준 등을 문서로 작성한 규정 사항이다.

> **Tip**
> • **표준시방서** : 국토해양부에서 발행한 것으로 조경 공사를 위한 표준 규정을 명시한다.
> • **특기시방서** : 표준시방서에 명기되지 않은 해당 공사의 특별한 시공법을 보충한다.

㉰ 품셈 : 공사 목적을 달성하기 위하여 인건비, 자재비, 경비 등 단위 물량당 소요되는 노력(품)과 물질을 수량으로 표시한 것으로 일위대가표 작성의 기초가 된다.
㉱ 일위대가표 : 단위당 필요한 자재비, 인건비, 경비가 소요되는 금액을 단위가격 0.1원으로 단위 물량당 공사비를 산출한 도표이다.

(4) 설계의 표현

① 설계와 제도 용구

㉮ 자

특성별 분류	특 징
T자	• T자 모양의 자로 수평선을 긋거나 삼각자의 안내자로 사용 • 몸체 길이는 450, 750, 900, 1200, 1800 mm가 있음
삼각자	• T자와 함께 수직선과 사선을 긋는 데 사용 • 45°의 직각 이등변 삼각형인 것과 30°, 60°의 직각 삼각형인 것
스케일 (삼각축적)	단면이 삼각형이며 각 변에 1/100 m의 눈금부터 1/600 m까지의 눈금이 표시되어 있음
운형자	컴퍼스로 그리기 어려운 원호나 곡선을 그릴 때 쓰임
자유곡선자	여러 가지 자유롭게 곡선을 그리는 데 사용되며, 납과 고무로 만들어져 자유롭게 구부릴 수 있음
템플릿 (형판)	아크릴이나 얇은 셀룰로이드판에 작은 원, 원호, 화살표 등을 뚫어 놓았고 정확하고 쉽게 그릴 수 있어 설계 시 수목 표현을 하기 위해 많이 이용

㉯ 컴퍼스 (compass) : 원을 그리는 데 이용, 크기에 따라 대형, 중형, 소형으로 나뉨

특성별 분류	특 징
비례 컴퍼스	도형을 확대 또는 축소할 때 사용
빔 컴퍼스	큰 원을 그릴 때 쓰는 특수형 컴퍼스
스프링 컴퍼스	반지름이 25 mm 이하인 원을 그릴때 이용
드롭 컴퍼스	반지름이 2~5 mm 정도인 아주 작은 원을 그릴 때 이용

㈐ 디바이더(divider) : 선의 등분, 원의 등분 및 치수를 옮길 때 사용
㈑ 제도 기계(drafting machine) : T자, 삼각자, 스케일, 각도기 등의 기능을 겸한 만능 제도기로서 많이 이용되고 있음

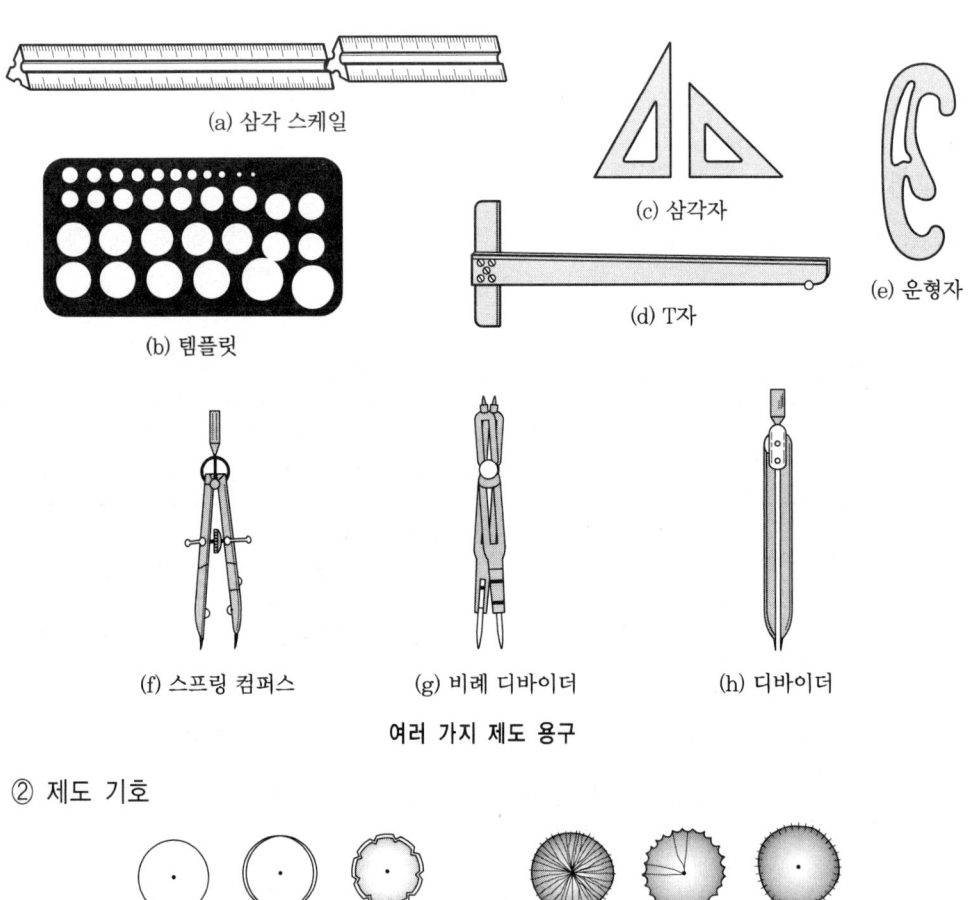

(a) 삼각 스케일 (b) 템플릿 (c) 삼각자 (d) T자 (e) 운형자
(f) 스프링 컴퍼스 (g) 비례 디바이더 (h) 디바이더

여러 가지 제도 용구

② 제도 기호

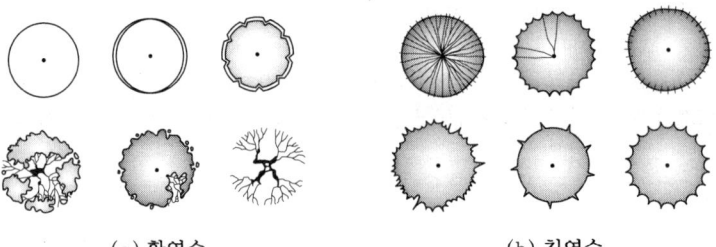

(a) 활엽수   (b) 침엽수

수목 표현 제도 기호

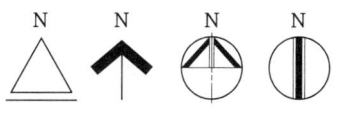
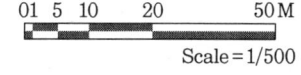

방위 표시 제도 기호　　　　막대 축적 제도 기호

③ 제도의 일반 사항

(가) 제도의 순서

㉮ 도면의 축적을 정한다(주택 정원 축적: 1/50~1/100).

㉯ 도면의 윤곽 및 표제란을 정한다.

㉰ 도면의 위치 및 배치를 한다.

㉱ 제도를 한다.

(나) 제도의 일반 사항

㉮ 윤곽선 작업 : 왼쪽 여백은 철할 때는 2 mm, 철 안할 때는 10 mm이고, 기타 여백은 10 mm이다.

㉯ 표제란 : 도면 오른쪽의 맨 아래로 잡으며 도면 번호, 공사명, 축적, 책임자, 설계자, 도면 작성 연월일, 작품 번호 등을 기입한다.

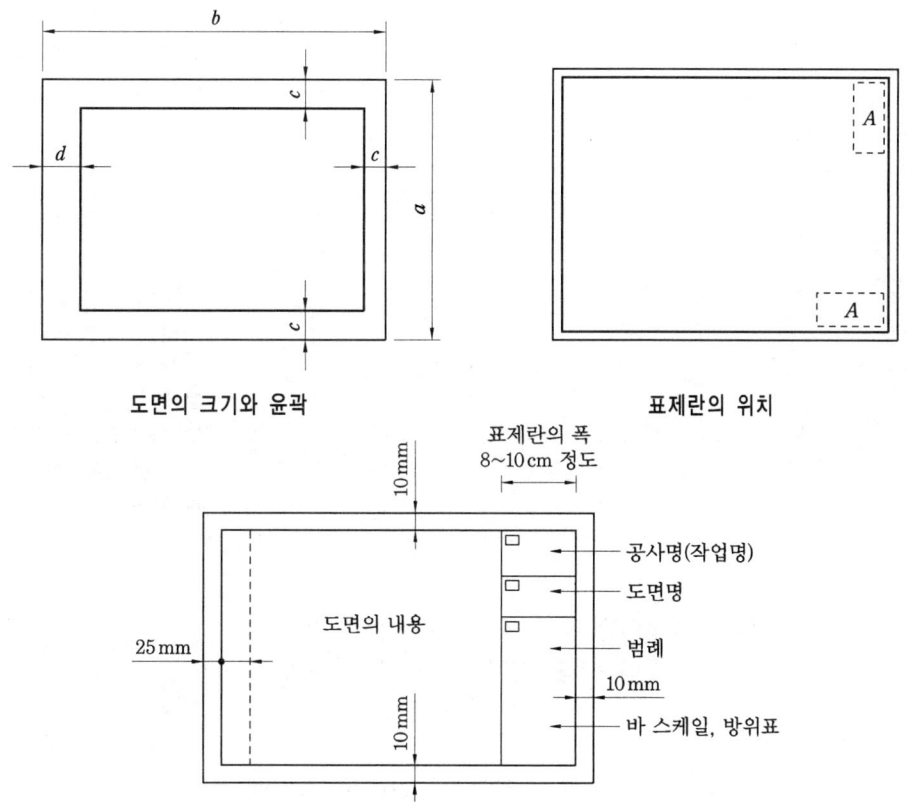

도면의 크기와 윤곽　　　　표제란의 위치

도면의 구성

㉰ 도면의 치수 : mm 단위로 기입하고 단위 기호는 생략한다.
㉱ 도면의 내용은 왼쪽에서 오른쪽으로, 아래에서 위로 읽을 수 있도록 기입한다.

④ 제도선의 종류와 용도

구 분		선 표현	굵 기	용도별 명칭	용 도
실선	굵은 실선	———	0.8 mm	단면선 외형선 파단선	부지외곽선, 단면의 외형선
	중간선	———	0.3~0.5 mm		• 시설물 및 수목 표현 • 보도포장 패턴, 계획 등고선
	가는 실선	———	0.2 mm	치수선, 치수보조선, 지시선, 해칭선	치수를 기입하기 위한 선, 치수보조선, 인출선, 각도 설명 등을 나타내는 지시선 및 해칭선
허선	점선	·········	-	숨은선	물체의 보이지 않는 부분의 모양을 표시, 기존 등고선 표시
	파선	- - - - -	-		
	1점 쇄선	—·—·—·—	0.2~0.8 mm	중심선 절단선 경계선	• 물체의 중심축, 대칭축 표시 • 물체의 절단한 위치나 경계선으로 사용
	2점 쇄선	—··—··—		가상선	물체가 있는 것으로 가상되는 부분을 표시하거나 1점 쇄선과 구별할 때 사용

인출선 : 도면의 내용물에 설명할 수 없을 때에 사용하는 가는 실선으로 수목명, 수량, 규격을 표시한다.

⑤ 설계도의 종류
 ㈎ 평면도 : 물체를 위에서 내려다 본 것으로 가정하고 작성된 도면이다.

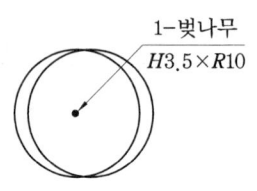

인출선

(나) 입면도 : 물체를 정면에서 본대로 그린 도면이다.

(다) 단면도 : 사물을 위에서 아래로 자른 다음 정면에서 보이는 대로 그린 것으로 그 물체의 내부 구조를 나타낸 도면이다.

(라) 상세도 : 평면도, 단면도에 잘 나타나지 않은 부분을 상세히 표현한 도면으로 1/10~1/50의 확대된 축적으로 작성되며 재료, 치수 등이 자세히 기록한다.

(마) 조감도 : 높은 곳에서 구조물을 새가 내려다본 것처럼 표현한 그림으로 사실적으로 표현해 내어 이해를 돕는다.

(바) 투시도

㉮ 사람이 선 자세에서 건물을 보았을 경우 실제로 보이는 것처럼 절단한 면을 그린 그림이며 3차원의 느낌으로 실제의 모습과 가장 가깝다.

㉯ 투시도에 있어 투사선은 관측자의 시선으로 화면을 통과하여 시점이 모이게 된다.

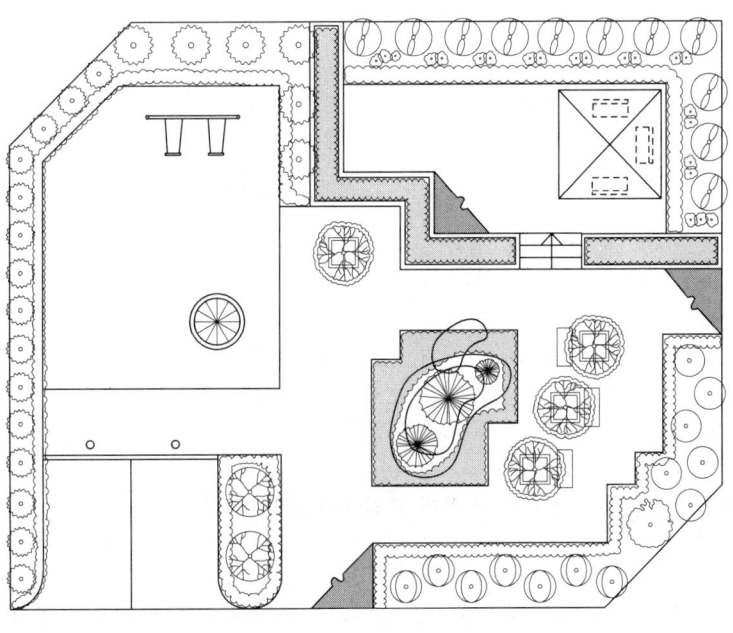

평면도

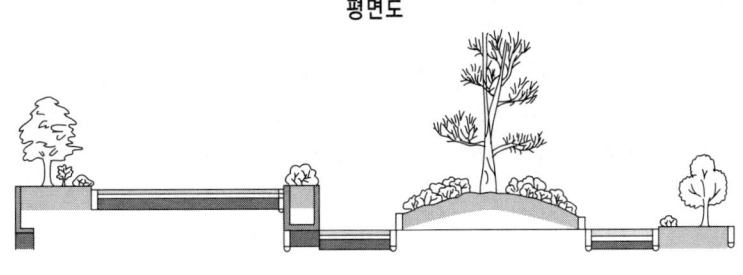

단면도

⑥ 컴퓨터를 이용한 설계
   ㈎ 지리 정보 시스템(GIS) : 조경 계획, 설계에 앞서 설계 대상지의 특성을 분석하기 위하여 지리 정보 데이터를 이용하여 자료를 수집 및 분석하고 종합하는 데 이용한다.
   ㈏ 캐드 시스템(CAD system) : 도면 작성, 편집, 출력
   ㈐ 이미지 프로세싱(image processing) : 투시도, 조감도, 스케치 작업

(5) 조경미

① 경관 구성의 요소

선	• 직선 : 강직하고 일정한 방향 제시, 험준한 산봉우리, 절벽 등 • 곡선 : 부드럽고 우아한 자연미, 구릉지, 하천 등 • 지그재그선 : 여러 방향을 제시, 역동적이고 활발한 이미지 수평선-대지, 고요, 세속적, 만족 　 수직선-고상함, 영감(靈感)을 줌, 극적임, 야망을 품음 　 활동적 곡선적, 부드러움, 연함 유쾌함, 여성적임, 아름다움 　 감정이 넘침 　 흐름, 기복
형태	• 자연적인 형태 : 산과 들, 바다, 하천, 수목 등 자연적 경관 • 정형적인 형태 : 인위적으로 조성된 도시 경관의 건축물, 도로, 다양한 시설물 등
크기와 위치	물체의 크기와 위치에 따라 이미지는 다르게 보임
질감	• 물체 표면의 거칠고 매끄러운 정도가 시각적으로 인지되는 현상 • 모든 조경 요소는 고유의 질감을 나타내며 경관의 이미지와 분위기를 다르게 형성하는 요소로 작용
색채	• 색채의 지각 과정에서 특정 이미지를 연상하게 되는 요소 • 색채의 공감각을 이용한 색채 조절은 미적인 면 외에 기능적인 면을 조경 공간에 적용시키는 다양한 방법으로 활용 가능

② 경관 구성의 기본 원리

통일	동일성과 유사성을 기본으로 안정감과 편안한 이미지 표현 (a) 극도의 다양성으로 인한 혼란 (b) 규칙적인 배열과 반복에 의한 통일 (c) 통일성이 부족한 조화 (d) 통일성과 다양성의 조화 (e) 극도의 통일성으로 인한 단조로움
균형	• 대칭 : 정형식 정원에서 사용되며 축을 중심으로 상하좌우로 균등하게 배치 • 비대칭 : 자연 풍경식 정원에서 사용
강조	대비가 강한 형태, 색채, 질감 등을 사용하여 지루함을 없애고 개성 표현
비례	폭, 면적, 길이, 높이에 규칙적으로 변화를 주어 배치
리듬	선, 면, 형태, 색채, 질감이 규칙적, 주기적으로 반복되는 것
차경	주변의 자연 경관을 도입해 이용하는 방법

③ 경관의 형식적 유형

파노라믹 경관	• 광활한 대지의 웅장함과 아름다움을 느낄 수 있는 시야에 제한받지 않고 멀리까지 트인 경관 • 독도의 전망대에서 바라보는 경관
지형 경관	지형 지세가 경관에서 특징을 보여주며 경관의 지표가 되는 경우
위요 경관	• 수목 또는 경사면 등 주위 경관 요소들에 의하여 울타리처럼 자연스럽게 둘러싸여있는 경관 • 안정감, 포근함 등 정서적인 느낌
초점 경관	관찰자의 시선이 경관 안의 어느 한 점으로 유도되도록 구성된 경관
관개 경관	터널 경관으로 노폭이 좁아서 나뭇가지와 잎들이 하늘을 뒤덮은 도로
세부 경관	• 사방으로 시야가 제한되고 협소한 공간 규모를 지니고 있어서 꽃, 열매, 수목의 형태 등 공간 구성 요소들의 세부적인 사항까지도 지각될 수 있는 경관 • 내부 지향적 구성으로 신비스럽고 낭만적인 경관
일시적 경관	대기 변화에 따른 경관 분위기의 변화, 수면에 투영되는 영상, 동물의 일시적 출현 등과 같이 순간적으로 이루어지는 경관의 변화 현상

3-2 조경 설계 방법

(1) 동선 설계

① 원로 폭 설계 기준

구 분		원로 폭
보행자	1인 통행 원로	0.8~1.0 m
	2일 통행 원로	1.5~2.0 m
자동차	통행 원로	2.5 m 정도
자전거	통행 원로	1.1 m 이상

> **Tip**
> - 휠체어 1대 통행 폭원 : 120 cm
> - 휠체어 교행을 위한 폭원 : 180 cm 이상
> - 보행자 + 휠체어 = 50 cm

(2) 배식 설계

① 정형식 배식

  ㈎ 단식(점식) : 사방에서 관상해도 좋은 수형이 좋은 수목 한 그루를 독립하여 식재하는 수법으로 시각 초점, 랜드마크의 역할과 기능을 겸한다.
    ㉑ 소나무, 향나무
  ㈏ 대식 : 시각축을 기준으로 동일 수종을 좌우 대칭하여 식재하는 수법이다.
  ㈐ 열식 : 수종 및 형태가 같은 나무를 일정한 간격을 두고 직선상에 줄을 맞추어 식재하는 수법이다.
  ㈑ 교호 식재 : 두 줄 열식으로 어긋나게 식재하는 수법이다.
  ㈒ 정형식 모아심기(군식) : 수목이나 관목을 모아 무더기로 식재하는 수법으로 질량감을 나타낸다. ㉑ 회양목, 철쭉

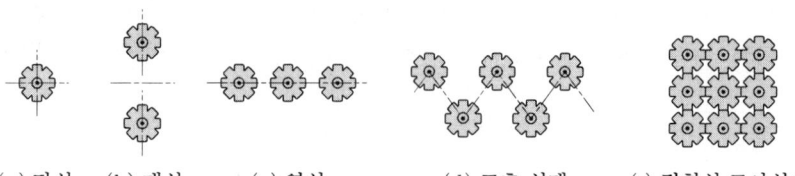

(a) 단식 (b) 대식 (c) 열식 (d) 교호 식재 (e) 정형식 모아심기

정형식 배식

② 자연식 배식

(가) 부등변 삼각형 식재 : 크고 작은 수목의 다른 세 그루를 부등변 삼각형 형태로 식재(정삼각형, 이등변 삼각형 형태의 식재는 피함)하는 수법이다.

(나) 임의식재 : 부등변 삼각형 식재를 기본으로 하여 점차적으로 확대하여 부등변 삼각 식재를 서로 연결하는 식재 수법이다.

(다) 모아심기 : 두 가지 이상의 수목을 한 곳에 모아 많이 식재하는 수법이다.

(라) 배경 식재 : 분수나 화단 등의 목적하는 경관을 두드러지게 보이게 하기 위해 그 주위에 배경이 되게 식재하는 수법이다.

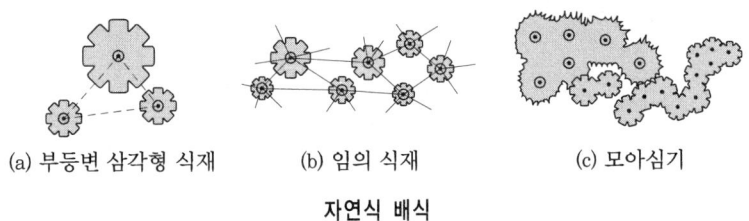

(a) 부등변 삼각형 식재 (b) 임의 식재 (c) 모아심기

자연식 배식

(3) 식재 기준

① 식물 기반 토심

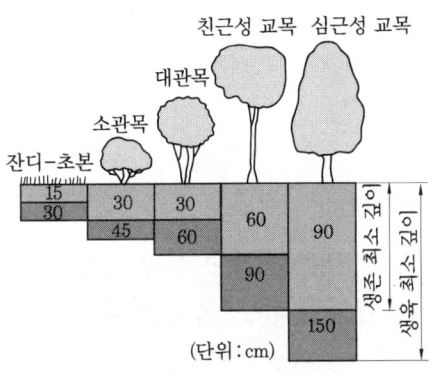

생존 토양 깊이

종류	생존 최소 깊이(cm)	생육 최소 깊이(cm)
잔디, 초화류	15	30
소관목	30	45
대관목	45	60
천근성 교목 (뿌리 얕게)	60	90
심근성 교목 (뿌리 깊게)	90	150

② 식재 간격 및 경사

구분	식재 밀도	경사도	비고
교목	0.3주/m² (6m 간격)	33.33 % (수직 : 수평 = 1 : 3)보다 완만하게	-
관목	0.6주/m²	50 % (수직 : 수평 = 1 : 2)보다 완만하게	-
지피·초화류	11~25본/m²	-	조릿대 : 10본/m² 맥문동 : 20~30본/m²

(4) 조경 구조물 설계 기준

① 계단

　(가) $2h+b = 60 \sim 65$ cm (단높이 : h, 단너비 : b)

　(나) 계단의 단높이는 18 cm 이하, 단너비는 26 cm 이상으로 계획하는 것이 바람직하다.

　(다) 계단의 높이가 3 m 이상일 때에는 3 m 이내마다 1.2 m 이상의 계단참을 설치한다.

　(라) 계단의 높이가 1 m 이상일 때에는 계단 양측에 벽, 이와 유사한 것이 없는 경우 난간 설치한다.

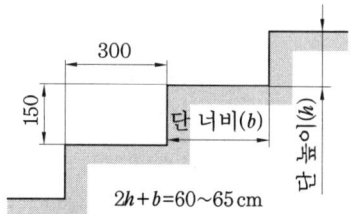

계단 높이와 너비의 관계 예

② 경사로 (램프 : ramp)

　(가) 휠체어 사용을 위한 경사로이다.

　(나) 너비 : 1.2 m 이상 ~ 1.8 m 이하

　(다) 경사도 : 8 % 이내(8 % 이상이면 난간 설치)

　　　　자전거 도로는 종간 경사 2.5~3 %가 표준, 최대 5 %

③ 퍼걸러(pergola) : 나무 등의 소재로 만들며 벤치와 같은 휴게 시설과 지붕이 있어 휴식을 취할 수 있는 구조물. 등나무, 칡, 으름덩굴 등 덩굴성 식물이 생장할 수 있다.

퍼걸러

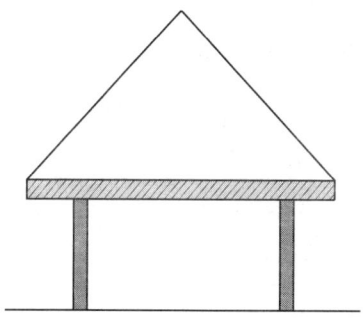

퍼걸러의 구조

④ 플랜터 (planter)
　㈎ 대형 화분으로 수목의 생육을 위한 최소한의 토심(토양 깊이)과 너비를 고려하여 설계한다.
　㈏ 교목 깊이는 75~90 cm, 관목 깊이는 45~60 cm 정도로 한다.
　㈐ 배수가 잘 되도록 사질 양토 이용한다.

⑤ 볼라드 (bollard) : 주차 금지 및 자동차의 인도 진입을 방지하기 위해 경계면에 설치한 구조물이다.

⑥ 안내 표지
　㈎ 주요 시설 입고, 보행이 시작되는 입구에 설치한다.
　㈏ 통일성과 식별성을 높여 잘 보이게 하고 편리성을 위해 간단한 지도를 삽입한다.

⑦ 벽천
　㈎ 벽에 설치하며 벽, 또는 조각물 형상에서 물이 나오는 장식용 분수 및 인공 폭포이다.
　㈏ 벽천의 3요소 : 투수구, 벽면, 수반(물받이로 깊이 0.5 m 이상)
　㈐ 낙하 높이 : 저수면 너비 = 3 : 2

(5) 시설물 설치 기준

휴게 시설	퍼걸러	• 높이 : 2.2~2.7 m
	벤치	• 길이 : 1인용(45~47 cm), 3인용(1.8 m), 5인용(3.2 m) • 너비 : 38~43 cm • 높이 : 35~40 cm
	야외 탁자	• 탁자 너비 : 64~80 cm, 이용자가 편안하고 쉽게 앉을 수 있도록 설치
	평상 마루	• 높이 : 31~41 cm • 종류 : 사각형, 원형 등
편익/관리 시설	휴지통	• 설치 간격 : 벤치 2~4개소 마다, 도로 20~60 m 마다 1개씩 설치
	음수전	• 그늘진 곳, 습한 곳, 바람의 영향을 많이 받는 곳은 피해서 설치 • 높이 : 음수대 꼭지가 위로 향한 경우 (65~80 cm) 　　　　음수대 꼭지가 아래로 향한 경우 (70~95 cm) • 경사도 : 2 % 유지(배수가 원활하도록)
	화장실	• 면적 : 1인당 3.3 m^2 • 설치 : 150~200 m 마다, 1.5~2 ha마다 1개소씩 설치

편익/관리 시설	안내 표지	• 유도 표지 시설, 도로 표지 시설, 해설 표지 시설, 종합 안내 시설 등으로 구분하여 최대의 기능을 발휘하도록 배치
	조명 시설	• 가로등 높이 : 6~9 m 높이로 설치 • 정원등 높이 : 2 m 이하로 설치 • 수목등 • 잔디등
	운동 시설	• 면적 : 전체 면적의 50 % 이하 • 경사도 : 4~10 % 유지(운동하기에 좋은 경사도) • 축구장 : 장축은 남북 방향으로 주풍향과 직교시킴 • 테니스장 : 장축은 정남북으로부터 동서 5~15° 편차 내의 범위, 장축 방향과 주풍향의 방향이 가능한 일치하도록 설치 • 배구장 : 장축을 남북 방향으로 배치(바람의 영향을 막기 위해 주풍 방향으로 수목 등 방풍 시설 설치) • 야구장 : 방위는 내·외야수가 태양을 등지고 경기할 수 있도록 홈플레이트는 동쪽에서 북서쪽 사이에 자리잡게 계획, 포수의 방향은 서남쪽 방향으로 계획
	주차 시설	• 일반 주차장 규격 : 2.3 × 5.2 m 이상 • 장애인 주차장 규격 : 3.3 × 5.0 m 이상 • 주차 형태 : 90°, 60°, 45°, 30° 주차 • 가장 많은 주차를 할 수 있는 주차 방식 : 90°(직각) 주차

3-3 조경 설계 사례

(1) 주택 정원

① 앞뜰(전정) : 대문에서 현관문 사이의 공간으로 사적 공간으로의 전이 공간이며 주택의 첫인상 역할을 하는 밝은 공간이다.

② 안뜰(주정)
  ㈎ 정원의 중심 역할을 하는 공간으로 가족들의 휴식과 단란 공간, 개인 생활이 보호될 수 있도록 식재 계획이 이루어져야 한다.
  ㈏ 주요 시설물로는 정자, 퍼걸러, 데크, 야외 테이블, 바비큐 시설 등의 휴게, 위락 시설 및 연못, 분수, 벽천 등의 수경 시설이 있다.

③ 작업 뜰(작업정) : 주방, 장독대, 다용도실, 창고 등과 연결된 가정 작업이 이루어지는 공간으로 작업 활동을 위해 바닥 포장은 벽돌, 타일 등으로 포장 계획한다.

④ 뒤 뜰(후정) : 침실과 연결된 휴게 공간으로 사생활이 최대로 보장될 수 있게

계획한다.

⑤ 주차장 : 승용차는 2.3 m×5 m 이상(1대 기준), 장애인용 주차는 3.3 m×5 m 이상(1대 기준)이 확보되어야 한다.

(2) 옥상 정원

① 옥상 정원의 기능 및 필요성
  ㈎ 공간의 효율적 이용
  ㈏ 다양한 동식물의 서식처로서의 역할
  ㈐ 도시 녹지 공간 증대
  ㈑ 도시 미관의 개선
  ㈒ 휴식 공간의 제공

② 옥상 정원의 고려 사항
  ㈎ 하중 : 건물 하중의 영향을 많이 받으므로 계획 시 고려하여 경량 토양(버미큘라이트, 피트모스, 펄라이트, 화산재 등)을 사용한다.
  ㈏ 방수 : 건물 누수를 방지하는 방수 처리가 필요하다.
    ㋐ 우레탄 도막 방수, 아스팔트 방수, 우레탄-FRP 복수 방수, 염화비닐계(PVC) 시트 방수 등의 방법
  ㈐ 방근 : 방수층과 건물 바닥의 뿌리 침투 방지를 위해 방근 처리가 필요하다.
  ㈑ 수분 공급 및 배수 : 미기후 및 건조 등의 특수 기후 조건을 고려하여 살수 시설을 도입하고 배수 불량으로 뿌리가 썩는 것을 막기 위해 배수 처리가 필요하다.
  ㈒ 식재 면적 : 전체 옥상 면적의 1/3 이내

③ 옥상 정원 수종 선정 시 고려 사항
  ㈎ 일사와 바람에 강한 수종
  ㈏ 내건성, 내한성, 내습성 수종
  ㈐ 뿌리가 얕게 뻗는 천근성 수종
  ㈑ 성장이 느린 수종
  ㈒ 병충해에 강하고 관리가 쉬운 수종
  ㈓ 대표 수종 : 향나무, 조형 소나무, 돌나물, 기린초, 꿩의 비름, 바위솔, 수수꽃다리 등

(3) 근린공원 (근린 생활권)

① 근린공원의 목적 : 근린 주민의 건강, 보건, 휴양, 정서 생활 향상을 돕기 위해 계획한다.

② 근린공원의 공간 구성

(가) 동적 공간, 정적 공간, 완충 공간을 조성한다.

(나) 어린이를 위한 유희 시설, 주민 운동을 위한 운동 및 휴게 시설을 설치한다.

(다) 운동 공간은 다목적 이용을 위해 체력 단련 시설, 농구대, 소프트볼 백스톱 등을 설치한다.

③ 공원 시설 설치 면적 : 40 % 이하 (하나의 도시 공원에 설치할 수 있는 공원 시설 면적)

④ 유치 거리 : 500 m 이하, 공원 면적 10,000 m^2 이상

(4) 어린이 공원

① 공원 놀이 시설 설치 면적 : 60 % 이하 (하나의 도시 공원에 설치할 수 있는 공원 시설 면적)

② 유치 거리 : 250 m 이하, 공원 면적 1500 m^2 이상

③ 시설 기준 : 유희에 적합한 조경, 휴양, 유희, 운동 시설이며 어린이 전용 시설로 (휴양 제외) 설치한다.

(가) 미끄럼대 : 북쪽 또는 동쪽 방향으로 설계한다.

 콘크리트 소재 미끄럼틀 : 지표면과 미끄럼판의 활강 부분이 이루는 각도는 30~35° 이다.

(나) 모래사장 : 모래터의 깊이는 지표로부터 15~20 cm 가량 높이고, 모래의 깊이는 안전을 위해 30~40 cm 정도 유지하며 굵은 모래를 사용하고 햇볕이 하루에 5~6시간 정도 드는 곳에 설계한다.

(다) 식재 : 수림대를 조성하여 차폐 및 차음을 시키되 방범상 완전 차폐는 피하고 독성, 가시가 없고 열매, 꽃 등이 아름다운 수종을 식재한다.

(5) 자연공원

① 개념 : 자연 생태계나 자연 및 문화 경관을 대표할 만한 지역으로 지정받은 공원으로 환경 보전·자연 보전에 의의가 있다.

② 지정 기준 : 자연 생태계, 자연 및 문화 경관, 지형 보존, 위치 및 이용 편의 등에 따라 선정한다 (자연 공원법 제3조 근거).

③ 분류
   ㈎ 국립 공원 (우리나라 풍경을 대표할 만한 곳을 환경부장관이 지정)
   ㈏ 도립 공원 (도내의 수려한 풍경지로 특별시, 광역시·도지사가 지정)
   ㈐ 군립 공원 (군내의 수려한 풍경지로 시·군수가 지정)

④ 시설물 계획 : 주변 경관 유지를 위하여 위치 선정에 신중히 하고 경관을 파괴할 우려가 있는 곳은 피하고 시설 설계 시에 주변 경관과 조화를 이루도록 형태나 색채를 설정하도록 한다.

⑤ 자연공원의 시초
   ㈎ 최초의 자연공원 : 미국 요세미티 공원(1865)으로 현재는 국립공원
   ㈏ 최초의 국립공원 : 미국 옐로스톤 공원(1872)
   ㈐ 우리나라 최초의 국립공원 : 지리산(1967)
   ㈑ 유네스코에서 지정한 국제 생물권 보존 지역 : 설악산(1982), 한라산(2003)

> Tip
> • 우리나라 최초의 대중공원 : 탑골(파고다) 공원
> • 우리나라 최초의 유럽식 정원 : 덕수궁 석조전 앞 정원

(6) 골프장

① 골프장 코스
   ㈎ 골프장 표준 코스 : 아웃(out) 코스 9홀 + 인(in) 코스 9홀 = 18홀
   ㈏ 18홀의 구성 : 쇼트홀(250야드 이하) 4개 + 미들홀(250~470야드) 10개 + 롱홀(471야드 이상) 4개

② 홀(hole)의 구성
   ㈎ 티(tee) : 출발 지점, 1~2%의 경사
   ㈏ 그린(green) : 종착 지점으로 홀컵이 있음, 2~5%의 경사
   ㈐ 해저드(hazard) : 벙커, 연못, 숲 등 장애 지역
   ㈑ 벙커(bunker) : 코스 중간 중간에 있는 모래 웅덩이처럼 조성해 놓은 지역
   ㈒ 페어웨이(fair way) : 티와 그린 사이의 잔디를 짧게 깎아 놓은 구역
   ㈓ 러프(rough) : 페어웨이 이외의 지대로, 잡초나 수림으로 형성되어 타구하기 힘든 곳

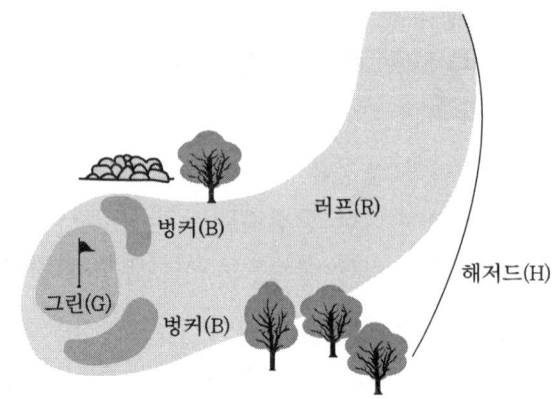

③ 골프장 설계 시 고려 사항

   (개) 골프 코스의 방향 : 남북 방향으로 하고 잔디를 위해 남사면 또는 남동사면에 위치한다.

   (내) 잔디 : 들잔디(티, 페어웨이, 러프 지역), 벤트그래스(그린 지역)

(7) 단지 조경(공동 주택 단지)

① 토지 이용 계획

   (개) 지구 단위 계획상의 지침을 준수한다.

   (내) 단지 외곽으로 주거동을 배치하고 입주자가 선호하는 공동의 옥외 공간을 조성한다.

   (대) 인접 근린 공원과의 상호 연계성을 도모한다.

② 교통 동선 계획

   (개) 보행의 결절점이 되는 도로에 단지 주출입부를 선정한다.

   (내) 차도와 보도를 완전히 분리하고 단지 외곽부로 차량 동선을 제한하여 안전하고 쾌적한 보행 동선을 확보한다.

   (대) 어린이 놀이터, 공원, 휴게소 등은 접근이 쉽고 안전한 곳에 배치한다.

③ 식재 계획

   (개) 단지 입구에는 대형 수목과 같은 지표 식재를 하고 진입로에 방향성 제시를 하기 위해 가로수를 열식한다.

   (내) 어린이 놀이터, 휴게소, 노인정 등의 편익 시설 주변은 그늘을 위한 녹음 식재와 아름다운 경관을 위해 경관 식재를 한다.

   (대) 단지 외곽은 소음, 진동, 대기 오염 등을 차단하기 위해 차폐 식재나 완충 식재를 한다.

④ 조경 면적 : 공동 주택 단지 면적의 30%에 해당하는 녹지를 확보하여 공해 방지 또는 조경을 하여야 하나 일반적으로 연면적 2,000 m^2 이상의 건축물인 경우 대지 면적의 15 % 이상의 조경 면적을 확보하도록 규정한다.

(8) 학교 조경

① 기능 및 필요성
  ㈎ 자연 학습과 관련하여 학교 전체가 친환경적 교육 공간을 제공한다.
  ㈏ 학생들의 정서적 안정을 유도한다.
  ㈐ 도시 내의 생물 서식처 제공 및 생태 체험의 장으로서의 역할을 한다.
  ㈑ 친환경적 독서 공간 및 휴게 공간을 제공한다.

② 학교 조경 설계의 고려 사항
  ㈎ 학교 위치 및 기후, 토양 등 환경 조건을 고려하여 종합적 계획을 수립한다.
  ㈏ 학생들에게 친근감 있는 수목과 초화류를 식재하고 계절적 변화를 느낄 수 있는 계획을 하여 교육 과정과 연계하도록 한다.
  ㈐ 휴게 공간에 녹음수를 식재하여 아늑한 분위기와 그늘을 제공한다.
  ㈑ 병충해가 적고 독성이 없으며 관리하기 쉬운 수종을 선정한다.
  ㈒ 비탈면 및 계벽 등의 구조물에는 덩굴류 식재로 환경 친화적으로 조성한다.
  ㈓ 진입로는 교목류로 숲 터널을 조성하여 등·하교에 햇빛 차단과 정서 함양의 효과를 준다.
  ㈔ 교사동 전후면은 시야 및 채광과 통풍을 고려하여 수고나 높은 수종이나 성장이 빠른 수종은 지양하고 수고가 낮고 사계절 푸른 수종을 배합하여 식재하기를 권장한다.

③ 도입 시설
  ㈎ 휴게 공간 : 벤치, 퍼걸러 등
  ㈏ 자연 생태 학습을 위한 교재원, 채소원, 실습원, 생태 연못 및 관찰 데크 등
  ㈐ 야외 수업과 휴게를 겸한 학교 숲

(9) 사적지 조경

① 역사 문화 유적의 시대적 배경에 부합하도록 역사성에 어울리는 소재, 디자인 요소, 마감 방법 등을 고려하고 문화재 보호법에 준수하여 계획한다.
② 사적의 복원·재현은 역사성에 맞게 해야 하며 식재, 시설물들을 조화롭게 계획한다.

③ 사적지 조경 설계의 고려 사항
  ㈎ 전통 조경 식재 및 수종 : 전통 식재 기법은 미적·기능적·상징적 측면 등이 복합적으로 작용하고 소나무, 대나무, 측백나무, 동백 등을 제외하고는 낙엽 활엽수가 많이 이용되고 꽃이 피는 화목류와 과실수가 주종을 이룬다.
    ㉮ 낙엽 교목 : 회화나무, 단풍나무, 은행나무, 느티나무, 버드나무, 대추나무, 모과나무, 감나무, 배나무, 복숭아나무, 대추나무, 살구나무, 석류나무, 배롱나무 등
    ㉯ 낙엽관목 : 모란, 앵두나무, 무궁화, 매화, 철쭉 등
    ㉰ 상록교목 : 측백나무, 소나무, 잣나무, 전나무, 동백나무 등
    ㉱ 초화류 : 매화, 작약, 모란, 국화, 옥잠화, 맥문동, 비비추, 원추리, 난 등
    ㉲ 기타 : 대나무, 연꽃 등
  ㈏ 전통 식재 방법
    ㉮ 단식 : 독특하거나 운치 있는 수목 한 그루를 심는 방법이다.
      ㉠ 품격이 뛰어난 매화, 장수·절개 등을 상징하는 소나무, 학문을 상징하는 은행나무와 회화나무, 제례 공간에 심겨진 향나무, 기원 사상을 반영하는 벽오동 등
    ㉯ 대식 : 수목을 대칭으로 심는 기법으로 질서와 규칙, 엄숙함과 균형감이 요구되는 공간에 적용된 식재 방법으로 상록 침엽의 교목류를 주로 이용한다.
      ㉠ 성균관 앞마당의 은행나무 2그루, 소수서원 입구의 은행나무
    ㉰ 열식 : 경계를 표시(무궁화, 탱자나무, 사철나무)하거나 차폐, 동물의 침입을 막기 위해, 묘역 주변에 민간인 출입 통제를 위해 소나무, 잣나무를 열식한다.
  ㈐ 식재 금지 구역 : 묘역 전면, 성곽 주변, 회랑이 있는 사찰 내, 건물 가까이, 석탑 주변
  ㈑ 공간별 식재 사례
    ㉮ 궁궐 화계 : 앵두, 매화, 철쭉, 모란, 작약, 옥잠화, 국화, 맥문동, 원추리, 비비추 등 궁궐 화계의 장식용 : 괴석, 굴뚝, 석연지, 석분, 세심석
    ㉯ 민가 안마당 : 채광과 통풍을 위해 식재하지 않거나 화목류나 관목류를 제한적으로 식재한다.
    ㉰ 종묘, 절 : 향나무(제례용)
  ㈒ 사적지 바닥재 : 화강암 판석, 전돌 계단 : 화강암, 넓적한 자연석
  ㈓ 안내판은 문화재 관리국이 지정하는 규격에 따라 제작·설치한다.

핵심문제

1. 골프장 코스 중 출발 지점을 무엇이라 하는가?

㉮ 티(tee)
㉯ 그린(green)
㉰ 페어웨이(fair way)
㉱ 해저드(hazard)

해설 ① 티(tee) : 출발점으로서 1~2% 경사가 있다.
② 그린(green) : 종착점으로서 홀컵이 있으며 2~5% 경사가 있다.
③ 해저드(hazard) : 벙커, 연못, 숲 등 장애 지역이다.
④ 벙커(bunker) : 코스 중간에 모래로 이루어진 함정으로 모래 웅덩이다.
⑤ 페어웨이(fair way) : 티와 그린 사이의 코스 중의 일부 잔디가 일정한 길이로 깎여 있는 구역이다.
⑥ 러프(rough) : 페어웨이와는 다르게 잔디나 풀이 자연 상태로 있는 구역이다.

2. 정원수의 60%까지를 소나무로 배치하거나 향나무를 심어 전체를 하나의 힘찬 형태나 색채 또는 선으로 통일시켰을 때 나타나는 아름다움은?

㉮ 단순미
㉯ 통일미
㉰ 점층미
㉱ 균형미

해설 통일미(uniformity)
① 정원수의 60%까지를 소나무로 배치하거나 향나무를 심어 전체를 하나의 힘찬 형태나 색채 또는 선으로 통일시켰을 때 나타나는 아름다움을 말한다.
② 동일 장소의 정원 전체의 구성이 형태, 선, 질감, 재료, 색채, 배경 등이 잘 통일시켜 통일적인 분위기를 갖도록 했을 때 나타나는 예술적인 아름다움을 말한다.

3. 조경과 가장 관계가 없는 계획은?

㉮ 국토 계획
㉯ 경제 계획
㉰ 도시 계획
㉱ 경관 계획

해설 조경은 정원을 포함한 광범위한 옥외 공간을 다루는 분야로서 국토 계획, 도시 계획, 경관 계획 등과 관계가 있으며 경제 계획과는 무관하다.

4. 조경에서 점을 취급할 때 짜임새 구성 요소로서 이용되는 것이 아닌 것은?

㉮ 대비 ㉯ 균형 ㉰ 강조 ㉱ 분할

해설 ① 통일성 : 조화, 균형과 대칭, 강조
② 다양성 : 비례, 율동, 대비
③ 통일미 : ㉠ 조화(harmony)
㉡ 균형(balance)과 대칭(symmetry)
㉢ 비대칭 균형(skew)
㉣ 반복(repetition) : 같은 형태의 재료들이 일정한 간격을 두고 계속해서 배치하는 방법으로 가로수의 식재된 모습에서 질서적인 면을 강조함으로써 안정감과 통일감을 보여준다.
㉤ 강조(accent) : 자연 경관에서 구조물의 강조의 수단으로 비슷한 형태나 색감들 사이에 이와 상반되는 것을 넣어 강조함으로써 통일감을 조성한다.
④ 다양성 : ㉠ 비례(proportion)
㉡ 율동(rhythm) : 선, 면, 형태, 색채, 질감이 규칙적이고 주기적으로 연속적인 것을 말한다.
㉢ 대비(contrast) : 성질이 상대적으로 반대가 되는 것을 말하며, '크고 작고', '부드럽고 거칠고' 등 서로 비교하여 보는 사람에게 강한 자극을 주는 조경미를 말한다.
㉣ 점이(gradualness)
㉤ 단순미(simple)

해답 1. ㉮ 2. ㉯ 3. ㉯ 4. ㉱

5. 큰 호수를 매립했을 때 일어날 수 있는 환경의 변화가 아닌 것은?
㉮ 풍속의 증가   ㉯ 온도의 상승
㉰ 기후의 건조   ㉱ 배수 불량

해설 ① 환경 생태계가 가장 중요하며 큰 호수를 매립하면 생태계 순환 과정에 이상 현상이 발생하여 온도의 상승, 기후의 건조, 배수 불량의 문제가 발생한다.
② 풍속의 증가는 산림지역의 숲과 관계있다.
참고 생태계는 생산과 소비를 하며 이것의 자정 능력을 최대한 이용하는 것이 가장 좋다.

6. 자연 환경 조사 단계 중 미기후와 관련된 조사 항목이 아닌 것은?
㉮ 태양 복사열을 받는 정도
㉯ 지하수 유입 지역
㉰ 공기 유통의 정도
㉱ 안개 및 서리피해 유무

해설 미기후(micro-climate)
① 숲의 내부, 외부 기온차 또는 작물 생육지의 내부와 외부의 기온차를 나타내는 작은 범위 대기의 부분적 장소의 독특한 기상 상태를 말한다.
② 조사 항목 제외 대상: 지하수 유입 지역은 미기후와 무관하며 조사 대상에서 제외한다.
③ 그 지역 주민에 의해 지난 수년 동안의 자료를 얻을 수 있다.
④ 일반적으로 지역적인 기후 자료보다 미기후 자료를 얻기가 어렵다.
⑤ 미기후는 세부적인 토지 이용에 커다란 영향을 미치게 된다.
⑥ 미기후 조사 항목: 태양 복사열의 정도, 공기 유통의 정도, 안개 및 서리 피해 유무

7. 자연 환경 조사 사항과 가장 관계없는 것은?
㉮ 식생   ㉯ 주위 교통량
㉰ 기상 조건   ㉱ 토양 조사

해설 ① 자연 환경 조사: 식생, 기상 조건, 토양조사, 해양환경, 동식물, 지질
② 인문 환경 조사: 주변 교통량, 문화재, 인구

8. 다음 중 비대칭이 주는 효과가 아닌 것은?
㉮ 단순하기보다는 복잡성을 띠게 된다.
㉯ 정돈성은 없으나 동적(動的)이다.
㉰ 무한한 양상(樣相)을 가질 수 있다.
㉱ 규칙적이고 통일감이 있다.

해설 ① 비대칭 효과: 대칭이 아닌 비대칭으로서 정돈성은 없으나 동적이다.
② 대칭 효과: 규칙적이고 통일감이 있다.

9. 다음 중 서울시내의 남산에 위치한 남산타워는 도시를 구성하는 요소 중 어디에 속하는가?
㉮ 도로 (paths)   ㉯ 랜드마크 (landmark)
㉰ 지역 (district) ㉱ 가장자리 (edge)

해설 랜드마크(landmark): 어떤 지역의 지형, 지물 등의 식별성이 높은 지표물을 말한다 (남산타워, 남대문).

10. 다음 중 무리지어 나는 철새, 설경 또는 '수면에 투영된 영상' 등에서 느껴지는 경관은?
㉮ 초점경관   ㉯ 관개경관
㉰ 세부경관   ㉱ 일시경관

해설 일시경관(ephemeral landscape): 기상 조건에 따라서 서리, 안개, 동물의 출현 등 경관의 이미지가 일시적으로 새로운 이미지로 변화하는 것을 말한다.

11. 도시공원 및 녹지 등에 관한 법률에서 규정한 편익시설로만 구성된 공원시설들은?
㉮ 주차장, 매점

해답 5. ㉮ 6. ㉯ 7. ㉯ 8. ㉱ 9. ㉯ 10. ㉱ 11. ㉮

㉯ 박물관, 휴게소
㉰ 야외음악당, 식물원
㉱ 그네, 미끄럼틀

해설 도시공원 및 녹지 등에 관한 법률(편익시설)
① 공원 이용객에게 편리함을 제공하는 시설로 주차장, 매점 등이 있다.
② 우체통, 공중전화실, 휴게음식점, 일반음식점, 약국, 수화물 예치소, 전망대, 시계탑, 음수장, 다과점 및 사진관 그 밖에 이와 유사한 시설로서 공원 이용객에게 편리함을 제공하는 시설
③ 유스호스텔
④ 선수 전용 숙소, 운동시설 관련 사무실, 대형마트 및 쇼핑센터

12. 도면에서의 치수 표시 방법으로 맞는 것은?

㉮ 기본 단위는 원칙적으로 cm로 한다.
㉯ 치수선은 치수 보조선에 수평이 되도록 한다.
㉰ 치수 기입은 치수선에 평행하게 도면의 오른쪽에서 왼쪽으로 읽어 나간다.
㉱ 치수 수치는 공간이 부족할 경우 한 쪽의 기호를 넘어서 연장하는 치수선의 위쪽에 기입할 수 있다.

해설 치수 표시 방법
① 기본 단위는 원칙적으로 mm로 한다.
② 치수선은 치수 보조선에 수직이 되도록 한다.
③ 치수 기입은 치수선에 평행하게 도면의 왼쪽에서 오른쪽으로 읽어 나간다.

13. 겨울철 흰눈을 배경으로 줄기를 감상하려고 한다. 다음 중 어느 나무가 가장 적당한가?

㉮ 백송   ㉯ 자작나무
㉰ 플라타너스   ㉱ 흰말채나무

해설 배경색의 대비
① 흰눈의 배경이 흰색이므로 흰말채나무가 적색이므로 흰색 배경에 적색이 대비되어 눈에 띄게 보여준다.
② 흰말채나무 : 줄기 높이가 3m이고 여름철에는 수피가 청색이나 가을철에는 붉은색을 나타낸다.
③ 백송, 자작나무, 플라타너스, 동백나무는 수피색이 흰색이다.

14. 형광등 아래서 물건을 고를 때 외부로 나가면 어떤 색으로 보일까 망설이게 된다. 이처럼 조명광에 의하여 물체의 색이 결정되는 광원의 성질은?

㉮ 직진성   ㉯ 연색성
㉰ 발광성   ㉱ 색순응

해설 연색성(color rendering)
① 조명광에 의해 물체의 색감이 달라지게 보이는 현상이며 광원의 연색성이라 한다.
② 자연색감 그대로 나타내기 위하여 천연색 형광 방전관을 사용한다.

15. 다음 보기와 같은 특징 설명에 가장 적합한 시설물은?

[보기]
- 간단한 눈가림 구실을 한다.
- 서양식으로 꾸며진 중문으로 볼 수 있다.
- 보통 가는 철제파이프 또는 각목으로 만든다.
- 장미 등 덩굴식물을 올려 장식한다.

㉮ 퍼걸러   ㉯ 아치
㉰ 트렐리스   ㉱ 펜스

해설 ① 퍼걸러(pergola) : 마당이나 평평한 장소에 나무를 사용하여 사각 형태로 그늘을 만들어 휴식을 취할 수 있는 장소로 등나무, 칡, 담장나무 등 덩굴성 식물이 잘 생장할 수 있도록 만든 장치이다.
② 아치 : 서양식으로 꾸며진 중문을 예를 들어 보면 개구부를 하나의 곡선 형태로 할 수 없는 경우 보통 가는 철제 파이프 또는

해답 12. ㉱ 13. ㉱ 14. ㉯ 15. ㉯

각목으로 만든 부재(굄돌)를 개구부에 쌓아올린 구조를 말한다.
③ 트렐리스(trellis) : 보통 가는 철제 파이프 또는 각목으로 만든 격자울타리로 덩굴식물을 올리거나 기댈 수 있게 해준다.
④ 펜스(fence) : 운동장과 관람석을 구별하는 담장이다.

16. 건물과 정원을 연결시키는 역할을 하는 시설은?
㉮ 아치   ㉯ 트렐리스
㉰ 퍼걸러   ㉱ 테라스

해설 테라스 : 건물에 연결하여 만든 것으로 건물의 내부와 외부를 연결하는 공간으로 전이공간이라 한다.

17. 식재를 위한 표토 복원 두께를 설명한 것 중 맞지 않는 것은?
㉮ 초화류 식재지는 5×10cm
㉯ 관목 식재지는 40×50cm
㉰ 교목 식재지는 60cm 이상
㉱ 지피류 식재지는 20×30cm

해설 ① 초화류 식재 : 15×30cm
② 관목 식재 : 30×60cm
③ 교목 식재 : 90cm
④ 천근성, 소교목 식재 : 60cm 이상
⑤ 지피류 식재 : 20×30cm

해답 16. ㉱   17. ㉮

제2장

조경 재료

SECTION 1 재료의 분류 및 특징

1-1 조경 재료의 분류

(1) 기능별 분류

① 생물 재료 : 수목, 잔디, 지피 식물, 초화류 등 공간 구성의 주재료

② 무생물 재료 : 시멘트, 콘크리트, 점토, 금속, 플라스틱, 미장, 역청, 유리 등 조경 시설물 및 구조체의 재료

(2) 특성별 분류

① 자연 재료 : 수목, 지피 식물, 초화류 등 식물 재료를 포함한 돌, 목재, 물 등

② 인공 재료 : 자연 재료 또는 무생물 재료를 가공하여 주로 공장에서 생산하는 재료

1-2 조경 재료의 특성

(1) 생물 재료의 특성

① 자연성 : 생명 활동
② 연속성 : 생장 및 번식
③ 다양성 : 모양, 형태, 색 등
④ 조화성 : 주변과의 조화성

(2) 인공 재료의 특성

① 균일성 : 재질의 성질이나 상태가 균일
② 가공성 : 항상 가공이 가능
③ 불변성 : 거의 변하지 않음

SECTION 2 · 식물 재료

2-1. 조경 수목

(1) 조경 수목의 특징

① 수형 : 나무 전체의 모양을 말하며 수관과 수간에 의해 수형이 결정
  (가) 수관(樹冠) : 줄기와 잎이 많이 달려 있는 나무줄기의 전체 부분
  (나) 수간(樹幹) : 수목의 원줄기, 수간의 수나 생김새가 전체 수형에 영향을 줌

수형별 주요 수종					
원추형	구 형	우산형	난형	원주형	
삼나무 전나무 독일가문비 주목, 낙우송 메타세쿼이아	졸참나무 녹나무 화살나무 회화나무 수수꽃다리	화백 편백 반송 층층나무 왕벚나무 매화나무	측백 백합나무 동백 태산목 목련 버즘나무	포플러류 미루나무 부용	
배상형	능수형		포복형	만경형	
느티나무 단풍나무 배롱나무 산수유 자귀나무 석류나무	능수버들 용버들 수양벚나무 실화백		눈향나무 눈잣나무	능소화 담쟁이덩굴 인동덩굴 등나무 송악 줄사철나무	

② 수목 규격과 표시

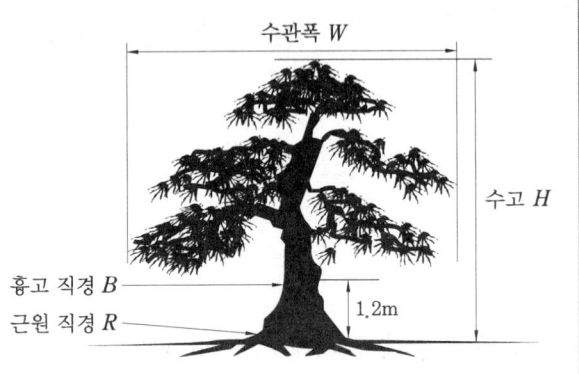

구 분		단위	설 명
수고	H	m	나무 높이
수관폭	W	m	나무 폭
흉고 직경	B	cm	지표면에서 1.2 m 부위의 수간(줄기) 직경
근원 직경	R	cm	지표면 부위의 수간(줄기) 직경
수관 길이	L	m	수평 생장하는 조형된 수관의 최대 길이

성상	규격 표시	해당 수종
교목	$H \times W$	잣나무, 주목, 측백나무 등 상록수
	$H \times R$	노각나무, 감나무, 느티나무, 대추나무, 이팝나무, 회화나무, 후박나무, 모과나무, 배롱나무, 단풍나무, 자귀나무, 단풍나무 등 대부분 교목
	$H \times B$	은행나무, 벚나무, 가중나무, 계수나무, 메타세쿼이아, 벽오동, 수양버들, 자작나무, 플라타너스, 백합나무
	$H \times W \times R$	소나무, 곰솔, 백송
관목	$H \times W$	일반적 관목
	$H \times W \times L$	눈향나무
	$H \times$ 가지 수	개나리, 덩굴장미
만경목	$H \times R$	등나무, 능소화, 노박덩굴

③ 수세 : 생장 속도

수세가 빠른 수종	멀구슬나무, 벽오동, 자귀나무, 벚나무, 일본목련, 개나리, 층층나무, 서양측백, 플라타너스, 은행나무, 칠엽수, 회화나무, 단풍나무, 산수유, 무궁화, 느티나무, 백합나무, 리기다소나무, 메타세쿼이아
수세가 느린 수종	갈참나무, 감나무, 꽝꽝나무, 모과나무, 동백나무, 산딸나무, 남천, 불두화, 모란, 섬잣나무, 종려, 비자나무, 주목, 함박꽃나무, 향나무, 회양목

④ 맹아력 : 가지를 자르거나 꺾으면 그 부근에서 줄기 싹이 나오는 것으로 토피어리나 생울타리 수종으로 적합

맹아력이 강한 수종	사철나무, 회양목, 느릅나무, 플라타너스, 개나리, 단풍나무, 향나무, 층층나무
맹아력이 약한 수종	소나무, 잣나무, 해송, 벚나무, 자작나무, 감나무, 칠엽수, 비자나무, 살구나무

> **Tip** 토피어리(topiary) : 조경수의 수관을 깎아다듬어 새와 짐승 또는 기하학형 등의 모양의 인공적으로 만든 수형을 말하며 사철, 주목, 향, 회양목, 쥐똥나무, 측백 등의 맹아력이 좋은 수종을 이용한다.

⑤ 질감(texture) : 잎, 가지의 크기, 색깔, 모양이나 수피의 모양과 색깔, 계절에 따른 변화에 따라 질감에 영향을 줌

거친 수종	• 큰 잎, 중량감 있는 가지, 윤곽이 굵으며 느슨하게 개방된 밀도의 생육 습성 • 서양식 건물 정원이나 큰 건물에 잘 어울림
	칠엽수, 벽오동, 버즘나무, 태산목, 팔손이나무, 플라타너스
부드러운 수종	• 작고 많은 수의 잎, 작고 얇은 가지, 밀도 있는 생육 습성 • 한옥, 좁은 정원에 잘 어울림
	회양목, 편백, 화백, 잣나무

⑥ 이식 : 옮겨심기. 천근성이며 세근(잔뿌리) 발달처럼 뿌리의 재생력이 좋은 나무가 이식이 용이함

이식이 어려운 수종	모감주나무, 태산목, 후박나무, 목련, 느티나무, 주목, 자귀나무, 전나무, 가시나무, 마가목, 독일가문비, 칠엽수, 다정큼나무
이식이 쉬운 수종	은행나무, 플라타너스, 메타세쿼이아, 단풍나무, 낙우송, 편백, 화백, 측백, 박태기나무, 화살나무, 쥐똥나무, 사철나무

⑦ 조경 수목의 구비 조건
  ㈎ 이식이 잘 되고 이식 후 활착이 잘 되어야 한다.
  ㈏ 주변 경관과 잘 조화되며 사용 목적에 적합해야 한다.
  ㈐ 관상 가치와 실용적 가치가 높아야 한다.
  ㈑ 불리한 환경에서도 잘 견딜 수 있어야 한다.
  ㈒ 병충해에 대한 저항성이 강하며, 유지 관리가 용이해야 한다.

(2) 조경 수목의 환경 특성

① 기온
  (가) 온도에 따라 난대림, 온대림, 한대림으로 분류한다.
  (나) 산림대별 특징 수종

한대림		잣나무, 전나무, 주목, 가문비나무, 분비나무
온대림	북부	곰솔, 대나무류, 서어나무, 사철나무, 단풍나무
	중부	신갈나무, 향나무, 소나무
	남부	곰솔, 대나무류, 서어나무, 사철나무, 단풍나무
난대림		녹나무, 동백나무, 가시나무류, 아왜나무

② 광선
  (가) 녹색 식물의 엽록소에서 일어나는 탄소 동화 작용과 광합성의 요인으로 작용한다.
  (나) 광선의 요구량에 따라 음수, 중간수, 양수로 구분한다.
    ㉮ 음수 : 광선량 50 % 이하의 약광선에서도 생육 양호
    ㉯ 양수 : 광선량 70 % 이상의 광선에서 생육 양호

분 류	해당 수종
양 수	석류나무, 소나무, 느티나무, 포플러류, 모과나무, 산수유, 은행나무, 백목련, 일본잎갈나무, 측백나무, 향나무, 무궁화, 철쭉류
중간수	잣나무, 삼나무, 섬잣나무, 화백, 칠엽수, 단풍나무, 회화나무, 벚나무류, 산딸나무, 스트로브잣나무, 담쟁이덩굴, 수국
음 수	주목, 전나무, 독일가문비, 팔손이나무, 굴거리나무, 녹나무, 동백나무, 비자나무, 가시나무, 녹나무, 후박나무, 회양목, 눈주목

③ 토양
  (가) 구성 : 광물질 45 % + 유기질 5 % + 수분 25 % + 공기 25 %
  (나) 토성 : 점토 함량에 따름

사토	사양토	양토	식양토	식토
12.5 % 이하	12.5~25 %	25~37.5 %	37.5~50 %	50 % 이상

(다) 자연 상태의 토양은 맨 위에 유기물층이고 그 밑으로 표층, 하층, 기층, 기암의 순이며 수목의 뿌리는 표층, 하층에서 주로 발달한다.

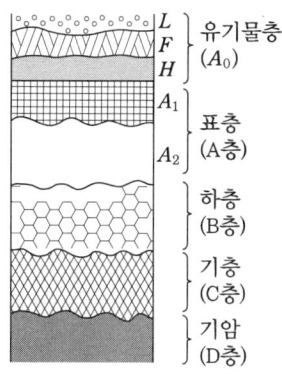

토양 유기물층
(유기물층(A_0), 표층(A), 하층(B), 기층(C), 기암(D)으로 이루어져 있다.)

천근성 수종 (얕게 뿌리가 뻗음)	독일가문비, 자작나무, 편백, 버드나무, 자작나무, 매화나무, 황철나무, 포플러
심근성 수종 (깊게 뿌리가 뻗음)	느티나무, 소나무, 곰솔, 주목, 전나무, 백합나무, 상수리나무, 은행나무, 칠엽수, 동백나무

(라) 식물 생육에 필요한 토양의 깊이

종 류	생존 최소 깊이(cm)	생육 최소 깊이(cm)
잔디, 초화류	15	30
소관목	30	45
대관목	45	60
천근성 교목	60	90
심근성 교목	90	150

(마) 토양 반응에 따른 분류
 ㉮ 우리나라 토양은 50% 이상이 산성암인 화강암이 모체가 되어 그 자체가 산성 토양이며, 질산칼슘과 같은 산성 비료, 집중 강우에 의한 침식, 산성비와 공해 물질, 식물의 양분 흡수로 산성화(acidification)를 촉진시킨다.
 ㉯ 산성 토양은 양분인 염기가 부족하여 뿌리의 양분 흡수가 약화되고 미생물 활동이 억제되는 등 수목 생육에 불리하게 작용한다.

㉰ 강알칼리(염기)에서는 박테리아 활동은 활발하지만 뿌리에 산소가 부족하고 탄산가스가 축적된다.

강산성 적응 수종	소나무, 전나무, 가문비나무, 리기다소나무, 버드나무, 좀비나무, 밤나무, 낙우송, 편백, 진달래, 해송, 잣나무, 상수리나무, 싸리나무
염기성 적응 수종	단풍나무, 낙우송, 가래나무, 생강나무, 물푸레나무, 조팝나무, 단풍나무, 서어나무, 개나리, 회양목

(ㅂ) 토양 양분에 따른 구분

척박지 생육 가능 수종	소나무, 해송, 향나무, 오리나무, 버드나무, 자작나무, 등나무, 보리수나무, 눈향나무, 자귀나무, 참나무류, 싸리나무
비옥지 생육 선호 수종	측백나무, 벽오동, 회양목, 벚나무, 느티나무, 단풍나무, 주목, 측백, 삼나무, 회화나무, 장미, 모란

(ㅅ) 수분 보유에 따른 구분

습윤지 생육 선호 수종	낙우송, 주엽나무, 위성류, 오동나무, 수국, 계수나무, 오리나무
건조지 생육 가능 수종	소나무, 노간주나무, 가중나무, 자작나무, 향나무
건조, 습지 생육 가능 수종	사철나무, 꽝꽝나무, 보리수나무, 명자나무, 박태기나무

④ 대기 오염에 따른 분류

(가) 아황산가스(SO_2)

아황산가스에 강한 수종	편백, 화백, 가이즈까향나무, 향나무, 가시나무, 굴거리나무, 녹나무, 태산목, 후박나무, 사철나무, 가중나무, 벽오동, 버드나무, 칠엽수, 플라타너스, 은행나무
아황산가스에 약한 수종	소나무, 잣나무, 전나무, 삼나무, 잎갈나무, 독일가문비, 느티나무, 튤립나무, 단풍나무, 벚나무, 자작나무, 매화나무

> **Tip**
> - 아황산가스는 무색이고 자극성 냄새를 가진 유독 기체로 각종 산업 현장이나 석유·석탄 등을 연료로 하는 공장의 배기가스로 대기에 방출되며 산성비의 원인 물질 중 하나이다.
> - 식물의 성장을 방해하고 잎이 누렇게 등의 피해를 준다.
> - 공장지 식재 계획에 응용된다.

(나) 자동차 배기가스

배기가스에 강한 수종	은행나무, 비자나무, 편백, 화백, 측백, 가이즈까향나무, 향나무, 태산목, 식나무, 아왜나무, 굴거리, 녹나무, 가중나무, 감탕나무, 꽝꽝나무, 돈나무, 버드나무, 플라타너스, 층층나무, 무궁화, 사철나무, 쥐똥나무
배기가스에 약한 수종	소나무, 전나무, 단풍나무, 측백나무, 삼나무, 벚나무, 목련, 백합나무, 팽나무, 금목서, 은목서, 감나무, 수수꽃다리, 화살나무 등

> Tip • 가로수, 중앙분리대 식재 계획에 응용

⑤ 내염성에 따른 분류

내염성(염분 피해)에 강한 수종	비자나무, 주목, 동백나무, 곰솔, 후박나무, 감탕나무, 측백나무, 굴거리나무, 녹나무, 태산목, 아왜나무, 위성류
내염성(염분 피해)에 약한 수종	독일가문비, 소나무, 목련, 단풍나무, 개나리, 삼나무, 양버들, 오리나무,

> Tip • 임해매립지, 바닷가 식재 계획에 응용된다.

(3) 조경 수목의 형태별 분류

① 식물의 높이, 형태별 분류

교목	수고(수목 높이)가 2 m 이상이고 곧은 원줄기와 가지의 구별이 뚜렷
	주목, 소나무, 잣나무, 향나무, 대추나무, 단풍나무, 배롱나무, 계수나무 등
관목	수고가 2 m 이내이고 뿌리에서 여러 줄기가 나오는 특징
	회양목, 진달래, 사철나무, 무궁화, 매자나무, 장미, 조팝나무 등
덩굴성 (만경목)	줄기가 길고 곧게 서지 않고 수목이나 지지물에 감거나 붙어서 생장
	으름덩굴, 보리수, 등나무, 다래나무, 포도나무 등

② 잎의 생태별 분류

   (가) 상록수 : 사계절 잎이 푸르다.
   (나) 낙엽수 : 잎의 수명이 1년 이내로 보통 겨울에 고사하여 잎을 떨어 뜨린다.

③ 잎의 모양별 분류

(개) 침엽수 : 잎이 대개 바늘처럼 뾰족하고 종자가 밖으로 나와 있는 겉씨식물
(내) 활엽수 : 잎이 넓고 평평하고 장과(과육)로 종자가 쌓여있는 속씨식물

침엽수	상록 침엽 교목	소나무, 향나무, 반송, 주목, 비자나무, 전나무, 편백, 화백
	낙엽 침엽 교목	은행나무, 낙우송, 메타세쿼이아, 잎갈나무
	상록 침엽 관목	개비자나무, 눈주목, 옥향나무, 눈향나무
활엽수	상록 활엽 교목	동백나무, 후박나무, 녹나무, 가시나무, 감탕나무, 광나무
	낙엽 활엽 교목	위성류, 느티나무, 감탕나무, 벚나무, 플라타너스, 자귀나무, 산딸나무
	상록 활엽 관목	회양목, 꽝꽝나무, 사철나무, 피라칸다, 자금우
	낙엽 활엽 관목	진달래, 철쭉, 황매화, 생강나무, 장미, 명자나무, 화살나무, 무궁화

> **Tip**
> - 은행나무는 잎이 넓으나 침엽수로 분류된다.
> - 위성류는 잎이 좁으나 활엽수로 분류된다.
> - 소나무, 해송, 반송은 이파리가 두 개씩 묶어나는 이엽송, 리기다소나무, 백송은 이파리가 세 개씩 묶어나는 삼엽송, 잣나무, 스트로브잣나무, 섬잣나무는 이파리가 다섯 개씩 묶어나는 오엽송으로 구분한다.

④ 관상 가치별 분류

(개) 꽃이 아름다운 수종

꽃 색	해당 수종
흰색	조팝나무, 백목련, 치자나무, 팥배나무, 산딸나무, 매화나무, 탱자나무, 호랑가시나무, 함박꽃나무, 노각나무, 돈나무, 팔손이나무, 층층나무, 이팝나무, 태산목
붉은색	배롱나무, 박태기나무, 자귀나무, 동백나무, 명자나무
노란색	산수유, 개나리, 백합나무, 모감주나무, 풍년화, 황매화, 백합나무, 생강나무, 매자나무, 죽도화
보라색	수수꽃다리, 좀작살나무, 박태기나무, 오동나무, 등나무, 멀구슬나무, 자목련, 무궁화
주황색	능소화

개화 시기	해당 수종
2월	매화나무, 동백나무
3월	매화나무, 동백나무, 생강나무, 개나리, 산수유, 영춘화, 풍년화
4월	홍매화, 백목련, 수수꽃다리, 박태기나무, 진달래, 벚나무, 꽃아그배나무, 이팝나무, 등나무, 으름덩굴, 호랑가시나무
5월	튤립나무, 산딸나무, 병꽃나무, 산사나무, 때죽나무, 고광나무, 귀룽나무, 돈나무, 쥐똥나무, 일본목련, 모과나무, 인동덩굴
6월	아왜나무, 치자나무, 개쉬땅나무, 수국, 태산목
7월	배롱나무, 자귀나무, 노각나무, 회화나무, 능소화, 무궁화
8월	배롱나무, 싸리나무, 무궁화
9월	배롱나무, 싸리나무
10월	금목서, 은목서
11월	팔손이

(나) 열매가 아름다운 수목

열매색	해당 수종
붉은색	산수유, 마가목, 보리수나무, 남천, 화살나무, 팥배나무, 감탕나무, 매자나무, 피라칸다, 호랑가시나무, 산딸나무, 감탕나무, 오미자
노란색	은행나무, 모과나무, 매화나무, 살구나무, 비자나무
보라색	좀작살나무
검정색	쥐똥나무, 벚나무, 뽕나무, 음나무, 산초나무

(다) 단풍이 아름다운 수목

단풍색	해당 수종
붉은색	단풍나무, 당단풍나무, 복자기, 산딸나무, 감나무, 화살나무, 붉나무, 마가목, 남천
노란색	고로쇠나무, 느티나무, 낙우송, 메타세쿼이아, 튤립나무, 갈참나무, 졸참나무, 칠엽수, 때죽나무, 버드나무류, 계수나무, 벽오동

⒭ 수피가 아름다운 수목

수피색	해당 수종
흰색	자작나무, 백송, 층층나무,
붉은색	소나무(적갈), 주목(짙은적갈), 흰말채나무
청록색	벽오동, 식나무, 탱자나무, 죽도화, 찔레
얼룩무늬	모과나무, 배롱나무, 노각나무, 플라타너스

(4) 조경 수목의 기능별 분류

① 차폐 및 산울타리용

목 적	차폐용 : 시각적으로 아름답지 못한 곳이나 구조물을 가려 줌 산울타리 : 수목을 식재하여 담장을 대용하거나 경계를 표시
요구 특성	• 일반적으로 상록수가 좋으며 잎과 가지가 치밀한 수종 • 맹아력(새로 싹이 나오는 힘)이 크며 척박한 환경 조건에도 잘 견디는 수종 • 적당한 높이로 아래 가지가 죽지 않고 오래 사는 수종 • 성질이 강하고 외관이 아름다운 수종
해당 수종	측백나무, 화백나무, 편백나무, 녹나무, 주목, 사철나무, 개나리, 쥐똥나무, 탱자나무, 꽝꽝나무, 향나무, 무궁화, 회양목, 명자꽃나무, 백정화, 피라칸다

② 녹음용

목 적	강한 햇빛을 차단 및 조절하기 위해 식재하는 것으로 여름에는 그늘을 제공해 주지만 여름에는 낙엽이 져서 햇빛을 가리지 않는 것이 좋음
요구특성	• 수관이 크고 지하고가 높은 수종으로 낙엽 교목이 바람직 • 잎이 크고 밀생한 수종
해당수종	은행나무, 느티나무, 층층나무, 백합나무, 플라타너스, 칠엽수, 회화나무, 팽나무

③ 방음용

목 적	차량 및 기타 소음이 발생하는 곳에 소음을 차단하거나 감소시키기 위함
요구 특성	자동차 배기가스에 강하고 지하고가 낮으며 잎이 치밀한 상록 교목이 바람직
해당 수종	아왜나무, 녹나무, 구실잣밤나무, 식나무, 후피향나무, 동백나무

④ 방풍용

목 적	바람을 약화시키거나 막기 위함
요구 특성	강풍을 견디기 위한 심근성(뿌리가 깊게 자람)이며 가지가 튼튼한 수종
해당 수종	곰솔, 은행나무, 녹나무, 전나무, 편백, 삼나무, 느티나무, 후박나무, 팽나무, 가시나무, 구실잣밤나무, 후박나무, 아왜나무

⑤ 방화용

목 적	화재시 번짐이나 연소 시간을 지연시킴
요구 특성	수분을 많이 포함하고 있으며 잎이 크고 가지가 많은 상록 활엽수가 바람직
해당 수종	돈나무, 동백나무, 상수리나무, 식나무, 은행나무, 주목, 참나무, 플라타너스, 호랑가시나무, 떡갈나무, 광나무, 굴거리, 후박나무, 감탕나무, 사철나무, 편백

⑥ 가로수용

목 적	미적 효과와 녹음 제공 및 방풍의 효과를 주며 대기오염 물질을 정화함
요구 특성	• 강한 바람에 잘 견디고 여름철 그늘을 만들고 병충해에 강한 수종 • 공해 물질과 병충해에 강한 수종 • 수세가 빠르고 맹아력이 좋은 수종
해당 수종	벚나무, 은행나무, 느티나무, 가중나무, 메타세쿼이아, 이팝나무

2-2 지피 식물

(1) 지피 식물의 정의 및 기능

① 정의 : 다양한 종류의 지표면을 조밀하게 덮을 수 있는 식물

② 기능

 (가) 미적 효과

 (나) 운동 및 휴식 공간 제공

 (다) 토양 유실 방지

 (라) 모래 및 흙먼지 날림 방지

 (마) 강우로 인한 진땅 방지

㈎ 미기후의 완화, 조절(여름철 지표면 온도를 낮출 수 있고, 지면 온도 차이도 조절)

(2) 지피 식물의 조건

① 식물체의 키가 낮고 다년생이면서 부드러워야 한다.
② 지표면을 치밀하게 피복해야 한다.
③ 번식력이 왕성하고 생장이 비교적 빨라야 한다.
④ 관리가 용이하고 병충해에 잘 견뎌야 한다.
⑤ 환경 조건에 강하고 적응성이 넓어야 한다.
⑥ 재배 및 공급이 원활해야 한다.

(3) 지피 식물의 종류 및 분류

분 류	해당 식물
한국 잔디류	금잔디, 들잔디(가장 많이 식재), 빌로드 잔디
서양 잔디류	버뮤다 그래스, 켄터키 블루그래스(골프장 그린), 페스큐, 벤트 글래스
소관목류	철쭉, 눈주목, 둥근향나무, 눈향나무
초본류	꽃잔디, 맥문동, 클로버, 질경이, 원추리, 붓꽃, 비비추
덩굴성 식물류	송악, 마삭줄, 칡, 등나무, 아이비
기타류	조릿대, 고사리

> **Tip**
> • 대부분의 한국 잔디는 난지형(따뜻한 온도를 좋아하는 성질)이고, 대부분의 서양 잔디는 한지형(차가운 온도를 좋아하는 성질)이다.
> • 골프장 그린에는 켄터키 블루그래스를 많이 이용하는데, 풍성하여 퍼팅감이 좋고, 3~12월까지 푸르러 사계절 잔디로도 불린다.

2-3 초화류

(1) 초화류의 정의

줄기의 목질부가 발달하지 않은(줄기가 연한) 꽃들 또는 아름다운 꽃이 피는 종류의 풀이다.

(2) 초화류의 조건

① 아름답고 가급적 작은 키여야 한다.
② 가지가 많아 꽃이 많이 달려있고 개화기간이 길어(꽃 오래 핌) 관상 기간이 길어야 한다.
③ 꽃 색이 선명하고 밝아야 한다.
④ 환경 적응성이 강해야 한다.

(3) 초화류의 분류

① 한해살이 초화 : 종자가 발아하여 1년 이내에 개화, 결실하여 일생을 마치는 종이다.
② 여러해살이 초화 : 생육 후 개화 결실한 다음 지상부는 죽지만 지하부는 계속 남아 생육을 계속하는 종이다.
③ 알뿌리 화초 : 식물체의 일부인 잎, 줄기, 뿌리 등이 구를 이루고 양분을 저장하여 장기간의 건조기가 있는 지역에서 자생한다.

한해살이 (1,2년생)	봄뿌림 (가을화단용)	맨드라미, 샐비어, 매리골드, 나팔꽃, 코스모스, 과꽃, 봉숭아, 채송화, 분꽃, 백일홍, 한련화
	가을뿌림 (봄화단용)	팬지, 피튜니아, 금어초, 금잔화, 프리뮬러, 패랭이꽃, 안개초, 루피너스, 데이지
여러해살이(다년생)		아스파라거스, 프록스, 국화, 베고니아, 부용, 꽃창포, 도라지꽃, 꽃잔디, 제라늄
알뿌리 (구근)	봄심기	칸나, 아마릴리스, 상사화, 다알리아 진저, 글라디올러스, 수련
	가을심기	크로커스, 백합, 수선화, 아네모네, 아이리스, 튤립, 나리, 무스카리
수생초류		붕어마름, 부평초, 수련, 연꽃, 창포류, 마름

> **Tip**
> • 두해살이 초화류(파종 후 1년 이상 2년 이내에 꽃이 피고 결실하고 말라죽음)가 구분되어 있으나 대개 가을뿌림 한해살이 초화의 생육 기간이 길어진 것으로 일반적으로 분류할 때에는 한해살이초화 분류에 포함시킨다. ㉮ 접시꽃, 물망초 등
> • 겨울 화단용으로 꽃양배추의 이용률이 높다.

(4) 화단의 종류

평면 화단	화문(花紋) 화단 (자수 화단)	양탄자 화단이라고도 하며, 키가 작고 꽃이 오래 피는 화초류를 이용하여 양탄자 무늬처럼 기하학적으로 도안하여 수를 놓은 화단
	리본 화단	통로, 건물 옆 또는 연못가 등에 띠처럼 길게 만들고 키가 낮은 초화를 심은 화단이며 도로의 경계가 되는 수가 많음
	포석(鋪石) 화단	정원이나 잔디밭의 통로, 연못 주변에 돌을 깔고 돌 사이에 키 낮은 초화를 심어 관상하는 화단
입체 화단	기식(寄植) 화단	원형의 화단 중앙은 칸나, 달리아와 같이 키 큰 식물을 가장자리로 갈수록 작은 식물을 심어 사방에서 감상할 수 있도록 만든 화단으로 중심부에 조각, 괴석을 놓기도 함
	경재(境栽) 화단	벽·건물 등을 배경으로, 그 앞쪽으로 좁고 길게 만들어 앞에서 관상할 수 있도록 만든 화단
	노단(露壇) 화단	경사지에 계단을 만들거나 돌을 쌓아 그 사이에 초화를 심는 화단
특수 화단	침상(沈床) 화단	화문 화단과 비슷, 지면보다 1m 가량 낮게 만들어 위에서 내려다보면서 관상할 수 있도록 만든 화단
	수재(水栽) 화단	물탱크나 연못을 만들어 수초를 심고 분수·조각상 등을 설치한 화단
	암석원(락가든) (rock garden)	암석을 자연스럽게 쌓아 배치하고 그 사이에 화목류, 회양목, 고산식물, 선인장, 다육 식물 등을 심는 화단

핵심문제

1. 조경 수목이 갖추어야 할 조건이 아닌 것은?
  ㉮ 쉽게 옮겨 심을 수 있을 것
  ㉯ 착근이 잘 되고 생장이 잘 되는 것
  ㉰ 그 땅의 토질에 잘 적응할 수 있는 것
  ㉱ 희귀하여 가치가 있는 것

  해설 조경 수목의 조건
  ① 관상 가치와 실용적 가치가 높아야 한다.
  ② 불리한 환경에서도 견딜 수 있는 적응성이 커야 한다.
  ③ 병충해에 대한 저항성이 강해야 한다.
  ④ 이식이 잘되는 수목이고 불리한 환경에서도 생존할 수 있으며, 잘 성장해야 한다.
  ⑤ 대량으로 쉽게 구할 수 있고 비용이 저렴하여야 한다.

2. 토피어리(topiary)란 무엇인가?
  ㉮ 분수의 일종
  ㉯ 형상수
  ㉰ 보기 좋은 정원석
  ㉱ 휴게용 탁자

  해설 토피어리(topiary, 형상수)
  ① 수목을 사물의 모양이나 형태를 모방하거나 기하학적인 모양으로 수관을 다듬어 만든 수형을 가리킨다.
  ② 어떤 수종이든 규준을 만들어 전정 및 가지를 유인하지 않는다.
  ③ 강전정으로 형태를 단번에 만들지 말고, 연차적으로 원하는 수형을 만들어 간다.

3. 이산화황에 견디는 힘이 가장 강한 수종은?
  ㉮ 독일가문비   ㉯ 삼나무
  ㉰ 히말라야시이다 ㉱ 가시나무

  해설 ① 대기오염(아황산화물, SO_2)에 강한 수종 : 향나무, 편백, 사철나무, 벽오동, 능수버들, 무궁화, 은행나무, 가시나무
  ② 대기오염(아황산화물, SO_2)에 약한 수종 : 독일가문비, 소나무(적송), 전나무, 느티나무, 벚나무, 단풍나무, 매화나무, 자작나무

4. 덩굴성 식물로 짝지어진 것은?
  ㉮ 으름, 수국
  ㉯ 등나무, 금목서
  ㉰ 송악, 담쟁이덩굴
  ㉱ 치자나무, 멀꿀나무

  해설 덩굴성 식물
  ① 흔히 만경목이라고도 하며 줄기가 길며 곧게 서지 않고 수목이나 지지물을 감거나 붙어서 생장하는 식물이다.
  ② 다래, 능수화, 인동초, 나팔꽃, 담쟁이덩굴, 송악, 머루, 칡, 더덕, 등나무, 으름

5. 맹아력이 강한 나무로 짝지어진 것은?
  ㉮ 향나무, 무궁화   ㉯ 쥐똥나무, 가시나무
  ㉰ 느티나무, 해송   ㉱ 미루나무, 소나무

  해설 ① 맹아력이 약한 수종 : 소나무, 감나무, 녹나무, 굴거리나무, 벚나무
  ② 맹아력이 강한 수종 : 주목, 모과나무, 무궁화, 개나리, 가시나무, 쥐똥나무, 회양목, 개나리
  ③ 맹아력 : 수목을 전정하고 새가지가 나오는 힘을 말한다.

6. 여름부터 가을까지 꽃을 감상할 수 있는 알뿌리 화초는?
  ㉮ 튤립   ㉯ 수선화
  ㉰ 아네모네   ㉱ 칸나

해답 1. ㉱ 2. ㉯ 3. ㉱ 4. ㉰ 5. ㉯ 6. ㉱

해설 ① 알뿌리 화초 : 일명 구근 화초라 하며 알뿌리를 가지는 것을 말한다.
② 봄 화단용 식물(알뿌리 화초) : 튤립, 수선화
③ 여름, 가을 화단용 식물(알뿌리 화초) : 달리아, 칸나
④ 겨울 화단용 식물 : 꽃양배추

7. 심근성 나무라 볼 수 없는 것은?
㉮ 전나무 ㉯ 백합나무
㉰ 은행나무 ㉱ 현사시나무

해설 ① 심근성 수종 : 느티나무, 소나무, 전나무, 곰솔, 주목, 백합나무, 상수리나무, 은행나무
② 천근성 수종 : 독일가문비, 자작나무, 편백, 버드나무, 자작나무, 매화나무, 현사시나무

8. 활엽수이지만 잎의 형태가 침엽수와 같아서 조경적으로 침엽수로 이용하는 것은?
㉮ 은행나무 ㉯ 철쭉
㉰ 위성류 ㉱ 배롱나무

해설 ① 위성류 : 활엽수(낙엽활엽 소교목)이다.
② 은행나무 : 침엽수이다.
③ 침엽수 : 은행나무, 주목, 비자나무, 전나무, 분비나무, 구상나무, 솔송나무, 가문비나무, 독일가문비나무, 잎갈나무, 잣나무, 스트로브잣나무, 테에다소나무, 리기다소나무, 방크스소나무, 소나무, 곰솔, 메타세쿼이아, 삼나무, 측백, 편백, 향나무
④ 활엽수 : 태산목, 사철나무, 동백나무, 회양목, 호두나무, 해당화, 수수꽃다리, 은수원사시나무, 은백양, 물황철나무, 당버들, 양버들, 수양버들, 버드나무, 능수버들, 용버들, 가래나무, 굴피나무, 자작나무, 박달나무, 오리나무, 물오리나무, 물갬나무, 까치박달, 서어나무, 밤나무, 상수리나무, 굴참나무, 떡갈나무, 튤립나무, 목련, 백목련

9. 다음 중 녹음수로 적당하지 않은 나무는?
㉮ 플라타너스 ㉯ 느티나무

㉰ 은행나무 ㉱ 반송

해설 녹음용 수종
① 지하고가 높은 낙엽교목으로 가로수로 쓰이는 나무가 많다.
② 녹음용 수종 : 백합나무, 은행나무, 느티나무, 층층나무, 플라타너스

10. 다음 중 봄에 개화하는 나무가 아닌 것은?
㉮ 백목련 ㉯ 매화나무
㉰ 백합나무 ㉱ 수수꽃다리

해설 백합나무 : 낙엽활엽교목으로 꽃은 5~6월에 피며 녹황색이다.

11. 추위로 줄기 밑 수피가 얼어터져 세로 방향의 금이 생겨 말라죽는 일이 생기는 나무는?
㉮ 단풍나무 ㉯ 은행나무
㉰ 버즘나무 ㉱ 소나무

해설 ① 동해 방지 수종 : 단풍나무, 배롱나무, 목백일홍, 모과나무, 감나무, 벽오동, 장미
② 소나무는 추위에 의한 피해가 적다.
③ 상렬 : 추위로 인해 나무의 껍질이 얼어서 갈라지는 현상을 말한다.

12. 덩굴성 식물로만 짝지어진 것은?
㉮ 으름, 수국 ㉯ 등나무, 금목서
㉰ 송악, 담쟁이덩굴 ㉱ 치자나무, 멀꿀

해설 덩굴성 식물
① 줄기가 길며 곧게 서지 않고 수목이나 지지물을 감거나 붙어서 생장하는 식물이다.
② 덩굴성 식물 : 곰딸기, 다래, 능수화, 인동초, 고구마, 완두, 오이, 나팔꽃, 담쟁이덩굴, 송악, 머루, 다래, 칡, 더덕, 등나무, 으름

13. 다음 중 음수에 해당하는 수종은?
㉮ 낙엽송 ㉯ 무궁화

해답 7. ㉱ 8. ㉰ 9. ㉱ 10. ㉰ 11. ㉮ 12. ㉰ 13. ㉰

㉰ 식나무 ㉱ 해송

해설 ① 음수 : 주목, 전나무, 독일가문비, 팔손이나무, 녹나무, 동백나무, 회양목, 식나무
② 양수 : 향나무, 주목, 석류나무, 소나무, 모과나무, 산수유, 은행나무, 백목련, 무궁화, 메타세쿼이아, 버즘나무, 자작나무, 해송, 낙엽송

14. 다음 중에서 관목끼리 짝지어진 것은?

㉮ 주목, 느티나무, 단풍나무
㉯ 진달래, 회양목, 꽝꽝나무
㉰ 등나무, 잣나무, 은행나무
㉱ 매실나무, 명자나무, 칠엽수

해설 ① 관목 : 옥향, 회양목, 진달래, 사철나무, 무궁화, 조합나무, 매자나무, 꽝꽝나무
② 교목 : 주목, 소나무, 잣나무, 향나무, 대추나무, 단풍나무, 배롱나무, 계수나무

15. 산울타리용 수종의 조건이라고 할 수 없는 것은?

㉮ 성질이 강하고 아름다울 것
㉯ 적당한 높이의 아래가지가 쉽게 마를 것
㉰ 가급적 상록수로서 잎과 가지가 치밀할 것
㉱ 맹아력이 커서 다듬기 작업에 잘 견딜 것

해설 산울타리용 수종의 조건
① 적당한 높이로 아래가지가 죽지 않고 오래 살아야 한다.
② 가급적 상록수가 좋으며 잎과 가지가 치밀하여야 한다.
③ 성질이 강하고 아름다우며 번식력이 강한 수종을 선택한다.
④ 맹아력이 크며 척박한 환경 조건에도 잘 견디어야 한다.

16. 다음 중 붉은색의 단풍이 드는 수목들로만 구성된 것은?

㉮ 낙우송, 느티나무, 백합나무
㉯ 칠엽수, 참느릅나무, 졸참나무
㉰ 감나무, 화살나무, 붉나무
㉱ 잎갈나무, 메타세쿼이아, 은행나무

해설 ① 붉은색(홍색) 단풍나무 : 단풍나무, 감나무, 화살나무, 붉나무, 담쟁이덩굴, 산딸나무, 옻나무
② 황색 단풍나무 : 고로쇠나무, 은행나무, 계수나무, 느티나무, 벽오동, 배롱나무, 자작나무, 메타세쿼이아

17. 봄 화단용에 쓰이는 식물이 아닌 것은?

㉮ 팬지 ㉯ 데이지
㉰ 금잔화 ㉱ 샐비어

해설 ① 봄 화단용 식물 : 팬지, 금어초, 데이지, 튤립, 수선화, 금잔화
② 겨울 화단용 식물 : 꽃양배추
③ 여름, 가을 화단용 식물 : 샐비어, 채송화, 봉숭아, 맨드라미, 국화, 부용, 달리아, 칸나

18. 다음 중 임해공업단지에 공장 조경을 하려 할 때 가장 적합한 수종은?

㉮ 광나무 ㉯ 히말라야시다
㉰ 감나무 ㉱ 왕벚나무

해설 임해공업단지 조경 수종 선정 조건
① 조해 및 염분에 의한 재해가 발생할 수 있으므로 공해 및 염분에 대한 저항력이 강한 나무를 식재한다.
② 손상회복 및 생장속도가 빠르고 이식이 가능한 나무를 식재한다.
③ 광나무, 사철나무, 해송, 비자나무, 곰솔, 주목, 측백, 굴거리나무, 해당화, 무궁화, 진달래, 가이즈카향나무, 녹나무, 감나무

19. 다음 수종 중 질감이 가장 거친 것은?

㉮ 칠엽수 ㉯ 소나무
㉰ 회양목 ㉱ 영산홍

해설 ① 질감이 거친 수종 : 칠엽수, 벽오동, 버즘나무, 태산목, 팔손이나무, 플라타너스
② 질감이 부드러운 수종 : 회양목, 편백, 화백, 잣나무

해답 14. ㉯ 15. ㉯ 16. ㉰ 17. ㉱ 18. ㉮ 19. ㉮

20. 다음 중 상록침엽관목에 속하는 나무는 어느 것인가?

㉮ 연산홍　　㉯ 섬잣나무
㉰ 회양목　　㉱ 눈향나무

해설　① 상록침엽관목 : 개비자나무, 눈향나무, 옥향, 눈주목
② 낙엽활엽관목 : 박태기나무, 연산홍, 수국, 진달래, 개나리, 화살나무, 수수꽃다리, 장미, 생강나무
③ 상록활엽교목 : 동백나무, 아왜나무, 은행나무, 후박나무, 감탕나무, 광나무, 가시나무, 차나무, 녹나무
④ 상록침엽교목 : 소나무, 개잎갈나무, 향나무, 반송, 주목, 비자나무, 전나무, 독일가문비, 구상나무, 향나무, 섬잣나무, 편백, 화백, 측백
⑤ 상록활엽관목 : 피라칸타, 회양목, 사철나무

21. 화단에 꽃을 갈아 심을 때의 요령이다. 잘못 설명된 것은?

㉮ 화단의 변두리로부터 중앙부로 심어간다.
㉯ 흙이 밟혀 굳어지지 않도록 널빤지를 놓고 심는다.
㉰ 꽃이 피기 시작하는 것을 심는다.
㉱ 만개되었을 때를 생각하여 적당한 간격으로 심는다.

해설　화단의 꽃 심기 방법
① 화단의 중심으로부터 변두리로 심어가는 것이 좋다.
② 화단의 변두리로부터 중앙부로 심어가면 중앙부 작업을 할 때 변두리 화단의 꽃을 망가뜨려 공사 작업이 불편하다.

22. 모란의 이식시기로 가장 적당한 때는?

㉮ 2월 상순~3월 상순
㉯ 3월 상순~4월 중순
㉰ 8월 상순~9월 하순
㉱ 10월 중순~11월 중순

해설　모란의 이식시기 : 추운 지역을 제외하고 8월 상순~10월 중순이 적기이다.

23. 일반적으로 움트는 힘이 강하기 때문에 상당히 큰 가지를 잘라도 훌륭한 새 가지가 나오는 수종은?

㉮ 소나무　　㉯ 양버즘나무
㉰ 향나무　　㉱ 능수벚나무

해설　양버즘나무 : 건조한 지역에 강하며 공기 정화능력이 우수하며 성장이 빠른 나무로서 맹아력이 강하다.

24. 다음 중 조경 수목의 특징 중 틀린 것은?

㉮ 메타세쿼이아는 수형이 원추형이다.
㉯ 잣나무는 중부 지방에서도 생육이 가능하다.
㉰ 우리나라 수목의 생육에 알맞은 토양은 식양토, 토양, 사양토이다.
㉱ 조경 수목의 지하고의 규격표시는 H이다.

해설　조경 수목의 규격 표시
① BH : 지하고　② H : 수고
③ W : 수관폭　④ D : 흉고직경
⑤ R : 근원 지름

25. 다음 중 1속에서 잎이 5개 나오는 수종은?

㉮ 백송　　㉯ 방크스소나무
㉰ 리기다소나무　　㉱ 스트로브잣나무

해설　① 스트로브잣나무, 섬잣나무 : 5엽속
② 소나무, 백송, 리기다 : 3엽속
③ 소나무(적송), 해송, 곰솔, 금강소나무 : 2엽속
④ 금송 : 1엽속

26. 다음 중 식재 시 수목의 규격 표기 방법이 다른 것은?

해답　20. ㉱　21. ㉮　22. ㉰　23. ㉯　24. ㉱　25. ㉱　26. ㉰

㉮ 은행나무　　㉯ 메타세쿼이아
㉰ 잣나무　　　㉱ 벚나무

해설 잣나무 : $H3.5[m] \times W1.5[m]$

참고 수목의 규격 표시
① 교목 : $H \times B$ = 은행나무, 가중나무, 계수나무, 메타세쿼이아, 벽오동, 수양버들, 자작나무
② 교목 : $H \times W$ = 잣나무, 주목, 측백나무
③ 교목 : $H \times R$ = 감나무, 느티나무, 단풍나무, 산수유, 꽃사과, 산딸나무
④ 관목 : $H \times W$ = 산철쭉, 수수꽃다리, 자산홍, 쥐똥나무, 명자나무, 병꽃나무
⑤ 관목 : $H \times R$ = 능소화, 노박덩굴
⑥ 관목 : $H \times W \times L$ = 눈향나무
⑦ 관목 : $H \times$ 가지의 수 = 개나리, 덩굴장미
⑧ 만경목 : $H \times R$ = 등나무
⑨ 소나무 : $H \times W \times R$
　= $H3.5[m] \times W12.0[m] \times R15[cm]$

27. 다음 중 경관적 가치가 요구되는 곳에 있는 대형수목의 지주 재료로 널리 쓰이는 것은?

㉮ 박피 통나무 지주대
㉯ 대나무 지주대
㉰ 철선 지주대
㉱ 철재 지주대

해설 철선 지주대 : 미관상 아름답고 견고하여 대형수목은 철선 지주대를 사용한다.

28. 다음 중 목련과(科) 나무가 아닌 것은?

㉮ 태산목　　㉯ 툴립나무
㉰ 후박나무　㉱ 함박꽃나무

해설 ① 후박나무 : 상록활엽교목 (녹나무과)
② 함박꽃나무 : 낙엽활엽 소교목
③ 툴립나무 : 낙엽활엽교목
④ 태산목 : 상록활엽교목

29. 다음 중 덩굴식물(vine)로만 구성되지 않은 것은?

㉮ 등나무, 개노방덩굴, 멀꿀, 으름
㉯ 송악, 등나무, 능소화, 돈나무
㉰ 담쟁이, 송악, 능소화, 인동덩굴
㉱ 담쟁이, 칡, 개노박덩굴, 능소화

해설 돈나무
① 상록활엽관목이다.
② 꽃피는 시기 : 5월~6월(황색)

30. 다음 조경 수목 중에서 교목류로 볼 수 없은?

㉮ 동백나무　　㉯ 산수유
㉰ 수수꽃다리　㉱ 은행나무

해설 수수꽃다리
① 낙엽활엽관목이다.
② 꽃은 4~5월에 연한 자주색으로 피고 향기가 난다.

31. 다음 조경 수목 중에서 낙엽활엽교목으로 줄기의 색채가 흰색 계통을 띠고 있으며 경관상으로 아름다운 수종은?

㉮ 자작나무　　㉯ 배롱나무
㉰ 모과나무　　㉱ 은행나무

해설 자작나무 : 낙엽활엽교목이며 수피의 색깔이 흰색이다.

32. 단풍의 색깔이 선명하게 드는 환경을 올바르게 설명한 것은?

㉮ 날씨가 추워서 햇빛을 보지 못할 때
㉯ 비가 자주 올 때
㉰ 바람이 세게 불고 햇빛을 적게 받을 때
㉱ 가을의 맑은 날이 계속되고 밤, 낮의 기온 차가 클 때

해설 수목의 생리 현상 : 단풍의 색깔은 맑은 날에 수분 증산 작용이 활발해지고 기온의 차가 클 때 선명하게 나타난다.

33. 봄에 가장 일찍 꽃을 볼 수 있는 초

해답 27. ㉰　28. ㉰　29. ㉯　30. ㉰　31. ㉮　32. ㉱　33. ㉮

화는?
㉮ 팬지   ㉯ 백일홍
㉰ 칸나   ㉱ 매리골드

해설 ① 팬지 꽃피는 시기 : 4월~5월
② 칸나 꽃피는 시기 : 6월
③ 매리골드 꽃피는 시기 : 5월

34. 다음 중 일반적으로 대기오염 물질인 아황산가스에 대한 저항성이 강한 수종은?
㉮ 전나무   ㉯ 산벚나무
㉰ 편백   ㉱ 소나무

해설 ① 대기오염 (아황산화물, SO_2)에 강한 수종 : 향나무, 편백, 사철나무, 벽오동, 능수버들, 무궁화, 은행나무
② 대기오염 (아황산화물, SO_2)에 약한 수종 : 독일가문비, 소나무(적송), 전나무, 느티나무, 벚나무, 단풍나무, 매화나무

35. 다음 수종 중 음수가 아닌 것은?
㉮ 주목   ㉯ 독일가문비
㉰ 팔손이나무   ㉱ 석류

해설 ① 음수 : 주목, 전나무, 독일가문비, 팔손이나무, 녹나무, 동백나무, 회양목
② 양수 : 석류나무, 소나무, 모과나무, 산수유, 은행나무, 백목련, 무궁화

36. 다음 보기와 같은 기능을 가진 가장 적합한 수종으로만 구성된 것은?

[보기]
- 차량의 왕래가 빈번하여 많은 소음이 발생되는 곳에서 소음을 차단하거나 감소시키기 위하여 나무를 심어 녹지 공간을 만든다.
- 방음용 수목으로는 잎이 치밀한 상록교목이 바람직하며 지하고가 낮고 자동차의 배기가스에 견디는 힘이 강한 것이 좋다.

㉮ 은행나무, 느티나무
㉯ 녹나무, 아왜나무
㉰ 산벚나무, 수국
㉱ 꽃사과나무, 단풍나무

해설 방음용 수목 조건
① 잎이 치밀한 상록교목이 바람직하며 지하고가 낮고 자동차의 배기가스에 견디는 힘이 강한 나무을 선택한다.
② 녹나무, 아왜나무, 동백나무, 후피향나무

37. 다음 보기에서 설명하는 수종은?

[보기]
- 원산지는 중국이다.
- 줄기 색채가 녹색이고, 6월경에 개화하며 꽃색은 황색이다.
- 성상이 낙엽활엽교목으로 열매는 5개의 분과로 익기 전에 벌어져서 완두콩 같은 종자가 보이고 10월에 익는다.

㉮ 태산목   ㉯ 황매화
㉰ 벽오등   ㉱ 노각나무

해설 벽오동
① 잎은 호생하고 잎의 끝이 3~5개로 갈라진다.
② 낙엽활엽교목이다.

38. 수목과 열매의 색채가 맞게 연결된 것은?
㉮ 사철나무 - 적색계통
㉯ 산딸나무 - 황색계통
㉰ 붉나무 - 검정색계통
㉱ 화살나무 - 청색계통

해설 열매의 색채
① 사철나무 : 적색
② 산딸나무 : 적색
③ 붉나무 : 자황색, 백록색
④ 화살나무 : 적색

39. 지피식물에 해당하지 않는 것은?

해답 34. ㉰ 35. ㉱ 36. ㉯ 37. ㉰ 38. ㉮ 39. ㉰

㉮ 인동덩굴　　㉯ 송악
㉰ 금목서　　㉱ 맥문동

해설 ① 지피식물 : 잔디, 맥문동, 클로버 등 초본류나 이끼류처럼 지표면을 낮게 덮는 식물을 말한다.
② 금목서 : 상록활엽관목

40. 흰색 계열의 작은 꽃이 5~6월에 피고 가을에 붉은 계통의 단풍잎이 있어 관상가치가 있으며 음지사면에 식재하면 좋은 수종은?

㉮ 왕벚나무　　㉯ 모과나무
㉰ 국수나무　　㉱ 족제비싸리

해설 국수나무
① 꽃 피는 시기 : 5~6월(흰색)
② 가을 : 단풍잎(붉은 색)
③ 낙엽활엽관목

41. 다음 중 상록침엽수에 해당하는 수종은?

㉮ 은행나무　　㉯ 전나무
㉰ 메타세쿼이아　　㉱ 일본잎갈나무

해설 ① 전나무 : 상록침엽교목
② 은행나무 : 낙엽침엽교목
③ 메타세쿼이아 : 낙엽침엽교목
④ 일본잎갈나무 : 낙엽침엽교목

42. 침엽수류와 상록활엽수류의 가장 일반적인 이식 적기는?

㉮ 이른 봄　　㉯ 초여름
㉰ 늦은 여름　　㉱ 겨울철 엄동기

해설 수목의 이식 시기
① 낙엽활엽수 : 수분 증사량이 가장 적은 휴면기(가을철, 이른 봄)에 이식한다.
㉠ 가을철 : 휴면기 (10월 ~ 11월)
㉡ 봄 : 3월 ~ 4월 상순
② 상록활엽수 : 공기 중에 습도가 많으면 세포 분열이 잘 일어나므로 장마철에 실시하지만 주로 이른 봄에 많이 한다.

㉠ 봄철 : 3월 하순 ~ 4월 상순
㉡ 장마철 : 6월 ~ 7월
③ 침엽수
㉠ 봄철 : 3월(해토) ~ 4월 상순
㉡ 가을철 : 9월 하순 ~ 10월 하순

43. 질감이 거칠어 큰 건물이나 서양식 건물에 가장 잘 어울리는 수종은?

㉮ 철쭉류　　㉯ 소나무
㉰ 버즘나무　　㉱ 편백

해설 ① 질감이 거친 수종 : 칠엽수, 벽오동, 버즘나무, 태산목, 팔손이나무, 플라타너스
② 질감이 부드러운 수종 : 회양목, 편백, 화백, 잣나무
참고 버즘나무 : 수피가 큰 조각처럼 떨어지며 질감이 거칠어 큰 건물에 잘 어울리는 수종이다.

44. 다음 중 단풍나무과 수종이 아닌 것은?

㉮ 고로쇠나무　　㉯ 이나무
㉰ 신나무　　㉱ 복자기

해설 이나무 : 이나무과(Flacourtiaceae), 낙엽활엽교목

45. 여러해살이 화초에 해당되는 것은?

㉮ 베고니아　　㉯ 금어초
㉰ 맨드라미　　㉱ 금잔화

해설 베고니아(begonia) : 관엽식물로 상록 여러해살이풀이다.

46. 공해에 대한 저항성은 강하나 맹아력이 약한 수종은?

㉮ 이팝나무　　㉯ 메타세쿼이아
㉰ 쥐똥나무　　㉱ 느티나무

해설 맹아력이 약한 수종 : 소나무, 감나무, 녹나무, 굴거리나무, 벚나무, 이팝나무

47. 봄에 씨뿌림하는 1년초에 해당하지

해답 40. ㉰　41. ㉯　42. ㉮　43. ㉰　44. ㉯　45. ㉮　46. ㉮　47. ㉯

않는 것은?

㉮ 매리골드　　㉯ 피튜니아
㉰ 채송화　　　㉱ 샐비어

해설　① 봄뿌림 화초 : 맨드라미, 샐비어, 채송화, 봉숭아, 매리골드, 나팔꽃, 백일홍
② 가을뿌림 화초 : 피튜니아, 팬지, 안개초, 스위트피, 금어초, 금잔화

48. 다음 중 음수이며 또한 천근성인 수종에 해당되는 것은?

㉮ 전나무　　㉯ 모과나무
㉰ 자작나무　㉱ 독일가문비

해설　① 천근성 수종 : 독일가문비, 자작나무, 편백, 버드나무, 매화나무, 황철나무, 포플러
② 음수 : 주목, 전나무, 독일가문비, 팔손이나무, 녹나무, 동백나무, 회양목, 눈주목

49. 다음 중 일반적으로 봄에 가장 먼저 황색 계통의 꽃이 피는 수종은?

㉮ 등나무　　　㉯ 산수유
㉰ 박태기나무　㉱ 벚나무

해설　① 산수유 : 3~4월에 황색 꽃이 핀다.
② 등나무 : 5월에 자주색 꽃이 핀다.
③ 박태기나무 : 4월 하순에 자홍색 꽃이 핀다.
④ 벚나무 : 4월~5월에 백색 꽃이 핀다.

50. 토양 개량제로 활용되지 못하는 것은?

㉮ 홀멕스콘　㉯ 피트모스
㉰ 부엽토　　㉱ 펄라이트

해설　홀멕스콘(Hormex-con) : 식물성 호르몬으로 뿌리 발근 및 촉진 개선제로서 뿌리에 흡착시킨다.

51. 다음 중 가로수용으로 사용되기 가장 부적합한 수종은?

㉮ 은행나무
㉯ 사스레피나무
㉰ 가중나무
㉱ 플라타너스

해설　가로수용 수종의 조건
① 가로수용 수종 : 벚나무, 은행나무, 느티나무, 가중나무, 메타세쿼이아
② 강한 바람에도 잘 견딜 수 있는 것
③ 각종 공해에 잘 견디는 것
④ 여름철 그늘을 만들고 병해충에 잘 견디는 것

[참고] 사스레피나무는 관상용으로 많이 사용된다 (상록활엽관목).

52. 흰말채나무의 특징 설명으로 틀린 것은?

㉮ 노란색의 열매가 특징적이다.
㉯ 층층나무과로 낙엽활엽관목이다.
㉰ 수피가 여름에는 녹색이나 가을, 겨울철의 붉은 줄기가 아름답다.
㉱ 잎은 대생하며 타원형 또는 난상타원형이고, 표면에 작은 털이 있으며 뒷면은 흰색의 특징을 갖는다.

해설　흰말채나무
① 다간성 낙엽활엽관목이다.
② 수피가 여름에는 녹색이지만 가을, 겨울철의 붉은 줄기가 아름답고, 8월~9월에는 백색의 열매가 열린다.

53. 덩굴식물이 시설물을 타고 올라가 정원적인 미를 살릴 수 있는 시설물이 아닌 것은?

㉮ 퍼걸러　㉯ 테라스
㉰ 아치　　㉱ 트렐리스

해설　테라스 : 건물에 연결하여 만든 것으로 건물의 내부와 외부를 연결하는 공간이다.

SECTION 3 인공 재료

3-1 인공 재료의 성질

(1) 인공 재료의 정의

자연에서 얻어지는 자연재를 이차적 가공과 변형을 통해 재생산된 제품으로 시멘트, 금속, 점토, 플라스틱, 유리 등을 말하며 조경에서 각종 구조체 및 시설물을 설치하는 데 있어 중요한 재료로 공간의 특성에 따라 적절히 사용함으로써 조경의 질을 높일 수 있는 재료이다.

(2) 인공 재료의 특징

균일성, 가공성, 불변성, 내구성이 좋다.

3-2 생태 복원 재료

(1) 생태 복원재의 정의

생태계의 순환 작용을 돕고, 다양한 생물이 먹이 사슬을 형성하며 살아갈 수 있는 환경을 조성하기 위해 당해 지역의 생태적, 물리적, 미적 환경을 고려하여 사용하는 재료

(2) 생태 복원 재료의 요건

구 분	요 건
순환성	부패, 부식으로 인한 환경 오염을 유발하지 않고, 미생물에 의해 분해가 가능하며, 생물이 자원으로 이용할 수 있는 재료
안정성	각종 재난, 재해에 안전한 재료(홍수, 범람, 산사태 등)
자연성	지역 내에서 존재하며, 생산되는 재료 사용 (당해 지역 내의 이질적 경관 형성을 최소화하는 방안)

3-3 목 재

(1) 강도
① 압축 강도 < 인장 강도
② 심재가 변재보다 강도가 높다 (변재 < 심재).

(2) 분류
① 연목재 (무른 나무)
　㈎ 침엽수가 활엽수보다 대부분 무르다 (예외 : 포플러, 오동나무, 가중나무 등).
　㈏ 변재가 심재보다 무르다.
　㈐ 가공성이 좋다.

② 견목재 (굳은 나무)
　㈎ 활엽수가 침엽수보다 대부분 단단하다 (예외 : 향나무, 낙엽송은 침엽수종이지만 견목재이다).
　㈏ 목질이 단단하여 각종 가구재 및 내장재로 적합하다.

(3) 목재의 특성

장 점	• 가볍고 가공이 용이하며, 열전도율이 낮음 • 비중에 비해 강도가 큼 • 종류가 많고, 무늬가 아름다움 • 산성 약품 및 염분에 강함
단 점	• 착화점이 낮아 화재에 취약 • 흡수성이 높아 변형되기 쉬움 • 세균이나 충에 취약하여 부패되기 쉬움 • 부패되기 쉬우므로 내구성이 낮음

(4) 목재의 구조

나이테	수목의 연령을 나타내며 환경이 좋은 해일수록 간격이 넓음
춘 재	봄, 여름에 생긴 세포로서 세포막은 얇고 유연함
추 재	가을, 겨울에 생긴 세포로서 세포막은 두껍고 견고함
심 재	수목의 중심부 가까이 위치하고, 변재에 비해 색이 진하며 세포가 견고함
변 재	수목의 겉껍질 가까이 위치하며 담색이고, 심재보다 무름 변재 부분의 세포는 수액을 유통시키고 저장

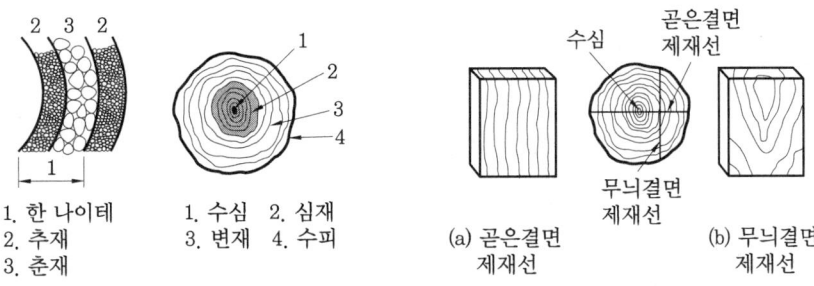

나이테 수목의 횡단면 제재선

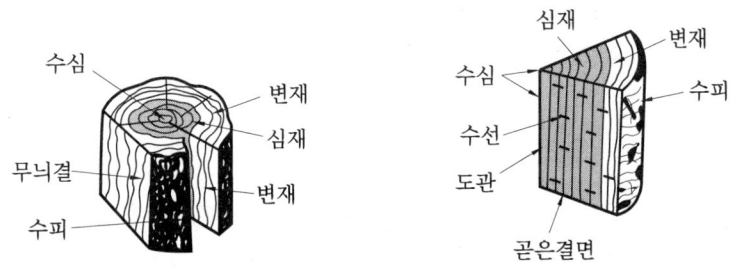

목재의 구조

(5) 목재의 건조와 방부

① 목재의 건조

  (가) 구조 용재는 함수율이 15 %로 건조하며, 생나무 무게의 1/3 이상이 경감되도록 한다.

  (나) 가구 용재는 함수율 10 %까지 건조시킨다.

  (다) 수축, 균열에 의한 변형을 최소화하기 위해 충분한 건조 과정을 거친다.

② 건조 방법

수액 건조법	벌채 현지 노상에서 1년 이상 방치하여 수액이 빠지도록 하는 방법
자연 건조법	• 공기 건조법, 침수법 • 비용이 저렴하고, 변질이 적으나, 긴 시간이 소요되고, 변형 발생률이 높음
인공 건조법	• 증기법, 공기 가열법, 훈연법, 진공법, 고주파 건조법 등 • 건조가 빠르고 변형이 적으나 많은 비용이 소요됨

③ 목재의 부식 요인

 ㈎ 세균에 의한 부패
 ㈏ 비, 바람에 의한 풍화
 ㈐ 흰개미, 하늘소, 굼벵이에 의한 충해
 ㈑ 자연 순환 작용에 의한 탈질화

④ 방부제의 종류

구 분	주요 성분
CCA 방부제 (수용성)	크롬+비소+구리의 화합물이며, 취급이 간단하나, 환경을 오염시킬 수 있음
ACC 방부제 (수용성)	산화크롬+구리의 화합물
유용성 방부제	방부력이 우수하고, 내습성도 강하나, 냄새가 심해 실내에서는 사용하지 않음(크레오소트유)

⑤ 방부, 방충법

일조법	직사 일광 30시간 이상 노출
침지법	물속에 3~4주간 잠기게 하여 수액을 용출시키고 2~3주간 공기 중에서 건조
표면 탄화법	목재 표면 3~12 mm를 태워 탄화막을 형성, 수분과 충의 침투를 방지

⑥ 목재의 강도 : 인장 강도 > 휨 강도 > 압축 강도 > 전단 강도

구 분	강 도
압축 강도	섬유 방향의 압축 강도 : 5~10
인장 강도	• 섬유 방향의 인장 강도 : 10~30 • 섬유 직각 방향의 인장 강도 : 1
휨 강도	휨 강도 : 7~15

> **Tip** • 콘크리트 : 압축 > 전단 > 휨 > 인장 강도

⑦ 목재의 종류

구 분	용도 및 특징
원 목	• 거친 질감으로 조금 가공된 목재 • 계단, 디딤판, 화단 경계목, 울타리 용재 등으로 사용
제재목	• 원목을 가공한 것 • 판재 : 구께 7.5cm 미만에 폭이 두께의 4배 이상인 목재 마감재로 이용 • 각재 : 폭이 두께의 3배 미만인 목재로, 구조재로 이용
합 판	• 1장의 얇은 판으로 원목으로 가공할 수 있으나, 목재 부산물에 접착제를 첨가하여 생산됨 • 곡선 구조에 용이하며, 고른 강도를 유지하므로 방향에 따른 강도 차이가 적음 • 팽창, 수축으로 인한 변형이 거의 없음
기타 목재	특수한 목적으로 가공하여 만든 가공재

3-4 석질 재료

(1) 석재의 특징

장 점	• 타 재료에 비해 강도가 크고, 변형되지 않으며, 종류가 다양 • 불연성, 내화성, 내마모성, 내구성이 큼 • 외관이 장중하고 미려함
단 점	• 비중이 크고, 가공성이 용이하지 않음 • 내화도가 낮으며, 인장 강도가 낮음(압축 강도의 1/10 ~ 1/20) • 장재를 얻기가 힘듦

(2) 석재의 종류 (강도 : 화성암 > 퇴적암 > 변성암)

화성암	• 화산 작용으로 응집되어 만들어진 돌로 강도가 단단함 • 우리나라 돌의 70 % 이상를 차지하며, 구조재, 내외장재, 디딤석, 계단, 경계석 등으로 사용
퇴적암	• 화석으로 함수율이 큼 (응회암, 사암, 점판암, 석회암, 유문암 등) • 디딤석, 포장석, 내화재, 장식재로 사용
변성암	화산 활동 시 높은 압력과 온도의 변성 작용을 받아 생성된 돌로 얇게 쪼개지는 성질이 있어, 외장재 보다는 내장용으로 주로 이용

(3) 자연석의 모양

입석	수석이라고도 하며 입체적으로 관상할 수 있고, 돌의 높이가 높을수록 좋음
횡석	가로로 눕혀 사용하는 돌로 안정감이 우수
평석	윗부분이 평평한 돌로 대지를 상징
환석	돌 모양이 전체적으로 둥근 모양을 띰
각석	네모 형태의 각이 진 모양의 돌
사석	해안가 절벽이나, 계곡의 비탈을 형상화한 돌
괴석	어떤 자연 현상이나, 동식물의 모양을 한 돌
와석	돌의 모양이 동물이 누워있는 형태를 띤 돌

모양에 따른 자연석의 종류

(4) 자연석의 종류

산석	직경 50~100 cm의 돌로 산과 강에서 채취하며 경관석, 석가산용으로 쓰임
석가산	산석 50~100 cm의 돌을 자연스럽게 쌓아 만든 인공 산으로 초화 및 수목을 식재하기도 함
견치돌	돌쌓기에 쓰는 정사각뿔 모양의 돌로 옹벽쌓기에 주로 사용
잡석	깬 돌로서 기초용으로 사용
호박돌	지름 18 cm 이상의 둥근 모양의 자연석으로 연못 바닥, 원로 포장 등에 육법 쌓기(줄눈 어긋나게 쌓기) 방법으로 쌓음
조약돌	7.5~20 cm의 달걀형 돌로 가공하지 않은 자연석
자갈	지름 5 mm 이상의 돌로 콘크리트용 골재, 자갈 포장에 사용

(5) 돌(석재) 가공

① 가공 순서 : 혹두기 → 정다듬 → 도드락 다듬 → 잔다듬 → 물갈기

혹두기	돌 표면에 쇠메를 사용하여 큰 돌출 부위만 대강 떼어 다듬질하는 것
정다듬	혹두기한 면을 정으로 비교적 고르고 곱게 다듬는 것
도르락 다듬	정다듬한 면을 도드락 망치로 더욱 평탄하게 다듬는 것
잔다듬	도드락 다듬한 위에 양날 망치로 곱게 쪼아 표면을 더욱 평탄하고, 균일하게 하는 것
물갈기	곱게 다듬은 돌면을 연마지 또는 숫돌 등으로 곱게 갈아 마무리하는 것

3-5 물 재료

(1) 물 재료의 특징

① 정적인 상태를 나타내는 형태의 물 : 연못, 풀장(pool), 호수
② 동적인 상태를 나타내는 형태의 물 : 분수, 벽천, 폭포, 캐스케이드(계단 폭포)

3-6 시멘트 및 콘크리트 재료

(1) 시멘트의 의미 및 특성

물 및 각종 혼합재와 결합하면 경화되는 무기질 재료로 여러 모양으로 제작이 용이하고, 내화성, 견고성, 내마모성, 내구성이 뛰어나 널리 이용되는 주요 재료이다.

① 시멘트 1포의 무게 : 40 kg
② 시멘트 저장법
  (가) 저장 시 13포 이상 쌓지 않으며, 통풍이 잘 되는 곳에 저장한다.
  (나) 수분 유입을 방지하기 위해 창고 바닥 30 cm 이상 높이에 적치한다.
③ 시멘트 풀 : 시멘트와 물을 혼합한 것으로 타일 붙이기, 줄눈 넣기 등의 재료로 사용한다.
④ 모르타르 : 시멘트(1) + 물(1) + 모래(3)
⑤ 콘크리트 : 시멘트(1) + 물, 모래(3) + 자갈(6)
⑥ 철근 콘크리트 : 시멘트(1) + 모래(2) + 자갈(4) + 철근

⑦ 레미콘(ready-mixed concrete)
　㈎ 지연제 : 콘크리트가 굳지 않고 먼 거리를 이동할 수 있도록 해 준다.
　㈏ 혼화제 : 경화 전, 후의 콘크리트 성질을 개선 할 목적으로 사용한다.
　　㉮ 공기 연행제(AE제), 감수제, AE 감수제
　　㉯ 고성능 감수제, 유동화제
　　㉰ 응결 경화 조정제, 기포제
　　㉱ 방청제, 지연제, 발포제, 경화 촉진제
　㈐ 혼화재 : 워커빌리티 향상, 수화열 감소, 수축 저감, 알카리성 감소 등을 목적으로 혼합 사용하는 재료이다.

⑧ 시멘트의 분류

보통 포틀랜드 시멘트	다른 시멘트에 비해 공정이 간단하고 품질이 우수하여 가장 많이 사용
중용열 포틀랜드 시멘트	초기 강도는 작으나 장기 강도는 크며 체적의 변화가 적어 균열 발생이 적음. 댐 축조 등 큰 구조물에 이용
조강 포틀랜드 시멘트	보통 포틀랜드 시멘트 보다 경화가 빠르고 조기 강도가 큼, 겨울철과 수중 시공에 적합
백색 포틀랜드 시멘트	장식용(컬러 시멘트) 미장용, 도장용에 사용
슬래그 시멘트 (고로 시멘트)	해수에 영향을 받는 곳이나 큰 구조물 시공에 적합
실리카 시멘트 (포촐란 시멘트)	포틀랜드 시멘트의 클링커와 포촐란에 적당량의 석고를 혼합해서 분말로 만든 시멘트

⑨ 혼합 시멘트의 종류
　㈎ 슬래그 시멘트, 플라이애시 시멘트, 포촐란 시멘트, 알루미나 시멘트, 팽창 시멘트
　㈏ 슬래그 시멘트
　　㉮ 내열성이 크고 수밀성이 양호하다.
　　㉯ 건조 수축이 많으므로 시공에 유의한다.
　　㉰ 화학 저항이 높아 하수도 시공에 적합하다.
　　㉱ 보통 포틀랜드 시멘트에 비해 응결이 늦고 초기 강도가 작다.
　㈐ 알루미나 시멘트
　　㉮ 초기 강도가 커서 재령 1일로 강도가 나타난다.
　　㉯ 수화열이 크고, 수축이 적으며 내화성이 크다.

3-7 금속 재료

(1) 금속 재료의 특징
① 장식 효과와 소재 고유의 광택이 우수하다.
② 인장 강도가 크고, 각종 형태로의 변형이 용이하다.
③ 산, 알카리에 약하고, 차가운 느낌을 준다.

(2) 금속재의 종류

	철선(철사)	• 연강의 가는 선으로 아연도금을 하여 부식성을 낮춤 • 철근 결속, 구조체 결속 등에 이용
	와이어 로프	여러 갈래의 철선을 꼬아 만듦
구조용 강재	형강	철골 구조물, 철근 콘크리트 구조물 강재로 사용
	봉강	원형 철근, 이형 철근으로 철근의 부착 강도를 증가시키기 위해 철근 표면에 주름을 만든 형태
	강판	• 두께 3 mm 이하(박판)는 경량 형강, 아연도금 철판, 주석도금 양철 등에서 사용 • 두께 3 mm 이상(후판)은 철골 건축물, 교량, 기계 등에서 사용
	리벳	형강, 평강 등의 결선용으로 사용
	볼트	재료와 재료를 체결하기 위해 사용
	듀벨(Duwel)	목재 이음 시 전단력에 견디기 위해 사용
	못	못의 길이는 널 두께의 2.0~2.5배 이상의 것을 사용
	나사못	못에 나선형 주름을 넣어 체결력을 강화하기 위해 사용하며, 진동을 받는 곳에 사용하면 결속력이 못보다 강화됨
	꺾쇠	보강용 철물
비철 금속	놋쇠(황동)	구리와 아연의 합금
	청동	구리와 주석의 합금
	스테인리스	• 탄소강+크롬+니켈(10.5 % 이상) • 크롬의 양이 13 % 이상이면 크롬의 양이 증가함에 따라 내식성, 내열성이 좋아짐 • 크롬 18~20 %, 니켈 7~12 %의 강은 1000℃의 열에 견디고 초산에도 침해되지 않으므로 화학품을 취급하는 기구, 식기, 건축 장식 등에 쓰임
	구리	열, 전기의 전도율이 큼
	알루미늄	• 원광석인 보크사이트로 순수한 알루미늄을 만들고 이것을 전기 분해하여 만드는 은백색의 금속 • 경량재로 강도가 약해 지붕재, 울타리, 실내용 장식 등에 사용

(3) 재료의 기계적 성질

탄성	물체에 외력이 작용하면 순간적으로 변형이 생겼다가 외력이 제거되면 원상태로 되돌아가는 성질
소성	재료가 외력을 받아 변형이 생겼을 때 외력을 제거해도 원상태로 돌아가지 않고 변형된 형태로 남아있는 성질
연성	재료가 인장력에 의해 잘 늘어나는 성질
취성	외력을 받았을 때 극히 미비한 변형에도 파괴되는 성질
인성	재료가 외력을 받아 파괴될 때까지 큰 응력에 저항하며, 변형이 크게 일어나는 성질

3-8 점토 재료

(1) 점토의 생성

암석인 화성암이 지표상에서 오랜 세월을 거치면서 조금씩 분해되어 점토가 된다.

(2) 점토의 일반적 성질

① 점토의 비중은 일반적으로 2.5~2.6 정도이다.
② 양질의 점토일수록 가소성이 좋아진다.
③ 미립 점토의 인장 강도는 $0.3MPa(3kg/cm^2) \sim 1MPa(10kg/cm^2)$이다.
④ 모래가 포함된 것은 $0.1MPa(1kg/cm^2) \sim 0.2MPa(2kg/cm^2)$이다.
⑤ 압축 강도는 인장 강도의 약 8배이다.

> **Tip** 인장 강도 : 양끝을 잡고 당겼을 때 늘어나지 않고 버티는 힘을 강도라고 표현하는데, 이 시점까지 재료에 가해진 힘 중 가장 크게 가해진 힘을 재료의 시험 전 단면적으로 나눈 값

(3) 벽돌

① 벽돌의 특징 : 정교하고 따뜻한 느낌을 나타내며 담장, 화단 경계석, 바닥 포장, 퍼걸러 등 시설물 축조에 사용한다.
② 벽돌의 규격
　(가) 표준형 벽돌 규격 : 190(길이) × 90(폭) × 57 mm (높이)
　　　기존형 벽돌 규격 : 210(길이) × 100(폭) × 60 mm (높이)

(나) 0.5B 쌓기 : 반 장 쌓기, 길이 방향으로 한 장을 놓는 것으로 벽체 두께는 90 mm

(다) 1.0B 쌓기 : 벽체 두께가 190 mm가 되며 B는 Brick(벽돌)을 의미

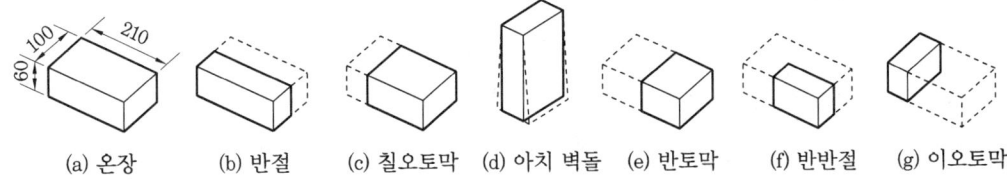

(a) 온장   (b) 반절   (c) 칠오토막   (d) 아치 벽돌   (e) 반토막   (f) 반반절   (g) 이오토막

(4) 도관과 토관

① 도관(陶管)

   (가) 점토 또는 내화 점토를 주원료로 관 자체에 유약을 발라 구운 것이다.

   (나) 표면이 부드럽고 단단하며 내압력이 강하다.

   (다) 흡습성, 투수성이 거의 없어 배수관, 상하수도관, 전선 케이블관 등에 사용된다.

② 토관(土管)

   (가) 논밭의 저급 점토를 주원료로 구워 만든 것이다.

   (나) 표면이 거칠고 투수율이 커 연기 등의 환기관, 하수용으로 많이 이용된다.

(5) 타일

① 도토, 자토, 양질의 점토 등을 원료로 하고 장석, 규석, 석회석 가루를 배합하여 1,100~1,400℃로 소성(가열하여 경화시킴)하여 만든 제품이다.

② 타일의 종류

   (가) 클링커 타일 : 평지붕, 현관 등에 사용하며 주로 외장 바닥재 용도로 이용

   (나) 스크래치 타일 : 표면에 거친 무늬를 넣은 것

   (다) 모자이크 타일 : 크기가 작은 것으로 아름다운 문양을 만들기에 편리

   (라) 자기질, 석기질 타일 : 외부에 많이 이용

   (마) 도기질 타일 : 흡수성이 있고 내부에 많이 이용

(6) 테라코타(terracotta)

① 양질의 점토(terra)를 구운(cotta) 것의 뜻으로 토기류 및 여러 가지 형상의 조각이나 장식용 제품이다.

② 점토 제품 중 가장 미술적인 것으로 색도 석재보다 자유롭다.

③ 화강암보다 내화력이 크고 대리석보다 풍화에 강해 외장재로 적당하여 버팀벽, 주두, 돌림띠 등의 장식용으로 사용된다.

(7) 도자기 제품

① 점토에 장석, 석영 따위의 돌가루를 섞어 1300°C로 구운 것이다.
② 물을 흡수하지 않으며 마찰, 충격에 강하다.
③ 음료수대, 가로등 등에 사용된다.

3-9 플라스틱 재료

(1) 플라스틱의 특징

① 성형, 가공이 용이하여 접착력이 좋아 복잡한 모양의 제품으로 가공이 가능하다.
② 가벼우나 강도가 크고 견고하다.
③ 녹슬지 않으며 내산성, 내알칼리성이 크다.
④ 마모가 적고 탄력성 크므로 바닥 재료 등에 적합하다.
⑤ 착색이 자유롭고, 광택이 좋다.
⑥ 내화성, 내열성이 없다.
⑦ 온도 변화에 약하다.

(2) 플라스틱 재료의 종류

① 폴리에틸렌관(PE Pipe) : 가볍고 시공이 용이하며 내한성이 좋아 추운 장소의 수도관으로 이용된다.
② 경질 염화비닐관(PVCP) : 흙 속에서 부식되지 않으며 이음이 용이하다.
③ 유리섬유강화플라스틱(FRP : fiber-reinforced plastics, fiber glass reinforced plastics) : 플라스틱에 유리섬유 등을 첨가하여 보강한 신소재로 강도가 매우 높고 가볍기 때문에 인공 폭포, 벤치, 수목 보호판, 저수 탱크 등 다양한 용도로 사용된다.

3-10 유리 재료

(1) 유리의 구분과 용도

① 강화판 유리 : 자동차 창유리, 통유리문 등 파편이 튀면 위험한 곳에 사용된다.

② 망유리 : 유리 사이에 금속망을 넣어 압연하여 만든 판유리로 도난 방지, 화재 방지 등의 목적에 사용된다.

③ 무늬 유리 : 강도는 낮아지나 광선을 산란시키고 투시를 방지하는 효과가 있어 장식 효과가 크다.

④ 복층 유리 : 2장 또는 3장의 판유리를 일정한 간격으로 띄어 금속테로 기밀하게 하여 유리 사이의 내부를 진공으로 하거나 특수한 기체를 넣은 것으로 방음, 단열 효과가 크고 결로 방지용으로도 우수하다.

⑤ 열선 흡수 유리 : 적외선(열선)을 흡수하여 열차단 유리로 냉방 효과가 있어 서향의 창, 차량의 창에 이용된다.

⑥ 접합 유리 : 파편으로 인한 위험을 방지하는 장소에 이용된다.

3-11 도장 재료

(1) 도장재의 의미 및 효과

물체의 표면에 칠하여 부식 방지 및 표면을 보호하고 광택, 색채, 무늬 등을 표현하여 아름다움을 나타내는 재료이다.

(2) 페인트

① 유성 페인트 : 보일유＋안료＋건조제＋용제(테레빈유, 벤젠)

② 수성 페인트

　㈎ 수용성 교착제(카세인 : 첨가제＋녹말＋아교)＋안료＋물을 혼합한 것으로 광택이 없다.

　㈏ 에멀션 수성페인트 : 건성유, 초산비닐, 아크릴산 등을 녹여 물을 분산시킨 것이다.

③ 수지성 페인트 : 합성수지＋안료＋휘발성 용제

④ 특수 페인트
　㈎ 녹막이 페인트
　㈏ 에나멜 페인트 : 유성니스+안료를 섞은 것으로 색이 선명하고 건조가 빠르며 광택이 좋음

(3) 바니시(니스, varnish)

① 투명 도료로 목재 부분 도장이 많이 쓰인다.
② 바르기 쉬우며 광택이 있고 값이 싸다.
③ 휘발성 바니시
　㈎ 천연 수지성 바니시
　㈏ 합성수지성 바니시(흑 니스) : 역청 물질(아스팔트)+휘발성 액체
　㈐ 래커(락카) : 섬유소계 합성수지+휘발성 액체(시너) → 건조가 빠르며 피막(도막)이 단단
④ 유성바니시 : 수지+건성유+희석재

(4) 퍼티(putty)

유지 혹은 수지와 충전재(탄산칼슘, 연백, 티탄백)를 혼합한 것으로 도장 바탕을 고르는 데나 창유리를 끼우는 데 사용된다.

3-12 섬유질 재료

(1) 섬유 재료의 종류

① 녹화 테이프(녹화 마대)
　㈎ 천연 식물 섬유재로 통기성, 내구성, 흡수성, 보온성, 부식성이 뛰어나다.
　㈏ 수분 증산, 동해 방지, 수목의 활착에 도움을 준다.
　㈐ 사용이 간편하고 미관이 좋으며 수피감기, 뿌리분 감기에 사용된다.
② 볏짚 : 잠복소 재료로 사용된다.

> **Tip** 잠복소 : 나무 기둥에 감아놓아 월동 해충이 모여들면 이듬해 봄에 소각 (병충해 방제)

③ 밧줄 : 섬유 밧줄(마섬유 재료 사용)
④ 새끼줄 : 1속 = 10타래

핵심문제

1. 다음 중 물(水)을 정적으로 이용하는 것은?
㉮ 연못 ㉯ 분수
㉰ 폭포 ㉱ 캐스케이드

해설 ① 풀장(pool), 연못: 물의 움직임이 없는 정적면으로 표현하며 물을 사용하는 사람이 동적인 움직임을 표현한다.
② 분수, 폭포, 벽천, 캐스케이드 등은 물의 유동적 움직임을 표현한다.

2. 합판(合板)에 관한 설명으로 틀린 것은?
㉮ 보통 합판은 얇은 판을 2, 4, 6매 등의 짝수로 교차 하도록 접착제로 접합한 것이다.
㉯ 특수 합판은 사용 목적에 따라 여러 종류가 있으나 형식적으로는 보통 합판과 다르지 않다.
㉰ 합판은 함수율 변화에 의한 신축 변형이 적고 방향성이 없다.
㉱ 합판의 단판 제법에는 로터리베니어, 소드 베니어, 슬라이스드 베니어 등이 있다.

해설 보통 합판: 코어 합판과 같이 얇은 판을 3, 5, 7매 등의 홀수로 직교하도록 접착제로 접합한 것이다.

3. 석재의 성인에 의해 암석학적 분류는 화성암, 수성암, 변성암 등으로 분류한다. 다음 중 변성암에 해당되는 석재는?
㉮ 화강암 ㉯ 사암
㉰ 안산암 ㉱ 대리석

해설 ① 변성암의 종류: 대리석, 트래버틴, 사문암
② 수성암(퇴적암)의 종류: 점판암, 사암, 응회암, 석회암
③ 화성암의 종류: 화강암, 안산암, 부석

4. 다음 중 목재의 건조에 관한 설명으로 틀린 것은?
㉮ 건조 기간은 자연건조 시는 인공건조에 비해 길고, 수종에 따라 차이가 있다.
㉯ 인공건조 방법에는 열기법, 자비법, 증기법, 전기법, 진공법, 건조제법 등이 있다.
㉰ 동일한 자연건조 시 두께 3cm의 침엽수는 약 2~6개월 정도 걸리고, 활엽수는 그보다 짧게 걸린다.
㉱ 구조용재는 기건 상태, 즉 함수율 15% 이하로 하는 것이 좋다.

해설 자연건조 시 두께 3cm의 침엽수는 약 1~3개월 이상 정도 걸리고 활엽수는 침엽수보다 약 2배 정도 시간이 걸린다.

[참고] 목재 건조 목적
① 목재 수축에 의한 변형 및 손상 방지
② 목재의 강도 향상
③ 전기 절연성 증대
④ 운반 비용 절감

5. 다음 중 시공 현장에서 사용되는 긴결(연결)철물에 해당되는 것은?
㉮ 못 ㉯ 강판 ㉰ 함석 ㉱ 형강

해설 긴결철물
① 콘크리트벽, 조적벽 등을 분리시키지 아니하고 일체화시키기 위해서 서로 연결시키는 철물을 말한다.
② 못, 볼트, 너트, 앵커볼트

6. 가격이 싸므로 가장 일반적으로 널리 사용되는 시멘트는?

해답 1. ㉮ 2. ㉮ 3. ㉱ 4. ㉰ 5. ㉮ 6. ㉮

㉮ 보통 포틀랜드 시멘트
㉯ 중용열 포틀랜드 시멘트
㉰ 조강 포틀랜드 시멘트
㉱ 플라이애시 시멘트

해설 ① 보통 포틀랜드 시멘트 : 다른 시멘트에 비하여 공정이 비교적 간단하고 품질이 좋으므로 가장 많이 사용되며 생산량도 가장 많으며 가격이 가장 저가이다.
② 중용열 포틀랜드 시멘트 : 수화 작용을 할 때 발열량을 적게 한 시멘트이며 조기강도는 작으나 장기강도는 크며 균열 발생이 적어 댐 축조, 콘크리트된 큰 구조물 시공에 사용된다.
③ 조강 포틀랜드 시멘트 : 보통 포틀랜드 시멘트에 비하여 경화가 빠르고 품질이 향상되며 수화열이 크며 공기를 단축할 수 있으며 한중 콘크리트와 수중 콘크리트를 시공하기에 적합하다.
④ 플라이애시 시멘트 : 수화열이 적고 조기 강도는 낮으나 장기 강도가 커지며 워커빌리티가 좋고 수밀성이 좋아 해안, 하천, 해수공사에 사용된다.

7. 다음 중 분말 도료를 스프레이로 뿜어서 칠하는 도장 방법으로 도막 형성 때 주름 현상, 흐름 현상 등이 없어 점도 조절이 필요 없으며 도정 작업이 간편한 무정전 스프레이법이 대표적인 도장은?
㉮ 분체도장
㉯ 소부도장
㉰ 침적도장
㉱ 합성수지 피막도장

해설 분체도장 : 분말 도료를 스프레이로 뿜어서 열을 가하여 도장하는 방법이다.

8. 다음 중 벽돌의 마름질에 따른 분류 명칭이 아닌 것은?
㉮ 반절벽돌
㉯ 칠오토막벽돌
㉰ 온장벽돌
㉱ 인방벽돌

해설 벽돌의 마름질
① 벽돌은 온장을 쓰는 것이 원칙이지만 때에 따라 토막으로 만들어 사용할 때도 있다.
② 분류 : 온장, 반절, 칠오토막, 아치벽돌, 반토막, 반반절, 이오토막
③ 인방벽돌 : 창호, 내부창문틀에 쌓는다.

9. 조경 소재 중 벽돌의 사용에 있어 가장 부적합한 것은?
㉮ 원로의 포장
㉯ 담장의 기초
㉰ 테라스의 바닥
㉱ 경계벽

해설 담장의 기초 : 잡석, 모르타르, 콘크리트 등으로 쌓는다.

10. 알루민산 석회를 주광물로 한 시멘트로 조기강도(24시간에 보통 포틀랜드 시멘트의 28일 강도)가 아주 크므로 긴급공사 등에 많이 사용되며, 해안공사, 동절기 공사에 적합한 시멘트의 종류는?
㉮ 알루미나 시멘트
㉯ 백색 포틀랜드 시멘트
㉰ 팽창 시멘트
㉱ 중용열 포틀랜드 시멘트

해설 알루미나 시멘트 : 수화열, 내화성이 크며 동절기 공사, 해수공사, 긴급공사에 쓰인다.

11. 다음 중 수명이 가장 긴 전등은?
㉮ 백열전구
㉯ 할로겐등
㉰ 수은등
㉱ 형광등

해설 나트륨등〉수은등〉형광등〉메탈할라이드〉할로겐〉백열등

해답 7. ㉮ 8. ㉱ 9. ㉯ 10. ㉮ 11. ㉰

제3장

조경 시공 및 관리

SECTION 1 조경 시공

1-1 조경 시공 계획

(1) 조경 시공

① 조경 시공의 정의 : 경관을 실제로 조성하여 우리 생활에 편리하고 쾌적함을 주는 것을 말한다.

② 조경 시공의 종류
  - (가) 기반 조성 공사
  - (나) 시설물 공사
  - (다) 식재 공사
  - (라) 유지 관리 공사

③ 조경 시공의 방법
  - (가) 직영 방법 : 공사의 설계, 시공, 감리 등 발주자가 직접 시공자가 되며 공사의 모든 책임을 진다.
  - (나) 도급 방법 : 발주자가 시공자에게 계약을 체결하고 설계 도서를 기본으로 도급자가 공사를 완성시킨다(일식 도급, 분할 도급, 정액 도급 계약, 단가 도급 계약, 실버 정신 도급 계약).
  - (다) 시공자의 선정 방법
    - ㉮ 공개 경쟁 입찰 방식 (일반 경쟁 입찰, 지명 경쟁 입찰, 제한 경쟁 입찰, 일괄 입찰 등)
    - ㉯ 수의 계약 방식

④ 조경 시공의 특성 : 조경 수목은 다양한 수종에 의해 정형화된 규격으로 시행하기 어려우므로 견적에 의한 단가를 적용한다.

⑤ 조경 시공의 목적
  - (가) 경제적 : 원가를 저렴하게 적용한다.
  - (나) 능률적 : 공정은 빠르게 진행한다.
  - (다) 고품질 : 품질은 좋은 것으로 한다.
  - (라) 안전성 : 안전하게 시공한다.

(2) 조경 시공 계획

① 사전 조사 → 현장 관리인 상주 → 노무 계획 → 자재 계획 → 기계(건설, 조경) 계획

② 조경 시공 3대 관리 : 품질 관리, 공정 관리, 원가 관리

> **Tip** 하자 관리 : 시공 완료 후 이행하는 관리

1-2 기반 조성 공사

(1) 토공사

① 토공사의 정의 : 조경 계획에 맞도록 실시하는 굴착, 싣기, 운반, 성토, 다짐 등 흙에 관한 모든 작업을 말한다.

② 절토

  (가) 흙을 깎아 내거나 파는 것을 말한다.

  (나) 흙깎기라고 하며, 굴착 기계로 또는 인력을 동원하여 실시한다.

  (다) 경사도는 1 : 1 정도로 하며 표토의 보존 깊이는 30~50 cm 정도로 한다.

③ 성토

  (가) 흙쌓기라고 하며, 절토한 흙을 일정한 장소에 쌓거나 버리는 것을 말한다.

  (나) 더돋기 : 성토 시 외부의 압력, 침하로 인한 높이 감소를 예측하고 이를 방지하기 위해 흙을 계획보다 10~15 % 정도 더 쌓는 것을 말한다.

④ 마운딩(mounding) 공사 : 경관에 변화, 방음, 방풍, 방설 등을 목적으로 작은 인공 동산을 만드는 작업이다.

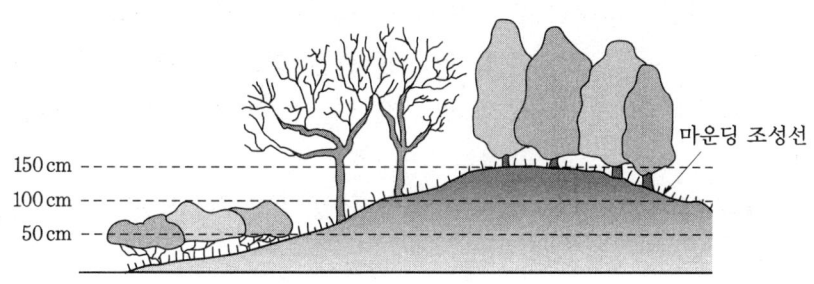

마운딩 공사

⑤ 토공사의 안정 : 흙이 무너지거나 가라앉는 것을 방지하기 위해 흙을 잘 다져서 부피를 줄여 주어야 한다.

   ㈎ 부피 크기 : 흐트러진 상태 > 자연 상태 > 인공적으로 다져진 상태

   ㈏ 안식각(휴식각) : 절토, 성토 후에 안정된 각을 말하며 30~35°로 한다.

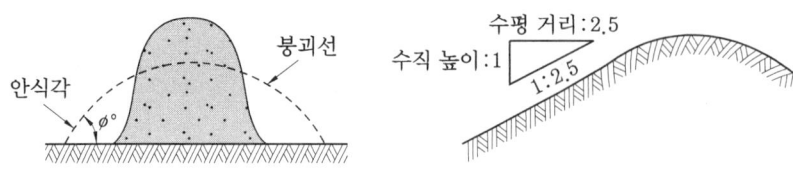

안식각, 비탈 경사의 공사법(예)

⑥ 공사의 일반적 순서

   ㈎ 조경 시공 순서 : 터닦기(절토, 성토, 터 가르기) → 동선(통행로)만들기 → 시설물 공사 → 식재 공사

   ㈏ 등고선

     ㉮ 모든 등고선은 도면 안 또는 밖에서 서로 만나고 도중에 소실되지 않으며 존재한다.

     ㉯ 등고선 상의 모든 점들은 같은 높이이며 등고선은 이 점들을 연결한다.

1-3 조경 시설물 시공

(1) 토공 시공

① 조경 굴착 기계

   ㈎ 파워셔블(power shovel) : 원형으로 작업 위치보다 높은 굴착에 적합하며 산, 절벽, 굴착에 사용된다.

   ㈏ 드래그라인 : 긁어파기, 지면보다 낮은 곳을 넓게 굴삭하는 데 사용된다.

   ㈐ 클램셸 : 수중 굴착, 폭발 작업 등 좁은 장소의 수직 굴착에 사용된다.

   ㈑ 모터그레이터(motor grader) : 지면을 절삭하여 평활하게 다듬는 데 사용된다.

   ㈒ 드래그셔블(백호우) : 굴착 기계로 작업 위치보다 낮은 장소의 굴착에 사용된다.

   ㈓ 불도저 : 연약한 장소나 습지 지역 작업에 사용된다.

② 안식각 (휴식각)

　(가) W : 수평 거리, H : 수직 거리(높이)

　(나) 경사는 $H : W$

　(다) 경사도 = $\dfrac{수직거리}{수평거리} \times 100\,\%$

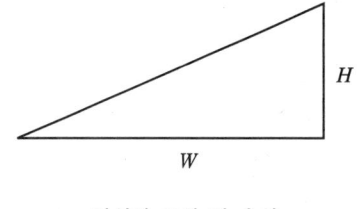

안식각 그림 및 수식

(2) 급수, 배수

① 관수 방법 : 지표 관개법, 살수 관개법, 낙수식 관개법

② 살수 관개법

　(가) 설치비가 많이 드나 관수 효과가 높다.

　(나) 수압에 의해 작동하는 회전식은 360° 임의 조절이 가능하다.

　(다) 회전 장치가 수압에 의해 지상 10 cm로 상승 또는 하강하는 팝업(pop-up) 살수기는 평소 시각적으로 눈에 띄지 않으며 잔디 깎기에도 방해가 되지 않는 장점이 있다.

(3) 콘크리트 공사

① 경화 촉진제

　(가) 콘크리트를 빨리 굳게 하기 위해서 염화칼슘이 많이 쓰인다.

　(나) 응결 시간이 촉진되므로 시공 공사를 빨리 해야 한다.

　(다) 경화 촉진재로 발열량을 증가시킨다.

　(라) 사용량이 많으며 흡수성이 커지고 철물을 부식시킨다.

　(마) 규산나트륨, 식염, 염화칼슘, 염화마그네슘이 있다.

② 워커빌리티(wokrbility) : 콘크리트를 시공하기에 적당한 묽기를 말하며 시공 연도라고도 한다.

③ 블리딩 : 콘크리트 타설 후 표면에 수분이 상승하는 현상으로 곰보가 생긴다.

④ 레이턴스 : 블리딩에 의하여 콘크리트 표면에 올라온 미세한 물질을 말한다.

⑤ 슬럼프 시험 : 반죽 질기 측정으로 콘크리트 치기 작업의 난이도를 판단할 수 있으며 단위는 cm이다.

(4) 수경 공사

① 연못 수경 공사

㈎ 월류구 : 오버플로관(overflow)으로 연못 벽면에 설치한다.

㈏ 일류공 : 연못 중앙에 설치한다.

㈐ 퇴수구 : 연못 가장 낮은 바닥에 설치한다.

② 배수 공사

㈎ 어골형 : 평탄지에 전 지역 균일한 배수를 필요로 할 때 사용하며, 지관 길이 30 cm 이하, 각도 45° 이하로 설치한다.

㈏ 빗살형(즐치형) : 규모가 작은 면적에 전 지역 균일한 배수를 필요로 할 때 설치한다.

㈐ 방사형 : 배수 지역이 광대하여 분산처리가 필요한 경우에 사용하며, 관로의 길이가 짧고 작은 관경을 사용할 수 있어 비용은 절감되나 하수처리장이 많아지고 부지 경계 밖에 설치해야 한다.

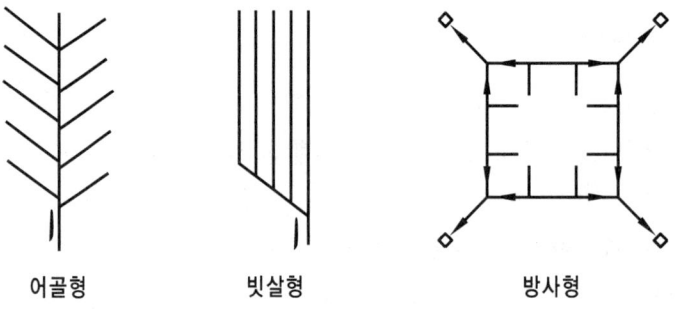

어골형 빗살형 방사형

㈐ 자유형(자연형) : 대규모 공원 등 완전한 배수가 요구되지 않는 지역에 사용, 등고선을 고려하여 주관 설치 후 이를 중심으로 양측에 지관을 설치한다.

㈑ 차단형 : 경사면 자체의 유수를 방지하기 위하여 경사면 바로 위에 설치한다.

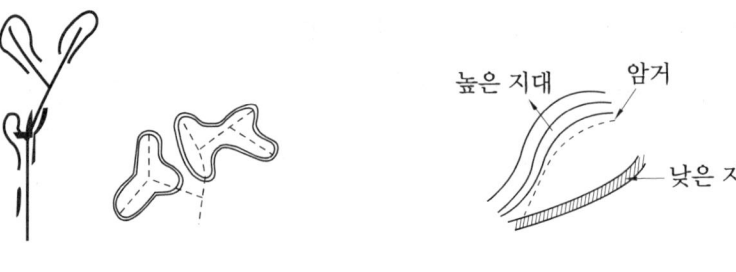

자유형 차단형

(5) 돌쌓기와 놓기

① 자연석 무너짐 쌓기

  (가) 기초가 될 약간 큰 밑돌을 땅속에 20~30 cm 정도의 깊이로 묻히게 한다.

  (나) 돌의 윗부분이 평평하고 자연스러운 높낮이가 되도록 하고, 제일 상부 돌은 작아야 하며 모두 고저차가 나지 않아야 한다.

  (다) 돌과 돌이 맞물리는 곳에 작은 돌을 끼워 넣지 않는다.

  (라) 돌을 쌓고 돌과 돌 사이에 키 작은 관목을 식재한다.

② 자연석 쌓기의 돌틈 식재 : 돌과 돌사이 이음매는 모르타르 대신 좋은 흙을 채워 넣고 회양목, 철쭉 등 관목류나 초화류를 식재한다.

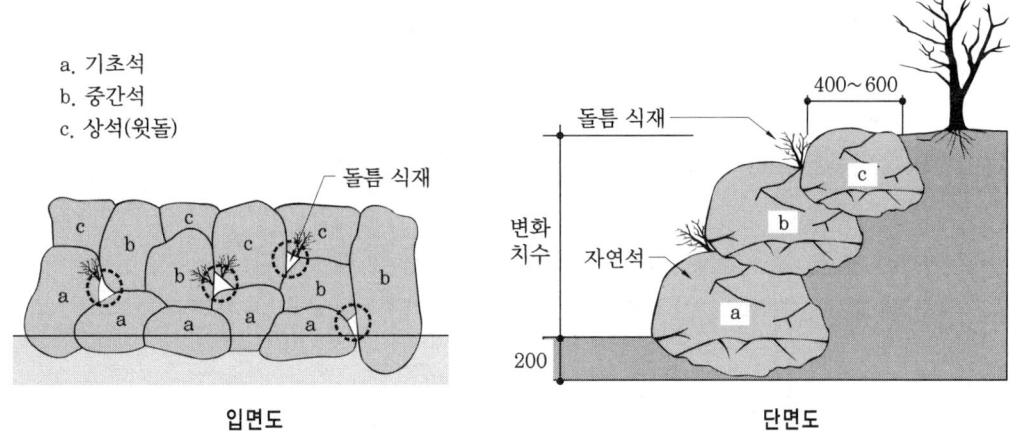

입면도　　　　　단면도

③ 호박돌 쌓기(둥근 돌 쌓기) : 자연스러움을 나타내기 위하여 규칙적인 모양으로 쌓는 것이 보기 좋으며 육법 쌓기와 줄 어긋나게 쌓기법이 있다.

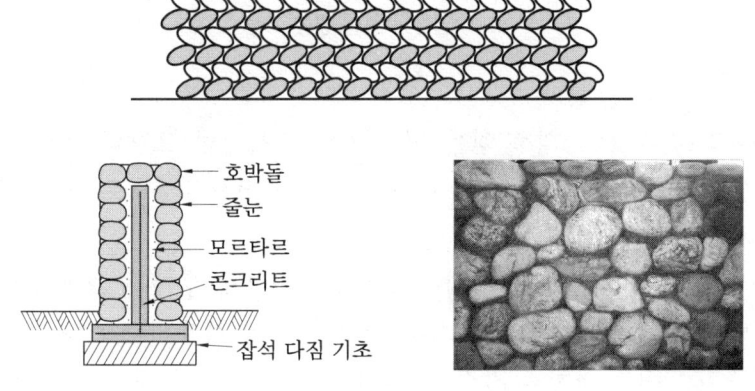

호박돌 쌓기

④ 자연석 놓기
　㈎ 시선이 집중되는 곳이나 중요한 자리에 짜임새 있게 놓고 감상한다.
　㈏ 경관석은 보는 사람으로 하여금 아름다움을 느끼게 하는 멋과 기풍이 있어야 한다.
　㈐ 경관석 짜기는 주석(중심석)과 부석을 홀수로 부등변 삼각형 형태의 배치를 한다.
　㈑ 주변 환경에 따라 흑색의 경관석을 놓기도 하며 주변으로 관목과 초화류를 식재하여 돋보이게 한다.

⑤ 디딤돌 놓기
　㈎ 한발 사용을 기준으로 지름 25~30 cm의 것을 사용하며 잠시 멈추는 곳을 고려하여 군데군데 지름 50~55 cm의 것을 놓는다.
　㈏ 디딤돌 사이의 거리는 약 35~40 cm 정도로 하고, 지표보다 3~6 cm 높게 한다.
　㈐ 디딤돌은 사용자 편의와 지피식물 보호의 목적으로 보통 지금은 10~30 cm 정도이다.
　㈑ 큰 돌과 작은 돌을 섞어 직선보다 어긋나게 배치한다.
　㈒ 굄돌, 모르타르, 콘크리트 등으로 흔들리지 않도록 배치한다.

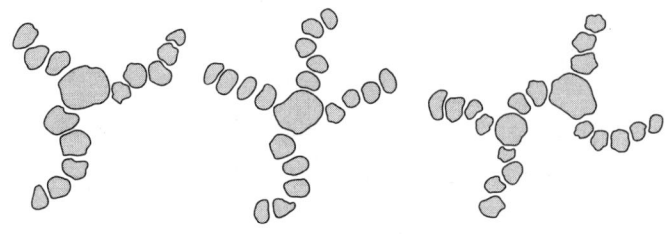

디딤돌의 보행 방향 조절

⑥ 마름돌 쌓기 (디딤돌 쌓기)
　㈎ 견치석(견치돌) : 석축 쌓는 데 사용하는 사각뿔 모양의 석재로 앞면, 길이, 뒷면, 접촉부 등 치수를 지정하여 앞면은 정사각형으로 하며 흙막이용으로 사용된다.
　㈏ 앞면은 정사각형 또는 직사각형으로 하며 1개 무게는 보통 70~100 kg이며 옹벽 등의 쌓기용으로 메쌓기나 찰쌓기 등에 사용된다.
　㈐ 메쌓기 : 뒤틈 사이를 자갈 등 골재로 채우며 쌓는 방식으로 배수가 잘 되어 별도의 배수구가 필요 없으나 견고성이 부족하고 쌓는 높이가 한정되어 있다.

(라) 찰쌓기 : 줄눈은 모르타르, 뒤채움은 콘크리트, 배수관은 2~3 m² 마다 설치한다.

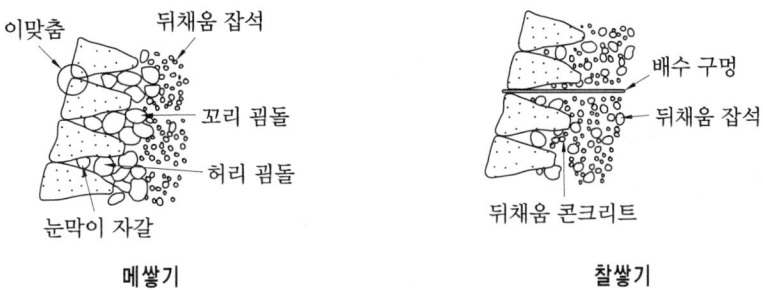

메쌓기   찰쌓기

⑦ 벽돌 쌓는 방법

(가) 시멘트와 모래의 용적 배합비

㉮ 쌓기용 모르타르 = 1 : 3~1 : 5

㉯ 시멘트 : 석회 : 모래 = 1 : 1 : 3

㉰ 아치 쌓기용 모르타르 = 1 : 2

㉱ 치장용 모르타르 = 1 : 1

(나) 모르타르 배합비

㉮ 보통시멘트 : 모래 = 1 : 2~1 : 3

㉯ 중요한 부분은 보통 시멘트 : 모래 = 1 : 1로 한다.

(다) 벽돌이 굳기 전 무너짐 방지를 위해 하루 1.5 m 이하로 모든 부분을 균일하게 쌓으며, 치장줄눈은 되도록 빠르게, 가능한 한 막힌 줄눈으로 쌓는다.

⑧ 막힌 줄눈 : 벽돌 사이의 모르타르 부분을 줄눈이라 하며, 세로줄눈의 아래 위가 엇갈리어 막히도록 하고 벽에 실리는 힘이 골고루 넓게 전달되도록 한다.

⑨ 통줄눈 : 세로줄눈의 아래위가 통한 줄눈으로 상부에서 오는 힘이 밑으로 균등히 전달되지 못하여 부동 침하로 균열이 생기는 약한 벽이 되며, 지반의 습기가 스며들기 쉽다.

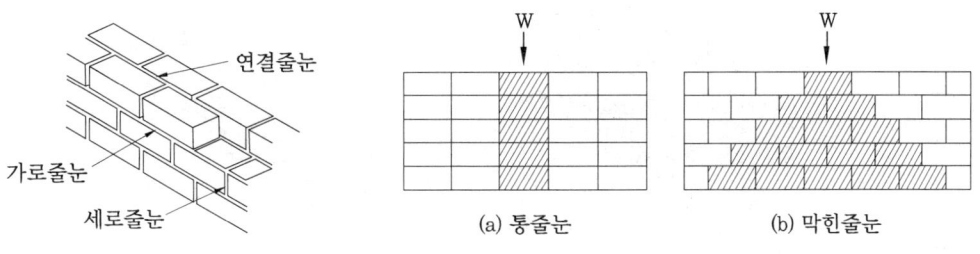

줄눈   줄눈에 따르는 하중 전달

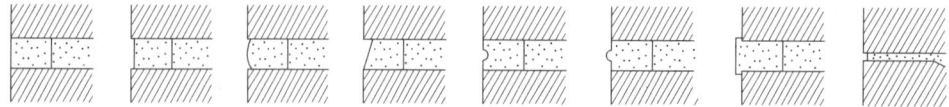

(a) 민줄눈 (b) 평줄눈 (c) 둥근줄눈 (d) 빗줄눈 (e) 오목줄눈 (f) 볼록줄눈 (g) 내민줄눈 (h) 실줄눈

줄눈의 종류

⑩ 일반적 쌓기 방법

(개) 영국식 쌓기

㉮ 모서리에 반절, 이오토막을 사용하며 통줄이 생기지 않도록 한 켜는 마구리 쌓기를 하고 다음은 길이 쌓기를 교대로 한다.

㉯ 가장 튼튼한 구조로 내력벽 쌓기에 사용된다.

(내) 프랑스식 쌓기

㉮ 끝부분에 이오토막을 사용하며 한 켜는 길이 쌓기를 하고 다음은 마구리 쌓기를 교대로 한다.

㉯ 치장용으로 쓰이며 많은 토막의 벽돌이 사용된다.

(다) 미국식 쌓기

㉮ 앞면 5켜까지는 치장 벽돌로 길이 쌓기를 하고, 다음은 마구리 쌓기, 뒷면은 영국식 쌓기를 한다.

㉯ 치장 벽돌을 사용한다.

(라) 화란식(네덜란드식) 쌓기 : 모서리 또는 끝부분에 칠오토막을 사용하며 한 켜는 길이 쌓기, 다음은 마구리 쌓기, 마무리는 벽돌 쌓기를 한다.

(마) 한 면은 벽돌 마구리와 길이가 교대로 되고 다른 면은 영국식을 쌓으며, 작업하기 쉬워 일반적으로 가장 많이 사용한다.

> **Tip** 마구리 쌓기 : 벽돌 쌓기에서 벽돌의 마구리면이 마감면에 나타나도록 쌓는 법
> 길이 쌓기 : 벽돌 쌓기에서 벽돌의 길이면이 마감면에 나타나도록 쌓는 법

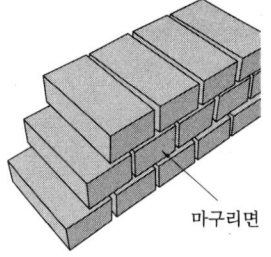
마구리면

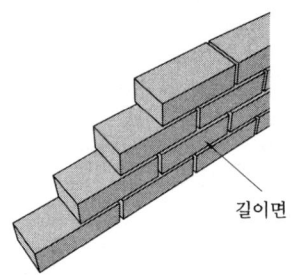
길이면

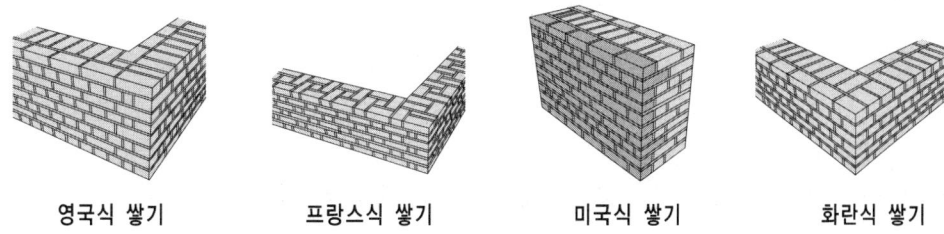

영국식 쌓기　　프랑스식 쌓기　　미국식 쌓기　　화란식 쌓기

(6) 포장 공사

① 원로 포장 : 보도 블록 포장 : 잡석(자갈) 다짐 → 콘크리트 또는 모래를 5 cm 정도 채움 → 보도 블록 시공

② 판석 포장

　(가) 재료 : 점판암(천연슬레이트), 화강석

　(나) 판석 고정 : 횡력에 약하기 때문에 모르타르로 고정하는 것이 원칙이다.

　(다) 판석 배치 : +자형보다 시각적으로 뛰어난 Y자 형으로 한다.

　(라) 줄눈의 폭 : 보통 10~20 mm, 깊이 5~10 mm 정도로 한다.

　(마) 판석 : 1일(24시간) 동안 물에 담궈 둔다.

③ 소형 고압 블록 포장

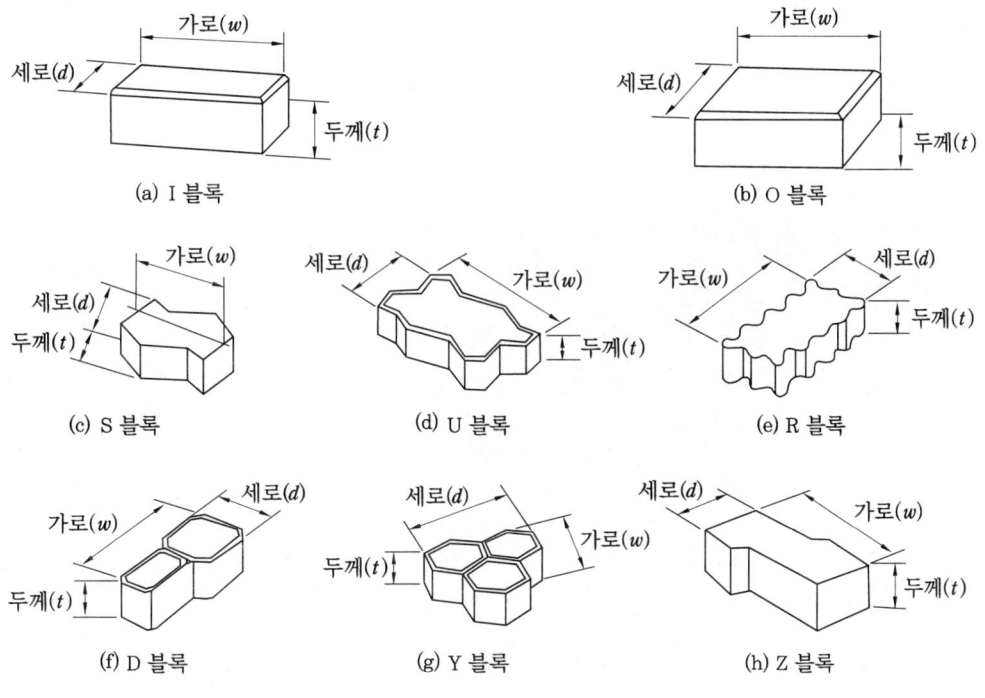

소형 고압 블록의 종류

(개) 재료의 종류가 다양하며, 내구성과 강도가 좋다.
(내) 시공과 보수가 쉬우며 공사비가 저가이다.
(대) 보도용, 차도용으로 구분하며, 공원, 주택, 캠퍼스, 병원 등에 사용한다.

(7) 놀이 시설, 운동 시설, 휴게 시설, 편의 시설물 공사

① 놀이 시설
  (개) 그네 : 높이 2.3~2.6 m 정도(2인용 기준), 그네 철제 파이프 지름 50 mm 이상, 보호책 높이 60 cm 정도
  (내) 미끄럼틀 : 지면과의 각도 30~35°, 계단 발판 폭 50 cm 이상, 계단 발판 높이 15~20 cm 정도

② 광원의 종류

저압나트륨등	가장 효율이 높으며, 수명이 가장 길고, 도로, 터널, 안개 조명으로 사용
고압나트륨등	에너지 효율이 높고, 황백색(노란색) 광원이며 터널 조명으로 사용
백열등	효율이 가장 낮고, 수명이 가장 짧음
수은등	수목과 잔디에 황록색의 조명을 유지함

> **Tip** 광원의 수명 크기 : 나트륨 > 수은등 > 형광등 > 메탈할로이드 > 할로겐 > 백열등

③ 모래판 : 지표로부터 15~20 cm의 높이에 모래 깊이는 안전을 위하여 30~40 cm을 유지한다.

④ 수영장 수심

구 분	수 심
유아용	0.3~0.8 m
초등학생용	0.8~1.0 m
중학생용	0.8~1.6 m
성인용	1.2~1.6 m

⑤ 공인 운동 시설 : 운동, 활동에 적합한 경사 : 4~10 %

모래터	깊이 40~50 cm
그 네	구석진 위치에 높이 60 cm의 안전울타리 설치 및 배수가 잘 되도록 조성
철 봉	안전을 도모하기 위하여 80~100 cm 높이로 설치

⑥ 기타 시설물

㈎ 경계 시설 & 볼라드 : 인도에 차가 못 들어오게 막는 시설물이다.

㈏ 플랜터 : 폐타이어 화분 이용한다.

㈐ 퍼걸러 → 태양광선을 차단, 그늘 제공 및 휴식, 콘크리트, 목재, 철재, 인조목 등을 사용한다.

(8) 관리 시설, 조명 시설, 기타 시설물 공사

① 조명 시설물 관리

구 분	광 도	구 분		광 도
공원, 정원	최저 0.5 lux 이상	수영장(일반)		200 lux
주요 원로(길), 시설물 주변	최저 2.0 lux 이상	수영 경기장		500 lux
경기장 관람석	20~50 lux	야구장	내야	2000 lux
레크리에이션 장소	100 lux		외야	1000 lux

1-4 식재 공사

(1) 수목 식재

① 분뜨기

㈎ 굴취(나무 캐기) : 뿌리분의 크기는 근원 직경의 4~6배 정도

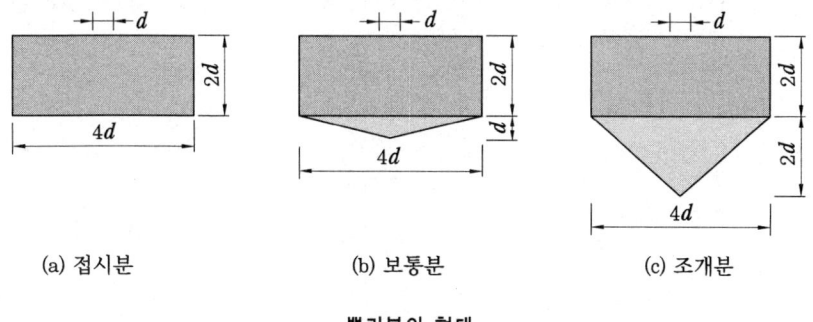

뿌리분의 형태

㈏ 뿌리분의 지름 $= 24 + (N-3) \times D$

여기서, N : 줄기의 근원 지름, D : 상수(상록수 : 4, 낙엽수 : 5)

(다) 뿌리감기 굴취법

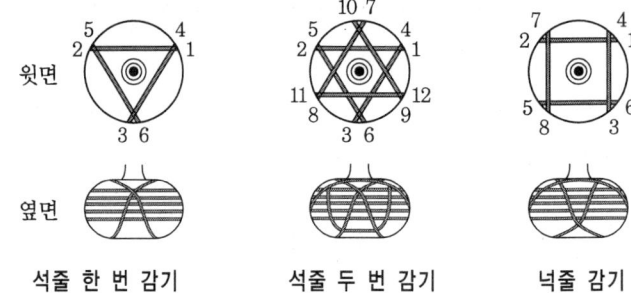

석줄 한 번 감기　　석줄 두 번 감기　　넉줄 감기

② 뿌리분 운반 방법

분감기　　　　　　뿌리분 완성　　　　　　뿌리분 운반

㈎ 뿌리분 들어내기 : 목도(작은 수목), 크레인, 포크레인, 체인 블록, 손수레(리어카) 등을 이용한다.

㈏ 목도

　㉮ 돌덩이나 나무를 얽어 맨 밧줄에 몽둥이를 꿰어 사람의 어깨에 메고 나르는 나무 막대기이다.

　㉯ 길이 : 150 cm, 무게 : 50 kg (4목도에 200 kg을 옮기기가 가장 적합)

③ 뿌리돌림

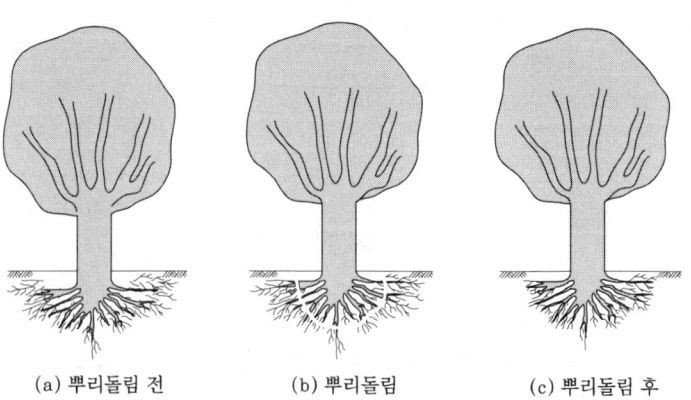

(a) 뿌리돌림 전　　(b) 뿌리돌림　　(c) 뿌리돌림 후

(개) 이식력이 약한 나무의 세근(잔뿌리)을 발달시켜 뿌리 굴착이 잘 되도록 하기 위한 것이다.
(나) 노목, 쇠약목의 뿌리 발달을 촉진시켜 성장을 잘 하도록 한다.
(다) 이식 전에 행하며 환상 박피를 실시한다.

④ 옮겨심기 (이식)

(개) 수목의 이식 시기

구 분	이식 시기	
낙엽 활엽수	가을철 : 10~11월 봄 철 : 3~4월 상순	수분 증사량이 가장 적은 휴면기(가을, 이른 봄)에 실시
상록 활엽수	봄 철 : 3월 하순~4월 상순 장마철 : 6~7월	공기 중에 습도가 많아 세포 분열이 잘 일어나는 장마철에 실시
침엽수	봄 철 : 3월(해토)~4월 상순 장마철 : 9월 하순~10월 하순	

⑤ 조경 수목의 운반

(개) 수목의 크기가 작고 가까운 거리 : 손수레, 목도, 이륜차 등
(나) 수목의 크기가 크고 먼 거리 : 트럭, 트레일러 등
(다) 가식에 적합한 장소 : 식재지에서 가깝고, 배수가 잘되며, 그늘이 많은 곳 (수분 증발 방지)

⑥ 조경수의 식재 방법

(개) 교목 식재 : 가을철, 이른 봄이 적합, 도착한 수목은 가능한 빨리 심는 것이 좋음

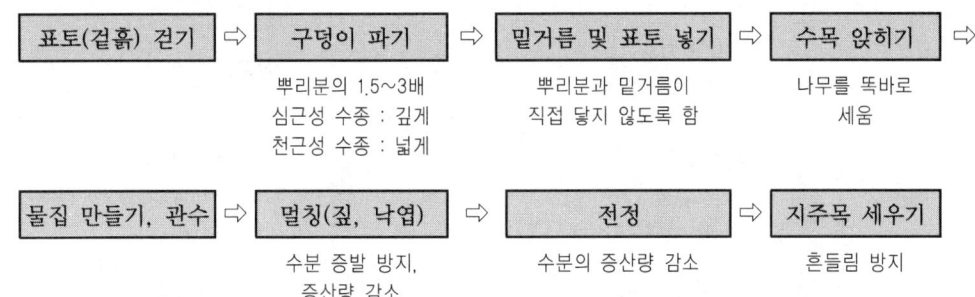

(나) 이식 식재 순서 : 구덩이 파기 → 수목 넣기 → 2/3 정도 흙 채우기 → 물 부어 막대 다지기 → 나머지 흙 채우기

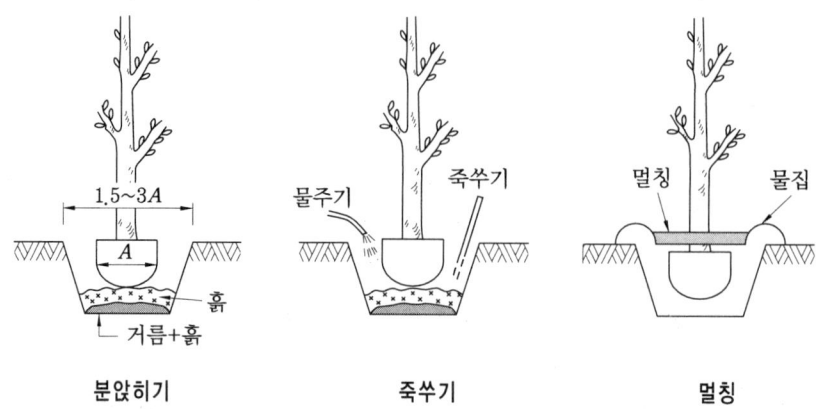

| 분앉히기 | 죽쑤기 | 멀칭 |

⑦ 지주 세우기 종류
　(가) 바람의 보호
　　㉮ 삼각지주 : 가장 많이 이용한다.
　　㉯ 사각지주 : 미관상 보기 좋고, 가장 튼튼하다.
　(나) 수목 보호 : 단각지주, 삼발이, 이각지주 등을 이용한다.
　(다) 대형 수목 : 당김줄형을 사용한다.

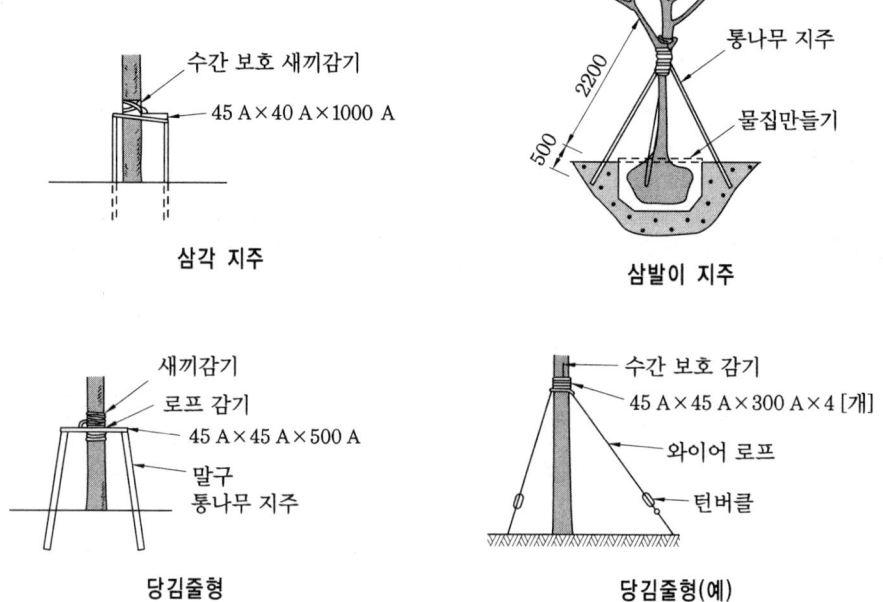

| 삼각 지주 | 삼발이 지주 |
| 당김줄형 | 당김줄형(예) |

단각 지주　　이각 지주　　사각 지주　　삼발이 지주　　연결형

(2) 잔디 및 화훼류 식재

① 잔디 파종법
　㈎ 종자의 반은 세로로, 반은 가로로 파종하고, 잔디 씨앗은 작고 미세하므로 복토를 하지 않는다.
　㈏ 전압(rolling) : 발이나 롤러를 사용하여 밟아 주거나 전압하여 종자를 토양과 밀착시킨다.
　㈐ 멀칭 : 볏짚, 낙엽 등 기타 재료로 덮어 주어 수분을 보존하고, 씨앗 유실을 막는다.

② 종자 뿜어내기 : 주로 잔디 조성 공사에 사용되며, 잔디 종자, 섬유(피복제, fider), 비료 등을 물과 혼합하여 고압 분사기로 파종한다.

③ 화단용 초화류 조건
　㈎ 아름답고 가급적 키가 작아야 한다.
　㈏ 가지가 많아 꽃이 많이 달리고, 꽃의 색이 밝고 개화 기간이 길어야 한다.
　㈐ 바람, 건조, 병충해에 저항력이 있으며, 환경 적응성이 강해야 한다.

④ 산울타리 : 다듬기 작업에 잘 견디고 맹아력이 크며, 아랫가지가 오래살고 수관 안쪽을 향해 가지가 자라며, 잔가지와 잔잎이 많이 있는 수종이 좋다.

종　류	형　　태
경계용 산울타리	일반적인 울타리 1.5~2 m
낮은 울타리	정원이나 공원의 잔디밭, 화단 등을 보호하기 위하여 30~50 cm
섞은 울타리	두 가지 이상의 수종을 심음, 난잡한 생김새
자락 산울타리	담장 밖에 낮게 만들어진 울타리(부드러운 질감)
가시 산울타리	탱자나무, 가시나무, 찔레나무 등

(3) 시방 및 적산

① 조경 시방서(specification) : 설계, 제조, 시공 등 설계 도면에 표시가 어려운 재료의 종류, 품질, 기준 등을 문서로 작성한 규정 사항을 말한다.

② 적산
  (가) 적산 : 도면과 시방서에 의해 공사에 소요되는 자재의 수량, 시공 면적, 체적 등의 공사량을 산출하는 과정이다.
  (나) 할증 : 일정 값보다 더한 값이다.
  (다) 내역 : 물품 또는 금액으로 견적 및 적산에 산출된 품목 및 수량을 말한다.

③ 조경 품셈
  (가) 품셈 : 인건비, 자재비, 경비, 기타 모든 품의 수효와 그 값을 계산하는 작업
  (나) 견적 : 비용을 종합한 금액을 미리 산정한 것
  (다) 일위 대가표 : 단위당 필요한 자재비, 인건비, 경비가 소요되는 금액을 단위 가격 0.1원으로 단위 물량당 공사비를 산출한 도표

핵심문제

1. 다음 그림의 마름돌은 무엇인가?

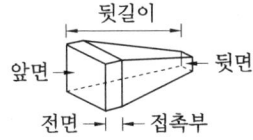

㉮ 장대석　　㉯ 호박돌
㉰ 견치석　　㉱ 사고석

해설 견치석(견치돌)
① 사각뿔 모양의 석재 재료로서, 돌을 뜰 때 앞면, 길이, 뒷면, 접촉부 등의 치수를 지정해서 깨낸 돌로 흙막이용으로 사용된다.
② 앞면은 정사각형 또는 직사각형으로 1개의 무게는 보통 70~100kg으로 주로 옹벽 등의 쌓기용으로 메쌓기나 찰쌓기 등에 사용된다.

2. 수목의 이식 시 조개분으로 분뜨기했을 때 분의 깊이는 근원 직경의 몇 배 정도로 하는 것이 적당한가?

㉮ 2배　　㉯ 3배
㉰ 4배　　㉱ 6배

해설 뿌리분의 크기 : 일반적으로 뿌리분의 크기는 근원 직경의 4배 정도 크기로 한다.

3. 다음 중 틀린 것은?

㉮ 복합기초는 2개 이상의 기둥을 합쳐서 1개의 기초로 받친다.
㉯ 경관석 놓기에 있어서 경관석은 3, 5, 7 등 홀수로 조합하여 배치한다.
㉰ 돌쌓기를 할 때 메쌓기는 모르타르나 콘크리트를 사용하지 않고 쌓는다.
㉱ 자연석 무너짐 쌓기는 통줄눈이 되도록 쌓는다.

해설 자연석 무너짐 쌓기
① 기초가 될 밑돌은 약간 큰 돌을 땅속에 20~30cm 정도 깊이로 묻는다.
② 돌과 돌이 맞물리는 곳에는 작은 돌을 끼워 넣지 않는다.
③ 돌을 쌓고 난 후 돌과 돌 사이에 키가 작은 관목을 심는다.
④ 무너져 내려 경사지고 크고 작은 돌 사이에 자연 그대로의 상태에서 초화류가 식생하는 경관을 모방하여 그대로 묘사하는 방법이다.

4. 디딤돌로 이용할 돌의 두께로 가장 적당한 것은?

㉮ 1~5 cm　　㉯ 10~20 cm
㉰ 25~35 cm　　㉱ 35~45 cm

해설 디딤돌은 사용자의 편의와 지피식물의 보호가 목적이며 보통 디딤돌의 지름은 10~20 cm가 적당하다.

5. 지주세우기에서 일반적으로 대형의 나무에 적용하며, 경관적 가치가 요구되는 곳에 설치하는 지주 형태는?

㉮ 이각형
㉯ 삼발이형
㉰ 삼각 및 사각지주형
㉱ 당김줄형

해설 ① 당김줄형 지주 : 턴버클을 이용하여 대형의 나무에 적용하며 경관적 가치가 요구되는 곳에 설치한다.
② 이각지주 : 수고 높이가 2 m 이하의 교목에 설치한다.
③ 삼각지주 : 3개의 가로목과 중간목을 설치한다.
④ 사각지주 : 아름답고 견고하지만 비용이

해답 1. ㉰　2. ㉰　3. ㉱　4. ㉯　5. ㉱

증가된다.
⑤ 삼발이형 지주 : 수고 높이가 2 m 이상의 교목에 설치한다.

6. 길이쌓기 켜와 마구리쌓기 켜가 번갈아 반복되게 쌓는 방법으로 모서리나 벽이 끝나는 곳에는 반절이나 2.5B가 쓰이는 벽돌쌓기 방법은?

㉮ 영국식 쌓기 ㉯ 프랑스식 쌓기
㉰ 영롱 쌓기 ㉱ 미국식 쌓기

해설 ① 영국식 쌓기
㉠ 모서리에 반절, 2.5B를 사용하며 통줄눈이 생기지 않는 것이 특징이다. 한 켜는 마구리쌓기로 하고 다음은 길이쌓기로 하며 교대로 하여 쌓는다.
㉡ 내력벽 쌓기에 사용되며 가장 튼튼한 쌓기법이다.
② 프랑스식 쌓기
㉠ 끝부분에는 2.5B를 사용하며 한 켜는 길이쌓기로 하고 다음은 마구리쌓기로 하며 교대로 하여 쌓는다.
㉡ 치장용으로 많이 사용되며 많은 토막 벽돌이 사용된다.
③ 미국식 쌓기
㉠ 앞면 5켜까지는 치장 벽돌로 길이쌓기로 하고 다음은 마구리쌓기로 하며 뒷면은 영국식으로 쌓는다.
㉡ 치장 벽돌을 사용한다.

7. 조경 공사에 사용되는 장비 중 운반용 기계에 해당되지 않는 것은?

㉮ 덤프 트럭(dump truck)
㉯ 크레인(crane)
㉰ 백호우(back hoe)
㉱ 지게차(forklift)

해설 ① 백호우(드래그셔블) : 굴착기계로서 작업 위치보다 낮은 장소의 굴착에 사용한다.
② 파워셔블(power shovel) : 원형으로 작업 위치보다 높은 굴착에 적합하며 산, 절벽 굴착에 쓰인다.

8. 설치 비용은 비싸지만 열효율이 높고 투시성이 좋으며 관리비도 싸서 안개지역, 터널 등의 장소에 설치하기 적합한 조명등은?

㉮ 할로겐등 ㉯ 고압수은등
㉰ 저압나트륨등 ㉱ 형광등

해설 ① 저압나트륨등 : 효율이 가장 높고 수명이 가장 길며 도로조명, 터널조명, 안개 속 조명으로도 사용된다.
② 고압나트륨등 : 에너지 효율이 높고 황백색으로 노란색 광원이며 터널조명으로 사용된다.
③ 백열등 : 효율이 가장 낮고 수명이 가장 짧다.
④ 수은등 : 수목과 잔디의 황록색의 조명을 유지한다.

9. 주택정원을 공사할 때 어느 공종을 가장 먼저 실시하여야 하는가?

㉮ 돌쌓기 ㉯ 콘크리트 치기
㉰ 터닦기 ㉱ 나무심기

해설 터닦기를 제일 먼저 시작하며 수목식재를 마지막에 한다.

10. 보행인과 차량 교통의 분리를 목적으로 설치하는 시설물은?

㉮ 트렐리스(trellis) ㉯ 벽천
㉰ 볼라드(bollard) ㉱ 램프(ramp)

해설 ① 블라드(bollard) : 자동차의 주차금지 및 인도에 진입하는 것을 방지하기 위하여 경계면에 세워둔 구조물이다.
② 트렐리스(trellis) : 보통 가는 철제파이프 또는 각목으로 만들며 덩굴식물이 기대거나 감아서 올라갈 수 있게 해주는 격자 울타리이다.
③ 벽천 : 벽에 설치한 수구, 분수, 조각물의 형상 등에서 물이 나오도록 하는 것으로 분수의 형태이다.
④ 램프(ramp) : 장애인이 사용할 수 있도록

해답 6. ㉮ 7. ㉰ 8. ㉰ 9. ㉰ 10. ㉰

도로, 계단 대신 사용하는 경사로로서 휠체어를 사용하는 공간이다.

11. 어린이들을 위한 운동 시설로서 모래터에 사용되는 모래의 깊이는 어느 정도가 가장 효과적인가? (단, 놀이의 형태에 규제를 받지 않고 자유로이 놀 수 있는 공간이다.)
㉮ 약 3 cm 정도 ㉯ 약 12 cm 정도
㉰ 약 15 cm 정도 ㉱ 약 25 cm 정도

해설 모래의 깊이 : 25 cm ~ 30 cm 이상으로 한다.

12. 디딤돌을 놓을 때 답면(踏面)은 지표(地表)보다 어느 정도 높게 앉혀야 하는가?
㉮ 3 ~ 6 cm ㉯ 7 ~ 10 cm
㉰ 15 ~ 20 cm ㉱ 25 ~ 30 cm

해설 디딤돌은 지표보다 3 ~ 6 cm 정도 높게 앉힌다.

13. 진흙 굳히기 공법은 주로 어느 조경 공사에서 사용되는가?
㉮ 원로 공사 ㉯ 암거 공사
㉰ 연못 공사 ㉱ 옹벽 공사

해설 진흙 굳히기 공법 : 연못 공사에 주로 사용된다.

14. 다음 중 콘크리트 소재의 미끄럼대를 시공할 경우 일반적으로 지표면과 미끄럼판의 활강 부분이 수평면과 이루는 각도로 가장 적합한 것은?
㉮ 70 ㉯ 55 ㉰ 35 ㉱ 15

해설 미끄럼판의 활강 부분과 지표면의 각도 : 35°가 가장 적합하다.

15. 살수기 설계 시 배치 간격은 바람이 없을 때를 기준으로 살수 작동 최대간격을 살수 직경의 몇 %로 제한하는가?
㉮ 45 ~ 55 % ㉯ 60 ~ 65 %
㉰ 70 ~ 75 % ㉱ 80 ~ 85 %

해설 살수기 배치 간격 : 살수 직경의 60 ~ 65 %이다.

16. 일반적으로 식재할 구덩이 파기를 할 때 뿌리분 크기의 몇 배 이상으로 구덩이를 파고 해로운 물질을 제거해야 하는가?
㉮ 1.5 ㉯ 2.5 ㉰ 3.5 ㉱ 4.5

해설 식재 구덩이 파기
① 식재 시 구덩이는 토질, 경도, 배수성을 검토한 후 뿌리분 크기의 1.5배 이상 파고 불순물을 제거한다.
② 심근성 수종은 깊게 파고 천근성 수종은 넓게 구덩이를 판다.

17. 다수진 25 % 유제 100 cc를 0.05 %로 희석하려 할 때 필요한 물의 양은?
㉮ 5 L ㉯ 25 L ㉰ 50 L ㉱ 100 L

해설 ① 물의 양
$= 원액의 용량 \times \left(\dfrac{원액의\ 농도}{희석\ 농도} - 1 \right)$
$\times 원액의 비중$
② 물의 비중 = 1, 1 L = 1000 cc
③ 물의 양 $= 100 \times \left(\dfrac{25}{0.05} - 1 \right) \times 1$
$= 49900\ cc \div 1000 = 49.9\ L$

18. 비탈면 경사의 표시에서 1 : 2.5에서 2.5는 무엇을 뜻하는가?
㉮ 수지고 ㉯ 수평거리
㉰ 경사면의 길이 ㉱ 안시각

해설 수직거리(1) : 수평거리(2.5)

19. 큰 돌을 운반하거나 앉힐 때 주로 쓰이는 기구는?

해답 11. ㉱ 12. ㉮ 13. ㉰ 14. ㉰ 15. ㉯ 16. ㉮ 17. ㉰ 18. ㉯ 19. ㉰

㉮ 예불기　　㉯ 스크래이퍼
㉰ 체인블록　㉱ 롤러

해설 ① 체인블록 : 운반 기계로서 무거운 돌 등을 운반하거나 앉힐 때 사용하여 정원석 쌓기에 많이 사용된다.
② 스크래이퍼 : 트랙터의 일종으로 굴착, 운반, 성토, 정지 작업 등을 한다.
③ 롤러 : 다짐 기계의 일종으로 땅을 다진다.
④ 예불기 : 잡초 제거 및 잡목을 제거한다.

20. 다음 중 건설 기계의 용도 분류상 굴착용으로 사용하기에 부적합한 것은?

㉮ 클램셀　　㉯ 파워셔블
㉰ 드래그라인　㉱ 스크래이퍼

해설 스크래이퍼 : 성토 및 정지 작업에 가장 적합하다.

21. 다음 도시공원 시설 중 유희시설에 해당되는 것은? (단, 도시공원 및 녹지 등에 관한 법률 시행 규칙을 적용한다.)

㉮ 야영장　　㉯ 잔디밭
㉰ 도서관　　㉱ 낚시터

해설 도시 공원 유희시설 : 시소 · 정글짐 · 사다리 · 순환회전차 · 궤도 · 모험놀이장, 유원시설(「관광진흥법」에 따른 유기시설 또는 유기기구를 말한다.), 발물놀이터 · 뱃놀이터 및 낚시터 그 밖에 이와 유사한 시설로서 도시민의 여가선용을 위한 놀이시설

22. 정원에서 간단한 눈가림 구실을 할 수 있는 시설물로 가장 적합한 것은?

㉮ 퍼걸러　　㉯ 트렐리스
㉰ 정자　　　㉱ 테라스

해설 트렐리스 : 좁은 가로변에 덩굴식물을 심어 올릴 수 있으며 눈가림을 할 수 있는 시설물이다.

23. 수목을 옮겨심기 전에 뿌리돌림을 하는 이유로 가장 중요한 것은?

㉮ 관리가 편리하도록
㉯ 수목내의 수분 양을 줄이기 위하여
㉰ 무게를 줄여 운반이 쉽게 하기 위해
㉱ 잔뿌리를 발생시켜 수목의 활착을 돕기 위하여

해설 뿌림돌림의 목적
① 이식력이 약한 나무의 뿌리에 세근(잔뿌리)을 발달시켜 뿌리굴착이 잘 되어 이식이 잘 되게 한다.
② 노목이나 쇠약목의 뿌리발달을 촉진시켜 성장을 잘하게 한다.
③ 뿌리돌림 방법 : 이식 전에 행하며 환상박피를 실시한다.

24. 콘크리트 부어 넣기의 방법이 옳은 것은?

㉮ 비빔장소에서 먼 곳으로부터 가까운 곳으로 옮겨가며 붓는다.
㉯ 계획된 작업 구역 내에서 연속적인 붓기를 하면 안 된다.
㉰ 한 구역 내에서는 콘크리트 표면이 경사지게 붓는다.
㉱ 재료가 분리된 경우에는 물을 넣어 다시 비벼 쓴다.

해설 콘크리트 부어 넣기 : 타설된 부분에 충격을 주지 않기 위해서는 비빔장소에서 먼 곳으로부터 가까운 곳으로 옮겨가며 붓는다.

25. 야외용 의자 제작시 2인용을 기준으로 할 때 얼마 정도의 길이가 필요한가? (단, 여유공간을 포함한다.)

㉮ 60cm 정도　㉯ 120cm 정도
㉰ 180cm 정도　㉱ 200cm 정도

해설 벤치의 길이
① 1인용 벤치 : 45~47 cm(450~470 mm)
② 2인용 벤치 : 120 cm(1200 mm)
③ 3인용 벤치 : 250 cm(2500 mm)

해답 20. ㉱　21. ㉱　22. ㉯　23. ㉱　24. ㉮　25. ㉯

26. 디딤돌 놓기의 방법 설명으로 틀린 것은?
㉮ 디딤돌의 간격은 보폭을 고려하여야 한다.
㉯ 디딤돌 놓기는 직선 위주로 놓는다.
㉰ 디딤돌이 시작하는 곳, 끝나는 곳, 갈라지는 곳에는 다른 것에 비해 큰 디딤돌을 놓는다.
㉱ 디딤돌의 긴지름은 보행자 진행 방향과 수직을 이루어야 한다.
해설 디딤돌 놓기 : 디딤돌은 크고 작은 것을 조화롭게 한다. 그리고 직선보다는 어긋나게 배치하여 단조로움과 불안한 균형감이 없도록 한다.

27. 다음 중 공원의 산책로 등 자연의 질감을 그대로 유지하면서도 표토층을 보존할 필요가 있는 지역의 포장으로 알맞은 것은?
㉮ 인터로킹 블록 포장
㉯ 판석 포장
㉰ 타일 포장
㉱ 마사토 포장
해설 마사토 포장 : 자연의 질감을 그대로 유지하면서도 표토층을 보존할 필요가 있는 지역에 마사토 포장을 한다.

28. 굵은 골재의 최대치수, 잔골재율, 잔골재의 입도, 반죽질기 등에 따르는 마무리하기 쉬운 정도를 말하는 굳지 않은 콘크리트의 성질은?
㉮ 워커빌리티(workability)
㉯ 성형성(plasticity)
㉰ 레이턴스
㉱ 피니셔빌리티(finishability)
해설 ① 워커빌리티(workbility) : 콘크리트를 시공하기에 적당한 묽기를 워커빌리티 또는 시공연도라고 한다.
② 블리딩 : 콘크리트 타설 후 콘크리트 표면에 수분이 상승하는 현상으로 곰보가 생긴다.
③ 레이턴스 : 블리딩에 의하여 콘크리트 표면에 올라온 미세한 물질이며 부착력이 약하고 수밀성을 떨어뜨린다.
④ 피니셔빌리티(finishability, 마감성) : 콘크리트 타설 후에 굵은 골재의 최대치수, 잔골재율, 잔골재의 입도, 반죽질기 등에 따르는 마무리하기 쉬운 정도를 말한다. 굳지 않은 콘크리트의 성질이다.
⑤ 성형성(plasticity) : 콘크리트를 구조체에 쉽게 넣을 수 있는 정도이다. 구조체틀인 거푸집을 제거하면 형상은 변하지만 재료가 분리되지 않은 정도를 말한다.

29. 도급 공사는 공사실시 방식에 따른 분류와 공사비 지불방식에 따른 분류로 구분할 수 있다. 다음 중 공사 실시 방식에 따른 분류에 해당하는 것은?
㉮ 분할도급
㉯ 정액도급
㉰ 단가도급
㉱ 실비청산 보수가산도급
해설 공사 실시 방식에 따른 도급 방식
① 직영 방식
② 분할도급 방식
③ 일시도급 방식

30. 콘크리트 부어 넣기의 방법이 올바른 것은?
㉮ 비빔장소에서 먼 곳으로부터 가까운 곳으로 옮겨가며 붓는다.
㉯ 계획된 작업 구역 내에서 연속적인 붓기를 하면 안 된다.
㉰ 한 구역 내에서는 콘크리트 표면이 경사지게 붓는다.

해답 26. ㉯ 27. ㉱ 28. ㉱ 29. ㉮ 30. ㉮

㉣ 재료가 분리된 경우에는 물을 넣어 다시 비벼 쓴다.

해설 콘크리트 부어 넣기 방법
① 계획된 작업 구역 내에서 연속적인 붓기를 한다.
② 한 구역 내에서는 콘크리트 표면이 경사지게 붓지 않는다.
③ 재료가 분리된 경우에는 다시 시공한다.
④ 비빔장소에서 먼 곳으로부터 가까운 곳으로 옮겨가며 붓는다.

31. 디딤돌 놓기 방법의 설명으로 부적합한 것은?

㉮ 돌의 머리는 경관의 중심을 향해서 놓는다.
㉯ 돌 표면이 지표면보다 3~6cm 정도 높게 앉힌다.
㉰ 돌 밑의 빈 곳에 흙을 충분히 밀어 넣으면서 다진다.
㉱ 돌의 크기와 모양이 고른 것을 선택하여 사용한다.

해설 디딤돌 놓기 방법
① 배치 : 큰 돌과 작은 돌을 섞어 조화롭게 하며 직선보다 어긋나게 배치하여 놓는다.
② 쉬어가는 디딤돌의 지름은 50~55cm이다.
③ 돌의 머리는 경관의 중심을 향해서 놓는다.
④ 자연스러움을 나타낼 수 있게 배치한다.

32. 평판측량의 3요소에 해당하지 않은 것은?

㉮ 정준 ㉯ 구심
㉰ 수준 ㉱ 표정

해설 평판측량의 3요소 : 정준, 구심, 표정

33. 뿌리분의 직경을 정할 때 그 계산식이 옳은 것은?

A : 뿌리분의 지름 N : 근원지름
d : 상수(상록수 4, 낙엽수 5)

㉮ $A = 24 + (N-3) \times d$
㉯ $A = 24 + (N+3) \times d$
㉰ $A = 25 + (N-5) \times d$
㉱ $A = 20 + (N+2) \times d$

해설 뿌리분의 지름 $= 24 + (N-3) \times d$
N : 줄기의 근원지름
d : 상수(상록수 : 4, 낙엽수 : 5)

34. 이식할 수목의 가식장소와 그 방법의 설명으로 잘못된 것은?

㉮ 공사의 지장이 없는 곳에 감독관의 지시에 따라 가식 장소를 정한다.
㉯ 그늘지고 배수가 잘 되지 않는 곳을 선택한다.
㉰ 나무가 쓰러지지 않도록 세우고 뿌리분에 흙을 덮는다.
㉱ 필요한 경우 관수시설 및 수목 보양시설을 갖춘다.

해설 수목의 가식 장소 : 그늘지고 배수가 잘 되는 장소를 선택한다.

35. 시방서에 대하여 옳게 설명한 것은?

㉮ 설계 도면에 필요한 예산계획서이다.
㉯ 공사계약서이다.
㉰ 평면도, 입면도, 투시도 등을 볼 수 있도록 그려놓은 것이다.
㉱ 공사개요, 시공방법, 특수재료에 관한 사항 등을 명기한 것이다.

해설 시방서(specification) : 설계, 제조, 시공 등 설계도면에 표시하기 어려운 공사 개요, 시공방법, 특수재료에 관한 사항 등을 명기한 것이다.

36. 공원에 배식할 때 가장 적정한 상록수와 낙엽수의 비율은?

㉮ 3 : 7   ㉯ 5 : 5

해답 31. ㉱ 32. ㉰ 33. ㉮ 34. ㉯ 35. ㉱ 36. ㉰

㉰ 6 : 4　　　　㉱ 8 : 2

해설 공원 배식 기준
상록수 : 낙엽수 = 6 : 4

37. 비탈면의 기울기는 관목 식재 시 어느 정도로 하는 것이 좋은가?

㉮ 1 : 0.3보다 완만하게
㉯ 1 : 2보다 완만하게
㉰ 1 : 4보다 완만하게
㉱ 1 : 6보다 완만하게

해설 과목 식재 경사도
① 교목 경사
　㉠ 경사도 : 수직 : 수평 = 1 : 3보다 완만해야 한다.
　㉡ 한 그루당 6m 간격을 유지한다(6m/그루).
② 관목 경사
　㉠ 경사도 : 수직 : 수평 = 1 : 2보다 완만해야 한다.
　㉡ 유지간격 : 4그루/㎡
③ 조릿대 : 10그루/㎡
④ 맥문동 : 20~30그루/㎡

38. 조경용 수목의 할증율은 얼마로 하는가?

㉮ 3%　　　　㉯ 5%
㉰ 10%　　　㉱ 20%

해설 수목의 할증률
① 붉은 벽돌, 내화벽돌, 이형철근, 타일, 경계블록, 호안블록, 합판(일반용) : 할증률 3%
② 목재(각재), 합판(수장용), 시멘트 벽돌 : 할증률 5%
③ 목재(판재), 조경용 수목, 잔디, 초화류 : 할증률 10%
④ 수목의 할증률이란 수목을 식재하거나 모든 조경공사가 끝난 후에 수목이 불량하거나 고사되는 것을 대비하여 여유분을 준비하여 두는 것을 말한다.

해답 37. ㉰　38. ㉰

SECTION 2 조경 관리

2-1 조경 수목 관리

(1) 전정의 방법

① 전정의 종류

㈎ 생리 조정을 위한 가지 다듬기 : 느티나무, 버즘나무

이식할 때 가지와 잎의 맹아력을 고려하여 지하부와 지상부의 생리 균형을 유지한다.

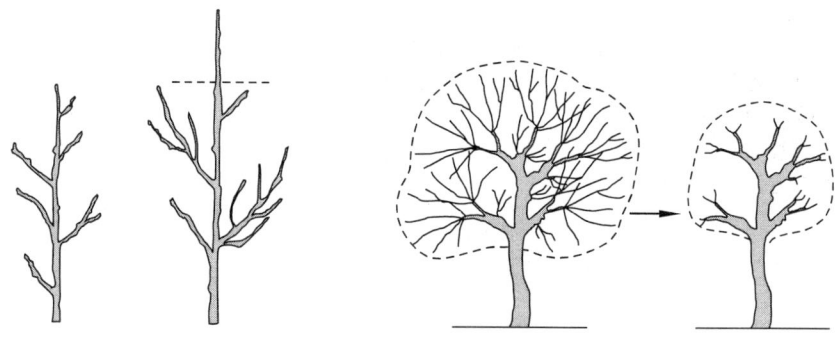

생장을 돕는 전정   생장을 억제하는 전정

㈏ 세력을 갱신하는 가지 다듬기 : 과일나무, 장미, 배롱나무

맹아력이 좋은 나무의 꽃과 열매를 좋게 하기 위하여 새 가지와 줄기가 나오도록 겨울에 전정한다.

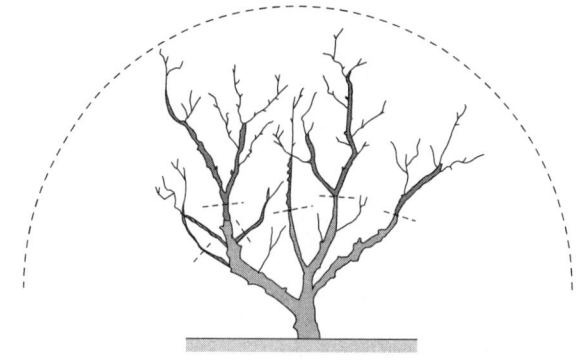

장미의 개화를 위한 전정

㈐ 생장을 억제하는 가지 다듬기 : 향나무, 주목, 회양목, 소나무의 순자르기 정원의 녹음수, 산울타리를 일정한 모양으로 유지하기 위하여 형태를 다듬는 전정한다.

② 소나무 순 자르기
  ㈎ 원하는 수형을 얻기 위해 실시하며, 손으로 순을 따는 것이 좋다.
  ㈏ 생장점을 찾아 조절하는 전정으로 5~6월에 2~3개 정도 남기고 모두 제거한다.
  ㈐ 소나무 순자르기는 6월에도 가능하나 새순이 잘 전정되지 않으며 송진이 발생하여 좋지 않으므로 5월이 가장 적합하다.
  ㈑ 소나무 순의 자라는 힘이 지나치면 1/3~1/2 정도 남기고 끝부분을 따버린다.

③ 전정의 시기와 횟수

구 분	시 기	권장 횟수
침엽수	10~11월, 2~3월	1회
상록 활엽수	5~6월, 9~10월	2회
낙엽수	11~3월, 7~8월	각각 1회 또는 2회
관목류	꽃이 진 직후	–
산울타리용 관목류	5~6월, 9월	2회

④ 토피어리(형상수, topiary) 만들기 : 사물의 모양 또는 형태를 모방하거나 기하학 모양으로 수목의 수관을 다듬어 만든 수형으로, 3월 중에 실시한다.

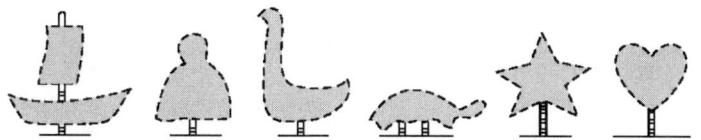

형상수의 형태

⑤ 전정 시기

구 분	내 용
겨울 전정	• 대부분 겨울에 전정 • 상록 활엽수는 추위에 약하므로 강전정을 피함
봄 전정	낙엽수는 약전정을 실시함(성장기)
여름 전정	6~8월, 꽃나무는 6월에 실시함

⑥ 전정할 가지

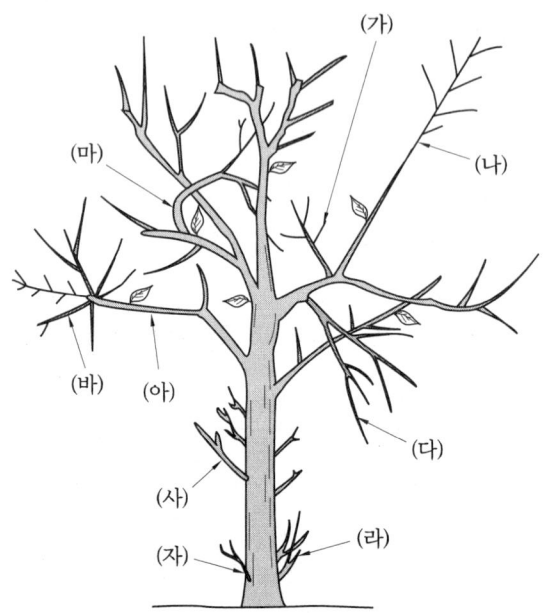

㉮ 안쪽으로 향한 가지 : 내향지(역지)
㉯ 헛가지로서 웃자란 가지 : 도장지
㉰ 나무의 아래로 향한 가지 : 하지
㉱ 나무의 밑에서 움돋은 가지 : 도복지
㉲ 나무의 가지가 얽힌 가지 : 교차지
㉳ 바퀴살 가지
㉴ 나무의 줄기에서 돋은 가지
㉵ 평행지
㉶ 맹아지

⑦ 마디 위 자르기 : 자를 가지의 바깥쪽 눈에서 7~10 mm 위쪽에서 눈과 평행하게 비스듬히 자른다.

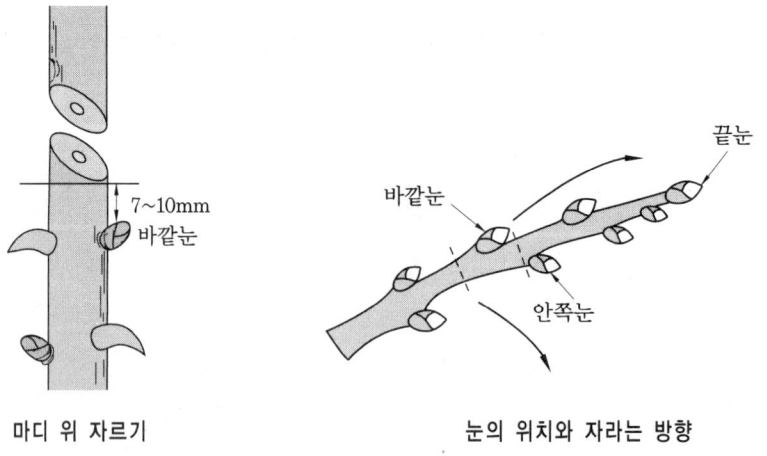

마디 위 자르기   눈의 위치와 자라는 방향

⑧ 가로수와 산울타리 전정
  ㉮ 가로수는 지하고 2.5 m 이상으로 부분 전정한다.
  ㉯ 산울타리는 윗부분은 강하게, 아랫 부분은 약하게 전정한다.

⑨ 월동 관리

구 분	내 용
성토법	지상으로부터 수간을 약 30~50 cm 높이로 흙을 덮어서 흙을 묻음
피복법	지표를 20~30 cm 두께로 낙엽이나 왕겨짚 등으로 덮음
매장법	석류나무나 장미류에서 뿌리 전체를 땅속에서 파서 식물을 뉘어서 월동시킴
포장법	낙엽 활목류인 배롱나무, 모과나무, 장미, 감나무, 벽오동 등을 덮어줌
방풍법	가이스까 향나무, 히말라야시다와 같이 내한성이 약한 어린 상록수에 방풍벽을 쳐줌
훈연법	서리 또는 싹이난 후 하강하는 온도를 조절하기 위하여 특히 과수원에서 100 m^2 당 1개소 실시
관수법	서리가 왔을 때 아침 일찍 관수 처리를 하여 서리를 녹여줌
시비조절법	7월말 까지 질소, 인산, 가리를 고루주고 그 이후에는 유기질을 주되 도장(徒長)하지 않도록 함

⑩ 화단 관리 : 위치와 배경을 고려하여 간단·명쾌하도록 가능한 큰 무늬의 꽃을 선택하고, 꽃의 가지 수가 적도록 키, 피는 모양, 개화기를 고려하여 관리한다.

> **Tip** 갈아 심기 : 중앙부에 가까운 곳으로부터 차례로 꽃 모양이 좋고 꽃이 피기 시작하는 것부터 골라 심는다.

(2) 수목의 거름주기

조경 수목의 생장과 병충해로부터의 보호를 위하여 식물에 영양분을 공급하는 것이 목적이다.

① 비료 성분의 주요 역할

구 분	역 할	부족 현상
질소(N)	• 광합성 촉진	• 잎과 줄기가 가늘어짐 • 잎이 황색으로 변색되어 떨어짐
인(P)	• 세포 분열을 촉진시킴 • 꽃, 열매, 뿌리 성장, 새눈과 잔 가지 발육에 기여 함	• 뿌리 생장 기능이 저하됨 • 잎이 암록색으로 변색되며 생산량이 감소함
칼륨(K)	• 꽃, 열매의 향기 및 색 조절에 기여함	• 황화 현상 발생
칼슘(Ca)	• 단백질 합성 • 식물체 유기산 중화의 역할	• 생장점의 파괴로 갈색으로 변색됨

② 시비(거름)하는 방법

　(가) 표토 시비법

　　㉮ 나무가 식재된 흙 표면에 시비하는 형태이다.

　　㉯ 비료가 뿌리에 도달하는 시간이 오래 걸려 효과가 늦다.

　(나) 토양 내 시비법

구 분	내 용
윤상 거름주기	• 수관 폭을 형성하는 가지 끝 아래 수관선을 기준으로 함 • 환상으로 깊이 20~25 cm, 너비 20~30 cm로 팜
방사상 거름주기	• 파는 도랑은 바깥쪽일수록 깊고, 넓게 파야 함 • 선을 중심으로 길이는 수관 폭의 1/3 정도로 함
면 거름주기	• 한 그루씩 거름을 줄 경우, 뿌리나 오는 부분부터 끝까지 전면으로 땅을 파고 줌
천공 거름주기	• 수관선상에 깊이 20 cm 정도의 구멍을 군데군데 뚫고 줌 • 액비는 비탈면에 줄 때 적용하며 액비가 아니면 가볍게 덮어줌
선상 거름주기	• 산울타리 또는 집단으로 식재된 수목에 적용함 • 일정한 간격을 두고 홀(hole)을 파서 줌
대상 거름주기	• 윤상 거름주기의 형태와 비슷함 • 일정 간격으로 거름을 시비하여 다음 해에 다른 위치에 거름을 일정한 간격으로 줌

　(다) 엽면 시비법

　　㉮ 나무의 잎에 직접 살포하며 효과가 매우 빠르다.

　　㉯ 식물 세포의 신진대사와 수분의 증산 작용이 왕성한 맑은 날에 작업하는 것이 좋다.

　(라) 수목의 외과 수술 및 수간 주사

　　㉮ 4~9월 중 맑은 날씨에 실시한다.

　　㉯ 식물 세포의 신진대사가 원활할 때 수간 주사로 약액을 집어넣으면 빨리 흡수되어 치료가 빠르게 된다.

③ 수간의 수피 감기

　(가) 태양광선, 건조로부터 수피에서의 수분 증산을 억제하고, 병·해충의 침입을 방지한다.

　(나) 새끼줄, 종이테이프 등을 사용한다 (활엽수).

　(다) 소나무좀 예방을 목적으로 한다 (소나무 이식 후).

　(라) 수피 감기 방법 : 진흙을 바르거나 새끼줄, 녹화마대로 수간을 감싸준다.

2-2 조경 수목의 병충해 및 방제

(1) 수목의 병충해 및 관리

구 분	내 용
빗자루병 (witches' broom)	• 전나무, 대추나무, 벚나무, 대나무, 살구나무, 오동나무, 붉나무 • 테트라사이클린계 항생 물질의 수간 주사, 파리티온 수화제, 메타유제 100배액 살포 • 마이코플라스마 병원균이 원인
흰가루병 (powdery ildew)	• 느티나무, 밤나무, 장미, 단풍나무, 배롱나무, 벚나무, 오리나무 • 석회황합제, 만코지 수화제, 지오판수화제, 베노밀 수화제 등 살포
그을음병	• 깍지벌레, 진딧물 등 흡수성 해충의 배설물에 의해 발병 • 잎과 줄기, 열매 등에 그을음이 발생함 • 발견 즉시 살충제(만코지, 티오판 수화제)로 깍지벌레와 진딧물 제거
적성병 (붉은별무늬병)	• 사과나무, 배나무, 담배에 발생하는 병해로 잎에 붉은색 반점이 발생하며 향나무의 가지와 줄기가 말라서 고사함 • 향나무, 가이즈카향나무 등 중간 숙주 제거 • 배나무, 모과나무 등은 향나무와 1,000 m 이상 떨어지게 함 • 내병성 품종을 육종 • 만코지 수화제, 티디폰 수화제 등 살포
미국 흰불나방	• 활엽수, 과수 등 160여 종 가해 • 그로포 수화제, 디프 수화제, 메프 수화제, 스미치온 등을 살포 • 잠복소를 설치하여 포살함 • 천적(긴등기생파리, 송충알벌)을 보호함

(2) 약액의 수간 주입

병충해를 입은 나무, 영양이 부족한 나무, 수술을 받은 나무 등 성장 및 신진대사가 이루어 질 수 있도록 영양제, 살균제, 살충제 등을 나무줄기에 주입시켜 치료한다.

① 수간 주사 시기 : 수액의 이동이 잘 되는 4~9월이 적기이다.

② 장마철 피해 수목의 증산 작용이 왕성한 맑은 날씨에 행한다.

③ 나무 밑 높이 5~10 cm 정도에서 깊이 3~4 cm 정도의 구멍을 뚫고 반대쪽도 같은 방법으로 실시한다.

④ 수간 주입기 설치 높이 : 1.8 m 정도 높이에 고정한다.

(3) 충해

구 분	내 용
진딧물	• 4월에 메타시스톡스, 마라톤 유제 등 살포하여 방제 • 친환경적 방법으로 무당벌레류, 꽃등애류, 풀잠자리류의 기생봉 등을 이용 • 번식력이 강하며 수목의 수액을 빨아 먹어 고사시킴
응애	• 기온이 높고 건조할 때 발생 • 수목의 잎에서 수액을 빨아 먹으며 황색 반점을 발병시켜 고사하게 함 • 살비제(디코폴)를 2~3회 간격을 두고 살포함
패각충 (깍지벌레)	• 수액을 빨아먹으며 번식력이 강하고, 직접적인 피해와 2차적으로 그을음병을 유발시킴 • 천적을 보호함(무당벌레, 풀잠자리류) • 메치온 유제(수프라사이드), 디메토 유제를 10일 간격으로 2~3회 정도 살포 • 손으로 직접 제거해도 됨
소나무좀	• 수분과 양분의 이동을 막아 수목을 고사하게 함 • 수세가 약한 나무를 미리 제거하고 번식처를 제거함 • 소나무 이식 후 새끼줄, 진흙 등에 살충제를 넣어 줄기를 감싸고 도포함
솔잎혹파리	• 수액을 빨아 먹음 • 먹좀벌을 방사하거나 다이메크론을 수간에 주사함 • 포스팜 액제를 살포하거나 소나무 지면을 비닐로 피복함

(4) 농약의 종류

① 살균제 : 분홍색
② 살충제 : 녹색
③ 제초제 : 황색
④ 비선택형 제초제 : 적색
⑤ 생장 조절제 : 청색
⑥ 살비제 : 응애만을 제거하는 농약

2-3 지피 식물

(1) 우리나라 잔디의 특성

① 재래종 잔디(들잔디)의 특성(우리나라 잔디의 특성)
  ㈎ 양지를 좋아하며, 병충해와 공해에 강하다.
  ㈏ 손상을 받은 후 회복 속도가 느리며, 서양 잔디에 비해 자주 깎아주지 않아

도 된다.
  ㈐ 배수가 잘 되는 사양토가 적합하며 햇빛이 5시간 이상 들어야 한다.
② 서양 잔디의 특성
  ㈎ 더위에 약한 내서성이며, 그늘에서도 잘 견딘다.
  ㈏ 자주 깎아주어야 하며, 하이브리드 버뮤다그래스를 제외하고는 종자 파종 번식을 한다.
  ㈐ 벤트그래스, 켄터키 블루그래스 등은 4계절 푸른 상록형이다.
③ 버뮤다 그래스
  ㈎ 대표적인 난지형 잔디로 5~9월까지 상록을 유지한다.
  ㈏ 내답압성이 크다.
  ㈐ 관리하기 용이하며 경기장 잔디로 많이 이용한다.
④ 잔디 파종법
  ㈎ 종자의 반은 세로, 반은 가로로 파종하며 절대 복토하지 않는다.
  ㈏ 전압(rolling) : 발 또는 롤러를 사용하여 밟아주거나 전압시켜 종자를 토양과 밀착시킨다.
  ㈐ 멀칭 : 볏짚, 낙엽 등 기타 재료로 덮어 주어 수분 보존과 씨앗 유실을 막는다.
⑤ 잔디 깎기
  ㈎ 잔디의 수평 분열을 촉진시켜주고 통풍을 좋게 하기 위한 작업이다.
  ㈏ 들잔디 : 5~9월 사이에 총 6호 정도 실시한다.
  ㈐ 일반적으로 2~3 cm 정도(가정, 공원), 페어웨이는 2~2.5 cm 정도이다.
⑥ 잔디의 거름주기
  ㈎ 질소질 거름은 1회 양이 $1 m^2$당 4g 이하 정도이다.
  ㈏ 난지형 잔디 : 하절기, 한지형 잔디 : 봄과 가을
  ㈐ 한지형 잔디의 경우 고온에서의 피해를 촉진시키므로 시비를 하지 않는다.
  ㈑ 제초 작업 후 비 오기 직전에 실시하는 것이 좋으며, 불가능할 경우 시비 후 관수한다.

(2) 병충해와 방제

① 잔디 관리
  ㈎ 유실된 토양을 채우고 잔디에 영양을 공급하기 위하여 부엽토를 뿌려주는 작업이다.

(나) 난지형 잔디(들잔디) : 여름철(6~8월)에 뗏밥 주기를 한다.
(다) 한지형 잔디 : 9월 말에 뗏밥 주기를 한다.
(라) 여러 차례 나누어 주는 것이 좋으며 두께는 0.5~1.0 cm 정도이다.

② 병충해

구 분	발병 시기	증상	원인	특징
녹병	5~6월, 9~10월	적색 가루가 생김	질소 부족, 고온 다습	-
푸사리움 패치 (fusarium patch)	이른 봄철	직경 30~50 cm 원형의 황화 현상	질소 성분 및 질소비료 과다	한국 잔디에서 발병
황화 현상	6~8월	생육 부진, 황화 현상	고온 건조, 햇볕 부족, 잔디 깎기, 객토 과다	-
달러 스폿 (dollar spot)	봄, 가을	잎과 줄기에 담황색 반점이 나타남	10~20℃의 습한 상태에서 발병	서양 잔디에서 주로 발병

2-4 조경 시설물 관리

(1) 조경 옥외 시설물 관리

① 옥외 시설물
  (가) 안내 시설 : 통일성과 식별성을 높여 잘 보이도록 하며 편리성을 위하여 간단한 지도와 함께 설치한다.
  (나) 퍼걸러
    ㉮ 테라스의 윗부분에 설치하며 높이는 2.2~2.5 m 정도로 한다.
    ㉯ 직선적인 원로의 중간 정도 부분, 비스타(통경선)의 끝부분, 조경의 구석진 장소에 설치한다.
  (다) 볼라드(bollard) : 자동차의 주차 금지 및 인도에 진입하는 것을 방지하기 위하여 경계면에 세우는 구조물이다.
  (라) 계단 : 지면 경사가 15°가 넘는 경우, 30~35° 정도로 설치한다.
  (마) 조도
    ㉮ 정원, 공원 : 0.5 lux 이상
    ㉯ 주요 원로나 시설물 주변 : 2.0 lux 이상

핵심문제

1. 다음 중 일반적으로 살아있는 가지를 자를 경우 수종별 상처 부위의 부후 위험성이 가장 적은 수종은?
㉮ 왕벚나무　　㉯ 소나무
㉰ 목련　　㉱ 느릅나무

해설 ① 소나무 : 송진이 많이 나오며 상처 부위의 조직이 잘 유합되어 부후 위험성이 적다.
② 왕벚나무, 목련, 느릅나무는 가지를 자르고 탈지면에 알코올로 소독하고 방균, 방수를 목적으로 도포제를 발라 준다.

2. 나무가 쇠약해지거나 말라 죽는 원인이라고 할 수 없는 것은?
㉮ 생리적 노쇠 현상
㉯ 양분의 결핍
㉰ 기상의 영향
㉱ 토양 미생물의 왕성한 활동

해설 토양 미생물의 왕성한 활동은 토양의 지력을 높여 주어 토양을 좋게 하여 준다.

3. 가로 조명등의 종류별 특징에 관한 설명으로 틀린 것은?
㉮ 강철 조명등은 내구성이 강하지만 부식이 잘 된다.
㉯ 알루미늄 조명등은 부식에 약하지만 비용이 저렴한 편이다.
㉰ 콘크리트 조명등은 유지가 용이하고, 내구성이 강하지만 설치 시 무게로 인해 장비가 요구된다.
㉱ 나무로 만든 조명등은 미관적으로 좋고 초기의 유지가 용이하다.

해설 알루미늄 조명등은 부식에 강하며 비용이 비싼 편이다.

4. 토피어리(형상수)를 만드는 방법 및 순서에 관한 설명으로 틀린 것은?
㉮ 상처에 유합 조직이 생기기 쉬운 따뜻한 계절을 택하여 실시한다.
㉯ 불필요하다고 판단되는 가지를 쳐버린 다음, 남은 가지를 적당한 방향으로 유인한다.
㉰ 강전정으로 형태를 단번에 만들지 말고, 연차적으로 원하는 수형을 만들어 간다.
㉱ 토피어리를 만드는 방법은 어떤 수종이든 규준틀을 만들어 가지를 유인하는 것이 가장 효과적이다.

해설 토피어리(형상수) 만드는 방법 : 어떤 수종이든 규준틀을 만들어 전정 및 가지를 유인하지 않는다.

5. 잔디깎기의 목적으로 옳지 않은 것은?
㉮ 잡초 방제　　㉯ 이용 편리 도모
㉰ 병충해 방지　　㉱ 잔디의 분얼 억제

해설 잔디깎기의 목적은 잔디를 수평으로 하여 분얼을 촉진시키고 통풍을 좋게 하여 좋은 잔디밭을 얻기 위함이 목적이다.

6. 장미, 단풍나무, 배롱나무, 벚나무 등에 많이 발생하며 석회유황합제 살포로 방제할 수 있는 병해는?
㉮ 흰가루병　　㉯ 녹병
㉰ 빗자루병　　㉱ 그을음병

해설 흰가루병(powdery mildew)
① 흰가루병 피해 수종 : 느티나무, 밤나무, 장미, 단풍나무, 배롱나무, 벚나무, 오리나무
② 석회유황합제, 만코지수화제, 지오판수화제, 베노밀 수화제 등을 살포한다.

해답　1. ㉯　2. ㉱　3. ㉯　4. ㉱　5. ㉱　6. ㉮

7. 다음은 연못의 급배수에 대한 설명이다. 적당하지 않은 것은?

㉮ 배수공은 연못 바닥의 가장 깊은 곳에 설치한다.
㉯ 항상 일정한 수위를 유지하기 위한 시설을 토수구라 한다.
㉰ 일류공에는 철망을 설치할 필요가 있다.
㉱ 급배수에 필요한 파이프의 굵기는 강우량과 급수량을 고려해야 한다.

해설 일류공(over flow, 월류구) : 항상 일정한 수위를 유지하기 위한 시설로 넘치는 물을 배수한다.

8. 개화결실을 목적으로 실시하는 정지, 전정 방법 중 옳지 못한 것은?

㉮ 약지(弱枝)는 길게, 강지(强枝)는 짧게 전정하여야 한다.
㉯ 묶은가지나 병충해가지는 수액유동 전에 전정한다.
㉰ 작은 가지나 내측(內側)으로 뻗은 가지는 제거한다.
㉱ 개화 결실을 촉진하기 위하여 가지를 유인하거나 단근 작업을 실시한다.

해설 개화 결실 촉진 정지 및 전정 방법
① 약지는 짧게 강지는 길게 전정한다.
② 묶은가지나 병충해가지는 늦은 겨울철에 한다.
③ 개화 결실을 촉진하기 위하여 가지를 유인하거나 뿌리를 잘라준다.

9. 소나무류의 잎 솎기는 어느 때 하는 것이 좋은가?

㉮ 3월경 ㉯ 4월경 ㉰ 6월경 ㉱ 8월경

해설 약전정 형태로 8월경 통풍 및 채광이 가능하도록 8월경에 약간의 잎 솎기를 해준다.

10. 소나무에 많이 발생하는 솔나방 구제에 가장 효과적인 농약은?

㉮ 만코지제(다이센)
㉯ 캡탄수화제(오소사이드)
㉰ 폴리옥신수화제
㉱ 디프제(디프록스)

해설 삼림 해충 솔나방(식엽성 해충류)
① 솔나방(dendrolimus spectabilis butler) : 한국, 중국, 일본에 분포한다.
② 피해 수종 : 소나무류
③ 나크, 주론, 트리므론 25% 수화제를 4월, 9월 살포하여 방제한다.
④ 디프제, 메프유제를 살포한다.
⑤ 고치벌, 뻐꾸기, 두견새를 이용한다.

11. 추위로 줄기밑 수피가 얼어터져 세로 방향의 금이 생겨 말라죽는 일이 생기는 나무는?

㉮ 단풍나무 ㉯ 은행나무
㉰ 버즘나무 ㉱ 소나무

해설 ① 동해 방지 수종 : 단풍나무, 배롱나무, 목백일홍, 모과나무, 감나무, 벽오동, 장미
② 소나무는 추위에 의한 피해가 적다.
③ 상렬 : 추위로 인해 나무의 껍질이 얼어서 갈라지는 현상을 말한다.

12. 동계전정의 설명으로 틀린 것은?

㉮ 낙엽수는 휴면기에 실시하므로 전정을 하여도 나무에 별 피해가 없다.
㉯ 제거 대상 가지를 발견하기 쉽고 작업도 용이하다.
㉰ 12~3월에 실시한다.
㉱ 상록수는 동계에 강전정하는 것이 가장 좋다.

해설 상록수는 겨울철에 굵은 가지를 전정하면 냉기가 스며들어 수목이 추위에 피해를 입는다.

13. 새끼(볏짚 제품)의 용도를 설명한 것

해답 7. ㉯ 8. ㉮ 9. ㉱ 10. ㉱ 11. ㉮ 12. ㉱ 13. ㉮

이다. 틀리게 설명된 것은?
㉮ 더위에 약한 나무를 보호하기 위해서 줄기에 감는다.
㉯ 옮겨 심는 나무의 뿌리분이 상하지 않도록 감아준다.
㉰ 강한 햇빛에 줄기가 타는 것을 방지하기 위하여 감아준다.
㉱ 천공성 해충의 침입을 방지하기 위하여 감아준다.

해설 새끼(볏짚제품)의 용도
① 나무줄기의 수분 증발 방지
② 수목의 동해 방지
③ 수목의 병충해 방지

14. 조경수 전정의 방법이 옳지 않은 것은 어느 것인가?
㉮ 전체적인 수형의 구성을 미리 정한다.
㉯ 충분한 햇빛을 받을 수 있도록 가지를 배치한다.
㉰ 병해충 피해를 받은 가지는 제거한다.
㉱ 아래에서 위로 올라가면서 전정한다.

해설 조경수 전정 방법
① 위에서 아래로 전정한다.
② 외부에서 내부로 전정한다.

15. 파이토플라즈마에 의한 주요 수목병에 해당되지 않는 것은?
㉮ 오동나무빗자루병
㉯ 뽕나무오갈병
㉰ 대추나무빗자루병
㉱ 소나무시들음병

16. 양잔디밭 시공 중 포기를 풀어 심어 가꾸기를 할 수 있는 잔디는?
㉮ 켄터키 블루 그래스
㉯ 퍼레니얼 라이 그래스
㉰ 레드톱
㉱ 하이브리드 버뮤다 그래스

해설 서양잔디의 특성
① 더위에 약한 내서성 성질이며 그늘에서도 잘 견딘다.
② 벤트 그래스, 켄터키 블루 그래스 등은 사계절 푸른 상록형이다.
③ 하이브리드 버뮤다 그래스는 포기번식을 하며, 다른 종류의 잔디는 일반적으로 종자를 파종하여 번식한다.
④ 자주 깎아주어야 한다.

17. 좁은 정원에 식재된 나무가 필요 이상으로 커지지 않게 하기 위하여 녹음수를 전정하는 것은?
㉮ 생장을 돕기 위한 전정
㉯ 생장을 억제하는 전정
㉰ 생리 조정을 위한 전정
㉱ 갱신을 위한 전정

해설 ① 생리 조정을 위한 전정
㉠ 이식할 때 지하부와 지상부의 생리적 균형을 유지하기 위하여 맹아력을 고려하여 가지와 잎을 적당히 잘라준다.
㉡ 느티나무, 버즘나무
② 세력을 갱신하는 전정
㉠ 맹아력이 좋은 나무가 너무 오래되어 겨울에 나무의 줄기가 가지를 잘라 주어 새 가지와 새줄기가 나와 꽃과 열매가 좋게 하기 위하여 갱신한다.
㉡ 과일나무, 장미, 배롱나무
③ 생장을 억제하는 전정
㉠ 정원에 있는 녹음수, 산울타리 수종으로 일정한 모양으로 유지하기 위하여 형태를 다듬는 전정을 한다.
㉡ 향나무, 주목, 회양목, 소나무의 순자르기
④ 생장을 돕기 위한 전정 : 생육상태가 고르지 못한 나무 또는 병충해에 걸린 가지, 죽은 가지, 부러진 가지 등을 다듬어 전정한다.

해답 14. ㉱ 15. ㉱ 16. ㉱ 17. ㉯

18. 식재할 경우 수간감기(wrapping)를 하는 이유 중 틀린 것은?

㉮ 수간으로부터 수분 증산 억제
㉯ 잡초 발생 방지
㉰ 해충 방지
㉱ 상해(霜害) 방지

해설 수피감기 목적
① 수간으로부터 수분 증산을 억제한다.
② 상해를 방지한다.
③ 병해충의 침입을 방지하며 강한 태양광선과 건조로부터 피해를 방지한다.

19. 수목의 수간주입 방법 중 틀린 것은?

㉮ 약액의 수간 주입은 수액 이동이 활발한 5월 초~9월 말에 한다.
㉯ 흐린 날 실시해야 약액의 주입이 빠르다.
㉰ 수간 주입기를 사람 키 높이 되는 곳에 끈으로 매단다.
㉱ 약통 속에 약액이 다 없어지면, 수간 주입기를 걷어 내고 도포제를 바른 다음, 코르크 마개로 주입 구멍을 막아준다.

해설 수간 주사 : 수목의 외과수술 및 수간주사는 4~9월 중에 실시한다. 맑은 날씨에 수목은 뿌리에서 물을 흡수하여 수관에 흘려 보내고 잎에서는 광합성이 작용이 일어나 수목의 식물 세포에서 신진대사가 원활해진다. 이때 수간주사로 약액을 집어넣으면 빨리 흡수되어 치료가 빨리 진행된다.

20. 잔디의 뗏밥넣기에 관한 설명 중 가장 옳지 못한 것은?

㉮ 뗏밥은 가는 모래 2, 밭흙 1, 유기물 약간을 섞어 사용한다.
㉯ 뗏밥은 일반적으로 가열하여 사용하며 증기소독, 화학약품 소독을 하기도 한다.
㉰ 뗏밥은 한지형 잔디의 경우 봄, 가을에 주고 난지형 잔디의 경우 생육이 왕성한 6~8월에 주는 것이 좋다.
㉱ 뗏밥의 두께는 15mm 정도로 주고, 다시 줄 때에는 일주일이 지난 후에 주어야 좋다.

해설 뗏밥의 주기
① 일반정원의 뗏밥의 두께 : 0.5~1.0cm
② 골프장 뗏밥의 두께 : 0.3~0.7cm
③ 뗏밥을 주고 다시 줄 때에는 15일이 지난 후에 주어야 한다.

21. 플라타너스에 발생된 흰불나방을 구제하고자 할 때 가장 효과가 좋은 것은?

㉮ 그로포 수화제(더스반)
㉯ 디코폴유제(켈센)
㉰ 포스팜액제(다이메크론)
㉱ 지오판도포제(톱신페스트)

해설 미국흰불나방
① 1년에 2회 발생하며 1주기는 5월 중순~6월 중순이며, 2주기는 7월 하순~8월 중순이다.
② 방제법 : 트리클로르 수화제(디프록스), 디프 수화제, 메프 수화제, 스미치온, 그로포 수화제(더스반) 등을 살포한다.
③ 잠복소를 설치하여 포살한다.
④ 천적(긴등기생파리, 송충알벌)을 보호한다.

해답 18. ㉯　19. ㉯　20. ㉱　21. ㉮

제 4 장

과년도 출제 문제

2004년도 시행 문제

▶ 2004년 1월 21일 시행

자격종목	코드	시험시간	형별
조경기능사	7900	1시간	A

1. 정형식 조경 중에서 르네상스 시대의 프랑스 정원이 속하는 형식은 무엇인가?
㉮ 평면기하학식 ㉯ 노단식
㉰ 중정식 ㉱ 전원풍경식

해설 ① 프랑식 정원 : 평면기하학식
② 이탈리아 정원 : 노단식
③ 스페인 정원 : 중정식
④ 영국 : 전원풍경식

2. 중국식 정원에 대한 기술 중 가장 옳은 것은?
㉮ 풍경식으로 대비에 중점을 두었다.
㉯ 풍경식으로 조화에 중점을 두었다.
㉰ 선사상과 묵화의 영향을 많이 입었다.
㉱ 건축식 조경수법을 강조한 풍경식이다.

해설 중국식 정원 : 풍경식으로 대비에 중점을 두었다.

3. 정원 양식의 발생요인 중 자연환경 요인이 아닌 것은?
㉮ 기후 ㉯ 지형 ㉰ 식물 ㉱ 종교

해설 ① 자연환경조사 : 식생, 기상조건, 토양조사, 해양환경, 동식물, 지질 등이 있다.
② 인문환경조사 : 주변 교통량, 문화재, 인구, 종교

4. 다음 중 조경 계획의 수행 과정의 단계가 옳은 것은?

㉮ 목표설정-자료분석 및 종합-기본계획-실시설계-기본설계
㉯ 자료분석 및 종합-목표설정-기본계획-기본설계-실시설계
㉰ 목표설정-자료분석 및 종합-기본계획-기본설계-실시설계
㉱ 목표설정-자료분석 및 종합-기본설계-기본계획-실시설계

해설 조경계획 과정 : 목표설정 → 자료분석 및 종합 → 기본계획 → 기본설계 → 실시설계
① 목표설정 : 조경 대상과 공간규모를 계획
② 자료분석 및 종합
  ㉠ 자연환경분석(지형, 토양, 수문, 식생)
  ㉡ 인문환경분석(인구조사, 토지이용, 교통조사)
③ 기본계획 : 토지이용계획, 교통동선계획, 시설물 배치계획, 식재계획, 하부구조 및 집행계획
④ 기본설계
⑤ 실시설계 : 평면도, 단면도, 표준시방서, 내역서

5. 테라스(terrace)를 쌓아 만들어진 정원은?
㉮ 일본 정원 ㉯ 프랑스 정원
㉰ 이탈리아 정원 ㉱ 영국 정원

해설 테라스는 계단식으로 이탈리아 정원 양식이다.

6. 회교문화의 영향을 입은 독특한 정원 양식을 보이는 것은?

해답 1. ㉮ 2. ㉮ 3. ㉱ 4. ㉰ 5. ㉰ 6. ㉱

㉮ 이탈리아 정원
㉯ 프랑스 정원
㉰ 영국 정원
㉱ 스페인(에스파냐) 정원

해설 스페인 정원 이스람교의 영향을 받아 물을 중요시했다.

7. 다음 중 일본에서 가장 늦게 발달한 정원 양식은?

㉮ 회유임천식   ㉯ 다정양식
㉰ 평정고산수식 ㉱ 축산고산수식

해설 ① 일본정원 양식의 시대적 순서: 임천식 → 회유임천식 → 축산고산수식(무로마치 시대) → 평정고산수식 → 다정식 → 회유식

8. 조선시대 후원의 장식용이 아닌 것은?

㉮ 괴석   ㉯ 세심석
㉰ 굴뚝   ㉱ 석가산

해설 조선 시대 후원: 괴석, 세심석, 굴뚝

9. 다음과 같은 그림을 무엇이라고 부르는가?

㉮ 평면도
㉯ 입면도
㉰ 조감도
㉱ 상세도

해설 ① 조감도: 높은 곳에서 구조물을 새가 내려다본 것을 표현한 도면이다.
② 상세도: 설비도라 말하며 평면, 단면도에 잘 나타나지 않은 부분을 상세히 표현한다.

10. 다음 중 대비가 아닌 것은?

㉮ 푸른 잎과 붉은 잎
㉯ 직선과 곡선
㉰ 완만한 시내와 포플러나무
㉱ 벚꽃을 배경으로 한 살구꽃

해설 ① 벚꽃을 배경으로 한 살구꽃은 대비의 효과가 없다.
② 완만한 시내: 평면적 요소, 포플러나무: 수직적 요소 대비하여 느낌을 주었다.

11. 울창한 숲을 배경으로 한 푸른 연못은 어떠한 감정을 느끼게 하는가?

㉮ 차분하고 존엄한 감을 느끼게 한다.
㉯ 생동적이고 환희스러운 감을 느끼게 한다.
㉰ 침울하고 비관적인 감을 느끼게 한다.
㉱ 율동적이며 흥미로운 감흥을 느끼게 한다.

해설 푸른 연못은 신성시한 장소이다.
참고 흔히 산의 연못이라고 하면 신선, 천사, 이무기, 용 등을 생각하고, 그때마다 새로운 이미지가 나타난다. 이 문제의 정답은 사실상 주관적이므로 암기할 수밖에 없다.

12. 정원수의 아름다움의 3가지 요소(삼재미)에 해당되지 않는 것은?

㉮ 색채미   ㉯ 형자미(형태미)
㉰ 내용미   ㉱ 식재미

해설 정원의 삼재미: 색채미, 형태미, 내용미

13. 주택 정원을 설계할 때 일반적으로 고려할 사항이 아닌 것은?

㉮ 무엇보다도 안전 위주로 설계해야 한다.
㉯ 시공과 관리하기가 쉽도록 설계해야 한다.
㉰ 특수하고 귀중한 재료만을 선정하여 설계해야 한다.
㉱ 재료는 구하기 쉬운 재료를 넣어 설계한다.

해설 주택정원 설계 원칙: 구하기 쉬운 재료를 선정한다.

14. 조경을 프로젝트의 대상지별로 구분할 때 문화재 주변 공간에 해당되지 않는 곳은 어느 것인가?

해답 7. ㉯   8. ㉱   9. ㉰   10. ㉱   11. ㉮   12. ㉱   13. ㉰   14. ㉰

㉮ 궁궐 ㉯ 사찰
㉰ 유원지 ㉱ 왕릉

해설 ① 궁궐, 사찰, 왕릉은 문화재이다.
② 유원지는 리조트에 해당된다.

15. 일반적으로 옥상 정원 설계 시 고려할 사항으로 가장 관계가 적은 것은?

㉮ 토양층 깊이
㉯ 방수 문제
㉰ 잘 자라는 수목 선정
㉱ 하중 문제

해설 옥상정원 설계 : 하중이 가벼운 수종을 선택한다.
① 배수 : 옥상정원은 강우량에 따라 알맞은 배수시설을 하여야 하며 펌프설비가 필요하다.
② 바람 : 옥상정원의 하중을 고려하여 설계하므로 토양에 식재한 나무의 뿌리가 얕다. 바람에 약하므로 외벽을 쌓거나 관목, 초화류 식물을 식재한다.
③ 온도 및 관수 : 여름철에는 최대 20℃의 온도차가 발생하므로 건조피해가 발생한다. 단열성능, 보수력, 하중을 고려하여 경량재와 일반 흙을 1 : 1로 섞은 특수 토양을 사용하며 건조에 잘 견디는 내건성 식물로 양지식물을 선택한다.
④ 하중 : 하중을 고려하여 경량재 흙(버미큘라이트, 피트모스, 펄라이트, 화산재)을 사용하여 설계한다.
⑤ 방수 : 관상수목을 식재하였을 경우 뿌리에 의해 방수층을 침투하여 건물에 누수현상이 발생한다. 그러므로 뿌리가 천근성 수목을 식재하며 다른 수종은 별도의 층으로 설계한다.
⑥ 시비 : 식물의 건전한 생장을 조절할 수 있도록 최소량으로 시비한다.
⑦ 잡초 및 병충해 : 잡초를 직접 뽑아주거나 토양을 살균하여 사용한다.
⑧ 식재면적은 전체옥상면적의 1/3 이내로 한다.
⑨ 수목은 수수꽃다리(라일락)가 가장 좋다.

16. 조경수목의 선정 시에 꽃의 향기가 주가 되는 나무가 아닌 것은?

㉮ 함박꽃나무 ㉯ 서향
㉰ 자귀나무 ㉱ 목서

해설 자귀나무는 꽃의 향기가 없다.

17. 다음 설명에 해당하는 나무를 무엇이라 하는가?

"곧은 줄기가 있고 줄기와 가지의 구별이 명확하며 키가 큰 나무"

㉮ 교목 ㉯ 관목
㉰ 덩굴성나무(만경목) ㉱ 지피식물

해설 ① 교목(arbor) : 높이가 8m 넘고 수간과 가지의 구별이 뚜렷하며 뿌리에서 뚜렷한 원줄기에서 나뭇가지가 뻗어 나가며 줄기의 지름이 크다.
② 관목(shrub) : 높이가 2m 이내이고 뿌리에서 여러 줄기가 나와서 원줄기를 찾을 수 없으며 줄기의 지름이 가늘다.
③ 덩굴성 식물 : 흔히 만경목이라고도 하며, 줄기가 길며 곧게 서지 않고 수목이나 지지물에 감기거나 붙어서 생장하는 식물이다.
④ 지피식물 : 잔디, 맥문동, 클로버 등 초본류나 이끼류 등처럼 지표면을 낮게 덮는 식물을 말한다.

18. 알뿌리로 짝지어진 초화류는?

㉮ 패랭이꽃, 칸나
㉯ 금붕어꽃, 라눙쿨루스
㉰ 튤립, 데이지
㉱ 달리아, 수선화

해설 ① 알뿌리 화초 : 일명 구근 화초라 하며 알뿌리를 가지는 것을 말한다.
② 봄 화단용 식물(알뿌리 화초) : 튤립, 수선화
③ 여름, 가을 화단용 식물(알뿌리 화초) : 달리아, 칸나
④ 겨울 화단용 식물 : 꽃양배추

해답 15. ㉰ 16. ㉰ 17. ㉮ 18. ㉱

19. 석가산을 만들고자 한다. 적당한 돌은?

㉮ 잡석　　㉯ 산석
㉰ 호박돌　㉱ 자갈

[해설] 산석
① 산석, 강석: 50~100cm 정도의 돌로 주로 경관석, 석가산용으로 쓰인다.
② 산에 있는 돌로 정의한다.

20. 용광로에서 나오는 광석 찌꺼기를 석고와 함께 시멘트에 섞은 것으로서 하수도 공사에 쓰이는 것은?

㉮ 실리카시멘트
㉯ 고로시멘트
㉰ 중용열 포틀랜드시멘트
㉱ 조강 포틀랜드시멘트

[해설] 고로시멘트: 용광로 광석(고로) + 시멘트

21. 배수가 잘 안 되는 저습지대에 식재를 하려 한다. 적합하지 않은 나무는?

㉮ 메타세쿼이아　㉯ 매자나무
㉰ 낙우송　　　　㉱ 버드나무

[해설] ① 습지를 좋아하는 수종: 낙우송, 버드나무, 메타세쿼이아, 오리나무, 수양버들
② 매자나무는 습지에서 자라지 못한다.

22. 이식하기 가장 어려운 나무는?

㉮ 가이즈까 향나무　㉯ 쥐똥나무
㉰ 목련　　　　　　㉱ 명자나무

[해설] ① 이식하기 어려운 수종: 목련, 소나무, 자귀나무, 독일가문비, 주목, 섬잣나무, 굴거리나무, 느티나무, 백합나무, 구상나무
② 이식하기 쉬운 수종: 편백, 향나무, 사철나무, 은행나무, 버즘나무, 철쭉, 메타세쿼이아
[참고] 이식하기 어려운 수종: 소나무, 목련, 자귀나무, 가시나무는 반드시 암기한다.

23. 다음 중 붉은색의 단풍이 드는 수목들로 구성된 것은?

㉮ 낙우송, 느티나무, 백합나무
㉯ 칠엽수, 참느릅나무, 졸참나무
㉰ 감나무, 화살나무, 붉나무
㉱ 이끼나무, 메타세쿼이아, 은행나무

[해설] ① 붉은색(홍색) 단풍: 감나무, 붉나무, 화살나무, 단풍나무, 마가목, 담쟁이덩굴, 산딸나무
② 노란색(황색) 단풍: 은행나무, 계수나무, 낙엽송, 느티나무, 벽오동, 갈참나무, 자작나무, 백합나무, 배롱나무

24. 가로수로서 갖추어야 할 조건을 기술한 것 중 옳지 않은 것은?

㉮ 강한 바람에도 잘 견딜 수 있는 것
㉯ 사철 푸른 상록수일 것
㉰ 각종 공해에 잘 견디는 것
㉱ 여름철 그늘을 만들고 병해충에 잘 견디는 것

[해설] 겨울철에는 햇볕으로 도로의 결빙을 방지해야 하므로 잎이 푸르지 않아야 한다.

25. 개화기가 가장 빠른 것끼리 나열된 것은?

㉮ 풍년화, 꽃사과, 황매화
㉯ 조팝나무, 미선나무, 배롱나무
㉰ 진달래, 낙상홍, 수수꽃다리
㉱ 생강나무, 산수유, 개나리

[해설] ① 3월에 개화: 개나리(노란색), 산수유(노란색), 매화, 생강나무, 영춘화, 풍년화
② 4월에 개화: 백목련, 수수꽃다리, 박태기나무(자주색), 앵두나무, 홍매화, 수양벚나무, 진달래

26. 정원수목으로 적합하지 않다고 생각되는 것은?

[해답] 19. ㉯　20. ㉯　21. ㉯　22. ㉰　23. ㉰　24. ㉯　25. ㉱　26. ㉯

㉮ 잎이 아름다운 것
㉯ 값이 비싸고 희귀한 것
㉰ 이식과 재배가 쉬운 것
㉱ 꽃과 열매가 아름다운 것

해설 정원수목은 대량으로 구입해야 하므로 가격이 싸야 한다.

27. 다음 그림과 같은 돌을 무엇이라 부르는가?

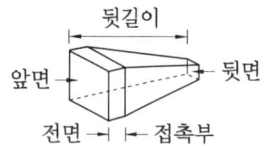

㉮ 견치돌 ㉯ 경관석
㉰ 호박돌 ㉱ 사괴석

해설 견치석(견치돌)
① 석축을 쌓는데 사각뿔 모양의 석재 재료로서 돌을 뜰 때 앞면, 길이, 뒷면, 접촉부 등의 치수를 지정해서 깨낸 돌로 앞면은 정사각형이며, 흙막이용으로 사용되는 재료이다.
② 앞면은 정사각형 또는 직사각형으로 1개의 무게는 보통 70~100kg으로, 주로 옹벽 등의 쌓기용으로 메쌓기나 찰쌓기 등에 사용된다.

28. 다음 중 열가소성 수지는 어느 것인가?
㉮ 페놀수지 ㉯ 멜라민수지
㉰ 폴리에틸렌수지 ㉱ 요소수지

해설 열가소성 수지 : 폴리에틸렌, 나일론, 폴리아세탈수지, 염화비닐수지, 폴리스타이렌, ABS수지, 아크릴수지

29. 거푸집판의 콘크리트 접촉면에 바르는 박리제로 적당한 것은?
㉮ 모빌유 ㉯ 석유
㉰ 폐유 ㉱ 타르

해설 박리제 : 거푸집판과 콘크리트 접촉면과 잘 분리되도록 폐유를 발라 준다.

30. 다음 중 암석에서 떼어 낸 석재를 가공하는 데나 잔다듬질에 쓰이는 도드락망치인 것은?

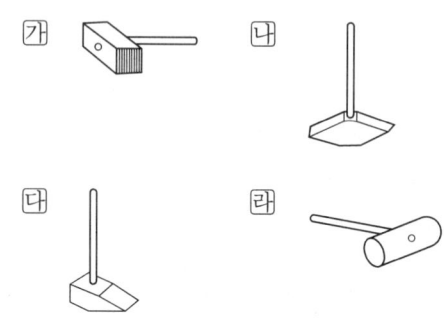

31. 점토 제품 중 돌을 빻아 빚은 것을 1300℃ 정도의 온도로 구웠기 때문에 거의 물을 빨아들이지 않으며, 마찰이나 충격에 견디는 힘이 강한 것은?
㉮ 벽돌 제품 ㉯ 토관 제품
㉰ 타일 제품 ㉱ 도자기 제품

해설 도자기 제품 : 1300℃ 정도의 온도 가열하였다.

32. 시멘트의 저장법으로 가장 옳은 것은?
㉮ 방습 창고에 통풍이 잘 되도록 한다.
㉯ 땅바닥에서 10cm 이상 떨어진 마루에서 쌓는다.
㉰ 13포대 이상 쌓지 않는다.
㉱ 5개월 이상 저장하지 않는다.

해설 시멘트 풍화 방지법
① 시멘트는 저장 시 13포 이상 쌓지 않는다.
② 제습장치가 설치되어 있는 장소로 통풍이 잘 되지 않는 곳에 저장한다.

해답 27. ㉮ 28. ㉰ 29. ㉰ 30. ㉮ 31. ㉱ 32. ㉰

33. 원목의 4면을 따낸 목재를 무엇이라 부르는가?
㉮ 통나무　　㉯ 가공재
㉰ 조각재　　㉱ 판재

해설 조각재: 원목의 4면을 자른 목재이다.

34. 분수에 관하여 바르게 설명한 것은?
㉮ 단일 구경 노즐은 조명 효과가 크다.
㉯ 살수식 노즐은 명확하고 힘찬 물줄기를 만드는 장점이 있다.
㉰ 공기 흡인식 제트 노즐은 공기와 물이 섞여 있는 모습으로 보여 시각적 효과가 매우 크다.
㉱ 분수는 순환 펌프가 필요하지 않다.

해설 분수 설치 기준
① 단일 구경 노즐은 조명 효과가 작다.
② 단일 구경은 명확하고 힘찬 물줄기를 만드는 장점이 있다.
③ 분수는 순환 펌프가 필요하다.

35. 척박한 토양에 가장 잘 견디는 수목은?
㉮ 소나무　　㉯ 삼나무
㉰ 주목　　　㉱ 배롱나무

해설 ① 토양이 좋지 않은 척박지에 생육이 강한 수종: 소나무, 오리나무, 버드나무, 자작나무, 등나무, 보리수나무, 눈향나무
② 토양이 좋은 비옥지에서 생육이 강한 수종: 측백나무, 벽오동, 회양목, 벚나무, 장미, 모란, 느티나무, 단풍나무

36. 다음 중 정형식 배식 유형은?
㉮ 부등변 삼각형 식재
㉯ 임의 식재
㉰ 군식
㉱ 교호 식재

해설 ① 정형식 식재: 교호 식재가 해당된다.
② 자연식 식재: 부등변 삼각형 식재, 임의 식재, 군식

37. 디딤돌로 이용할 돌의 두께로 가장 적당한 것은?
㉮ 1~5cm　　㉯ 10~20cm
㉰ 25~35cm　㉱ 35~45cm

해설 디딤돌은 사용자의 편의와 지피식물의 보호가 목적이며 보통 디딤돌의 지름은 10~20cm가 적당하다.

38. 벽돌 표준형의 크기는 190mm×90mm×57mm이다. 벽돌 줄눈의 두께를 10mm로 할 때, 표준형 벽돌벽 1.5B의 두께는 얼마인가?
㉮ 170mm　　㉯ 270mm
㉰ 290mm　　㉱ 330mm

해설 ① 벽돌 한 장의 규격: 190mm(길이)×90mm(폭)×57mm(높이)
② 0.5B 벽체 두께: 벽돌 한 장 폭 90mm
③ 1.0B 벽체 두께: 벽돌 한 장 길이 190mm
④ 2.0B: 190(1.0B)+10(몰탈)+190(1.0B)=390mm
⑤ 2.5B: 390(2.0B)+10(몰탈)+90(0.5B)=490mm
⑥ 1.5B: 0.5B+1.0B=0.5B+10mm(벽돌줄눈 두께)+1.0B=90mm+10mm+190mm=290mm

39. 소나무의 순자르기 방법이 잘못 설명된 것은?
㉮ 수세가 좋거나 어린 나무는 다소 빨리 실시하고 노목이나 약해 보이는 나무는 5~7일 늦게 한다.
㉯ 손으로 순을 따 주는 것이 좋다.
㉰ 5~6월경에 새순이 5~10cm 길이로 자랐을 때 실시한다.

해답 33. ㉰　34. ㉰　35. ㉮　36. ㉱　37. ㉯　38. ㉰　39. ㉮

㉣ 자라는 힘이 지나치다고 생각될 때에는 1/3~1/2 정도 남겨두고 끝부분을 따 버린다.

[해설] 소나무 순자르기
① 순자르기는 원하는 수형을 얻기 위해 실시하는 것으로 생장점을 찾아 조절하는 전정으로 5~6월에 2~3개 정도 남기고 모두 손으로 제거한다.
② 노목은 4월 빨리 순자르기를 실시하여 양분의 손실을 방지한다.

[참고] 소나무 순자르기는 6월경에도 가능하나 새순이 잘 전정되지 않으며 송진이 발생하여 좋지 않으므로 5월경이 가장 적당하다.

40. 콘크리트 공사 중 콘크리트 표면에 곰보가 생기거나 콘크리트 내부에 공극이 생기지 않도록 하는 방법은?

㉮ 콘크리트 다지기
㉯ 콘크리트 비비기
㉰ 콘크리트 붓기
㉱ 콘크리트 양생

[해설] 콘크리트 다지기 : 공기가 들어가지 않도록 콘크리트 다지기를 실시한다.

41. 다음 중 잎에 등황색의 반점이 생기고 반점으로부터 붉은 가루가 발생하는 병으로 한국잔디의 대표적인 것은?

㉮ 붉은녹병
㉯ 푸사륨 패치(Fusarium patch)
㉰ 황화현상
㉱ 달러스폿(doller spot)

[해설] 녹병(rust)
① 한국 잔디류에 가장 피해를 주며 잔디밭 환경이 고온다습 시 가장 많이 발생한다.
② 일명 수병이라고도 하며 잎에 발생하면 철의 녹과 같은 포자덩어리를 만들어 식물에 기생하는 병해이다.

③ 향나무, 가이즈카향나무 등 중간숙주를 제거한다.
④ 녹병에 강한 내병성 품종을 육종한다.
⑤ 석회황합제, 지네브제, 보르도액 등으로 방제한다.

42. 장미의 한 가지에 많은 봉우리가 있을 때 솎아낸다든지, 열매를 따버리는 작업의 목적은?

㉮ 생장조장을 돕는 가지 다듬기
㉯ 세력을 갱신하는 가지 다듬기
㉰ 착화 촉진을 위한 가지 다듬기
㉱ 생장을 억제하는 가지 다듬기

[해설] 좋은 열매를 얻기 위해 다른 열매를 따버리는 것으로 열매의 촉진을 위한 가지 다듬기이다.

43. 정원수 전정의 목적에 합당하지 않는 것은?

㉮ 지나치게 자라는 현상을 억제하여 나무의 자라는 힘을 고르게 한다.
㉯ 움이 트는 것을 억제하여 나무의 생김새를 고르게 한다.
㉰ 강한 바람에 의해 나무가 쓰러지거나 가지가 손상되는 것을 막는다.
㉱ 채광, 통풍을 도움으로써 병, 벌레의 피해를 미연에 방지한다.

[해설] 전정으로 움이 트는 것은 억제할 수 없다.

[참고] 전정을 빨리 실시하면 움이 트는 것을 방지할 수 있다. 그러므로 이 문제는 오류가 존재한다.

44. 난지형 잔디밭에 뗏밥을 넣어주는 적기는?

㉮ 3~4월
㉯ 6~8월
㉰ 9~10월
㉱ 11~1월

[해답] 40. ㉮ 41. ㉮ 42. ㉰ 43. ㉯ 44. ㉯

[해설] ① 뗏밥: 유실된 토양을 채우고 잔디에 영양을 공급하기 위하여 부엽토를 뿌려주는 것을 말한다.
② 난지형 잔디(들잔디): 6~8월인 여름철에 뗏밥 주기를 한다.
③ 한지형 잔디: 9월에 뗏밥 주기를 한다.

45. 자연석 공사 시 돌과 돌 사이에 붙여 심는 것으로 적합하지 않은 것은?

㉮ 회양목   ㉯ 철쭉
㉰ 맥문동   ㉱ 향나무

[해설] 석간 수종으로 향나무는 식재가 불가능하다.

46. 솔잎혹파리에는 먹좀벌을 방사시키면 방제효과가 있다. 이러한 방제법에 해당하는 것은?

㉮ 가꾸기에 의한 방제법
㉯ 생물적 방제법
㉰ 물리적 방제법
㉱ 화학적 방제법

[해설] 천적을 보호 및 이용하여 방제하는 생물적 방제법이다.

[참고] 숲은 자정능력이 뛰어나다. 즉 숲을 파괴하는 해충이 나오면 그것을 제거하는 천적이 3년 정도면 새로 생성된다고 한다. 그러므로 숲을 보호하는 것이 우리에게 중요하다.

47. 지주목 설치 요령 중 적합하지 않은 것은?

㉮ 지주목을 묶어야 할 나무줄기 부위는 타이어튜브나 마대 혹은 새끼를 감는다.
㉯ 지주목의 아래는 뾰족하게 깎아서 땅속으로 30~50cm 깊이로 박는다.
㉰ 지상부의 지주는 페인트칠을 하는 것이 좋다.
㉱ 통행인이 많은 곳은 삼발이형, 적은 곳은 사각지주, 삼각지주가 많이 설치된다.

[해설] 지주목 설치 기준: 통행인이 많은 곳은 사각지주, 삼각지주를 설치하고 적은 곳은 삼발이형을 많이 설치한다.

48. 그림과 같은 뿌리분 새끼감기의 방법은?

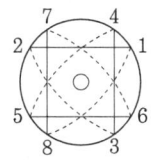

㉮ 4줄 한 번 걸기
㉯ 4줄 두 번 걸기
㉰ 4줄 세 번 걸기
㉱ 3줄 두 번 걸기

[해설] 4줄 한 번 걸기이다.

49. 굵은 가지를 전정하였을 때 전정부위에 반드시 도포제를 발라주어야 하는 수종은?

㉮ 잣나무   ㉯ 메타세쿼이아
㉰ 소나무   ㉱ 벚나무

[해설] 벚나무는 굵은 가지를 전정하면 썩으므로 도포제(방부처리제)를 전정한 부분에 발라 준다.

50. 한중(寒中) 콘크리트는 기온이 얼마일 때 사용하는가?

㉮ -1℃ 이하   ㉯ 4℃ 이하
㉰ 25℃ 이하   ㉱ 30℃ 이하

[해설] ① 한중 콘크리트(cold weather concrete)는 평균기온 4℃ 이하에서 동결 현상을 방지하기 위해 사용한다.
② 서중 콘크리트(hot weather concret)는 하루 평균기온이 25℃ 또는 최고온도가 30℃를 넘을 때 사용한다.

[해답] 45. ㉱ 46. ㉯ 47. ㉱ 48. ㉮ 49. ㉱ 50. ㉯

51. 원로의 기울기가 몇 도 이상일 때 일반적으로 계단을 설치하는가?
- ㉮ 3°
- ㉯ 5°
- ㉰ 10°
- ㉱ 15°

해설 경사로가 15° 이상일 때 계단을 설치한다.

52. 비탈면을 보호하기 위한 방법이 아닌 것은?
- ㉮ 식생자루공법
- ㉯ 콘크리트격자블럭공법
- ㉰ 비탈깎기공법
- ㉱ 식생매트공법

해설 비탈깎기공법은 굴착공사이다.

53. 다져진 잔디밭에 공기 유통이 잘 되도록 구멍을 뚫는 기계는?
- ㉮ 소드 바운드(sod bound)
- ㉯ 론 모우어(lawn mower)
- ㉰ 론 스파이크(lawn spike)
- ㉱ 레이크(rake)

해설 론 스파이크 : 잔디밭 구멍을 뚫는 기계이다.

54. 생울타리를 만들고자 한다. 30cm 간격으로 식재할 때 길이 180cm에 몇 본을 심을 수 있는가?
- ㉮ 6본
- ㉯ 9본
- ㉰ 18본
- ㉱ 36본

해설 180cm ÷ 30cm = 6장

55. 느티나무의 수고가 4m, 흉고 지름이 6cm, 근원 지름이 10cm인 뿌리분의 지름 크기는 대략 얼마로 하는 것이 좋은가? (단, $A=24+(N-3)d$, d : 상수(상록수 : 4, 낙엽수 : 5)이다.)
- ㉮ 29 cm
- ㉯ 39 cm
- ㉰ 59 cm
- ㉱ 99 cm

해설 뿌리분 직경 공식
① $A = 24+(N-3) \times d$
② A : 뿌리분 직경, N : 근원 직경, d = 상수 (상록수 4, 낙엽수 5)
③ $A = 24+(N-3)d = 24+(10-3) \times 5 = 59 cm$

56. 자연 상태의 흙을 파내면 공극으로 인하여 그 부피가 늘어나게 되는데 가장 크게 늘어나는 것은?
- ㉮ 모래
- ㉯ 진흙
- ㉰ 보통흙
- ㉱ 암석

해설 암석은 공극으로 부피가 일어난다.

57. 콘크리트의 혼화재료 중 혼화재에 해당하는 것은?
- ㉮ AE제(공기 연행제)
- ㉯ 분산제(감수제)
- ㉰ 응결촉진제
- ㉱ 슬래그

해설 ① 혼화제 : 경화 전후의 콘크리트 성질을 개선할 목적으로 사용한다.
  ㉠ 공기연행제(AE제)
  ㉡ 감수제, AE감수제
  ㉢ 고성능 감수제
  ㉣ 유동화제
  ㉤ 응결 경화 조정제
  ㉥ 기포제
  ㉦ 방청제
② 혼화재 : 워커빌리티 향상, 수화열 감소, 수축저감, 알칼리성의 감소 등을 목적으로 혼합 사용하는 재료이다.
  ㉠ 플라이애시(fly-ash)
  ㉡ 고로슬래그
  ㉢ 실리카흄(silica fume)
  ㉣ 팽창재, 수축저감재

해답 51. ㉱ 52. ㉰ 53. ㉰ 54. ㉮ 55. ㉰ 56. ㉱ 57. ㉱

58. 수목 인출선의 내용이 $\frac{3-\text{소나무}}{H\,3.0 \times W\,2.5}$ 이다. 이에 대한 설명으로 잘못된 것은?

㉮ 소나무를 3주 심는다는 뜻이다.
㉯ H의 단위는 cm이다.
㉰ W는 수관폭을 의미한다.
㉱ 소나무의 높이는 300cm이다.

[해설] H : 수고(m)를 뜻하며, 단위는 m이다. 따라서 $H = 3$ m이다.

59. 돌포장에 관한 설명으로 옳지 않은 것은?

㉮ 질감이 좋고 특유한 자연미가 있어 친근감을 준다.
㉯ 마멸되기 쉽고 강도가 약하다.
㉰ 다양한 포장패턴을 연출할 수 있다.
㉱ 평깔기는 모로세워 깔기에 비해 더 많은 벽돌수량이 필요하다.

[해설] 돌포장: 모로세워 깔기는 평깔기에 비해 더 많은 벽돌수량이 필요하다.

60. 수목에 피해를 주는 병해 가운데 나무 전체에 발생하는 것은?

㉮ 흰비단병, 근두암종병 등
㉯ 암종병, 가지마름병 등
㉰ 시듦병, 세균성 연부병 등
㉱ 붉은별무늬병, 갈색무늬병 등

[해설] ① 시듦병, 세균성 연부병은 수목 전체에 발생한다.
② 근두암종병: 뿌리에 발생한다.

해답 58. ㉯   59. ㉱   60. ㉰

▶ 2004년 4월 4일 시행

자격종목	코 드	시험시간	형 별	수험번호	성 명
조경기능사	7900	1시간	A		

1. 정형식 조경 중에서 이슬람 양식의 스페인 정원이 속하는 형식은?
㉮ 평면 기하학식 ㉯ 노단식
㉰ 중정식 ㉱ 전원 풍경식
[해설] 중정식 : 옛 로마의 별장의 영향으로 스페인 정원의 구성요소로서 파티오(중정, patio) 식 정원이 발달하였다.

2. 우리나라 정원의 특색이 아닌 것은?
㉮ 후원 ㉯ 화계
㉰ 방지 ㉱ 분수
[해설] ① 우리나라 정원의 특징 : 후원, 화계, 방지(연못)
② 분수 스페인 정원양식의 특색으로 물을 중시하였다.

3. 고대 로마정원은 3개의 중정으로 구성되어 있었는데 이중 사적(私的) 기능을 가진 제2중정에 속하는 것은?
㉮ 아트리움(Atrium)
㉯ 지스터스(Xystus)
㉰ 페리스틸리움(Peristylium)
㉱ 아고라(Agora)
[해설] ① 아트리움 : 공적인 공간
② 지스터스 : 후원으로 산책 공간
③ 페리스틸리움(Peristylium) : 사적인 공간
④ 아고라 : 그리스의 토론 광장

4. 현대조경에서 큰 나무 이식이 가능하도록 가장 큰 영향을 미친 요인은?
㉮ 민주적인 사고방식
㉯ 건축재료의 발달
㉰ 급·배시설의 발달
㉱ 토목기계의 발달
[해설] 토목기계의 발달로 인하여 큰 나무의 이식이 가능하여졌다.

5. 자연 환경 분석 중 자연 형성 과정을 파악하기 위해서 실시하는 분석 내용이 아닌 것은?
㉮ 지형 ㉯ 수문
㉰ 토지이용 ㉱ 야생동물
[해설] 토지이용은 토지이용계획으로 인문환경 조사이다.

6. 동양정원에서 연못을 파고 그 가운데 섬을 만드는 수법에 가장 큰 영향을 준 것은?
㉮ 자연지형의 영향
㉯ 기상요인의 영향
㉰ 신선사상의 영향
㉱ 생활양식의 영향

7. 백제 시대의 정원으로 현존하는 것은?
㉮ 안압지 ㉯ 비원
㉰ 궁남지 ㉱ 창덕궁
[해설] ① 궁남지 : 백제시대
② 안압지 : 신라시대
③ 비원, 창덕궁 : 조선시대

8. 우리나라 최초의 대중적인 도시 공원은?
㉮ 남산공원 ㉯ 사직공원

[해답] 1. ㉰ 2. ㉱ 3. ㉰ 4. ㉱ 5. ㉰ 6. ㉰ 7. ㉰ 8. ㉰

㉰ 파고다공원　　㉱ 장충공원

해설 탑골공원(파고다공원) : 우리나라 최초의 대중적인 도시공원이다.

9. 조경의 시각적인 요소에 대한 설명이다. 이 중 적합하지 않는 것은?
㉮ 상록의 울창한 숲이나 감청색의 깊은 연못은 차분하고 존엄한 느낌을 준다.
㉯ 대리석의 표면은 우툴두툴한 콘크리트 표면보다 질감이 강하다.
㉰ 질감이란 물체의 표면이 빛을 받았을 때 생기는 밝고 어두움의 배합률에 따라 시각적으로 느끼는 감각을 말한다.
㉱ 직선을 굳건하고 남성적이며, 지그재그선은 유동적이고 활동적이다.

해설 콘크리트 표면은 대리석 표면보다 질감이 강하다.

10. 도시 공원의 기능 설명으로 가장 올바르지 않은 것은?
㉮ 레크리에이션을 위한 자리를 제공해 준다.
㉯ 그 지역의 중심적인 역할을 한다.
㉰ 도시환경에 자연을 제공해 준다.
㉱ 주변 부지의 생산적 가치를 높게 해준다.

해설 주변 부지의 생산적 가치는 부동산의 기능이다.

11. 주 보행도로로 이용되는 보행공간의 포장 재료로 틀린 것은?
㉮ 변화가 적은 재료
㉯ 질감이 좋은 재료
㉰ 질감이 거친 재료
㉱ 밝은 색의 재료

해설 보행공간 포장재료
① 내구성이 있을 것
② 자연배수가 용이할 것
③ 외관 및 질감이 좋을 것
④ 너무 거친 질감은 좋지 않다.

12. 조경설계에서 보행인의 흐름을 고려하여 최단거리의 직선 동선(動線)으로 설계하지 않아도 되는 곳은?
㉮ 대학 캠퍼스 내
㉯ 축구경기장 입구
㉰ 주차장, 버스정류장 부근
㉱ 공원이나 식물원

해설 동선설계
① 사람이 많이 다니는 통로는 직선 동선으로 최단거리로 설계한다.
② 공원이나 식물원 구경을 하는 곳으로 느린 동선으로 설계한다.

13. 공원의 종류 중 여러 가지 폐품이나 재료 등을 제공해 주어 어린이들이 직접 자르고 맞추고 조립하는 놀이를 통해 창의력을 가지도록 하는 공원은?
㉮ 모험공원　　㉯ 교통공원
㉰ 조각공원　　㉱ 운동공원

해설 모험공원 : 어린이들의 놀이를 통해 창의력을 키워준다.

14. 위락 · 관광시설 분야의 조경에 해당되지 않는 대상은?
㉮ 휴양지　　㉯ 사찰
㉰ 유원지　　㉱ 골프장

해설 ① 위락 · 관광시설 : 휴양지, 유원지, 골프장, 낚시터, 스키장
② 문화재 시설 : 사찰, 궁궐, 왕릉, 고분

15. 통일성을 달성하기 위한 수법에 해당하는 것은?

해답 9. ㉯　10. ㉱　11. ㉰　12. ㉱　13. ㉮　14. ㉯　15. ㉮

㉮ 균형　　　㉯ 비례
㉰ 율동　　　㉱ 대비

해설 ① 통일성 수법 : 균형과 대칭, 강조, 조화
② 다양성 수법 : 비례, 율동, 대비

16. 산울타리를 조성하려 한다. 맹아력이 가장 강한 나무는 어느 것인가?
㉮ 녹나무　　　㉯ 이팝나무
㉰ 소나무　　　㉱ 개나리

해설 산울타리 수종 : 측백나무, 사철나무, 개나리, 명자나무

17. 조경용으로 사용되는 석재 중 압축강도가 가장 큰 것은?
㉮ 화강암　　　㉯ 응회암
㉰ 안산암　　　㉱ 사문암

해설 화강암 : 150MPa로 압축강도가 가장 크다.

18. 플라스틱 제품의 특성이라고 할 수 있는 것은 어느 것인가?
㉮ 콘크리트, 알루미늄보다 가볍고 강도와 탄력성이 크다.
㉯ 내열성이 크고 내후성, 내광성이 좋다.
㉰ 불에 타지 않으며 부식이 된다.
㉱ 내화성, 내산성, 내충격성 등의 특성이 있다.

해설 플라스틱 제품의 특성
① 내열성이 약하다.
② 열에 약하며 불에 탄다.
③ 내화성이 약하다.

19. 산울타리용으로 적당치 않은 나무는?
㉮ 꽝꽝나무　　　㉯ 탱자나무
㉰ 후박나무　　　㉱ 측백나무

해설 산울타리용 수종 : 측백나무, 사철나무, 개나리, 명자나무, 회양목, 탱자나무, 꽝꽝나무

20. 도자기 제품은 어떤 것인가?
㉮ 내화 벽돌　　　㉯ 외장 타일
㉰ 보도블록　　　㉱ 토관

해설 도자기 제품 : 1300℃ 고온에서 가열하여 만든 것이다.

21. 노란색 단풍이 아름다운 수종으로 짝지어진 것은?
㉮ 은행나무, 붉나무
㉯ 백합나무, 고로쇠나무
㉰ 담쟁이, 감나무
㉱ 검양옻나무, 매자나무

해설 노란색 단풍
① 붉은색(홍색) 단풍나무 : 단풍나무, 감나무, 화살나무, 붉나무, 담쟁이덩굴, 산딸나무, 옻나무
② 노란색(황색) 단풍나무 : 고로쇠나무, 은행나무, 계수나무, 느티나무, 벽오동, 배롱나무, 자작나무, 메타세쿼이아, 백합나무

22. 지름이 2~3cm 되는 것으로 콘크리트의 골재, 작은 면적의 포장용, 미장용 등으로 사용되는 돌은?
㉮ 왕모래　　　㉯ 자갈
㉰ 호박돌　　　㉱ 산석

해설 자갈 : 지름 5mm 이상의 돌을 자갈이라 하며 보통 5~75mm 크기 정도이며 콘크리트의 골재, 석축의 메움(채움)돌 등으로 사용한다.

23. 양수이며 천근성 수종에 속하는 것은?
㉮ 자작나무　　　㉯ 느티나무
㉰ 백합나무　　　㉱ 은행나무

해답 16. ㉱　17. ㉮　18. ㉮　19. ㉰　20. ㉯　21. ㉯　22. ㉯　23. ㉮

해설 자작나무 : 낙엽활엽교목으로 양수이며 천근성 수종이다.

24. 습한 땅에서 견디는 나무가 아닌 것은?
㉮ 낙우송 ㉯ 소나무
㉰ 수국 ㉱ 주엽나무

해설 소나무는 건조지에서 자란다.

25. 지피용 식물로서 쓸 수 있는 것은?
㉮ 맥문동 ㉯ 등나무
㉰ 으름덩굴 ㉱ 멀꿀

해설 지피식물 : 잔디, 맥문동, 클로버 등 초본류나 이끼류 등처럼 지표면을 낮게 덮는 식물을 말한다. 잔디류, 맥문동처럼 지표를 낮게 덮는 식물이다.

26. 포장용으로 주로 쓰이는 가공석은?
㉮ 견치돌(간지석) ㉯ 각석
㉰ 판석 ㉱ 강석(하천석)

해설 판석 : 포장용으로 쓰인다.

27. 교목으로 꽃이 화려하고, 공해에 약하나 열식 또는 강변 가로수로 많이 심는 나무는?
㉮ 왕벚나무 ㉯ 수양버들
㉰ 전나무 ㉱ 벽오동

해설 왕벚나무 : 꽃이 홍색 또는 백색이며 공해나 약하나 열식으로 강변 가로수 등에 식재한다.

28. 황색 꽃을 갖는 나무는?
㉮ 모감주나무 ㉯ 조팝나무
㉰ 박태기나무 ㉱ 산철쭉

해설 ① 모감주나무 : 6~7월에 황색 꽃이 핀다.
② 황색의 꽃이 피는 수종 : 산수유, 풍년화, 생강나무, 개나리, 모감주나무

29. 질감(texture)이 가장 부드럽게 느껴지는 나무는?
㉮ 태산목 ㉯ 칠엽수
㉰ 회양목 ㉱ 팔손이나무

해설 회양목 : 질감이 부드러우며 잎이 작다.

30. 서양잔디 기계파종 시 푸른 계통의 색소를 희석하는 이유로 가장 옳은 것은?
㉮ 파종지역을 구분 또는 확인하기 위하여
㉯ 발아 후 활착을 돕기 위하여
㉰ 살포지역의 암반을 푸르게 하기 위하여
㉱ 씨앗의 유실을 방지하기 위하여

해설 시각적으로 파종지역을 구분 또는 확인하기 위함이다.

31. 형태가 정형적인 곳에 사용하나, 시공비가 많이 드는 돌은?
㉮ 산석 ㉯ 강석(하천석)
㉰ 호박돌 ㉱ 마름돌

해설 형태가 정형적인 것은 마름돌이며 마름돌은 일정한 형태, 규격으로 다듬어서 정육면체가 되도록 하였다.

32. 다음 목재 중 무른 나무(soft wood)에 속하는 것은?
㉮ 참나무 ㉯ 향나무
㉰ 포플러 ㉱ 박달나무

해설 ① 무른 나무 : 포플러
② 굳은 나무 : 향나무, 박달나무, 참나무

33. 시멘트의 종류와 특성에서 높은 강도가 요구되는 공사, 급한 공사, 추운 때의 공사, 물속이나 바다의 공사에 적합한 시멘트는?
㉮ 조강 포틀랜드 시멘트

해답 24. ㉯ 25. ㉮ 26. ㉰ 27. ㉮ 28. ㉮ 29. ㉰ 30. ㉮ 31. ㉱ 32. ㉰ 33. ㉮

㉯ 보통 포틀랜드 시멘트
㉰ 슬래그 시멘트
㉱ 중용열 포틀랜드 시멘트

해설 ① 조강 포틀랜드 시멘트 : 보통 포틀랜드 시멘트에 비하여 경화가 빠르고 품질이 향상되며 수화열이 크고, 공기를 단축할 수 있으며 한중 콘크리트와 수중 콘크리트를 시공하기에 적합하다.
② 중용열 포틀랜드 시멘트 : 수화작용을 할 때 발열량을 적게 한 시멘트이며 조기 강도는 작으나 장기 강도는 크며 균열발생이 적어 댐 축조, 콘크리트된 큰 구조물 시공에 사용된다.
③ 보통 포틀랜드 시멘트 : 다른 시멘트에 비하여 공정이 비교적 간단하고 품질이 좋으므로 가장 많이 사용되며 생산량도 가장 많으며 가격이 가장 저가이다.
④ 플라이애시 시멘트 : 수화열이 적고 조기 강도는 낮으나 장기강도가 커지며 워커빌리티가 좋고 수밀성이 좋아 해안, 하천, 해수공사에 사용된다.

34. 스테인리스 제품의 용접 시 내식성을 향상시킬 수 있는 용접은?

㉮ 산소아세틸렌용접
㉯ 불활성가스용접
㉰ 납땜용접
㉱ 전기저항용접

해설 불활성가스용접
① Ar(아르곤을 사용한다)
② 내식성을 향상시킨다.

35. 목재의 특성 중 장점은?

㉮ 충격, 진동에 대한 저항성이 작다.
㉯ 열전도율이 낮다.
㉰ 흡수성이 크고 이것에 의한 변형이 크다.
㉱ 가연성이며 인화점이 낮다.

해설 목재 재료의 특성
① 재질이 부드럽고 촉감이 좋다.

② 무게가 가벼우면서 강하다.
③ 가공이 편하며 무늬가 아름답다.
④ 열과 전기 전도율이 낮다.
⑤ 화재와 습기에 약하다.

36. 정원수를 이식할 때 가지와 잎을 적당히 잘라 주었다. 다음 목적 중 해당되는 것은?

㉮ 생장 조장을 돕는 가지 다듬기
㉯ 생장을 억제하는 가지 다듬기
㉰ 세력을 갱신하는 가지 다듬기
㉱ 생리 조정을 위한 가지 다듬기

해설 전정의 종류
① 생리 조정을 위한 가지 다듬기
  ㉠ 이식할 때 지하부와 지상부의 생리적 균형을 유지하기 위하여 맹아력을 고려하여 가지와 잎을 적당히 잘라준다.
  ㉡ 느티나무, 버즘나무
② 세력을 갱신하는 가지 다듬기
  ㉠ 맹아력이 좋은 나무가 너무 오래되었을 때 겨울에 나무의 줄기와 가지를 잘라 주어 새 가지와 새 줄기가 나와 꽃과 열매를 좋게 하기 위하여 갱신한다.
  ㉡ 과일나무, 장미, 배롱나무
③ 생장을 억제하는 가지 다듬기
  ㉠ 정원에 있는 녹음수, 산울타리 수종으로 일정한 모양으로 유지하기 위하여 형태를 다듬는 전정을 한다.
  ㉡ 향나무, 주목, 회양목, 소나무의 순자르기
④ 생장을 돕기 위한 전정 : 생육 상태가 고르지 못한 나무 또는 병충해에 걸린 가지, 죽은 가지, 부러진 가지 등을 다듬어서 전정한다.

37. 전정 요령으로 옳지 못한 것은?

㉮ 나무 전체를 충분히 관찰하여 수형을 결정한 후 수형이나 목적에 맞게 전정한다.
㉯ 불필요한 도장지는 단 한 번에 제거해야 한다.

해답 34. ㉯ 35. ㉯ 36. ㉱ 37. ㉯

㉢ 수양버들처럼 아래로 늘어지는 나무는 위쪽의 눈을 남겨 둔다.
㉣ 특별한 경우를 제외하고는 줄기 끝에서 여러 개의 가지가 발생치 않도록 해야 한다.

해설 전정 방법: 불요한 도장지는 여러 번 나누어서 전정한다.

38. 한국 잔디류에 가장 많이 생기는 병해는?
㉮ 브라운 패치 ㉯ 녹병
㉰ 핑크 패치   ㉱ 달라 스폿

해설 녹병(rust)
① 한국 잔디류에 가장 피해를 주며 잔디밭 환경이 고온다습 시 가장 많이 발생한다.
② 일명 수병이라고도 하며 잎에 발생하면 철의 녹과 같은 포자덩어리를 만들어 식물에 기생하는 병해이다.
③ 향나무, 가이즈카향나무 등 중간숙주를 제거한다.
④ 녹병에 강한 내병성 품종을 육종한다.
⑤ 석회황합제, 지네브제, 보르도액 등으로 방제한다.

39. 잔디 떳밥주기가 적당하지 않은 것은?
㉮ 흙은 5mm 체로 쳐서 사용한다.
㉯ 난지형 잔디의 경우는 생육이 왕성한 6~8월에 준다.
㉰ 잔디 포지전면을 골고루 뿌리고 레이크로 긁어 준다.
㉱ 일시에 많이 주는 것이 효과적이다.

해설 잔디 떳밥주기: 일시에 많은 양을 주면 잔디에 습기와 공기의 유통이 좋지 않으므로 적당한 양을 준다.

40. 잔디의 거름주기 방법으로 적당하지 않은 것은?
㉮ 질소질 거름은 1회 주는 양이 1m² 당 10g 이상이어야 한다.
㉯ 난지형 잔디는 하절기에 한지형 잔디는 봄과 가을에 집중해서 준다.
㉰ 화학비료인 경우 연간 3~8회 정도로 나누어 거름주기 한다.
㉱ 가능하면 제초작업 후 비오기 전에 실시한다.

해설 잔디의 거름주기 방법: 질소질 거름은 1회당 1m³ 20g(질소10g, 인 5g, 칼륨5g)

41. 어린이 놀이터 설치 시 고려해야 될 사항 중 가장 먼저 생각해야 되는 것은?
㉮ 안전성   ㉯ 쾌적함
㉰ 미적인 사항 ㉱ 시설물 간의 조화

해설 어린이 놀이터 시설물이므로 어린이의 안전성을 고려해야 한다.

42. 다음 중 1회 신장형 수목은?
㉮ 철쭉   ㉯ 화백
㉰ 삼나무 ㉱ 소나무

해설 ① 1회 신장형 수목
㉠ 1년에 1회 성장하는 것을 말한다.
㉡ 소나무, 너도밤나무, 잣나무, 은행나무
② 2회 신장형 수목: 사철나무, 쥐똥나무, 측백나무, 삼나무, 철쭉

43. 모든 벽돌 쌓기 방법 중 가장 튼튼한 것으로, 길이쌓기 켜와 마구리쌓기 켜가 번갈아 나오는 방법은?
㉮ 영국식 쌓기 ㉯ 프랑스식 쌓기
㉰ 영롱 쌓기   ㉱ 무늬 쌓기

해설 ① 영국식 쌓기
㉠ 모서리에 반절, 이오토막을 사용하며 통줄눈이 생기지 않는 것이 특징이며 한 켜는 마구리쌓기로 하고 다음은 길이쌓기로 하며 교대로 하여 쌓는다.
㉡ 가장 튼튼한 구조이며 내력벽 쌓기에 사용되며 가장 튼튼한 쌓기법이다.

② 프랑스식 쌓기
  ㉠ 끝부분에는 이오토막을 사용하며 한켜는 길이쌓기로 하고 다음은 마구리쌓기로 하며 교대로 하여 쌓는다.
  ㉡ 치장용으로 많이 사용되며 많은 토막벽돌이 사용된다.
③ 미국식 쌓기
  ㉠ 앞면 5켜까지는 치장벽돌로 길이쌓기로 하고 다음은 마구리쌓기로 하고 뒷면은 영국식으로 쌓는다.
  ㉡ 치장 벽돌을 사용한다.

44. 모란의 이식시기로 가장 적당한 때는?
㉮ 2월 상순~3월 상순
㉯ 3월 상순~4월 중순
㉰ 8월 상순~9월 중순
㉱ 10월 중순~11월 중순

[해설] 모란의 이식시기 : 추운 지역을 제외하고 8월 상순~10중순이 적기이다.
[참고] 모란의 이식시기는 8월 상순~10중순이며 배수가 잘 되는 사질양토에 이식한다.

45. 화단에 꽃을 갈아 심을 때의 요령이다. 잘못 설명된 것은?
㉮ 화단의 변두리로부터 중앙부로 심어간다.
㉯ 흙이 밟혀 굳어지지 않도록 널빤지를 놓고 심는다.
㉰ 꽃이 피기 시작하는 것을 심는다.
㉱ 만개되었을 때를 생각하여 적당한 간격으로 심는다.

[해설] 화단의 꽃 심기 방법
① 화단의 중심으로부터 변두리로 심어가는 것이 좋다.
② 화단의 변두리로부터 중앙부로 심어가면 중앙부 작업을 할 때 변두리 화단의 꽃을 망가뜨리며 공사작업에 불편하다.

46. 뿌리분의 생김새 중 보통분은?(단, d : 뿌리 근원지름)

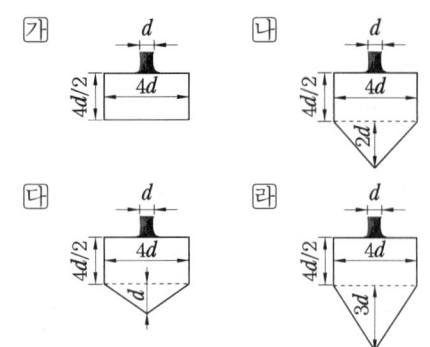

[해설] ① 접시분(천근성 수종)
② 조개분(심근성 수종)
③ 보통분(일반적 수종)

47. 다음의 조경 시공 공사 중 마지막으로 행하는 작업은?
㉮ 식재공사
㉯ 급·배수 및 호안공
㉰ 터 닦기
㉱ 콘크리트 공사

[해설] 터닦기 → 급·배수 및 호안공 → 콘크리트공사 → 정원시설물 설치 → 식재공사

48. 이식할 수목의 가식장소와 그 방법의 설명으로 잘못된 것은?
㉮ 공사의 지장이 없는 곳에 감독관의 지시에 따라 가식 장소를 정한다.
㉯ 그늘지고 배수가 잘 되지 않는 곳을 선택한다.
㉰ 나무가 쓰러지지 않도록 세우고 뿌리분에 흙을 덮는다.
㉱ 필요한 경우 관수시설 및 수목 보양시설을 갖춘다.

[해설] 그늘지고 배수가 잘되는 곳을 선택한다.

49. 소나무류의 순따기에 알맞은 적기는?
㉮ 1~2월   ㉯ 3~4월

[해답] 44. ㉰ 45. ㉮ 46. ㉰ 47. ㉮ 48. ㉯ 49. ㉰

㉰ 5~6월　　㉱ 7~8월

해설 소나무 순따기
① 순따기는 원하는 수형을 얻기 위해 실시하는 것이다. 생장점을 찾아 조절하는 전정으로 5~6월에 2~3개 정도 남기고 모두 손으로 제거한다.
② 노목은 4월 빨리 순따기를 실시하여 양분의 손실을 방지한다.

참고 소나무 순따기는 6월경에도 가능하나 새 순이 잘 전정되지 않으며 송진이 발생하여 좋지 않으므로 5월경이 가장 적당하다.

50. 다음 중 정원석 쌓기에 쓰이는 기구나 기계는?

㉮ 불도저　　㉯ 텐덤 롤러
㉰ 체인블록　　㉱ 덤프트럭

해설 체인블록(chain block) : 베어링에 체인을 걸어서 끌어당기고 스토퍼로 고정시키고 물건은 후크에 걸어서 필요한 위치로 이동시킨다.

51. 콘크리트의 양생을 돕기 위하여 추운 지방이나 겨울에 시멘트에 섞는 재료는 어느 것인가?

㉮ 염화칼슘　　㉯ 생석회
㉰ 요소　　㉱ 암모니아

해설 경화촉진재
① 염화칼슘을 많이 사용하며 응결시간이 촉진되며 건조수축이 증가한다.
② 사용량이 많으면 흡수성이 커지고 철물을 부식시킨다.

52. 골프장의 그린에 주로 식재되어 초장을 4~7mm로 짧게 깎아 관리하는 잔디는?

㉮ 한국 잔디　　㉯ 버뮤다 그래스
㉰ 라이 그래스　　㉱ 벤트 그래스

해설 골프장 그린의 잔디는 벤트 그래스류 잔디를 사용한다.

53. 계단공사에서 발판 높이를 20cm로 했을 때 발판의 길이가 적당한 것은?

㉮ 10~20cm　　㉯ 20~30cm
㉰ 30~40cm　　㉱ 40~50cm

해설 계단 구조물 설계 기준
$2h + b = 60~65cm$
$(2 \times 20) + b = 60~65cm$
$b = 20~25cm$
발판높이 : h, 너비 : b

54. 다음과 같은 비탈경사가 1:0.3의 절토(切土)면에 맞추어서 거푸집을 만들고자 할 때에 말뚝의 높이를 1.5m로 한다면 지표 AB 간의 거리는 어느 정도로 하면 좋은가?

㉮ 0.37m
㉯ 0.45m
㉰ 0.5m
㉱ 0.6m

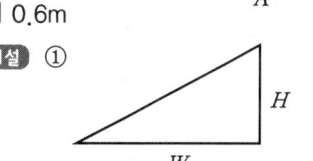

해설 ①

H(수직거리) : 1, W : 0.3(수평거리),
경사 = 1 : 0.3
② $1 : 0.3 = 1.5 : X$, $X = 0.3 \times 1.5 = 0.45m$

55. 흙쌓기 시에는 일정 높이마다 다짐을 실시하며 성토해 나가야 하는데, 그렇지 않을 경우에는 나중에 압축과 침하에 의해 계획 높이보다 줄어들게 된다. 그러한 것을 방지하고자 하는 행위를 무엇이라 하는가?

㉮ 정지(grading)
㉯ 취토(borrow-pit)
㉰ 흙쌓기(filling)
㉱ 더돋기(extra banking)

해답 50. ㉰　51. ㉮　52. ㉱　53. ㉯　54. ㉯　55. ㉱

해설 더돋기(extra banking) : 절토한 흙을 일정한 장소에 쌓는 성토 시 외부의 압력, 침하에 의해 높이가 줄어드는 것을 방지하고 예측하여 흙을 계획보다 10~15% 정도 더 쌓는 것을 말한다.

56. 옥상 정원의 인공지반 상단의 식재 토양층 조성 시 사용되는 경량재가 아닌 것은?
㉮ 펄라이트(perlite)
㉯ 버미큘라이트(vermiculite)
㉰ 피트(peat)
㉱ 석회

해설 경량재
① 하중을 감소시키기 위해 만들어진 가벼운 재료이다.
② 펄라이트(perlite), 버미큘라이트(vermiculite), 피트(peat)

57. 자연상태의 토량 1,000m³을 굴착하면 그 토량은 얼마가 되는가?(단, 토량의 변화율은 L=1.25, C=0.9이다.)
㉮ 900m³ ㉯ 1,000m³
㉰ 1,125m³ ㉱ 1,250m³

해설 $L = \dfrac{\text{흐트러진 상태의 토량}(m^3)}{\text{자연상태의 토량}(m^3)}$

L : 토량의 증가율

$1.25 = \dfrac{X}{1000m^3}$

$X = 1.25 \times 1000 = 1250$

58. 설계단계에 있어서 시방서 및 공사비 내역서 등을 포함하고 있는 설계는?
㉮ 기본구상 ㉯ 기본계획
㉰ 기본설계 ㉱ 실시설계

해설 실시설계 : 도면을 보고 직접 시공할 수 있도록 한 상세도 시공도로서 시방서, 공사비 내역서를 포함한다.

59. 거름을 주는 목적이 아닌 것은?
㉮ 조경 수목을 아름답게 유지하도록 한다.
㉯ 병·해충에 대한 저항력을 증진시킨다.
㉰ 토양 미생물의 번식을 억제시킨다.
㉱ 열매의 성숙을 돕고, 꽃을 아름답게 한다.

해설 토양 미생물의 왕성한 활동은 토양의 지력을 높여 주어 토양을 좋게 하여 준다.

60. 콘크리트 슬럼프시험에 대한 설명 가운데 옳지 않은 것은?
㉮ 반죽질기를 측정하는 것이다.
㉯ 슬럼프값이 높은 수치일수록 좋은 것이다.
㉰ 슬럼프값의 단위는 cm이다.
㉱ 콘크리트 치기작업의 난이도를 판단할 수 있다.

해설 슬럼프값이 높아도 낮아도 좋지 않으며 적당해야 한다.

해답 56. ㉱ 57. ㉱ 58. ㉱ 59. ㉰ 60. ㉯

▶ 2004년 10월 10일 시행

자격종목	코 드	시험시간	형 별	수험번호	성 명
조경기능사	7900	1시간	A		

1. 조경을 대상지별로 구별할 때 위락·관광시설에 해당되지 않는 곳은?
㉮ 휴양지　　㉯ 유원지
㉰ 골프장　　㉱ 사찰

해설 ① 위락·관광시설: 휴양지, 유원지, 골프장, 낚시터, 스키장
② 문화재 시설: 사찰, 궁궐, 왕릉, 고분

2. 다음 중 정형식 정원에 해당하지 않는 양식은?
㉮ 평면 기하학식　㉯ 노단식
㉰ 중정식　　㉱ 회유 임천식

해설 ① 정형식 정원: 평면 기하학식(프랑스), 노단식(이탈리아), 중정식(스페인)
② 자연식 정원: 전원풍경식, 회유임천식, 고산수식

3. 중국정원의 특색이라 할 수 있는 것은?
㉮ 조화　　㉯ 대비
㉰ 반복　　㉱ 대칭

해설 중국 정원의 특징
① 중국 정원은 자연풍경축경식 조경양식이다.
② 조화보다 대비에 중점을 두고 있다.
③ 차경수법을 도입하였다.
④ 사의주의, 회화풍경식 조경양식이다.

4. 이탈리아의 조경양식이 크게 발달한 시기는 어느 시대부터인가?
㉮ 암흑시대
㉯ 르네상스 시대
㉰ 고대 이집트 시대
㉱ 세계 1차 대전이 끝난 후

해설 이탈리아 조경 양식은 15C 르네상스 시대에 발전하였다.

5. 경복궁의 경회루 원지의 형태는?
㉮ 방지형　　㉯ 원지형
㉰ 반달형　　㉱ 노단형

해설 우리나라 정원은 사각형 형태의 방지를 기본 형태로 한다.

6. 우리나라 정원 양식이 풍수설에 많은 영향을 받는 시기는?
㉮ 신라　　㉯ 백제
㉰ 고려　　㉱ 조선

해설 우리나라 정원의 특징
① 조선 시대 풍수지리설에 영향을 많이 받았다.
② 풍수지리설에 의한 지형이었으며 연못의 형태와 구성은 단조롭고 직사각형 형태의 연못으로 직선적인 윤곽의 방지(모서리)를 기본으로 하였다.

7. 차폐를 할 필요가 있을 때는?
㉮ 아름다운 곳을 돋보이게 하기 위해
㉯ 경관상의 가치가 없거나 너무 노출된 것을 막기 위해
㉰ 차경(借景)을 하기 위해
㉱ 통경선을 조성하기 위해

해설 차폐식재는 경관상의 가치가 없거나 노출되어 미관상 보기 나쁜 경관을 수목으로 막거나 다르게 보이게 하기 위해서 한다.

해답　1. ㉱　2. ㉱　3. ㉯　4. ㉯　5. ㉮　6. ㉱　7. ㉯

8. 다음 중 일시적 경관이 아닌 것은?
㉮ 기상 변화에 따른 변화
㉯ 물 위에 투영된 영상(影像)
㉰ 동물의 출현
㉱ 가을의 단풍

해설 ① 관개 경관(canopied landscape) : 터널경관으로서 노폭이 좁은 장소에 상층은 나무 숲, 줄기가 기둥처럼 있고 하층은 관목, 어린 나무들이 있으며 나뭇가지와 잎이 도로를 덮은 지역을 말한다.
② 파노라마 경관(전경관)
  ㉠ 시야의 제한 없이 멀리까지 보는 경관이다. 높은 곳에서 멀리 내려다보는 경관으로 자연에 대한 웅장하고 아름다움을 볼 수 있다.
  ㉡ 독도의 전망대에서 바라보는 경관이다.
③ 일시 경관(ephemeral landscape) : 기상조건에 따라서 서리, 안개, 동물의 출현 등 경관의 이미지가 일시적으로 새로운 이미지로 변화하는 것을 말한다.
④ 지형 경관
  ㉠ 천연미적 경관으로 지형지세가 경관에서 특징을 보여주고 경관의 지표가 된다.
  ㉡ 산중호수, 에베레스트산(네팔), 미국 뉴욕의 자유의 여신상, 여의도 63빌딩
⑤ 위요 경관
  ㉠ 수평적 중심 공간 주위에 높은 수직공간에 산, 숲이 둘러싸인 경관이다.
  ㉡ 명성산 산정호수 : 주위 산에 의해 둘러싸인 산중 호수
⑥ 초점 경관 : 관찰자의 좌우 시선이 제한되고 시선을 유도해 중앙의 한 점으로 초점이 모이는 경관으로 강물이나 계곡 또는 길게 뻗은 도로로 보인다.
⑦ 세부 공간 : 관찰자가 가까이 접근하여 좁은 공간의 꽃, 열매, 수목의 형태 등을 자세히 관찰하며 감상하는 경관이다.

9. 다음은 강조(accent)에 대한 설명이다. 이 중 적합하지 않은 것은?
㉮ 비슷한 형태나 색감들 사이에 이와 상반되는 것을 넣어 강조함으로 시각적으로 산만함을 막고 통일감을 조성할 수 있다.
㉯ 전체적인 모습을 꽉 조여 변화 없는 단조로움이 나타나기 쉽다.
㉰ 강조를 위해서는 대상의 외관(外觀)을 단순화시켜야 한다.
㉱ 자연경관에서는 구조물이 강조의 수단으로 사용되는 경우가 많다.

해설 강조 : 자연경관에서 구조물의 강조의 수단으로 비슷한 형태나 색감들 사이에 이와 상반되는 것을 넣어 강조함으로써 통일감을 조성한다.

10. 고대 그리스에 만들어졌던 광장의 이름은?
㉮ 아트리움   ㉯ 길드
㉰ 무데시우스 ㉱ 아고라

해설 아고라 : 고대 그리스 시대에 설계되었던 상업과 집회에 사용되는 옥외공간 광장을 말한다.

11. 도시공원법상 도시공원 설치 및 규모의 기준에 있어서 어린이 공원일 때 최소 면적은 얼마인가?
㉮ 500m²   ㉯ 1,000m²
㉰ 1,500m²   ㉱ 2,000m²

해설 ① 어린이 공원 : 1500m² 이상
② 근린생활권 근린공원 : 10000m² 이상
③ 묘지 공원 : 100000m² 이상
④ 소공원의 경우 규모 제한은 없다.

12. 식물 생장에 필요한 토양의 최소 깊이(토심)를 올바르게 표시한 것은?
　　　　　　　(생존 최소 깊이)　(생장 최소 깊이)
㉮ 잔디, 초본류 : 15cm　　　　30cm

해답 8. ㉱ 9. ㉯ 10. ㉱ 11. ㉰ 12. ㉮

㉰ 대 관 목 : 30cm　　45cm
　　㉱ 천근성 교목 : 45cm　　60cm
　　㉲ 심근성 교목 : 60cm　　90cm

> **해설** 조경 설계 기준
>
> | 종 류 | 생존 최소 깊이(cm) | 생육 최소 깊이(cm) |
> |---|---|---|
> | ① 잔디, 초화류 | 15 | 30 |
> | ② 소관목 | 30 | 45 |
> | ③ 대관목 | 45 | 60 |
> | ④ 천근성 교목 | 60 | 90 |
> | ⑤ 심근성 교목 | 90 | 150 |

13. 다음 중 기본 설계과정에 대하여 올바르게 나타낸 것은?

㉮ 설계원칙의 추출 → 입체적 공간의 창조 → 공간구성 다이어그램의 순으로 진행된다.
㉯ 공간별 배치 및 공간 상호간의 관계를 보여주는 것이 입체적 공간의 창조 과정이다.
㉰ 평면도 작성을 위해서는 단지 설계 및 지형변경에 관한 기초 지식이 많이 요구된다.
㉱ 공간구성 다이어그램은 설계의 표현적 창의력이 가장 많이 작용하는 단계이다.

> **해설** 기본설계 과정
> ① 설계 원칙의 추출 → 공간구성 다이어그램 → 설계도 작성(입체적 공간 창조)
> ② 공간구성 다이어그램 : 공간별 배치 및 공간 상호관계를 보여준다.
> ③ 평면도 작성 : 단지설계, 지형변경, 옹벽, 배수 등에 관한 전문 공학지식을 사용한다.
> ④ 설계도 작성 : 설계의 표현적 창의력이 가장 많이 작용하는 단계이다.

14. 자연환경조사 단계 중 미기후와 관련된 조사 항목이 아닌 것은?

㉮ 태양 복사열을 받는 정도
㉯ 지하수 유입 지역
㉰ 공기 유통의 정도
㉱ 안개 및 서리 피해 유무

> **해설** 미기후(micro-climate)
> ① 숲의 내부, 외부 기온차 또는 작물 생육지의 내부와 외부의 기온차를 나타내는 작은 범위 대기의 부분적 장소의 독특한 기상 상태를 말한다.
> ② 실험 및 관찰사항 : 태양복사열의 정도, 공기유통의 정도, 안개 및 서리 피해유무

15. 조경 프로젝트의 수행 단계 중 공학적인 지식과 생물을 다루는 특수한 기술이 필요한 분야는?

㉮ 조경계획　　㉯ 조경설계
㉰ 조경관리　　㉱ 조경시공

> **해설** 조경계획
> ① 조경계획 : 설계하는 목적에 맞게 사전에 예비조사(자료의 수집, 종합, 분석)를 한다.
> ② 조경설계 : 예비조사의 자료를 기준으로 용도 및 목적에 맞게 공간을 기능적, 미적으로 설계한다.
> ③ 조경시공 : 설계한 것을 실행하여 시설물 등을 배치하며 시공한다.
> ④ 조경관리 : 식생의 이용 및 시설물의 효율적인 이용을 위해 유지, 보수, 관리한다.
> ⑤ 조경 조경프로젝트의 수행단계 : 계획 → 설계 → 시공 → 관리

16. 덩굴 식물이 아닌 것은?

㉮ 미선나무　　㉯ 멀꿀
㉰ 능소화　　㉱ 오미자

> **해설** 덩굴성 식물
> ① 줄기가 길며 곧게 서지 않고 수목이나 지지물을 감거나 붙어서 생장하는 식물이다.
> ② 곰딸기, 다래, 능수화, 인동초, 고구마, 완두, 오이, 나팔꽃, 담쟁이덩굴, 송악, 머루, 다래, 칡, 더덕, 등나무, 으름, 오미자, 멀꿀
> ③ 미선나무 : 낙엽활엽관목이다.

해답 13. ㉰　14. ㉯　15. ㉱　16. ㉮

17. 개화기가 가장 빠른 것끼리 나열된 것은?
- ㉮ 개나리, 목련, 아카시아
- ㉯ 진달래, 목련, 수수꽃다리
- ㉰ 미선나무, 배롱나무, 쥐똥나무
- ㉱ 풍년화, 생강나무, 산수유

  해설 3월에 꽃이 피는 수종 : 개나리, 남경도, 생강나무, 매화, 영춘화, 풍년화

18. 다음 중 생물재료의 특성이라고 볼 수 없는 것은?
- ㉮ 생장과 번식을 계속하는 연속성이 있다.
- ㉯ 행태가 다양하게 변화함으로써 주변과의 조화성을 가진다.
- ㉰ 개체마다 각기 다른 개성미와 다양성을 가지고 있다.
- ㉱ 변화하지 않는 불변성과 가공이 가능한 가공성이 있다.

  해설 ① 무생물(인공) 재료의 특성 : 균일성, 가공성, 불변성
  ② 식물(생물) 재료의 특성 : 자연성, 연속성, 조화성, 다양성

19. 석가산을 만들고자 한다. 적당한 돌은?
- ㉮ 잡석
- ㉯ 산석
- ㉰ 호박돌
- ㉱ 자갈

  해설 산석
  ① 산석, 강석 : 50~100cm 정도의 돌로 주로 경관석, 석가산용으로 쓰인다.
  ② 산에 있는 돌로 정의한다.

20. 다음과 같은 특징을 가진 것은?

> • 성형, 가공이 용이하다.
> • 가벼운 데 비하여 강하다.
> • 내화성이 없다.
> • 온도의 변화에 약하다.

- ㉮ 목질재료
- ㉯ 플라스틱제품
- ㉰ 금속재료
- ㉱ 흙

  해설 플라스틱 제품의 특성
  ① 내열성이 약하다.
  ② 열에 약하며 불에 탄다.
  ③ 내화성이 약하다.

21. 산울타리용 수목으로 적합하지 않은 것은?
- ㉮ 단풍나무
- ㉯ 측백나무
- ㉰ 쥐똥나무
- ㉱ 탱자나무

  해설 산울타리 수종 : 측백나무, 사철나무, 개나리, 쥐똥나무, 탱자나무, 꽝꽝나무, 향나무, 무궁화, 회양목

22. 여름 햇볕을 가리기 위하여 녹음용 수목을 심으려 한다. 알맞은 나무는?
- ㉮ 플라타너스
- ㉯ 향나무
- ㉰ 주목
- ㉱ 명자나무

  해설 녹음용 수종
  ① 지하고가 높은 교목으로 가로수로 쓰이는 나무가 많다.
  ② 녹음용 수종 : 백합나무, 은행나무, 느티나무, 층층나무, 플라타너스
  ③ 녹음용 수종이란 강한 햇빛을 차단 및 조절하기 위하여 식재하는 수목이다.

23. 다음 중 콘크리트 제품은 어느 것인가?
- ㉮ 보도블록
- ㉯ 타일
- ㉰ 적벽돌
- ㉱ 오지토관

  해설 ① 콘크리트 제품 : 경계블록, 보도블록, 인조석 보도블록, 측구용 블록, 압축보도블록
  ② 점토 제품 : 타일, 붉은 벽돌, 내화벽돌, 점토벽돌, 도관, 타일, 도자기, 도관, 기와

해답 17. ㉱ 18. ㉱ 19. ㉯ 20. ㉯ 21. ㉮ 22. ㉮ 23. ㉮

24. 일반적인 플라스틱 제품에 대한 설명이다. 잘못된 것은?

㉮ 가볍고 견고하다.
㉯ 내화성이 크다.
㉰ 투광성, 접착성, 절연성이 있다.
㉱ 산과 알칼리에 견디는 힘이 크다.

해설 플라스틱 제품의 특징
① 내화성이 없다.
② 온도의 변화에 약하다.
③ 산과 알칼리에 견디는 힘이 크다.

25. 아황산가스(SO_2)에 잘 견디는 낙엽교목은?

㉮ 플라타너스   ㉯ 독일가문비
㉰ 소나무   ㉱ 히말라야시다

해설 ① 대기오염(아황산화물, SO_2)에 강한 수종 : 향나무, 편백, 사철나무, 벽오동, 능수버들, 무궁화, 은행나무
② 대기오염(아황산화물, SO_2)에 약한 수종 : 독일가문비, 소나무(적송), 전나무, 느티나무, 벚나무, 단풍나무, 매화나무

26. 다음 그림들은 돌의 모양을 나타낸 것이다. 입석(立石)은?

해설 ㉮ 입석 : 수석이라고도 하며 입체적으로 관상할 수 있으며 돌의 높이가 좋을수록 좋다.
㉯ 횡석 : 가로로 눕혀 사용하는 돌로 불안감을 주는 돌을 받쳐줌으로써 안정감을 보여준다.
㉰ 와석 : 돌의 모양이 소가 누워 있는 형태로 안정감, 균형미를 보여준다.
㉱ 괴석 : 돌모양 형태와 비정형적인 형태로서 괴이한 모양으로 현무암 형태에서 많이 나타난다.

27. 보도 포장 재료로서 적당치 않은 것은?

㉮ 내구성이 있을 것
㉯ 자연 배수가 용이할 것
㉰ 보행 시 마찰력이 전혀 없을 것
㉱ 외관 및 질감이 좋을 것

해설 보행 시 미끄러짐을 주의해야 한다.

28. 다음 중 상록 침엽 관목에 속하는 나무는?

㉮ 연산홍   ㉯ 섬잣나무
㉰ 회양목   ㉱ 눈향나무

해설 ① 상록침엽관목 : 개비자나무, 눈향나무, 옥향, 눈주목
② 낙엽활엽관목 : 박태기나무, 연산홍, 수국, 진달래, 개나리, 화살나무, 수수꽃다리, 장미, 생강나무
② 상록활엽교목 : 동백나무, 아왜나무, 은행나무, 후박나무, 감탕나무, 광나무, 가시나무, 차나무, 녹나무
③ 상록침엽교목 : 소나무, 개잎갈나무, 향나무, 반송, 주목, 비자나무, 전나무, 독일가문비, 구상나무, 섬잣나무, 편백, 화백, 측백
④ 상록활엽관목 : 피리칸다, 회양목, 사철나무

29. 다음 수종 중 가로수로 적당하지 않은 나무는?

㉮ 은행나무   ㉯ 무궁화
㉰ 느티나무   ㉱ 벚나무

해설 가로수
① 가로수용 수종 : 벚나무, 은행나무, 느티나무, 가중나무, 메타세쿼이아

해답 24. ㉯ 25. ㉮ 26. ㉮ 27. ㉰ 28. ㉱ 29. ㉯

② 강한 바람에도 잘 견딜 수 있는 것
③ 각종 공해에 잘 견디는 것
④ 여름철 그늘을 만들고 병해충에 잘 견디는 것

30. 다음 수종 중 맹아력이 가장 약한 것은?
㉮ 라일락 ㉯ 소나무
㉰ 쥐똥나무 ㉱ 무궁화

해설 ① 맹아력이 약한 수종: 소나무, 감나무, 녹나무, 굴거리나무, 벗나무
② 맹아력이 강한 수종: 주목, 모과나무, 무궁화, 개나리, 가시나무

31. 화단 식재용 초화류의 조건으로 틀린 것은?
㉮ 꽃이 많이 달릴 것
㉯ 개화기간이 길 것
㉰ 키가 되도록 클 것
㉱ 병해충에 강할 것

해설 화단용 초화류의 조건
① 초화류가 아름답고 가급적 키가 작아야 한다.
② 가지가 많이 갈라져 꽃이 많이 달려야 한다.
③ 꽃 색깔이 밝고 개화기간이 길어야 한다.
④ 바람, 건조, 병충해 저항력이 있으며 환경에 대한 적응성이 강해야 한다.

32. 콘크리트 타설 시 시공성을 측정하는 가장 일반적인 것은?
㉮ 슬럼프 시험 ㉯ 압축강도 시험
㉰ 휨강도 시험 ㉱ 인장강도 시험

해설 ① 워커빌리티(시공연도): 시공연도 측정 시험에는 슬럼프시험, 플로시험 등이 있다.
② 슬럼프 시험(slump test)
㉠ 아직 굳지 않은 콘크리트의 반죽질기(consistency)를 측정하는 시험이다.
㉡ 반죽질기 측정값이 클수록 슬럼프 값이 크다.

33. 조경에서 목재를 많이 이용하는 이유 중 틀린 것은?
㉮ 무늬가 좋다.
㉯ 가공이 쉽다.
㉰ 구부러진 모양을 만들기 쉽다.
㉱ 운반이 용이하다.

해설 목재는 가볍고 가공이 쉬우나 구부러진 모양은 만들기가 쉽지 않다.

34. 합판의 특징이 아닌 것은?
㉮ 수축·팽창의 변형이 적다.
㉯ 균일한 크기로 제작 가능하다.
㉰ 균일한 강도를 얻을 수 있다.
㉱ 내화성을 높일 수 있다.

해설 합판의 특징
① 뒤틀림이 없으므로 수축, 팽창을 방지할 수 있다.
② 값싸게 무늬가 좋은 것을 얻을 수 있다.
③ 내구성이 좋다.
④ 화재에 약한 성질인 내화성이 낮다.

35. 화강암 중 회백색 계열을 띠고 있는 돌은?
㉮ 진안석 ㉯ 포천석
㉰ 문경석 ㉱ 철원석

해설 포천석은 화강암의 종류로서 회백색이며 건물의 외부, 내부에 사용한다.

36. 잔디 깎기 작업의 효과가 아닌 것은?
㉮ 잡초 발생을 줄일 수 있다.
㉯ 평편한 잔디밭을 만들 수 있다.
㉰ 잔디 포기 갈라짐을 억제시켜 준다.
㉱ 아름다운 잔디면을 감상할 수 있다.

해설 잔디 깎기의 목적은 잔디를 수평으로 분열을 촉진시키고 통풍을 좋게 하여 좋은 잔디밭을 얻기 위함이 목적이다.

해답 30. ㉯ 31. ㉰ 32. ㉮ 33. ㉰ 34. ㉱ 35. ㉯ 36. ㉰

37. 시멘트 콘크리트 배합에서 부배합(rich mix)이란?

㉮ 표준 배합보다 단위 시멘트 용량이 많은 것
㉯ 표준 배합보다 모래의 용량이 많은 것
㉰ 표준 배합보다 자갈의 용량이 많은 것
㉱ 표준 배합보다 단위 시멘트 용량이 많은 것

해설 ① 부배합(rich mix) : 콘크리트를 만들 때에 시멘트량이 표준량보다 많은 배합이며 시멘트량이 $300kg/m^2$ 이상이어야 한다.
② 빈배합(poor mix) : 콘크리트를 만들 때에 시멘트를 표준량보다 적게 한 배합이며 시멘트량이 $150 \sim 250kg/m^2$ 정도이다.

38. 고속도로의 시선 유도식재는?

㉮ 위치를 알려준다.
㉯ 침식을 방지한다.
㉰ 속력을 줄이게 한다.
㉱ 전방의 도로 형태를 알려준다.

해설 시선유도식재 : 운전 중 운전자가 도로의 형태를 잘 알 수 있도록 주변 배경과 뚜렷한 식별이 가능한 수종을 식재한다.

39. 4~10%의 포장 구배에 해당되는 상태는?

㉮ 배수 상태가 불량하다.
㉯ 거의 평탄지로 보여 활동하기가 쉬우며 배수도 잘 된다.
㉰ 완만한 구배를 나타내어 운동이나 활동에 적합하다.
㉱ 급하게 보여 광장으로서는 적합하지 않다.

해설 완만한 구배이므로 산책, 운동에 적합하다.

40. 전정가위의 사용 설명이 잘못된 것은?

㉮ 전정가위의 날을 가지 밑으로 가게 한다.
㉯ 전장가위를 가지에 비스듬히 대고 자른다.
㉰ 잘려지는 부분을 잡고 밑으로 약간 눌러준다.
㉱ 가위를 위쪽으로 몸 앞쪽으로 돌리는 듯 자른다.

해설 전정가위는 가지에 거의 직각에 가깝게 자른다.

41. 관상용 열매의 착색을 촉진시키기 위하여 살포하는 농약은?

㉮ 지베렐린수용액(지베렐린)
㉯ 비나인수화제(비나인)
㉰ 말레이액제(액아단)
㉱ 에세폰액제(에스렐)

해설 열매 착색용 : 에세폰액제(에스렐)를 사용한다.

42. 수목 생육기 중 깍지벌레의 구제 농약으로 가장 적당한 것은?

㉮ 메치온 유제(수프라사이드)
㉯ 지오람 수화제(호마이)
㉰ 메타 유제(메타시스톡스)
㉱ 디프 수화제(디프록스)

해설 깍지벌레
① 수목에 붙어 수액을 빨아먹으며 번식력이 강하며 직접적인 피해와 2차적으로 그을음병을 발생시킨다.
② 천적을 보호한다(무당벌레, 풀잠자리류).
③ 메치온 유제(수프라사이드), 디메토 유제를 10일 간격으로 2~3회 정도 살포한다.

43. 다음 중 조경수목의 화아분화와 가장 관련이 깊은 것은?

㉮ 질소와 탄소비율
㉯ 탄소와 칼륨비율
㉰ 질소와 인산비율
㉱ 인산과 칼륨비율

해답 37. ㉮ 38. ㉱ 39. ㉰ 40. ㉯ 41. ㉱ 42. ㉮ 43. ㉮

해설 화아분화 : 꽃이 피고 열매를 맺는 시기를 말하며 질소와 탄소비율(C/N)로 탄소(C) 성분이 증가하면 꽃눈이 많아지며 질소(N)가 증가하면 잎눈이 많아진다.

44. 다음 가지 다듬기 중 생리 조정을 위한 가지 다듬기는?

㉮ 병해충 피해를 입은 가지를 잘라 내었다.
㉯ 향나무를 일정한 모양으로 깎아 다듬었다.
㉰ 늙은 가지를 젊은 가지로 갱신하였다.
㉱ 이식한 정원수의 가지를 알맞게 잘라 냈다.

해설 ① 생리 조정을 위한 가지 다듬기
  ㉠ 이식할 때 지하부와 지상부의 생리적 균형을 유지하기 위하여 맹아력을 고려하여 가지와 잎을 적당히 잘라준다.
  ㉡ 이식한 정원수의 가지를 알맞게 잘라 냈다.
② 세력을 갱신하는 가지 다듬기
  ㉠ 맹아력이 좋은 나무가 너무 오래되어 겨울에 나무의 줄기나 가지를 잘라 주어 새 가지와 새 줄기가 나와 꽃과 열매가 좋게 하기 위하여 갱신한다.
  ㉡ 늙은 가지를 젊은 가지로 갱신하였다.
③ 생장을 억제하는 가지 다듬기
  ㉠ 정원에 있는 녹음수, 산울타리 수종으로 일정한 모양으로 유지하기 위하여 형태를 다듬는 전정을 한다.
  ㉡ 향나무를 일정한 모양으로 깎아 다듬었다.
④ 생장을 돕기 위한 전정
  ㉠ 생육상태가 고르지 못한 나무 또는 병충해에 걸린 가지, 죽은가지, 부러진 가지 등을 다듬어서 전정한다.
  ㉡ 병충해 피해를 입은 가지를 잘라 내었다.

45. 크고 작은 돌을 자연 그대로의 상태가 되도록 쌓아 올리는 방법을 무엇이라 하는가?

㉮ 견치석 쌓기
㉯ 호박돌 쌓기
㉰ 자연석 무너짐 쌓기
㉱ 평석 쌓기

해설 자연석 무너짐 쌓기
① 기초가 될 밑돌은 약간 큰 돌을 땅속에 20~30cm 정도 깊이로 묻는다.
② 돌과 돌이 맞물리는 곳에는 작은 돌을 끼워 넣지 않는다.
③ 돌을 쌓고 난 후 돌과 돌 사이에 키가 작은 관목을 심는다.
④ 무너져 내려 경사지고 크고 작은 돌을 자연 그대로의 상태에서 돌 사이에 초화류가 식생하는 경관의 모습을 모방하여 그대로 묘사하는 방법이다.

46. 콘크리트 경화촉진제(硬化促進劑)의 주성분으로 되어 있는 것은 어느 것인가?

㉮ 황산나트륨   ㉯ 석회
㉰ 규산백토   ㉱ 염화칼슘

해설 ① 콘크리트를 빨리 굳게 하기 위하여 사용하는 경화촉진제는 염화칼슘이 많이 쓰인다.
② 응결 시간이 촉진되므로 시공공사를 빨리 해야 한다.

47. 다음 보기와 같은 시설물은?

① 간단한 눈가림 구실을 한다.
② 양식으로 꾸며진 중문으로 볼 수 있다.
③ 보통 가느다란 각목으로 만든다.
④ 장미 등 덩굴식물을 올려 장식한다.

㉮ 퍼걸러   ㉯ 아치
㉰ 트렐리스 ㉱ 펜스

해설 아치 : 무지개 정원 이미지를 보여주며 대표적 양식으로 홍예문을 볼 수 있다.

48. 감상하기 편리하도록 땅을 1~2m 파내려가 그 바닥에 꾸민 화단은?

㉮ 살피화단   ㉯ 모둠화단
㉰ 양탄자화단 ㉱ 침상화단

해답 44. ㉱ 45. ㉰ 46. ㉱ 47. ㉯ 48. ㉱

[해설] 침상화단 : 관상하기 편리하도록 땅을 1~2m 파내려가 꾸미는 화단양식이다.

49. 가로수는 차도 가장자리에서 얼마 정도 떨어진 곳에 심는 것이 가장 좋은가?
㉮ 10cm ㉯ 20~30cm
㉰ 40~50cm ㉱ 60~70cm

[해설] 가로수 식재
① 식재 간격은 나무의 종류나 식재목적, 식재지의 환경에 따라 다르나 일반적으로 6~10m로 하는데, 6m 간격으로 심는 경우가 많다.
② 가로수는 차도 가장자리부터 0.65m 이상 떨어진다.
③ 일반적으로 가로수 식재는 도로변에 교목을 줄지어 심는 것을 말한다.
④ 가로수 식재 형식은 일정 간격으로 같은 크기의 같은 나무를 일렬 또는 이렬로 식재한다.
⑤ 가로수는 보도의 나비가 2.5m 이상 되어야 식재할 수 있으며, 건물로부터는 5~7m 이상 떨어져야 그 나무의 고유한 수형을 나타낼 수 있다.

50. 다음 정원 시공 공사 중 어느 것을 가장 먼저 실시하여야 하는가?
㉮ 돌쌓기 ㉯ 콘크리트
㉰ 터닦기 ㉱ 나무심기

[해설] 터닦기 → 급·배수 및 호안공 → 콘크리트공사 → 정원시설물 설치 → 식재공사

51. 설계와 시공을 함께 하는 입찰 방식은?
㉮ 수의계약
㉯ 특명입찰
㉰ 공동입찰
㉱ 일괄입찰(turn key base)

[해설] 턴키(turn-key, 일괄입찰)입찰 방식 : 주문받은 건설업자가 대상계획의 기업, 금융, 토지조달, 설계, 시공 기타 모든 요소를 포괄한 설계, 시공 포괄 입찰 계약 방식이다.

52. 이식한 나무가 활착이 잘 되도록 조치하는 방법 중 옳지 않은 것은?
㉮ 현장 조사를 충분히 하여 이식계획을 철저히 세운다.
㉯ 나무의 식재 방향과 깊이는 원래대로 한다.
㉰ 유기질, 무기질 거름을 충분히 넣고 식재한다.
㉱ 방풍막을 세우고 영양액을 살포해 준다.

[해설] 이식수목 거름주기 방법 : 유기질 거름을 사용해야 한다.

53. 다음 그림은 다듬어야 할 가지들이다. 그 중 얽힌 가지는?

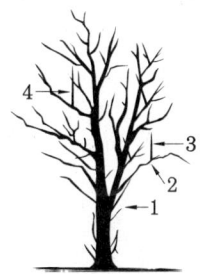

㉮ 1 ㉯ 2 ㉰ 3 ㉱ 4

[해설] ① 나무줄기에서 돋은 가지(둥지)
② 줄기에서 얽힌 가지(도장지)
③ 난지(웃자란 가지)
④ 난지(웃자란 가지)

54. 다음 그림은 보도블록 포장의 단면도이다. 모래에 해당되는 것은?
㉮ 1 ㉯ 2 ㉰ 3 ㉱ 4

[해설] ① 보도블록, ② 모래, ③ 잡석, ④ 지반

[해답] 49. ㉱ 50. ㉰ 51. ㉱ 52. ㉰ 53. ㉯ 54. ㉯

55. 겨울화단에 알맞은 꽃은?
㉮ 팬지   ㉯ 피튜니아
㉰ 샐비어   ㉱ 꽃양배추

[해설] ① 봄 화단용 식물: 팬지, 금어초, 데이지, 튤립, 수선화, 금잔화
② 겨울 화단용 식물: 꽃양배추
③ 여름, 가을 화단용 식물: 샐비어, 채송화, 봉숭아, 맨드라미, 국화, 부용, 달리아, 칸나

56. 잔디의 잎에 황갈색의 얼룩점이 생겨 큰 잔디밭에 퍼지는 병으로 잔디밭의 미관을 나쁘게 하지만 죽지는 않는다. 이 병의 병명을 무엇이라고 하는가?
㉮ 붉은 녹병   ㉯ 그을음병
㉰ 흰가루병   ㉱ 탄저병

[해설] 녹병(rust)
① 한국 잔디류에 가장 피해를 주며 자단밭 환경이 고온다습 시 가장 많이 발생한다.
② 일명 수병이라고도 하며 잎에 발생하면 철의 녹과 같은 포자덩어리를 만들어 식물에 기생하는 병해이다.
③ 향나무, 가이즈카향나무 등 중간숙주를 제거한다.
④ 녹병에 강한 내병성 품종을 육종한다.
⑤ 석회황합제, 지네브제, 보르도액 등으로 방제한다.

57. 소나무류는 생장조절 및 수형을 바로 잡기 위하여 순따기를 실시하는데 대략 어느 시기에 실시하는가?
㉮ 3~4월   ㉯ 5~6월
㉰ 7~8월   ㉱ 9~10월

[해설] 소나무 순따기: 순자르기는 원하는 수형을 얻기 위해 실시하는 것이다. 생장점을 찾아 조절하는 전정으로 5~6월에 2~3개 정도 남기고 모두 손으로 제거한다.
[참고] 소나무 순자르기는 6월경에도 가능하나 새순이 잘 전정되지 않으며 송진이 발생하여 좋지 않으므로 5월경이 가장 적당하다.

58. 수목의 가슴높이 지름을 나타내는 기호는?
㉮ F   ㉯ S.D
㉰ B   ㉱ C.L.D

[해설] 흉고직경: B, DBH(Diameter breast height): cm
① 근원직경: R(root): cm
② 수고: H(height): m
③ 지하고: BH(breast height), C(canopy): 지상을 기준으로 하여 최초의 가지까지의 높이를 말한다.
④ 지하고 C(canopy): m

59. 조경용 수목의 할증률은 얼마까지 적용할 수 있는가?
㉮ 5%   ㉯ 10%
㉰ 15%   ㉱ 20%

[해설] 재료의 할증률
① 목재(판재), 조경용 수목, 잔디, 초화류: 할증률 10%
② 목재(각재), 합판(수장용), 시멘트벽돌: 할증률 5%
③ 붉은 벽돌, 내화벽돌, 이형철근, 타일, 경계블록, 호안블록, 합판(일반용): 할증률 3%

60. 근원 직경이 10cm인 수목의 뿌리분을 뜨고자 할 때 뿌리분의 직경으로 적당한 크기는?
㉮ 20cm   ㉯ 40cm
㉰ 80cm   ㉱ 120cm

[해설] 뿌리분의 크기
① 일반적으로 뿌리분의 크기는 근원 직경의 4배 정도 크기로 한다.
② 10cm × 4배 = 40cm

[해답] 55. ㉱ 56. ㉮ 57. ㉯ 58. ㉰ 59. ㉯ 60. ㉯

2005년도 시행 문제

▶ 2005년 1월 30일 시행

자격종목	코드	시험시간	형별
조경기능사	7900	1시간	A

1. 정원수의 60%까지를 소나무로 배치하거나 향나무를 심어 전체를 하나의 힘찬 형태나 색채 또는 선으로 통일시켰을 때 나타나는 아름다움을 무엇이라 하는가?
㉮ 단순미 ㉯ 통일미
㉰ 점증미 ㉱ 균형미

해설 동일 장소의 정원 전체 구성에서 형태, 선, 질감, 재료, 색채, 배경 등을 잘 통일시켜 통일적인 분위기를 갖도록 하면 예술적인 아름다움이 나타나는 것을 통일미(uniformity)라 한다.

2. 백제의 노자공이 일본에 건너가 전파한 축산의 형태는?
㉮ 수미산 ㉯ 삼신산
㉰ 봉황산 ㉱ 무산십이봉

해설 ① 백제의 노자공이 일본에 건너가 남정에 축산식 정원인 수미산과 오교를 세웠다.
② 백제의 기사천성이 일본에 건너가 오오신궁(응신궁)을 세웠다.

3. 다음은 조경계획 과정을 나열한 것이다. 가장 바른 순서로 된 것은?
㉮ 기초조사-식재계획-동선계획-터가르기
㉯ 기초조사-터가르기-동선계획-식재계획
㉰ 기초조사-동선계획-식재계획-터가르기
㉱ 기초조사-동선계획-터가르기-식재계획

해설 조경계획 과정: 기초조사(예비조사) → 터가르기 → 동선계획 → 식재계획

4. 다음 중 일시적 경관에 해당되는 것은?
㉮ 돌 ㉯ 모래 ㉰ 안개 ㉱ 자갈

해설 기상조건에 따라서 서리, 안개, 동물의 출현 등 경관의 이미지가 일시적으로 새로운 이미지로 변화하는 것을 말한다.

5. 다음 정원시설 중 우리나라 고유의 것이 아닌 것은?
㉮ 취병(생울타리) ㉯ 담장
㉰ 벽천 ㉱ 연못

해설 취병, 담장, 연못은 우리나라 고유의 정원시설이며 벽천은 근대 독일 구성주의 양식에서 발전하였다.

6. 사적지 조경의 식재계획 내용 중 적합하지 않는 것은?
㉮ 민가의 안마당에는 교목류를 식재한다.
㉯ 사찰 회랑 경내에는 나무를 심지 않는다.
㉰ 성곽 가까이에는 교목을 심지 않는다.
㉱ 궁이나 절의 건물터는 잔디를 식재한다.

해설 사적지 조경 설계 지침
① 민가의 안마당은 화목류, 과목류로 식재하며 마당으로 이용하나 극히 제한적으로 사용한다.
② 사찰 회랑 내부, 성의 외곽, 석탑 주변에는 나무를 심지 않는다.
③ 성의 하층부, 후원 등에 나무를 심는다.
④ 궁이나 절의 건물터는 잔디를 심는다.
⑤ 묘역 안에는 큰 나무를 심지 않는다.

해답 1. ㉯ 2. ㉮ 3. ㉯ 4. ㉰ 5. ㉰ 6. ㉮

7. 이탈리아의 노단건축식(terrace dominant architectural stule) 정원 양식이 생긴 요인에 해당되는 것은?
㉮ 과학기술이 발달했기 때문에
㉯ 비가 적게 오기 때문에
㉰ 돌이 많이 나오기 때문에
㉱ 지형의 경사가 심하기 때문에

해설 이탈리아는 지형지세가 구릉 산악지대로 경사가 심하므로 전망이 좋은 경사지를 잘 활용하여 건축 및 계단식으로 정원을 만들었는데, 이것이 노단식 조경양식이다.

8. 사적지 종류별 조경계획 중 올바르지 않는 것은?
㉮ 건축물 가까이에는 교목류를 식재하지 않는다.
㉯ 민가의 안마당에는 유실수를 주로 식재한다.
㉰ 성곽 가까이에는 교목을 심지 않는다.
㉱ 묘역 안에는 큰 나무를 심지 않는다.

해설 민가의 안마당은 화목류, 과목류로 식재하며 극히 제한적으로 사용한다.

9. 백제와 신라의 정원에 영향을 주었던 사상으로 가장 적당한 것은?
㉮ 음양오행사상   ㉯ 풍수지리사상
㉰ 신선사상   ㉱ 유교사상

해설 백제본기의 기록(연못을 궁중 남쪽에다 파는데 물을 20리 밖에서 끌어서 네 언덕에다 수양버들을 심고 물 가운데 섬을 만들고 그것을 신선이 사는 곳이라 일컬었다.)을 보면 신선사상임을 알 수 있다.

10. 미국에서 재정적으로 성공하였으며 도시공원의 효시로 국립 공원운동의 계기를 마련한 공원은?

㉮ 센트럴파크   ㉯ 세인트제임스파크
㉰ 뷔트쇼몽 공원   ㉱ 프랭클린파크

해설 미국 센트럴파크(Central Park) 공원
① 미국 뉴욕주 뉴욕시 맨해튼에 위치한 도시공원
② 옴스테드 설계 : 1850년에 시작하여 1960년에 완성하였다.
③ 면적 3.4km²
④ 사각형 형태의 시민 도시공원으로서 국립공원의 효시가 되었다.

11. 다음 중 중정(patio)식 정원에 가장 많이 쓰이는 것은?
㉮ 폭포   ㉯ 색채타일
㉰ 울창한 수목   ㉱ 가산(마운딩)

해설 중정식 정원은 스페인의 이슬람정원(중세)의 대표적인 양식으로 로마의 영향을 받아 중정식 정원 즉 파티오식이 발달하였으며 물, 나무, 벽돌로 관개수로를 만들었으며 주변에는 회교도 풍의 정교하고 원시적인 색채 대비를 이용하여 타일, 테라코타(벽돌), 블록 등을 사용하였다.

12. 다음 중 배치계획 시 방향의 고려사항과 관련이 없는 시설은?
㉮ 골프장의 각 코스   ㉯ 실외 야구장
㉰ 축구장   ㉱ 실내 테니스장

해설 배치계획 시 방향성은 실내 시설물과는 무관하다.

13. 주택단지 정원의 설계에 관한 사항으로 알맞은 것은?
㉮ 녹지율은 50% 이상이 바람직하다.
㉯ 건물 가까이에 상록성 교목을 식재한다.
㉰ 단지의 외곽부에는 차폐 및 완충식재를 한다.
㉱ 공간 효율을 높이기 위해 차도와 보도를 인접 및 교차시킨다.

해답 7. ㉱ 8. ㉯ 9. ㉰ 10. ㉮ 11. ㉯ 12. ㉱ 13. ㉰

해설 주택 단지 정원 설계 기준
① 녹지율은 대지면적에 5% 이상으로 한다.
② 건물 가까이에는 계절의 변화를 알 수 있는 나무를 선택하며 상록성 교목은 식재하지 않는다.
③ 단지의 외곽부에는 소음, 진동 등을 차단 및 차폐하고 이것을 완화할 수 있는 완충식재를 한다.
④ 간선도로, 비상시를 제외하고는 차량의 통행을 금지한다.

14. 조경프로젝트의 수행단계 중 식생의 이용 및 시설물의 효율적 이용 유지, 보수 등 전체적인 것을 다루는 단계는?

㉮ 조경관리 ㉯ 조경설계
㉰ 조경계획 ㉱ 조경시공

해설 조경관리 : 식생의 이용 및 시설물의 효율적인 유지, 보수, 관리한다.
① 조경계획 : 설계하는 목적에 맞게 사전에 예비조사(자료의 수집, 종합, 분석)를 한다.
② 조경설계 : 예비조사의 자료를 기준으로 용도 및 목적에 맞게 공간을 기능적, 미적으로 설계한다.
③ 조경시공 : 설계한 것을 실행하여 시설물 등을 배치하며 시공한다.
④ 조경관리 : 식생의 이용 및 시설물의 효율적인 이용을 위해 유지, 보수, 관리한다.
⑤ 조경 프로젝트의 수행단계 : 계획 → 설계 → 시공 → 관리

15. 겨울철 좋은 생활환경과 나무의 생육을 위해 최소 얼마 정도의 광선이 필요한가?

㉮ 2시간 정도
㉯ 4시간 정도
㉰ 6시간 정도
㉱ 10시간 정도

해설 일광소독 및 위생적 생활환경 및 나무의 생육을 위해 최소 6~8시간 정도의 일광이 필요하다.

16. 방풍림을 설치하려고 할 때 가장 알맞은 수종은 어느 것인가?

㉮ 구실잣밤나무 ㉯ 자작나무
㉰ 버드나무 ㉱ 사시나무

해설 방풍림 수종
① 강한 풍압에 견딜 수 있어야 하는 심근성 수종으로서 나무뿌리가 토양층에 깊게 있어야 하며 나뭇가지와 줄기가 치밀(밀생)하고 바람에 강한 상록수 내풍성 수종을 식재한다.
② 방풍림 수종 : 곰솔, 소나무, 편백, 화백, 삼나무, 구실잣밤나무, 느티나무, 오리나무, 버즘나무, 떡갈나무

17. 자연석의 모양이 사석인 것은?

㉮  ㉯

㉰  ㉱

해설 ㉮ 환석 : 돌담을 쌓는 축석에 사용하기에는 곤란하지만 간혹 사용한다.
㉯ 입석 : 수석이라고도 하며 입체적으로 관상할 수 있으며 돌의 높이가 좋을수록 좋다.
㉰ 괴석 : 돌 모양이 비정형적이고 괴이한 모양으로서 현무암 형태에서 많이 나타난다.
㉱ 사석 : 돌 모양이 해안가 절벽의 형태를 나타낸 것으로 해안가 배경을 나타낼 때 사용되어진다.

18. 다음 중 폴리에틸렌관의 설명으로 틀리는 것은?

㉮ 가볍고 충격에 견디는 힘이 크다.
㉯ 시공이 용이하다.
㉰ 유연성이 적다.
㉱ 경제적이다.

해답 14. ㉮ 15. ㉰ 16. ㉮ 17. ㉱ 18. ㉰

해설 폴리에틸렌관(PE Pipe) : 가볍고 시공이 용이하며 내한성이 좋아 추운 장소의 수도관으로 사용한다.

19. 빨간색의 열매를 볼 수 없는 수목은?
㉮ 은행나무 ㉯ 남천
㉰ 피라칸사 ㉱ 자금우
해설 은행나무 열매 : 노란색(황색)

20. 다음 중 단풍의 색깔이 붉은 색인 것으로 짝지은 것은?
㉮ 화살나무, 담쟁이덩굴
㉯ 단풍나무, 상수리나무
㉰ 은행나무, 마가목
㉱ 계수나무, 낙엽송
해설 ① 붉은색 단풍 : 화살나무, 단풍나무, 마가목, 담쟁이덩굴
② 황색 단풍 : 벽오동, 은행나무, 계수나무, 낙엽송

21. 여름철에 꽃을 볼 수 있는 나무로 짝지어진 것은?
㉮ 금목서, 백목련
㉯ 배롱나무, 능소화
㉰ 병꽃나무, 매화
㉱ 미선나무, 수수꽃다리
해설 • 배롱나무
① 양성화로서 7~9월에 붉은색 꽃이 피고 가지 끝에 원추꽃차례로 달린다.
② 학명 : Lagerstroemia indica
③ 분류 : 부처꽃과
④ 원산지 : 중국(남부)
⑤ 크기 : 높이 약 5m
• 능소화
① 8월~9월 말경에 주황색 꽃이 피고 가지 끝에 원추꽃차례로 5~15개가 달린다.
② 학명 : Campsis grandiflora
③ 분류 : 능소화과

④ 원산지 : 중국
⑤ 크기 : 덩굴 길이 10m, 잎 길이 3~6cm

22. 천연석을 잘게 분쇄하여 색소와 시멘트를 혼합 연마한 것으로 부드러운 질감을 느끼게 하지만 미끄러운 결점이 있는 보차도용 콘크리트 제품은?
㉮ 경계블록 ㉯ 보도블록
㉰ 인조석 보도블록 ㉱ 강력압력 보도블록
해설 인조석 보도블록 : 천연석과 시멘트를 혼합하여 만들었으며 부드러운 질감, 크기, 색상이 다양하게 표현할 수 있다.

23. 앞면은 정사각형 또는 직사각형으로 1개의 무게는 보통 70~100kg으로, 주로 옹벽 등의 쌓기용으로 메쌓기나 찰쌓기 등에 사용되는 돌은?
㉮ 마름돌 ㉯ 견치돌
㉰ 깬돌 ㉱ 호박돌
해설 견치돌 : 돌쌓기에 쓰는 정사각뿔 모양의 돌로 앞면은 정사각형 또는 직사각형으로 주로 벽돌, 옹벽 등의 쌓기용으로 메쌓기나 찰쌓기 등에 사용한다.

24. 연못가나 습지 등에 가장 잘 견디는 수목은?
㉮ 낙우송 ㉯ 향나무
㉰ 해송 ㉱ 가중나무
해설 습지에 잘 견디는 수목 : 낙우송, 가래나무, 가문비나무, 리기다소나무, 물푸레나무, 버드나무, 사철나무, 삼나무, 자작나무, 층층나무, 호두나무

25. 다음 중 초류종자 살포(종자 뿜어붙이기)와 관계 없는 것은?
㉮ 종자 ㉯ 피복제(파이버)
㉰ 비료 ㉱ 농약

해설 잔디 조성 공사 방식에 많이 적용하며 잔디종자와 섬유(피복제, fiber), 비료 등을 물과 혼합하여 고압 분사기로 씨앗을 뿌려 파종한다.

26. 물 재료를 정적인 이용면으로 시설한 것은?
㉮ 분수 ㉯ 폭포
㉰ 벽천 ㉱ 풀(Pool)

해설 ① 풀장: 물의 움직임이 없는 정적면으로 표현하며 물을 사용하는 사람이 동적인 움직임을 표현한다.
② 분수, 폭포, 벽천은 물의 유동적 움직임을 표현한다.

27. 수목 굴취 시 뿌리분을 감는 데 사용하며, 포트(pot) 역할을 하여 잔뿌리 형성에 도움을 주는 환경친화적인 재료는?
㉮ 새끼 ㉯ 철선
㉰ 녹화마대 ㉱ 고무밴드

해설 녹화마대는 뿌리분에서 수분증산을 방지하여 수목의 뿌리 활착에 도움을 준다.

28. 우리나라의 목재가 건조된 상태일 때 기건함수율로 가장 적당한 것은?
㉮ 약 5% ㉯ 약 15%
㉰ 약 25% ㉱ 약 35%

해설 목재의 기건함수율
① 15%이다.
② 목재건조의 목적: 목재의 부패 방지, 강도 증가, 단열 및 전기절연 효과 증가가 나타난다.

29. 산성 토양에서 가장 잘 견디는 나무는?
㉮ 조팝나무 ㉯ 진달래
㉰ 낙우송 ㉱ 회양목

해설 ① 산성 토양에 강한 수종: 소나무, 밤나무, 잣나무, 진달래, 전나무, 가문비나무
② 알칼리성 토양에 강한 수종: 낙우송, 회양목, 조팝나무, 개나리, 고광나무

30. 상록 활엽수이며, 교목인 수종으로 가장 적당한 것은?
㉮ 눈주목 ㉯ 녹나무
㉰ 히말라야시이다 ㉱ 치자나무

해설 녹나무
① 학명: Lindera erythrocarpa Makino
② 상록활엽 교목
③ 분포지역: 한국(제주), 일본, 중국
④ 서식장소: 기름진 토양이나 그늘진 곳에 서식하며 노란색 단풍이 든다.

31. 재래종 잔디의 특성이 아닌 것은?
㉮ 양지를 좋아한다.
㉯ 병해에 강하다.
㉰ 떗장으로 번식한다.
㉱ 자주 깎아 주어야 한다.

해설 재래종 잔디(들잔디)의 특성
① 그늘에서 성장이 늦으므로 양지를 좋아한다.
② 병충해와 공해에 강하다.
③ 손상을 받은 후 회복속도가 느리다.
④ 재래종 들잔디는 서양 잔디에 비해 상대적으로 자주 깎아 주지 않아도 된다.

32. CCA 방부제의 성분이 아닌 것은?
㉮ 크롬 ㉯ 구리 ㉰ 아연 ㉱ 비소

해설 CCA 방부제(수용성 방부제): 취급이 간단하고 크롬, 비소, 구리의 화합물이다.

33. 공해 중 아황산가스(SO_2)에 의한 수목의 피해를 설명한 것으로 가장 알맞은 것은?

해답 26. ㉱ 27. ㉰ 28. ㉯ 29. ㉯ 30. ㉯ 31. ㉱ 32. ㉰ 33. ㉮

㉮ 한낮이나 생육이 왕성한 봄, 여름에 피해를 입기 쉽다.
㉯ 밤이나 가을에 피해가 심하다.
㉰ 공기 중의 습도가 낮을 때 피해가 심하다.
㉱ 겨울에 피해가 심하다.

해설 아황산가스(SO_2) : 토양을 산성화시켜 뿌리 성정에 피해를 주며 토양의 지력을 저하시킨다. 생육이 좋은 한 낮이나 생육이 왕성한 봄, 여름 계절에 피해를 입기 쉽다.

34. 다음 중 화성암이 아닌 것은?
㉮ 대리석 ㉯ 화강암
㉰ 안산암 ㉱ 섬록암

해설 화성암(Igneous Rock)의 종류 : 현무암, 섬록암, 안산암, 화강암

35. 조경재료 중 생물 재료의 특성이 아닌 것은?
㉮ 연속성 ㉯ 불변성
㉰ 조화성 ㉱ 다양성

해설 식물재료의 특성
① 연속성 : 성장과 번식을 한다.
② 조화성 : 계절, 주변 환경에 조화를 이룬다.
③ 다양성 : 모양, 형태 등이 다양하다.
④ 자연성 : 식물생물로서 성장활동을 하는 것

36. 다음 장비 중 조경공사의 운반용 기계가 아닌 것은?
㉮ 덤프 트럭(dump truck)
㉯ 크레인(crane)
㉰ 백 호우(back hoe)
㉱ 지게차(forklift)

해설 드래그셔블(백호우) : 굴착기계로서 작업 위치보다 낮은 장소의 굴착에 사용한다.

37. 폭이 50cm, 높이가 60cm, 길이가 10m인 콘크리트 기초에 소요되는 재료의 양은?(단, 배합비는 1 : 3 : 6이고, 자갈은 0.90kg/m³, 모래는 0.45kg/m³, 시멘트는 226kg/m³이다.)
㉮ 시멘트 678kg, 모래 1.35m³, 자갈 2.7m³
㉯ 시멘트 678kg, 모래 2.7m³, 자갈 1.35m³
㉰ 시멘트 2.7kg, 모래 1.35m³, 자갈 6.78m³
㉱ 시멘트 1.35kg, 모래 6.78m³, 자갈 2.7m³

해설 ① 콘크리트 1m³ 제작에 필요한 재료의 용적(m³)
② 시멘트 : 모래 : 자갈 = 1 : 3 : 6
③ $0.5 \times 0.6 \times 10 = 3m^3$
④ $3 \times 0.9 = 2.7m^3$, $3 \times 0.45 = 1.35m^3$, $3 \times 226 = 678kg$

38. 다음 중 가로수 식재를 설명한 것 중에서 옳지 않은 것은?
㉮ 일반적으로 가로수 식재는 도로변에 교목을 줄지어 심는 것을 말한다.
㉯ 가로수 식재 형식은 일정 간격으로 같은 크기의 같은 나무를 일렬 또는 이열로 식재한다.
㉰ 식재 간격은 나무의 종류나 식재목적, 식재지의 환경에 따라 다르나 일반적으로 4~10m로 하는데, 5m 간격으로 심는 경우가 많다.
㉱ 가로수는 보도의 나비가 2.5m 이상 되어야 식재할 수 있으며, 건물로부터는 5.0m 이상 떨어져야 그 나무의 고유한 수형을 나타낼 수 있다.

해설 식재 간격은 나무의 종류나 식재목적, 식재지의 환경에 따라 다르나 일반적으로 6~10m로 하는데, 6m 간격으로 심는 경우가 많다.

39. 거름을 줄 때 지켜야 할 점으로 잘못된 것은?

해답 34. ㉮ 35. ㉯ 36. ㉰ 37. ㉮ 38. ㉰ 39. ㉯

㉮ 흙이 몹시 건조하면 맑은 물로 땅을 축이고 거름주기를 한다.
㉯ 두엄, 퇴비 등으로 거름을 줄 때는 다소 덜 썩은 것을 선택하여 실시한다.
㉰ 속효성 거름주기는 7월말 이내에 끝낸다.
㉱ 거름을 주고 난 다음에는 흙으로 덮어 정리 작업을 실시한다.

해설 두엄, 퇴비 등으로 거름을 줄 때는 완전히 썩어서 발효되어진 것을 선택하여 거름주기를 하면 효과가 이상적이다.

40. 시설물 관리를 위한 페인트 칠하기의 방법으로 적당치 못한 것은?
㉮ 목재의 바탕칠을 할 때는 먼저 표면상태 및 건조 상태를 확인해야 한다.
㉯ 철재의 바탕칠을 할 때에는 불순물을 제거한 후 바로 페인트칠을 하면 된다.
㉰ 목재의 갈라진 구멍, 홈, 틈을 퍼티로 땜질하며 24시간 후 초벌칠을 한다.
㉱ 콘크리트, 모르타르면의 틈은 석고로 땜질하고 유성 또는 수성페인트칠을 한다.

해설 철재의 바탕칠을 할 때에는 불순물을 제거한 후 초벌칠을 하고 그 위에 다시 페인트칠을 한다.

41. 다음 수종 중 빗자루병에 잘 걸리는 나무는?
㉮ 향나무   ㉯ 소나무
㉰ 벚나무   ㉱ 목련

해설 빗자루병(witche's broom) : 전나무, 대추나무, 벚나무빗자루병(Taphrina wiesneri), 대나무, 살구나무, 오동나무, 붉나무빗자루병

42. 향나무, 주목 등을 일정한 모양으로 유지하기 위하여 전정을 하여 형태를 다듬었다. 가지 다듬기는 어떤 목적을 위한 작업인가?

㉮ 생장조장을 돕는 가지 다듬기
㉯ 생장을 억제하는 가지 다듬기
㉰ 세력을 갱신하는 가지 다듬기
㉱ 생리조정을 위한 가지 다듬기

해설 향나무, 주목은 생육상태를 조절하기 위하여 전정을 하며 나무를 일정한 상태로 성장을 조절하고자 하는 경우에는 향나무, 편백, 주목 등은 깎아 다듬어서 전정한다.

43. 한국적인 색채가 가장 짙은 정원양식이 발생한 시대는?
㉮ 조선시대   ㉯ 고려시대
㉰ 백제시대   ㉱ 신라전성기

해설 중국의 모방 조경약식에서 탈피하여 신성사상, 음양오행사상, 자연존중사상 등 한국적인 정원양식의 정립 및 발전을 하였다.

44. 일반적인 성인의 보폭으로 디딤돌을 놓을 때 좋은 보행감을 느낄 수 있는 디딤돌과 디딤돌 사이의 중심간 길이로 가장 적당한 것은?
㉮ 20cm 정도   ㉯ 40cm 정도
㉰ 50cm 정도   ㉱ 80cm 정도

해설 디딤돌과 디딤돌 사이의 중심간 거리 : 40cm이다.

45. 모과나무의 붉은별무늬병의 여름포자 겨울포자 세대(중간기주)의 식물은?
㉮ 잣나무   ㉯ 향나무
㉰ 배나무   ㉱ 느티나무

해설 배나무, 모과나무의 여름포자, 겨울포자, 담자 포자 시기, 중간 기주 : 향나무

46. 우리나라 들잔디의 종자처리 방법으로 가장 적합한 것은?

해답 40. ㉯   41. ㉰   42. ㉯   43. ㉮   44. ㉯   45. ㉯   46. ㉰

㉮ KOH 20~25% 용액에 10~25분간 처리 후 파종한다.
㉯ KOH 20~25% 용액에 20~30분간 처리 후 파종한다.
㉰ KOH 20~25% 용액에 30~45분간 처리 후 파종한다.
㉱ KOH 20~25% 용액에 1시간 처리 후 파종한다.

해설 들잔디 종자 처리 방법 : 20~25% 수산화칼륨용액에 30~45분간 처리 후 파종한다.

47. 신체장애자를 위한 경사로(RAMP)를 만들 때 가장 적당한 경사는?
㉮ 8% 이하   ㉯ 10% 이하
㉰ 12% 이하   ㉱ 15% 이하

해설 경사로 설계 기준 : 신체장애자를 위한 경사로는 8% 이하로 하며 8% 이상 시 경사로에 난간을 설치한다.

48. 굳지 않은 모르타르나 콘크리트에서 물이 분리되어 위로 올라오는 현상은?
㉮ 워커빌리티(workability)
㉯ 블리딩(bleeding)
㉰ 피니셔빌리티(finishability)
㉱ 레이턴스(laitance)

해설 ① 블리딩(bleeding)이란 콘크리트 타설 후 콘크리트 표면에 수분이 상승하는 현상이다.
② 워커빌리티(workability)이란 콘크리트를 시공하기에 적당한 물기 또는 시공연도를 말한다.
③ 레이턴스(laitance) : 블리딩에 의하여 콘크리트 표면에 올라온 미세한 물질이다.

49. 자연석놓기 중에서 경관석놓기를 설명한 것 중 틀린 것은?

㉮ 시선이 집중되는 곳이나 중요한 자리에 한두 개 또는 몇 개를 짜임새 있게 놓고 감상한다.
㉯ 경관석을 놓았을 때 보는 사람으로 하여금 아름다움을 느끼게 멋과 기풍이 있어야 한다.
㉰ 경관석짜기의 기본은 주석(중심석)과 부석을 바꾸어 놓고 4, 6, 8 등 균형감 있게 짝수로 놓아야 자연스럽게 보인다.
㉱ 경관석을 다 놓은 후에는 그 주변에 알맞은 관목이나 초화류를 식재하여 조화롭고 돋보이는 경관이 되도록 한다.

해설 경관석 놓기 : 경관석짜기의 기본은 주석(중심석)과 부석을 조화시켜 놓고 3, 5, 7 등 홀수로 놓으며 부등변 삼각형 형태로 배치한다.

50. 모래밭 조성에 관한 설명이다. 가장 옳지 않는 것은?
㉮ 하루에 4~5시간의 햇볕이 쬐고 통풍이 잘되는 곳에 설치한다.
㉯ 모래밭은 가능한 휴게시설에서 멀리 배치한다.
㉰ 모래밭의 깊이는 놀이의 안전을 고려하여 30cm 이상으로 한다.
㉱ 가장자리는 방부처리한 목재를 사용하여 재표보다 높게 모래막이 시설을 해준다.

해설 모래밭은 가능한 휴게시설에서 관찰할 수 있도록 가깝게 배치한다.

51. 다음 선의 종류와 선긋기의 내용이 잘못 짝지어진 것은?
㉮ 가는 실선 – 수목 인출선
㉯ 파선 – 보이지 않는 물체
㉰ 일점쇄선 – 지역 구분선
㉱ 이점쇄선 – 물체의 중심선

해답 47. ㉮ 48. ㉯ 49. ㉰ 50. ㉯ 51. ㉱

해설 ① 이점쇄선: 가상선(물체가 있는 것으로 가상되는 부분을 표시하거나 일점쇄선과 구별할 때 사용한다.
② 일점쇄선: 중심선(물체의 중심축, 대칭축을 표시하는데 사용한다.)

52. 설계안이 완공되었을 경우를 가정하여 설계 내용을 실제 눈에 보이는 대로 절단한 면을 그린 그림은?
㉮ 평면도　　㉯ 조감도
㉰ 투시도　　㉱ 상세도

해설 투시도
① 보통 사람이 선 자세에서 건물을 보았을 경우 실제 눈에 보이는 대로 절단한 면을 그린 그림이다.
② 투시도에 있어서 투시선은 관측자의 시선으로서, 화면을 통과하여 시점에 모이게 된다.
③ 건물의 크기를 인식하여 그리며 먼 곳에 있는 것이 작아 보인다.
④ 투시도에서 수평면은 시점높이와 같은 평면 위에 있다.

53. 전정시기와 횟수에 관한 설명 중 올바르지 않은 것은?
㉮ 침엽수는 10~11월경이나 2~3월에 한 번 실시한다.
㉯ 상록활엽수는 5~6월과 9~10월경 두 번 실시한다.
㉰ 낙엽수는 일반적으로 11~3월 및 7~8월경에 각각 한 번 또는 두 번 전정한다.
㉱ 관목류는 일반적으로 계절이 변할 때마다 전정하는 것이 좋다.

해설 ① 관목류는 일반적으로 꽃이 떨어진 이후에 전정하는 것이 좋다.
② 산울타리용도의 관목류는 5~6월, 9월에 두 번 전정하는 것이 좋다.
③ 관목류: 높이가 2m 이하로 키가 작고 주줄기가 분명하지 않으며 땅속 부분에서부터 줄기가 갈라져 나는 수목이다.

54. 흙은 같은 양이라 하더라도 자연상태(N)와 흐트러진 상태(S), 인공적으로 다져진 상태(H)에 따라 각각 그 부피가 달라진다. 자연상태의 흙의 부피(N)를 1.0으로 할 경우 부피가 많은 순서로 적당한 것은?
㉮ N>S>H　　㉯ N>H>S
㉰ S>N>H　　㉱ S>H>N

해설 부피 크기 순서: 흐트러진 상태 > 자연상태 > 인공적으로 다져진 상태

55. 수목을 굴취한 이후에 옮겨심기 순서의 설명이 가장 옳은 것은?
㉮ 구덩이 파기→수목 넣기→2/3 정도 흙 채우기→물 부어 막대기 다지기→나머지 흙 채우기
㉯ 구덩이 파기→수목 넣기→물 붓기→2/3 정도 흙 채우기→다지기→나머지 흙 채우기
㉰ 구덩이 파기→2/3 정도 흙 채우기→수목 넣기→물 부어 다지기→나머지 흙 채우기
㉱ 구덩이 파기→물붓기→수목 넣기→나머지 흙 채우기

해설 이식 시기
① 가을철이나 이른 봄에 이식하는 것이 가장 좋으며 식재지반을 조성하고 현장에 도착한 수목은 가능한 빨리 심는 것이 좋다.
② 이식식재 순서: 구덩이 파기 → 수목 넣기 → 2/3 정도 흙 채우기 → 물 부어 막대기 다지기 → 나머지 흙 채우기

56. 다음 제초작업에 관한 설명 중 틀린 것은?
㉮ 농약 제초제는 사용범위가 좁고, 제초효과가 오랫동안 지속되지 않는다.
㉯ 제초 작업 시 잡초의 뿌리 및 지하경을 완전히 제거해야 한다.

해답 52. ㉰　53. ㉱　54. ㉰　55. ㉮　56. ㉮

㉣ 심한 모래땅이나 척박한 토양에서는 약해가 우려되므로 제초제를 사용하지 않는다.
㉣ 인력 제초는 비효율적이나 약해의 우려가 없어 안전한 방법이다.

해설 농약 제초제는 사용범위가 넓고, 제초효과가 좋아 오랫동안 나타난다.

57. 다음 중 시공관리 내용이 아닌 것은?
㉮ 공정관리 　 ㉯ 품질관리
㉰ 원가관리 　 ㉱ 하자관리

해설 시공관리의 기능
① 공정관리 : 공정별 공사 기간을 도표화 것으로 횡선식 공정표, 공정곡선, 네트워크 공정표가 있다.
② 품질관리 : 설계도서와 시방서에 근거하여 재료관리 및 인력수요 공급, 품질관리 한다.
③ 원가관리 : 실행예산을 수립하고, 품질관리와 상호관계에 의해 원가 자료를 작성한다.

58. 수피가 얇은 나무에서 수피가 타는 것을 방지 하기위하여 실시해야 할 작업은?
㉮ 수관주사주입 　 ㉯ 낙엽깔기
㉰ 줄기싸기 　 ㉱ 받침대 세우기

해설 줄기 싸기(줄기감기) : 나무줄기의 수분 증산을 방지하며 햇볕에 의해 수피가 타는 것을 방지하기 위하여 새끼 또는 마대로 줄기를 감아 보호해 준다.

59. 수목의 식재품 적용 시 흉고직경에 의한 식재품을 적용하는 것이 가장 적합한 수종은 어느 것인가?
㉮ 산수유 　 ㉯ 은행나무
㉰ 꽃사과 　 ㉱ 백목련

해설 은행나무, 은단풍, 자작나무, 백합나무, 층층나무 : 은행나무 = 수고(H) × 흉고직경(B)

60. 다음 중 호박돌 쌓기에 이용되는 쌓기의 방법으로 가장 적당한 것은?
㉮ 견치석 쌓기
㉯ 줄눈 어긋나게 쌓기
㉰ 이음매 경사지게 쌓기
㉱ 평석 쌓기

해설 호박돌 쌓기는 자연스러운 미를 나타내고자 할 때 사용하며 육법쌓기와 줄눈 어긋나게 쌓기법이 있다.

해답 57. ㉱　58. ㉰　59. ㉯　60. ㉯

▶ 2005년 4월 3일 시행

자격종목	코 드	시험시간	형 별
조경기능사	7900	1시간	A

1. 다음 중 오픈 스페이스에 해당되지 않는 것은?
㉮ 건폐지 ㉯ 공원묘지
㉰ 광장 ㉱ 학교운동장

해설 오픈 스페이스
① 도시 계획에서 일상의 생활을 벗어나 스스로를 재창조할 수 있는 장소로서 녹지공간이나 공터를 말한다.
② 공원묘지, 광장, 학교운동장, 도시자연공원구역, 경관녹지 등이 있다.

2. 조경에서 제도 시 가장 많이 사용되는 제도용구로 가장 부적당한 것은?
㉮ 원형 템플릿 ㉯ 삼각 축척자
㉰ 콤파스 ㉱ 나침반

해설 ① 원형 템플릿: 정원 설계 시 수목 표시
② 삼각 축척자: 길이를 재거나 또는 길이를 줄이는 데 쓰이는 것으로 삼각형, 단면모양을 한 목재의 3면에 1mm의 1/100, 1/200, 1/300, 1/400, 1/500, 1/600에 해당하는 6가지로 축적되어 있으며 눈금이 새겨져 사용하기에 매우 편리하다.
③ 콤파스: 원, 원호를 그릴 때 사용하는 용구이다.
④ 삼각자: 한 각이 90°이고 다른 두 각이 45°인 이등변삼각형 삼각자와 30°, 60°인 부등변삼각자 등 2종류가 1쌍으로 되어 있다.
⑤ T자: 제도판에 대고 수평선을 긋거나 T자의 삼각자를 대고 수직선, 사선을 그을 때 사용하는 것이다.
⑥ 운영자: 컴퍼스로 그리기 어려운 곡선을 그릴 때 쓰인다.
⑦ 제도판: 도면의 크기에 적합한 것을 사용하며 경사는 10~15°가 가장 좋다.
⑧ 각도기: 방향 및 각도를 측정하는 데 쓰인다.
⑨ 각도자: 경사(물매)를 그리는데 매우 편리 하다.
⑩ 제도용지: ㉠ 원도용지: 켄트지-연필제도, 먹물제도
㉡ 워트먼지: 채색용
㉢ 트레이싱 페이퍼: 청사진 작성도면
⑪ 연필: 제도용 연필로 많이 쓰이는 것은 B, HB, H, 2H 등이 쓰이며 HB가 가장 많이 사용되며, H가 클수록 단단하고 흐리며 B가 클수록 무르고 진하다.

3. 다음 중 비스타(Vista)에 대한 설명으로 가장 잘 표현된 것은?
㉮ 서양식 분수의 일종이다.
㉯ 차경을 말하는 것이다.
㉰ 정원을 한층 더 넓게 보이게 하는 효과가 있다.
㉱ 스페인 정원에서는 빼 놓을 수 없는 장식물이다.

해설 비스타 정원
① 정원 중심으로(주축선) 시선이 집중되어 정원을 한층 더 넓게 보이게 하는 효과가 발생하는 정원을 말한다.
② 초점 경관 구성 양식을 말한다.

4. "자연은 직선을 싫어한다."라고 주장한 영국의 낭만주의 조경가는?
㉮ 브리지맨 ㉯ 켄트
㉰ 챔버 ㉱ 렙턴

해설 윌리엄 켄트: 영국의 낭만주의 조경가로 직선을 배척하고, 부드럽고 불규칙적인

해답 1. ㉮ 2. ㉱ 3. ㉰ 4. ㉯

생김새의 정원 구성 양식을 추구했다.

5. 다음 미기후(micro-climate)에 대한 설명 중 적합하지 않은 것은?

㉮ 지형은 미기후의 주요 결정 요소가 된다.
㉯ 그 지역 주민에 의해 지난 수년 동안의 자료를 얻을 수 있다.
㉰ 일반적으로 지역적인 기후 자료보다 미기후 자료를 얻기가 쉽다.
㉱ 미기후는 세부적인 토지이용에 커다란 영향을 미치게 된다.

해설 미기후(micro-climate) : 숲의 내부, 외부 기온차 또는 작물 생육지의 내부와 외부의 기온차를 나타내는 작은 범위 대기의 부분적 장소의 독특한 기상 상태를 말한다.

6. 다음 중 다른 도면들에 비해 확대된 축척을 사용하며 재료, 공법, 치수 등을 자세히 기입하는 도면의 종류로 가장 적당한 것은?

㉮ 상세도   ㉯ 투시도
㉰ 평면도   ㉱ 단면도

해설 상세도
① 설비도라 말하며 평면도, 단면도에 잘 나타나지 않은 부분을 상세히 표현한다.
② 조감도는 높은 곳에서 구조물을 새가 내려다본 것처럼 표현한 도면이다.

7. 다음 조경미의 설명으로 틀린 것은?

㉮ 질감이란 물체의 표면을 보거나 만지므로 느껴지는 감각을 말한다.
㉯ 통일미란 개체가 특징 있는 것으로 단순한 자태를 균형과 조화 속에 나타내는 미이다.
㉰ 운율미란 연속적으로 변화되는 색채, 형태, 선, 소리 등에서 찾아볼 수 있는 미이다.
㉱ 균형미란 가정한 중심선을 기준으로 양쪽의 크기나 무게가 보는 사람에게 안정감을 줄 때를 말한다.

해설 ① 통일미 : 정원수의 60%까지를 소나무로 배치하거나 향나무를 심어 전체를 하나의 힘찬 형태나 색채 또는 선으로 통일시켰을 때 나타나는 아름다움을 통일미라 한다.
② 질감 : 재질의 차이에서 발생한 촉감적 느낌이 시각적 느낌에 의해 차이가 나타나는 미를 말한다.

8. 회교식 건축수법과 함께 발달한 정원 양식은?

㉮ 이탈리아 정원
㉯ 프랑스 정원
㉰ 근대 건축식 정원
㉱ 스페인 정원

해설 스페인의 이슬람 정원(중세)은 물과 분수를 많이 이용하였으며 주변에는 회교도풍의 정교한 건축수법을 이용한 정원 양식이다.

9. 묘지공원의 설계 지침으로 가장 올바른 것은?

㉮ 장제장 주변은 기능상 키가 작은 관목만을 식재한다.
㉯ 산책로는 이용하기 좋게 주로 직선화한다.
㉰ 묘지공원 내는 경건한 분위기를 위해 어린이 놀이터 등 휴게시설 설치를 일체 금지시킨다.
㉱ 전망대 주변에는 큰 나무를 피하고, 적당한 크기의 화목류를 배치한다.

해설 묘지공원 설계기준
① 전망대 주변에는 큰 나무를 피하고 적당한 크기의 화목류를 배치한다.
② 묘지공원 내는 일정정도 휴게 시설을 설치할 수 있다.

해답 5. ㉰ 6. ㉮ 7. ㉯ 8. ㉱ 9. ㉱

③ 규모 : 10만 m² 이상이다.

10. 우리나라 조경의 성격형성에 영향을 끼친 주요인자가 아닌 것은?
㉮ 신선 사상
㉯ 급격한 경사를 지닌 구릉 지형
㉰ 사계절이 분명한 기후
㉱ 순박한 민족성

[해설] 구릉 지형은 계단식(노단식) 조경양식으로 이탈리아 조경의 특징이다.

11. 다음 중 인도정원에 영향을 미친 가장 중요한 요소는?
㉮ 노단 ㉯ 토피어리
㉰ 돌수반 ㉱ 물

[해설] 인도정원: 물을 이용하여 목욕 및 종교 의식 행사를 행한다.

12. 축선(軸線, axis)이 중심이 되어 조성되었던 정원은?
㉮ 영국 정원 ㉯ 스페인 정원
㉰ 프랑스 정원 ㉱ 일본 정원

[해설] 프랑스 베르사유 정원: 중심축과 축선이 중심이 되어 조성된 정원이다.

13. 골프장 코스 중 출발지점을 말하는 것은?
㉮ 티(tee)
㉯ 그린(green)
㉰ 페어웨이(fair way)
㉱ 해저드(hazard)

[해설] ① 티(tee): 출발점으로서 1~2% 경사가 있다.
② 그린: 종착점으로서 홀컵이 있으며 2~5% 경사가 있다.
③ 해저드(hazard): 벙커, 연못, 숲 등 장애 지역

④ 벙커(bunker): 코스 중간에 모래로 이루어진 함정으로 모래 웅덩이이다.
⑤ 페어웨이(fair way): 티와 그린 사이의 코스 중의 일부 잔디가 일정한 길이로 깎여져 있는 구역
⑥ 러프(rough): 페어웨이와는 다르게 잔디나 풀이 자연 상태로 있는 구역이다.

14. 다음 중 일위대가표 작성의 기초가 되는 것으로 가장 적당한 것은?
㉮ 시방서 ㉯ 내역서
㉰ 견적서 ㉱ 품셈

[해설] 품셈이란 공사목적을 달성하기 위하여 인건비, 자재비, 경비 등이 모든 품의 수량을 표시한 것을 말한다.

15. 이탈리아 정원의 구성요소와 가장 관계가 먼 것은?
㉮ 테라스(terrace)
㉯ 중정(patio)
㉰ 계단 폭포(cascade)
㉱ 화단(parterre)

[해설] 중정: 옛 로마의 별장의 영향으로 스페인 정원의 구성요소로서 파티오(중정, patio)식 정원이 발달하였다.

16. 다음 벽돌 중 압축강도가 가장 강해야 하는 것은?
㉮ 보통 벽돌 ㉯ 포장용 벽돌
㉰ 치장용 벽돌 ㉱ 조적용 벽돌

[해설] 포장벽돌: 도로포장, 기타 포장을 할 목적으로 한다.

17. 다음 수종들 중 단풍이 황색인 것은?
㉮ 홍단풍나무 ㉯ 감나무
㉰ 붉나무 ㉱ 고로쇠나무

[해설] 황색 단풍나무: 고로쇠나무, 은행나무,

[해답] 10. ㉯ 11. ㉱ 12. ㉰ 13. ㉮ 14. ㉱ 15. ㉯ 16. ㉯ 17. ㉱

계수나무, 느티나무, 벽오동, 배롱나무, 자작나무, 메타세쿼이아

18. 정원 내에 향기가 가장 많이 나게 하기 위하여 식재하는 수종은?
㉮ 담쟁이덩굴 ㉯ 피라칸사스
㉰ 식나무 ㉱ 목서

〔해설〕 향기가 좋은 나무
① 꽃향기가 좋은 나무 : 매화나무, 서향, 치자나무, 함박꽃나무, 목서
② 열매 향기가 좋은 나무 : 녹나무, 모과나무, 구상나무, 가문비나무, 유자나무
③ 잎이 향기가 좋은 나무 : 녹나무, 월계수, 측백나무, 생강나무

19. 다음 중 석질이 치밀하고 경질이어서 내구성과 내화성이 좋으므로 조경공사 시 가장 보편적으로 많이 사용하는 석재는?
㉮ 화강암 ㉯ 안산암
㉰ 현무암 ㉱ 응회암

〔해설〕 화강암 : 조경공사 시 가장 많이 사용하며 내구성, 내화성이 좋아 바닥포장용 석재, 산책로, 계단 등에 사용한다.

20. 시멘트의 주재료에 속하지 않는 것은?
㉮ 화강암 ㉯ 석회암
㉰ 질흙 ㉱ 광석찌꺼기

〔해설〕 시멘트의 주재료 : 석회암, 질흙, 광석찌꺼기

21. 운반 거리가 먼 레미콘이나 무더운 여름철 콘크리트의 시공에 사용하는 혼화제는 어느 것인가?
㉮ 지연제 ㉯ 감수제
㉰ 방수제 ㉱ 경화촉진제

〔해설〕 ① 지연제(retarder, retarding admixture) : 지연제를 사용하여 콘크리트를 먼 거리에 장시간 운반할 수 있게 하여 준다.
② 혼화제(chemical admixture, chemical agent) : 지연제, 발포제, 경화촉진제, 철근방청제 등이 있다.

22. 다음 중 천근성(淺根性) 수종으로 짝 지어진 것은?
㉮ 독일가문비나무, 자작나무
㉯ 전나무, 백합나무
㉰ 느티나무, 은행나무
㉱ 백목련, 가시나무

〔해설〕 천근성 수종 : 독일가문비나무, 자작나무, 편백, 버드나무, 매화나무 등이 있다.

23. 다음 중 조경수목의 규격을 표시할 때 수고와 수관폭으로 표시하는 것은?
㉮ 느티나무 ㉯ 주목
㉰ 은사시나무 ㉱ 벚나무

〔해설〕 ① 상록 침엽 교목 = H(수고)×W(수관폭)
② 상록 침엽 교목 : 소나무, 전나무, 향나무, 화백, 주목, 반송, 섬잣나무, 측백나무

24. 다음 중 혼합시멘트로 가장 적당한 것은?
㉮ 보통시멘트 ㉯ 조강시멘트
㉰ 실리카시멘트 ㉱ 중용열시멘트

〔해설〕 실리카 시멘트(포졸란 시멘트)
① 포틀랜드 시멘트의 클링커와 포졸란에 적당량의 석고를 넣어 혼합해서 분말로 만든 것이다.
② 보통 포틀랜드 시멘트에 비하여 응결이 늦고 조가 강도가 낮으나 화학작용에 대한 저항성, 수밀성이 크고 발열량이 적어서 균열발생이 적다.
③ 포졸란 : 화산재, 규조토, 규산백토 등의 실리카(silica)질 혼화재이다.
④ 혼합 시멘트 종류 : 슬래그 시멘트, 플라이애시 시멘트, 포졸란 시멘트, 알루미나 시멘트, 팽창 시멘트

해답 18. ㉱ 19. ㉮ 20. ㉮ 21. ㉮ 22. ㉮ 23. ㉯ 24. ㉰

25. 다음 중 잔디(한국잔디) 특성 중 가장 거리가 먼 것은?
㉮ 지피성이 강하다.
㉯ 내답압성이 강하다.
㉰ 재생력이 강하다.
㉱ 내습력이 강하다.

해설 잔디(한국잔디)
① 건조, 고온, 척박지에서 성장하며 내습력이 약하다.
② 재생력이 강하다.
③ 내답압성이 강하며 병충해에 강하다.

26. 다음 포장재료 중 광장 등 넓은 지역에 포장하며, 바닥에 색채 및 자연스런 문양을 다양하게 할 수 있는 소재는?
㉮ 벽돌   ㉯ 우레탄
㉰ 자기타일 ㉱ 고압블록

해설 우레탄 포장재료는 광장, 공원 등 넓은 지역에 포장하며 바닥에 색채 및 자연스런 무늬를 만들 수 있다.

27. 목재의 방부재로 사용하는 CCA의 성분이 바르게 짝지어진 것은?
㉮ 크롬-구리-비소 ㉯ 크롬-구리-아연
㉰ 철-구리-아연   ㉱ 탄소-구리-비소

해설 ① CCA 방부제(수용성 방부제): 취급이 간단하고 크롬, 비소, 구리의 화합물이다.
② ACC 방부제(수용성): 크롬-구리의 화합물이다.

28. 다음 중 조경공사에 사용되는 섬유재에 관한 설명으로 틀린 것은?
㉮ 볏짚은 줄기를 감싸 해충의 잠복소를 만드는 데 쓰인다.
㉯ 새끼줄은 뿌리분이 깨지지 않도록 감는 데 사용한다.
㉰ 밧줄은 마섬유로 만든 섬유로프가 많이 쓰인다.
㉱ 새끼줄은 5타래를 1속이라 한다.

해설 섬유재는 녹화마대, 밧줄, 볏짚, 새끼줄을 말하며 새끼줄은 10타래 1속이라 한다.

29. 다음 중 폭포나 벽천 등의 마감재로 가장 부적당한 것은?
㉮ 자연석
㉯ 화강암
㉰ 유리섬유강화 플라스틱
㉱ 목재

해설 목재를 재료로 사용하면 폭포의 수분에 의해 목재가 빨리 부패된다.

30. 다음 중 우리나라에서 가장 많이 이용되는 잔디는?
㉮ 들잔디   ㉯ 고려잔디
㉰ 비로드잔디 ㉱ 갯잔디

해설 재래종 잔디(들잔디)는 우리나라에서 가장 많이 식재되어 사용하며 공원, 묘지, 경기장 등에 사용한다.

31. 다음 중에서 관목끼리 짝지어진 것은?
㉮ 주목, 느티나무, 단풍나무
㉯ 진달래, 회양목, 꽝꽝나무
㉰ 등나무, 잣나무, 은행나무
㉱ 매실나무, 명자나무, 칠엽수

해설 ① 관목: 옥향, 회양목, 진달래, 사철나무, 무궁화, 조합나무, 매자나무, 꽝꽝나무
② 교목: 주목, 소나무, 잣나무, 향나무, 대추나무, 단풍나무, 배롱나무, 계수나무

32. 다음 중 차량 소통이 많은 곳에 녹지를 조성하려고 할 때 가장 적당한 수종은?
㉮ 조팝나무   ㉯ 향나무
㉰ 왕벚나무   ㉱ 소나무

해답 25. ㉱ 26. ㉯ 27. ㉮ 28. ㉱ 29. ㉱ 30. ㉮ 31. ㉯ 32. ㉰

해설 ① 대기오염(아황산화물, SO₂)에 강한수종 : 향나무, 편백, 사철나무, 벽오동, 능수버들, 무궁화, 은행나무
② 대기오염(아황산화물, SO₂)에 약한 수종 : 독일가문비, 소나무(적송), 전나무, 느티나무, 벚나무, 단풍나무, 매화나무

33. 다음 금속재료의 특성 중 장점이 아닌 것은?
㉮ 다양한 형상의 제품을 만들 수 있고 대규모의 공업생산품을 공급할 수 있다.
㉯ 각기 고유의 광택을 가지고 있다.
㉰ 재질이 균일하고 불에 타지 않는 불연재이다.
㉱ 내산성과 내알칼리성이 크다.

해설 금속재료의 특징 : 내산성과 내알칼리성이 작다.

34. 다음 수종 중 음수가 아닌 것은?
㉮ 주목   ㉯ 독일가문비
㉰ 팔손이나무   ㉱ 석류나무

해설 ① 음수 : 주목, 전나무, 독일가문비, 팔손이나무, 녹나무, 동백나무, 회양목
② 양수 : 석류나무, 소나무, 모과나무, 산수유, 은행나무, 백목련, 무궁화

35. 다음 중 모르타르의 구성 성분이 아닌 것은?
㉮ 물   ㉯ 모래
㉰ 자갈   ㉱ 시멘트

해설 모르타르 : 물, 모래, 시멘트로 혼합한 것이다.

36. 한국형 잔디의 특징을 잘못 설명한 것은?
㉮ 포복성이어서 밟힘에 강하다.
㉯ 그늘에서도 잘 자란다.
㉰ 손상을 받으면 회복속도가 느리다.
㉱ 병해충과 공해에 비교적 강하다.

해설 한국형 잔디의 특성 : 양지에서도 잘 자란다.

37. 소나무에 많이 발생하는 솔나방 구제에 가장 효과적인 농약은?
㉮ 만코지제(다이센)
㉯ 캡탄수화제(오소사이드)
㉰ 포리옥신수화제
㉱ 디프제(디프록스)

해설 삼림 해충 솔나방 (식엽성 해충류)
① 솔나방(Dendrolimus spectabilis Butler) : 한국, 중국, 일본에 분포한다.
② 피해 수종 : 소나무류
③ 트리므론 25% 수화제를 4월, 9월 살포하여 방제한다.
④ 디프제를 살포한다.

38. 다음 중 조경시공의 특성이 아닌 것은?
㉮ 생명력이 있는 식물재료를 많이 사용한다.
㉯ 시설물은 미적이고 기능적이며 안전성과 편의성 등이 요구된다.
㉰ 조경수목은 정형화된 규격표시가 있기 때문에 규격이 다른 나무들은 현장 검수에서 문제의 소지가 있다.
㉱ 조경수목의 단가 적용은 정형화된 규격에 의해서 시행되고 있으며, 수목의 조건에 따라 단가 및 품셈을 증감하여 사용하고 있다.

해설 조경시공의 특성 : 조경수목의 단가 적용은 다양한 나무의 수종에 의해서 정형화된 규격에 의해서 시행되기 어려우므로 견적에 의한 가격적용을 한다.

39. 다음 중 더돋기의 정의로 가장 알맞은 것은?
㉮ 가라앉을 것을 예측하여 흙을 계획높이

해답 33. ㉱ 34. ㉱ 35. ㉰ 36. ㉯ 37. ㉱ 38. ㉱ 39. ㉮

보다 더 쌓는 것
㉯ 중앙분리대에서 흙을 볼록하게 쌓아 올리는 것
㉰ 옹벽 앞에 계단처럼 콘크리트를 쳐서 옹벽을 보강하는 것
㉱ 계단의 맨 윗부분에 설치하는 시설물이다.

해설 더돋기: 절토한 흙을 일정한 장소에 쌓는 성토 시 외부의 압력, 침하에 의해 높이가 줄어드는 것을 방지하고 예측하여 흙을 계획보다 10~15% 정도 더 쌓는 것을 말한다.

40. 지형도에서 등고선 간격(수직거리)이 20m이고, 등고선에 직각인 두 등고선의 평면거리(수평거리)가 100m인 경우 경사도(%)는?

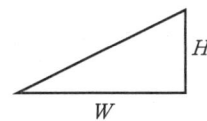

㉮ 10%   ㉯ 20%
㉰ 50%   ㉱ 80%

해설
경사도 = $\dfrac{수직거리}{수평거리} \times 100\%$

경사도 = $\dfrac{20\text{m}}{100\text{m}} \times 100\% = 20\%$

41. 다음 중 경석 앉히기에 관한 설명으로 틀리는 것은?

㉮ 시선이 집중하기 쉬운 곳, 시선을 유도해야 할 곳에 앉힌다.
㉯ 홀로 앉히기도 하나, 보통 짝으로 구성한다.
㉰ 돌과 돌 사이는 움직이지 않도록 시멘트로 굳힌다.
㉱ 돌 주위에는 회양목, 철쭉 등을 돌에 붙여 식재한다.

해설 경석 앉히기는 주변에 나무를 식재하여야 하므로 돌과 돌 사이는 시멘트로 굳히지 않는다.

42. 속효성 비료로 계속 주면 흙이 산성으로 변하는 비료는?

㉮ 황산암모늄   ㉯ 요소
㉰ 황산칼륨   ㉱ 중과석

해설 속효성 비료란 단시간에 효과를 얻기 위하여 사용하는 비료로서 황산암모늄속효성 비료는 계속 주면 흙이 산성으로 변한다.

43. 도로에 배수관이 설치되는 경우 L형 측구 몇 m마다 우수거를 설치해야 하는가?

㉮ 10m   ㉯ 15m
㉰ 20m   ㉱ 40m

해설 배수공사 표면배수: L형 측구 끝부분에 설치하며 20m마다 설치한다.

44. 다음 새끼로 뿌린분을 감는 방법을 나타낸 그림 중 석줄 두 번 걸기를 표현한 것은?

㉮ 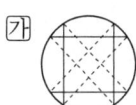   ㉯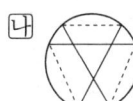

㉰ 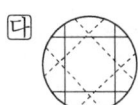   ㉱

해설 ㉱ 석줄 두 번 감기, ㉮ 네줄 한 번 감기, ㉯ 석줄 한 번 감기, ㉰ 네줄 두 번 감기

45. 개화결실을 목적으로 실시하는 정지, 전정 방법 중 옳지 않은 것은?

㉮ 약지(弱枝)는 길게, 강지(强枝)는 짧게 전정하여야 한다.
㉯ 묵은 가지나 병충해 가지는 수액유동 전에 전정한다.

해답 40. ㉯   41. ㉰   42. ㉮   43. ㉰   44. ㉱   45. ㉮

㉰ 작은 가지나 내측(內側)으로 뻗은 가지는 제거한다.
㉱ 개화 결실을 촉진하기 위하여 가지를 유인하거나 단근 작업을 실시한다.
[해설] 개화결실을 촉진 목적으로 하는 전정 약지는 짧게, 강지는 길게 전정하여야 한다.

46. 토공사(정지) 작업 시 일정한 장소에 흙을 쌓는 일을 무엇이라 하는가?
㉮ 객토　　㉯ 절토
㉰ 성토　　㉱ 경토
[해설] ① 성토 : 절토한 흙을 일정한 장소에 쌓거나 버리는 것을 말한다.
② 절토 : 흙깎기로서 흙을 파거나 깎아내는 것을 말한다.

47. 잔디의 식재지 표토의 최소토심(생육 최소깊이)은?
㉮ 10cm　　㉯ 20cm
㉰ 30cm　　㉱ 45cm
[해설] ① 잔디, 초화류의 생육 최소 깊이 : 30cm
② 잔디, 초화류의 생존 최소 깊이 : 15cm
③ 천근성 교목 생육 최소 깊이 : 90cm
④ 천근성 교목 생존 최소 깊이 : 60cm
⑤ 심근성 교목 생육 최소 깊이 : 150cm
⑥ 심근성 교목 생존 최소 깊이 : 90cm

48. 잠복소를 설치하는 목적에 가장 적당한 설명은 어느 것인가?
㉮ 동해의 방지를 위해
㉯ 월동 벌레를 유인하여 봄에 태우기 위해
㉰ 겨울의 가뭄 피해를 막기 위해
㉱ 동해나 나무 생육 조절을 위해
[해설] 잠복소 : 벌레들을 유인하여 봄에 태우기 위해 설치한다.

49. 관수공사에 대한 설명으로 가장 부적당한 것은?
㉮ 관수방법은 지표 관개법, 살수 관개법, 낙수식 관개법으로 나눌 수 있다.
㉯ 살수 관개법은 설치비가 많이 들지만 관수효과가 높다.
㉰ 수압에 의해 작동하는 회전식은 360°까지 임의 조절이 가능하다.
㉱ 회전 장치가 수압에 의해 지상 10cm로 상승 또는 하강하는 팝업(pop-up) 살수기는 평소 시각적으로 불량하다.
[해설] 팝업 살수기는 평소 시각적으로 보이지 않으며 불량하지 않다.

50. 자연석 100ton을 절개지에 쌓으려 한다. 다음 표를 참고할 때 노임은 얼마인가?

자연석 석축공(ton)

구 분	조경공	보통 인부
쌓기	2.5인	2.3인
놓기	2.0인	2.0인
1일 노임	30,000원	10,000원

㉮ 2,500,000원　　㉯ 5,600,000원
㉰ 8,260,000원　　㉱ 9,800,000원
[해설] 쌓기 = (2.5인×30000원×100ton) + (2.3인×10000원×100ton) = 9800000원

51. 어린이를 위한 운동 시설로서 모래터의 깊이는 어느 정도가 가장 알맞은가?
㉮ 5~10cm　　㉯ 10~20cm
㉰ 20~30cm　　㉱ 30cm 이상
[해설] 지표로부터 15~20cm 가량 높여야 하며 모래의 깊이는 안전을 위해 30~40cm 정도를 유지한다.

52. 진딧물 구제에 적당한 약제가 아닌 것은?
㉮ 메타유제 (메타시스톡스)
㉯ 디디브이피제 (DDVP)

해답 46. ㉰　47. ㉰　48. ㉯　49. ㉱　50. ㉱　51. ㉱　52. ㉱

㉰ 포스팜제(다이메크론)
㉱ 만코지제(다이센 M45)

해설 ① 진딧물은 4월에 메타시스톡스, 마라톤유제 등을 살포하여 방제하며 친환경적 방법으로는 천적인 무당벌레류, 꽃등애류, 풀잠자리류의 기생봉을 이용한다.
② 녹병: 만코지 수화제, 석회황합제, 지네브제, 보르도액 등을 살포한다.

53. 일반적으로 수목의 뿌리돌림 시, 분의 크기는 근원 직경의 몇 배 정도가 알맞은가?
㉮ 2배 ㉯ 4배 ㉰ 8배 ㉱ 12배

해설 뿌리분의 크기: 수목의 뿌리돌림 시 분의 크기는 근원 직경의 4~6배 정도 크기로 한다.

54. 설계도의 종류 중에서 입체적인 느낌이 나지 않는 도면은 무엇인가?
㉮ 상세도 ㉯ 투시도
㉰ 조감도 ㉱ 스케치도

해설 상세도: 평면도, 다면도보다 확대된 축적을 사용하며 잘 나타나지 않는 형상, 치수, 구조 등을 자세하게 나타내어 준다.

55. 난지형 잔디밭에 뗏밥을 넣어주는 적기는?
㉮ 3~4월 ㉯ 6~8월
㉰ 9~10월 ㉱ 11~1월

해설 ① 뗏밥: 유실된 토양을 채우고 잔디에 영양을 공급하기 위하여 부엽토를 뿌려주는 것을 말한다.
② 난지형 잔디(들잔디): 6~8월인 여름철에 뗏밥 주기를 한다.
③ 한지형 잔디: 9월에 뗏밥 주기를 한다.

56. 소나무류의 잎솎기는 어느 때 하는 것이 좋은가?
㉮ 3월경 ㉯ 4월경 ㉰ 6월경 ㉱ 8월경

해설 ① 소나무 잎솎기: 8월

② 소나무 순자르기: 5월~6월
③ 소나무 묵은 잎 제거: 3월

57. 추위에 의하여 나무의 줄기 또는 수피가 수선 방향으로 갈라지는 현상을 무엇이라 하는가?
㉮ 고사 ㉯ 피소 ㉰ 상렬 ㉱ 괴사

해설 추위에 의한 피해 상렬: 추위에 의해 나무의 줄기, 껍질이 수선 방향으로 갈라지는 현상이며 주로 남쪽 지방에서 많은 피해가 나타난다.

58. 돌 쌓기 공사에서 4목도 돌이란 무게가 몇 kg 정도의 것을 말하는가?
㉮ 약 100kg ㉯ 약 150kg
㉰ 약 200kg ㉱ 약 300kg

해설 1목 = 50kg, 4목 = 50kg × 4 = 200kg

59. $45m^2$에 전면 붙이기에 의해 잔디 조경을 하려고 한다. 필요한 평떼량은 얼마인가? (단, 잔디 1매의 규격은 30cm × 30cm × 3cm이다.)
㉮ 약 200매 ㉯ 약 300매
㉰ 약 500매 ㉱ 약 700매

해설 $1m^2$ = 11장, $45m^2$ = 11장 × 45 = 495장

60. 이식한 수목의 줄기와 가지에 새끼로 수피감기하는 이유가 아닌 것은?
㉮ 경관을 향상시킨다.
㉯ 수피로부터 수분 증산을 억제한다.
㉰ 병·해충의 침입을 막아준다.
㉱ 강한 태양광선으로부터 피해를 막아준다.

해설 수피감기
① 새끼줄, 종이테이프 등을 사용하여 특히 활엽수에 감아준다.
② 수피로부터 수분 증산을 억제한다.
③ 병·해충의 침입을 방지하며 강한 태양광선, 건조로부터 피해를 방지한다.

해답 53. ㉰ 54. ㉮ 55. ㉯ 56. ㉱ 57. ㉰ 58. ㉰ 59. ㉰ 60. ㉮

▶ 2005년 10월 2일 시행

자격종목	코 드	시험시간	형 별	수험번호	성 명
조경기능사	7900	1시간	A		

1. 다음 그림과 같은 묘의 종류는?

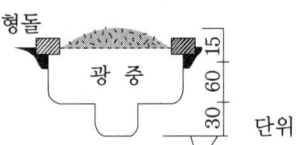

㉮ 봉분형 ㉯ 평분형
㉰ 절충식형 ㉱ 납골묘

2. 조경 분야의 프로젝트를 수행하는 단계별로 구분할 때, 자료의 수집 및 분석, 종합과 가장 밀접하게 관련이 있는 것은?

㉮ 계획 ㉯ 설계
㉰ 내역서 산출 ㉱ 시방서 작성

[해설] ① 계획: 자료의 수집 및 분석, 종합하는 과정이다.
② 설계: 자료를 사용하여 기능적, 미적인 3차원적 공간을 창조하는 과정이다.
③ 시공: 공학적 지식, 생물적 지식을 다룬다는 점에서 특수한 기술이 필요하다.
④ 관리: 식생, 시설물을 사용·관리한다.

3. 국립공원의 발달에 기여한 최초의 미국 국립공원은?

㉮ 옐로스톤 ㉯ 요세미티
㉰ 센트럴파크 ㉱ 보스턴 공원

[해설] ① 옐로스톤: 미국 최초의 국립공원이다.
② 요세미티: 미국 최초의 자연공원이다.
③ 센트럴파크: 도시공원의 효시, 국립공원 운동의 계기를 마련했다.

4. 다음 중국식 정원의 설명으로 틀린 것은 어느 것인가?

㉮ 차경수법을 도입하였다.
㉯ 사실주의보다는 상징적 축조가 주를 이루는 사의주의에 입각하였다.
㉰ 유럽의 정원과 같은 건축식 조경수법으로 발달하였다.
㉱ 대비에 중점을 두고 있으며, 이것이 중국정원의 특색을 이루고 있다.

[해설] 중국 정원의 특징
① 자연풍경축경식 조경양식이다.
② 조화보다 대비에 중점을 두고 있다.
③ 차경수법을 도입하였다.
④ 사의주의, 회화풍경식 조경양식이다.

5. 시공 후 전체적인 모습을 알아보기 쉽도록 그린 다음 같은 형태의 그림은?

㉮ 평면도
㉯ 입면도
㉰ 조감도
㉱ 상세도

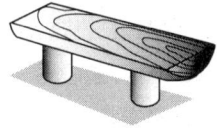

[해설] ① 조감도는 높은 곳에서 구조물을 새가 내려다본 것을 표현한 도면이다.
② 상세도: 설비도라 말하며 평면도, 단면도에 잘 나타나지 않은 부분을 상세히 표현한다.

6. 다음 중 미국조경가협회가 내린 조경에 대한 정의 중 시대가 다른 것은?

㉮ 조경은 실용성과 즐거움을 줄 수 있는 환경의 조성에 목표를 둔다.
㉯ 조경은 자원의 보전과 효율적 관리를 도

[해답] 1. ㉯ 2. ㉮ 3. ㉮ 4. ㉰ 5. ㉰ 6. ㉱

모한다.
㉰ 조경은 문화 및 과학적 지식의 응용을 통하여 설계, 계획하고 토지를 관리하며 자연 및 인공 요소를 구성하는 기술이다.
㉱ 조경은 인간의 이용과 즐거움을 위하여 토지를 다루는 기술이다.

[해설] 미국조경가협회 (ASLA)
① 1909년 : 조경은 '인간의 이용과 즐거움을 위하여 토지를 다루는 기술'로 정의한다.
② 1975년 : '실용성과 즐거움을 줄 수 있는 환경 조성에 목적을 두고 자원의 보전과 효율적 관리를 하며 문화적 및 과학적 지식의 응용을 통하여 설계, 계획하고 토지를 관리하며 자연 및 인공 요소를 구성하는 기술'로 정의한다.

7. 다음 중 조경에서 제도를 하는 순서가 올바른 것은?

① 축척을 정한다.
② 도면의 윤곽을 정한다.
③ 도면의 위치를 정한다.
④ 제도를 한다.

㉮ ①-②-③-④　　㉯ ②-③-①-④
㉰ ②-①-③-④　　㉱ ③-②-①-④

[해설] 도면의 크기와 축척을 정한다. → 표제란에 공사명, 도면명, 축적, 도면번호, 설계날짜, 설계자를 기입하고 도면의 윤곽선 작업을 정한다. → 도면에 내용을 배치한다. → 제도를 한다.

8. 다음 중 일본의 축산고산수 수법이 아닌 것은?

㉮ 왕모래를 깔아 냇물을 상징하였다.
㉯ 낮게 솟아 잔잔히 흐르는 분수를 만들었다.
㉰ 바위를 세워 폭포를 상징하였다.
㉱ 나무를 다듬어 산봉우리를 상징하였다.

[해설] 폭포와 바위돌을 강조의 중심으로 하는 수법을 사용하였으며 분수는 사용하지 않았다.
[참고] 일본의 축산고산수 수법(14C)
① 바위를 세워 폭포를 상징하였다.
② 다듬은 나무는 산봉우리를 상징하였다.
③ 왕모래를 깔아 냇물을 상징하였다.
④ 폭포와 바위돌을 강조하는 수법을 사용하였다.

9. 다음 중 경관구성의 미적 원리 중 통일성과 관련해 성격이 다른 것은?

㉮ 균형과 대칭　　㉯ 강조
㉰ 조화　　　　　㉱ 율동

[해설] 경관구성의 미적 원리
① 통일성
  ㉠ 조화(harmony)
  ㉡ 균형(balance)과 대칭(symmetry)
  ㉢ 비대칭균형(skew)
  ㉣ 반복(repetition)
  ㉤ 강조(accent)
② 다양성
  ㉠ 비례(proportion)
  ㉡ 율동(rhythm)
  ㉢ 대비(contrast)
  ㉣ 점이(gradualness)
  ㉤ 단순미(simple)
③ 율동(rhythm) : 선, 면, 형태, 색채, 질감이 규칙적이고 주기적으로 연속적인 것을 말한다.

10. 경사진 지형을 깎아 벽과 테라스를 쌓아 계단을 만들고 물, 기타 조경요소를 도입하여 자연경관을 부각시킨 정원 양식은 어느 것인가?

㉮ 한국 정원　　㉯ 일본 정원
㉰ 이탈리아 정원　㉱ 에스파냐 정원

[해설] 물, 기타 조경요소를 도입하여 자연경관을 부각시켰으며 경사진 지형을 깎아 계단식으로 정원을 만들고 전망이 좋은 경관을 내다볼 수 있게 했다.

[해답] 7. ㉮　8. ㉯　9. ㉱　10. ㉰

11. 조경수목의 구비 조건이 아닌 것은?
㉮ 관상 가치와 실용적 가치가 높아야 한다.
㉯ 이식이 어렵고, 한곳에서 오래도록 잘 자라야 한다.
㉰ 불리한 환경에서도 견딜 수 있는 적응성이 커야 한다.
㉱ 병충해에 대한 저항성이 강해야 한다.

해설 조경수목의 구비 조건
① 이식이 잘 되는 수목이고 불리한 환경에서도 생존 및 성장을 잘 해야 한다.
② 유지관리가 잘 되어야 한다.
③ 주변 경관과 조화를 이루며 사용목적에 적합해야 한다.

12. 고려시대 궁궐의 정원을 맡아 관리하던 해당 부서는?
㉮ 내원서   ㉯ 정원서
㉰ 상림원   ㉱ 동산바치

해설 ① 내원서: 고려시대 궁궐 조경 관리부서
② 상림원(태조), 장원서(세조): 조선시대 궁궐 조경 관리부서
③ 동산바치: 조선시대 정원사를 말한다.

13. 다음 그림은 무엇을 나타낸 도면인가?

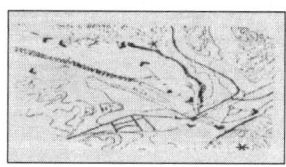

㉮ 경사분석도
㉯ 식생분석도
㉰ 경관분석도
㉱ 토지이용 계획도

해설 경관분석도: 위에서 내려다보면 물 또는 도로가 선으로 인식될 것이며 호수 등은 면으로 인식할 것이다. 이처럼 수평선, 수직선, 위에서 내려다보이는 경관을 경관 분석도라 정의한다.

14. 영구위조(永久萎凋) 시의 토양의 수분 함량은 모래(砂土)의 경우 몇 %인가?
㉮ 2~3%   ㉯ 10~15%
㉰ 20~25%   ㉱ 30~40%

해설 ① 영구위조 시 모래 수분 함량: 2~3%
② 영구위조(permanent wilting): 식물체가 시든 정도가 심하여 물을 공급해도 더 이상 생명을 유지할 수 없고 고사하는 것

15. 골프장 설치장소로 적합하지 않은 곳은?
㉮ 교통이 편리한 위치에 있는 곳
㉯ 골프코스를 흥미롭게 설계할 수 있는 곳
㉰ 기후의 영향을 많이 받는 곳
㉱ 부지매입이나 공사비가 절약될 수 있는 곳

해설 골프장은 잔디의 관리 및 성장을 위하여 양지이고 기후가 안정된 곳이 가장 좋다.

16. 점토제품 중 돌을 빻아 빚은 것을 1300℃ 정도의 온도로 구웠기 때문에 거의 물을 빨아들이지 않으며, 마찰이나 충격에 견디는 힘이 강한 것은?
㉮ 벽돌제품
㉯ 토관제품
㉰ 타일제품
㉱ 도자기제품

해설 도자기 제품
① 가열온도가 1300℃이다.
② 물을 흡수하지 않으며 마찰이나 충격에 강하다.
③ 음료수 설치대, 가로등에 사용한다.

17. 다음 중 수목의 수피가 흰색을 갖는 수종은?
㉮ 배롱나무   ㉯ 자작나무
㉰ 흰말채나무   ㉱ 노각나무

해답 11. ㉯ 12. ㉮ 13. ㉰ 14. ㉮ 15. ㉰ 16. ㉱ 17. ㉯

[해설] 자작나무
① 낙엽활엽교목
② 학명: Betula platyphylla var. japonica
③ 분류: 자작나뭇과
④ 수피가 흰색이다.

18. 다음 중 양수만으로 짝지어진 것은?
㉮ 향나무, 가중나무
㉯ 가시나무, 아왜나무
㉰ 회양목, 주목
㉱ 사철나무, 독일가문비나무

[해설] 양수: 향나무, 석류나무, 소나무, 모과나무, 산수유, 은행나무, 백목련, 무궁화

19. 흡수성과 투수성이 거의 없으므로 배수관, 상하수도관, 전선 및 케이블관 등에 쓰이는 점토 제품은?
㉮ 벽돌   ㉯ 도관
㉰ 플라스틱   ㉱ 타일

[해설] 도관(Earthenware pipe)
① 점토, 내화점토를 주원료로 하며 관자체에 유약을 사용하여 구운 것으로 내압력이 강하며 불침투성이다.
② 표면이 부드럽고 단단하다.
③ 흡수성, 투수성이 거의 없어 배수관, 상하수도관, 전선 케이블관 등에 사용한다.

20. 다음 중 맹아력이 가장 약한 수종은?
㉮ 리기다소나무   ㉯ 쥐똥나무
㉰ 벚나무   ㉱ 히말라야시다

[해설] ① 맹아력이 약한 수종: 소나무, 감나무, 녹나무, 굴거리나무, 벚나무
② 맹아력이 강한 수종: 주목, 모과나무, 무궁화, 개나리, 가시나무

21. 다음 중 목재 특성의 장점으로 바른 것은?

㉮ 충격, 진동에 대한 저항성이 작다.
㉯ 열전도율이 낮다.
㉰ 충격의 흡수성이 크고, 건조에 의한 변형이 크다.
㉱ 가연성이며 인화점이 낮다.

[해설] 목재의 장점
① 비중이 작으며 상대적으로 압축강도가 강하다.
② 열전도율이 작다.
③ 인장강도 > 압축강도
④ 염분에 매우 강하다.
⑤ 무늬가 아름답다.

22. 가을에 씨뿌림해야 하는 1년 초화류로 가장 적당한 것은?
㉮ 팬지   ㉯ 매리골드
㉰ 샐비어   ㉱ 채송화

[해설] 팬지(pansy)
① 학명: Viola tricolor var. hortensis
② 분류: 제비꽃과
③ 특징: 봄에 뿌린 것은 개화와 성장이 잘 이루어지지 않으며 가을에 뿌린 것은 개화와 성장이 매우 좋다.

23. 다음 돌의 가공방법에 대한 설명으로 잘못된 것은?
㉮ 혹도: 표면의 큰 돌출부분만 떼어 내는 정도의 다듬기
㉯ 정다듬: 정으로 비교적 고르고 곱게 다듬는 정도의 다듬기
㉰ 잔다듬: 도드락 다듬면을 일정 방향이나 평행선으로 나란히 찍어 다듬어 평탄하게 마무리하는 다듬기
㉱ 도드락다듬: 혹두기한 면을 연마기나 숫돌로 매끈하게 갈아내는 다듬기

[해설] 돌(석재) 가공 순서
① 혹두기 → 정다듬 → 도드락다듬 → 잔다듬 → 물갈기

[해답] 18. ㉮   19. ㉯   20. ㉰   21. ㉯   22. ㉮   23. ㉱

② 도드락다듬: 정다듬한 면을 도드락망치로 더욱 평탄하게 다듬는 것
③ 물갈기: 잔다듬한 면에 금강사, 카보런덤, 모래, 숫돌 등으로 물을 주면서 갈아 광택이 나게 한 것이다.

24. 다음 중 백색 계통 꽃이 피는 수종들로 짝지어진 것은?
㉮ 박태기나무, 개나리, 생강나무
㉯ 쥐똥나무, 이팝나무, 층층나무
㉰ 목련, 조팝나무, 산수유
㉱ 무궁화, 매화나무, 진달래

[해설] 백색 계통 꽃이 피는 수종: 쥐똥나무, 이팝나무, 층층나무, 배나무, 배롱나무, 조팝나무, 백목련, 수국

25. 다음 중 1속에서 잎이 5개 나오는 수종은?
㉮ 배송 ㉯ 소나무
㉰ 리기다 소나무 ㉱ 잣나무

[해설] ① 1속에서 잎이 5개 나오는 수종: 섬잣나무(5엽송), 잣나무, 스트로브잣나무
② 1속에서 잎이 2개 나오는 수종: 소나무, 곰솔, 흑송, 방크스소나무, 반송, 구주소나무
③ 1속에서 잎이 3개 나오는 수종: 백송, 리기다소나무, 리기테다소나무

26. 은행나무 같이 열매의 과육을 주물러 물로 씻은 후 종자를 추출하는 방법은?
㉮ 부숙법 ㉯ 타작법 ㉰ 풍선법 ㉱ 유궤법

[해설] 종자 탈각법으로서 유궤법은 은행, 주목 열매의 과육을 주물러 뭉개서 물로 씻어 종자를 분리하는 방법이다.

[참고] 종자 선별방법
① 부숙법: 가래, 호두, 은행 등을 습기 있는 곳에 쌓고 썩혀 알맹이를 뽑아내어 종자를 추출하는 방법이다.
② 풍선법(winnowing method): 바람을 이용하여 좋은 종자를 선택해내는 방법이다.

27. 석질 재료의 장점이 아닌 것은?
㉮ 외관이 매우 아름답다.
㉯ 내구성과 강도가 크다.
㉰ 가격이 저렴하고 시공이 용이하다.
㉱ 변형되지 않으며 가공성이 있다.

[해설] 가격이 비싸고 시공이 어렵다.

28. 목재로 구성하기에 적합하지 않은 조경 시설물은?
㉮ 파고라 ㉯ 의자
㉰ 쓰레기통 ㉱ 데크(deck)

[해설] 목재는 화재에 대하여 위험성이 존재한다.

29. 다음 중 토양의 비옥도에 따라 수종이 영향을 받는데, 척박지에서 생육이 가능한 수종은?
㉮ 가시나무 ㉯ 자귀나무
㉰ 녹나무 ㉱ 은행나무

[해설] ① 토양이 좋지 않은 척박지에 생육이 강한 수종: 소나무, 오리나무, 버드나무, 자작나무, 등나무, 보리수나무, 눈향나무
② 토양이 좋은 비옥지에서 생육이 강한 수종: 측백나무, 벽오동, 회양목, 벚나무, 장미, 모란, 느티나무, 단풍나무

30. 스테인리스강이라고 하면 최소 몇 % 이상의 크롬이 함유된 것을 말하는가?
㉮ 4.5% ㉯ 6.5% ㉰ 8.5% ㉱ 10.5%

[해설] ① 스테인리스강: 탄소강+크롬+니켈(10.5% 이상)
② 크롬의 양이 13% 이상이면 크롬의 양이 증가함에 따라 내식성, 내열성이 좋아진다.

31. 겨울철 화단에 심을 수 있는 식물은?
㉮ 알리섬 ㉯ 꽃양배추
㉰ 매리골드 ㉱ 금어초

[해답] 24. ㉯ 25. ㉱ 26. ㉱ 27. ㉰ 28. ㉰ 29. ㉯ 30. ㉱ 31. ㉯

해설 ① 겨울 화단용 식물: 꽃양배추
② 봄 화단용 식물: 팬지, 금어초, 데이지, 튤립, 수선화, 금잔화
③ 여름, 가을 화단용 식물: 샐비어, 채송화, 봉숭아, 맨드라미, 국화, 부용, 달리아, 칸나

32. 녹막이 페인트가 갖추어야 할 성질에 해당하는 것은?
㉮ 탄력성이 가급적 적을 것
㉯ 내구성이 작을 것
㉰ 특수성일 것
㉱ 마찰 충격에 견딜 수 있을 것

해설 녹막이 페인트
① 금속바탕이 녹이 나는 것을 막기 위하여 사용하는 도료로서 주로 바탕칠에 쓰인다.
② 수분의 통과를 막는 광명단페인트가 있다.
③ 수분의 비활성화시키는 징크 크로메이트계 도료가 있다.
④ 마찰, 충격에 의한 스파크로부터 견딜 수 있어야 한다.

33. 목재의 두께가 7.5cm 미만에 폭이 두께의 4배 이상인 제재목은?
㉮ 판재   ㉯ 각재   ㉰ 원목   ㉱ 합판

해설 ① 판재: 목재의 두께가 7.5cm 미만에 폭이 두께의 4배 이상인 제재목으로 마무리 재료로 사용한다.
② 각재: 폭 두께가 3배 미만인 것으로 구조재로 사용한다.

34. 조경용 수목의 선정조건이 아닌 것은?
㉮ 가격이 비싼 수목
㉯ 환경에 잘 적응하는 수목
㉰ 관상적 가치가 높은 수목
㉱ 이식이 잘 되는 수목

해설 조경용 수목은 경제성(가격이 저가)이 있고 쉽게 구할 수 있는 수종일 것

35. 다음 중 덩굴성 식물로 가장 바른 것은?
㉮ 서향   ㉯ 송악
㉰ 병아리꽃나무   ㉱ 피라칸사스

해설 덩굴성 식물
① 줄기가 길며 곧게 서지 않고 수목이나 지지물에 감거나 붙어서 생장하는 식물이다.
② 덩굴성 식물: 곰딸기, 다래, 능수화, 인동초, 고구마, 완두, 오이, 나팔꽃, 담쟁이덩굴

36. 신장 생장이 불량하여 줄기나 가지가 가늘고 작아지며, 묵은 잎이 황변하여 떨어질 때 결핍된 비료의 요소는?
㉮ 질소   ㉯ 인
㉰ 칼륨   ㉱ 칼슘

해설 ① 질소(N): 광합성 촉진 작용을 한다. 부족하면 잎과 줄기가 가늘어지며 잎이 황색으로 변색되어 떨어진다.
② 인(P): 세포분열 촉진 기능, 꽃, 열매, 뿌리 성장, 새눈과 잔가지 발육에 기여한다. 부족하면 뿌리 생장 기능이 저하되며 잎이 암록색으로 변색되고 생산량이 감소한다.
③ 칼륨(K): 꽃, 열매의 향기 및 색깔 조절에 기여한다. 부족하면 황화현상이 발생한다.
④ 칼슘(Ca): 단백질 합성, 식물체 유기산 중화의 역할을 한다. 부족하면 생장점이 파괴되며 갈색으로 변색된다.

37. 터닦기할 때 성토 시(흙쌓기) 침하에 대비하여 계획된 높이보다 몇 % 정도 더 돋기를 하는가?
㉮ 3~5%   ㉯ 10~15%
㉰ 20~25%   ㉱ 30~35%

해설 더돋기: 절토한 흙을 일정한 장소에 쌓는 성토 시 외부의 압력, 침하에 의해 높이가 줄어드는 것을 방지하고 예측하여 흙을 계획보다 10~15% 정도 더 쌓는 것을 말한다.

해답 32. ㉱   33. ㉮   34. ㉮   35. ㉯   36. ㉮   37. ㉯

38. 비탈면에 교목을 식재할 때 비탈면의 기울기는 어느 정도보다 완만하여야 하는가?
㉮ 1:1 정도 ㉯ 1:1.5 정도
㉰ 1:2 정도 ㉱ 1:3 정도

해설 식재 기반 조성 기준
① 교목 : 수직 : 수평이 1 : 3보다 완만하여야 한다.
② 관목 : 수직 : 수평이 1 : 2보다 완만하여야 한다.
③ 초화류 : 수직 : 수평이 1 : 1보다 완만하여야 한다.

39. 인간이나 기계가 공사 목적물을 만들기 위하여 단위 물량당 소요로 하는 노력과 품질을 수량으로 표현한 것을 무엇이라 하는가?
㉮ 할증 ㉯ 품셈 ㉰ 견적 ㉱ 내역

해설 ① 품셈 : 공사목적을 달성하기 위하여 인건비, 자재비, 경비 등이 모든 품의 수량을 표시한 것을 말한다.
② 할증 : 일정한 값보다 더한 값을 말한다.
③ 견적 : 공사를 하는 데 필요한 비용 따위를 적산에서 산출된 수량에 단가를 곱하여 가격을 계산하는 작업이다.
④ 내역 : 물품이나 금액으로 견적 및 적산에 산출된 품목 및 수량을 말한다.

40. 조경 분야에서 컴퓨터를 활용함에 있어서 설계 대상지의 특성을 분석하기 위해 자료수집 및 분석에 사용된 것으로 가장 알맞은 것은?
㉮ 워드프로세서(word processor)
㉯ 캐드시스템(CAD system)
㉰ 이미지 프로세싱(image processing)
㉱ 지리정보시스템(GIS)

해설 ① 지리정보시스템(GIS) : 현황 자료를 수집, 분석, 종합한다.
② 워드프로세서(word processor) : 문서를 작성한다.
③ 캐드시스템(CAD system) : 도면 입력, 편집, 출력을 한다.
④ 이미지 프로세싱(image processing) : 투시도, 조감도 제작, 스케치 작업을 한다.

41. 자연식 정원에 퍼걸러의 들보와 도리 및 아치와 트랠리스 재료로서 보통 조화롭게 쓰이는 것은?
㉮ 목재 ㉯ 콘크리트
㉰ 석재 ㉱ PVC

해설 목재
① 자연식 정원에 있어서 다른 재료들과 잘 조화를 이루며 장식용으로 사용한다.
② 외관이 장중하다.
③ 마모, 풍화에 강하다.

42. 나무의 개화, 결실을 돕기 위한 목적으로 하는 전정을 설명한 것 중 틀린 것은?
㉮ 끝눈에서 개화하는 나무는 꽃이 진 직후에 가지치기를 실시한다.
㉯ 열매를 목적으로 할 때에는 수액이 유동하기 전인 휴면기에 전정을 한다.
㉰ 곁눈이 꽃눈으로 분화하는 나무는 휴면기에 가지치기를 한다.
㉱ 약한 가지는 길게, 강한 가지는 짧게 전정하는 것을 원칙으로 하되 수세를 보아가면서 한다.

해설 수목의 수형을 보아가면서 약한 가지는 짧게 전정하고 강한 가지는 길게 전정한다.

43. 다음 중 전등의 평균수명이 가장 긴 것은?
㉮ 백열전구 ㉯ 할로겐등
㉰ 수은등 ㉱ 형광등

해답 38. ㉱ 39. ㉯ 40. ㉱ 41. ㉮ 42. ㉱ 43. ㉰

해설 광원의 평균수명 : ① 나트륨〉② 수은등〉③ 형광등〉④ 메탈할로이드〉⑤ 할로겐〉⑥ 백열등

44. 다음 그림 중 정구장 같은 면적의 전 지역을 균일하게 배수하려는 빗살형 암거 방법은?

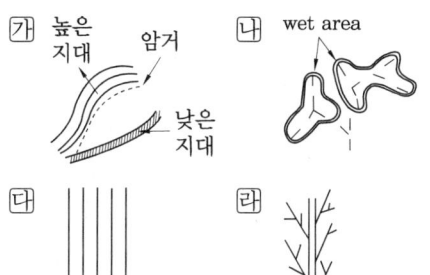

해설 ㉮-차단법, ㉯-자연형, ㉰-빗살형, ㉱-어골형

45. 조경설계에 있어서 수목을 표현할 때 가장 많이 사용하는 제도 용구는?

㉮ T자
㉯ 원형 템플릿
㉰ 삼각축척(스케일)
㉱ 삼각자

해설 ① 원형 템플릿 : 도면에 정원 설계 시 수목 표시할 때 가장 많이 사용한다.
② 삼각 축적자 : 길이를 재거나 또는 길이를 줄이는 데 쓰이는 것으로 삼각형, 단면모양을 한 목재의 3면에 1mm의 1/100, 1/200, 1/300, 1/400, 1/500, 1/600에 해당하는 6가지로 축적되어 있으며 눈금이 새겨져 사용하기에 매우 편리하다.
③ 삼각자 : 한 각이 90°이고 다른 두 각이 45°인 이등변삼각형 삼각자와 30°, 60°인 부등변삼각자 등 2종류가 1쌍으로 되어 있다.
④ T자 : 제도판에 대고 수평선을 긋거나 T자의 삼각자를 대고 수직선, 사선을 그을 때 사용하는 것이다.

46. 계단 설계에서 단높이를 18cm로 했을 때 계단폭은 어느 정도가 가장 적당한가?

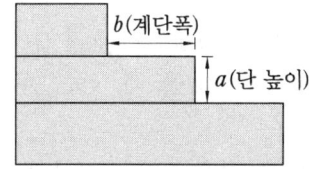

㉮ 10～15 cm   ㉯ 15～20 cm
㉰ 20～25 cm   ㉱ 25～30 cm

해설 구조물 설계 기준(계단)
① $2h + b = 60～65$ cm,
발판높이 : h, 너비 : b
② $2 \times 18 + b = 60～65$ cm
$b = 24～29$ cm

47. 많은 나무를 모아 심었거나 줄지어 심었을 때 적합한 지주 설치법은?

㉮ 단각지주
㉯ 이각지주
㉰ 삼각지주
㉱ 연결형(연계형) 지주

해설 지주 설치법
① 단각지주 : 수고 1.2m 이하의 소형 수목에 적용된다.
② 이각지주 : 수고 2.0m 이하의 수목, 소형 가로수 수목에 적용한다.
③ 삼각지주 : 가장 많이 사용하며 경관상 중용한 장소 및 통행인이 많은 장소에 적용되며 중형수목, 대형수목에 적용한다.
④ 연결형 지주 : 가까운 거리에 많은 나무를 모아 식재했을 때 인접한 수목끼리 연결하는 형태로서 산울타리의 열식이라고도 말한다.

48. 다음 중 그 해 자란 1년생 신초지(新梢枝)에서 꽃눈이 분화하여 그 해에 개화하는 화목류는?

㉮ 무궁화   ㉯ 개나리
㉰ 목련   ㉱ 수국

해답 44. ㉰   45. ㉯   46. ㉱   47. ㉱   48. ㉮

[해설] 무궁화 : 새로 자란 가지에서 항상 꽃이 핀다.

49. 단면상세도상에서 철근 D-16 ⓐ 300 이라고 적혀 있을 때, ⓐ는 무엇을 나타내는가?

㉮ 철근의 간격 ㉯ 철근의 길
㉰ 철근의 직경 ㉱ 철근의 개수

[해설] ① 지름(직경)이 16mm의 철근이 300mm 간격으로 배치한다.
② ⓐ : 간격

50. 다음 중 흰불나방의 피해가 가장 많이 발생하는 수종은?

㉮ 감나무 ㉯ 사철나무
㉰ 플라타너스 ㉱ 측백나무

[해설] 미국흰불나방
① 가해수종 : 활엽수, 과수 등 160여 종 가해
② 방제법 : 디프수화제, 메프수화제, 스미치온 등을 살포한다.
③ 잠복소를 설치하여 포살한다.
④ 천적(긴등기생파리, 송충알벌)을 보호한다.

51. 다음 중 소나무류 순자르기에 가장 적당한 시기는?

㉮ 봄 ㉯ 여름
㉰ 가을 ㉱ 겨울

[해설] ① 소나무 잎솎기 : 8월
② 소나무 순자르기 : 5~6월(봄)
③ 소나무 묵은 잎 제거 : 3월

52. 진흙 굳히기 공법은 어느 공사에서 사용되는가?

㉮ 원로공사 ㉯ 암거공사
㉰ 연못공사 ㉱ 옹벽공사

[해설] 연못공사 수생 식물 및 수생동물의 생존을 하기 위해서는 진흙을 사용한다.

53. 도로 식재 중 사고방지 기능 식재에 속하지 않은 것은?

㉮ 명암순응식재 ㉯ 시선유도식재
㉰ 녹음식재 ㉱ 침입방지식재

[해설] ① 명암순응식재 : 터널에 진입할 때 터널 내부와 외부의 밝고 어두운 차이로 시각적 명암 차이 현상이 발생하는 것을 완화 및 단축시키기 위하여 터널입구로부터 200~300m 이내에 상록교목을 심는다.
② 시선유도식재 : 운전 중 운전자가 도로의 형태를 잘 알 수 있도록 주변 배경과 뚜렷한 식별이 가능한 수종을 식재한다.
③ 녹음식재 : 수목의 잎에 의해 햇볕이 차단되어 그늘을 만들기 위해 교목을 식재한다.

[참고] ・주행 기능 : 시선유도식재, 지표식재
・사고방지기능 : 차광식재, 명암순응식재, 진입방재식재, 완충식재
・방재기능 : 방풍식재, 방설식재, 비상방지식재
・휴식기능 : 녹음식재, 지피식재
・경관기능 : 차폐식재, 수경식재, 조화식재
・환경보존기능 : 방음식재, 임연보호식재

54. 울타리는 종류나 쓰이는 목적에 따라 높이가 다른데 일반적으로 사람의 침입을 방지하기 위한 울타리의 경우 높이는 어느 정도가 가장 적당한가?

㉮ 20~30cm ㉯ 50~60cm
㉰ 80~100cm ㉱ 180~200cm

[해설] ① 침입 방지용 울타리 높이 : 180~200cm
② 낮은 울타리 높이 : 0.5~3m

55. 다음 중 콘크리트의 장점이 아닌 것은?

㉮ 재료의 획득 및 운반이 용이하다.
㉯ 인장강도와 휨강도가 크다.
㉰ 압축강도가 크다.
㉱ 내구성, 내화성, 내수성이 크다.

[해답] 49. ㉮ 50. ㉰ 51. ㉮ 52. ㉰ 53. ㉰ 54. ㉱ 55. ㉯

해설 콘크리트의 장점
① 인장강도와 휨강도가 작다.
② 콘크리트는 압축강도가 가장 크고 인장, 휨, 전단강도는 압축강도의 1/10이다.
③ 내구성, 내화성, 내수성이 크다.

56. 다음 중 조경에서 경관석 놓기에 대한 설명 중 가장 옳지 않은 것은?

㉮ 경관석 놓기는 시각적으로 중요한 곳이나 추상적인 경관을 연출하기 위하여 이용된다.
㉯ 경관석 놓기는 2, 4, 6, 8과 같이 짝수로 무리지어 놓는 것이 자연스럽다.
㉰ 가장 중심이 되는 자리에 가장 크고 기품이 있는 경관석을 중심석으로 배치한다.
㉱ 전체적으로 볼 때 힘의 방향이 분산되지 않아야 한다.

해설 경관석 놓기: 경관석짜기의 기본은 주석(중심석)과 부석을 조화시켜 놓고 3, 5, 7 등 홀수로 놓으며 부등변 삼각형 형태로 배치한다.

57. 다음 중 방사형 시비 방법으로 적당한 것은?

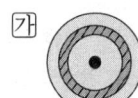

해설 ㉮-윤상시비법, ㉯-방사시비법, ㉰-전면시비법, ㉱-천공시비법

58. 다음 그림 중 마디 위 가지다듬기가 가장 잘된 것은?

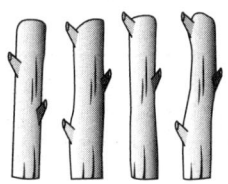

㉮ 1 ㉯ 2 ㉰ 3 ㉱ 4

해설 마디 위 가지다듬기는 눈 기준으로 0.7~1cm 위에서 눈과 평행하게 비스듬히 자른다.

59. 다음 중 루비깍지벌레의 구제에 가장 효과적인 농약은?

㉮ 메타유제(메타시스톡스)
㉯ 티디폰수화제(바리톤)
㉰ 디프수화제(디프로스)
㉱ 메치온유제(수프라사이드)

해설 메치온유제(수프라사이드), 디메토 유제를 10일 간격으로 2~3회 정도 살포한다.

60. 다음 중 조경 시공 순서로 가장 알맞은 것은?

㉮ 터닦기→급·배수 및 호안공→콘크리트공사→ 정원시설물 설치→식재공사
㉯ 식재공사→터닦기→정원시설물 설치→콘크리트공사→급·배수 및 호안공
㉰ 급·배수 및 호안공→정원시설물 설치→콘크리트공사→식재공사→터닦기
㉱ 정원시설물 설치→급·배수 및 호안공→식재공사→터닦기→콘크리트공사

해설 터닦기→급·배수 및 호안공→콘크리트공사→정원시설물 설치→식재공사

2006년도 시행 문제

▶ 2006년 1월 22일 시행

자격종목	코 드	시험시간	형 별	수험번호	성 명
조경기능사	7900	1시간	A		

1. 다음 중 경관의 우세 요소가 아닌 것은?
㉮ 형태   ㉯ 선   ㉰ 소리   ㉱ 텍스처

해설 경관구성 우세요소 : 선(line) > 형태(form) > 질감(텍스쳐, texture) > 색채(color) > 크기와 위치 > 농담

2. 다음 중 풍경식 정원에서 요구하는 계단의 재료로 가장 적당한 것은?
㉮ 콘크리트 계단   ㉯ 벽돌 계단
㉰ 통나무 계단   ㉱ 인조목 계단

해설 풍경식 정원(landscape gardens)
① 18C 영국에서 정원 그대로의 자연에 순응하는 자연식 풍경 정원양식이다.
② 풍경식 정원의 계단 재료 : 통나무 계단

3. 옥상정원의 환경조건에 대한 설명 중 옳지 않은 것은?
㉮ 토양 수분의 용량이 적다.
㉯ 토양 온도의 변동 폭이 크다.
㉰ 양분의 유실속도가 늦다.
㉱ 바람의 피해를 받기 쉽다.

해설 토양이 자연지반에서 분리되어 있어 양분의 유실속도가 빠르다.

4. 일본의 독특한 정원양식으로 여행, 취미의 결과 얻어진 풍경의 수목이나 명승고적, 폭포, 호수, 명산계곡 등을 그대로 정원에 축소시켜 감상하는 것은?

㉮ 축경원
㉯ 회유임천식 정원
㉰ 평정고산수식 정원
㉱ 다정

해설 일본의 조경 양식의 특징으로 외부의 자연경관을 인공적으로 축경화하여 감상하는 방법으로 자연숭배의 의미가 담겨져 있다.

5. 개인주택의 정원이나 아파트 단지 등 공동주택의 조경은 다음 중 어느 곳에 해당하는가?
㉮ 공원   ㉯ 기타 시설
㉰ 주거지   ㉱ 위락·관광시설

해설 개인주택 정원, 공동 주택(아파트) : 주거지

6. 다음과 같은 특징이 반영된 정원은?

- 지역마다 재료를 달리한 정원양식이 생겼다.
- 건물과 정원이 한 덩어리가 되는 형태로 발달했다.
- 기하학적인 무늬가 그려져 있는 원로가 있다.
- 조경수법이 대비에 중점을 두고 있다.

㉮ 중국정원   ㉯ 인도정원
㉰ 영국정원   ㉱ 독일 풍경식 정원

해설 중국 정원의 특징
① 자연풍경축경식 조경양식이다.
② 조화보다 대비에 중점을 두고 있다.
③ 차경수법을 도입하였다.
④ 사의주의, 회화풍경식 조경양식이다.

해답 1. ㉰   2. ㉰   3. ㉰   4. ㉮   5. ㉰   6. ㉮

7. 고려시대에 궁궐 내의 조경을 담당하던 관청은?

㉮ 장원서　　㉯ 내원서
㉰ 상림원　　㉱ 화림원

해설 ① 내원서 : 고려시대 궁궐 조경 관리부서
② 상림원(태조), 장원서(세조) : 조선시대 궁궐 조경 관리부서
③ 동산바치 : 조선시대 정원사를 말한다.

8. 다음 경관의 유형 중 초점경관에 대한 설명으로 옳은 것은?

㉮ 지형지물이 경관에서 지배적인 위치를 갖는 경관
㉯ 주위 경관 요소들에 의하여 울타리처럼 둘러싸인 경관
㉰ 좌우로의 시선이 제한되고 중앙의 한 점으로 모이는 경관
㉱ 외부로의 시선이 차단되고 세부적인 특성이 지각되는 경관

해설 초점경관 : 관찰자의 좌우 시선이 제한되고 시선을 유도해 중앙의 한 점으로 초점이 모이는 폭포, 수목, 강물, 도로 등 경관을 말한다.

참고 경관 : 산, 들, 강, 바다 등 인간의 활동으로 만들어낸 인공미와 자연미가 나타나는 자연이나 지역의 풍경을 말한다.

9. 조경 계획·설계의 고정 중 '기본 계획' 단계에서 다루어져야 할 문제가 아닌 것은?

㉮ 일정 토지를 계획함에 있어서 어떠한 용도로 이용할 것인가?
㉯ 지역간 혹은 지역 내에 어떠한 동선 연결 체계를 가질 것인가?
㉰ 하부구조시설들을 어디에 어떤 체계로 가설할 것인가?
㉱ 조사·분석된 자료들은 각각 어떤 상호 관련성과 중요성을 지니는가?

해설 ① 기본구상
㉠ 프로젝트에 대하여 설계목표 및 프로그램, 토지이용, 동선체계, 개발조건 등의 기준을 정해 여러 대안 중 최종안을 선택하여 기본계획안으로 확정한다.
㉡ 토지이용 : 일정 토지를 계획함에 있어서 어떠한 용도로 이용할 것인가?
㉢ 동선체계 : 지역간 혹은 지역 내에 어떠한 동선 연결 체계를 가질 것인가?
㉣ 개발조건 : 하부구조시설들을 어디에 어떤 체계로 가설할 것인가?
② 설계목표 및 프로그램, 토지이용, 동선체계, 개발조건 등 정해진 기준에 의해 프로젝트의 많은 대안 중 평가 및 심의하여 최종안을 선택하여 기본계획안으로 확정한다.

참고 대안 : 프로젝트의 내용 및 계획을 말한다.

10. 가로 1m×세로 10m의 공간에 H 0.4m ×W 0.5 규격의 철쭉으로 생울타리를 만들려고 하면 사용되는 철쭉의 수량은?

㉮ 약 20주　　㉯ 약 40주
㉰ 약 80주　　㉱ 약 120주

해설 철쭉
① 학명 : Rhododendron schlippenbachii
② 분류 : 진달래과
③ 낙엽활엽관목
④ 서식지 : 산지
⑤ 관목 : 수고(H)×수관폭(W) = $H0.4 \times W0.5$
㉠ 철쭉의 수관폭 0.5m(50cm²)
㉡ 1m = 2주 식재
㉢ 가로 1m×세로 10m = 2주 식재×20주 식재 = 40주 식재

11. 다음과 같은 조건을 갖춘 공원으로 가장 적당한 것은?

- 한 초등학교 구역에 1개소 설치
- 유치거리 500m 이하
- 면적은 10,000m 이상

해답　7. ㉯　8. ㉰　9. ㉱　10. ㉯　11. ㉯

㉮ 어린이공원   ㉯ 그린공원
㉰ 체육공원   ㉱ 도시자연공원

해설 ① 어린공원
  ㉠ 유치거리 : 250m 이내
  ㉡ 면적 : 1500m² 이상
② 그린공원
  ㉠ 유치거리 : 500m 이하
  ㉡ 면적 : 10,000m² 이상
③ 체육공원
  ㉠ 유치거리 : 거리 제한 없음
  ㉡ 면적 : 10,000m² 이상
④ 도시자연공원
  ㉠ 유치거리 : 거리 제한 없음
  ㉡ 면적 : 10,000m² 이상

12. 다음 조경 계획 과정 가운데 가장 먼저 해야 하는 것은?

㉮ 기본설계   ㉯ 기본계획
㉰ 실시설계   ㉱ 자연환경 분석

해설 목표 설정 후 목표를 달성하기 위하여 자료를 수집하여 식생, 기상조건, 토양조사 등 자연환경 분석을 한다.

13. 다음 중 방화식재로 사용하기 적당한 수종으로 짝지어진 것은?

㉮ 광나무, 식나무   ㉯ 피나무
㉰ 태산목, 낙우송   ㉱ 아카시아, 보리수

해설 방화식재
① 목적 : 화재발생시 화재확대를 방지하거나 화재를 지연시킨다.
② 적용수종 : 돈나무, 동백나무, 상수리나무, 식나무, 은행나무, 주목, 참나무, 플라타너스, 호랑가시나무, 떡갈나무, 광나무
③ 방화식재용 수종
  ㉠ 상록 활엽수
  ㉡ 수분을 많이 포함하고 있으며 잎이 크고 가지가 많기 때문이다.

14. 우리나라 전통 조경의 설명으로 옳지 않은 것은?

㉮ 신선 사상에 근거를 두고 여기에 음양오행설이 가미되었다.
㉯ 연못의 오양은 조롱박형, 목숨수자형, 마음심자형 등 여러 가지가 있다.
㉰ 네모진 연못은 땅, 즉 음을 상징하고 있다.
㉱ 둥근 섬은 하늘, 즉 양을 상징하고 있다.

해설 우리나라 전통조경 양식 : 연못은 형태가 단조롭고 직사각형 연못을 기본으로 하며 점, 선으로 표현하였다.

15. 조경의 대상지별 구분 중 기타 시설에 해당되지 않는 것은?

㉮ 도로   ㉯ 학교   ㉰ 광장   ㉱ 휴양지

해설 ① 휴양지 : 위락시설로서 위락조경이다.
② 도로, 학교, 광장 : 기타시설로서 시설조경이다.

16. 바탕재료의 부식을 방지하고 아름다움을 증대시키기 위한 목적으로 사용하는 재료는?

㉮ 니스   ㉯ 피치   ㉰ 벽토   ㉱ 회반죽

해설 니스(바니시, varnish)
① 건축, 차량, 가구 등의 실내, 특히 목재 부분 도장에 많이 쓰인다.
② 바르기 쉬우며 광택이 있고 값이 싸다.
③ 회반죽 : 건조수축에 의한 균열을 방지할 목적으로 여물을 첨가한다.

17. 다음 중 목재의 건조에 관한 설명으로 틀린 것은?

㉮ 건조기간은 자연 건조 시는 인공건조에 비해 길고, 수종에 따라 차이가 있다.
㉯ 인공건조 방법에는 증기건조, 공기가열건조, 고주파건조법 등이 있다.
㉰ 자연 건조 시 두께 3cm의 침엽수는 약 2~6개월 정도 걸리고 활엽수는 그보다 짧게 걸린다.

해답 12. ㉱ 13. ㉮ 14. ㉯ 15. ㉱ 16. ㉮ 17. ㉰

라 목재의 두꺼운 판을 급속히 건조할 경우에는 고주파건조법이 효과적이다.

해설 자연건조 시 두께 3cm의 침엽수는 약 1~3개월 이상 걸리고 활엽수는 침엽수보다 약 2배 정도 시간이 걸린다.

참고 목재건조 목적
① 목재 수축에 의한 변형 및 손상 방지
② 목재의 강도 향상
③ 전기절연성 증대
④ 운반 비용 절감

18. 다음 중 이식하기 가장 어려운 수종은?

가 가이즈까향나무   나 쥐똥나무
다 목련   라 영지나무

해설 ① 이식하기 어려운 수종: 목련, 소나무, 독일가문비, 주목, 섬잣나무, 굴거리나무, 느티나무, 백합나무, 구상나무
② 이식하기 쉬운 수종: 편백, 향나무, 사철나무, 은행나무, 버즘나무, 철쭉, 메타세쿼이아

19. 다음 중 금속재료의 특성이 바르게 설명된 것은?

가 소재 고유의 광택이 우수하다.
나 소재의 재질이 균일하지 않다.
다 재료의 질감이 따뜻하게 느껴진다.
라 일반적으로 산에 부식되지 않는다.

해설 장식효과와 소재 고유의 광택이 우수하다.

20. 다음 석재의 가공방법 중 표면을 가장 매끈하게 가공할 수 있는 방법은?

가 혹두기   나 정다듬
다 잔다듬   라 도드락다듬

해설 잔다듬
① 도드락 다듬한 위를 날망치로 곱게 쪼아 표면을 더욱 평탄하고 균일하게 한 것이다.
② 표면을 가장 매끈하게 가공할 수 있다.

21. 조경에서 수목의 규격표시와 기호 및 단위가 알맞게 짝지어진 것은?

가 수관폭-R-cm   나 수고-D-m
다 흉고직경-B-m   라 지하고-BH-m

해설 지하고: BH(breast height), C(Canopy): 지상을 기준으로 하여 최초의 가지까지의 높이를 말한다.
① 근원직경: R(Root): cm
② 수고: H(Height): m
③ 흉고직경: B, DBH(Diameter breast height): cm
④ 지하고: C(Canopy): m

22. 다음 조경재료 중에서 자연재료가 아닌 것은?

가 자연석   나 지피식물
다 초화류   라 식생매트

해설 식생매트: 자연상태를 복원시키는 공법으로 인공재료이다.

23. 다음 중 골프장에서 잔디와 그린이 있는 곳을 제외하고 모래나 연못 등과 같이 장애물을 설치한 곳을 가리키는 것은?

가 페어웨이   나 하자드
다 벙커   라 러프

해설 해저드(hazard): 벙커, 연못, 숲 등 장애물을 설치한 지역을 말한다.
① 페어웨이(fair way): 티와 그린 사이의 코스 중의 일부 잔디가 일정한 길이로 깎여져 있는 구역이다.
② 벙커(bunker): 코스 중간에 모래로 이루어진 함정으로 모래 웅덩이다.
③ 러프(rough): 페어웨이와는 다르게 잔디나 풀이 자연상태로 있는 구역이다.

24. 인공폭포, 수목 보호판을 만드는 데 가장 많이 이용되는 제품은?

해답 18. 다 19. 가 20. 다 21. 라 22. 라 23. 나 24. 라

㉮ 식생 호안 블록
㉯ 유리블록 제품
㉰ 콘크리트 격자 블록
㉱ 유리섬유 강화 플라스틱

해설 유리섬유 강화플라스틱(FRP : Fiberglass Reinforced Plastic) : 플라스틱에 유리섬유를 첨가시킨 것으로 벤치, 인공폭포, 수목보호판 등에 사용한다.

25. 조경수목의 선정 시 꽃의 향기가 주가 되는 나무가 아닌 것은?

㉮ 함박꽃나무　㉯ 서향
㉰ 태산목　㉱ 목서류

해설 태산목
① 학명 : Magnolia grandiflora
② 분류 : 목련과
③ 잎의 질감을 감상하며 꽃과는 무관하며 잎을 장식용으로 사용한다.

26. 다음 중 꽃이 먼저 피고, 잎이 나중에 나는 특성을 갖는 수목이 아닌 것은?

㉮ 개나리　㉯ 산수유
㉰ 수수꽃다리　㉱ 백목련

해설 수수꽃다리는 4~5월경에 핀다.

27. 해초풀 물이나 기타 전·접착제를 사용하는 미장재료는?

㉮ 벽토　㉯ 회반죽
㉰ 시멘트 모르타르　㉱ 아스팔트

해설 회반죽 : 소석회, 여물, 해초풀로서 소석회는 점성이 없으므로 점성을 가지게 하기 위하여 해초풀을 혼합한다.

28. 퇴적암의 일종으로 판모양으로 떼어낼 수 있어서 디딤돌, 바닥포장재 등으로 쓸 수 있는 것은?

㉮ 화강암　㉯ 안산암
㉰ 현무암　㉱ 점판암

해설 ① 점판암(clay stone) : 치밀한 판석으로 떼어낼 수 있어 얇은 판으로 만들 수 있으며 디딤돌, 바닥포장재 등으로 사용한다.
② 화강암(granite) : 바탕색과 반점이 아름다우며 석질이 견고하고 풍화작용이나 마멸에 강하며 건축, 토목의 구조재, 석탑 등에 사용한다.
③ 안산암(andesite) : 내화성이 높으며 가공이 용이하며 조각을 필요로 하는 곳에 사용되며 구조재, 골재 등에 사용한다.
④ 현무암(basalt) : 대부분 흑색이며 세립이고 치밀하지만 다공질인 경우도 있으며 문기둥, 석등, 바닥포장 등에 사용한다.

29. 다음 수종 중 관목에 해당하는 것은?

㉮ 백목련　㉯ 위성류
㉰ 층층나무　㉱ 매자나무

해설 ① 관목 : 옥향, 회양목, 진달래, 사철나무, 무궁화, 조팝나무, 매자나무, 꽝꽝나무
② 교목 : 주목, 소나무, 잣나무, 향나무, 대추나무, 단풍나무, 배롱나무, 계수나무
③ 관목(shrub) : 높이가 2m 이내이고 뿌리에서 여러 줄기가 나와서 원줄기를 찾을 수 없으며 줄기의 지름이 가늘다.
④ 교목(arbor) : 높이가 8m 넘고 수간과 가지의 구별이 뚜렷하며 뿌리에서 뚜렷한 원줄기에서 나뭇가지가 뻗어 나가며 줄기의 지름이 크다.

30. 다음의 경계석 재료 중 잔디와 초화류의 구분에 주로 사용하며 곡선처리가 가장 용이한 경제적인 재료는?

㉮ 콘크리트 제품　㉯ 화강석 재료
㉰ 금속재 제품　㉱ 플라스틱 제품

해설 플라스틱 제품
① 내열, 내화성이 작으나 내산성, 내알칼리성이 좋아 녹슬지 않는다.

해답 25. ㉰　26. ㉰　27. ㉯　28. ㉱　29. ㉱　30. ㉱

② 가공하기 쉬워 성형이 가능하며 착색이 자유롭고 광택이 좋고 접착력이 강하다.
③ 경량이며 강도가 큰 것이 있으나 구조재료는 불리하다.
④ 곡선 처리가 가장 용이하다.

해설 느티나무
① 학명 : Zelkova serrata
② 낙엽활엽교목
③ 뿌리 뻗음이 가장 웅장한 느낌을 주고 광범위하게 뻗어가는 수종이다.

31. 다음 중 열매를 감상하기 위하여 식재하는 수종이 아닌 것은?
㉮ 피라칸사스   ㉯ 석류나무
㉰ 조팝나무   ㉱ 팥배나무

해설 ① 열매를 감상하는 나무 : 모과나무, 오미자, 해당화, 자두나무, 팥배나무, 동백나무, 산수유, 대추나무, 보리수나무, 석류나무, 감나무, 화살나무, 찔레, 감탕나무, 살구나무, 생강나무, 뽕나무, 비자나무, 포도나무
② 잎을 감상하는 나무 : 주목, 단풍나무류, 계수나무, 측백나무, 소나무류, 위성류, 대나무, 식나무, 벽오동, 조팝나무

34. 다음 중 칠공사에 사용되는 방청용 도료에 해당하지 않는 것은?
㉮ 에멀션페인트   ㉯ 광명단
㉰ 징크로메이트계 ㉱ 워시프라이머

해설 ① 에멀션페인트 : 유화액상 수성 페인트
② 광명단 : 사삼화납이 주성분이며 오렌지색 방청안료이다.
③ 징크로메이트계 : 크롬산 아연을 주성분이며 방청안료이다.
④ 워시프라이머 : 자동차용 도료이다.

35. 다음 중 붉은색(홍색)의 단풍이 드는 수목들로 구성된 것은?
㉮ 닥우송, 느티나무, 백합나무
㉯ 칠엽수, 참느릅나무, 졸참나무
㉰ 감나무, 화살나무, 붉나무
㉱ 잎갈나무, 메타세쿼이아, 은행나무

해설 ① 붉은색(홍색) 단풍나무 : 단풍나무, 감나무, 화살나무, 붉나무, 담쟁이덩굴, 산딸나무, 옻나무
② 노란색(황색) 단풍나무 : 고로쇠나무, 은행나무, 계수나무, 느티나무, 벽오동, 배롱나무, 자작나무, 메타세쿼이아

32. 표면수를 배수시키기 위해 부지의 둘레나 원로가에 설치하는 데 적합한 토관은?

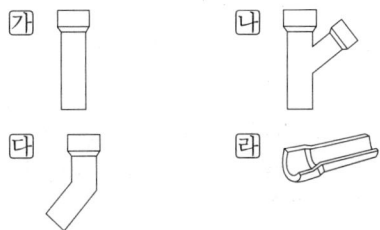

해설 측구(gutter) : 도로면에 발생한 표면수의 물을 배수하기 위하여 도로의 한쪽 또는 양쪽 도로에 평행하게 만든 배수구이다.

36. 추위로 줄기 및 수피가 얼어 터져 세로 방향의 금이 생겨 말라죽는 경우가 생기는 수종은?
㉮ 단풍나무   ㉯ 은행나무
㉰ 버즘나무   ㉱ 소나무

해설 단풍나무는 추위로 인해 잎의 세포가 파괴되고 엽록소 작용도 할 수 없으므로 겨울철에 활엽수종은 추위로 인한 피해가 높아진다.

33. 다음 중 뿌리 뻗음이 가장 웅장한 느낌을 주고 광범위하게 뻗어가는 수종은?
㉮ 소나무   ㉯ 느티나무
㉰ 목련   ㉱ 수양버들

해답 31. ㉰ 32. ㉱ 33. ㉯ 34. ㉮ 35. ㉰ 36. ㉮

37. 아래 그림에서 A점과 B점의 자는 얼마인가?(단, 등고선 간격은 5m이다.)

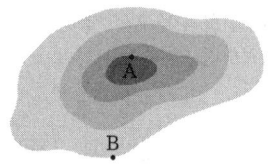

㉮ 10cm ㉯ 15m
㉰ 20m   ㉱ 25m

해설 등고선 간격이 3간이므로 3×5 = 15m

38. 다음 중 보통분으로 뿌리분을 뜨고자 할 때 A부분의 적당한 크기는?

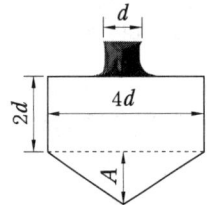

㉮ 1/4d ㉯ d ㉰ 2d ㉱ 1/2d

해설 A = d, 분의 크기 4d, 분의 깊이 3d

39. 다음 중 잡석지정 방법 중 가장 적당한 것은?

해설 잡석지정은 기초부위의 지내력(지반의 내력, 기둥의 누름에 견디는 힘)을 높이기 위해 고려해야 할 사항으로 돌을 세워서 깔아야 한다. 2단으로 겹쳐 깔고 다지면 깨지기 쉽다.

40. 토공사에서 흐트러진 상태의 토양 변화율이 1.1일 때 토공사에서 터파기량이 $10m^3$, 되메우기량이 $7m^3$일 때 잔토처리량은?

㉮ $3m^3$ ㉯ $3.3m^3$
㉰ $7m^3$ ㉱ $17m^3$

해설 ① 잔토처리량 = 터파기량 - 되메우기
② $3m^3 = 10m^3 - 7m^3$
③ 3×1.1(토양 변화율) = 3.3

41. 설계도의 종류 중에서 3차원의 느낌이 가장 실제의 모습과 가깝게 나타나는 것은?

㉮ 입면도 ㉯ 평면도
㉰ 투시도 ㉱ 상세도

해설 투시도
① 보통 사람이 선 자세에서 건물을 보았을 경우 실제 눈에 보이는 대로 절단한 면을 그린 그림이며 3차원의 느낌이 가장 실제의 모습과 가깝다.
② 투시도에 있어서 투시선은 관측자의 시선으로서, 화면을 통과하여 시점에 모이게 된다.

42. 추운 지방이나 엄동기에 콘크리트 작업을 할 때 시멘트에 무엇을 섞으면 굳어지는 속도가 촉진되는가?

㉮ 염화칼슘 ㉯ 페놀
㉰ 물   ㉱ 석회석

해설 경화촉진제 : 콘크리트의 응결시간이 촉진되며 염화칼슘, 염화마그네슘, 규산나트륨 등이 많이 쓰인다.

43. 다음 중 잔디밭의 넓이가 $165m^2$(약 50평) 이상으로 잔디의 품질이 아주 좋지 않아도 되는 골프장의 러프지역, 공원의 수목지역 등에 많이 사용하는 잔디 깎기 기계는?

㉮ 핸드모어   ㉯ 그린모어
㉰ 로터리모어 ㉱ 갱모어

해답 37. ㉯ 38. ㉯ 39. ㉮ 40. ㉯ 41. ㉰ 42. ㉮ 43. ㉰

해설 ① 로터리모어(rotary mower) : 50평(150m²) 이상의 골프장의 러프(rough), 공원의 수목지역 잔디관리에 사용한다.
② 핸드모어(hand mower) : 수동으로 동작하는 기계로서 50평(150m²) 미만 잔디관리에 사용한다.
③ 그린모어(green mower) : 골프장의 그린(green), 테니스장의 코트 지역의 잔디관리에 사용한다.
④ 갱모어(gang mower) : 골프장, 경기장, 운동장 등 5000평(15000m²) 이상의 큰 지역의 잔디관리에 사용한다.

44. 소나무와 오엽송 등의 높이 위치에 가지를 전정하거나 열매를 채취할 경우 사용하는 전정가위는?
㉮ 갈쿠리 전정가위(고지가위)
㉯ 조형 전정가위
㉰ 대형 전정가위
㉱ 순치기 가위

해설 갈쿠리 전정가위(고지가위) : 향나무처럼 손질이 복잡한 것은 제외하고 손질이 간단한 소나무와 오엽송 등 높은 위치에 가지를 전정하거나 열매를 채취할 때 사용하는 전정가위로서 큰 장대에 도르래에 체인을 걸어 잡아당기며 전정한다.

45. 뿌리돌림의 필요성을 설명한 것으로 거리가 먼 것은?
㉮ 이식거리가 아닐 때 이식할 수 있도록 하기 위해
㉯ 크고 중요한 나무를 이식하려 할 때
㉰ 개화결실을 촉진시킬 필요가 없을 때
㉱ 건전한 나무로 육성할 필요가 있을 때

해설 노목, 대목, 거목, 쇠약해진 수목 등 이식력이 약한 나무를 대상으로 이식하여 좋은 나무로 육성할 목적으로 한다.

46. 다음 중 수목을 식재할 경우 수간감기를 하는 이유로 틀린 것은?
㉮ 수간으로부터 수분증산 억제
㉯ 잡초 발생 방지
㉰ 병해충 방지
㉱ 상해 방지

해설 수피감기 목적
① 수간으로부터 수분증산 억제한다.
② 상해 방지한다.
③ 병·해충의 침입을 방지하며 강한 태양광선, 건조로부터 피해를 방지한다.

47. 다음 중 소형고압블록의 특징으로 틀린 것은?
㉮ 재료의 종류가 다양하다.
㉯ 시공과 보수가 어렵다.
㉰ 보도용과 차도용으로 구분하여 사용한다.
㉱ 내구성과 강도가 좋다.

해설 소형고압블록은 시공과 보수가 쉬우며 공사비가 저가이다.

48. 다음 중 가뭄방제법으로 가장 거리가 먼 것은?
㉮ 관수 넷 토양 갈아엎기
㉯ 퇴비 및 짚 깔아주기
㉰ 줄기의 수피에 새끼감기 및 해 가려주기
㉱ 가지의 시든 잎 제거하기

해설 가지의 시든 잎 제거는 수목의 채광과 통풍을 중대시키기 위함이 목적이다.

49. 다음 중 파종잔디 조성에 관한 설명으로 잘못된 것은?
㉮ 1ha당 잔디종자의 약 50~150kg 정도 파종한다.
㉯ 파종 시기는 난지형 잔디는 5~6월 초순경, 한지형 잔디는 9~10월 또는 3~5월경을 적기로 한다.

해답 44. ㉮ 45. ㉰ 46. ㉯ 47. ㉯ 48. ㉱ 49. ㉰

㉰ 종방향, 횡방향으로 파종하고 충분히 복토한다.
㉱ 토양 수분 유지를 위해 폴리에틸렌필름이나 볏집, 황마천, 차광막 등으로 덮어준다.

해설 잔디 파종법
① 종자의 반은 세로로 파종하고 반은 가로로 파종하며 잔디씨앗은 매우 작고 미세하므로 절대로 복토하지 않는다.
② 전압(rolling) : 발을 사용하거나 롤러를 사용하여 밟아주거나 전압시켜 종자를 토양과 밀착시킨다.
③ 멀칭 : 볏짚 등 기타 재료로 덮어 주어 수분보존과 씨앗의 유실을 막는다.

50. 다음 중 잎이나 가지에 붙어 즙액을 빨아먹어 잎이 황색으로 변하게 되고 2차적으로 그을음병을 유발시키며 감나무, 동백나무, 호랑가시나무, 사철나무, 치자나무 등에 공통적으로 발생하기 쉬운 충해는?

㉮ 흰불나방 ㉯ 측백나무 하늘소
㉰ 깍지벌레 ㉱ 진딧물

해설 깍지벌레
① 수목에 붙어 수액을 빨아먹으며 번식력이 강하며 직접적인 피해와 2차적으로 그을음병을 발생시킨다.
② 천적을 보호한다(무당벌레, 풀잠자리류).
③ 메치온유제(수프라사이드), 디메토 유제를 10일 간격으로 2~3회 정도 살포한다.

51. 흙을 굴착하는 데 사용하는 것으로 기계가 서 있는 위치보다 높은 곳의 굴삭을 하는 데 효과적인 토공 기계는?

㉮ 모터그레이더 ㉯ 파워셔블
㉰ 드래그라인 ㉱ 클램셀

해설 ① 파워셔블(power shovel) : 원형으로 작업위치보다 높은 굴착에 적합하며 산, 절벽 굴착에 쓰인다.
② 드래그라인 : 긁어파기, 지면보다 낮은 곳을 넓게 굴삭하는 데 사용한다.
③ 클램셀 : 수중굴착, 폭발작업 등 좁은 장소의 수직굴착에 사용한다.
④ 모터그레이더(motor grader) : 지면을 절삭하여 평활하게 다듬는 것이 목적이다.

52. 돌이 풍화·침식되어 표면이 자연적으로 거칠어진 상태를 뜻하는 것은?

㉮ 돌의 뜰녹 ㉯ 돌의 절리
㉰ 돌의 조면 ㉱ 돌의 이끼방탕

해설 ① 돌의 조면 : 야면이라고도 하며 돌이 풍화, 침식되어 표면이 거칠어진 상태이며 자연미를 보여준다.
② 돌의 뜰녹 : 돌이 오랜 세월을 지나면서 풍화작용을 통해 아름답고 고색한 경관석의 미를 보여준다.
③ 돌의 절리 : 돌에 선과 무늬가 조잡하지 않고 방향감을 주며 섬세한 예술적 미를 보여준다.
④ 돌의 이끼 : 돌에 이끼가 낀 돌로서 경관석으로서 자연미를 보여준다.

53. 다음 기구 중 수목의 흉고직경을 측정할 때 사용하는 것은?

㉮ 경척 ㉯ 덴드로미터
㉰ 와이제측고기 ㉱ 윤척

해설 ① 윤척(calipers) : 임목의 지름을 측정하는 기구로 캐리퍼스라고도 말한다.
② 경척 : 곡척의 1자 2치 5푼(37.88cm)의 크기로 재봉용 자를 말한다.
③ 덴드로미터(dendrometer) : 수고와 방위각을 측정하는 기구를 말한다.

54. 다음 중 단면도, 입면도, 투시도 등의 설계도면에서 물체의 상대적 크기(기준)를 느끼기 위해서 그리는 대상이 아닌 것은?

㉮ 수목 ㉯ 자동차
㉰ 사람 ㉱ 연못

해답 50. ㉰ 51. ㉯ 52. ㉰ 53. ㉱ 54. ㉱

해설 투시도
① 보통 사람이 선 자세에서 건물을 보았을 경우 실제 눈에 보이는 대로 절단한 면을 그린 그림이며 3차원의 느낌이 가장 실제의 모습과 가깝다.
② 실제 모습과 가깝게 그리기 위해서는 수목, 자동차, 연못을 투시도에서 보여준다.

55. 다음 중 땅깎기할 때 단단한 바위의 경우 비탈면의 알맞은 기울기는?
㉮ 1 : 0.3~1 : 0.8
㉯ 1 : 0.5~1 : 1.2
㉰ 1 : 1.0~1 : 1.5
㉱ 1 : 1.5~1 : 2.0

해설 경암(단단한 바위) 비탈면의 기울기=1 : 0.3~1 : 0.8

56. 다음 중 가시 산울타리용으로 쓰이는 수종이 아닌 것은?
㉮ 탱자나무
㉯ 쥐똥나무
㉰ 호랑가시나무
㉱ 찔레나무

해설 쥐똥나무
① 학명: Ligustrum obtusifolium
② 낙엽관목
③ 정원수목, 공원수목, 공장녹화수목, 산울타리용으로 쓰이며 가시가 없는 것이 특징이다.

57. 다음 중 '가', '나'에 가장 적당한 것은?

> 콘크리트가 단단히 굳어지는 것은 시멘트와 물의 화학반응에 의한 것인데, 시멘트와 물이 혼합된 것을 (가)라 하고, 시멘트와 모래, 그리고 물이 혼합된 것을 (나)라 한다.

㉮ 가-콘크리트, 나-모르타르
㉯ 가-모르타르, 나-콘크리트
㉰ 가-시멘트페이스트, 나-모르타르
㉱ 가-모르타르, 나-시멘트페이스트

해설 시멘트와 물이 혼합된 것을 시멘트 페이스트(시멘트 풀)라 하고 시멘트와 모래 그리고 물이 혼합된 것을 모르타르라 한다.

58. 옹벽 공사 시 뒷면에 물이 고이지 않도록 몇 m²마다 배수구 1개씩 설치하는 것이 좋은가?
㉮ 1m²
㉯ 3m²
㉰ 5m²
㉱ 7m²

해설 옹벽공사 시 2~3m²마다 3~6cm 크기의 배수구를 1개씩 설치한다.

59. 다음 중 수목의 굵은 가지치기 요령 중 가장 거리가 먼 것은?
㉮ 잘라낼 부위는 가지의 밑둥으로부터 10~15cm 부위를 위에서부터 밑까지 내리자른다.
㉯ 잘라낼 부위는 아래쪽에 가지 굵기의 1/3 정도 깊이까지 톱자국을 먼저 만들어 놓는다.
㉰ 톱을 돌려 아래쪽에 만들어 놓은 상처보다 약간 높은 곳을 위로부터 내리자른다.
㉱ 톱으로 자른 자리의 거친 면은 손칼로 깨끗이 다듬는다.

해설 ① 굵은 가지치기는 가지의 밑둥으로부터 10~15cm 부위를 아래서부터 가지 굵기의 1/3 정도 깊이까지 톱자국을 먼저 만들어 놓는다.
② 톱을 돌려 아래쪽에 만들어 놓은 상처보다 약간 높은 곳을 위로부터 내리 자른다.
③ 다시 아랫부분을 자른 후 자른 자리의 거친 면은 손칼로 깨끗이 다듬는다.

해답 55. ㉮ 56. ㉯ 57. ㉰ 58. ㉯ 59. ㉮

60. 다음 중 벽돌구조에 대한 설명으로 옳지 옳지 않은 것은?

㉮ 표준형 벽돌의 크기는 190mm×90mm×57mm이다.
㉯ 이오토막은 네덜란드식, 칠오토막은 영식 쌓기의 모서리 또는 끝부분에 주로 사용된다.
㉰ 벽의 중간에 공간을 두고 안팎으로 쌓는 조적벽을 공간벽이라 한다.
㉱ 내리벽에는 통줄눈을 피하는 것이 좋다.

해설 ① 영국식 쌓기: 반절, 이오토막 사용하며 마구리쌓기와 길이쌓기를 교대로 하여 쌓는다.
② 네덜란드식: 모서리에 칠오토막을 사용하며 모서리 또는 끝부분에 주로 사용되며 모서리가 다소 견고하다.

해답 60. ㉯

▶ 2006년 4월 2일 시행

자격종목	코 드	시험시간	형 별
조경기능사	7900	1시간	A

수험번호　성 명

1. 우리나라 조경에서 역사적인 조성 순서가 오래된 것부터 바르게 나열된 것은?
㉮ 궁남지-안압지-소쇄원-안학궁
㉯ 안학궁-궁남지-안압지-소쇄원
㉰ 안압지-소쇄원-안학궁-궁남지
㉱ 소쇄원-안학궁-궁남지-안압지

해설 ① 고구려: 안학궁(427년)
② 백제: 궁남지(634년)
③ 신라: 안압지(674년)
④ 조선: 양산보의 소쇄원(1530년)

2. 일본의 모모야마(桃山) 시대에 새롭게 만들어져 발달한 정원 양식은?
㉮ 회유임천식
㉯ 축산고산수식
㉰ 종교수법
㉱ 다정

해설 ① 모모야마시대(1580년): 다정 정원 양식이 발달하였다.
② 일본정원 양식의 시대적 순서: 임천식 → 회유임천식 → 축산고산수식 → 평정고산 수식 → 다정식 → 회유식

3. 다음 중 관개경관으로 옳은 것은?
㉮ 평온에 우뚝 솟은 산봉우리
㉯ 주위 산에 의해 둘러싸인 산중 호수
㉰ 노폭이 좁은 지역에서 나뭇가지와 잎이 도로를 덮은 지역
㉱ 바다 한가운데서 수평선상의 경관을 360° 각도로 조망할 때의 경관

해설 ① 관개경관(canopied landscape): 터널경관으로서 노폭이 좁은 장소에 상층은 나무 숲, 줄기가 기둥처럼 있고 하층은 관목, 어린 나무들이 있으며 나뭇가지와 잎이 도로를 덮은 지역을 말한다.
② 파노라마경관(전경관)
㉠ 시야의 제한 없이 멀리까지 보는 경관이다. 높은 곳에서 멀리 내려다보는 경관으로 자연에 대한 웅장하고 아름다움을 볼 수 있다.
㉡ 독도의 전망대에서 바라보는 경관이다.
③ 일시경관(ephemeral landscape): 기상조건에 따라서 서리, 안개, 동물의 출현 등 경관의 이미지가 일시적으로 새로운 이미지로 변화하는 것을 말한다.
④ 지형경관
㉠ 천연미적 경관으로 지형지세가 경관에서 특징을 보여주고 경관의 지표가 된다.
㉡ 산중호수, 에베레스트산(네팔), 미국 뉴욕의 자유의 여신상, 여의도 63빌딩
⑤ 위요경관
㉠ 수평적 중심공간 주위에 높은 수직공간에 산, 숲이 둘러싸인 경관이다.
㉡ 명성산 산정호수: 주위 산에 의해 둘러싸인 산중 호수
⑥ 초점경관: 관찰자의 좌우 시선이 제한되고 시선을 유도해 중앙의 한 점으로 초점이 모이는 경관으로 강물이나 계곡 또는 길게 뻗은 도로로 보여진다.
⑦ 세부공간: 관찰자가 가까이 접근하여 좁은 공간의 꽃, 열매, 수목의 형태 등을 자세히 관찰하며 감상하는 경관이다.

4. 다음 차경(借景)을 설명한 것으로 옳은 것은?
㉮ 멀리 바라보이는 자연의 풍경을 경관구

해답 1. ㉰　2. ㉱　3. ㉰　4. ㉮

성 재료의 일부로 도입해 이용한 수법
㉯ 경관을 가로막는 것
㉰ 일정한 흐름에서 어느 특정 선을 강조하는 것
㉱ 좌우대칭이 되는 중심선

해설 차경(borrow view) : 제한되고 협소한 장소에서 주변의 좋은 경관을 도입해 이용하는 방법으로 멀리 바라보는 바다, 삼림, 호수 등 자연의 풍경을 이용하는 방법이다.

5. 다음 서아시아의 조경 중 오늘날 공원의 시초인 것은?
㉮ 공중정원   ㉯ 수렵원
㉰ 아고라   ㉱ 묘지정원

6. 다음 중 내풍성이 약하여 바람에 잘 쓰러지는 수종은?
㉮ 느티나무   ㉯ 갈참나무
㉰ 가시나무   ㉱ 미루나무

해설 ① 포플러류인 미루나무는 뿌리가 얕게 퍼지며 깊이가 얕아 바람에 잘 쓰러지는 천근성 수종이다.
② 천근성 수종은 뿌리가 토양의 표층에 분포하며 토양의 심층에 굴착하기 어려운 수종이다.

7. 다음 중 좌우로 시선이 제한되어 전방의 일정 지점으로 시선이 모이도록 구성된 경관을 의미하는 것은?
㉮ 질감(texture)
㉯ 랜드마크(landmark)
㉰ 통경선(vista)
㉱ 결절점(nodes)

해설 ① 통경선(비스타 ; vista) : 정원 중심으로(주축선) 시선이 집중되어 정원을 한층 더 넓게 보이게 하는 효과가 발생하는 정원 또는 좌우로 시선이 제한되어 전방의

일정 지점으로 시선이 모이도록 구성된 초점 경관 구성 양식을 말한다.
② 랜드마크(landmark) : 어떤 지역의 지형, 지물 등의 식별성이 높은 지표물을 말한다.
③ 결절점(nodes) : 통로의 중복점이나 교차점을 말한다.

8. 홀(hall)이 구분한 개인적 공간의 거리 및 기능에 대한 설명이 바르게 짝지어진 것은?
㉮ 0.3~1.0m : 이성간의 교제
㉯ 0.45~1.1m : 친한 친구와의 대화
㉰ 1.2~3.5m : 업무상의 대화 유지 거리
㉱ 2.4~4.2m : 배우와 청중 사이에 유지되는 거리

해설 홀이 구분한 개인적 공간 거리

종 류	공간유지 거리	형 태
친밀한 공간 거리	0~45cm	남녀 간의 사랑하는 거리 아이를 안아주는 거리
개인적 공간 거리	45~125cm	친한 친구 간의 일상적 대화하는 거리
사회적 공간 거리	120~360cm	업무상 대화하는 거리
공적 거리	360cm 이상	연설자와 청중과의 거리

9. 16세기 무굴제국의 인도 정원과 가장 관련이 있는 것은?
㉮ 타지마할   ㉯ 지구라트
㉰ 지스터스   ㉱ 알함브라 궁원

해설 타지마할 : 16세기 무굴제국의 인도정원

10. 다음 중 정원에 사용되었던 하하(ha-ha) 기법을 잘 설명한 것은?

해답 5. ㉯ 6. ㉱ 7. ㉰ 8. ㉯, ㉰ 9. ㉮ 10. ㉮

㉮ 정원과 외부 사이를 수로를 파서 경계하는 기법
㉯ 정원과 외부 사이를 생울타리로 경계하는 기법
㉰ 정원과 외부 사이를 언덕으로 경계하는 기법
㉱ 정원과 외부 사이를 담벽으로 경계하는 기법

해설 하하 기법 : 성 밖을 둘러싸인 형태로 프랑스의 군사시설형태로 정원과 외부 사이를 스로를 파서 경계하는 기법으로 영국의 브리지맨이 정원양식으로 사용하였다.

11. 다음 중 사적지 조경의 설계지침으로 옳지 않은 것은?
㉮ 안내판은 사적지별로 개성 있게 제작한다.
㉯ 계단은 화강암이나 넓적한 자연석을 이용한다.
㉰ 모든 시설물에는 시멘트를 노출시키지 않는다.
㉱ 휴게소나 벤치는 사적지와 조화를 이루도록 한다.

해설 사적지 조경 설계 지침
① 민가의 안마당은 화목류, 관목류로 식재하며 마당으로 이용하나 극히 제한적으로 사용한다.
② 사찰 회랑 내부, 성의 외곽, 석탑주변에는 나무를 심지 않는다.
③ 성의 하층부, 후원 등에 나무를 심는다.
④ 궁이나 절의 건물터는 잔디를 심는다.
⑤ 묘역 안에는 큰 나무를 심지 않는다.
⑥ 안내판은 문화재보호법의 규정대로 설치한다.

12. 다음 중 조경과 조경가에 관한 설명으로 옳지 않은 것은?
㉮ 조경가는 경관 건축가(landscape architect)라 부른다.
㉯ 조경은 자연과 인간에게 봉사하는 전문 직업분야이다.
㉰ 조경은 실용적이고 기능적인 생활환경을 만드는 건설 분야이다.
㉱ 조경부분은 주택의 정원을 만드는 일에만 주력한다.

해설 조경은 종합과학예술로서 광범위하고 넓은 정원, 공원 등 옥외공간을 대상으로 한다.

13. 다음 중 조경공간을 구성하는 재료를 질적, 양적으로 전혀 다른 것으로 배열함으로써 서로의 특성이 강조될 때, 보는 사람에게 강한 자극을 주는 조경미로 가장 적당한 것은?
㉮ 운율미 ㉯ 대비미
㉰ 조화미 ㉱ 균형미

해설 대비미란 성질이 상대적으로 반대가 되는 것을 말하며 크고 작고 부드럽고 거칠고 등 서로 비교하여 보는 사람에게 강한 자극을 주는 조경미를 말한다.

14. 방풍림의 조성은 바람이 불어오는 주풍방향에 대해서 어떻게 조성해야 가장 효과적인가?
㉮ 30도 방향으로 길게
㉯ 직각으로 길게
㉰ 45도 방향으로 길게
㉱ 60도 방향으로 길게

해설 방풍림(windbreak forest) : 방풍림은 바람으로부터 농경지, 목장, 주택 등을 보호하며 조성 시 너비는 20~40m 가장 좋으며 주풍향 방향에 대해 풍향의 직각 방향으로 설치한다.

해답 11. ㉮ 12. ㉱ 13. ㉯ 14. ㉯

15. 도시공원 및 녹지 등에 관한 법률상에서 정한 도시공원의 설치 및 규모의 기준으로 옳은 것은?
- ㉮ 소공원의 경우 규모 제한은 없다.
- ㉯ 어린이공원의 경우 규모는 500m² 이상으로 한다.
- ㉰ 그린생활권 그린공원의 경우 규모는 5000m² 이상으로 한다.
- ㉱ 묘지공원의 경우 규모는 5000m² 이상으로 한다.

<u>해설</u> ① 어린이 공원: 1500m² 이상
② 근린생활권 근린공원: 10000m² 이상
③ 묘지 공원: 100000m² 이상
④ 소공원의 경우 규모 제한은 없다.

16. 다음 중 방풍용 수종에 관한 설명으로 가장 거리가 먼 것은?
- ㉮ 심근성이면서 줄기나 가지가 강인한 것
- ㉯ 녹나무, 삼나무, 편백, 후박나무 등이 주로 사용된다.
- ㉰ 실생보다는 삽목으로 번식한 수종일 것
- ㉱ 바람을 막기 위해 식재되는 수목은 잎이 치밀할 것

<u>해설</u> 실생수목은 바람에 강하고 삽목으로 번식한 수목은 바람에 약하다.

17. 돌을 뜰 때 앞면, 길이, 뒷면, 접촉부 등의 치수를 지정해서 깨낸 돌로 앞면은 정사각형이며, 흙막이용으로 사용되는 재료는?
- ㉮ 각석
- ㉯ 판석
- ㉰ 마름석
- ㉱ 견치석

<u>해설</u> 견치석(견치돌): 석축을 쌓는데 사각뿔모양의 석재 재료로서 돌을 뜰 때 앞면, 길이, 뒷면, 접촉부 등의 치수를 지정해서 깨낸 돌로 앞면은 정사각형이며, 흙막이용으로 사용되는 재료이다.

18. 다음 봄에 노란색으로 개화하지 않는 수종은?
- ㉮ 개나리
- ㉯ 산수유
- ㉰ 산딸나무
- ㉱ 생강나무

<u>해설</u> ① 백색 꽃: 산딸나무, 라일락, 배나무, 배롱나무, 백목련, 수국, 이팝나무, 쥐똥나무
② 노란색 꽃: 개나리, 산수유, 생강나무, 화살나무, 벽오동, 매자나무, 백합나무

19. 다음 중 목재의 방부제 처리법이 아닌 것은?
- ㉮ 풍화법
- ㉯ 도포법
- ㉰ 침전법
- ㉱ 가압주입법

<u>해설</u> 풍화법: 목재가 오랜 세월동안 햇볕, 비바람, 기온의 변화 등을 받으면서 수지성분이 증발하여 광택이 없어지고 표면이 변색, 변질된다.

20. 다음 중 이식이 가장 쉬운 나무는?
- ㉮ 가시나무
- ㉯ 독일가문비나무
- ㉰ 자작나무
- ㉱ 플라타너스

<u>해설</u> ① 이식하기 어려운 수종: 목련, 소나무, 독일가문비나무, 주목, 섬잣나무, 굴거리나무, 느티나무, 백합나무, 구상나무
② 이식하기 쉬운 수종: 플라타너스, 편백, 향나무, 사철나무, 은행나무, 버즘나무, 철쭉, 메타세쿼이아

21. 수목의 생태 특성과 수종들의 연결이 옳지 않은 것은?
- ㉮ 습한 땅에 잘 견디는 수종으로는 메타세쿼이아, 낙우송, 왕버들 등이 있다.
- ㉯ 메마른 땅에 잘 견디는 수종으로는 소나무, 향나무, 아카시아 등이 있다.
- ㉰ 산성토양에 잘 견디는 수종으로는 느릅나무, 서어나무, 보리수나무 등이 있다.

해답 15. ㉮ 16. ㉰ 17. ㉱ 18. ㉰ 19. ㉮ 20. ㉱ 21. ㉰

㉣ 식재토양의 토심이 깊은 것(심근성)은 호두나무, 후박나무, 가시나무 등이 있다.

[해설] ① 강산성 토양에 잘 견디는 수종: 소나무, 전나무, 가문비나무, 좀비나무, 밤나무, 낙엽송, 편백, 진달래
② 알칼리 토양에 잘 견디는 수종: 개나리, 낙우송, 가래나무, 물푸레나무, 조팝나무, 단풍나무, 서어나무

22. 다음 중 목재공사 구멍 뚫기, 홈파기, 자르기, 기타 다듬질하는 일을 가리키는 것은?
㉮ 마름질 ㉯ 먹매김
㉰ 모접기 ㉱ 바심질

[해설] ① 바심질: 먹매김이 끝난 후에 부재를 구멍 뚫기, 홈파기, 자르기, 기타 다듬질하는 작업을 말한다.
② 마름질: 형체 및 틀에 맞추어서 천, 목피, 가죽 등을 자르는 작업이다.
③ 먹매김: 부재에 먹칼이나 먹줄로 치수 모양을 표식하는 일이다.
④ 모접기(hamfering): 목재의 모서리를 다듬어서 좁은 면을 내거나 둥글게 만드는 일이다.

23. 목재의 방부제로 쓰이는 CCA 방부제는 어떤 성분을 주로 배합하여 만든 것인가?
㉮ 크롬, 칼슘, 비소 ㉯ 구리, 비소, 크롬
㉰ 칼슘, 구리, 크롬 ㉱ 칼슘, 칼륨, 구리

[해설] ① CCA 방부제(수용성 방부제): 취급이 간단하고 크롬, 비소, 구리의 화합물이다.
② ACC 방부제(수용성): 크롬-구리의 화합물이다.

24. 다음 중 일반적으로 홍색 계통의 단풍을 감상하기 위한 수종으로 가장 적합한 것은?

㉮ 붉나무 ㉯ 느티나무
㉰ 벽오동 ㉱ 은행나무

[해설] ① 붉은색(홍색) 단풍: 붉나무, 화살나무, 단풍나무, 마가목, 담쟁이 덩굴, 산딸나무
② 황색(노란색) 단풍: 은행나무, 계수나무, 낙엽송, 느티나무, 벽오동, 갈참나무, 자작나무, 백합나무, 배롱나무

25. 다음 중 목재가 대기 중의 온도와 습도에 대해 평형상태를 이루고 있을 때의 함수율로 가장 적당한 것은?
㉮ 평행함수율 ㉯ 표준함수율
㉰ 기건함수율 ㉱ 법정함수율

[해설] 기건함수율(15%): 목재가 대기 중에 온도와 습도가 평형상태를 이루고 있는 상태이다.

26. 다음 중 녹화마대로 수피의 줄기를 감아주는 이유와 가장 거리가 먼 것은?
㉮ 월동벌레의 구제
㉯ 수피의 수분 방출 효과
㉰ 냉해의 방지
㉱ 경제적인 약제의 살포

[해설] 녹화마대의 역할
① 월동벌레를 구제한다.
② 천공성 해충을 방제한다.
③ 냉해를 방지한다.
④ 수간의 수피 수분방출을 방지한다.
⑤ 경제적인 약제를 살포한다.
⑥ 경제적인 작업효율 및 공사기간을 단축한다.

27. 다음 조경용 포장재료로 사용되는 판석의 최대 두께로 가장 적당한 것은?
㉮ 15cm 미만 ㉯ 20cm 미만
㉰ 25cm 미만 ㉱ 35cm 미만

[해설] 판석의 최대 두께: 15cm 미만

[해답] 22. ㉱ 23. ㉯ 24. ㉮ 25. ㉰ 26. ㉯ 27. ㉮

28. 다음 조경수 중 '주목'에 관한 설명으로 틀린 것은?
㉮ 9~10월 붉은 색의 열매가 열린다.
㉯ 수피가 적갈색으로 관상가치가 높다.
㉰ 맹아력이 강하며, 음수이나 양지에서 생육이 가능하다.
㉱ 생장속도가 매우 빠르다.

[해설] 주목은 생장속도가 매우 느리다.
[참고] 주목은 천년동안 살아 생존하며 천년동안 생장한다. 생장속도가 추운 지역일수록 매우 느리다. 생장속도가 느리기 때문에 오래 동안 생존할 수 있다.

29. 다음 중 목재 접착제 중 내수성이 큰 순서대로 나열된 것은?
㉮ 요소수지 > 아교 > 페놀수지
㉯ 아교 > 페놀수지 > 요소수지
㉰ 페놀수지 > 요소수지 > 아교
㉱ 아교 > 요소수지 > 페놀수지

[해설] 목재 접착제 내수성 크기 순서
① 페놀수지 > 요소수지 > 아교
② 페놀 수지 접착제 : 접착성, 내열성, 내수성이 우수하다.
③ 요소 수지 접착제 : 접착력이 좋으며 내수성이 부족하다.
④ 아교 접착제 : 빨리 교착되며 접착성이 양호, 내수성이 부족하다.

30. 다음 중 녹음용 수종에 관한 설명으로 가장 거리가 먼 것은?
㉮ 여름철에 강한 햇빛을 차단하기 위해 식재되는 나무를 말한다.
㉯ 잎이 크고 치밀하며 겨울에는 낙엽이 지는 나무가 녹음수로 적당하다.
㉰ 지하고가 낮은 교목으로 가로수로 쓰이는 나무가 많다.
㉱ 녹음용 수종으로는 느티나무, 회화나무, 칠엽수, 플라타너스 등이 있다.

[해설] 녹음용 수종
① 지하고가 높은 교목으로 가로수로 쓰이는 나무가 많다.
② 녹음용 수종 : 백합나무, 은행나무, 느티나무, 층층나무, 플라타너스

31. 다음 중 양수로만 짝지어진 것은?
㉮ 식나무, 서어나무
㉯ 산수유, 모과나무
㉰ 오리나무, 팔손이나무
㉱ 서향, 회향목

[해설] 양수 : 향나무, 석류나무, 소나무, 모과나무, 산수유, 은행나무, 백목련, 무궁화

32. 다음 중 점토 제품이 아닌 것은?
㉮ 타일   ㉯ 기와
㉰ 도관   ㉱ 벽토

[해설] 벽토는 진흙에 부드러운 모래, 짚여물, 안료, 물을 혼합하여 만든 것으로 전통적인 토담이나 담장 등에 바르는 미장재료로서 자연미를 보여준다.
점토제품
① 타일 : 도토나 자토 또는 양질의 점토 등을 원료로 하여 두께 5mm 정도의 판형을 만든 것이다.
② 기와 : 저급 점토를 1000℃로 소성하여 만든다.
③ 도관 : 양질의 점토를 유약을 발라 1000℃ 이상의 온도로 구워낸 관이다.

33. 시멘트의 풍화를 방지하기 위해 가설창고에 저장 시 고려해야 할 사항 중 틀린 것은?
㉮ 출입구 채광창 이외의 환기창은 두지 않는다.

[해답] 28. ㉱ 29. ㉰ 30. ㉰ 31. ㉯ 32. ㉱ 33. ㉰

㉯ 창고의 바닥높이는 지면에서 30cm 이상 떨어진 위치에 쌓는다.
㉰ 15포 이상 포개서 쌓지 않는다.
㉱ 3개월 이상 저장한 시멘트나 습기를 받았다고 판단되는 시멘트는 사용 전에 시험을 한다.

해설 시멘트 풍화 방지법
① 시멘트는 저장 시 13포 이상 쌓지 않는다.
② 방습 창고에 통풍이 되지 않도록 보관한다.

34. 다음 중 수목을 근원직경의 기준에 의해 굴취할 수 있는 것은?
㉮ 배롱나무 ㉯ 잣나무
㉰ 은행나무 ㉱ 튤립나무

해설 수목의 굴취 기준
① 근원직경 기준 : 낙엽교목(배롱나무)
② 수관폭 기준 : 상록침엽
③ 흉고직경 기준 : 메타세쿼이아, 벽오동, 은행나무, 플라타너스, 벚나무

35. 다음 중 표준형 벽돌의 단위 규격으로 올바른 것은?
㉮ 190×90×57mm
㉯ 230×114×65mm
㉰ 210×100×60mm
㉱ 600×600×65mm

해설 ① 표준형 벽돌 : 190×90×57mm
② 기존형 벽돌 : 210×100×60mm

36. 수목의 굴취 방법에 대한 설명으로 틀린 것은?
㉮ 옮겨 심을 나무는 그 나무의 뿌리가 퍼져 있는 위치의 흙을 붙여 뿌리분을 만드는 방법과 뿌리만을 캐내는 방법이 있다.
㉯ 일반적으로 크기가 큰 수종, 상록수, 이식이 어려운 수종, 희귀한 수종 등은 뿌리분을 크게 만들어 옮긴다.

㉰ 일반적으로 뿌리분의 크기는 근원 반지름의 4~6배 기준으로 하며, 보통분의 깊이는 근원 반지름의 3배이다.
㉱ 뿌리분의 모양은 심근성 수종은 조개분 모양, 천근성인 수종은 접시분 모양, 일반적인 수종은 보통분으로 한다.

해설 수목의 굴취 방법 : 일반적으로 뿌리분의 크기는 근원 직경의 4배(4~6배) 정도 크기로 한다.

37. 병해충 방제를 목적으로 쓰이는 농약의 포장지 표기 형식 중 색깔이 분홍색을 나타내는 것은 어떤 종류의 농약을 가리키는가?
㉮ 살충제 ㉯ 살균제
㉰ 제초제 ㉱ 살비제

해설 농약의 색깔별 분류
① 살충제 : 녹색
② 살균제 : 분홍색
③ 제초제 : 황색

38. 다음 중 아황산가스(SO_2)에 대한 수종별 내성이 가장 약한 것은?
㉮ 낙엽송 ㉯ 튤립나무
㉰ 층층나무 ㉱ 가이즈카향나무

해설 ① 대기오염(아황산화물, SO_2)에 강한 수종 : 향나무, 편백, 사철나무, 벽오동, 능수버들, 무궁화, 은행나무, 가이즈카향나무
② 대기오염(아황산화물, SO_2)에 약한 수종 : 낙엽송(일본잎갈나무) 독일가문비, 소나무(적송), 전나무, 느티나무, 벚나무, 단풍나무, 매화나무, 튤립나무

39. 다음 기호는 도면에서 무엇을 표현한 것인가?
㉮ 지표면(흙)
㉯ 석재(石材) 단면

해답 34. ㉮ 35. ㉮ 36. ㉰ 37. ㉯ 38. ㉮ 39. ㉯

㉰ 목재(木材) 단면
㉱ 콘크리트(무근) 단면

40. 콘크리트의 용적배합 시 1 : 2 : 4에서 2는 어느 재료의 배합비를 표시한 것인가?
㉮ 물 ㉯ 모래
㉰ 자갈 ㉱ 시멘트

해설 ① 시멘트 : 모래 : 자갈 = 1 : 2 : 4
② 1 : 3 : 6(무근콘크리트)

41. 다음 한국 잔디의 특징을 설명한 것 중 옳은 것은?
㉮ 약산성의 토양을 좋아한다.
㉯ 그늘을 좋아한다.
㉰ 잔디를 깎으면 깎을수록 약해진다.
㉱ 습윤지를 좋아한다.

해설 한국 잔디는 양지에서 자라며 약산성의 토양을 좋아한다.

42. 다음 일반적인 콘크리트의 특징을 설명한 내용 중 잘못된 것은?
㉮ 형상 및 치수의 제한이 없고 임의의 형상, 크기의 부재나 구조물을 만들 수 있다.
㉯ 재료의 입수 및 운반이 용이하다.
㉰ 압축강도가 크고 내구성, 내화성, 내수성 및 내진성이 우수하다.
㉱ 압축강도에 비하여 인장강도, 휨강도가 크기 때문에 취성적 성질은 없다.

해설 ① 콘크리트는 인장강도, 휨강도가 작아 철근을 사용하여 보강한다.
② 취성 : 외부에서 힘을 가했을 때 소성 변형을 보이지 아니하고 파괴되는 현상이다.

43. 다음 중 수목의 뿌리돌림에 대한 작업방법으로 올바른 것은?

㉮ 한 자리에 오래 심겨져 있을 나무를 옮길 경우에만 실시한다.
㉯ 뿌리돌림을 실시하는 시기는 반드시 4계절 중 수액이 이동하기 전 봄철에 실시한다.
㉰ 뿌리돌림을 할 때 노출되는 뿌리는 모두 잘라버린다.
㉱ 수종에 특성에 따라 가지치기, 잎 따주기 등을 하고 필요시 임시 지주를 설치한다.

해설 수목의 가지치기, 잎따주기 등을 통해 수목의 지상부와 지하부의 비중을 맞추어 준다.

44. 4.5m 높이의 독립 정원수를 식재한 후 버팀형 당김줄을 사용하여 지지하는데 당김줄과 지면이 이루는 가장 이상적인 경사각은?
㉮ 15° ㉯ 30° ㉰ 45° ㉱ 60°

45. 다음 화단의 형식 중 평면화단으로 가장 적당한 것은?
㉮ 기식화단 ㉯ 경재화단
㉰ 화문화단 ㉱ 노단화단

해설 ① 평면화단 : 화문화단, 리본화단, 포석화단
② 입체화단 : 기식화단, 경재화단, 노단화단
③ 특수화단 : 침상화단, 수재화단

46. 다음 기계장비 중 지면보다 높은 곳의 흙을 굴착하는데 가장 적당한 것은?
㉮ 스크레이퍼 ㉯ 드래그라인
㉰ 파워셔블 ㉱ 트랜쳐

해설 파워셔블
① 파워셔블(power shovel) : 원형으로 작업위치보다 높은 굴착에 적합하며 산, 절벽 굴착에 쓰인다.

해답 40. ㉯ 41. ㉮ 42. ㉱ 43. ㉱ 44. ㉱ 45. ㉰ 46. ㉰

② 드래그라인 : 긁어파기, 지면보다 낮은 곳을 넓게 굴삭하는 데 사용한다.

47. 다음 중 수목을 이식할 때 '잎이나 가지를 적당히 제거하는 가지 다듬기'를 실시하는 목적으로 가장 적당한 것은?
㉮ 생장억제 ㉯ 세력갱신
㉰ 착화촉진 ㉱ 생리조성

[해설] 생리조정 전정
① 잎이나 가지를 적당히 잘라주는 방법으로 이때 가장 주요한 것은 수목의 각각의 맹아력을 고려하여 전정한다.
② 느티나무, 버즘나무 등은 맹아력이 좋은 나무이며, 소나무는 맹아력이 약하므로 전정할 때 주의해야 한다.

48. 다음 중 낙엽활엽수를 옮겨 심는데 가장 적당한 시기는?
㉮ 증산이 활발한 생육기
㉯ 증산량이 가장 적은 휴면기
㉰ 꽃이 피는 개화기
㉱ 장마기를 지난 생육 정지기

[해설] 증산량이 가장 적은 휴면기인 가을철, 이른 봄에 이식한다.

49. 다음 중 경사도가 가장 큰 것은?
㉮ 100% 경사 ㉯ 45°
㉰ 1할 경사 ㉱ 1 : 0.7

[해설] ① 100% 경사 : 1 : 1
② 45° : 1 : 1
③ 1할 경사(10% 경사) : 1 : 10
$\frac{1}{10} \times 100 = 10$
④ 1 : 0.7, $\frac{1}{0.7} \times 100 = 142.85$

50. 다음 각종 벽돌쌓기 방식 중 가장 튼튼한 쌓기 방식은?

㉮ 반반절쌓기 ㉯ 영국쌓기
㉰ 마구리쌓기 ㉱ 미국식쌓기

[해설] 벽돌쌓기법 종류
① 영국식 쌓기
  ㉠ 모서리에 반절, 이오토막을 사용하며 통줄눈이 생기지 않는 것이 특징이며 한 켜는 마구리쌓기로 하고 다음은 길이쌓기로 하며 교대로 하여 쌓는다.
  ㉡ 가장 튼튼한 구조이며 내력벽 쌓기에 사용되며 가장 튼튼한 쌓기법이다.
② 프랑스식 쌓기
  ㉠ 끝부분에는 이오토막을 사용하며 한켜는 길이쌓기로 하고 다음은 마구리쌓기로 하며 교대로 하여 쌓는다.
  ㉡ 치장용으로 많이 사용되며 많은 토막 벽돌이 사용된다.
③ 미국식 쌓기
  ㉠ 앞면 5켜까지는 치장벽돌로 길이쌓기로 하고 다음은 마구리쌓기로 하고 뒷면은 영국식으로 쌓는다.
  ㉡ 치장 벽돌을 사용한다.
④ 화란식(네덜란드식) 쌓기
  ㉠ 모서리 또는 끝부분에는 칠오토막을 사용하며 한 켜는 길이쌓기로 하고 다음은 마구리쌓기로 하며 마무리하는 벽돌 쌓기법이다.
  ㉡ 한 면은 벽돌 마구리와 길이가 교대로 되고 다른 면은 영국식으로 쌓는다.
  ㉢ 작업하기 쉬워 일반적으로 가장 많이 사용하는 벽돌 쌓기법이다.

51. 표준형 벽돌을 가지고 1.0B의 두께로 벽을 쌓을 경우 벽돌벽의 두께로 가장 적당한 것은?(단, 줄눈의 두께는 1cm로 시공한다.)
㉮ 10cm ㉯ 21cm
㉰ 9cm ㉱ 19cm

[해설] ① 벽돌 한 장의 규격 : 190mm(길이)×90mm(폭)×57mm(높이)
② 0.5B 벽체 두께 : 벽돌 한 장의 폭 90mm

[해답] 47. ㉱ 48. ㉯ 49. ㉱ 50. ㉯ 51. ㉱

③ 1.0B 벽체 두께: 벽돌 한 장 길이 190mm
   = 90mm + 10mm + 90mm = 190mm
④ 1.0B = 0.5B + 0.5B = 0.5B + 10mm(시멘트 몰탈 부분) + 0.5B = 90mm + 10mm + 90mm = 190mm

52. 다음 중 생장조절제가 아닌 것은?
㉮ 비에이액제(영일비에이)
㉯ 도마도톤액제(정밀도마도톤)
㉰ 인돌비액제(도래미)
㉱ 파라코액제(그라목손)

해설 파라코액제(그라목손): 제초제이다.

53. 조경 바닥 포장재료인 판석시공에 관한 설명으로 틀린 것은?
㉮ 판석은 점판암이나 화강석을 잘라서 쓴다.
㉯ Y형의 줄눈은 불규칙하므로 통일성 있게 +자형의 줄눈이 되도록 한다.
㉰ 기층은 잡석다짐 후 콘크리트로 조성한다.
㉱ 가장자리에 놓을 것은 선에 맞춰 판석을 절단한다.

해설 판석의 줄눈은 통(+)을 금하고 Y형의 줄눈이 되도록 한다.

54. 다음 중 상렬의 피해가 많이 나타나지 않는 수종은?
㉮ 소나무   ㉯ 단풍나무
㉰ 일본목련   ㉱ 배롱나무

해설 추위에 의한 피해
① 상렬: 추위에 의해 나무의 줄기, 껍질이 수선 방향으로 갈라지는 현상이며 주로 남쪽 지방에서 많은 피해가 나타난다.
② 소나무는 나무의 껍질이 두꺼워서 추위에 의한 피해가 없다.

55. 다음 중 철근콘크리트에서 철근의 배치가 가장 적당한 것은?

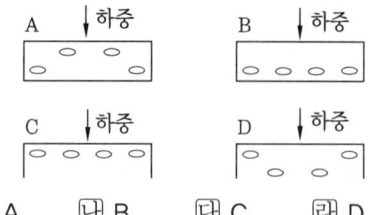

㉮ A   ㉯ B   ㉰ C   ㉱ D

해설 철근콘크리트 철근의 하중을 받은 아랫부분에 배치한다.

56. 다음 중 병원체의 월동방법 중 토양 중에서 월동하는 병원균은?
㉮ 자줏빛 날개무늬병균
㉯ 소나무잎떨림병균
㉰ 밤나무줄기마름병균
㉱ 잣나무털녹병균

해설 흙 속에 잔존하며 미분해된 유기물이 풍부한 토양에서 월동한다.

57. 다음 중 재료별 할증률(%)의 크기가 가장 작은 것은?
㉮ 조경용 수목   ㉯ 경계블록
㉰ 잔디 및 초화류   ㉱ 수장용 합판

해설 ① 조경용 수목: 10%
② 경계블록: 3%
③ 잔디 및 초화류: 10%
④ 수장용 합판: 5%

58. 다음 중 조경수목에 거름을 줄 때 방법과 설명으로 틀린 것은?
㉮ 윤상거름주기: 수관폭을 형성하는 가지 끝 아래의 수관선을 기준으로 환상으로 깊이 20~25cm, 너비 20~30cm로 둥글게 판다.
㉯ 방사상거름주기: 파는 도랑의 깊이는 바깥쪽일수록 깊고 넓게 파야 하며, 선을 중심으로 하여 길이는 수관폭의 1/3 정도로 한다.

해답 52. ㉱ 53. ㉯ 54. ㉮ 55. ㉯ 56. ㉮ 57. ㉯ 58. ㉰

㉰ 선상거름주기 : 수관선상에 깊이 20cm 정도의 구멍을 군데군데 뚫고 거름을 주는 방법으로 액비를 비탈면에 줄 때 적용한다.
㉱ 전면거름주기 : 한 그루씩 거름을 줄 경우, 뿌리가 확장되어 있는 부분을 뿌리가 나오는 곳까지 전면으로 땅을 파고 주는 방법이다.

해설 ① 선상거름주기 : 산울타리처럼 수목이 집단으로 식재되었을 때 일정한 간격을 두고 길게 홀(hole)을 파서 거름을 주는 방법이다.
② 천공거름주기 : 수관선상에 깊이 20cm 정도의 구멍을 군데군데 뚫고 거름을 주는 방법으로 액비를 비탈면에 줄 때 적용한다.

59. 다음 중 배식설계에 있어서 정형식 배식설계로 가장 적당한 것은?
㉮ 부등면 삼각형 식재
㉯ 대식
㉰ 임의(랜덤)식재
㉱ 배경식재

해설 정형식 배식설계
① 단식
② 대식
③ 정형식 모아심기

60. 주로 수목을 가해하는 해충으로 우리나라에서 1년에 2회 발생하는 것은?
㉮ 독나방
㉯ 미국흰불나방
㉰ 어스렝이나방
㉱ 집시나방

해설 미국흰불나방
① 1년에 2회 발생하며 1주기는 5월 중순~6월 중순이며 2주기는 7월 하순~8월 중순이다.
② 방제법 : 디프수화제, 메프수화제, 스미치온 등을 살포한다.
③ 잠복소를 설치하여 포살한다.
④ 천적(긴등기생파리, 송충알벌)을 보호한다.

해답 59. ㉯ 60. ㉯

▶ 2006년 10월 2일 시행

자격종목	코 드	시험시간	형 별	수험번호	성 명
조경기능사	7900	1시간	A		

1. 조경에서 비스타(vista)에 대한 설명으로 틀린 것은?

㉮ 좌우로 시선을 제한하여 일정 지점으로 시선이 모이도록 구성된 경관이다.
㉯ 정원을 실제 넓이보다 한층 더 넓어 보이는 효과가 있다.
㉰ 일명 통경선 강조 수법이라고 말한다.
㉱ 영국식 자연풍경식 정원이라고 말한다.

해설 비스타(vista) 정원
① 정원 중심으로(주축선) 시선이 집중되어 정원을 한층 더 넓게 보이게 하는 효과가 발생하는 정원을 말한다.
② 초점 경관 구성 양식으로 프랑스 정원의 특징이다.

2. 조경계획의 과정을 기술한 것 중 가장 잘 표현한 것은?

㉮ 자료분석 및 종합-목표설정-기본계획-실시설계-기본설계
㉯ 기본계획-목표설정-자료분석 및 종합-기본계획-실시설계
㉰ 기본계획-목표설정-자료분석 및 종합-기본설계-실시설계
㉱ 목표설정-자료분석 및 종합-기본계획-기본설계-실시설계

해설 조경계획 과정: 목표설정 → 자료분석 및 종합 → 기본계획 → 기본설계 → 실시설계
① 목표설정: 조경 대상과 공간규모를 계획한다.
② 자료분석 및 종합
㉠ 자연환경분석(지형, 토양, 수문, 식생)
㉡ 인문환경분석(인구조사, 토지이용, 교통조사)
③ 기본계획: 토지이용계획, 교통동선계획, 시설물 배치계획, 식재계획, 하부구조 및 집행계획
④ 기본설계
⑤ 실시설계: 평면도, 단면도, 표준시방서, 내역서

3. 경계식재로 사용하는 조경수목의 조건으로 옳은 것은?

㉮ 지하고가 높은 낙엽활엽수
㉯ 꽃, 열매, 단풍 등이 특징적인 수종
㉰ 수형이 단정하고 아름다운 수종
㉱ 잎과 가지가 치밀하고 전정에 강하고, 아래 가지가 말라죽지 않는 상록수

해설 경계식재 수목의 조건
① 전정에 강하며 모양을 만든 후에도 빠르게 생장하여야 한다.
② 관리가 편한 수종이어야 한다.

4. 도면에 수목을 표시하는 방법으로 잘못된 것은?

㉮ 표현하는 방법도 있다.
㉯ 덩굴성 식물의 경우에는 줄기와 잎을 자연스럽게 표현한다.
㉰ 활엽수의 경우에는 직선이나 톱날 형태를 사용하여 표현한다.
㉱ 윤곽선의 크기는 수목의 성숙 시 퍼지는 수관의 크기를 나타낸다.

해설 ① 활엽수의 경우에는 곡선으로 표시한다.

해답 1. ㉱ 2. ㉱ 3. ㉱ 4. ㉰

② 침엽수의 경우에는 직선이나 톱날 형태를 사용하여 표현한다.

5. 서아시아의 수렵원(hunting garden)의 계획 기법으로 옳은 것은?
㉮ 포도나무를 심어 그늘지게 하였다.
㉯ 노단 위에 수목과 덩굴식물로 식재하였다.
㉰ 인공으로 언덕을 쌓고 인공호수를 조성하였다.
㉱ 성림을 조성하여 떡갈나무와 올리브를 심었다.

해설 ① 수렵원(hunting garden) : 짐승을 기르기 위해 울타리를 두른 숲으로 정의하며 인공으로 언덕을 쌓고 인공호수를 조성하였으며 공원의 시초가 되었다.
② 그리스정원은 성림을 조성하여 떡갈나무와 올리브를 심어 신에게 제사의식을 했다.

6. 조경분야 프로젝트 수행단계의 순서가 올바른 것은?
㉮ 계획 – 시공 – 설계 – 관리
㉯ 계획 – 관리 – 시공 – 설계
㉰ 계획 – 관리 – 설계 – 시공
㉱ 계획 – 설계 – 시공 – 관리

해설 프로젝트 단계 : 계획 → 설계 → 시공 → 관리
① 계획 : 자료의 수집 및 분석, 종합하는 과정이다.
② 설계 : 자료를 사용하여 기능적, 미적인 3차원적 공간을 창조하는 과정이다.
③ 시공 : 공학적 지식, 생물적 지식을 다룬다는 점에서 특수한 기술이 필요하다.
④ 관리 : 식생, 시설물을 사용·관리한다.

7. 일본정원의 효시라고 할 수 있는 수미산과 홍교를 만든 사람은?
㉮ 몽창국사
㉯ 소굴원주
㉰ 노자공
㉱ 풍신수길

해설 백제의 노자공이 일본에 건너가 남정에 축산식 정원인 수미산과 오교(홍교)를 세웠다.

8. 다음 중 어떤 대상 물체가 하늘을 배경으로 이루어지는 윤곽선을 가리키는 것은?
㉮ 비스타
㉯ 스카이라인
㉰ 영지
㉱ 수목질감

해설 스카이라인(skyline) : 흔히 지평선이라고도 하며 하늘과 맞닿은 산 또는 건물 등의 윤곽선을 말한다.

9. 다음 중 대칭(symmetry)의 미를 사용하지 않는 것은?
㉮ 영국의 자연풍경식
㉯ 프랑스의 평면기하학식
㉰ 이탈리아의 노단건축식
㉱ 스페인의 중정식

해설 ① 대칭 : 조경부지에 중심축으로 좌우에 같은 형태의 재료를 같은 거리에 배치하는 수법으로 정형식 정원양식이다.
② 영국정원은 자연풍경식이다.

10. 보행자 2인이 나란히 통행하는 원로의 폭으로 가장 적합한 것은?
㉮ 0.5~1.0m
㉯ 1.5~2m
㉰ 3.0~3.5m
㉱ 4.0~4.5m

11. 생물을 직접 다루며, 전체적으로 공학적인 지식을 가장 많이 필요로 하는 수행 단계는?
㉮ 계획단계
㉯ 시공단계
㉰ 관리단계
㉱ 설계단계

해설 조경시공단계 : 생물을 직접 다루는 단계

해답 5. ㉰ 6. ㉱ 7. ㉰ 8. ㉯ 9. ㉮ 10. ㉯ 11. ㉯

이므로 전체적으로 공학적인 지식과 공학적 기술이 많이 필요로 한다.

12. 물체를 위에서 내려다 본 것으로 가정하고 수평면상에 투영하여 작도한 것은?
㉮ 평면도 ㉯ 상세도
㉰ 입면도 ㉱ 단면도

[해설] ① 평면도 : 물체를 위에서 내려다 본 것으로 가정하고 수평면상에 투영하여 작도한 것이다.
② 조감도 : 높은 곳에서 구조물을 새가 내려다본 것처럼 표현한 도면이다.
③ 상세도 : 설비도라 말하며 평면도, 단면도에 잘 나타나지 않은 부분을 상세히 표현한다.

13. 피아노의 리듬에 맞추어 움직이는 분수를 계획할 때 강조해서 적용해야 할 경관 구성원리는?
㉮ 율동 ㉯ 조화 ㉰ 균형 ㉱ 비례

[해설] 율동(rhythm)
① 선, 면, 형태, 색채, 질감이 규칙적이고 주기적으로 연속적인 것을 말한다.
② 피아노의 리듬과 분수는 주기적이고 연속적인 율동을 말한다.

14. 조경가가 이상적인 도시생활을 만들기 위하여 노력해야 할 방향과 거리가 먼 것은?
㉮ 기존의 자연지형을 과감하게 변경시키는 방향으로 계획을 수립한다.
㉯ 새로운 과학기술을 도입하여 생활환경을 개선시켜 나간다.
㉰ 건축, 토목, 지역계획 등 관련 분야와 협력하여 계획을 수립한다.
㉱ 가급적 기존의 자연환경을 살리면서 기능적이고 경제적인 이용방안을 찾아낸다.

[해설] 기존의 자연지형을 잘 이용하는 조화를 강조하는 것이 이상적이다.

15. 이탈리아의 노단건축식 정원 양식이 생긴 원인으로 가장 적합한 것은?
㉮ 식물 ㉯ 암석
㉰ 지형 ㉱ 역사

[해설] 구릉 지형은 계단식(노단식) 조경양식으로 이탈리아 조경의 특징이다.

16. 조경재료는 식물재료와 인공재료로 크게 구분되는데 다음 중 인공재료의 특성으로 옳은 것은?
㉮ 자연성 ㉯ 연속성
㉰ 불변성 ㉱ 조화성

[해설] ① 인공재료의 특성 : 인공재료의 특성으로 균일성, 가공성, 불변성이 있다.
② 식물재료의 특성 : 생물재료의 특성으로 자연성, 연속성, 조화성, 다양성이 있다.

17. 플라스틱 제품의 특성으로 옳은 것은?
㉮ 콘크리트, 알루미늄보다 가볍고 어느 정도의 강도와 탄력성이 있다.
㉯ 내열성이 크고 내후성, 내광성이 좋다.
㉰ 불에 타지 않으며 부식이 된다.
㉱ 내산성, 내충격성 등의 특성이 있다.

[해설] 플라스틱 제품
① 내열, 내화성이 작아서 온도에 견디기 어렵다.
② 경량에 비해 강도가 큰 것이 있으나 탄성이 1/10 정도이며 강성이 작아 구조재로서 불리한 점이 있다.
③ 콘크리트, 알루미늄보다 가볍고, 어느 정도의 강도와 탄력성이 있다.

18. 중국 조경에서 많이 이용되었던 중국의 태호석(太湖石)은 어떤 분류에 속하는가?

[해답] 12. ㉮ 13. ㉮ 14. ㉮ 15. ㉰ 16. ㉰ 17. ㉮ 18. ㉮

㉮ 괴석(怪石)　　㉯ 환석(丸石)
㉰ 각석(角石)　　㉱ 와석(臥石)

해설 ① 괴석: 돌모양 형태와 비정형적인 형태로서 괴이한 모양으로서 현무암 형태에서 많이 나타난다.
② 태호석: 괴석이다.

19. 다음 중 습지를 좋아하는 수종은?
㉮ 낙우송　　㉯ 소나무
㉰ 자작나무　　㉱ 느티나무

해설 습지를 좋아하는 수종: 낙우송, 주엽나무, 위성류, 오동나무, 수국, 계수나무

20. 다음 중 이식이 가장 어려운 수종은?
㉮ 은행나무　　㉯ 일본목련
㉰ 자작나무　　㉱ 오동나무

해설 ① 이식하기 어려운 수종: 목련, 소나무, 독일가문비, 주목, 섬잣나무, 굴거리나무, 느티나무, 백합나무, 구상나무, 오동나무
② 이식하기 쉬운 수종: 편백, 향나무, 사철나무, 은행나무, 버즘나무, 철쭉, 메타세쿼이아, 향나무

21. 지름이 2~3cm 되는 것으로 콘크리트의 골재, 작은 면적의 포장용, 미장용으로 사용되는 것은?
㉮ 왕모래　　㉯ 자갈
㉰ 호박돌　　㉱ 산석

해설 자갈: 지름이 0.5~7.5cm로서 석축의 뒤채움돌 역할을 한다.

22. 다음 중 여름에서 가을까지 꽃을 피우는 수종으로 틀린 것은?
㉮ 호랑가시나무　　㉯ 박태기나무
㉰ 은목서　　㉱ 협죽도

해설 박태기나무: 4월에 꽃이 핀다.

23. 다음 중 양수 수종이 아닌 것은?
㉮ 메타세쿼이아　　㉯ 굴거리나무
㉰ 버즘나무　　㉱ 자작나무

해설 ① 음수: 주목, 전나무, 독일가문비, 팔손이나무, 녹나무, 동백나무, 회양목, 굴거리나무
② 양수: 향나무, 석류나무, 소나무, 모과나무, 산수유, 은행나무, 백목련, 무궁화, 메타세쿼이아, 버즘나무, 자작나무

24. 다음 조경소재 중 판석의 쓰임새로 가장 적합한 것은?
㉮ 주춧돌　　㉯ 콘크리트골재
㉰ 원로 포장　　㉱ 석축

해설 판석: 보도용 원로 포장용

25. 생태복원용으로 이용되는 재료로 거리가 먼 것은?
㉮ 생식매트　　㉯ 생식가루
㉰ 생식호안 블록　　㉱ FRP

해설 유리섬유 강화플라스틱(FRP : Fiberglass Reinforced Plastic): 플라스틱에 유리섬유를 첨가시킨 것으로 벤치, 인공폭포, 수목보호판 등에 사용한다.

26. 물에 대한 설명이 틀린 것은?
㉮ 호수, 연못, 풀 등은 정적으로 이용된다.
㉯ 분수, 폭포, 벽천, 계단폭포 등은 동적으로 이용된다.
㉰ 조경에서 물의 이용은 동, 서양 모두 즐겨했다.
㉱ 벽천은 다른 수경에 비해 대규모 지역에 어울리는 방법이다.

해설 벽천은 다른 수경에 비해 소규모 지역에 어울리는 수경시설이다.

해답 19. ㉮　20. ㉱　21. ㉯　22. ㉯　23. ㉯　24. ㉰　25. ㉱　26. ㉱

27. 목재의 건조방법 중 인공건조법이 아닌 것은?
㉮ 침수법　　㉯ 증기법
㉰ 훈연 건조법　㉱ 공기가열 건조법

[해설] ① 자연 건조법: 침수법, 공기건조법
② 인공건조법: 찌는법, 증기법, 공기가열건조법, 훈연건조법, 고주파건조법(두꺼운)

28. 조경수목의 분류 중 상록관목에 해당되지 않는 것은?
㉮ 피라칸사스　㉯ 꽝꽝나무
㉰ 호랑가시나무　㉱ 보리수나무

[해설] 보리수나무: 낙엽활엽관목이다.

29. 다음 화훼류 중 알뿌리가 아닌 것은?
㉮ 튤립　　㉯ 수선화
㉰ 칸나　　㉱ 스위트 앨리섬

[해설] 알뿌리 화초: 튤립, 히아신스, 수선화, 크로커스, 아네모네, 백합, 구근 아이리스, 무스카리, 프리지어, 칸나, 달리아, 글라디올러스, 아마릴리스, 구근 베고니아, 글록시니아, 아키메데스

30. 다음 중 수로의 사면보호, 연못바닥, 벽면 장식 등에 주로 사용되는 자연석은?
㉮ 산석　　㉯ 호박돌
㉰ 잡석　　㉱ 하천석

[해설] 호박돌: 지름이 20~30cm 정도의 둥근 형태의 돌로 집터 위의 바닥이나 수로의 사면보호, 연못바닥, 벽면 장식 등에 주로 사용되는 자연석이다.

31. 도시 내 도로주변의 녹지에 수목을 식재하고자 할 때 적당하지 않은 수종은?
㉮ 쥐똥나무　㉯ 벽오동나무
㉰ 향나무　　㉱ 전나무

[해설] ① 대기오염(아황산물, SO_2)에 강한 수종: 향나무, 편백, 사철나무, 벽오동, 능수버들, 무궁화, 은행나무, 가이즈카향나무
② 대기오염(아황산물, SO_2)에 약한 수종: 낙엽송(일본잎갈나무) 독일가문비, 소나무(적송), 전나무, 느티나무, 벚나무, 단풍나무, 매화나무, 튤립나무

32. 다음 그림과 같은 토관 중 45° 곡관은?

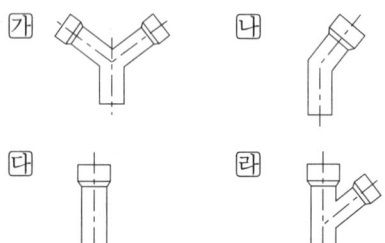

[해설] ㉮-양지관, ㉯-45° 곡관, ㉰-직선관, ㉱-편지관

33. 다음 중 관목에 해당하는 수종은?
㉮ 화살나무　㉯ 목련
㉰ 백합나무　㉱ 산수유

[해설] ① 관목: 화살나무, 옥향, 회양목, 진달래, 사철나무, 무궁화, 조합나무, 매자나무, 꽝꽝나무
② 교목: 산수유, 목련, 주목, 소나무, 잣나무, 향나무, 대추나무, 단풍나무, 배롱나무, 계수나무, 백합나무

34. 건조한 땅이나 습지에 모두 잘 견디는 수종은?
㉮ 향나무　　㉯ 계수나무
㉰ 소나무　　㉱ 꽝꽝나무

[해설] 건조, 습지에 잘 견디는 수종: 사철나무, 꽝꽝나무, 보리수나무, 명자나무, 박태기나무

해답 27. ㉮　28. ㉱　29. ㉱　30. ㉯　31. ㉱　32. ㉯　33. ㉮　34. ㉱

35. 다음 중 대나무에 대한 설명으로 틀린 것은?

㉮ 외관이 아름답다.
㉯ 탄력이 있다.
㉰ 잘 썩지 않는다.
㉱ 벌레 피해를 쉽게 받는다.

해설 대나무는 벌레 피해를 쉽게 공격을 받아 잘 썩는다.

36. 다음 중 흉고직경을 측정할 때 지상으로부터 얼마 높이의 부분을 측정하는 것이 가장 이상적인가?

㉮ 60cm ㉯ 90cm ㉰ 120cm ㉱ 200cm

해설 흉고직경
 B, DBH(Diameter breast height) : 1.2m (120cm) 부분의 수관의 직경을 의미한다.

37. 다음 그림 중 수목의 가지에서 마디 위 다듬기의 요령으로 가장 좋은 것은?

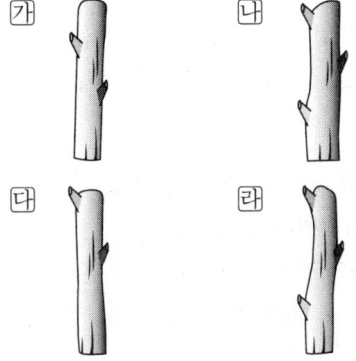

해설 마디 위 다듬기는 바깥눈을 기준으로 7~10mm에서 약간 비스듬히 전정한다.

38. 다음 중 심근성 수종으로 가장 적당한 것은?

㉮ 버드나무 ㉯ 사시나무
㉰ 자작나무 ㉱ 느티나무

해설 ① 천근성 수종 : 독일가문비, 자작나무, 편백, 버드나무, 매화나무
② 심근성 수종 : 느티나무, 소나무, 전나무, 곰솔, 주목, 백합나무, 상수리나무, 은행나무

39. 다음 중 유자격자는 모두 입찰에 참여할 수 있으며, 균등한 기회를 제공하고, 공사비 등을 절감할 수 있으나 부적격자에게 낙찰될 우려가 있는 입찰 방식은?

㉮ 특명입찰 ㉯ 일반경쟁입찰
㉰ 지명경쟁입찰 ㉱ 수의계약

해설 일반경쟁입찰 : 기회 균등, 담합 방지, 공사비 절감 등의 장점이 있으나 부적격자에게 낙찰될 우려, 과다 경쟁 발생 등의 단점이 있다.

40. 다음 중 거푸집 설치 시 콘크리트에 접하는 면에 칠하는 박리제로 가장 부적당한 것은?

㉮ 중유 ㉯ 듀벨
㉰ 식물성 기름 ㉱ 파라핀합성수지

해설 박리제
① 콘크리트를 형판과 틀에 쉽게 분리하기 위하여 만든 약제이다.
② 경유, 폐유, 아마인유, 파라핀 합성수지, 식물성기름(아마인유)

41. 그림과 같은 뿌리분에 새끼감기 요령은 어떤 방법에 의한 것인가?

㉮ 4줄 감기
㉯ 4줄 세 번 감기
㉰ 3줄 두 번 감기
㉱ 돌려감기

해설 4줄 한 번 걸기이다.

42. 양단면 모양과 양단면의 거리가 아래 그림과 같을 때, 양단면 평균법에 의해 토량을 산출한 값은?

해답 35. ㉰ 36. ㉰ 37. ㉱ 38. ㉱ 39. ㉯ 40. ㉯ 41. ㉮ 42. ㉱

㉮ 480m²
㉯ 520m²
㉰ 640m²
㉱ 720m²

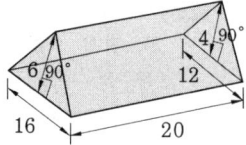

해설 ① 양단면 평균법 $V = \frac{l}{2}(A_1 + A_2)$
V : 체적, A_1, A_2 : 삼각형 면적
② $V = \frac{1}{2}(A_1 + A_2)\frac{20}{2}\left[\left(\frac{1}{2} \times 16 \times 6\right) + \left(\frac{1}{2} \times 12 \times 4\right)\right] = 720\,\text{m}^2$

43. 다음 중 벽돌쌓기 작업에 관한 설명으로 틀린 것은?

㉮ 시공 시 가능하면 통줄눈으로 쌓는다.
㉯ 벽돌은 쌓기 전에 충분히 물을 축여 쌓는다.
㉰ 벽돌은 어느 부분이든 균일한 높이로 쌓아 올라간다.
㉱ 치장줄눈은 되도록 짧은 시일에 하는 것이 좋다.

해설 시공 시 가능하면 벽돌쌓기 작업은 막힌 줄눈으로 쌓는다.

44. 서양 잔디 중 가장 양질의 잔디면을 만들 수 있어 그린용으로 폭넓게 이용되고, 초장을 4~7mm로 짧게 깎아 관리하는 잔디로 가장 적당한 것은?

㉮ 한국잔디류　㉯ 버뮤다그래스류
㉰ 라이그래스류　㉱ 벤트그래스류

해설 골프장 그린의 잔디는 벤트그래스류 잔디를 사용한다.

45. 다음 중 모란의 이식 적기는?

㉮ 2월 상순 ~ 3월 상순
㉯ 3월 상순 ~ 4월 중순
㉰ 6월 상순 ~ 7월 중순
㉱ 9월 중순 ~ 10월 중순

해설 모란의 이식시기: 추운 지역을 제외하고 9월 중순~10월 중순이 적기이다.

46. 다음 중 순공사원가를 가장 바르게 표시한 것은?

㉮ 재료비+노무비+경비
㉯ 재료비+노무비+일반관리비
㉰ 재료비+일반관리비+이윤
㉱ 재료비+노무비+경비+일반관리비+이윤

해설 ① 원가의 분류
　㉮ 재료비　㉯ 노무비　㉰ 경비
② 순공사 원가
　(직접)재료비+(직접)노무비+경비

47. 다음 중 한 가지에 많은 봉우리가 생긴 경우 솎아 낸다든지, 열매를 따 버리는 등의 작업 목적으로 가장 적당한 것은?

㉮ 생장조장을 돕는 가지 다듬기
㉯ 세력을 갱신하는 가지 다듬기
㉰ 착화 및 착과 촉진을 위한 가지 다듬기
㉱ 생장을 억제하는 가지 다듬기

48. 다음 중 시설물의 관리를 위한 방법으로 적합하지 못한 것은?

㉮ 콘크리트 포장의 갈라진 부분은 파손된 재료 및 이물질을 완전히 제거한 후 조치한다.
㉯ 배수시설은 정기적인 점검을 실시하고, 배수구의 잡물을 제거한다.
㉰ 벽돌 및 자연석 등의 원로포장 파손 시 모래를 당초 기본 높이만큼만 깔고 보수한다.
㉱ 유희시설물 점검은 용접부분 및 움직임이 많은 부분을 철저히 조사한다.

해답 43. ㉮　44. ㉱　45. ㉱　46. ㉮　47. ㉰　48. ㉰

해설 벽돌 및 자연석 등의 원로포장은 파손 시 모래를 당초보다 높이 쌓아 보수한다.

49. 뿌리분의 직경을 정할 때 그 계산식이 바른 것은? (단, A : 뿌리의 직경, N : 근원직경, d : 상수(상록수 4, 낙엽수3))

㉮ $A = 24 + (N-3) \times d$
㉯ $A = 22 + (N+3) \times d$
㉰ $A = 25 + (N-3) \times d$
㉱ $A = 20 + (N-3) \times d$

해설 뿌리분 직경 공식
① $A = 24 + (N-3) \times d$
② A : 뿌리분 직경, N : 근원 직경, d : 상수(상록수 4, 낙엽수 5)

50. 성토 4,500m³를 축조하려 한다. 토취장의 토질은 점성토로 토량변화율은 $L = 1.20$, $C = 0.90$이다. 자연상태의 토량을 어느 정도 굴착하여야 하는가?

㉮ 5,000m³   ㉯ 5,400m³
㉰ 6,000m³   ㉱ 4,860m³

해설 $C = \dfrac{\text{다져진 상태의 토량}}{\text{자연상태의 토량}}$

C : 토량의 변화율, L : 토량의 증가율

$0.9 = \dfrac{4500}{X}$

$X = 4500 \times 0.9 = 5000$

51. 다음 중 기준틀에 관한 설명으로 틀린 것은?

㉮ 공사가 완료된 후에 설치한다.
㉯ 토공의 높이, 너비 등의 기준을 표시한 것이다.
㉰ 건물의 모서리에 설치한 규준틀을 귀규준틀이라고 한다.
㉱ 건물 벽에서 1~2m 정도 떨어져 설치한다.

해설 기준틀은 공사 시작하기 전에 공사를 위해 설치한다.

52. 다음 중 40m²의 면적에 팬지를 20cm×20cm 간격으로 심고자 한다. 팬지 묘의 필요 본수로 가장 적당한 것은?

㉮ 100   ㉯ 250
㉰ 500   ㉱ 1,000

해설 ① 1m = 5그루
② 1m² = 1m × 1m = 5그루 × 5그루 = 25그루
③ 40m² = 25그루 × 40 = 1000그루

53. 해충의 방제 방법 분류상 '잠복소'를 설치하여 해충을 방지하는 방법은?

㉮ 물리적 방제법
㉯ 내병성 품종 이용법
㉰ 생물적 방제법
㉱ 화학적 방제법

해설 해충 방제법 종류
① 물리적 방제법 : 온도, 빛, 전기 등을 이용하여 해충을 직접제거 및 잠복소 설치
② 생물적 방제법 : 천적 생물을 보호 이용하여 방제한다.
③ 화학적 방제법 : 화학약제 사용 및 농약을 사용한다.

54. 인공적인 수형을 만드는 데 적합한 수목의 특징으로 틀린 것은?

㉮ 자주 다듬어도 자라는 힘이 쇠약해지지 않는 나무
㉯ 병이나 벌레 등에 견디는 힘이 강한 나무
㉰ 되도록 잎이 작고 잎의 양이 많은 나무
㉱ 다듬어 줄 때마다 잔가지와 잎보다는 굵은 가지가 잘 자라는 나무

해설 인공적인 수형을 만들어 자연미를 강조하기 위해서는 전정이 잘 되고 다듬어 줄 때마다 잔가지와 잎이 굵은 가지보다 잘 잘리는 나무가 가장 좋다.

해답 49. ㉮ 50. ㉮ 51. ㉮ 52. ㉱ 53. ㉮ 54. ㉱

55. 다음 벽돌의 줄눈 종류 중 우리나라 전통담장의 사고석 시공에서 흔히 볼 수 있는 줄눈의 형태는?

㉮ 오목줄눈 ㉯ 둥근줄눈
㉰ 빗줄눈   ㉱ 내민줄눈

해설 내민줄눈: 우리나라 전통담장의 사고석 시공이나 호박돌 벽돌을 쌓을 때 가장 좋은 줄눈의 형태이다.

56. 플라타너스에 발생된 흰불나방을 구제하고자 할 때 가장 효과가 좋은 약제는?

㉮ 주로수화제 (디밀린)
㉯ 디코폴유제 (켈센)
㉰ 포스팜육제 (다므르)
㉱ 지오판도포제 (톱신페스트)

해설 미국흰불나방
① 가해수종: 활엽수, 과수 등 160여 종 가해
② 방제법: 디프수화제, 메프수화제, 스미치온 등을 살포한다.
③ 잠복소를 설치하여 포살한다.
④ 천적(긴등기생파리, 송충알벌)을 보호한다.

57. 자연상태에서 점질토(보통의 것)의 m² 당 중량으로 가장 적합한 것은?

㉮ 900 ~ 1,100kg
㉯ 1,200 ~ 1,400kg
㉰ 1,500 ~ 1,700kg
㉱ 1,800 ~ 2,000kg

해설 점토질의 중량: 1500~1700kg/m²

58. 다음 중 굴착용 기계에 해당하지 않는 것은?

㉮ 클램셸   ㉯ 파워셔블
㉰ 불도저   ㉱ 스크레이퍼

해설 ① 스크레이퍼(scraper): 흙을 운반하는 기계이다.
② 파워셔블(power shovel): 원형으로 작업 위치보다 높은 굴착에 적합하며 산, 절벽 굴착에 쓰인다.
③ 드래그라인: 긁어파기, 지면보다 낮은 곳을 넓게 굴삭하는 데 사용한다.

59. 가해방법에 따른 해충의 분류 중 잎을 갈아먹는 해충은?

㉮ 진딧물   ㉯ 솔나방
㉰ 응애   ㉱ 밤나방

해설 ① 식엽성 해충(잎을 갈아먹는 해충): 솔나방, 미국흰불나방, 황금충류, 어스렝이나방
② 흡즙성 해충(즙액을 빨아 먹는 해충): 진딧물(aphid), 응애, 깍지벌레
③ 천공성 해충(구멍을 뚫은 해충): 향나무하늘소, 소나무좀, 미끈이하늘소

60. 다음 중 뿌리분에 밧줄을 걸어 이동하는 방법인 '북걸이'로 가장 적합한 것은?

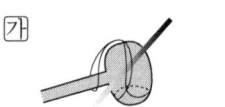 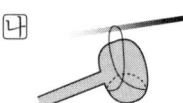
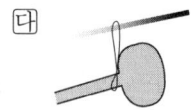 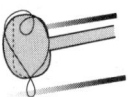

해설 북걸이: 뿌리분에 밧줄을 걸어 이동하는 방법이다.

해답 55. ㉱ 56. ㉮ 57. ㉰ 58. ㉱ 59. ㉯ 60. ㉱

2007년도 시행 문제

▶ 2007년 1월 28일 시행

자격종목	코 드	시험시간	형 별	수험번호	성 명
조경기능사	7900	1시간	A		

1. 다음 중 실용성과 자연성을 동시에 가지고 있는 형태의 조경양식은?
   ㉮ 정형식 조경   ㉯ 자연식 조경
   ㉰ 절충식 조경   ㉱ 기하학식 조경

   해설 ① 절충식 조경은 실용성(정형식 정원)과 자연성(자연식 정원)을 요소를 동시에 나타나는 형태의 조경양식이다.
   ② 정원 양식 : 정형식(건축식), 자연식(풍경식), 절충식으로 구분한다.

2. 중세 수도원 정원에서 사용하지 않은 것은?
   ㉮ 약초원   ㉯ 수반(水盤)
   ㉰ 과수원   ㉱ 원색의 색사

   해설 수도원 정원(중세) : 약초원, 수반, 채소원, 과수원, 장식용 꽃을 재배하는 화원을 겸했다.

3. 다음 중 도시화가 진전되면서 도시에 생기는 변화에 대한 설명이 틀린 것은?
   ㉮ 도시화가 진전되면서 환경오염이 증대되고 있다.
   ㉯ 도시화가 진전되면서 기온은 상승되고 있다.
   ㉰ 도시화된 지역이 넓어지면서 도시지역의 강우량은 줄어들었다.
   ㉱ 도시화가 되면서 하천의 범람 횟수는 더 많아지고 있다.

   해설 도시화된 지역이 넓어지면서 도시지역의 강우량은 증가되었으며 집중호우, 재난, 재해 등이 도시화 현상의 원인이 되었다.

4. 조선시대 사대부나 양반계급들이 꾸민 별서정으로 옳은 것은?
   ㉮ 전주의 한벽루   ㉯ 수원의 방화수류정
   ㉰ 담양의 소쇄원   ㉱ 의주의 통군청

   해설 별서정원
   ① 세속을 벗어나 자연을 벗삼아 풍류를 즐기며 전원생활을 하는 정원이다.
   ② 소쇄원, 부용동원림, 다산초당(정약용), 서석지

5. 계단폭포, 물 무대, 분수, 정원극장, 동굴 등의 조경 수법이 가장 많이 나타났던 정원은?
   ㉮ 영국 정원   ㉯ 스페인 정원
   ㉰ 프랑스 정원   ㉱ 이탈리아 정원

   해설 이탈리아 정원 : 물, 계단폭포, 분수, 동굴 등 조경수법을 도입하여 자연경관을 부각시켰으며 경사진 지형을 깎아 계단식으로 정원을 만들고 전망이 좋은 경관을 내다볼 수 있게 했다.

6. 주택정원을 설계할 때 일반적으로 고려할 사항이 아닌 것은?
   ㉮ 무엇보다도 안전 위주로 설계해야 한다.
   ㉯ 시공과 관리하기가 쉽도록 설계해야 한다.
   ㉰ 특수하고 귀중한 재료만을 선정하여 설계해야 한다.
   ㉱ 재료는 구하기 쉬운 것을 넣어 설계한다.

해답 1. ㉰   2. ㉱   3. ㉰   4. ㉰   5. ㉱   6. ㉰

해설 주택정원 설계 원칙 : 특수하고 귀중한 재료만 선정하면 재료비 상승으로 비용이 상승하여 특히 수목을 공사 시 구하기 힘들어지며 경제성을 고려하여 설계하여야 한다.

7. 다음 자연환경 분석 중 자연 형성 과정을 파악하기 위해서 실시하는 분석 내용이 아닌 것은?

㉮ 지형 ㉯ 수문
㉰ 토지이용 ㉱ 야생동물

해설 ① 자연환경분석 : 지형, 토양, 수문, 식생, 야생동물 등이 있다.
② 인문환경분석 : 인구조사, 토지이용, 교통조사 등이 있다.

8. 다음 중 초점경관(focal landscape)에 해당되는 설명은?

㉮ 단일 요소의 세부적인 특징으로 미시경관이다.
㉯ 강물이나 계곡 또는 길게 뻗은 도로 같은 것이다.
㉰ 수면에 투영된 구름의 모습이다.
㉱ 주위의 경관요소들이 울타리처럼 자연스럽게 싸고 있는 국소적(局所的) 경관이다.

해설 초점경관 : 관찰자의 좌우 시선이 제한되고 시선을 유도해 중앙의 한 점으로 초점이 모이는 경관으로 강물이나 계곡 또는 길게 뻗은 도로로 보여진다.

[참고] 경관 : 산, 들, 강, 바다 등 인간의 활동으로 만들어낸 인공미와 자연미가 나타나는 자연이나 지역의 풍경을 말한다.

9. 도시공원 및 녹지 등에 관한 법률상 도시공원 시설의 종류 중 편의시설에 해당되는 것은?

㉮ 관상용 식수대 ㉯ 야외극장
㉰ 전망대 ㉱ 야영장

해설 도시공원 및 녹지 등에 관한 법률

[별표 1] 공원시설의 종류(제3조 관련)

공원시설	종 류
1. 조경시설	관상용식수대·잔디밭·산울타리·그늘시렁·못 및 폭포 그 밖에 이와 유사한 시설로서 공원경관을 아름답게 꾸미기 위한 시설
2. 휴양시설	가. 야유회장 및 야영장 그 밖에 이와 유사한 시설로서 자연공간과 어울려 도시민에게 휴식공간을 제공하기 위한 시설 나. 경로당, 노인복지회관
3. 유희시설	시소·정글짐·사다리·순회전차·모노레일·삭도·모험놀이장, 유원시설(「관광진흥법」에 따른 유기시설 또는 유기기구를 말한다), 발물놀이터·뱃놀이터 및 낚시터 그 밖에 이와 유사한 시설로서 도시민의 여가선용을 위한 놀이시설
4. 운동시설	가. 「체육시설의 설치·이용에 관한 법률 시행령」 별표 1에서 정하는 운동종목을 위한 운동시설. 다만, 무도학원·무도장 및 자동차경주장은 제외하고, 사격장은 실내사격장에 한하며, 골프장은 6홀 이하의 규모에 한한다. 나. 자연체험장
5. 교양시설	도서관, 독서실, 온실, 야외극장, 문화회관, 미술관, 과학관, 장애인복지관(국가 또는 지방자치단체가 설치하는 경우에 한정한다), 청소년수련시설(생활권 수련시설에 한한다), 보육시설(「영유아보육법」 제10조 제1호의 규정에 의한 국·공립보육시설에 한한다), 천체 또는 기상관측시설, 기념비, 고분·성터·고옥 그 밖의 유적 등을 복원한 것으로서 역사적·학술적 가치가 높은 시설, 공연장(「공연법」 제2조제4호의 규정에 의한 공연장을 말한다), 전시장, 어린이교통안전교육장, 재난·재해 안전체험장, 생태학습원, 민속놀이마당 그 밖에 이와 유사한 시설로서 도시민의 교양함양을 위한 시설
6. 편익시설	가. 우체통·공중전화실·휴게음식점·일반음식점·약국·수화물예치소·전망대·시계탑·음수장·다과점 및 사진관 그 밖에 이와 유사한 시설로서 공원이용객에게 편리함을 제공하는 시설 나. 유스호스텔 다. 선수 전용 숙소, 운동시설 관련 사무실, 「유통산업발전법 시행령」 별표 1에 따른 대형마트 및 쇼핑센터
7. 공원관리시설	창고·차고·게시판·표지·조명시설·쓰레기처리장·쓰레기통·수도 및 우물 그 밖에 이와 유사한 시설로서 공원관리에 필요한 시설
8. 그 밖의 시설	납골시설·장례식장·화장장 및 묘지

해답 7. ㉰ 8. ㉯ 9. ㉰

10. 영국의 18세기 낭만주의 사상과 관련이 있는 것은?
㉮ 스토우(Stowe) 정원
㉯ 분구원(分區園)
㉰ 베르사유궁의 정원
㉱ 버컨헤드(Birkenhead) 공원

> **해설** 스토우(Stowe) 정원
> ① 풍경식 정원 중 가장 매력적인 장소로 영국의 18C 낭만주의 사상을 볼 수 있다.
> ② 분구원(分區園) : 독일
> ③ 베르사유궁의 정원 : 영국
> ④ 버컨헤드(Birkenhead) 공원 : 프랑스

11. 우리나라의 독특한 정원수법인 후원양식이 가장 성행한 시기는?
㉮ 고려시대 초엽
㉯ 고려시대 말엽
㉰ 조선시대
㉱ 삼국시대

> **해설** 조선 시대 정원양식 : 풍수지리설에 의한 배산임수를 선택했으며 전정보다 후원이 넓은 후원정원 양식이 가장 성행했다.

12. 다음 중 현대조경에서 대형 수목의 이식이 가능하도록 가장 크게 영향을 미친 요인은?
㉮ 민주적인 사고방식
㉯ 건축 재료의 발달
㉰ 급배시설의 발달
㉱ 건설기계의 발달

> **해설** 운반능력, 굴착능력의 발전을 가져온 건설기계의 발달에 의해 대규모 수목, 대형 수목 이식이 가능하였다.

13. 다음 중 일반적으로 옥상정원 설계시 일반 조경설계보다 중요하게 고려할 항목으로 관련이 적은 것은?
㉮ 토양층의 깊이
㉯ 방수문제
㉰ 지주목의 종류
㉱ 하중 문제

> **해설** 옥상정원 설계
> ① 배수 : 옥상정원은 강우량에 따라 알맞은 배수시설을 하여야 하며 펌프설비가 필요하다.
> ② 바람 : 옥상정원의 하중을 고려하여 설계하므로 토양에 식재한 나무의 뿌리가 얕다. 바람에 약하므로 외벽을 쌓거나 관목, 초화류 식물을 식재한다.
> ③ 온도 및 관수 : 여름철에는 최대 20℃의 온도차가 발생하므로 건조피해가 발생한다. 단열성능, 보수력, 하중을 고려하여 경량재와 일반 흙을 1 : 1로 섞은 특수 토양을 사용하며 건조에 잘 견디는 내건성 식물로 양지식물을 선택한다.
> ④ 하중 : 하중을 고려하여 경량재흙(버미큘라이트, 피트모스, 펄라이트, 화산재)을 사용하여 설계한다.
> ⑤ 방수 : 관상수목을 식재하였을 경우 뿌리에 의해 방수층을 침투하여 건물이 누수현상이 발생하므로 뿌리가 천근성 수목을 식재하며 다른 수종은 별도의 층을 설계한다.
> ⑥ 시비 : 식물의 건전한 생장을 조절할 수 있도록 최소량으로 시비한다.
> ⑦ 잡초 및 병충해 : 잡초를 직접 뽑아주거나 토양을 살균하여 사용한다.
> ⑧ 식재면적은 전체 옥상 면적의 1/3 이내로 한다.
> ⑨ 수목은 수수꽃다리(라일락)가 가장 좋다.

14. 전체적인 수목의 질감이 거친 느낌을 가지고 있는 것은?
㉮ 버즘나무   ㉯ 철쭉
㉰ 향나무   ㉱ 회양목

> **해설** 버즘나무
> ① 낙엽교목
> ② 학명 : Platanus orientalis
> ③ 잎이 크며 거칠다.

해답 10. ㉮ 11. ㉰ 12. ㉱ 13. ㉰ 14. ㉮

15. 주 보행도로로 이용되는 보행공간의 포장 재료로 선택 시 부적합한 것은?
㉮ 변화가 적은 재료
㉯ 질감이 좋은 재료
㉰ 질감이 거친 재료
㉱ 밝은 색의 재료

해설 ① 질감이 거친 재료인 판석, 조약돌, 쪼갠 돌은 보행을 하지 못하는 장소에 사용하는 재료이다.
② 콘크리트, 투수콘크리트, 아스팔트혼합물, 칼라세라믹포장, 석재타일 등을 사용하며 변화가 적고 공간의 일치하는 성격의 무늬를 사용하며 질감이 좋고 밝은 색의 재료를 사용한다.

16. 타일을 용도에 따라 분류한 것이 아닌 것은?
㉮ 모자이크 타일   ㉯ 내장 타일
㉰ 외장 타일   ㉱ 콘크리트 판

해설 모자이크 타일: 예술작품 용도로 사용한다.

17. 다음 중 거푸집으로 사용할 때 일반적인 재료로 가장 적합한 것은?
㉮ PVC판   ㉯ 내수성 합판
㉰ 유리판   ㉱ 콘크리트판

18. 다음 중 내화성이 가장 약한 암석은?
㉮ 안산암   ㉯ 화강암
㉰ 사암   ㉱ 응회암

해설 ① 화강암: 600℃
② 안산암, 응회암, 사암, 화산암: 1000℃
③ 대리석, 석회암: 600~800℃

19. 석재의 가공 방법 순서로 적합한 것은?
㉮ 혹두기-정다듬-잔다듬-도드락다듬-물갈기
㉯ 혹두기-정다듬-도드락다듬-잔다듬-물갈기
㉰ 혹두기-잔다듬-정다듬-도드락다듬-물갈기
㉱ 혹두기-잔다듬-도드락다듬-정다듬-물갈기

해설 돌(석재)가공 순서
① 혹두기 → 정다듬 → 도드락다듬 → 잔다듬 → 물갈기
② 도드락다듬: 정다듬한 면을 도드락망치로 더욱 평탄하게 다듬는 것
③ 물갈기: 잔다듬한 면에 금강사, 카보런덤, 모래, 숫돌 등으로 물을 주면서 갈아 광택이 나게 한 것이다.

20. 다음 목재 중 무른 나무(soft wood)에 속하는 것은?
㉮ 참나무   ㉯ 향나무
㉰ 미루나무   ㉱ 박달나무

해설 무른 나무(soft wood): 포플러류, 미루나무

21. 조경재료 중 무생물 재료와 비교한 생물 재료의 특성이 아닌 것은?
㉮ 연속성   ㉯ 불변성
㉰ 조화성   ㉱ 다양성

해설 ① 무생물(인공)재료의 특성: 균일성, 가공성, 불변성
② 식물(생물)재료의 특성: 자연성, 연속성, 조화성, 다양성

22. 다음 중 봄에 개화하는 정원수가 아닌 것은?
㉮ 백목련   ㉯ 매화나무
㉰ 무궁화   ㉱ 수수꽃다리

해설 무궁화: 7~10월 개화한다.
① 3월에 개화: 개나리(노란색), 산수유(노란색), 매화, 생강나무, 영춘화, 풍년화

해답 15. ㉰ 16. ㉮ 17. ㉯ 18. ㉯ 19. ㉯ 20. ㉰ 21. ㉯ 22. ㉰

② 4월에 개화 : 백목련, 수수꽃다리, 박태기나무(자주색), 앵두나무, 홍매화, 수양벚나무, 진달래

23. 다음 중 덩굴식물이 아닌 것은?

㉮ 등나무   ㉯ 인동
㉰ 송악   ㉱ 겨우살이

해설 겨우살이 : 뿌리 없는 식물로 참나무, 밤나무, 물오리나무, 밤나무 등에 기생하여 양분을 흡수하여 사는 생물을 말하며 겨우살이와 비슷한 기생식물에는 새삼이 있다.

24. 분쇄목 우드칩(wood-chip)의 사용 시 효과로 틀린 것은?

㉮ 토양의 미생물 발생억제
㉯ 토양의 경화방지
㉰ 토양의 호흡증대
㉱ 토양의 수분 유지

해설 분쇄목 우드칩(wood-chip)
① 지반 멀칭재료 토양의 경화방지, 호흡증대, 수분유지, 토양전염성 병균방지를 목적으로 한다.
② 멀칭(mulching) : 수목을 식재한 후 주위를 토양으로 덮어주는 것을 말한다. 토양침식방지, 토양수분유지, 지온조절, 잡초억제, 토양전염성 병균방지, 토양오염방지 등의 목적으로 실시된다.

25. 수목식재에 가장 적합한 토양의 구성비(토양 : 수분 : 공기)는?

㉮ 50% : 25% : 25%
㉯ 50% : 10% : 40%
㉰ 40% : 40% : 20%
㉱ 30% : 40% : 30%

해설 토양 : 수분 : 공기 = 50% : 25% : 25%

26. 다음 중 1속에서 잎이 5개 나오는 수종은?

㉮ 백송   ㉯ 소나무
㉰ 리기다소나무   ㉱ 잣나무

해설 ① 1속에서 잎이 5개 나오는 수종 : 섬잣나무(5엽송), 잣나무, 스트로브잣나무
② 1속에서 잎이 2개 나오는 수종 : 소나무, 곰솔, 흑송, 방크스 소나무, 반송, 구주소나무
③ 1속에서 잎이 3개 나오는 수종 : 백송, 리기다소나무, 리기테다소나무

27. 시멘트의 저장에 관한 설명으로 옳은 것은?

㉮ 벽이나 땅바닥에서 30cm 이상 떨어진 마루 위에 쌓는다.
㉯ 20포대 이상 포개 쌓는다.
㉰ 유해가스 배출을 위해 통풍이 잘 되는 곳에 보관한다.
㉱ 덩어리가 생기기 시작한 시멘트를 우선 사용한다.

해설 시멘트 풍화 방지법
① 시멘트는 저장 시 13포 이상 쌓지 않는다.
② 시멘트는 통풍이 잘되지 않는 곳에 저장한다.

28. 다음 정원석의 모양 중 입석은?

㉮ 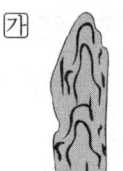   ㉯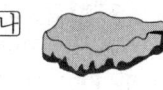

㉰    ㉱

해설 ㉮ 입석 : 수석이라고도 하며 입체적으로 관상할 수 있으며 돌의 높이가 좋을수록 좋다.
㉯ 환석 : 돌담을 쌓는 축석에 사용하기에는 곤란하지만 간혹 사용한다.

해답 23. ㉱   24. ㉮   25. ㉮   26. ㉱   27. ㉮   28. ㉮

㉰ 와석 : 돌의 모양이 소가 누워있는 형태로 안정감, 균형미를 보여준다.
㉱ 괴석 : 돌모양 형태와 비정형적인 형태로서 괴이한 모양으로서 현무암 형태에서 많이 나타난다.

29. 다음 중 대기오염에 강한 수목은?
㉮ 은행나무   ㉯ 단풍나무
㉰ 백합나무   ㉱ 개오동나무

해설 ① 대기오염(아황산화물, SO_2)에 강한 수종 : 향나무, 편백, 사철나무, 벽오동, 능수버들, 무궁화, 은행나무, 가이즈카향나무
② 대기오염(아황산화물, SO_2)에 약한 수종 : 낙엽송(일본잎갈나무) 독일가문비, 소나무(적송), 전나무, 느티나무, 벚나무, 단풍나무, 매화나무, 튤립나무, 백합나무, 개오동나무

30. 토양산도 PH 4.0~4.7에서 왕성한 생장을 보이는 수종은?
㉮ 낙엽송   ㉯ 단풍나무
㉰ 백합나무   ㉱ 개오동나무

해설 ① 강산성 토양에 잘 견디는 수종 : 소나무, 전나무, 가문비나무, 좀비나무, 밤나무, 낙엽송, 편백, 진달래
② 알칼리성 토양에 잘 견디는 수종 : 개나리, 낙우송, 가래나무, 물푸레나무, 조팝나무, 단풍나무, 서어나무
③ 0 < PH < 7 : 산성, PH = 7 : 중성, 7 < PH < 14 : 알칼리

31. 서양 잔디의 설명으로 틀린 것은?
㉮ 그늘에서도 견디는 성질이 있다.
㉯ 주로 뗏장 붙이기에 의해 시공한다.
㉰ 벤트그래스는 일반적으로 겨울철에 푸르다.
㉱ 자주 깎아 주어야 한다.

해설 서양잔디의 특성
① 더위에 약한 내서성 성질이며 그늘에서도 잘 견딘다.
② 벤트그래스, 켄터키 블루 그래스 등은 4계절에도 푸른 상록형이다.
③ 하이브리드 버뮤다그래스를 제외하고 일반적으로 종자를 파종하여 번식한다.
④ 자주 깎아 주어야 한다.

32. 화강석의 크기가 20cm×20cm×100cm 일 때 중량은?(단, 화강석의 비중은 평균 2.60이다.)
㉮ 약 50kg   ㉯ 약 100kg
㉰ 약 150kg   ㉱ 약 200kg

해설 무게(W) = 체적(V) × 비중(γ)
= $0.2m \times 0.2m \times 1m \times 2.60$
= $0.104ton \times 100 = 104kg$

33. 잎의 모양과 착생 상태에 따른 조경 수목의 분류로 맞는 것은?
㉮ 상록 침엽수 – 후박나무
㉯ 낙엽 침엽수 – 잎갈나무
㉰ 낙엽 활엽수 – 감탕나무
㉱ 상록 활엽수 – 독일가문비나무

해설 ① 후박나무 : 상록 활엽수
② 잎갈나무 : 낙엽 침엽수
③ 감탕나무 : 상록 활엽수
④ 독일가문비나무 : 상록침엽수

34. 곧은결 판재에 대한 설명으로 옳은 것은?
㉮ 뒤틀림이 심하다.
㉯ 판재 너비의 수축률이 크다.
㉰ 마멸이 불균일하고 수명이 짧다.
㉱ 건조 중에 표면 활력이 덜 생긴다.

해설 곧은결 판재
① 중심축 부분의 판재로 가장 좋은 부분의 판재이다.
② 판재 너비의 수축률이 작다.

해답 29. ㉮ 30. ㉮ 31. ㉯ 32. ㉯ 33. ㉯ 34. ㉱

③ 수축, 변형, 마모, 결점이 적다.
④ 건조 중에 표면 활력(갈라진 부분)이 덜 생긴다.

35. 다음 중 양수에 속하는 수종은?
㉮ 향나무　　㉯ 독일가문비
㉰ 주목　　㉱ 아왜나무

해설 ① 음수 : 주목, 전나무, 독일가문비, 팔손이나무, 녹나무, 동백나무, 회양목, 굴거리나무, 아왜나무
② 양수 : 향나무, 석류나무, 소나무, 모과나무, 산수유, 은행나무, 백목련, 무궁화, 메타세쿼이아, 버즘나무, 자작나무

36. 보도블록 설치 시 충격이나 하중을 흡수하는 역할을 하는 기초공사는?
㉮ 잡석다짐　　㉯ 자갈다짐
㉰ 모래다짐　　㉱ 밑창콘크리트 치기

37. 다음 조경 식물의 주요 해충 중 흡즙성 해충은?
㉮ 깍지벌레　　㉯ 독나방
㉰ 오리나무잎벌레　㉱ 미끈이하늘소

해설 ① 식엽성 해충(잎을 갈아먹는 해충) : 솔나방, 미국흰불나방, 황금충류, 어스렝이나방, 오리나무잎벌레
② 흡즙성 해충(즙액을 빨아 먹는 해충) : 진딧물(aphid), 응애, 깍지벌레
③ 천공성 해충(구멍을 뚫은 해충) : 향나무하늘소, 소나무좀, 미끈이하늘소

38. 가을철 버즘나무 줄기에 잠복소를 설치하는 가장 큰 이유는?
㉮ 추위를 막기 위하여
㉯ 솔나방을 유인하기 위하여
㉰ 미국 흰불나방을 유인 살포하기 위하여
㉱ 수분증발을 억제하기 위하여

39. 흐트러진 상태의 토량이 240m³, 자연상태의 토량이 200m³, 다져진 상태의 토량이 160m³일 경우, 자연상태의 흙이 흐트러진 상태로 변할 때 토량의 변화율(L)값은?
㉮ 0.7　　㉯ 0.8
㉰ 1.1　　㉱ 1.2

해설 $L = \dfrac{흐트러진\ 상태의\ 토량}{자연상태의\ 토량}$
L : 토량의 증가율
$L = \dfrac{흐트러진\ 상태의\ 토량}{자연상태의\ 토량} = \dfrac{240}{200} = 1.2$

40. 다음 중 건설장비 분류상 운반 기계가 아닌 것은?
㉮ 덤프트럭　　㉯ 모터 그레이더
㉰ 크레인　　㉱ 지게차

해설 모터그레이더(motor grader) : 지면을 절삭하여 평활하게 다듬는 것이 목적이다.

41. 자연석 공사 시 돌과 돌 사이에 넣어 붙여 심는 것으로 적합하지 않은 수종은?
㉮ 회양목　　㉯ 철쭉
㉰ 맥문동　　㉱ 향나무

해설 ① 관목은 돌과 돌 사이에 넣어 붙여 심는 것이 가능하며 교목은 불가능하다.
② 향나무 : 교목이다.

42. 전성시기에 따른 전정요령 중 설명이 틀린 것은?
㉮ 진달래, 목련 등 꽃나무는 꽃이 충실하게 되도록 개화직전에 전정해야 한다.
㉯ 하계전정 시는 통풍과 일조가 잘되게 하고, 도장지는 제거해야 한다.
㉰ 떡갈나무 묵은 잎이 떨어지고, 새잎이 나올 때가 전정의 적기이다.

해답 35. ㉮　36. ㉰　37. ㉮　38. ㉰　39. ㉱　40. ㉯　41. ㉱　42. ㉮

㉣ 가을에 강전정을 하면 수세가 저하되어 역효과가 난다.

해설 진달래, 목련 등 꽃나무는 꽃이 충실하게 개화된 이후에 개화지를 전정해야 한다.

43. 다음 중 소나무류를 가해하는 해충이 아닌 것은?
㉮ 솔나방 ㉯ 미국흰불나방
㉰ 소나무좀 ㉱ 솔잎혹파리

해설 미국흰불나방 가해수종: 활엽수, 과수, 플라타너스 등 160여 종을 가해한다.

44. 수목을 옮겨심기 전 일반적으로 뿌리돌림을 실시하는 시기는?
㉮ 6개월~1년 ㉯ 3개월~6개월
㉰ 1년~2년 ㉱ 2년~3년

해설 뿌리돌림시기: 보통 뿌리돌림은 6개월~1년 전에 한 후 이식하며 뿌리의 굴착을 돕기 위하여 잔뿌리의 생장을 촉진시켜서 이식이 원활하게 하여 준다.

45. 조경시공에서 콘크리트 포장을 할 때, 와이어 매시(wire mesh)는 콘크리트 하면에서 어느 정도의 위치에 설치하는가?
㉮ 콘크리트 두께의 1/4 위치
㉯ 콘크리트 두께의 1/3 위치
㉰ 콘크리트 두께의 1/2 위치
㉱ 콘크리트 밑바닥

해설 와이어 매시(wire mesh): 콘크리트의 균열방지를 위하여 콘크리트 두께의 1/3 위치에 설치한다.

46. 주택정원의 공간구분에 있어서 응접실이나 거실 전면에 위치한 뜰로 정원의 중심이 되는 곳이며, 면적이 넓고 양지바른 곳에 위치하는 공간은?

㉮ 앞뜰 ㉯ 안뜰
㉰ 작업뜰 ㉱ 뒤뜰

해설 ① 앞뜰: 대문에서 시작하여 현관문에 이르는 밝은 공간, 전이공간이다.
② 안뜰: 가정정원의 중심적 역할을 하며 휴식공간, 단란공간이다.
③ 작업뜰: 차폐식재, 벽돌, 타일로 포장한다.

47. 뿌리분의 크기는 일반적으로 근원 지름의 몇 배 정도가 적합한가?
㉮ 2~3배 ㉯ 4~6배
㉰ 7~8배 ㉱ 9~10배

해설 수목굴취의 방법: 일반적으로 뿌리분의 크기는 근원 직경의 4배(4~6배) 정도 크기로 한다.

48. 다수진 50%, 유제 100cc를 0.05로 희석하려 할 때 필요한 물의 양은?
㉮ 2~3배 ㉯ 4~6배
㉰ 7~8배 ㉱ 9~10배

해설 ① 유재 100cc 기준에서 다수진이 50%이므로, $100 \times 0.5(50\%) = 50cc$
② 50cc를 0.05로 희석: $\dfrac{50}{0.05} = 100cc$,
$\dfrac{1000cc}{100cc} = 10배$

49. 적벽돌 포장에 관한 설명으로 틀린 것은?
㉮ 질감이 좋고 특유한 자연미가 있어 친근감을 준다.
㉯ 마멸되기 쉽고 강도가 약하다.
㉰ 다양한 포장패턴을 연출할 수 있다.
㉱ 평깔기는 모로 세워깔기에 비해 더 많은 벽돌수량이 필요하다.

해설 적벽돌 포장 방법: 외관이 아름다우며 누구나 쉽게 사용할 수 있고 평깔기는 모로 세워깔기에 비해, 적은 벽돌 수량이 필요하다.

해답 43. ㉯ 44. ㉮ 45. ㉯ 46. ㉯ 47. ㉯ 48. ㉱ 49. ㉱

50. 정원 설계 시 잔디 및 초본류의 생육 최소 토심은?

㉮ 15cm ㉯ 30cm
㉰ 45cm ㉱ 60cm

해설 조경 설계 기준

종 류	생존 최소 깊이(cm)	생육 최소 깊이(cm)
① 잔디, 초화류	15	30
② 소관목	30	45
③ 대관목	45	60
④ 천근성 교목	60	90
⑤ 심근성 교목	90	150

51. 크고 작은 돌을 자연 그대로의 상태가 되도록 쌓아 올리는 방법은?

㉮ 견치석 쌓기
㉯ 호박돌 쌓기
㉰ 자연석 무너짐 쌓기
㉱ 평석 쌓기

해설 자연석 무너짐 쌓기
① 기초가 될 밑돌은 약간 큰 돌을 땅속에 20~30cm 정도 깊이로 묻는다.
② 돌과 돌이 맞물리는 곳에는 작은 돌을 끼워 넣지 않는다.
③ 돌을 쌓고 난 후 돌과 돌 사이에 키가 작은 관목을 심는다.
④ 무너져 내려 경사지고 크고 작은 돌을 자연 그대로의 상태에서 돌 사이에 초화류가 식생하는 경관의 모습을 모방하여 그대로 묘사하는 방법이다.

52. 다음 수목 중 당년에 자란 가지에서 꽃이 피는 것은?

㉮ 벚나무   ㉯ 철쭉류
㉰ 배롱나무 ㉱ 명자나무

해설 ① 당년에 자란 가지에서 꽃피는 수종: 배롱나무, 장미, 대추나무, 등나무, 능소화
② 2년생 자란 가지에서 꽃피는 수종: 벚나무, 수수꽃다리, 산수유, 철쭉류, 개나리
③ 3년생 자란 가지에서 꽃피는 수종: 명자나무, 배나무

53. 다음 중 일반적으로 조경 수목에 밑거름을 시비하는 가장 적합한 시기는?

㉮ 개화 전   ㉯ 개화 후
㉰ 장마 직후 ㉱ 낙엽진 후

해설 표토시비법, 토양내시비법, 엽면시비, 수간주사법 시비가 있으며 낙엽진 후에 하는 것이 좋다.

54. 디딤돌을 놓을 때 돌의 중심으로부터 다음 돌의 중심까지 거리로 적합한 것은? (단, 성인이 천천히 걸을 때를 기준으로 한다.)

㉮ 약 15~30cm ㉯ 약 35~50cm
㉰ 약 50~70cm ㉱ 약 70~80cm

해설 디딤돌과 디딤돌 사이의 중심거리: 약 35~45cm 이다.

55. 조경 시설물 관리를 위한 연간 작업 계획표를 작성하려 할 때 작업 내용에 포함되지 않는 것은?

㉮ 하자공사   ㉯ 안전점검
㉰ 전면도장   ㉱ 수관손질

해설 수관손질은 조경수목에 대한 관리이며 시설물 관리가 아니다.

56. 공사의 실시방식 중 도급방식의 특징으로 옳은 것은?

㉮ 발주자의 업무가 번잡하다.
㉯ 도급자에게는 경쟁 입찰을 시켜 비교적 경제적일 수 있다.
㉰ 공사의 설계변경 업무가 단순하다.
㉱ 발주자가 임기응변의 조치를 취하기 쉽다.

해답 50. ㉯ 51. ㉰ 52. ㉰ 53. ㉱ 54. ㉯ 55. ㉱ 56. ㉯

해설 도급방식의 특징
① 도급자에게는 경쟁 입찰을 시켜 비교적 경제적일 수 있다.
② 발주자의 업무가 간단하다.

57. 등고선에 관한 설명 중 틀린 것은?
㉮ 등고선 상에 있는 모든 점들은 같은 높이로서 등고선은 같은 높이의 점들을 연결한다.
㉯ 등고선은 급경사지에서는 간격이 좁고, 완경사지에서는 넓다.
㉰ 높이가 다른 등고선이라도 절벽, 동굴에서는 교차한다.
㉱ 모든 등고선은 도면 안 또는 밖에서 만나지 않고 도중에 소실된다.

해설 등고선의 성질: 모든 등고선은 도면 안 또는 밖에서 서로 만나고 도중에 소실되지 않으며 존재한다.

58. $50m^2$ 면적에 전면 붙이기로 잔디식재를 하려 할 때 필요한 잔디소요 매수는?(단, 잔디 1매의 규격은 $20cm \times 20cm \times 3cm$이다.)
㉮ 200매   ㉯ 555매
㉰ 1250매 ㉱ 1500매

해설 ① $1m = 5$매
규격 : $0.2m \times 0.2m = 0.04m^2$
$\dfrac{1m^2}{0.04m^2} = 25$매, $1m^2 = 1m \times 1m = 5 \times 5 = 25$매
② $1m^2 = 1m \times 1m = 5 \times 5 = 25$매, $1m = 5$매
③ $50m^2 = 25$매$\times 50 = 1250$매

59. 생울타리처럼 수목이 대상으로 군식되었을 때 거름 주는 방법으로 가장 적당한 것은?
㉮ 전면 거름주기
㉯ 방사상 거름주기
㉰ 천공 거름주기
㉱ 선상 거름주기

해설 거름 주는 방법
① 선상 거름주기: 산울타리처럼 수목이 집단으로 식재되었을 때 일정한 간격을 두고 길게 홀(hole)를 파서 거름을 주는 방법이다.
② 방사상 거름주기: 파는 도랑의 깊이는 바깥쪽일수록 깊고 넓게 파야하며, 선을 중심으로 하여 길이는 수관폭의 1/3 정도로 한다.
③ 천공 거름주기: 수관선상에 깊이 20cm 정도의 구멍을 군데군데 뚫고 거름을 주는 방법으로 액비를 비탈면에 줄 때 적용한다.

60. 다음 중 수목에서 잘라야 할 가지가 아닌 것은?
㉮ 수관 안으로 향한 가지
㉯ 한 부위에서 평행하게 나오는 가지
㉰ 아래로 향한 가지
㉱ 수목의 주지

해설 수목의 주지는 기본수형에 해당하므로 자르지 않는 것이 원칙이다.

해답 57. ㉱ 58. ㉰ 59. ㉱ 60. ㉱

▶ 2007년 4월 3일 시행

자격종목	코 드	시험시간	형 별
조경기능사	7900	1시간	A

1. 다음 중 인도정원에 영향을 미친 가장 중요한 요소는?
㉮ 노단 ㉯ 토피어리
㉰ 돌수반 ㉱ 물

해설 인도 정원은 정형식 정원양식을 바탕으로 물, 꽃, 그늘이 중심이다.

2. 골프장 코스 중 출발지점을 무엇이라 하는가?
㉮ 티(tee) ㉯ 그린(green)
㉰ 페어웨이(fair way) ㉱ 해저드(hazard)

해설 ① 티(tee) : 골프장 코스 중 출발지점으로서 1~2% 경사가 있다.
② 그린 : 종착점으로서 홀컵이 있으며 2~5% 경사가 있다.
③ 해저드(hazard) : 벙커, 연못, 숲 등 장애지역
④ 벙커(bunker) : 코스 중간에 모래로 이루어진 함정으로 모래 웅덩이이다.
⑤ 페어웨이(fair way) : 티와 그린 사이의 코스 중의 일부 잔디가 일정한 길이로 깎여져 있는 구역이다.
⑥ 러프(rough) : 페어웨이와는 다르게 잔디나 풀이 자연상태로 있는 구역이다.

3. 수형(樹刑)구성에 가장 예민한 영향을 미치는 환경인자는?
㉮ 공기 ㉯ 수분 ㉰ 토양 ㉱ 광선

해설 태양광선은 녹색식물의 광합성을 작용을 하며 가장 중요한 환경인자이다.

4. 중세 수도원의 전형적인 정원으로 예배실을 비롯한 교단의 공공건물에 의해 둘러싸인 네모난 공지를 가리키는 것은?
㉮ 아트리움(Atrium)
㉯ 페리스틸리움(Peristylium)
㉰ 클라우스트룸(Claustrum)
㉱ 파티오(Patio)

해설 클라우스트룸은 중세 수도원의 전형적인 정원으로 관목으로 식재하였다.

5. 조선시대 후원에 장식용으로 사용되지 않은 것은?
㉮ 괴석 ㉯ 세심석
㉰ 굴뚝 ㉱ 석가산

해설 조선시대 후원에는 언덕을 사괴석으로 쌓아 만든 계단에 장대석을 위에 놓아 평지를 만들고 경사지에 꽃과 나무를 심어 화단에 굴뚝, 괴석, 세심석 등으로 장식하였다.

6. 시공 후 전체적인 모습을 알아보기 쉽도록 그린 그림과 같은 형태의 도면은? 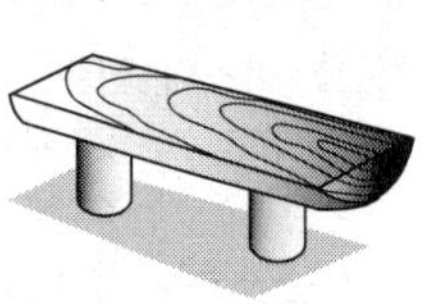
㉮ 평면도
㉯ 입면도
㉰ 조감도
㉱ 상세도

해설 ① 조감도 : 높은 곳에서 구조물을 새가 내려다본 것처럼 표현한 도면이다.
② 상세도 : 설비도라 말하며 평면도, 단면도에 잘 나타나지 않은 부분을 상세히 표현한다.

7. 미국에서 하워드의 전원도시의 영향을 받아 도시교외에 개발된 주택지로서 보행자

해답 1. ㉱ 2. ㉮ 3. ㉱ 4. ㉰ 5. ㉱ 6. ㉰ 7. ㉮

와 자동차를 완전히 분리하고자 한 것은?
㉮ 래드번 (Radburn)
㉯ 레치워스 (Letchworth)
㉰ 웰윈 (Welwyn)
㉱ 요세미티

해설 래드번(Radburn) : 뉴저지주에 위치하며 12~20ha규모의 슈퍼블록을 계획하고 그 안에는 자동차의 통과교통이 없도록 하였으며 자동차 도로와 보행로는 완전히 분리했고 보행로는 슈퍼블록 내의 녹지로 유도하였으며 학교가는 길에는 자동차와 마찰 없이 등교할 수 있게 하였다.

8. 다음 중 명도 대비가 가장 큰 것은?
㉮ 검정과 노랑   ㉯ 빨강과 파랑
㉰ 보라와 연두   ㉱ 주황과 빨강

해설 명도대비(lightness contrast)
① 명도가 다른 두 색이 서로의 영향을 받아서 밝은 색을 더 밝게 어두운 색은 더 어둡게 느끼는 현상이다.
② 검정과 노랑 : 검정은 더 어둡게, 노랑은 더 밝게 나타난다.

9. 정원의 넓이를 한층 더 크고 변화 있게 하려는 조경기술 중 가장 좋은 방법은?
㉮ 축을 강조   ㉯ 눈가림 수법
㉰ 명암을 대비   ㉱ 통경선

해설 비스타 정원
① 정원 중심으로(주축선) 시선이 집중되어 정원을 한층 더 넓게 보이게 하는 효과가 발생하는 정원을 말한다.
② 초점 경관 구성 양식을 말한다.
③ 눈가림 수법 : 변화, 거리감을 보여준다.

10. 다른 나라의 조경양식을 받아들이는 데 가장 장애가 되는 것은?
㉮ 과학기술   ㉯ 자연환경
㉰ 암석   ㉱ 수목

해설 문화의 교류로 인하여 실생활에 편리하도록 서로 절충하는 형태로 일상생활에 도움을 주고 다른 나라의 조경양식을 도입하는 데 있어 자연환경이 가장 어렵다.

11. 조경 분야 중 프로젝트의 수행 단계별로 구분하는 순서로 가장 적합한 것은?
㉮ 설계 → 계획 → 시공 → 관리
㉯ 계획 → 설계 → 시공 → 관리
㉰ 설계 → 관리 → 계획 → 시공
㉱ 시공 → 설계 → 계획 → 관리

해설 조경관리 : 식생의 이용 및 시설물을 효율적으로 유지, 보수, 관리한다.
① 조경계획 : 설계하는 목적에 맞게 사전에 예비조사(자료의 수집, 종합, 분석)를 한다.
② 조경설계 : 예비조사 자료를 기준으로 용도 및 목적에 맞게 공간을 기능적, 미적으로 설계한다.
③ 조경시공 : 설계한 것을 실행하여 시설물 등을 배치하며 시공한다.
④ 조경관리 : 식생의 이용 및 시설물의 효율적인 유지, 보수, 관리한다.
⑤ 조경프로젝트의 수행단계 : 계획 → 설계 → 시공 → 관리

12. 다음 중 도시공원 및 녹지 등에 관한 법률에서 구분한 공원 가운데 그 규모가 가장 작은 것은?
㉮ 묘지공원   ㉯ 체육공원
㉰ 근린공원   ㉱ 어린이공원

해설 ① 묘지공원 : 100000m^2 이상
② 체육공원 : 10000m^2 이상
③ 근린생활권 근린공원 : 10000m^2 이상
④ 어린이 공원 : 1500m^2 이상

13. 다음 중 마운딩(mounding)의 기능으로 가장 거리가 먼 것은?
㉮ 배수 방향을 조절

해답 8. ㉮ 9. ㉯ 10. ㉯ 11. ㉯ 12. ㉱ 13. ㉰

㉯ 자연스러운 경관을 조성
㉰ 공간기능을 연결
㉱ 유효토심 확보

해설 마운딩(mounding)
① 경관의 변화, 방음, 방설, 방풍 등을 목적으로 흙쌓기 공사를 통하여 동산을 만드는 것을 마운딩이라 한다.
② 지면의 형상변화시켜 식재 기반 조성에 필요한 유효토심을 만든다.
③ 배수방향을 조절하며 자연스러운 경관을 조성하고 토지의 공간기능을 분리한다.

14. 독도는 광활한 바다에 우뚝 솟은 바위섬이다. 독도의 전망대에서 바라보는 경관의 유형으로 가장 적합한 것은?
㉮ 파노라마경관 ㉯ 지형경관
㉰ 위요경관   ㉱ 초점경관

해설 파노라마경관(전경관) : 시야의 제한 없이 멀리까지 보는 경관으로 자연에 대한 웅장한 아름다움을 볼 수 있다.

15. 이집트 델엘바하리 신전에 사용한 배식기법은?
㉮ 열식   ㉯ 점식
㉰ 군식   ㉱ 혼식

해설 이집트는 시커모어 나무를 신성시하였으며 델엘바하리 신전에는 특히 아카시아 나무가 많이 열식되어 있다.

16. 다음 중 수목의 용도에 따르는 설명이 틀린 것은?
㉮ 가로수는 병충해 및 공해에 강해야 한다.
㉯ 녹음수는 낙엽활엽수가 좋으며, 가지 다듬기를 할 수 있어야 한다.
㉰ 방풍수는 심근성이고, 가급적 낙엽수이어야 한다.
㉱ 방화수는 상록활엽수이고, 잎이 두꺼워야 한다.

해설 방풍수는 바람에 잘 견디는 심근성이고 상록수이어야 한다.

17. 다음 중 가시 산울타리용으로 사용하기 부적합한 수종은?
㉮ 탱자나무   ㉯ 호랑가시나무
㉰ 가시나무   ㉱ 찔레나무

해설 가시나무
① 상록활엽 교목
② 학명 : Quercus myrsinaefolia
③ 가시 산울타리용으로는 가시가 있어야 하지만 가시나무는 상록교목으로서 가시가 없어 가시 산울타리용으로 사용할 수 없다.

18. 용광로에서 선철을 제조할 때 나온 광석찌꺼기를 석고와 함께 시멘트에 섞은 것으로서 수화열이 낮고, 내구성이 높으며, 화학적 저항성이 큰 한편, 투수가 적은 특징을 갖는 것은?
㉮ 실리카 시멘트
㉯ 고로 시멘트
㉰ 중용열 포틀랜드 시멘트
㉱ 조강 포틀랜드 시멘트

해설 고로 시멘트 : 광재(슬래그), 포틀랜드 시멘트, 석고를 혼합한 혼합시멘트로 수화열이 낮고 내구성이 높으며 화학적 저항성이 큰 한편, 투수가 적으며 상하수도시설, 사방댐, 도로포장 등에 사용된다.

19. 다음 중 아황산가스에 강한 수종으로만 짝지어진 것은?
㉮ 소나무, 전나무
㉯ 히말라야시다, 느티나무
㉰ 삼나무, 편백나무
㉱ 사철나무, 은행나무

해답 14. ㉮ 15. ㉮ 16. ㉰ 17. ㉰ 18. ㉯ 19. ㉱

해설 ① 대기오염(아황산화물, SO₂)에 강한 수종 : 향나무, 편백, 사철나무, 벽오동, 능수버들, 무궁화, 은행나무
② 대기오염(아황산화물, SO₂)에 약한 수종 : 독일가문비, 소나무(적송), 전나무, 느티나무, 벚나무, 단풍나무, 매화나무

20. 그 해에 자란 가지에 꽃눈이 분화하여 월동 후 봄에 개화하는 형태의 수종은?

㉮ 능소화 ㉯ 배롱나무
㉰ 개나리 ㉱ 장미

해설 ① 당년에 자란 가지에서 꽃피는 수종 : 배롱나무, 장미, 대추나무, 등나무, 능소화
② 2년생 자란 가지에서 꽃피는 수종 : 벚나무, 수수꽃다리, 산수유, 철쭉류, 개나리
③ 3년생 자란 가지에서 꽃피는 수종 : 명자나무, 배나무

21. 다음 중 분류상 덩굴성 식물은?

㉮ 서향 ㉯ 송악
㉰ 병아리꽃나무 ㉱ 피리칸사스

해설 송악
① 상록 덩굴식물, 음수
② 학명 : Hedera rhombea
③ 서식지 : 담장나무라고도 하며 해안과 도서지방의 숲속에서 자생한다.

22. 다음 수종 중 낙엽활엽수는?

㉮ 후박나무 ㉯ 가시나무
㉰ 박태기나무 ㉱ 동백나무

해설 박태기나무
① 낙엽활엽관목
② 학명 : Cercis chinensis
③ 분류 : 콩과
④ 후박나무, 가시나무, 동백나무 : 상록 교목

23. 생육환경 중 건조한 지역에 잘 견디는 수종은?

㉮ 삼나무 ㉯ 가중나무
㉰ 수국 ㉱ 주엽나무

해설 건조한 지역에 잘 견디는 수종 : 소나무, 노간주나무, 가중나무, 자작나무, 가죽나무, 향나무, 산오리나무

24. 다음 중 수성암(퇴적암)계통의 석재가 아닌 것은?

㉮ 점판암 ㉯ 사암
㉰ 석회암 ㉱ 안산암

해설 ① 화성암의 종류 : 화강암, 안산암, 부석
② 수성암(퇴적암)의 종류 : 점판암, 사암, 응회암, 석회암
③ 변성암의 종류 : 대리석, 트래버틴, 사문암

25. 자연석을 모양으로 지칭할 때 사석에 해당되는 것은?

㉮ 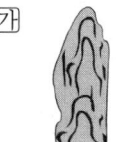 ㉯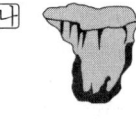

㉰  ㉱

해설 ㉮-입석, ㉯-사석
㉰-평석, ㉱-와석

26. 석재의 비중에 대한 설명으로 틀린 것은?

㉮ 비중이 클수록 조직이 치밀하다.
㉯ 비중이 클수록 흡수율이 크다.
㉰ 비중이 클수록 압축 강도가 크다.
㉱ 석재의 비중은 일반적으로 2.0~2.7이다.

해설 석재의 특징 : 비중이 클수록 조직이 치밀하므로 흡수율이 작고 압축강도가 크다.

해답 20. ㉰ 21. ㉯ 22. ㉰ 23. ㉯ 24. ㉱ 25. ㉯ 26. ㉯

27. 목재 건조 시 건조 시간은 단축되나 목재의 크기에 제한을 받고, 강도가 다소 약해지며 광택도 줄어드는 건조방법은?

㉮ 증기법   ㉯ 찌는 법
㉰ 공기 가열 건조법   ㉱ 훈연 건조법

> **해설** 찌는 법
> ① 인공건조법으로 목재 건조 시 시간이 단축된다.
> ② 목재의 크기에 제한을 받는다.
> ③ 강도가 다소 약해지며 광택도가 줄어든다.

28. 관상적인 측면에서 본 분류 중 열매를 감상하기 위한 수종으로 가장 적합한 것은?

㉮ 은행나무   ㉯ 모과나무
㉰ 반송   ㉱ 낙우송

> **해설** ① 열매를 감상하는 나무 : 모과나무, 오미자, 해당화, 자두나무, 팥배나무, 동백나무, 산수유, 대추나무, 보리수나무, 석류나무, 감나무, 화살나무, 찔레, 감탕나무, 살구나무, 생강나무, 뽕나무, 비자나무, 포도나무
> ② 잎을 감상하는 나무 : 식나무, 주목, 단풍나무류, 계수나무, 측백나무, 소나무류, 위성류, 대나무, 회양목, 벽오동, 조팝나무, 느티나무, 화백

29. 목재의 방부제인 CCA의 성분이 바르게 짝지어진 것은?

㉮ 크롬-구리-비소   ㉯ 크롬-구리-아연
㉰ 철-구리-아연   ㉱ 탄소-구리-비소

> **해설** ① CCA 방부제(수용성 방부제) : 취급이 간단하고 크롬, 비소, 구리의 화합물이다.
> ② ACC 방부제(수용성) : 크롬-구리의 화합물이다.

30. 시멘트의 저장법으로 틀린 것은?

㉮ 방습 창고에 통풍이 되지 않도록 보관한다.
㉯ 땅바닥에서 10cm 이상 떨어진 마루에서 쌓는다.
㉰ 13포대 이상 쌓지 않는다.
㉱ 3개월 이상 저장하지 않는다.

> **해설** 시멘트 저장법
> ① 시멘트는 저장 시 13포 이상 쌓지 않는다.
> ② 시멘트는 통풍이 잘 되지 않는 곳에 저장한다.
> ③ 창고의 바닥높이는 지면에서 30cm 이상 떨어진 위치에 쌓는다.

31. 다음 중 제품의 제작과정이 다른 것은?

㉮ 시멘트벽돌   ㉯ 붉은 벽돌
㉰ 점토벽돌   ㉱ 내화벽돌

> **해설** ① 시멘트 벽돌 : 모르타르, 콘크리트
> ② 점토벽돌, 붉은 벽돌, 내화벽돌 : 점토원료로 열을 가하여 만든 것이다.

32. 화단용 초화류의 조건에 해당되지 않는 것은?

㉮ 가급적 키가 커야 한다.
㉯ 가지가 많이 갈라져 꽃이 많이 달려야 한다.
㉰ 개화기간이 길어야 한다.
㉱ 환경에 대한 적응성이 강해야 한다.

> **해설** 화단용 초화류의 조건
> ① 초화류가 아름답고 가급적 키가 작아야 한다.
> ② 가지가 많이 갈라져 꽃이 많이 달려야 한다.
> ③ 꽃색깔이 밝고 개화기간이 길어야 한다.
> ④ 바람, 건조, 병충해 저항력이 있으며 환경에 대한 적응성이 강해야 한다.

33. 벽돌쌓기 방법 중 가장 견고하고 튼튼한 것은?

㉮ 영국식 쌓기   ㉯ 미국식 쌓기
㉰ 네덜란드식 쌓기   ㉱ 프랑스식 쌓기

해답 27. ㉯   28. ㉯   29. ㉮   30. ㉮   31. ㉮   32. ㉮   33. ㉮

해설 벽돌쌓기법 종류
① 영국식 쌓기
  ㉠ 모서리에 반절, 이오토막을 사용하며 통줄눈이 생기지 않는 것이 특징이며 한 켜는 마구리쌓기로 하고 다음은 길이쌓기로 하며 교대로 하여 쌓는다.
  ㉡ 가장 튼튼한 구조이며 내력벽 쌓기에 사용되며 가장 튼튼한 쌓기법이다.
② 프랑스식 쌓기
  ㉠ 끝부분에는 이오토막을 사용하며 한 켜는 길이쌓기로 하고 다음은 마구리쌓기로 하며 교대로 하여 쌓는다.
  ㉡ 치장용으로 많이 사용되며 많은 토막 벽돌이 사용된다.
③ 미국식 쌓기
  ㉠ 앞면 5켜까지는 치장벽돌로 길이쌓기로 하고 다음은 마구리쌓기로 하고 뒷면은 영국식으로 쌓는다.
  ㉡ 치장 벽돌을 사용한다.
④ 화란식(네덜란드식) 쌓기
  ㉠ 모서리 또는 끝부분에는 칠오토막을 사용하며 한 켜는 길이쌓기로 하고 다음은 마구리쌓기로 하며 마무리하는 벽돌쌓기법이다.
  ㉡ 한 면은 벽돌 마구리와 길이가 교대로 되고 다른 면은 영국식으로 쌓는다.
  ㉢ 작업하기 쉬워 일반적으로 가장 많이 사용하는 벽돌쌓기법이다.

34. 다음 중 단풍나무류에 속하는 수종은?
㉮ 신나무 ㉯ 낙상홍
㉰ 계수나무 ㉱ 화살나무

해설 단풍나무류 : 단풍나무, 당단풍나무, 고로쇠나무, 복자기나무, 섬단풍나무, 중국단풍, 신나무, 공작단풍

35. 운반 거리가 먼 레미콘이나 무더운 여름철 콘크리트의 시공에 사용하는 혼화제는?
㉮ 지연제 ㉯ 감수제
㉰ 방수제 ㉱ 경화촉진제

해설 ① 지연제(retarder, retarding admixture) : 지연제를 사용하여 콘크리트를 먼 거리에 장시간 운반할 수 있게 하여 준다.
② 혼화제(chemical admixture, chemical agent) : 지연제, 발포제, 경화촉진제, 철근방청제 등이 있다.

36. 정원수 전반에 가해하며, 메타유제(메타시스톡스)의 살포로 방제되는 병해충은?
㉮ 빗자루병 ㉯ 흰가루병
㉰ 조명나방 ㉱ 진딧물

해설 ① 진딧물은 4월에 메타시스톡스(메타유제), 마라톤유제 등을 살포하여 방제하며 친환경적 방법으로는 천적인 무당벌레류, 꽃등애류, 풀잠자리류의 기생봉을 이용한다.
② 녹병 : 만코지 수화제, 석회황합제, 지네브제, 보르도액 등을 살포한다.

37. 잔디의 뗏밥주기에 대한 설명으로 틀린 것은?
㉮ 토양은 기존 잔디밭의 토양과 같은 것을 5mm 체로 쳐서 사용한다.
㉯ 난지형 잔디의 경우 생육이 왕성한 6~8월에 준다.
㉰ 잔디포장 전면에 골고루 뿌리고, 레이크로 긁어준다.
㉱ 일시에 많이 주는 것이 효과적이다.

해설 ① 뗏밥 : 유실된 토양을 채우고 잔디에 영양을 공급하기 위하여 부엽토를 뿌려주는 것을 말한다.
② 난지형 잔디(들잔디) : 6~8월인 여름철에 뗏밥 주기를 한다.
③ 한지형 잔디 : 9월에 뗏밥 주기를 한다.
④ 여러 차례 나누어서 주는 것이 효과적이다.

38. 보도에 콘크리트 블록을 포장하려고 하는데 면적이 10m²일 때 소요되는 블록

해답 34. ㉮ 35. ㉮ 36. ㉱ 37. ㉱ 38. ㉱

의 장수는?(단, 보도용 콘크리트 규격은 25cm×25cm×6cm, 줄눈 두께는 3mm, 모래깔기는 3cm으로 하되, 줄눈두께와 할증은 계산 시 고려하지 않는다.)

㉮ 100장 ㉯ 110장
㉰ 130장 ㉱ 160장

해설 보도용 콘크리트 블록의 장수
① 1m = 4장, 25cm × 4 = 100cm = 1m
② $1m^2$ = 16장, $1m^2$ = 1m × 1m = 4장 × 4장 = 16장
③ $10m^2$ = 16장 × 10 = 160장

39. 콘크리트 공사 중 콘크리트 표면에 곰보가 생기거나 콘크리트 내부에 공극이 발생되지 않도록 하는 작업은?

㉮ 콘크리트 다지기 ㉯ 콘크리트 비비기
㉰ 콘크리트 붓기 ㉱ 콘크리트 양생

해설 ① 수화작용이 충분히 되도록 콘크리트 다지기를 한다.
② 시공연도를 적게 한다.
③ 진동기를 사용한다.
④ AE제를 사용한다.

40. 진딧물, 깍지벌레와 관계가 가장 깊은 병은?

㉮ 흰가루병 ㉯ 빗자루병
㉰ 줄기 마름병 ㉱ 그을음병

해설 그을음병 : 소나무류에 많이 발생하며 진딧물, 깍지벌레에 의해 2차적 피해로 그을음병이 발생하며 방제를 하지 않으면 결국에는 수목이 고사한다.

41. 정원수의 전지 및 전정방법으로 틀린 것은?

㉮ 보통 바깥눈의 바로 윗부분을 자른다.
㉯ 도장지, 병지, 고사지, 쇠약지, 서로 휘감긴 가지 등을 제거한다.
㉰ 침엽수의 전정은 생장이 왕성한 7~8월경에 실시하는 것이 좋다.
㉱ 도구로는 고지가위, 양손가위, 꽃가위, 한손가위 등이 있다.

해설 ① 식물은 10℃ 되면 생장만 중지되며 신진대사가 천천히 이루어진다.
② 침엽수의 전정은 가을 낙엽이 진 후 10월 말~11월 말, 봄 3월 중순~4월 중순에 전정을 실시하는 것이 좋다.

42. 수목 생육기 중 깍지벌레의 구제 농약으로 가장 적당한 것은?

㉮ 메치온유제(수프라사이드)
㉯ 지오람수화제(호마이)
㉰ 메타유제(메타시스톡스)
㉱ 디프수화제(디프록스)

해설 깍지벌레
① 수목에 붙어 수액을 빨아먹으며 번식력이 강하며 직접적인 피해와 2차적으로 그을음병을 발생시킨다.
② 천적을 보호한다(무당벌레, 풀잠자리류).
③ 메치온유제(수프라사이드), 디메토 유제를 10일 간격으로 2~3회 정도 살포한다.

43. 전정(剪定)을 통해 얻어지는 결과라 볼 수 없는 것은?

㉮ 수세의 조절
㉯ 개화 결실의 조정
㉰ 일광, 통풍의 양호
㉱ 지상부의 쇠약

해설 전정의 효과
① 수세를 조절하여 균형을 잡아준다.
② 개화결실을 조정한다.
③ 생육상태를 조절한다.
④ 일광 및 통풍을 양호하게 해준다.
⑤ 생리를 조정(뿌리의 발달)한다.
⑥ 병해충으로부터 보호해 준다.

해답 39. ㉮ 40. ㉱ 41. ㉰ 42. ㉮ 43. ㉱

44. 조적공사 중 중간에 공간을 두고 앞뒤에 면이 보이게 옆 세워놓고 다음은 마구리 1장을 옆 세워 가로 걸쳐대어 쌓는 방법은?
㉮ 공간벽쌓기 ㉯ 세워쌓기
㉰ 옆세워쌓기 ㉱ 장식쌓기

해설 옆세워쌓기: 중간에 공간을 두고 마구리 1장을 옆세워쌓기를 한 것이다.

45. 흙 더돋기는 계획된 높이보다 얼마나 더 하는가?
㉮ 5% ㉯ 10% ㉰ 20% ㉱ 30%

해설 더돋기: 절토한 흙을 일정한 장소에 쌓는 성토 시 외부의 압력, 침하에 의해 높이가 줄어드는 것을 방지하고 예측하여 흙을 계획보다 10~15% 정도 더 쌓는 것을 말한다.

46. 디딤돌 놓기 방법의 설명으로 틀린 것은?
㉮ 돌의 머리는 경관의 중심을 향해서 놓는다.
㉯ 돌 표면이 지표면보다 3~5cm 정도 높게 앉힌다.
㉰ 디딤돌이 시작되는 곳 또는 급하게 구부러지는 곳 등에 큰 디딤돌을 놓는다.
㉱ 돌의 크기와 모양이 고른 것을 선택하여 사용한다.

해설 디딤돌 놓기 방법: 돌은 크기가 크고 작은 것을 조화롭게 배치하며 모양은 물이 고이지 않은 형태를 선택한다.

47. 바다를 매립한 공업단지에서 토양의 염분함량이 많을 때는 토양염분을 몇 % 이하로 용탈시킨 다음 식재하는가?
㉮ 0.08 ㉯ 0.02
㉰ 0.1   ㉱ 0.3

해설 0.02%를 제거시킨 후에 수목을 식재한다.

48. 다음 중 시공관리 내용이 아닌 것은?
㉮ 공정관리 ㉯ 품질관리
㉰ 원가관리 ㉱ 하자관리

해설 시공 3대 관리
① 품질관리
② 공정관리
③ 원가관리
④ 하자관리: 시공완료 후 행하는 공정이다.

49. 다음 다듬어야 할 가지들 중 얽힌 가지는?
㉮ 1 ㉯ 2
㉰ 3 ㉱ 4

해설 ① 나무줄기에서 돋은 가지, ② 얽힌 가지, ③ 교차 가지, ④ 교차가지

50. 콘크리트의 구성재료 중 품질이 우수한 골재의 설명으로 틀린 것은?
㉮ 단단하고 둥근 모양을 가지는 골재가 좋다.
㉯ 소요의 내화성과 내구성을 가진 것이 좋다.
㉰ 골재에는 흙, 기름, 푸석돌 등이 없어야 좋다.
㉱ 납작하고 길쭉한 모양을 가지는 골재가 강도를 높이는 데 좋다.

해설 단단하고 둥근 모양을 가지는 골재는 유동성이 좋으며 공간률이 적어 시멘트의 양이 절약된다.

51. 원로의 기울기가 몇 도 이상일 때 일반적으로 계단을 설치하는가?
㉮ 3°   ㉯ 5°
㉰ 10° ㉱ 15°

해설 ① 15°가 넘을 때 계단을 설치한다.
② 계단의 경사: 30~35°

해답 44. ㉰ 45. ㉯ 46. ㉱ 47. ㉯ 48. ㉱ 49. ㉯ 50. ㉱ 51. ㉱

52. 열효율이 높고 물체의 투시성이 좋은 광질(光質)의 특성 때문에 안개지역 조명, 도로 조명, 터널 조명 등으로 사용하기 가장 적합한 등은?

㉮ 할로겐등   ㉯ 형광등
㉰ 수은등   ㉱ 나트륨등

해설 ① 나트륨등: 효율이 가장 높고 수명이 가장 길며 도로조명, 터널조명으로 사용된다.
② 백열등: 효율이 가장 낮고 수명이 가장 짧다.
③ 수은등: 수목과 잔디의 황록색의 조명을 유지한다.

53. 다음 중 정원석 쌓기 및 수목을 들어 올리는 데 가장 적합한 기구나 기계는?

㉮ 불도저   ㉯ 텐덤 롤러
㉰ 체인 블록 ㉱ 덤프트럭

해설 체인블록(chain block): 베어링에 체인을 걸어서 끌어당기고 스토퍼로 고정시키고 물건은 후크에 걸어서 필요한 위치로 이동시킨다.

54. 경관석 놓기의 내용으로 틀린 것은?

㉮ 경관석은 충분한 크기와 중량감이 있어야 한다.
㉯ 경관석은 모양, 색채, 질감 등이 아름다워야 한다.
㉰ 여러 개 짝을 지어 배석할 때는 대개 짝수로 구성하여 균형을 유지하도록 배치한다.
㉱ 조경공간에서 시선이 집중되는 곳에 경관석을 배치한다.

해설 경관석 놓기: 경관석짜기의 기본은 주석(중심석)과 부석을 조화시켜 놓고 3, 5, 7 등 홀수로 놓으며 부등변삼각형 형태로 배치한다.

55. 제1신장기를 마치고 가지와 잎이 무성하게 자라면 통풍이나 채광이 나쁘게 되기 때문에 도장지나 너무 혼합하게 된 가지를 잘라 주어 광, 통풍을 좋게 하기 위한 전정은?

㉮ 봄 전정   ㉯ 여름 전정
㉰ 가을 전정 ㉱ 겨울 전정

해설 플라타너스, 수양버들 등의 도장지 등을 전정하여 채광과 통풍을 좋게 하기 위해 봄에 잎이 자라고 난 후 여름에 전정한다.

56. 도면을 그릴 때 일반적으로 마지막에 실시해야 할 내용인 것은?

㉮ 도면의 축척을 정한다.
㉯ 표제란의 내용을 기재한다.
㉰ 테두리 선 및 방위를 그린다.
㉱ 물체의 표현 위치를 정한다.

해설 표제란 일반적으로 제목을 표시하는 것으로 마지막에 표제란의 내용을 기재한다.

57. 수목의 일반적인 전정방법으로 옳지 않은 것은?

㉮ 수형이나 목적에 맞지 않는 가지부터 자른다.
㉯ 가지를 자를 때는 위쪽에서 아래쪽으로 자른다.
㉰ 가지를 자를 때 수관 밖에서부터 안쪽으로 자른다.
㉱ 가는 가지를 먼저 자르고, 그 다음 굵은 가지를 자른다.

해설 굵은 가지를 먼저 자르고 난 다음 마디 위를 자르고 가는 가지를 자른다.

58. 건설업자가 대상 계획의 기업, 금융, 토지조달, 설계, 시공, 기계기구설치, 시운전 및 조업지도까지 주문자가 필요로

해답 52. ㉱ 53. ㉰ 54. ㉰ 55. ㉯ 56. ㉯ 57. ㉱ 58. ㉰

하는 모든 것을 조달하여 주문자에게 인도하는 도급계약방식은?

㉮ 지명경쟁입찰
㉯ 수의계약
㉰ 턴키(turn-key)입찰
㉱ 제한경쟁입찰

해설 턴키(turn-key) 입찰 방식 : 주문받은 건설업자가 대상계획의 기업, 금융, 토지조달, 설계, 시공 기타 모든 요소를 포괄한 계약방식이다.

59. 돌쌓기의 종류 중 찰쌓기에 대한 설명으로 옳은 것은?

㉮ 뒤채움에 콘크리트를 사용하고, 줄눈에 모르타르를 사용하여 쌓는다.
㉯ 돌만을 맞대어 쌓고 잡석, 자갈 등으로 뒤채움을 하는 방법이다.
㉰ 마름돌을 사용하여 돌 한 켜의 가로 줄눈이 수평적 직선이 되도록 쌓는다.
㉱ 막돌, 깬 돌, 깬 잡석을 사용하여 줄눈을 파상 또는 골을 지어가며 쌓는 방법이다.

해설 찰쌓기 : 돌과 돌 사이에 모르타르를 다져놓고 뒤채움에 콘크리트를 채워 넣는다.

60. 다음 제도용구 가운데 곡선을 긋기 위한 도구는?

㉮ T자
㉯ 삼각자
㉰ 운형자
㉱ 삼각축척자

해설
① T자 : 제도판에 대고 수평선을 긋거나 T자의 삼각자를 대고 수직선, 사선을 그을 때 사용하는 것이다.
② 삼각자 : 한 각이 90°이고 다른 두 각이 45°인 이등변삼각형 삼각자와 30°, 60°인 부등변삼각자 등 2종류가 1쌍으로 되어 있다.
③ 운형자 : 컴퍼스로 그리기 어려운 곡선을 그릴 때 사용한다.
④ 삼각 축척자 : 길이를 재거나 또는 길이를 줄이는 데 쓰이는 것으로 삼각형, 단면모양을 한 목재의 3면에 1mm의 1/100, 1/200, 1/300, 1/400, 1/500, 1/600에 해당하는 6가지로 축적되어 있으며 눈금이 새겨져 사용하기에 매우 편리하다.
⑤ 원형 템플릿 : 도면에 정원 설계 시 수목 표시할 때 가장 많이 사용한다.

해답 59. ㉮ 60. ㉰

▶ 2007년 9월 16일 시행

자격종목	코 드	시험시간	형 별
조경기능사	7900	1시간	A

1. 설계자의 의도를 개략적인 형태로 나타낸 일종의 시각 언어로서 도면을 단순화시켜 상징적으로 표현한 그림을 의미하는 것은?

㉮ 상세도 ㉯ 다이어그램
㉰ 조감도 ㉱ 평면도

해설 다이어그램(diagram) : 기본 설계의 공간 구성에 있어서 3차원 공간 구성의 전이 단계로서 설계의 의도를 정리하여 공간배치 및 동선체계를 시각적으로 표현한다.

2. 현행 주차장법 시행규칙에 의한 옥외주차장의 주차대수 1대에 해당하는 주차 단위구획으로 옳은 것은?

㉮ 2.0m × 4.5m 이상
㉯ 3.0m × 5.0m 이상
㉰ 2.3m × 4.5m 이상
㉱ 2.3m × 5.0m 이상

해설 ① 주차장 규격 : 2.3m × 5.0m 이상
② 장애인 주차장 규격 : 3.3m × 5.0m 이상

3. 다음 정원에서의 눈가림 수법에 대한 설명으로 틀린 것은?

㉮ 좁은 정원에서는 눈가림 수법을 쓰지 않는 것이 정원을 더 넓어 보이게 한다.
㉯ 눈가림은 변화와 거리감을 강조하는 수법이다.
㉰ 이 수법은 원래 동양적인 것이다.
㉱ 정원이 한층 더 깊이가 있어 보이게 하는 수법이다.

해설 ① 눈가림 수법 : 넓고 변화, 거리감을 보여준다.
② 통경선(비스타, vista) : 길고 넓게 보여준다.
③ 좁은 정원에서는 눈가림 수법을 쓰는 것이 정원을 더 넓고 변화되어 보이게 한다.

4. 청나라의 건융제가 조영하였으며, 만수산과 곤명호로 구성되어 있는 정원은?

㉮ 서호 ㉯ 졸정원
㉰ 원명호 ㉱ 이화원

해설 이화원
① 청나라 건융제가 설계하였다.
② 만수산과 곤명호를 만들었다.
③ 정원에 인공 건축물과 자연과의 조화를 이루며 총면적이 2.9km²이다.

5. 마스터플랜(master plan)의 작성이 위주가 되는 과정은?

㉮ 기본계획
㉯ 기본설계
㉰ 실시설계
㉱ 상세설계

해설 기본계획을 바탕으로 설계한다.

6. 다음 중 여러 단을 만들어 그곳에 물을 흘러내리게 하는 이탈리아 정원에서 많이 사용되었던 조경기법은?

㉮ 캐스케이드 ㉯ 토피어리
㉰ 록 가든 ㉱ 캐럴

해설 캐스케이드(cascade) : 계단폭포로 물이 흘러내려 계단에서 폭포처럼 쏟아진다.

해답 1. ㉯ 2. ㉱ 3. ㉮ 4. ㉱ 5. ㉮ 6. ㉮

7. 다음 중 일반적인 학교정원의 공간별 설계방법으로 가장 거리가 먼 것은?

㉮ 앞뜰구역에는 잔디밭이나 화단, 분수, 조각물, 휴게 시설 등을 설치한다.
㉯ 가운데 뜰 구역은 면적이 좁은 경우가 많으므로 상록성교목류의 사용을 권장한다.
㉰ 뒤뜰 면적이 좁은 경우에는 음지식물 학습원을 만들 수 있다.
㉱ 운동장과 교실 건물 사이는 5~10m의 녹지대를 설치하여 소음과 먼지 등을 차단시킨다.

해설 학교정원의 설계 방법: 가운데 뜰 구역은 벤치나 가벼운 휴식공간으로 조성한다.

8. 다음 중 고대 로마의 폼페이 주택 정원에서 볼 수 없는 것은?

㉮ 아트리움   ㉯ 페리스틸리움
㉰ 포럼   ㉱ 지스투스

해설 포럼: 로마시대의 광장이다.

9. 다음 조경의 대상 중 고자연적 환경요소가 가장 빈약한 곳은?

㉮ 도시조경   ㉯ 명승지, 천연기념물
㉰ 도립공원   ㉱ 국립공원

해설 도시조경: 자연과 가장 멀리 있으며 사용자중심으로 설계되므로 자연적 환경요소가 빈약하다.

10. 다음 중 서양의 정형식 정원양식과 가장 거리가 먼 것은?

㉮ 기하학적인 땅 가름
㉯ 다듬어진 나무
㉰ 인공적인 무늬화단
㉱ 비대칭적이면서 균형과 조화유지

해설 ① 정형식 정원은 축을 중심으로 좌우대칭으로 이루어지며 기하학식 정원이다.
② 자연식 정원은 비대칭적이면서 균형과 조화유지한다.

11. 색광의 3원색인 R, G, B를 모두 혼합하면 어떤 색이 되는가?

㉮ 검은색   ㉯ 회색
㉰ 흰색   ㉱ 붉은색

해설 ① 빨강(R) + 녹색(G) + 파랑(B) = 색의 빛을 혼합(흰색)
② 빨강(R) + 녹색(G) + 파랑(B) = 색을 혼합(검정)

12. 중국 정원은 풍경식이면서 어디에 중점을 두고 조성되었는가?

㉮ 대비   ㉯ 조화
㉰ 관련   ㉱ 연관

해설 중국 정원의 특징
① 자연풍경축경식 조경양식이다.
② 조화보다 대비에 중점을 두고 있다.
③ 차경수법을 도입하였다.
④ 사의주의, 회화풍경식 조경양식이다.

13. 다음 중 중국의 신선사상에서 유래된 십장생(十長生) 중의 하나가 아닌 것은?

㉮ 구름   ㉯ 돌
㉰ 학   ㉱ 용

해설 십장생
① 장생불사를 표상한 10가지 사물을 말한다.
② 해, 산, 물, 돌, 소나무, 달 또는 구름, 불로초, 거북, 학, 사슴을 말하며 고구려 벽화에서 발견되었다.

14. 디자인의 조건이 아닌 것은?

㉮ 심미성   ㉯ 독창성
㉰ 합목적성   ㉱ 조직성

해답 7. ㉯ 8. ㉰ 9. ㉮ 10. ㉱ 11. ㉰ 12. ㉮ 13. ㉱ 14. ㉱

해설 목적한 것을 실제적으로 만든 것으로 정의하며 심미성, 독창성, 합목적성을 가지고 있어야 한다.

15. 조경의 개념과 거리가 먼 것은?

㉮ 건축, 토목의 일부이며, 이들과 조형미를 이루게 한다.
㉯ 국토를 보존하고 정비하며, 이 이용에 관한 계획을 하는 것이다.
㉰ 과학적이고 미적인 공간을 창조하는 종합예술이다.
㉱ 아름답고 편리하며 생산적인 생활환경을 조성한다.

해설 조경의 정의
① 조경은 종합과학예술로서 광범위하고 넓은 정원, 공원 등 옥외공간을 대상으로 한다.
② 조경은 자연과 인간에게 봉사하는 전문 직업분야이다.
③ 조경은 실용적이고 기능적인 생활환경을 만드는 건설 분야이다.

16. 가을에 단풍이 노란색으로 물드는 수종은?

㉮ 붉나무
㉯ 붉은고로쇠나무
㉰ 담쟁이덩굴
㉱ 화살나무

해설 ① 붉은색(홍색) 단풍나무: 단풍나무, 감나무, 화살나무, 붉나무, 담쟁이덩굴, 산딸나무, 옻나무
② 노란색(황색) 단풍나무: 고로쇠나무, 은행나무, 계수나무, 느티나무, 벽오동, 배롱나무, 자작나무, 메타세쿼이아

참고 붉은 고로쇠나무의 명칭은 잘못된 명칭이며 고로쇠나무 이름이 올바르다.

17. 다음 중 봄철에 꽃을 가장 빨리 보려면 어떤 수종을 식재해야 하는가?

㉮ 말발도리 ㉯ 자귀나무
㉰ 매화나무 ㉱ 배롱나무

해설 ① 말발도리: 5~6월 꽃의 지름이 12mm 흰색 꽃이 핀다.
② 자귀나무: 7월 연분홍색의 꽃이 핀다.
③ 매화나무: 4월에 꽃의 지름이 2.5cm의 백색 또는 담홍색 꽃이 핀다.
④ 배롱나무: 7~9월에 꽃의 지름이 3~4cm인 홍색의 꽃이 핀다.

18. 다음 중 소형고압블록의 종류 중 S블록으로 가장 적당한 것은?

해설 ㉮ I블럭, ㉯ Z블럭, ㉰ S블럭, ㉱ Y블럭

19. 다음 [보기]가 설명하는 것은?

[보기]
- 자연 건조방법에 의해 상온(常溫)에서 경화된다.
- 도막의 건조시간이 빨라 백화를 일으키기 쉽다.
- 도막은 단단하고 불점착성이다.
- 내마모성, 내수성, 내유성 등이 우수하다.
- 셀룰로오스도료라고도 한다.

㉮ 래커 ㉯ 에폭시 수지
㉰ 페놀 수지 ㉱ 아미노 알키드 수지

해설 래커의 특징
① 도막의 건조는 약 10~30분이 걸려 시간이 빠르기 때문에 백화현상을 일으키기 쉽다.

해답 15. ㉮ 16. ㉯ 17. ㉰ 18. ㉰ 19. ㉮

② 도막이 단단하고 불점착성이며 내마모성, 내수성, 내유성이 우수하다.
③ 래커는 빠르게 마르기 때문에 산업용 목재 마감제로 많이 사용한다.

20. 산울타리를 조성할 때 맹아력이 가장 강한 수종은?
㉮ 녹나무 ㉯ 이팝나무
㉰ 소나무 ㉱ 개나리

해설 ① 맹아력이 약한 수종: 소나무, 감나무, 녹나무, 굴거리나무, 벚나무
② 맹아력이 강한 수종: 주목, 모과나무, 무궁화, 개나리, 가시나무

21. 봄 화단용 꽃으로만 짝지어진 것은?
㉮ 팬지, 국화 ㉯ 데이지, 금잔화
㉰ 샐비어, 색비름 ㉱ 칸나, 매리골드

해설 ① 봄 화단용 식물: 팬지, 금어초, 데이지, 튤립, 수선화
② 겨울 화단용 식물: 꽃양배추
③ 여름, 가을 화단용 식물: 채송화, 봉숭아, 맨드라미, 국화, 부용, 달리아, 칸나

22. 다음 중 줄기가 아래로 늘어지는 생김새의 수간을 가진 나무의 모양을 무엇이라 하는가?
㉮ 쌍간 ㉯ 다간
㉰ 직간 ㉱ 현애

해설 ① 쌍간: 밑동에서 둘로 분지된 두 가지가 직각으로 자라며 수고가 높을수록 조화미를 잘 보여준다.
② 다간: 밑동에서 여러 개로 분지된 여러 가지가 직각으로 자란다.
③ 직간: 수간이 수직으로 곧게 자라는 것을 말한다.
④ 현애: 수간이 급각도로 굽어서 초단이 뿌리보다 아래로 늘어진 수목의 형태를 말한다.

23. 다음 식물 중 활엽수가 아닌 것은?
㉮ 은행나무 ㉯ 구실잣밤나무
㉰ 가시나무 ㉱ 수수꽃다리

해설 ① 침엽수: 은행나무, 주목, 비자나무, 전나무, 분비나무, 구상나무, 솔송나무, 가문비나무, 독일가문비, 잎갈나무, 잣나무, 스트로브잣나무, 테에다소나무, 리기다소나무, 방크스소나무, 소나무, 곰솔, 메타세쿼이아, 삼나무, 측백, 편백, 향나무
② 활엽수: 태산목, 사철나무, 동백나무, 회양목, 호두나무, 해당화, 수수꽃다리, 은수원사시나무, 은백양, 물황철나무, 당버들, 양버들, 수양버들, 버드나무, 능수버들, 용버들, 가래나무, 굴피나무, 자작나무, 박달나무, 오리나무, 물오리나무, 물갬나무, 까차박달, 서어나무, 밤나무, 상수리나무, 굴참나무, 떡갈나무, 튤립나무, 목련, 백목련, 위성류

24. 조경수목의 하자로 판단되는 기준은?
㉮ 수관부의 가지가 약 1/2 이상 고사 시
㉯ 수관부의 가지가 약 2/3 이상 고사 시
㉰ 수관부의 가지가 약 3/4 이상 고사 시
㉱ 수관부의 가지가 약 3/5 이상 고사 시

해설 수관부의 가지가 약 2/3 이상 나무의 식물세포(고사) 죽었을 때를 기준으로 한다.

25. 그 해 자란 가지에서 꽃눈이 분화하여 당년에 꽃이 피는 나무가 아닌 것은?
㉮ 무궁화 ㉯ 철쭉
㉰ 능소화 ㉱ 배롱나무

해설 ① 당년에 자란 가지에서 꽃피는 수종: 배롱나무, 장미, 대추나무, 등나무, 능소화, 무궁화
② 2년생 자란 가지에서 꽃피는 수종: 벚나무, 수수꽃다리, 산수유, 철쭉, 개나리
③ 3년생 자란 가지에서 꽃피는 수종: 명자나무, 배나무

해답 20. ㉱ 21. ㉯ 22. ㉱ 23. ㉮ 24. ㉯ 25. ㉯

26. 화성암의 일종으로 돌 색깔은 흰색 또는 담회색으로 주로 경관석, 바닥포장용, 석탑, 석등, 묘석 등으로 사용되는 것은?
㉮ 석회암 ㉯ 정판암
㉰ 응회암 ㉱ 화강암

해설 화강암 : 석질이 견고하고 풍화작용이나 마멸에 강하여 경관석, 바닥포장용 석재, 건물진입로 산책로에 사용된다.

27. 다음 중 척박지에서도 잘 자라는 수종은?
㉮ 가시나무 ㉯ 졸참나무
㉰ 팽나무   ㉱ 피나무

해설 ① 토양이 좋지 않은 척박지에 생육이 강한 수종 : 소나무, 오리나무, 버드나무, 자작나무, 등나무, 보리수나무, 눈향나무, 졸참나무
② 토양이 좋은 비옥지에서 생육이 강한 수종 : 측백나무, 벽오동, 회양목, 벚나무, 장미, 모란, 느티나무, 단풍나무

28. 막구조에 대한 내용 중 틀린 것은?
㉮ 막 면의 겹에 따라 1중막, 2중막으로 나누어진다.
㉯ 자체 투광성이 있어 낮에는 인공조명이 필요 없다.
㉰ 퍼걸러, 쉘터, 자전거보관대 등 조경분야에서 이용한다.
㉱ 현대 막구조는 미국에서 창안되고 개선되었다.

해설 막구조(membrane structure)
① 재료로 막(코팅된 직물, coated fabric)을 사용하며 막을 잡아당겨 인장력을 주면 막 자체에 강성이 생겨 구조체로 힘을 받을 수 있다.
② 자연경관과 잘 조화되어 국립공원 내의 공연장이나 휴게소 등에서 사용한다.
③ 현대 막구조는 독일 슈투트가르트대학교 (Universitat Stuttgart)에서 창안되고 개선되었다.

29. 다음 수종 중 양수에 속하는 것은?
㉮ 가중나무 ㉯ 주목
㉰ 팔손이나무 ㉱ 녹나무

해설 양수 : 향나무, 석류나무, 소나무, 모과나무, 산수유, 은행나무, 백목련, 무궁화, 가중나무

30. 석재 중에서 가장 고급품으로 주로 미관을 요구하는 돌쌓기 등에 쓰이는 것은?
㉮ 마름돌 ㉯ 견치돌
㉰ 깬돌   ㉱ 호박돌

해설 마름돌의 특징
① 일정한 치수의 크기로 직육면체의 형태로 잘라 다듬어 놓은 돌을 말한다.
② 석재 중 가장 고급품으로 구조물, 쌓기용으로 쓰이며 가공비가 고가인 것이 단점이다.

31. 수목식재 후 지주목 설치 시에 필요한 완충 재료로서 작업 능률이 뛰어나고 통기성과 내구성이 뛰어난 환경 친화적인 재료는?
㉮ 새끼 ㉯ 고무판
㉰ 보온덮개 ㉱ 녹화테이프

해설 녹화테이프(녹화마대)
① 천연 식물섬유재로 통기성, 내구성, 흡수성, 보온성, 부식성이 뛰어나고 사용이 간편하고 미관이 좋으며 수피감기, 뿌리분 감기에 사용한다.
② 수분증산과 동해의 방지, 수목의 활착에 도움을 준다.

32. 석재의 가공 방법 중 혹두기한 면을 다시 비교적 고르고 곱게 다듬는 혹두기 작업 바로 다음의 후속 작업은?

해답 26. ㉱ 27. ㉯ 28. ㉱ 29. ㉮ 30. ㉮ 31. ㉱ 32. ㉰

㉮ 물갈기　　㉯ 잔다듬
㉰ 정다듬　　㉱ 도드락다듬

해설 정다듬
① 석재(돌)가공 순서: 혹두기 → 정다듬 → 도드락다듬 → 잔다듬 → 물갈기
② 정다듬: 혹두기한 면을 다시 정으로 비교적 고르고 곱게 다듬는 정도의 다듬기

33. 석재 중 석회암이 변질한 것으로 비교적 무늬가 화려하고 아름다우며 석질이 치밀하고, 비교적 가공하기 쉬우나 산과 열에 약한 것은?

㉮ 화강암　　㉯ 안산암
㉰ 대리석　　㉱ 점판암

해설 대리석(marble): 장식용 석재로 많이 사용되며 가장 고급재로 쓰인다.
① 변성암의 일종인 대리석은 치밀하며 견고하고 포함된 성분에 따라 경도, 색채, 무늬 등이 매우 다양하며 아름답다. 갈면 광택이 나므로 장식용 석재 중에서 가장 고급재로 쓰인다.
② 석회암이 오랜 세월 동안 변질된 것으로 열, 산에 약하며 내화도가 낮다.

34. 가로수가 갖추어야 할 조건이 아닌 것은?

㉮ 공해에 강한 수목
㉯ 답압에 강한 수목
㉰ 지하고가 낮은 수목
㉱ 이식에 잘 적응하는 수목

해설 가로수 수목의 조건
① 보행자의 생활의 편리함과 통행을 위해서는 지하고가 높은 수목을 선택한다.
② 지하고의 높이: 1.8~2m 이상

35. 다음 그림의 돌 모양들 중 입석을 나타낸 것은?

㉮ 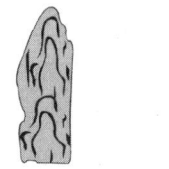　㉯

㉰ 　㉱

해설 ㉮: 입석, ㉯: 환석, ㉰: 각석, ㉱: 사석
㉮ 입석: 수석이라고도 하며 입체적으로 관상할 수 있으며 돌의 높이가 좋을수록 좋다.
㉯ 환석: 돌담을 쌓는 축석에 사용하기에는 곤란하지만 간혹 사용한다.
㉰ 각석: 네모형태의 각이 진 모습의 돌을 말한다.
㉱ 사석: 돌모양의 형태와 해안가 절벽의 형태를 나타낸 것으로 해안가 배경을 나타낼 때 사용되어진다.

36. 토공작업 시 지반면보다 낮은 면의 굴착에 사용하는 기계로 깊이 6m 정도의 굴착에 적당하며 백호우(back hoe)라고도 불리는 기계는?

㉮ 클램셸　　㉯ 드래그 라인
㉰ 파워 셔블　㉱ 드래그 셔블

해설 드래그 셔블(백호우): 굴착기계로서 작업 위치보다 낮은 장소의 굴착에 사용한다.

37. 다음 중 수목을 기하학적인 모양으로 수관을 다듬어 만든 수형을 가리키는 것은?

㉮ 정형수　　㉯ 형상수
㉰ 경관수　　㉱ 녹음수

해설 형상수(topiary): 수목을 사물의 모양이나 형태를 모방하거나 기하학적인 모양으로 수관을 다듬어 만든 수형을 가리킨다.

38. 다음 수목의 전정에 관한 설명 중 틀린 것은?

해답 33. ㉰　34. ㉰　35. ㉮　36. ㉱　37. ㉯　38. ㉱

㉮ 가로수의 밑가지는 2m 이상 되는 곳에서 나오도록 한다.
㉯ 이식 후 활착을 위한 전정은 본래의 수형이 파괴되지 않도록 한다.
㉰ 춘계 전정(4~5월) 시 진달래, 목련 등의 화목류는 개화가 끝난 후에 하는 것이 좋다.
㉱ 하계 전정(6~8월)은 수목의 생장이 왕성한 때이므로 강전정을 해도 나무가 상하지 않아서 좋다.

[해설] ① 강전정은 겨울철에 행한다.
② 여름전정은 가벼운 전정으로 재난, 재해에 피해, 병충해 가지를 전정하다.

39. 다음 그림과 같이 쌓는 벽돌 쌓기의 방법은?

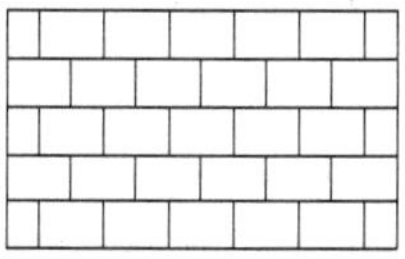

㉮ 영국식 쌓기
㉯ 프랑스식 쌓기
㉰ 영롱 쌓기
㉱ 미국식 쌓기

[해설] 영국식 쌓기
① 모서리에 반절, 이오토막을 사용하며 통줄눈이 생기지 않는 것이 특징이며 한 켜는 마구리쌓기로 하고 다음은 길이쌓기로 하며 교대로 하여 쌓는다.
② 가장 튼튼한 구조이며 내력벽 쌓기에 사용되며 가장 튼튼한 쌓기법이다.

40. 수목줄기의 썩은 부분을 도려내고 구멍에 충진 수술을 하고자 할 때 가장 효과적인 시기는?

㉮ 1~3월
㉯ 4~6월
㉰ 10~12월
㉱ 아무 시기나 상관없다.

[해설] 충진수술은 식물세포의 신진대사가 왕성한 4~6월이 가장 적기이다.

[참고] 나무도 인간처럼 말과 감정을 가지고 있으며 더위와 화상이 발생하며 여름철에 강전정을 하며 수피껍질에 병충해 공격을 받으며 수분의 공급이 부족하여 상처가 발생할 수 있으므로 풍압, 병충해 발생 방지를 위한 가벼운 솎아내기 전정이 가장 좋다.

41. 다음 중 소나무의 순자르기 방법으로 가장 거리가 먼 것은?

㉮ 수세가 좋거나 어린 나무는 다소 빨리 실시하고, 노목이나 약해 보이는 나무는 5~7일 늦게 한다.
㉯ 손으로 순을 따주는 것이 좋다.
㉰ 5~6월경에 새순이 5~10cm 길이로 자랐을 때 실시한다.
㉱ 자라는 힘이 지나치다고 생각될 때에는 1/3~1/2 정도 남겨두고 끝부분을 따 버린다.

[해설] 소나무 순자르기 : 순자르기는 원하는 수형을 얻기 위해 실시하는 것으로 생장점을 찾아 조절하는 전정으로 5~6월에 2~3개 정도 남기고 모두 손으로 제거한다.

[참고] 소나무 순자르기는 6월경에도 가능하나 새순이 잘 전정되지 않으며 송진이 발생하여 좋지 않으므로 5월경이 가장 적당하다.

42. 벽돌의 크기가 190mm×90mm×57mm이다. 벽돌 줄눈의 두께를 10mm로 할 때, 표준형 시멘트 벽돌벽 1.5B의 두께로 가장 적합한 것은?

㉮ 170mm   ㉯ 270mm
㉰ 290mm   ㉱ 330mm

[해설] 1.5B
1.5B = 0.5B + 1.0B = 0.5B + 10mm(시멘트 몰탈 부분) + 1.0B = 90mm + 10mm + 190mm = 290mm
① 벽돌 한 장의 규격 : 190mm(길이)×90mm(폭)×57mm(높이)
② 0.5B 벽체 두께 : 벽돌 한 장의 폭인 90mm

[해답] 39. ㉮ 40. ㉯ 41. ㉮ 42. ㉰

③ 1.0B 벽체 두께 : 벽돌 한 장 길이 190mm
④ 2.0B : 190(1.0B) + 10(몰탈) + 190(1, 0B) = 390mm
⑤ 2.5B : 390(2.0B) + 10(몰탈) + 90(0.5B) = 490mm
⑥ 1.5B 공간벽 : 0.5B(90mm) + 공간(70mm) + 1.0B(190mm) = 350mm
⑦ 1.5B 공간벽 : 0.5B(90mm) + 공간(120mm) + 1.0B(190mm) = 400mm

43. 난지형 잔디에 뗏밥을 주는 가장 적합한 시기는?
㉮ 3~4월 ㉯ 6~8월
㉰ 9~10월 ㉱ 11~1월

해설 ① 뗏밥 : 유실된 토양을 채우고 잔디에 영양을 공급하기 위하여 부엽토를 뿌려주는 것을 말한다.
② 난지형 잔디(들잔디) : 6~8월인 여름철에 뗏밥 주기를 한다.
③ 한지형 잔디 : 9월에 뗏밥 주기를 한다.

44. 다음 공사의 작업 중 마지막으로 행하는 것은?
㉮ 식재공사
㉯ 급·배수 및 호안공
㉰ 터닦기
㉱ 콘크리트공사

해설 조경시공 순서 : 터닦기(흙깎기, 흙쌓기, 터가르기) → 동선(통행로)만들기 → 시설물공사 → 식재공사

45. 일반적으로 빗자루병이 가장 방생하기 쉬운 수종은?
㉮ 향나무 ㉯ 동백나무
㉰ 대추나무 ㉱ 장미

해설 빗자루병(witche's broom)
① 전나무, 대추나무, 벚나무빗자루병 (Taphrina wiesneri), 대나무, 살구나무, 오동나무, 붉나무빗자루병
② 테트라사이클린계 항생물질의 수간 주사, 파리티온수화제, 메타유제 1000배액 살포한다.
③ 대추나무, 오동나무, 벚나무, 대나무, 살구나무, 전나무

46. 조경공사의 암석운반용으로 많이 쓰이는 것은?
㉮ 형강 ㉯ 와이어로프
㉰ 철성 ㉱ 볼트, 너트

해설 와이어로프 : 큰 인장력에 견딜수 있으며 엘리베이터, 기중기 등 무거운 것을 운반하거나 끌어올리는 데 사용한다.

47. 계단공사에서 발판 높이를 20cm로 했을 때 발판 폭으로 가장 알맞은 것은?
㉮ 10~15cm ㉯ 20~25cm
㉰ 30~35cm ㉱ 40~45cm

해설 구조물 설계 기준(계단)
① $2h + b = 60~65cm$, 발판높이 : h, 너비 : b
② $2 \times 20 + b = 60~65cm$
$b = 20~25cm$

48. 다음 중 큰 나무의 뿌리돌림에 대한 설명으로 가장 거리가 먼 것은?
㉮ 굵은 뿌리를 3~4개 정도 남겨둔다.
㉯ 굵은 뿌리 절단 시는 톱으로 깨끗이 절단한다.
㉰ 뿌리 돌림을 한 후에 새끼로 뿌리분을 감아두면 뿌리의 부패를 촉진하여 좋지 않다.
㉱ 뿌리 돌림을 하기 전 수목이 흔들리지 않도록 지주목을 설치하여 작업하는 방법도 좋다.

해답 43. ㉰ 44. ㉮ 45. ㉰ 46. ㉯ 47. ㉯ 48. ㉰

해설 뿌리 돌림을 한 후에 새끼로 뿌리분을 감아두면 흙이 떨어지지 않아 이식 및 굴취 시 좋다.

49. 상록수를 옮겨심기 위하여 나무를 캐올릴 때 뿌리분의 지름은?

㉮ 근원직경의 1/2배 ㉯ 근원직경의 1배
㉰ 근원직경의 4배   ㉱ 근원직경의 6배

해설 뿌리분의 크기: 수목의 뿌리돌림 시 분의 크기는 근원 직경의 4~6배 정도 크기로 한다.

50. 침엽수류와 상록활엽수류의 가장 일반적인 이식 적기는?

㉮ 이른 봄과 장마철
㉯ 초여름
㉰ 늦은 여름
㉱ 겨울철 엄동기

해설
① 침엽수: 3월 중순~4월 중순, 9월 하순
② 상록활엽수: 새 잎이 나기 전 이른 봄, 장마철 6월 상순~7월 하순
③ 낙엽활엽수: 이른 봄, 가을철(증산량이 가장 적은 휴면기)

51. 원로의 디딤돌 놓기에 관한 설명으로 틀린 것은?

㉮ 디딤돌은 보행을 위하여 공원이나 정원에서 자갈 위에 설치하는 것이다.
㉯ 디딤돌은 주로 화강암을 넓적하고 편평하게 기계로 깎아 다듬어 놓은 돌만을 이용한다.
㉰ 징검돌은 상, 하면이 평평하고 지름 또한 한 면의 길이가 30~60cm, 높이가 30cm 이상인 크기의 강석을 주로 사용한다.
㉱ 디딤돌의 배치간격 및 형식 등은 설계도면에 따르되 윗면은 수평으로 놓고 지면과의 높이는 5cm 내외로 한다.

해설
① 디딤돌은 주로 물이 고이지 않는 돌로 가운데 부분이 약간 두툼한 행태로 한다.
② 돌의 크기와 모양은 크기가 크고 작은 것을 조화롭게 배치한다.

52. 응애(mite)의 피해 및 구제법으로 틀린 것은?

㉮ 살비제를 살포하여 구제한다.
㉯ 같은 농약의 연용을 피하는 것이 좋다.
㉰ 발생지역에 4월 중순부터 1주일 간격으로 3회 정도 살포한다.
㉱ 침엽수에는 피해를 주지 않으므로 약제를 살포하지 않는다.

해설 응애(mite)
① 수목에 1~2년 동안은 수목에 영향이 없으나 2년이 지난 후에는 수목의 즙액을 빨아먹으며 잎이 황색 반점이 나타나고 심하면 황갈색으로 변하며 고사한다.
② 천적인 무당벌레, 거미, 풀잠자리를 이용한다.
③ 4월에 살비제 2~3회 정도 살포한다.
④ 메타시스톡스, 마리티온 등의 농약을 2~3회 정도 살포한다.

53. 생울타리를 만들고자 한다. 30cm 간격으로 2줄 어긋나게 식재할 때 길이 3m에 몇 본을 식재할 수 있는가?

㉮ 18본   ㉯ 20본   ㉰ 22본   ㉱ 25본

해설
① 1m = 6그루
1m = 30cm(1그루) + 30cm(1그루) + 30cm(1그루)
3그루×2줄 어긋나기 식재 = 6주
② 3m = 6그루×3 = 18그루

54. 한중(寒中) 콘크리트는 기온이 얼마일 때 사용하는가?

㉮ -1℃ 이하   ㉯ 4℃ 이하
㉰ 25℃ 이하   ㉱ 30℃ 이하

해답 49. ㉰ 50. ㉮ 51. ㉯ 52. ㉱ 53. ㉮ 54. ㉯

해설 ① 한중 콘크리트(cold weather concret)는 평균기온 4℃ 이하에서 동결 현상을 방지하려고 시공한다.
② 서중 콘크리트(hot weather concret)는 하루 평균기온이 25℃ 또는 최고온도가 30℃를 넘으면 서중콘크리트로 시공한다.

55. 관상하기에 편리하도록 땅을 1~2m 깊이로 파 내려가 평평한 바닥을 조성하고, 그 바닥에 화단을 조성한 것은?
㉮ 기식화단 ㉯ 모듬화단
㉰ 양탄자화단 ㉱ 침상화단

해설 침상화단 : 조경 면적이 좁고 습한 토지에서 배수처리하는 방법으로 서구에서 발전된 조경양식이며 평면상태의 지면에 평면보다 약 1~2m 정도 낮게 우묵하게 파서 초화 식재화단 전체가 한눈에 내려다볼 수 있도록 설치한 것이다.

56. 슬럼프 시험(slump test)으로 측정할 수 있는 것은?
㉮ 수밀성 ㉯ 강도
㉰ 반죽질기 ㉱ 배합비율

해설 슬럼프 시험(slump test)
① 아직 굳지 않은 콘크리트의 반죽질기(consistency)를 측정하는 시험이다.
② 반죽질기 측정값이 클수록 슬럼프 값이 크다.

57. 공사 원가 비용 중 안전관리비는 어디에 속하는가?
㉮ 간접재료비 ㉯ 간접노무비
㉰ 경비 ㉱ 일반관리비

해설 경비 계정과목 : 안전관리비

58. 일반적인 조경관리에 해당되지 않는 것은?

㉮ 운영관리 ㉯ 유지관리
㉰ 이용관리 ㉱ 생산관리

해설 조경관리
① 운영관리 : 조경수목, 시설물 관리를 위한 예산, 재무, 조직 등의 업무기능을 수행하는 조경관리를 말한다.
② 유지관리 : 조경수목, 시설물 향상 및 서비스 제공을 위한 조경환경의 질을 유지하기 위한 관리이다.
③ 이용관리 : 사용자의 형태와 선호를 조사, 분석하며 이용자의 안전관리, 홍보, 주민 참여 등이 있다.

59. 다음 중 미국흰불나방 구제에 가장 효과가 좋은 것은?
㉮ 메탈락실수화제 (리도밀)
㉯ 디코폴수화제 (켈센)
㉰ 파라콰트디클로라이드액제 (그라목손)
㉱ 트리클로르수화제 (디프록스)

해설 미국흰불나방
① 1년에 2회 발생하며 1주기는 5월 중순~6월 중순이며 2주기는 7월 하순~8월 중순이다.
② 방제법 : 트리클로르수화제(디프록스), 디프수화제, 메프수화제, 스미치온 등을 살포한다.
③ 잠복소를 설치하여 포살한다.
④ 천적(긴등기생파리, 송충알벌)을 보호한다.

60. 살수기 설계 시 배치 간격은 바람이 없을 때를 기준으로 살수 작동 지름의 어느 정도가 가장 적합한가?
㉮ 55~60%
㉯ 60~65%
㉰ 70~75%
㉱ 80~85%

해설 살수기 배치 간격 : 60~65%

해답 55. ㉱ 56. ㉰ 57. ㉰ 58. ㉱ 59. ㉱ 60. ㉯

 ## 2008년도 시행 문제

▶ 2008년 2월 3일 시행

자격종목	코드	시험시간	형 별	수험번호	성 명
조경기능사	7900	1시간	A		

1. 조선시대 사대부나 양반계급에 속했던 사람들이 시골 별서에 꾸민 정원이 아닌 것은?
㉮ 양산보의 소쇄원
㉯ 윤선도의 부용동정원
㉰ 정약용의 다산초당
㉱ 이규보의 사륜정

해설 별서정원
① 세속을 벗어나 자연을 벗삼아 풍류를 즐기며 전원생활을 하는 정원이다.
② 소쇄원, 부용동원림, 다산초당(정약용), 서석지
③ 사륜정은 네 바퀴가 달린 정자를 이규보가 설계한 고려시대의 정원이다.

2. 다음 중 골프 코스 중 티와 그린 사이에 짧게 깎은 페어웨이 및 러프 등에서 가장 이용이 많은 잔디로 적합한 것은?
㉮ 들잔디   ㉯ 벤트그래스
㉰ 버뮤다그래스 ㉱ 라이그래스

해설 ① 페어웨이(티와 그린 사이), 러프, 티 : 한국잔디(들잔디)를 사용한다.
② 그린 : 서양잔디(벤트그래스)을 사용한다.

3. 다음 중 서울시내의 남산에 위치한 남산타워는 도시를 구성하는 요소 중 어디에 속하는가?
㉮ 도로(paths)
㉯ 랜드마크(landmark)
㉰ 지역(district)
㉱ 가장자리(edge)

해설 랜드마크(landmark) : 어떤 지역의 지형, 지물 등의 식별성이 높은 지표물을 말한다 (남산타워, 남대문).

4. 다음 중 신선사상을 바탕으로 음양오행설이 가미되어 정원양식에 반영된 것은?
㉮ 한국정원   ㉯ 일본정원
㉰ 중국정원   ㉱ 인도정원

해설 우리나라 정원의 특징
① 신선사상을 원리로 하여 음양오행설을 가미하였다.
② 풍수지리설에 의한 지형이었으며 연못의 형태와 구성은 단조롭고 직사각형 형태의 연못으로 직선적인 윤곽의 방지(모서리)를 기본으로 하였다.
③ 방지(方池) : 가장자리에 모서리가 있는 직사각형태의 연못을 말한다.
④ 낙엽활엽수를 많이 식재하여 4계절의 변화를 뚜렷이 즐겼다.
⑤ 주정원은 건물 뒤뜰에 후원에 두는 후원양식이 발달하였다.
⑥ 유교사상에 의한 자연과 안빈낙도, 마음의 수련, 순수한 민족성을 표현했다.
⑦ 십장생을 표현 : 해, 산, 물, 돌, 소나무, 달 또는 구름, 불로초, 거북, 학, 사슴

5. 다음 중 무리지어 나는 철새, 설경 또는 '수면에 투영된 영상' 등에서 느껴지는 경관은?

해답 1. ㉱   2. ㉮   3. ㉯   4. ㉮   5. ㉱

㉮ 초점경관 ㉯ 관개경관
㉰ 세부경관 ㉱ 일시경관

해설 일시경관(ephemeral landscape) : 기상 조건에 따라서 서리, 안개, 동물의 출현 등 경관의 이미지가 일시적으로 새로운 이미지로 변화하는 것을 말한다.

6. 다음 중 스페인정원과 가장 관련이 적은 것은?

㉮ 비스타 ㉯ 색채타일
㉰ 분수 ㉱ 발코니

해설 스페인정원은 색채타일, 분수, 발코니 등이 특징이며 이슬람교의 영향을 받아 물을 가장 중요시했다.

7. 다음 조경미의 요소 중 축(axis)에 대한 설명으로 가장 거리가 먼 것은?

㉮ 축을 사용한 전형적인 예는 프랑스의 베르사유 궁전이 있다.
㉯ 축선은 1개일 때 그 효과가 커서 되도록 2개 이상은 쓰지 않는다.
㉰ 축선 위에는 원로, 캐널, 캐스케이드, 병목 등을 설치해서 강조하고 있다.
㉱ 축의 교점에는 분수, 못, 조각상 등을 설치하는 것이 효과적이다.

해설 축선
① 사물의 균형감과 안정감이 목적이다.
② 중심부의 축을 주축이라고 정의하며 주축과 병행 및 교차하는 부축과 교차축을 사용한다.

8. 19세기 유럽에서 정형식 정원의 의장을 탈피하고 자연 그대로의 경관을 표현 하고자 한 조경 수법은?

㉮ 노단식 ㉯ 자연풍경식
㉰ 실용주의식 ㉱ 회교식

해설 낭만주의 사상을 바탕으로 한 자연풍경식 영국식 정원이다.

9. 중국의 시대별 정원 또는 특징이 바르게 연결된 것은?

㉮ 한나라 – 아방궁
㉯ 당나라 – 온천궁
㉰ 진나라 – 이화원
㉱ 청나라 – 상림원

해설 ① 아방궁 – 진나라
② 온천궁 – 당나라
③ 이화원 – 청나라
④ 상림원 – 한나라

10. 도시공원 및 녹지 등에 관한 법률에서 규정한 편익시설로만 구성된 공원시설들은?

㉮ 주차장, 매점
㉯ 박물관, 휴게소
㉰ 야외음악당, 식물원
㉱ 그네, 미끄럼틀

해설 도시공원 및 녹지 등에 관한 법률(편익시설)
① 공원이용객에게 편리함을 제공하는 시설로 주차장, 매점 등이 있다.
② 우체통, 공중전화실, 휴게음식점, 일반음식점, 약국, 수화물 예치소, 전망대, 시계탑, 음수장, 다과점 및 사진관 그 밖에 이와 유사한 시설로서 공원이용객에게 편리함을 제공하는 시설
③ 유스호스텔
④ 선수 전용 숙소, 운동시설 관련 사무실, 대형마트 및 쇼핑센터

11. 토지이용계획 시 일반적인 진행순서로 알맞게 구성된 것은?

㉮ 적지분석 – 토지이용분류 – 종합배분
㉯ 적지분석 – 종합배분 – 토지이용분류
㉰ 토지이용분류 – 종합배분 – 적지분석
㉱ 토지이용분류 – 적지분석 – 종합배분

해설 토지이용계획 : 토지이용분류 → 적지분석 → 종합배분

해답 6. ㉮ 7. ㉯ 8. ㉰ 9. ㉯ 10. ㉮ 11. ㉱

12. 다음 중 사람이 쾌적함을 느낄 수 있는 상대습도의 범위는?

㉮ 20~30% ㉯ 40~50%
㉰ 60~70% ㉱ 70~80%

해설 쾌적 상대습도 : 40~50%

13. 다음 중 경관요소에 따른 지각 강도가 다른 하나는?

㉮ 흰색 ㉯ 대각선
㉰ 차가운 색채 ㉱ 동적인 상태

해설 ① 차가운 색채 : 작고 먼 느낌으로 후퇴적 분위기를 나타내며 눈의 피로를 풀어준다.
② 흰색, 대각선, 동적인 상태 : 색채가 대비되어 진출적 분위기로 보여준다.

14. 다음 중 계획단계에서 자연환경 조사사항과 가장 관계가 없는 것은?

㉮ 식생 ㉯ 주변 교통량
㉰ 기상조건 ㉱ 토양조사

해설 ① 자연환경요소 : 식생, 기상조건, 토양조사, 해양환경, 동식물, 지질 등이 있다.
② 인문환경요소 : 주변 교통량, 문화재, 인구

15. 제도 후 도면의 표제란에 기재하지 않아도 되는 것은?

㉮ 도면명 ㉯ 도면번호
㉰ 제도장소 ㉱ 축척

해설 표제란 : 도면 이름, 도면번호, 축척을 기재한다.

16. 다음 중 옻나무와 관련된 설명 중 가장 거리가 먼 것은?

㉮ 열매는 핵과로 편 원형이며 연한 황색으로 10월에 익는다.
㉯ 주로 수나무가 암나무보다 옻액이 많이 생산된다.
㉰ 독립 생장한 나무가 밀집 생장한 나무보다 옻액이 많이 생산된다.
㉱ 표피가 울퉁불퉁한 나무가 부드러운 나무보다 옻액이 많이 생산된다.

해설 옻나무
① 표피가 울퉁불퉁한 옻나무는 부드러운 옻나무보다 옻액이 적게 채취된다.
② 표피가 울퉁불퉁한 옻나무는 수분의 공급이 잘 이루어지지 않으며 옻을 채취할 때 상처가 깊게 발생하여 병충해가 발생할 수 있다.
③ 4년생부터 10년생까지 옻액을 채취할 수 있다.

17. 다음 중 서양식 정원에서 많이 쓰이는 디딤돌 놓기 수법은 어느 것인가?

㉮ 직선타 ㉯ 삼연타
㉰ 사삼타 ㉱ 천조타

해설 디딤돌 놓기 방법
① 직선타 : 직선 형태로 일정한 간격으로 발걸음 폭을 기준으로 배치하며 단조로움과 불안한 균형감의 느낌이 나타난다.
② 삼연타 : 3개씩 3개씩 이어서 배치하는 형태로 아름다움을 강조한 것이다.
③ 사삼타 : 3개씩 배석 다시 3개 배석한 묶음을 4개 되도록 한 형태로 조경면적이 넓은 데 사용한다.
④ 천조타 : 새가 걸어가는 형태로 배치한 것으로 걷기에 편리하며 단조로운 느낌이 나타난다.

직선타

18. 다음 중 보도 포장재료로서 적합하지 않은 것은?

㉮ 내구성이 있을 것
㉯ 자연배수가 용이할 것
㉰ 보행 시 마찰력이 전혀 없을 것

해답 12. ㉯ 13. ㉰ 14. ㉯ 15. ㉰ 16. ㉱ 17. ㉮ 18. ㉰

㉣ 외관 및 질감이 좋을 것

해설 보행 시 미끄러짐을 주의해야 한다.

19. 다음 중 낙엽활엽관목으로만 짝지어진 것은?
㉮ 동백나무, 섬잣나무
㉯ 회양목, 아왜나무
㉰ 생강나무, 화살나무
㉱ 느티나무, 은행나무

해설 ① 동백나무 : 상록활엽소교목
② 아왜나무 : 낙엽활엽아교목
③ 은행나무 : 낙엽침엽교목
④ 섬잣나무 : 상록침엽교목
⑤ 느티나무 : 낙엽활엽교목

20. 석재 중 경석의 겉보기 비중으로 가장 적당한 것은?
㉮ 약 1.0~1.5   ㉯ 약 1.6~2.4
㉰ 약 2.5~2.7   ㉱ 약 3.0~4.6

해설 비중 : 약 2.5~2.7

21. 다음과 같은 특징을 가진 것은?

- 성형, 가공이 용이할 것
- 가벼운데 비하여 강하다.
- 내화성이 없다.
- 온도의 변화에 약하다.

㉮ 목질제품   ㉯ 플라스틱제품
㉰ 금속제품   ㉱ 유리질제품

해설 플라스틱 제품의 특징
① 녹슬지 않으며 탄력성이 크다.
② 내산성과 내알칼리성이 크다.

22. 다음 중 수형은 무엇에 의해 이루어지는가?
㉮ 줄기+뿌리

㉯ 잎+가지
㉰ 수관+줄기
㉱ 흉고직경

해설 수목의 수형
① 수관과 줄기로 구성된다.
② 수관 : 나무의 가지와 잎이 달려 있는 부분이다.
③ 수간 : 나무의 가지를 말한다.

23. 다음 중 목본성인 지피식물로 가장 적당한 것은?
㉮ 송악   ㉯ 금매화
㉰ 비비추   ㉱ 송엽국

해설 송악
① 목본성 덩굴식물이다.
② 담장나무라고도 한다.

24. 생물 재료의 특성으로 맞는 것은?
㉮ 균일성   ㉯ 불변성
㉰ 자연성   ㉱ 가공성

해설 ① 인공 재료의 특성 : 무생물 재료의 특성으로 균일성, 가공성, 불변성이 있다.
② 식물 재료의 특성 : 생물 재료의 특성으로 자연성, 연속성, 조화성, 다양성이 있다.

25. 다음 중 붉은색 계통의 단풍이 드는 나무가 아닌 것은?
㉮ 백합나무   ㉯ 벚나무
㉰ 화살나무   ㉱ 검양옻나무

해설 ① 붉은색(홍색) 단풍나무 : 단풍나무, 감나무, 화살나무, 붉나무, 담쟁이덩굴, 산딸나무, 옻나무, 벚나무, 검양옻나무
② 황색 단풍나무 : 고로쇠나무, 은행나무, 계수나무, 느티나무, 벽오동, 배롱나무, 자작나무, 메타세쿼이아, 백합나무

26. 목재를 건조하는 목적에 관한 설명으로 가장 거리가 먼 것은?

해답 19. ㉰ 20. ㉰ 21. ㉯ 22. ㉰ 23. ㉮ 24. ㉰ 25. ㉮ 26. ㉯

㉮ 변색, 부패 방지하기 위하여
㉯ 탄성과 강도를 낮추기 위하여
㉰ 가공하기 쉽게 하기 위하여
㉱ 접착이나 칠이 잘 되게 하기 위하여

해설 목재 건조 목적
① 목재 수축에 의한 변형 및 손상 방지
② 목재의 강도 향상
③ 전기절연성 증대
④ 운반 비용 절감

27. 다음 중 도로 비탈면 녹화복원공법에 사용되는 재료가 아닌 것은?
㉮ 식생자루   ㉯ 식생매트
㉰ 잔디블록   ㉱ 우드 칩

해설 ① 녹화복원 공법 재료 : 식생매트, 잔디블록, 식생자루 등이 있다.
② 우드칩(wood-chip) : 지반 멀칭재료 토양의 경화방지, 호흡증대, 수분유지, 토양 전염성 병균 방지를 목적으로 한다.

28. 다음 중 척박지에 잘 견디는 수종으로만 짝 지워진 것은?
㉮ 왕벚나무, 가중나무
㉯ 물푸레나무, 버드나무
㉰ 느티나무, 향나무
㉱ 소나무, 자작나무

해설 ① 토양이 좋지 않은 척박지에 생육이 강한 수종 : 소나무, 오리나무, 버드나무, 자작나무, 등나무, 보리수나무, 눈향나무
② 토양이 좋은 비옥지에서 생육이 강한 수종 : 측백나무, 벽오동, 회양목, 벚나무, 장미, 모란, 느티나무, 단풍나무

29. 다음 중 일반적으로 수종의 수명이 가장 긴 것은?
㉮ 왕벚나무   ㉯ 수양버들
㉰ 능수버들   ㉱ 느티나무

해설 느티나무 : 천 년 이상 생장하며 정자나무로 많이 사용된다.

30. 다음 여러 가지 규격재 모양 중 마름돌에 해당하는 것은?

㉮ 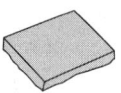   ㉯

㉰ 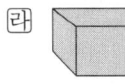   ㉱

해설 ㉮ 판석, ㉯ 가석, ㉰ 잡석
㉱ 마름돌 : 직육면체로 모양으로 다듬었으며 고급 석재 재료이며, 규격은 30cm× 30cm×60cm이다.

31. 시멘트 중 간단한 구조물에 가장 많이 사용되는 것은?
㉮ 보통포틀랜드 시멘트
㉯ 중용열포틀랜드 시멘트
㉰ 조강포틀랜드 시멘트
㉱ 고로 시멘트

해설 보통포틀랜드 시멘트 : 다른 시멘트에 비하여 공정이 비교적 간단하여 품질이 좋으므로 가장 많이 사용된다.

32. 다음 중 수목의 이용상 단풍의 아름다움을 관상하려 할 때 식재할 수 없는 수종은?
㉮ 단풍나무   ㉯ 화살나무
㉰ 칠엽수   ㉱ 아왜나무

해설 ① 단풍이 아름다운 수종 : 감나무, 화살나무, 자작나무, 고로쇠나무, 느티나무, 단풍나무, 담쟁이덩굴, 홍단풍, 옻나무, 은행나무
② 아왜나무 : 상록활엽수로 낙엽활엽 아교목이다.

33. 다음 중 인공폭포, 인공바위 등의 조경시설에 쓰이는 일반적인 재료로 가장 적당한 것은?

㉮ PVC ㉯ 비닐
㉰ 합성수지 ㉱ FRP

해설 유리섬유 강화플라스틱(FRP : Fiberglass Reinforced Plastic) : 플라스틱에 유리섬유를 첨가시킨 것으로 벤치, 인공폭포, 수목보호판 등에 사용한다.

34. 다음 중 수목의 굴취 시에 근원 직경을 측정하는 수종으로만 짝지어진 것은?

㉮ 산수유, 산딸나무
㉯ 잣나무, 측백나무
㉰ 버즘나무, 은단풍
㉱ 은행나무, 소나무

해설 수목의 규격 표시
① 다간 활엽수(교목), 오래되어 굵기가 굵은 관목 = 수고(H)×근원지름(R) : 산수유, 산딸나무, 낙엽활엽 아관목
② 단간, 쌍간 활엽수 = 수고(H)×흉고직경(B) 흉고직경 : 은행나무, 은단풍, 자작나무, 백합나무, 층층나무,

35. 다음 수목 가운데 양수에 해당하는 것은?

㉮ 주목 ㉯ 전나무
㉰ 곰솔 ㉱ 동백나무

해설 양수 : 곰솔, 향나무, 석류나무, 소나무, 모과나무, 산수유, 은행나무, 백목련, 가중나무, 무궁화

36. 소형 고압 블록 시공 시 하중, 강도 등을 고려하여 보도용으로 설치되는 블록의 두께로 가장 적합한 것은?

㉮ 2cm ㉯ 4cm
㉰ 6cm ㉱ 8cm

해설 ① 보도용 소형고압 블록 : 6cm이다.
② 차도용 소형고압 블록 : 8cm이다.

37. 다음 정원시공 중 가장 늦게 하는 마무리 단계의 공사는?

㉮ 터 닦기 공사 ㉯ 콘크리트 공사
㉰ 정원 시설물 공사 ㉱ 식재공사

해설 조경시공 순서 : 터닦기(흙깎기, 흙쌓기, 터가르기) → 동선(통행로) 만들기 → 시설물 공사 → 식재공사

38. 뿌리돌림은 현재의 생장지에서 적당한 범위로 뿌리를 절단하는 것을 말하는데, 이 뿌리돌림에 관한 설명으로 틀린 것은?

㉮ 한 장소에서 오랫동안 자랄 때 뿌리는 줄기로부터 상당히 떨어진 곳까지 굵은 뿌리가 뻗어 나가며, 잔뿌리는 그곳에 분포되어 있다.
㉯ 제한된 뿌리 분으로 캐서 이식할 경우 잔뿌리는 대부분 끊겨 나가고 굵은 뿌리만 남아 이식시 활착이 어렵다.
㉰ 뿌리돌림을 하는 시기는 일 년 내내 가능하고, 봄철보다 여름철이 끝나는 시기가 가장 좋으며, 낙엽수는 가을철이 적당하다.
㉱ 봄에 뿌리돌림을 한 낙엽수는 당년 가을이나 이듬해 봄에, 상록수는 이듬해 봄이나 장마기에 이식할 수 있다.

해설 뿌리돌림 시기 : 이른 봄에 하는 것이 좋으며 이식력을 높이기 위해 세근의 발달을 촉진시킨다. 장마철에 이식할 수 있다.

39. 자연석 무너짐 쌓기 방법의 설명으로 가장 거리가 먼 것은?

㉮ 기초가 될 밑돌은 약간 큰 돌을 사용해서 땅속에 20~30cm 정도 깊이로 묻는다.

해답 33. ㉱ 34. ㉮ 35. ㉰ 36. ㉰ 37. ㉱ 38. ㉰ 39. ㉯

㉰ 제일 윗부분에 놓는 돌은 돌의 윗부분이 모두 고저차가 크게 나도록 놓는다.
㉱ 돌과 돌이 맞물리는 곳에는 작은 돌을 끼워 넣지 않는다.
㉲ 돌을 쌓고 난 후 돌과 돌 사이의 틈에는 키가 작은 관목을 식재한다.

해설 자연석 무너짐 쌓기 : 제일 윗부분에 놓는 돌은 작아야 하며 돌의 윗부분이 돌은 평평하고 자연스러운 높낮이가 되도록 하며 모두 고저차가 나지 않도록 놓는다.

40. 자연 상태에서 굵은 가지를 전정하지 않는 것이 가장 좋은 수종은?
㉮ 매화나무   ㉯ 배롱나무
㉰ 벚나무   ㉱ 능소화

해설 벚나무를 전정하면 전정부분에 수목의 죽은 조직이 분해가 발생되는 부유균이 나타나며 성장을 지연시킨다.

41. 작성이 간단하며 공사 진행 결과나 전체 공정 중 현재 작업의 상황을 명확히 알 수 있어 공사규모가 작은 경우에 많이 사용되고, 시급한 공사도 많이 적용되는 공정표의 표시 방법은?
㉮ 막대그래프   ㉯ 곡선그래프
㉰ 네트워크 방식 ㉱ 대수도표

해설 막대그래프 : 통계적 수치를 막대 모양으로 나타낸 것으로 소규모의 간단한 공사, 시급한 공사에 적용한다.

42. 설계 도면에 표시하기 어려운 재료의 종류나 품질, 시공방법, 재료 검사 방법 등에 대해 충분히 알 수 있도록 글로 작성하여 설계상의 부족한 부분을 규정하는 문서는?
㉮ 일위대가표   ㉯ 설계 설명서
㉰ 시방서   ㉱ 내역서

해설 시방서(specification) : 설계, 제조, 시공 등 설계도면에 표시하기 어려운 재료의 종류, 품질, 기준 등을 문서로 작성한 규정된 사항이다.

43. 잔디 식재 시 표토의 최소 토심(생육 최소 깊이)으로 가장 적합한 것은?
㉮ 10cm   ㉯ 20cm
㉰ 30cm   ㉱ 45cm

해설 조경 설계 기준

종류	생존 최소 깊이(cm)	생육 최소 깊이(cm)
① 잔디, 초화류	15	30
② 소관목	30	45
③ 대관목	45	60
④ 천근성 교목	60	90
⑤ 심근성 교목	90	150

44. 다음 중 선의 모양에 따라 구분하는 선의 종류가 나머지와 다른 것은?
㉮ 실선   ㉯ 파선
㉰ 굵은선   ㉱ 쇄선

해설 ① 선의 굵기 종류 : 중간선, 굵은선, 가는선
② 용도에 따른 분류 : 실선(전선, 가는선), 파선, 일점쇄선, 이점쇄선

45. 다음 중 화단의 꽃 심기 작업 설명으로 틀린 것은?
㉮ 바람이 없고 흐린 날 심는다.
㉯ 비교적 큰 면적의 화단은 중심부에서 바깥쪽으로 심어 나간다.
㉰ 식재한 화초에 그늘이 지도록 작업자는 태양을 등지고 심어 나간다.
㉱ 묘를 심은 다음 발로 꼭 밟아준다.

해설 화단에 꽃을 심은 후에 손으로 눌러 준다.

해답 40. ㉰ 41. ㉮ 42. ㉰ 43. ㉰ 44. ㉰ 45. ㉱

46. 다음 중 수목의 식재 후 관리사항으로 필요 없는 것은?
㉮ 전정
㉯ 뿌리돌림
㉰ 가지치기
㉱ 지주세우기

해설 뿌리돌림 : 이식이 어려운 수목을 이식하기 위해 미리 잔뿌리를 발달시켜 뿌리가 굴착할수 있도록 한 사전작업인 것이다.

47. 이식할 수목의 가식장소와 그 방법의 설명으로 틀린 것은?
㉮ 공사의 지장이 없는 곳에 감독관의 지시에 따라 가식장소를 정한다.
㉯ 그늘지고 점토질 성분이 풍부한 토양을 선택한다.
㉰ 나무가 쓰러지지 않도록 세우고 뿌리분에 흙을 덮는다.
㉱ 필요한 경우 관수시설 및 수목 보양시설을 갖춘다.

해설 햇볕이 든 양지, 배수가 잘 되는 사질양토을 선택한다.

48. 일반적인 전정시기와 횟수에 관한 설명으로 틀린 것은?
㉮ 침엽수는 10~11월경이나 2~3월에 한 번 실시한다.
㉯ 상록활엽수는 5~6월과 9~10월경 두 번 실시한다.
㉰ 낙엽수는 일반적으로 11~3월 및 7~8월경에 각각 한 번씩 두 번 전정한다.
㉱ 관목류는 일반적으로 계절이 변할 때마다 전정하는 것이 좋다.

해설 ① 관목류는 일반적으로 꽃이 떨어진 이후에 전정하는 것이 좋다.
② 산울타리 용도의 관목류는 5~6월, 9월에 두 번 전정하는 것이 좋다.
③ 관목류 : 높이가 2m 이하로 키가 작고 주줄기가 분명하지 않으며 땅속 부분에서부터 줄기가 갈라져 나는 수목이다.

49. 조경 공사용 기계인 백호우(back hoe)에 대한 설명 중 틀린 것은?
㉮ 이용 분류상 굴착용 기계이다.
㉯ 굳은 지반이라도 굴착할 수 있다.
㉰ 기계가 놓인 지면보다 높은 곳을 굴착하는 데 유리하다.
㉱ 버킷(bucket)을 밑으로 내려 앞쪽으로 긁어 올려 흙을 깎는다.

해설 드래그 셔블(백호우) : 굴착기계로서 작업 위치보다 낮은 장소의 굴착에 사용한다.

50. 다음 중 설계도면을 작성할 때 치수선, 치수보조선에 이용되는 선의 종류는?
㉮ 1점 쇄선
㉯ 2점 쇄선
㉰ 파선
㉱ 실선

해설 ① 1점 쇄선 : 절단선, 경계선, 기준선으로 물체의 절단한 위치를 표시하거나 경계선으로 사용한다.
② 2점 쇄선 : 가상선으로 물체가 있는 것으로 가상되는 부분을 표시하거나 1점 쇄선과 구별할 때 사용된다.
③ 파선 : 숨은선으로 물체가 보이지 않는 부분의 모양을 표시하는 데 사용한다.
④ 실선 : 가는선으로 치수선, 치수보조선, 지시선, 해칭선을 사용한다.

51. 1m³ 토량에 대한 운반 품셈을 1일당 0.2인으로 할 때 2인의 인부가 100m³ 흙을 운반하려면 얼마나 필요한가?
㉮ 5일
㉯ 10일
㉰ 40일
㉱ 50일

해설 ① 1m³ = 0.2(일/인)
② 100m³ = 1m³ × 100 = 0.2 × 100 = 20(일/인)
③ 20일 ÷ 2인 = 10일

해답 46. ㉯ 47. ㉯ 48. ㉱ 49. ㉰ 50. ㉱ 51. ㉯

52.
다음 공사의 순공사 원가를 구하면 얼마인가?(단, 재료비 : 4,000원, 노무비 : 5,000원, 총경비 : 1,000원, 일반관리비 600원이다.)

㉮ 9,000원 ㉯ 10,000원
㉰ 10,600원 ㉱ 6,000원

해설 ① 원가(순공사) = 재료비 + 노무비 + 경비
② 원가 = 4,000원 + 5,000원 + 1,000원
     = 10,000원

53.
다음 중 일반적으로 빗물받이 배수관 몇 m마다 1개씩 설치하는 것이 이상적인가?

㉮ 5m ㉯ 20m ㉰ 40m ㉱ 100m

해설 빗물받이(우수거) 배수관은 20m마다 1개씩 설치한다.

54.
수목의 밑동으로부터 밖으로 방사상 모양으로 땅을 파고 거름을 주는 방법은?

㉮   ㉯
㉰ ㉱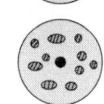

해설 ① 윤상거름주기 : 수관폭을 형성하는 가지 끝 아래의 수관선을 기준으로 환상으로 깊이 20~25cm, 너비 20~30cm로 둥글게 판다.
② 방사상거름주기 : 파는 도랑의 깊이는 바깥쪽일수록 깊고 넓게 파야 하며, 선을 중심으로 하여 길이는 수관폭의 1/3 정도로 한다.
③ 전면거름주기 : 한 그루씩 거름을 줄 경우, 뿌리가 확장되어 있는 부분을 뿌리가 나오는 곳까지 전면으로 땅을 파고 주는 방법이다.
④ 천공거름주기 : 수관선상에 깊이 20cm 정도의 구멍을 군데군데 뚫고 거름을 주는 방법으로 액비를 비탈면에 줄 때 적용한다.

55.
다음 중 수목의 생장을 촉진하기 위하여 살포하는 생장조절제는?

㉮ 부타클로르·에톡시설퓨론입제(풀제로)
㉯ 리뉴론수화제(아파론)
㉰ 아토닉액제(삼공아토닉)
㉱ 글리포세이트액제(근사미)

해설 아토닉액제(삼공아토닉, atonik) : 식물생장조절제이다.

56.
다음 [보기]의 잔디 파종 작업들을 순서대로 바르게 나열한 것은?

[보기] ① 기비 살포 ② 정지작업 ③ 파종 ④ 멀칭 ⑤ 전압 ⑥ 복토 ⑦ 경운

㉮ ⑦-①-②-③-⑥-⑤-④
㉯ ①-③-②-⑥-④-⑤-⑦
㉰ ②-③-⑤-⑥-①-④-⑦
㉱ ③-①-②-⑥-⑤-⑦-④

해설 잔디 파종 작업 순서 : 경운 → 기비 살포 → 정지작업 → 파종 → 복토 → 전압 → 멀칭

57.
수목의 동해 발생에 관한 설명 중 틀린 것은?

㉮ 큰 나무보다는 어린나무에 많이 발생한다.
㉯ 건조한 토양에서 보다 과습한 토양에서 많이 발생한다.
㉰ 늦은 가을과 이른 봄에 많이 발생한다.
㉱ 일교차가 심한 북쪽 경사면 보다 일교차가 심한 남쪽 경사면에서 피해가 많이 발생한다.

해설 일교차가 심한 북쪽 경사면이 남쪽 경사면보다 동해 피해가 많이 발생한다.

58.
주로 한국 잔디류에 가장 많이 발생하는 병은?

해답 52. ㉯ 53. ㉯ 54. ㉯ 55. ㉰ 56. ㉮ 57. ㉱ 58. ㉯

㉮ 브라운 패치   ㉯ 녹병
㉰ 핑크 패치   ㉱ 달러스팟

해설 녹병(rust)
① 한국 잔디류에 가장 피해를 주며 잔디밭 환경이 고온다습 시 가장 많이 발생한다.
② 일명 수병이라고도 하며 잎에 발생하면 철의 녹과 같은 포자덩어리를 만들어 식물에 기생하는 병해이다.
③ 향나무, 가이즈카향나무 등 중간숙주를 제거한다.
④ 녹병에 강한 내병성 품종을 육종한다.
⑤ 석회황합제, 지네브제, 보르도액 등으로 방제한다.

59. 다음 수종 중 흰가루병이 가장 잘 걸리는 식물은?

㉮ 대추나무   ㉯ 향나무
㉰ 동백나무   ㉱ 장미

해설 흰가루병(powdery mildew)
① 흰가루병 피해 수종 : 느티나무, 밤나무, 장미, 단풍나무, 배롱나무, 벚나무, 오리나무
② 석회황합제, 만코지수화제, 지오판수화제, 베노밀 수화제 등을 살포한다.

60. 지형도에서 U자 모양으로 그 바닥이 낮은 높이의 등고선을 향하면 이것은 무엇을 의미하는가?

㉮ 계곡   ㉯ 능선
㉰ 현애   ㉱ 동굴

해설 지형도 읽기 (등고선)
① 계곡 : U자형의 반대로 바닥의 높이가 높은 높이의 등고선을 향한다.
② 능선 : U자형으로 바닥의 높이가 낮은 높이의 등고선을 향한다.

해답 59. ㉱ 60. ㉯

▶ 2008년 3월 30일 시행

자격종목	코 드	시험시간	형 별
조경기능사	7900	1시간	A

1. 눈으로 덮혀 있는 설경과 동물의 일시적 출현은 다음 경관의 어떤 유형에 해당되는가?
㉮ 전경관 (panoramic landscape)
㉯ 지형경관 (feature landscape)
㉰ 관개경관 (canopied landscape)
㉱ 일시경관 (ephemeral landscape)

[해설] 일시경관(ephemeral landscape) : 기상조건에 따라서 눈으로 덮인 설경, 서리, 안개, 동물의 출현 등 경관의 이미지가 일시적으로 새로운 이미지로 변화하는 것을 말한다.

2. 정원양식의 형성에 영향을 미치는 사회적인 조건에 해당되지 않는 것은?
㉮ 국민성   ㉯ 자연지형
㉰ 역사, 문화   ㉱ 과학기술

[해설] 조경은 원시 종합예술과학으로서 시대적, 사회성을 가지며 사회적 조건으로는 국민성, 역사, 문화, 과학기술 등이 있고 이들 요소는 문화적, 사회적, 예술적, 과학적, 기술적 혹은 산업의 발전을 이룩하였다.

3. 토양의 무기질입자의 단위조성에 의한 토양의 분류를 토성(土性)이라고 한다. 다음 중 토성을 결정하는 요소가 아닌 것은?
㉮ 자갈   ㉯ 모래
㉰ 미사   ㉱ 점토

[해설] 토성의 요소
① 토성 : 흙의 성분이나 성질을 말하며 입자 크기와 조성에 따라 분류한다.
② 토성 요소 : 모래, 미사, 점토의 조성과 함량이다.

4. 조경분야의 프로젝트를 수행하는 단계별로 구분할 때 자료의 수집, 분석, 종합의 내용과 가장 밀접하게 관련이 있는 것은?
㉮ 계획   ㉯ 설계
㉰ 내역서 산출   ㉱ 시방서 작성

[해설] 조경계획 단계
① 조경 계획 : 설계하는 목적에 맞게 사전에 예비조사(자료의 수집, 종합, 분석)를 한다.
② 조경 설계 : 예비조사의 자료를 기준으로 용도 및 목적에 맞게 공간을 기능적, 미적으로 설계한다.
③ 조경 조경프로젝트의 수행단계 : 계획 → 설계 → 시공 → 관리

5. 물가에 세워진 임해전(臨海殿), 봉래산을 본따서 축소한 연못, 삼신산을 암시하는 3개의 섬 등과 관련 있는 것은?
㉮ 궁남지   ㉯ 안압지
㉰ 부용지   ㉱ 부용동정원

[해설] 안압지는 통일신라시대의 거북모양의 연못으로 삼신산을 암시하는 3개의 섬이 있다.

6. 어느 레크리에이션 활동에서의 과거 참가사례가 앞으로의 레크리에이션 기회를 결정도록 계획하는 방법, 즉 공급이 수요를 만들어내는 방법은?
㉮ 자연접근방법   ㉯ 활동접근방법
㉰ 경제접근방법   ㉱ 형태접근방법

[해설] 레크리에이션 계획 접근형태
① 자연 접근법
㉠ 공급이 수요를 제한하는 형태로 물리

해답 1. ㉱ 2. ㉯ 3. ㉮ 4. ㉮ 5. ㉯ 6. ㉯

적 자원, 자연자원이 레크리에이션의 유형과 양을 결정하는 접근 방법이다.
  ㉡ 자연공원 형태이다.
② 활동접근법(일반대중)
  ㉠ 레크리에이션 활동에서의 과거 참가 사례가 앞으로의 레크리에이션 기회를 결정도록 계획하는 방법으로, 즉 공급이 수요를 만들어내는 방법이다.
  ㉡ 대도시 주변 조경계획 형태이다.
③ 경제접근방법
  ㉠ 지역사회의 경제 기반 및 예산이 레크리에이션의 종류, 입지를 결정한다.
  ㉡ 조경 민자 유치 산업 형태이다.
④ 행태 접근법(과거의 일반대중)
  ㉠ 사용자의 구체적인 행동 및 생활양식을 분석 및 판단하여 계획에 반영하여 행동하는 방법이다.
  ㉡ 조경에 대한 모니터링 및 설문조사를 실시하는 형태이다.
⑤ 종합접근법: 여러 방법 중에서 장점만을 받아들이는 접근형태이다.

7. 일반적으로 조경업의 직업진로 중 조경설계기술자의 직무 내용이 아닌 것은?
㉮ 도면제도   ㉯ 기본계획수립
㉰ 시방서 작성   ㉱ 시설물공사시공

해설 조경설계 기술자
① 도면제도, 기본계획수립, 물량산출 및 시방서 작성 등 이용자의 문화와 생활양식을 받아들여 표현하고 설계한다.
② 우주와 자연의 아름다움을 인간에게 사용할 수 있도록 하는 것이다.
③ 조경시공기술자: 시설물 공사시공 직무를 수행한다.
④ 조경전문가: 조경설계, 시공기술자를 말하며 우주와 자연의 아름다움을 인간에게 사용할 수 있도록 하는 것이다.

8. 영국 튜터 왕조에서 유행했던 화단으로 낮게 깎은 회양목 등으로 화단을 여러 가지 기하학적 문양으로 구획짓는 것은?

㉮ 기식화단   ㉯ 매듭화단
㉰ 카펫화단   ㉱ 경재화단

해설 ① 기식화단(모듬화단): 사방에서 감상할 수 있도록 화단의 중심부에 장미 등을 식재하며 주변에는 여러 가지 화초를 식재한다. 색채를 아름답고 조화롭게 배색하여 사방에서 감상할 수 있도록 한 것이다.
② 매듭화단: 낮게 깎은 회양목 등으로 화단을 여러 가지 기하학적 모양으로 만든 것을 말한다.
③ 카펫화단(화문화단): 키가 작은 초화를 사용하며 개화기간이 긴 꽃들을 선택하여 꽃색을 아름답게 배치하며 밀식하여 지면이 보이지 않게 하며 여러 가지 무늬를 감상한다.
④ 경재화단: 울타리 담벽, 건물의 담장, 경사면을 배경으로 한 장방형의 긴 형태로 앞쪽은 키가 작은 채송화 같은 화초를 식재하며 뒤쪽은 키가 큰 매리골드 등의 화초를 식재하여 한쪽에서만 감상하게 된다.

9. 바람과 관련된 사항 중 거리가 가장 먼 것은?
㉮ 병충해 전파   ㉯ 수형 조절
㉰ 착색 촉진   ㉱ 온도 조절

해설 바람의 영향
① 병충해 전파, 수형조절, 온도조절
② 온도가 높고 건조한 바람이 불면 잔디 생장에 좋지 않은 영향을 미친다.

10. 우리나라의 겨울철 좋은 생활 환경과 수목의 생육을 위해 최소 얼마 정도의 광선이 필요한가?
㉮ 2시간 정도   ㉯ 4시간 정도
㉰ 6시간 정도   ㉱ 10시간 정도

해설 일광소독 및 위생적 생활환경 및 나무의 생육을 위해 최소 6~8시간 정도의 일광이 필요하다.

11. 다음 미기후(micro-climate)에 관한 설명 중 적합하지 않은 것은?

해답 7. ㉱   8. ㉯   9. ㉰   10. ㉰   11. ㉰

㉮ 지형은 미기후의 주요 결정 요소가 있다.
㉯ 그 지역 주민에 의해 지난 수년 동안의 자료를 얻을 수 있다.
㉰ 일반적으로 지역적인 기후 자료보다 미기후 자료를 얻기가 쉽다.
㉱ 미기후는 세부적인 토지이용에 커다란 영향을 미치게 된다.

해설 미기후(micro-climate) : 숲의 내부, 외부 기온차 또는 작물 생육지의 내부와 외부의 기온차를 나타내는 작은 범위 대기의 부분적 장소의 독특한 기상 상태를 말한다.

12. 다음 중 니콜라스 푸케(Nicholas Fouguet)가 소유하였고, 앙드레 르노트르의 출세작으로 알려진 정원은?
㉮ 베르사유 정원
㉯ 보르 비 콩트 정원
㉰ 버컨헤드 파크
㉱ 센트럴 파크

해설 보르 비 콩트 정원 : 니콜라 푸케의 정원으로 루이 13세 시기 앙드레 르노트르가 설계하였다.

13. 중국 소주의 4대 명원에 해당되지 않는 것은?
㉮ 졸정원(拙庭園) ㉯ 창랑정(滄浪亭)
㉰ 사자림(獅子林) ㉱ 원명원(圓明圓)

해설 중국의 4대 정원 : 창랑정, 사자림, 졸정원, 유원

14. "자연은 직선을 싫어한다."라는 신조에 따라 직선적인 원로와 수로, 산울타리 등을 배척하고 불규칙적인 생김새의 정원을 꾸민 사람은?
㉮ 런던(London)
㉯ 브리지맨(Bridgeman)
㉰ 윌리엄 켄트(William Kent)
㉱ 험프리 렙턴(Humphrey Repton)

해설 윌리엄 켄트 : 영국의 낭만주의 조경가로, 직선을 배척하고, 부드럽고 불규칙적인 생김새의 정원 구성 양식을 추구하였다.

15. 도면에서의 치수 표시방법으로 맞는 것은?
㉮ 기본단위는 원칙적으로 cm로 한다.
㉯ 치수선은 치수 보조선에 수평이 되도록 한다.
㉰ 치수 기입은 치수선에 평행하게 도면의 오른쪽에서 왼쪽으로 읽어 나간다.
㉱ 치수 수치는 공간이 부족할 경우 한 쪽의 기호를 넘어서 연장하는 치수선의 위쪽에 기입할 수 있다.

해설 치수 표시 방법
① 기본 단위는 원칙적으로 mm로 한다.
② 치수선은 치수 보조선에 수직이 되도록 한다.
③ 치수 기입은 치수선에 평행하게 도면의 왼쪽에서 오른쪽으로 읽어 나간다.

16. 덩굴성 식물로만 짝지어진 것은?
㉮ 으름, 수국
㉯ 등나무, 금목서
㉰ 송악, 담쟁이덩굴
㉱ 치자나무, 멀꿀

해설 덩굴성 식물
① 줄기가 길며 곧게 서지 않고 수목이나 지지물에 감기거나 붙어서 생장하는 식물이다.
② 덩굴성 식물 : 곰딸기, 다래, 능수화, 인동초, 고구마, 완두, 오이, 나팔꽃, 담쟁이덩굴, 송악, 머루, 다래, 칡, 더덕, 등나무, 으름

해답 12. ㉯ 13. ㉱ 14. ㉰ 15. ㉱ 16. ㉰

17. 다음 중 음수에 해당하는 수종은?
- ㉮ 낙엽송
- ㉯ 무궁화
- ㉰ 식나무
- ㉱ 해송

해설 ① 음수: 주목, 전나무, 독일가문비, 팔손이나무, 녹나무, 동백나무, 회양목, 식나무
② 양수: 향나무, 석류나무, 소나무, 모과나무, 산수유, 은행나무, 백목련, 무궁화, 메타세쿼이아, 버즘나무, 자작나무, 해송, 낙엽송

18. 다음 중 콘크리트의 보강용으로 이용되는 것은?
- ㉮ 컬러 철선
- ㉯ 와이어 로프
- ㉰ 볼트와 너트
- ㉱ 용접철망

해설 용접철망(와이어매시)은 무근 콘크리트의 크랙 방지용으로 많이 사용되며 인장강도를 높이기 위해 사용되는 재료이다.

19. 다음 중 일반적인 콘크리트의 특징이 아닌 것은?
- ㉮ 모양을 임의로 만들 수 있다.
- ㉯ 임의대로 강도를 얻을 수 있다.
- ㉰ 내화, 내구성이 강한 구조물을 만들 수 있다.
- ㉱ 경화 시 수축균열이 발생하지 않는다.

해설 콘크리트의 특징
① 경화 시 수축균열이 발생하며 크다.
② 보수, 제거가 곤란하다.
③ 내화, 내수, 내구적이며 내산성이 부족하다.
④ 인장강도가 매우 약하다.

20. 합판(合板)에 관한 설명으로 틀린 것은?
- ㉮ 보통합판은 얇은 판을 2, 4, 6매 등의 짝수로 교차하도록 접착제로 접합한 것이다.
- ㉯ 특수합판은 사용목적에 따라 여러 종류가 있으나 형식적으로는 보통합판과 다르지 않다.
- ㉰ 합판은 함수율 변화에 의한 신축변형이 적고 방향성이 없다.
- ㉱ 합판의 단판 제법에는 로터리베니어, 소드 베니어, 슬라이스드 베니어 등이 있다.

해설 보통합판: 코어 합판과 같이 얇은 판을 3, 5, 7매 등의 홀수로 직교하도록 접착제로 접합한 것이다.

21. 석재의 성인에 의해 암석학적 분류는 화성암, 수성암, 변성암 등으로 분류한다. 다음 중 변성암에 해당되는 석재는?
- ㉮ 화강암
- ㉯ 사암
- ㉰ 안산암
- ㉱ 대리석

해설 ① 변성암의 종류: 대리석, 트래버틴, 사문암
② 수성암(퇴적암)의 종류: 점판암, 사암, 응회암, 석회암
③ 화성암의 종류: 화강암, 안산암, 부석

22. 땅속줄기가 옆으로 뻗으면서 죽순이 나와서 높이 2~20m, 지름 2~5cm 자라며 속이 비어있다. 줄기가 첫해에는 녹색이고, 2년째부터 검은 자색이 짙어져 간다. 잎은 바소모양이고 잔톱니가 있으며 어깨털은 5개 내외로 곧 떨어지는 '반죽'이라고 불리는 수종은?
- ㉮ 왕대
- ㉯ 조릿대
- ㉰ 오죽
- ㉱ 맹종죽

해설 오죽
① 학명: Phyllostachys nigra(Lodd) Munro
② 높이 10m 이상 되며 줄기의 지름 5~8cm이고 줄기가 검은색을 나타내며 죽순은 4~5월에 나온다.
③ 상록활엽

해답 17. ㉰ 18. ㉱ 19. ㉱ 20. ㉮ 21. ㉱ 22. ㉰

23. 산울타리용 수종의 조건이라고 할 수 없는 것은?

㉮ 성질이 강하고 아름다울 것
㉯ 적당한 높이의 아랫가지가 쉽게 마를 것
㉰ 가급적 상록수로서 잎과 가지가 치밀할 것
㉱ 맹아력이 커서 다듬기 작업에 잘 견딜 것

[해설] 산울타리용 수종의 조건
① 적당한 높이로 아래가지가 죽지 않고 오래 살아야 한다.
② 가급적 상록수가 좋으며 잎과 가지가 치밀하여야 한다.
③ 성질이 강하고 아름다우며 번식력이 강한 수종을 선택한다.
④ 맹아력이 크며 척박한 환경조건에도 잘 견디어야 한다.

24. 다음 중 붉은색의 단풍이 드는 수목들로만 구성된 것은?

㉮ 낙우송, 느티나무, 백합나무
㉯ 칠엽수, 참느릅나무, 졸참나무
㉰ 감나무, 화살나무, 붉나무
㉱ 잎갈나무, 메타세쿼이아, 은행나무

[해설] ① 붉은색(홍색) 단풍나무 : 단풍나무, 감나무, 화살나무, 붉나무, 담쟁이덩굴, 산딸나무, 옻나무
② 황색 단풍나무 : 고로쇠나무, 은행나무, 계수나무, 느티나무, 벽오동, 배롱나무, 자작나무, 메타세쿼이아

25. 봄 화단용에 쓰이는 식물이 아닌 것은?

㉮ 팬지   ㉯ 데이지
㉰ 금잔화   ㉱ 샐비어

[해설] ① 봄 화단용 식물 : 팬지, 금어초, 데이지, 튤립, 수선화, 금잔화
② 겨울 화단용 식물 : 꽃양배추
③ 여름, 가을 화단용 식물 : 샐비어, 채송화, 봉숭아, 맨드라미, 국화, 부용, 달리아, 칸나

26. 다음 중 목재의 건조에 관한 설명으로 틀린 것은?

㉮ 건조기간은 자연건조가 인공건조에 비해 길고, 수종에 따라 차이가 있다.
㉯ 인공건조 방법에는 열기법, 자비법, 증기법, 전기법, 진공법, 건조제법 등이 있다.
㉰ 동일한 자연건조 시 두께 3cm의 침엽수는 약 2~6개월 정도 걸리고, 활엽수는 그보다 짧게 걸린다.
㉱ 구조용재는 기건 상태, 즉 함수율 15% 이하로 하는 것이 좋다.

[해설] 자연건조 시 두께 3cm의 침엽수는 약 1~3개월 이상 정도 걸리고 활엽수는 약 침엽수보다 2배 정도 시간이 걸린다.

[참고] 목재 건조 목적
① 목재 수축에 의한 변형 및 손상 방지
② 목재의 강도 향상
③ 전기절연성 증대
④ 운반비용 절감

27. 다음 포장재료 중 광장 등 넓은 지역에 포장하며, 바닥에 색채 및 자연스런 문양을 다양하게 할 수 있는 소재는?

㉮ 벽돌   ㉯ 우레탄
㉰ 자기타일   ㉱ 고압블록

[해설] 우레탄의 성질 및 용도
① 광장 등 넓은 지역의 포장, 지붕 및 일반 바닥, 벽 등에 사용한다.
② 합성고무로서 내마모성, 내산화성, 내유성은 강하지만 내열성, 내화성이 나쁘며 접착력, 방수성이 뛰어나며 바닥에 포장 시 시공이 간편하고 이음매가 없어 아름답다.

28. 조경용으로 사용되는 다음 석재 중 압축강도가 가장 큰 것은?

㉮ 화강암   ㉯ 응회암
㉰ 안산암   ㉱ 사문암

[해답] 23. ㉯ 24. ㉰ 25. ㉱ 26. ㉰ 27. ㉯ 28. ㉮

해설 석재의 압축 강도: 화강암 〉 대리석 〉 안산암 〉 점판암 〉 사암 〉 응회암 〉 부석
① 화강암: 150~20MPa
② 대리석: 120~180MPa
③ 안산암: 100~115MPa
④ 점판암: 70MPa
⑤ 사암: 40MPa
⑤ 응회암: 18MPa
⑥ 부석: 30MPa

29. 다음 중 시공현장에서 사용되는 긴결(연결)철물에 해당 되는 것은?
㉮ 못   ㉯ 강판
㉰ 함석   ㉱ 형강

해설 긴결철물
① 콘크리트벽, 조적벽 등을 분리시키지 아니하고 일체화시키기 위해서 서로 연결시키는 철물을 말한다.
② 못, 볼트, 너트, 앵커볼트

30. 가격이 싸므로 가장 일반적으로 널리 사용되는 시멘트는?
㉮ 보통 포틀랜드 시멘트
㉯ 중용열 포틀랜드 시멘트
㉰ 조강 포틀랜드 시멘트
㉱ 플라이애시 시멘트

해설 ① 보통 포틀랜드 시멘트: 다른 시멘트에 비하여 공정이 비교적 간단하고 품질이 좋으므로 가장 많이 사용되며 생산량도 가장 많으며 가격이 가장 저가이다.
② 중용열 포틀랜드 시멘트: 수화작용을 할 때 발열량을 적게 한 시멘트이며 조기강도는 작으나 장기강도는 크며 균열발생이 적어 댐 축조, 콘크리트된 큰 구조물 시공에 사용된다.
③ 조강포틀랜드 시멘트: 보통 포틀랜드 시멘트에 비하여 경화가 빠르고 품질이 향상되며 수화열이 크고 공기를 단축할 수 있으며 한중 콘크리트와 수중 콘크리트를 시공하기에 적합하다.
④ 플라이애시 시멘트: 수화열이 적고 조기강도는 낮으나 장기강도가 커지며 워커빌리티가 좋고 수밀성이 좋아 해안, 하천, 해수공사에 사용된다.

31. 겨울철 흰눈을 배경으로 줄기를 감상하려고 한다. 다음 중 어느 나무가 가장 적당한가?
㉮ 백송   ㉯ 자작나무
㉰ 플라타너스   ㉱ 흰말채나무

해설 배경색의 대비
① 흰눈의 배경이 흰색이고 흰말채나무가 적색이므로 흰색 배경에 적색이 대비되어 눈에 띄게 보여준다.
② 흰말채나무: 줄기 높이가 3m이고 여름철에는 수피가 청색이나 가을철에는 붉은색을 나타낸다.
③ 백송, 자작나무, 플라타너스, 동백나무는 수피색이 흰색이다.

32. 다음 중 임해공업단지에 공장조경을 하려 할 때 가장 적합한 수종은?
㉮ 광나무   ㉯ 히말라야시다
㉰ 감나무   ㉱ 왕벚나무

해설 임해공업단지 조경수종 선정 조건
① 조해 및 염분에 의한 재해가 발생할 수 있으므로 공해 및 염분에 대한 저항력이 강한 나무를 식재한다.
② 손상회복 및 생장속도가 빠르고 이식이 가능한 나무를 식재한다.
③ 광나무, 사철나무, 해송, 비자나무, 곰솔, 주목, 측백, 굴거리나무, 해당화, 무궁화, 진달래, 가이즈카향나무, 녹나무

33. 다음 중 분말 도료를 스프레이로 뿜어서 칠하는 도장방법으로 도막 형성 때 주름현상, 흐름 현상 등이 없어 점도 조절이 필요 없으며 도정작업이 간편한 무정전 스프레이법이 대표적인 도장은?

해답 29. ㉮   30. ㉮   31. ㉱   32. ㉮   33. ㉮

㉮ 분체도장   ㉯ 소부도장
㉰ 침적도장   ㉱ 합성수지 피막도장

해설 분체도장 : 분말 도료를 스프레이로 뿜어서 열을 가하여 도장하는 방법이다.

34. 다음 중 벽돌의 마름질에 따른 분류 명칭이 아닌 것은?

㉮ 반절벽돌   ㉯ 칠오토막벽돌
㉰ 온장벽돌   ㉱ 인방벽돌

해설 벽돌의 마름질
① 벽돌은 온장을 쓰는 것이 원칙이지만 때에 따라 토막으로 만들어 사용할 때도 있다.
② 분류 : 온장, 반절, 칠오토막, 아치벽돌, 반토막, 반반절, 이오토막
③ 인방벽돌 : 창호, 내부 창문틀 쌓는다.

35. 다음 수종 중 질감이 가장 거친 것은?

㉮ 칠엽수   ㉯ 소나무
㉰ 회양목   ㉱ 영산홍

해설 ① 질감이 거친 수종 : 칠엽수, 벽오동, 버즘나무, 태산목, 팔손이나무, 플라타너스
② 질감이 부드러운 수종 : 회양목, 편백, 화백, 잣나무

36. 일반 콘크리트는 타설 뒤 몇 주일 정도 지나야 콘크리트가 지니게 될 강도의 80% 정도에 해당되는가?

㉮ 1주일   ㉯ 2주일
㉰ 3주일   ㉱ 4주일

해설 조기 강도 : 3~7일
후기 강도 : 28일(4주)

37. 낙엽활엽교목이며, 천근성으로 바람에 의해 잘 넘어지고 전정 시 수형의 미가 깨지기 쉬우므로 주의해야 하는 조경 수목은?

㉮ 향나무   ㉯ 쥐똥나무
㉰ 수양버들   ㉱ 주목

해설 수양버들
① 학명 : Salix babylonica
② 낙엽활엽 교목이다.
③ 천근성 수종이다.

38. 다음 중 경관석 놓기에 대한 설명으로 틀린 것은?

㉮ 경관석 놓기는 시각적으로 중요한 곳이나 추상적인 경관을 연출하기 위하여 이용된다.
㉯ 경관석 놓기는 2, 4, 6, 8과 같이 짝수로 무리지어 놓는 것이 자연스럽다.
㉰ 가장 중심이 되는 자리에 가장 크고 기품이 있는 경관석을 중심석으로 배치한다.
㉱ 전체적으로 볼 때 힘의 방향이 분산되지 않아야 한다.

해설 경관석 놓기 : 경관석 짜기의 기본은 주석(중심석)과 부석을 조화시켜 놓고 1, 3, 5, 7 등 홀수로 놓으며 부등변 삼각형 형태로 배치한다.

39. 파낸 흙을 쌓아올렸을 때 중요한 '안식각'에 관한 설명으로 부적합한 것은?

㉮ 흙을 높게 쌓아올렸을 때 잠시 동안은 모아 둔 그대로 형태가 유지되는 것은 흙의 점착력 때문이다.
㉯ 높이 쌓아놓은 뒤 시간이 지나면서 허물어져 내리고 안정된 비탈면을 형성했을 때 수평면에 대하여 비탈면이 이루는 각을 안식각이라 한다.
㉰ 흙깎기 또는 흙쌓기의 안정된 비탈을 위해서는 그 토질의 안식각보다 작은 경사를 가지게 하는 것이 중요하다.
㉱ 토질이 건조했을 때 안식각이 큰 것부터의 순서는 점토 > 보통흙 > 모래 > 자갈 순이다.

해답 34. ㉱ 35. ㉮ 36. ㉱ 37. ㉰ 38. ㉯ 39. ㉱

해설 안식각(휴지각)
① 안식각 큰 순서: 자갈 > 모래 > 보통흙 > 점토
② 절토, 성토 후에 시간이 지나면서 허물어져 내리고 자연경사를 유지하면서 수평면에 대하여 비탈면이 이루는 안정된 상태를 유지하는 각도를 말한다.

40. 다음 중 조경공사의 일반적인 순서를 바르게 나타낸 것은?

㉮ 부지지반조성 → 조경시설물설치 → 지하매설물설치 → 수목식재
㉯ 부지지반조성 → 지하매설물설치 → 수목식재 → 조경시설물설치
㉰ 부지지반조성 → 수목식재 → 지하매설물설치 → 조경시설물설치
㉱ 부지지반조성 → 지하매설물설치 → 조경시설물설치 → 수목식재

해설 부지지반조성 → 지하매설물설치 → 조경시설물설치 → 수목식재

41. 일반적으로 상단이 좁고 하단이 넓은 형태의 옹벽으로 자중(自重)으로 토압에 저항하며, 높이 4m 내외의 낮은 옹벽에 많이 쓰이는 종류는?

㉮ 중력식 옹벽
㉯ 캔틸레버 옹벽
㉰ 부축벽 옹벽
㉱ 조립식 옹벽

해설 ① 중력식 옹벽: 석조, 무근콘크리트조의 높이 3m 내외의 낮은 옹벽을 말한다.
② 부축벽 옹벽: 철근콘크리트조의 높이 6m 이상의 옹벽을 말한다.
③ 캔틸레버 옹벽: 콘크리트조의 높이 5m 이하의 옹벽을 말한다.

42. 식물생육에 특히 많이 흡수 이용되는 거름의 3요소가 아닌 것은?

㉮ N
㉯ P
㉰ Ca
㉱ K

해설 ① 질소(N): 광합성 촉진 작용을 한다.
부족 현상: 잎과 줄기가 가늘어지며 잎이 황색으로 변색되어 떨어진다.
② 인(P): 세포분열 촉진 기능, 꽃, 열매, 뿌리 성장, 새눈과 잔가지 발육에 기여한다.
부족 현상: 뿌리 생장 기능이 저하되며 잎이 암록색으로 변색되고 생산량이 감소한다.
③ 칼륨(K): 꽃, 열매의 향기 및 색깔에 조절에 기여한다.
부족 현상: 황화현상 발생한다.
④ 칼슘(Ca): 단백질 합성, 식물체 유기산 중화의 역할을 한다.
부족 현상: 생장점이 파괴되며 갈색으로 변색된다.
⑤ 비료의 3요소: 질소 + 인 + 칼륨
⑥ 비료의 4요소: 질소 + 인 + 칼륨 + 칼슘

43. 조경수목의 연간 관리 작업 계획표를 작성하려고 한다. 작업 내용의 분류상 성격이 다른 하나는?

㉮ 병, 해충 방제
㉯ 시비
㉰ 뗏밥 주기
㉱ 수관 손질

해설 뗏밥 주기는 잔디 관리 사항이다.

44. 일반적으로 움트는 힘이 강하기 때문에 상당히 큰 가지를 잘라도 훌륭한 새 가지가 나오는 수종은?

㉮ 소나무
㉯ 양버즘나무
㉰ 향나무
㉱ 능수벚나무

해설 양버즘나무: 건조한 지역에 강하며 공기정화능력이 우수하며 성장이 빠른 나무로서 맹아력이 강하다.

45. 조경공간에서의 휴지통에 대한 설명 중 틀린 것은?

해답 40. ㉱ 41. ㉮ 42. ㉰ 43. ㉰ 44. ㉯ 45. ㉱

㉮ 통풍이 좋고 건조하기 쉬운 구조로 한다.
㉯ 내화성이 있는 구조로 한다.
㉰ 쓰레기를 수거하기 쉽도록 한다.
㉱ 지저분하므로 눈에 잘 띄지 않는 장소에 설치한다.

해설 휴지통
① 눈에 잘 띄는 장소에 설치하며 벤치 2~4개 장소마다 1개씩 설치한다.
② 도로변: 20~60m 마다 1개씩 설치한다.

46. 조경수목에 사용되는 농약과 관련된 내용으로 부적합한 것은?
㉮ 농약은 다른 용기에 옮겨 보관하지 않는다.
㉯ 살포작업은 아침, 저녁 서늘한 때를 피하여 한낮 뜨거운 때 작업한다.
㉰ 살포작업 중에는 음식을 먹거나 담배를 피우면 안 된다.
㉱ 농약 살포작업은 한 사람이 2시간 이상 계속하지 않는다.

해설 농약의 살포는 아침, 저녁 서늘한 시간에 행한다.

47. 조경에서 이상적인 시공을 설명한 것 중 가장 알맞은 것은?
㉮ 설계도면과는 무관하게 임의로 적합한 시공을 하는 데 있다.
㉯ 설계에 의해서 정해진 방침에 따라 경제적, 능률적으로 목적을 달성하는 데 있다.
㉰ 경제적인 것은 관계없이 보기 좋게 하면 된다.
㉱ 재료를 최고급으로 써서라도 목적을 달성하는 데 있다.

해설 조경시공의 목적
① 원가 저렴하게(경제적) 한다.
② 공정은 빠르게(능률적) 한다.
③ 품질은 좋게 한다.
④ 안전하게 시공한다(안전성).

48. 흰가루병을 방제하기 위하여 사용하는 약품으로 부적당한 것은?
㉮ 티오파네이트메틸수화제 (지오판엠)
㉯ 결정석회황합제 (유황합제)
㉰ 디비이디시 (황산구리) 유제 (산요루)
㉱ 데메톤-에스-메틸유제 (메타시스톡스)

해설 데메톤-에스-메틸유제 (메타시스톡스) : 진딧물 방제약이다.

49. 다음 중 좋은 상태의 수목을 고르는 요령으로 가장 거리가 먼 것은?
㉮ 가지의 수가 지나치게 많지 않고, 여러 방향으로 고르게 배치된 것
㉯ 뿌리의 발육이 좋고 곧은 뿌리보다 곁뿌리가 훨씬 많은 것
㉰ 병, 해충의 피해를 입은 흔적이 없고, 잔가지가 충실한 것
㉱ 뿌리에 비해 가지가 훨씬 많은 것

해설 뿌리가 많아야 생장이 유리하며 지하부와 지상부의 크기가 같을 때 생장이 잘 된다.

50. 길이 100m, 높이 4m의 벽을 1.0B 두께로 쌓기 할 때 소요되는 벽돌의 양은?(단, 벽돌은 표준형(190×90×57)이고, 할증은 무시하며 줄눈나비는 10mm를 기준으로 한다.)
㉮ 약 30000 장
㉯ 약 52000 장
㉰ 약 59600 장
㉱ 약 48800 장

해설 ① (190mm+10mm(줄눈))×(57mm+10mm(줄눈))=0.0134m²
② 1m²÷0.0134m²=74.62
③ 1.0B=0.5B+0.5B=74.62+74.62=149.24
④ 100m×4m=400m², 400m²×149=59600 장

해답 46. ㉯ 47. ㉯ 48. ㉱ 49. ㉱ 50. ㉰

51. 다음 그림 중 윤상거름 주기를 할 때, 시비의 위치로 가장 적합한 곳은?

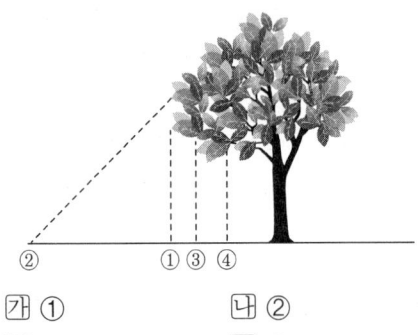

㉮ ① ㉯ ②
㉰ ③ ㉱ ④

[해설] 윤상거름 주기
① 수관폭을 형성하는 가지 끝 아래의 수관선을 기준으로 환상으로 깊이 20~25cm, 너비 20~30cm로 둥글게 판다.
② 바퀴모양(원)으로 홀을 파서 준다.

52. 정원수를 이식할 때 가지와 잎을 적당히 잘라 주는 이유는 다음 중 어떤 목적에 해당하는가?

㉮ 생장 조장을 돕는 가지다듬기
㉯ 생장을 억제하는 가지다듬기
㉰ 세력을 갱신하는 가지다듬기
㉱ 생리 조정을 위한 가지다듬기

[해설] 이식 전정은 생리 조정을 위한 가지다듬기이다.

53. 수종에 따라 차이가 있지만 다음 중 일반적으로 수목에 덧거름을 주는 시기로서 가장 적합한 시기는?

㉮ 10월 하순~11월 하순
㉯ 12월 하순~1월 하순
㉰ 2월 하순~3월 하순
㉱ 4월 하순~6월 하순

[해설] 덧거름은 수목의 생장 중간에 주는 거름으로서 4월 하순~6월 하순에 준다.

54. 다음 중 디딤돌 놓기에 관한 설명으로 가장 거리가 먼 것은?

㉮ 일본식 정원에서만 쓰이는 수법이다.
㉯ 쓰이는 돌은 납작하면서도 표면이 약간 두둑한 것을 골라야 한다.
㉰ 한 발로 디디는 디딤돌의 크기는 지름 30cm 정도 되는 것을 사용한다.
㉱ 돌의 표면이 지표보다 3~6cm 높게 하여 수평으로 놓는다.

[해설] 디딤돌은 동양, 서양정원에서 모두 쓰는 수법이다.

55. 다음 측구들 중 산책로나 보도에서 자연경관과 가장 잘 어울리는 것은?

㉮ 콘크리트 측구   ㉯ U형 측구
㉰ 호박돌 측구   ㉱ L형 측구

[해설] ① 측구(gutter) : 도로면에 발생한 표면수의 물을 배수하기 위하여 도로의 한쪽 또는 양쪽 도로에 평행하게 만든 배수구이다.
② 호박돌 측구 : 산책로나 보도에서 자연경관과 조화롭다.

56. 정원에 잔디를 식재하고자 할 때 요구되는 생육 최소 토심(生育最小土沈)의 기준으로 가장 적합한 것은?

㉮ 10cm   ㉯ 20cm
㉰ 30cm   ㉱ 40cm

[해설] 조경 설계 기준

종 류	생존 최소 깊이 (cm)	생육 최소 깊이 (cm)
① 잔디, 초화류	15	30
② 소관목	30	45
③ 대관목	45	60
④ 천근성 교목	60	90
⑤ 심근성 교목	90	150

[해답] 51. ㉮   52. ㉱   53. ㉱   54. ㉮   55. ㉰   56. ㉰

57. 수피가 얇아서 겨울에 얼어 터지는 것을 방지하기 위해 새끼 감기를 해 주는 것이 다른 수종들 보다 좋은 수종들로만 짝지어진 것은?

㉮ 단풍나무, 배롱나무
㉯ 은행나무, 매화나무
㉰ 라일락, 층층나무
㉱ 꽃아그배나무, 산딸나무

해설 동해 방지 수종 : 단풍나무, 배롱나무, 목백일홍, 모과나무, 감나무, 벽오동, 장미

58. 식물 생장에 꼭 필요한 원소 중 질소가 결핍되었을 때 생기는 현상은?

㉮ 신장 생장이 불량하여 줄기나 가지가 가늘어지고 묵은 잎부터 황변하여 떨어진다.
㉯ 잎이 비틀어지며 변색하고 결실이 좋지 못하며 뿌리의 생장이 저하된다.
㉰ 옥신의 부족으로 절간생장이 억제되고 잎이 작아진다.
㉱ 뿌리나 눈의 생장점이 붉게 변하여 죽고 건조나 추위의 해를 받기 쉽다.

해설 ① 질소(N) : 광합성 촉진 작용을 한다.
② 부족 현상 : 잎과 줄기가 가늘어지며 잎이 황색으로 변색되어 떨어진다.
③ 인(P) : 세포분열 촉진 기능, 꽃, 열매, 뿌리 성장, 새눈과 잔가지 발육에 기여 한다.
④ 부족 현상 : 뿌리 생장 기능이 저하되며 잎이 암록색으로 변색되고 생산량이 감소한다.
⑤ 칼륨(K) : 꽃, 열매의 향기 및 색깔의 조절에 기여한다.
⑥ 부족 현상 : 황화현상 발생한다.
⑦ 칼슘(Ca) : 단백질 합성, 식물체 유기산 중화의 역할을 한다.
⑧ 부족 현상 : 생장점이 파괴되며 갈색으로 변색된다.

59. 다음 중 비탈면에 교목을 식재할 때 기울기는 어느 정도보다 완만하여야 하는가?

㉮ 1 : 1 정도   ㉯ 1 : 1.5 정도
㉰ 1 : 2 정도   ㉱ 1 : 3 정도

해설 ① 초화 및 잔디 경사도 : 1 : 1
② 관목 경사도 : 1 : 2
③ 교목 경사도 : 1 : 3

60. 다음 뿌리분의 형태 중 보통분인 것은?(단, d : 뿌리의 근원지름이다.)

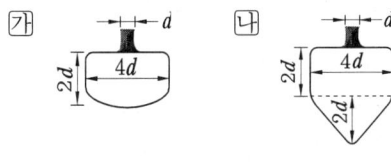

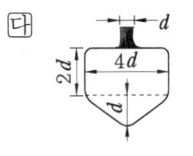 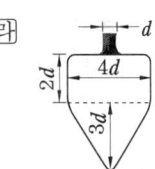

해설 ㉮ 접시분 : 천근성 수종 굴취 시 사용한다.
㉯ 조개분 : 심근성 수종 굴취 시 사용한다.
㉰ 보통분

▶ 2008년 10월 5일 시행

자격종목	코 드	시험시간	형 별	수험번호	성 명
조경기능사	7900	1시간	A		

1. 다수의 대상이 존재할 때 어느 색이 보다 쉽게 지각되는지 또는 쉽게 눈에 띄는지의 정도를 나타내는 용어는?
㉮ 유목성   ㉯ 시인성
㉰ 식별성   ㉱ 가독성

해설 ① 유목성
 ㉠ 다수의 대상이 존재할 때 주의를 기울이지 않아도 눈에 띄거나 끌리게 하는 성질로서 호기심을 유발하여 다가가게 하는 정도이다.
 ㉡ 고명도의 색, 고채도의 색, 유채색이 유목성이 크다.
② 시인성: 명도의 차가 클수록 멀리서도 대상이 잘 보여 시각적으로 인식하는 정도이다.
③ 식별성: 지도나 시각적 자료에서 쓰이는 기법으로 어떤 대상이 다른 것과 구별되는 것을 정의한다.
④ 가독성: 인쇄물을 글자모양, 글자간격 등에 따라 얼마나 빨리 쉽게 읽을 수 있는지를 나타내는 정도이다.

2. 다음의 (   ) 안에 적합한 범위는?

"일반적인 계단 설계 시 발판 높이를 'H', 너비를 'W'라고 할 때 $2H+W=(\ \ )$"가 적당하다.

㉮ 40~45cm   ㉯ 60~65cm
㉰ 75~80cm   ㉱ 85~90cm

해설 계단 구조물 설계 기준
 $2h+w=60~65cm$, 발판높이: h, 너비: w

3. 관상자로 하여금 실제의 면적보다 넓고 길게 보이게 하는 수법은?
㉮ 눈가림   ㉯ 통경선
㉰ 차경   ㉱ 명암

해설 비스타(통경선)
 ① 정원 중심으로(주축선) 시선이 집중되어 정원을 한층 더 넓고 길게 보이게 하는 효과가 발생하는 정원을 말한다.
 ② 초점 경관 구성 양식을 말한다.
 ③ 눈가림 수법: 변화, 거리감을 보여준다.

4. 정신세계의 상징화, 인공적인 기교, 관상적인 가치에 가장 치중한 정원이라 볼 수 있는 것은?
㉮ 중국정원   ㉯ 인도정원
㉰ 한국정원   ㉱ 일본정원

해설 일본정원
 ① 모모야마시대(1580년): 다정 정원 양식이 발달하였다.
 ② 일본정원 양식의 시대적 순서: 임천식 → 회유임천식 → 축산고산수식(무로마치 시대) → 평정고산수식 → 다정식 → 회유식
 ③ 정신세계의 상징화, 인공적인 기교, 관상적인 가치를 중심에 두었다.
 ④ 조화에 강조한 자연식 정원, 정원을 축소한 축경식 정원 양식을 사용하였다.

5. 창덕궁 후원에 나타나지 않는 것은?
㉮ 부용지   ㉯ 향원지
㉰ 주합루   ㉱ 옥류천

해설 대한 제국시대에 경복궁 향원지(연못)에 전기 발전소를 건립하였다.

해답 1. ㉮ 2. ㉯ 3. ㉯ 4. ㉱ 5. ㉯

6. 다음 중 물(水)을 정적으로 이용하는 것은?

㉮ 연못 ㉯ 분수
㉰ 폭포 ㉱ 캐스케이드

해설 ① 풀장(pool), 연못 : 물의 움직임이 없는 정적면으로 표현하며 물을 사용하는 사람이 동적인 움직임을 표현한다.
② 분수, 폭포, 벽천, 캐스케이드 등은 물의 유동적 움직임을 표현한다.

7. 등고선 간격이 20m인 축척 1/10000 지도가 있다. 인접한 등고선에 직각인 평면 거리가 2.5cm일 때 경사도는?

㉮ 6% ㉯ 8%
㉰ 10% ㉱ 12%

해설 ① 경사도 = $\frac{D}{L} \times 100\%$
 = $\frac{수직거리(높이)}{두 지점 간의 수평거리} \times 100\%$
② $\frac{D}{L} \times 100\% = \frac{20m}{250m} \times 100\% = 8\%$
③ 1m = 1000mm, 1m = 100cm, 1cm = 10mm
④ 축적에 의한 길이 환산 : 2.5cm × 10000(축적) = 2500cm ÷ 100 = 250m

8. 기본 도시계획 중 교통 동선의 분류체계에 해당되지 않는 것은?

㉮ 격자형 ㉯ 우회형
㉰ 대로형 ㉱ 수평형

해설 교통동선 분류체계 : 통행의 안정, 쾌적하고 자연환경 파괴를 최소화하는 장소를 선택한다. ① 격자형, ② 우회형, ③ 대로형, ④ 우회전진형

9. 자연환경조사 단계 중 미기후와 관련된 조사항목으로 가장 영향이 적은 것은?

㉮ 지하수 유입 및 유동의 정도
㉯ 태양 복사열을 받는 정도
㉰ 공기 유통의 정도
㉱ 안개 및 서리 피해 유무

해설 미기후(micro-climate)
① 숲의 내부, 외부 기온차 또는 작물 생육지의 내부와 외부의 기온차를 나타내는 작은 범위 대기의 부분적 장소의 독특한 기상 상태를 말한다.
② 조사 항목
 ㉠ 태양 복사열을 받는 정도
 ㉡ 공기유통의 정도
 ㉢ 안개 및 서리 피해유무
 ㉣ 일조시간조사

10. 네덜란드 정원에 관한 설명으로 가장 거리가 먼 것은?

㉮ 운하식이다
㉯ 튤립, 히아신스, 아네모네, 수선화 등의 구근류로 장식했다.
㉰ 프랑스와 이탈리아 규모보다 2배 이상 크다.
㉱ 테라스를 전개시킬 수 없었으므로 분수, 캐스케이드가 채택될 수 없었다.

해설 네덜란드 정원 양식 : 규모가 작은 소규모 정원양식을 사용하였다.

11. 경관구성의 우세요소가 아닌 것은?

㉮ 선 ㉯ 색채
㉰ 형태 ㉱ 시간

해설 경관구성 우세요소 : 선(line) > 형태(form) > 질감 (텍스처, texture) > 색채color) > 크기와 위치 > 농담

12. 가는 실선의 용도로 틀린 것은?

㉮ 치수 보조선 ㉯ 인출선
㉰ 기준선 ㉱ 중심선

해답 6. ㉮ 7. ㉯ 8. ㉱ 9. ㉮ 10. ㉰ 11. ㉱ 12. ㉰

해설 ① 가는실선 용도 : 치수선, 치수보조선, 인출선, 지시선, 해칭선
② 일점쇄선용도 : 절단선, 경계선, 기준선

13. 옛날 처사도(處士道)를 근간으로 한 은일사상이 가장 성행하였던 시대는?
㉮ 고구려시대　㉯ 백제시대
㉰ 신라시대　㉱ 조선시대

해설 조선시대 : 은일 사상(자연회귀)은 조선시대에 가장 성행했으며 별서정원의 형태이다.

14. 일본에서 고산수법이 가장 크게 발달했던 시기는?
㉮ 가마쿠라 시대　㉯ 무로마치 시대
㉰ 모모야마 시대　㉱ 에도 시대

해설 일본의 정원양식 : 무로마치 시대에 고산수법 정원양식이 발달했다.

15. 미국조경가협회에서 조경은 실용성과 즐거움, 자원의 보전과 효율적 관리, 문화적 지식의 응용을 통하여 설계, 계획하고 토지를 관리하며, 자연 및 인공요소를 구성하는 기술이라고 새롭게 정의를 내린 년도는?
㉮ 1909년　㉯ 1975년
㉰ 1945년　㉱ 1853년

해설 미국조경가협회(ALSA)
① 1909년 : 조경은 '인간의 이용과 즐거움을 위하여 토지를 다루는 기술'로 정의한다.
② 1975년 : 조경은 '실용성과 즐거움을 줄 수 있는 환경조성에 목적을 두고 자원의 보전과 효율적 관리를 하며 문화적 및 과학적 지식의 응용을 통하여 설계, 계획하고 토지를 관리하며 자연 및 인공 요소를 구성하는 기술'로 정의한다.

16. 콘크리트 제작방법에 의해서 행하는 시험 비빔 시 검토할 항목이 아닌 것은?

㉮ 인장강도　㉯ 비빔온도
㉰ 공기량　㉱ 워커빌리티

해설 시험 비빔 시 검토 항목
① 비빔온도 시험
② 공기량 시험
③ 워커빌리티 시험
④ 슬럼프 시험
⑤ 압축강도 시험

17. 다음 [보기]와 같은 특성을 지닌 정원수는?

[보기]
- 형상수로 많이 이용되고, 가을에 열매가 붉게 된다.
- 내음성이 강하며, 비옥지에서 잘 자란다.

㉮ 주목　㉯ 쥐똥나무
㉰ 화살나무　㉱ 산수유

해설 주목
① 상록침엽교목
② 고산지대에서 자라며 생장이 매우 느리다.

18. 산울타리용으로 사용하기 부적합한 수종은?
㉮ 꽝꽝나무　㉯ 탱자나무
㉰ 후박나무　㉱ 측백나무

해설 산울타리용 수종 : 꽝꽝나무, 탱자나무, 측백나무, 개나리, 화백, 명자나무, 무궁화, 진달래, 회양목, 향나무

19. 다음에서 설명하고 있는 수종으로 가장 적합한 것은?

- 꽃은 지난해에 형성되었다가 3월에 잎보다 먼저 총상꽃차례로 달린다.
- 물푸레나뭇과로 원산지는 한국이며, 세계적으로 1속 1종뿐이다.
- 열매의 모양이 둥근 부채를 닮았다.

해답 13. ㉱　14. ㉯　15. ㉯　16. ㉮　17. ㉮　18. ㉰　19. ㉮

㉮ 미선나무 ㉯ 조록나무
㉰ 비파나무 ㉱ 명자나무

해설 미선나무
① 낙엽활엽 관목
② 물푸레나뭇과로 원산지는 한국이며, 세계적으로 1속 1종뿐이다

20. 일반적인 시멘트의 설명으로 옳은 것은?
㉮ 일반적으로 시멘트라고 불리는 것은 보통 포틀랜드 시멘트를 말한다.
㉯ 포틀랜드 시멘트의 비중은 4.05 이상이다.
㉰ 28일 강도를 초기 강도라 한다.
㉱ 시멘트의 수화반응 또는 발열반응에서의 발생열을 응고열이라 한다.

해설 보통 포틀랜드 시멘트
① 비중 : 0.35이다.
② 다른 시멘트에 비하여 공정이 비교적 간단하고 품질이 좋으므로 가장 많이 사용되며 생산량도 가장 많으며 가격이 가장 저가이다. 포틀랜드 시멘트 비중은 3.05 이상이다.
③ 포틀랜드 시멘트 비중은 3.05 이상이다.

21. 봄 화단에 알맞은 알뿌리 화초는?
㉮ 리아트리스 ㉯ 수선화
㉰ 샐비어 ㉱ 데이지

해설 ① 알뿌리 화초 : 일명 구근 화초라 하며 알뿌리를 가지는 것을 말한다.
① 봄 화단용 식물(알뿌리 화초) : 튤립, 수선화
② 여름, 가을 화단용 식물(알뿌리 화초) : 달리아, 칸나
③ 겨울 화단용 식물 : 꽃양배추

22. 철재의 일반 성질 중 재료가 파괴되기까지 높은 응력에 잘 견딜 수 있고, 동시에 큰 변형이 되는 성질은?

㉮ 탄성 ㉯ 강도
㉰ 인성 ㉱ 내구성

해설 인성 : 재료가 파괴되기까지 높은 응력에 잘 견디며 동시에 큰 변형이 이루어지는 성질을 말한다.

23. 우리나라 골프장 그린에 가장 많이 이용되는 잔디는?
㉮ 블루그래스 ㉯ 벤트그래스
㉰ 라이그래스 ㉱ 버뮤다그래스

해설 골프장 그린의 잔디는 벤트그래스류 잔디를 가장 많이 사용한다.

24. 목재의 비중 중에서 기건비중이 제일 큰 수종은?(단, 국내산 재료만을 기준으로 한다.)
㉮ 낙엽송 ㉯ 갈참나무
㉰ 소나무 ㉱ 가문비나무

해설 목재의 기건비중
① 활엽수 〉 침엽수
② 낙엽송 : 0.61, 갈참나무 : 0.84, 소나무 : 0.47, 가문비나무 : 0.5

25. 다음 중 개화기가 가장 빠른 것끼리 짝지워진 것은?
㉮ 목련, 아카시아
㉯ 목련, 수수꽃다리
㉰ 배롱나무, 쥐똥나무
㉱ 풍년화, 생강나무

해설 ① 3월에 꽃이 피는 수종 : 개나리, 남경도, 생강나무, 매화, 영춘화
② 목련 : 3월 중순~4월 중순
③ 아카시아 : 5월
④ 수수꽃다리, 풍년화 : 4월
⑤ 쥐똥나무 : 6월
⑥ 배롱나무 : 8월

해답 20. ㉮ 21. ㉯ 22. ㉰ 23. ㉯ 24. ㉯ 25. ㉱

26. 다음 중 화성암이 아닌 것은?

㉮ 대리석　　㉯ 화강암
㉰ 안산암　　㉱ 섬록암

해설 ① 변성암의 종류 : 대리석, 트래버틴, 사문암
② 화성암의 종류 : 화강암, 안산암, 부석, 현무암, 섬록암

27. 콘크리트 소재의 벽돌 검사방법(KS) 중 항목에 해당되지 않는 것은?

㉮ 치수　　㉯ 흡수율
㉰ 압축강도　　㉱ 인장강도

해설 치수 측정, 흡수율 측정, 압축 강도 측정을 한다.

28. 목질 재료의 특성으로 알맞은 것은?

㉮ 재질이 부드럽고 촉감이 좋다.
㉯ 무게가 무거운 편이다.
㉰ 가공이 어렵다.
㉱ 열전도율이 높다.

해설 목재 재료의 특성
① 재질이 부드럽고 촉감이 좋다.
② 무게가 가벼우면서 강하다.
③ 가공이 편하며 무늬가 아름답다.
④ 열과 전기 전도율이 낮다.
⑤ 화재와 습기에 약하다.

29. 주로 흙막이용 돌쌓기에 사용되며 정사각뿔 모양으로 전면은 정사각형에 가깝고, 뒷길이, 접촉면, 뒷면 등이 규격화된 치수를 지정하여 깨 낸 돌은?

㉮ 각석　　㉯ 판석
㉰ 호박돌　　㉱ 견치돌

해설 견치석(견치돌)
① 석축을 쌓는데 사각뿔 모양의 석재 재료로서 돌을 뜰 때 앞면, 길이, 뒷면, 접촉부 등의 치수를 지정해서 깬낸 돌로 앞면은 정사각형이며, 흙막이용으로 사용되는 재료이다.
② 앞면은 정사각형 또는 직사각형으로 1개의 무게는 보통 70~100kg으로, 주로 옹벽 등의 쌓기용으로 메쌓기나 찰쌓기 등에 사용된다.

30. 일반적으로 수목의 단풍은 적색과 황색계열로 구분하는데, 황색 단풍이 아름다운 수종으로만 짝지어진 것은?

㉮ 은행나무, 붉나무
㉯ 백합나무, 고로쇠나무
㉰ 담쟁이덩굴, 감나무
㉱ 검양옻나무, 매자나무

해설 ① 붉은색(홍색) 단풍나무 : 단풍나무, 감나무, 화살나무, 붉나무, 담쟁이덩굴, 산딸나무, 옻나무
② 노란색(황색) 단풍나무 : 고로쇠나무, 은행나무, 계수나무, 느티나무, 벽오동, 배롱나무, 백합나무, 자작나무, 메타세쿼이아

31. 보·차도용 콘크리트 제품 중 일정한 크기의 골재와 시멘트를 배합하여 높은 압력과 열로 처리한 보도블록은?

㉮ 측구용블록
㉯ 보도블록
㉰ 소형고압블록
㉱ 경계블록

해설 소형고압블록의 특징
① 재료의 종류가 다양하다.
② 내구성과 강도가 좋다.
③ 보도용과 차도용으로 구분하며 공원, 주택, 캠퍼스, 병원 등에 사용한다.
④ 시공과 보수가 쉬우며 공사비가 저가이다.

32. 곧은 줄기가 있고, 줄기와 가지의 구별이 명확하며, 키가 큰 나무(보통 3~4m 정도)를 가리키는 것은?

해답 26. ㉮　27. ㉱　28. ㉮　29. ㉱　30. ㉯　31. ㉰　32. ㉮

㉮ 교목　　㉯ 관목
㉰ 만경목　㉱ 지피식물

해설
① 교목(arbor) : 높이가 8m 넘고 수간과 가지의 구별이 뚜렷하며 뿌리에서 뚜렷한 원줄기에서 나뭇가지가 뻗어 나가며 줄기의 지름이 크다.
② 관목(shrub) : 높이가 2m이내이고 뿌리에서 여러 줄기가 나와서 원줄기를 찾을 수 없으며 줄기의 지름이 가늘다.
③ 덩굴성 식물 : 흔히 만경목이라고도 하며 줄기기 길며 곧게 서지 않고 수목이나 지지물에 감거나 붙어서 생장하는 식물이다.
④ 지피식물 : 잔디, 맥문동, 클로버 등 초본류나 이끼류 등처럼 지표면을 낮게 덮는 식물을 말한다.

33. 바탕재료의 부식을 방지하고 아름다움을 증대시키기 위한 목적으로 사용하는 도막형성 도료는?

㉮ 바니시　㉯ 피치
㉰ 벽토　　㉱ 회반죽

해설 니스(바니시, varnish)
① 건축, 차량, 가구 등의 실내, 특히 목재 부분 도장에 많이 쓰인다.
② 바르기 쉬우며 광택이 있고 값이 싸다.
③ 회반죽 : 건조수축에 의한 균열을 방지할 목적으로 여물을 첨가한다.
④ 바탕재료의 부식을 방지하며 아름다움을 증대시킨다.

34. 낙엽 침엽수에 해당하는 나무가 아닌 것은?

㉮ 낙우송　㉯ 낙엽송
㉰ 위성류　㉱ 은행나무

해설
① 위성류 : 활엽수(낙엽활엽 소교목)이다.
② 은행나무 : 침엽수이다.
③ 침엽수 : 은행나무, 주목, 비자나무, 전나무, 분비나무, 구상나무, 솔송나무, 가문비나무, 독일가문비, 잎갈나무, 잣나무, 스트로브잣나무, 테에다소나무, 리기다소나무, 방크스소나무, 소나무, 곰솔, 메타쉐쿼이아, 삼나무, 측백, 편백, 향나무
④ 활엽수 : 태산목, 사철나무, 동백나무, 회양목, 호두나무, 해당화, 수수꽃다리, 은수원사시나무, 은백양, 물황철나무, 당버들, 양버들, 수양버들, 버드나무, 능수버들, 용버들, 가래나무, 굴피나무, 자작나무, 박달나무, 오리나무, 물오리나무, 물갬나무, 까치박달, 서어나무, 밤나무, 상수리나무, 굴참나무, 떡갈나무, 튤립나무, 목련, 백목련

35. 조경공사에 사용되는 섬유재에 관한 설명으로 틀린 것은?

㉮ 볏짚은 줄기를 감싸 해충의 잠복소를 만드는 데 쓰인다.
㉯ 새끼줄은 이식할 때 뿌리분이 깨지지 않도록 감는데 사용한다.
㉰ 밧줄은 마섬유로 만든 섬유로프가 많이 쓰인다.
㉱ 새끼줄은 5타래를 1속이라 한다.

해설 새끼줄은 10타래를 1속이라 한다.

36. 다음 중 측량 목적에 따른 분류와 거리가 먼 것은?

㉮ GPS 측량　㉯ 지형 측량
㉰ 노선 측량　㉱ 항만 측량

해설 GPS 측량
① GPS(Global Positioning System) 위치 정보 시스템이다.
② 국가 기간 시설 자료의 데이터베이스화
③ 각종시설 현장사진의 데이터베이스 구축
④ GIS용 도로망도 제작
⑤ 교량 위치 및 정보
⑥ 항공사진의 지상기준점 좌표에 의한 보정

37. 크롬산 아연을 안료로 하고, 알키드 수지를 전색료로 한 것으로서 알루미늄 녹막이 초벌칠에 적당한 도료는?

해답　33. ㉮　34. ㉰　35. ㉱　36. ㉮　37. ㉱

㉮ 광명단 ㉯ 파커라이징
㉰ 그라파이트 ㉱ 징크로메이트

해설 징크로메이트 : 알루미늄의 녹막이 초벌 칠에 적당한 도료이다.

38. 다음 중 굵은 가지를 잘라도 새로운 가지가 잘 발생하는 수종들로만 짝지어진 것은?

㉮ 소나무, 향나무
㉯ 벚나무, 백합나무
㉰ 느티나무, 플라타너스
㉱ 해송, 단풍나무

해설 ① 맹아력이 강한 수종을 선택하여야 한다.
② 맹아력이 강한 수종 : 주목, 모과나무, 무궁화, 개나리, 가시나무, 느티나무, 플라타너스

39. 아래 그림은 지하배수를 위한 유공관 설치에 관한 그림이다. 각 부분에 들어가는 재료로 틀린 것은?

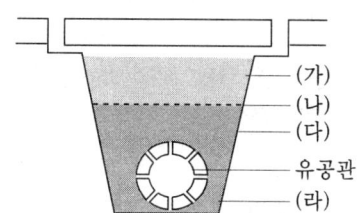

㉮ (가) → 흙 ㉯ (나) → 필터
㉰ (다) → 잔자갈 ㉱ (라) → 호박돌

해설 유공관의 하층에는 굵은 자갈을 놓는다.

40. 콘크리트 소재의 미끄럼대를 시공할 경우 일반적으로 지표면과 미끄럼판의 활강 부분이 이루는 각도로 가장 적합한 것은?

㉮ 70° ㉯ 55° ㉰ 45° ㉱ 35°

해설 미끄럼판의 활강 부분과 지표면의 각도 : 35°가 가장 적합하다.

41. 다음 중 보통 흙의 안식각은 얼마 정도인가?

㉮ 20～25° ㉯ 25～30°
㉰ 30～35° ㉱ 35～40°

해설 보통 흙의 안시각(휴지각) : 30～35°이다.

42. 돌쌓기의 종류 가운데 돌만을 맞대어 쌓고 뒷채움은 잡석, 자갈 등으로 하는 방식은?

㉮ 찰쌓기 ㉯ 메쌓기
㉰ 골쌓기 ㉱ 켜쌓기

해설 ① 메쌓기 : 모르타르, 콘크리트를 사용하지 않고 돌만을 맞대어 쌓고 뒷채움은 잡석, 자갈 등으로 채우고 배수구가 필요하지 않으며 견고성이 없다.
② 찰쌓기 : 뒷채움에 모르타르, 콘크리트를 사용하여 쌓는 방식이다.

43. 아래〈보기〉는 수목 외과수술 방법의 순서이다. 작업순서를 바르게 나열한 것은?

〈보기〉
㉠ 동공충전 ㉡ 부패부 제거 ㉢ 살균·살충처리 ㉣ 매트처리 ㉤ 방부·방수처리 ㉥ 인공나무 껍질 처리 ㉦ 수지처리

㉮ ㉠→㉡→㉢→㉣→㉤→㉦→㉥
㉯ ㉢→㉥→㉦→㉣→㉠→㉤→㉡
㉰ ㉡→㉢→㉤→㉠→㉣→㉥→㉦
㉱ ㉥→㉡→㉣→㉢→㉤→㉦→㉠

해설 수목의 외과수술
① 수목의 외과수술은 4~9월 중에 실시하며 콘크리트 충전은 낙엽이 진 후 가을철에 행한다.
② 부패부 제거→살균·살충처리→방부·방수처리→동공충전→매트처리→인공나무 껍질 처리→수지처리

해답 38. ㉰ 39. ㉱ 40. ㉱ 41. ㉰ 42. ㉯ 43. ㉰

44. 좁고 얄팍한 목재를 엮어 1.5m 정도의 높이가 되도록 만들어 놓은 격자형의 시설물로서 덩굴식물을 지탱하기 위한 것은?
㉮ 퍼걸러   ㉯ 아치
㉰ 트렐리스   ㉱ 정자

해설 트렐리스는 얇은 목재를 엮은 아치형, 격자형 등 다양한 형태의 시설물로 덩굴식물을 잘 생장하고 올려주어 아름다움을 나타내는 시설물이다.

45. 소나무류의 순지르기는 어떤 목적을 위한 가지다듬기인가?
㉮ 생장 조장을 돕는 가지다듬기
㉯ 생장을 억제하는 가지다듬기
㉰ 세력을 갱신하는 가지다듬기
㉱ 생리 조정을 위한 가지다듬기

해설 생장을 억제하는 가지다듬기
① 소나무의 생장을 억제하고 수형을 바로잡고 곁가지인 윤생지 가지다듬기를 행한다.
② 손으로 순을 따주는 것이 좋다.
③ 5~6월경에 새순이 5~10cm 길이로 자랐을 때 실시한다.
④ 자라는 힘이 지나치다고 생각될 때에는 1/3~1/2 정도 남겨두고 끝부분을 따버린다.

46. 느티나무의 수고가 4m, 흉고 지름이 6m, 근원 지름이 10cm인 뿌리분의 지름 크기(cm)는?
㉮ 29   ㉯ 39   ㉰ 59   ㉱ 99

해설 ① 뿌리분의 지름 $= 24 + (N-3) \times D$
N : 줄기의 근원지름
D : 상수(상록수 : 4, 낙엽수 : 5)
② 지름 $= 24 + (N-3) \times D$
$= 24 + (10-3) \times 5$
$= 59 cm$

47. 비탈면에 교목을 식재할 때 비탈면의 기울기는 얼마 이상이어야 하는가?
㉮ 1:1   ㉯ 1:2
㉰ 1:3   ㉱ 1:0.5

해설 ① 초화 및 잔디 경사도 : 1:1
② 관목 경사도 : 1:2
③ 교목 경사도 : 1:3

48. 큰 나무이거나 장거리로 운반할 나무를 수송시 고려할 사항으로 가장 거리가 먼 것은?
㉮ 운반할 나무는 줄기에 새끼줄이나 거적으로 감싸주어 운반 도중 물리적인 상처로부터 보호한다.
㉯ 밖으로 넓게 퍼진 가지는 가지런히 여미어 새끼줄로 묶어 줌으로써 운반 도중의 손상을 막는다.
㉰ 장거리 운반이나 큰 나무인 경우에는 뿌리분을 거적으로 감싸주고 새끼줄 또는 고무줄로 묶어준다.
㉱ 나무를 싣는 방향은 반드시 뿌리분이 트럭의 뒤쪽으로 오게 하여 실어야 내릴 때 편리하다.

해설 나무를 싣는 방향은 뿌리분이 트럭의 앞쪽에 오게 반드시 실어야 한다.

49. 다음 중 일반적인 잔디 깎기의 요령으로 틀린 것은?
㉮ 깎는 빈도와 높이는 규칙적이어야 한다.
㉯ 깎는 기계의 방향은 계획적이고 규칙적이어야 미관상 좋다.
㉰ 깎아낸 잔디는 잔디밭에 그대로 두면 비료가 되므로 그대로 두는 것이 좋다.
㉱ 키가 큰 잔디는 한번에 깎지 말고 처음에는 높게 깎아주고 상태를 보아가면서 서서히 낮게 깎아 준다.

해설 깎아낸 잔디는 병해에 원인이 될 수 있으며 래이크로 제거한다.

해답 44. ㉰   45. ㉯   46. ㉰   47. ㉰   48. ㉱   49. ㉰

50. 다음 중 정원관리를 하는데 시간적, 계절적 제약을 가장 적게 받고 관리할 수 있는 것은?
㉮ 정원석 관리 ㉯ 잔디 관리
㉰ 정원수 관리 ㉱ 초화 관리

해설 정원석은 석재의 재료로 가공하여 만들었으며 시간적, 계절적 제약을 가장 적게 받고 관리할 수 있는 장점이 있다.

51. 다음 중 원로를 계단으로 공사하여야 하는 지형상의 기울기는?
㉮ 2% ㉯ 5%
㉰ 10% ㉱ 15%

해설 계단
① 경사가 15°가 넘는 경우 설치한다.
② 계단 경사도 : 30~35° 정도가 알맞다.

52. 흙 쌓기 시에는 일정 높이마다 다짐을 실시하며 성토해 나가야 하는데, 그렇지 않을 경우에는 나중에 압축과 침하에 의해 계획 높이보다 줄어들게 된다. 그러한 것을 방지하고자 하는 행위를 무엇이라 하는가?
㉮ 정지 ㉯ 취토
㉰ 흙쌓기 ㉱ 더돋기

해설 더돋기 : 절토한 흙을 일정한 장소에 쌓는 성토 시 외부의 압력, 침하에 의해 높이가 줄어드는 것을 방지하고 예측하여 흙을 계획보다 10~15% 정도 더 쌓는 것을 말한다.

53. 파이토플라즈마에 의한 주요 수목병에 해당되지 않는 것은?
㉮ 오동나무빗자루병
㉯ 뽕나무오갈병
㉰ 대추나무빗자루병
㉱ 소나무시들음병

해설 파이토플라즈마 : 빗자루병과 오갈병을 발생시킨다.

54. 데발 시험기(Deval abrasion tester)란?
㉮ 석재의 휨강도 시험기
㉯ 석재의 인장강도 시험기
㉰ 석재의 압축강도 시험기
㉱ 석재의 마모에 대한 저항성 측정시험기

해설 데발 시험기 : 골재의 마모시험을 하는 기기로서 자동 비상 정지 스위치가 있다.

55. 대형 수목을 굴취 또는 운반할 때 사용되는 장비가 아닌 것은?
㉮ 체인블록 ㉯ 크레인
㉰ 백 호우 ㉱ 드래그라인

해설 드래그라인 : 긁어 파기를 할 때 사용한다.

56. 다음 중 상렬의 피해가 가장 적게 나타나는 수종은?
㉮ 소나무 ㉯ 단풍나무
㉰ 일본목련 ㉱ 배롱나무

해설 ① 동해 방지 수종 : 단풍나무, 배롱나무, 목백일홍, 모과나무, 감나무, 벽오동, 장미
② 소나무는 추위에 의한 피해가 적다.
③ 상렬 : 추위로 인해 나무의 껍질이 얼어서 갈라지는 현상을 말한다.

57. 거름을 주는 목적이 아닌 것은?
㉮ 조경 수목을 아름답게 유지하도록 한다.
㉯ 병·해충에 대한 저항력을 증진시킨다.
㉰ 토양의 미생물 번식을 억제한다.
㉱ 열매 성숙을 돕고, 꽃을 아름답게 한다.

해설 거름을 주는 목적 : 토양의 미생물의 번식을 촉진시켜 통양의 지내력을 증진시키며 토양을 좋게 하기 위함이다.

해답 50. ㉮ 51. ㉱ 52. ㉱ 53. ㉱ 54. ㉱ 55. ㉱ 56. ㉮ 57. ㉰

58. 콘크리트 거푸집공사에서 격리재를 사용하는 목적으로 적합한 것은?

㉮ 거푸집이 벌어지지 않게 하기 위하여
㉯ 거푸집 상호간의 간격을 정확히 유지하기 위하여
㉰ 철근의 간격을 정확하게 유지하기 위하여
㉱ 거푸집 조립을 쉽게 하기 위하여

[해설] 격리재(separator) : 긴결재로 긴결할 때 거푸집널 상호간의 간격을 정확히 유지하기 위해 거푸집널 사이에 격리재를 고정시킨다.

59. 횡선식 공정표와 비교한 네트워크 공정표의 설명으로 가장 거리가 먼 것은?

㉮ 일정의 변화를 탄력적으로 대처할 수 있다.
㉯ 문제점의 사전 예측이 용이하다.
㉰ 공사 통제 기능이 좋다.
㉱ 간단한 공사 및 시급한 공사, 개략적인 공정에 사용된다.

[해설] 네트워크 공정표 : 복잡한 공사 및 중요한 공사, 대형공사 공정에 사용된다.

60. 옮겨 심은 후 줄기에 새끼줄을 감고 진흙을 반드시 이겨 발라야 되는 수종은?

㉮ 배롱나무　　㉯ 은행나무
㉰ 향나무　　　㉱ 소나무

[해설] 소나무는 이식 후 수피를 새끼줄로 감고 진흙으로 감싸주어서 소나무좀의 병해로부터 방어한다.

해답 58. ㉯　59. ㉱　60. ㉱

2009년도 시행 문제

▶ 2009년 1월 18일 시행

자격종목	코 드	시험시간	형 별	수험번호	성 명
조경기능사	7900	1시간	B		

1. 주택정원의 대문에서 현관에 이르는 공간으로 명쾌하고 가장 밝은 공간이 되도록 조성해야 하는 곳은?
㉮ 앞뜰   ㉯ 안뜰
㉰ 뒷뜰   ㉱ 가운데 뜰

  해설 ① 앞뜰: 대문에서 시작하여 현관문에 이르는 밝은 공간, 전이공간이다.
  ② 안뜰: 가정정원의 중심적인 역할을 하며 휴식공간, 단란공간이다.
  ③ 작업뜰: 차폐식재, 벽돌, 타일로 포장한다.

2. 동선설계 시 고려해야 할 사항으로 틀린 것은?
㉮ 가급적 단순하고 명쾌해야 한다.
㉯ 성격이 다른 동선을 반드시 분리해야 한다.
㉰ 가급적 동선의 교차를 피하도록 한다.
㉱ 이용도가 높은 동선을 길게 해야 한다.

  해설 이용도가 높은 동선은 짧게 해야 한다.

3. 다른 원리에 비해 생명감이 강하며 활기 있는 표정과 경쾌한 느낌을 주는 것은?
㉮ 율동   ㉯ 통일
㉰ 대칭   ㉱ 균형

  해설 율동(rhythm)
  ① 선, 면, 형태, 색채, 질감이 규칙적이며 주기적이고 연속적인 것을 말한다.
  ② 피아노의 리듬과 분수는 주기적이고 연속적인 율동으로 생명감이 강하며 경쾌한 느낌을 준다.

4. 조경 실시설계 기술자의 주요 직무내용으로 가장 적합한 것은?
㉮ 물량 산출 및 시방서 작성
㉯ 조경 시설물 및 자재의 생산
㉰ 식재 공사 시공
㉱ 전정 및 시비

  해설 조경설계 기술자
  ① 도면제도, 기본계획수립, 물량산출 및 시방서 작성 등 이용자의 문화와 생활양식을 받아들여 표현하고 설계한다.
  ② 우주와 자연의 아름다움을 인간에게 사용할 수 있도록 하는 것이다.
  ③ 조경시공 기술자: 시설물 공사시공 직무를 수행한다.
  ④ 조경전문가: 조경설계, 시공기술자를 말하며 우주와 자연의 아름다움을 인간에게 사용할 수 있도록 하는 것이다.

5. 구조물의 외적 형태를 보여 주기 위한 다음 그림은 어떤 설계도인가? 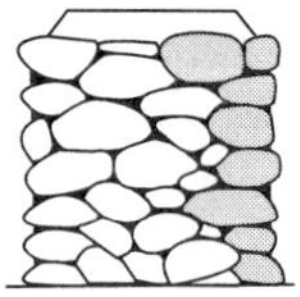
㉮ 평면도
㉯ 투시도
㉰ 입면도
㉱ 조감도

  해설 ① 입면도: 물체를 정면에서 바라본 대로 그린 도면이다.
  ② 조감도: 높은 곳에서 구조물을 새가 내려다본 것을 표현한 도면이다.
  ③ 상세도: 설비도라 말하며 평면도, 단면도에 잘 나타나지 않은 부분을 상세히 표현한다.

해답 1. ㉮ 2. ㉱ 3. ㉮ 4. ㉮ 5. ㉰

6. 먼셀의 색상환에서 BG는 무슨 색인가?
㉮ 연두 ㉯ 남색
㉰ 청록 ㉱ 노랑

해설
① BG : 청록색(blue(파랑)+green(초록))
② PB : 남색(남보라)
③ GR : 연두색
④ Y : 노랑색

7. 색채나 형태 질감면에서 서로 달리하는 요소가 배열된 때의 아름다움은?
㉮ 반복 ㉯ 조화
㉰ 균형 ㉱ 대비

해설 대비 : 색채나 형태 질감면에서 서로 달리하는 요소가 배열되어 대조시키면 변화의 아름다움이 보여준다.

8. "자연은 직선을 싫어한다."라고 주장한 영국의 낭만주의 조경가는?
㉮ 브리지맨 ㉯ 켄트
㉰ 챔버 ㉱ 렙턴

해설 윌리암 켄트 : 영국의 낭만주의 조경가로, 직선을 배척하고, 부드럽고 불규칙적인 생김새의 정원 구성 양식을 추구하였다.

9. 일본의 정원양식이 아닌 것은?
㉮ 다정식 정원 ㉯ 회화풍경식 정원
㉰ 고산수식 정원 ㉱ 침전식 정원

해설 일본정원 양식
① 모모야마시대(1580년) : 다정 정원 양식이 발달하였다.
② 일본정원 양식의 시대적 순서 : 임천식 → 회유임천식 → 축산고산수식(무로마치 시대) → 평정고산수식 → 다정식 → 회유식
③ 정신세계의 상징화, 인공적인 기교, 관상적인 가치를 중심에 두었다.
④ 조화에 강조한 자연식 정원, 정원을 축소한 축경식 정원 양식을 사용하였다.

10. 조선시대 정원과 관계가 없는 것은?
㉮ 자연을 존중
㉯ 자연을 인공적으로 처리
㉰ 신성사상
㉱ 계단식으로 처리한 후원 양식

해설 조선시대의 정원
① 주정원은 건물 뒤뜰에 후원에 있으며 자연지형에 따른 계단식 후원양식이 발달하였다.
② 풍수지리설에 의한 지형이었으며 연못의 형태와 구성은 단조롭고 직사각형 형태의 연못으로 직선적인 윤곽의 방지(모서리)를 기본으로 하였다.
③ 방지(方池) : 가장자리에 모서리가 있는 직사각형태의 연못을 말한다.
④ 낙엽활엽수를 많이 식재하여 4계절의 변화를 뚜렷이 즐겼다.
⑤ 신선사상을 원리로 하여 음양오행설을 가미하였다.
⑥ 유교사상에 의한 자연과 안빈낙도, 마음의 수련, 수순한 민족성을 표현했다.
⑦ 십장생을 표현 : 해, 산, 물, 돌, 소나무, 달 또는 구름, 불로초, 거북, 학, 사슴

11. 도시기본구상도의 표시기준 중 공업용지는 무슨 색으로 표현되는가?
㉮ 노란색 ㉯ 파란색
㉰ 빨간색 ㉱ 보라색

해설 토지 이용 계획도 표시
① 공업지역 : 보라색으로 표시한다.
② 주거지역 : 노란색으로 표시한다.
③ 학교, 업무 : 파란색으로 표시한다.
④ 상업지역 : 빨간색으로 표시한다.
⑤ 공원 : 녹색으로 표시한다.
⑥ 농경지 : 갈색으로 표시한다.
⑦ 녹지지역 : 녹색으로 표시한다.
⑧ 개발제한지역 : 연녹색으로 표시한다.

12. 도면과 시방서에 의하여 공사에 소요되는 자재의 수량, 시공면적, 체적 등의 공사량을 산출하는 과정을 무엇이라 하는가?

해답 6. ㉰ 7. ㉱ 8. ㉯ 9. ㉯ 10. ㉯ 11. ㉱ 12. ㉰

㉮ 품셈 ㉯ 적산
㉰ 견적 ㉱ 산정

해설 ① 품셈 : 어느 공정에 대하여 인건비, 자재비, 경비, 기타 모든 품이 어떻게 들어가는지를 수효와 그 값을 계산하는 작업이다.
② 적산 : 도면과 시방서에 의하여 공사에 소요되는 자재의 수량, 시공면적, 체적 등의 공사량을 산출하는 과정이다.
③ 견적 : 어느 공정에 할 때 들어가는 비용을 종합한 금액을 미리 산정한 것이다.

13. 중국 정원 중 가장 오래된 수렵원은?
㉮ 상림원(上林苑) ㉯ 북해공원(北海公園)
㉰ 원유(苑有) ㉱ 승덕이궁(承德離宮)

해설 상림원 : 중국 진한시대 임금의 동산이 있으며 중국의 정원의 효시이며 동양정원에서 가장 오래된 정원이며 황제가 사냥하는 수렵터이기도 하였다.

14. 오픈 스페이스에 해당되지 않는 것은?
㉮ 건폐지 ㉯ 공원묘지
㉰ 광장 ㉱ 학교운동장

해설 오픈스페이스
① 지붕이 없는 하늘을 향해 열려 있는 땅으로 일상의 생활에서 벗어나 스스로를 재창조할 수 있는 장소로서 공터나 녹지공간을 말한다.
② 도시공원 : 소공원, 어린이공원, 그린공원, 묘지공원, 체육공원
③ 도시계획시설 : 운동장, 공원묘지, 유원지, 광장
④ 지역 : 녹지지역, 도시자원공원구역, 개발제한지역

15. 스페인에 현존하는 이슬람정원 형태로 유명한 곳은?
㉮ 베르사유 궁전 ㉯ 보르 비 콩트
㉰ 알함브라성 ㉱ 에스테장

해설 알함브라성 : 스페인의 궁전정원이며 이슬람교의 영향으로 물을 중요시했다.

16. 다음 [보기]가 설명하는 합성수지의 종류는?

[보기]
- 특히 내수성, 내열성이 우수하다
- 내연성, 전기적 절연성이 있고 유리섬유판, 텍스, 피혁류 등 모든 접착이 가능하다.
- 방수제로도 사용한다.
- 500℃ 이상 견디는 수지이다.
- 용도는 방수제, 도료, 집착제로 사용된다.

㉮ 실리콘 수지 ㉯ 멜라민 수지
㉰ 푸란 수지 ㉱ 에폭시 수지

해설 실리콘 수지의 특성
① 내알칼리성, 전기절연성, 내후성, 특히 내열, 내한성이 극히 우수하며 발수성이 있어 방수재로도 쓰인다.
② 액체인 실리콘 오일은 펌프유, 절연유, 방수제 등으로 쓰인다.

17. 일반적으로 홍색 계통의 단풍을 감상하기 위한 수종으로 가장 적당한 것은?
㉮ 붉나무 ㉯ 벽오동
㉰ 미루나무 ㉱ 은행나무

해설 ① 붉은색(홍색) 단풍나무 : 단풍나무, 감나무, 화살나무, 붉나무, 담쟁이덩굴, 산딸나무, 옻나무
② 노란색(황색) 단풍나무 : 고로쇠나무, 은행나무, 계수나무, 느티나무, 벽오동, 배롱나무, 자작나무, 메타세쿼이아

18. 다음 중 자연석에 해당되는 것은?
㉮ 태호석 ㉯ 장대석
㉰ 견치돌 ㉱ 마름돌

해설 태호석 : 석회암 덩어리로서 자연석이다.

해답 13. ㉮ 14. ㉮ 15. ㉰ 16. ㉮ 17. ㉮ 18. ㉮

19. 원광석인 보크사이트에서 추출한 물질을 전기 분해해서 만드는 금속은?
㉮ 니켈   ㉯ 비소
㉰ 구리   ㉱ 알루미늄

해설 알루미늄 : 원광석인 보크사이트로 순수한 알루미나를 만들고 이것을 전기분해하여 만든 은백색의 금속이다.

20. 다음 [보기]의 설명으로 가정 적합한 잔디는?

[보기]
- 한지형 잔디로 잎 표면에 도드라진 줄이 있다.
- 질감이 거칠기는 하나 고온과 건조에 가장 강하다.
- 척박한 토양에서도 잘 견디기 때문에 비탈면의 녹화에 적합하다.
- 주형(株型)으로 분얼로만 퍼져 자주 깎아 주지 않으면 잔디밭으로의 기능을 상실한다.

㉮ 톨 페스큐   ㉯ 켄터키 블루그래스
㉰ 버뮤다그래스   ㉱ 들잔디

해설 톨 페스큐
① 질감이 거칠고 고온 건조에 강한 한지형 잔디이다.
② 원산지 : 서유럽
③ 사방용 및 목초용으로 들어온 귀화식물이다.

21. 플라스틱 제품의 일반적 특성으로 틀린 것은?
㉮ 내산성이 크다.
㉯ 접착력이 작고 내열성이 크다.
㉰ 가벼우며 경도와 탄력성이 크다.
㉱ 내알칼리성이 크다.

해설 플라스틱 제품의 특성 : 내화, 내열에 약하다.

22. 목재의 구조에 대한 설명으로 틀린 것은?
㉮ 춘재는 빛깔이 엷고 재질이 연하다.
㉯ 춘재와 추재의 두 부분을 합친 것을 나이테라 한다.
㉰ 목재의 수심 가까이에 위치하고 있는 진한 색 부분을 변재라 한다.
㉱ 생장이 느린 수목이나 추운 지방에서 자란 수목은 나이테가 좁고 치밀하다.

해설 ① 심재 : 목재의 수심에 가까이 위치하고 있는 암색 부분으로서 심재부분의 세포는 견고성을 높여 준다.
② 변재 : 목재의 겉껍질에 가까이 위치하며 담색 부분이다.
③ 변재부분은 세포는 수액의 유통과 저장 역할을 한다.

23. 음지에서 견디는 힘이 강한 수목으로만 짝지어진 것은?
㉮ 소나무, 향나무
㉯ 회양목, 눈주목
㉰ 태산목, 가중나무
㉱ 자작나무, 느티나무

해설 ① 음수 : 주목, 전나무, 독일가문비, 팔손이나무, 녹나무, 동백나무, 회양목, 눈주목
② 양수 : 석류나무, 소나무, 모과나무, 산수유, 은행나무, 백목련, 무궁화

24. 수분요구도가 낮아 건조지에 가장 잘 견디는 수목은?
㉮ 낙우송   ㉯ 물푸레나무
㉰ 대추나무   ㉱ 가중나무

해설 건조한 지역에 잘 견디는 수종 : 소나무, 노간주나무, 가중나무, 자작나무, 가죽나무, 향나무, 산오리나무

25. 목재의 특징 중 단점에 해당하는 것은?

해답 19. ㉱   20. ㉮   21. ㉯   22. ㉰   23. ㉯   24. ㉱   25. ㉱

㉮ 가볍고 운반이 용이하다.
㉯ 무게에 비해 강도가 높다.
㉰ 가공성과 시공성이 용이하다.
㉱ 가연성이므로 불에 타기 쉽다.

해설 목재의 단점
① 착화점이 낮아 내화성이 작다.
② 흡수성이 크며 변형가기 쉽다.
③ 습기가 많은 곳에서는 부식하기 쉽다.
④ 충해나 풍화로 내구성이 저하된다.

26. 염분의 해에 가장 강한 수종은?
㉮ 곰솔   ㉯ 소나무
㉰ 목련   ㉱ 단풍나무

해설 ① 내염성이 강한 수종 : 비자나무, 주목, 동백나무, 곰솔, 후박나무, 감탕나무, 측백나무, 굴거리나무, 녹나무, 태산목, 아왜나무, 위성류
② 내염성이 약한 수종 : 독일가문비, 소나무, 목련, 단풍나무, 개나리, 삼나무, 양버들, 오리나무

27. 방부제의 종류와 방부력이 우수한 흑갈색 용액으로 외부의 기둥, 토대 등에 사용되지만 가격이 비싼 것이 단점인 방부제는?
㉮ 크레오소트유
㉯ 카세인
㉰ 콜타르
㉱ PCP(Penta Chloro Phenol)

해설 ① 크레오소트유는 유성 방부제로서 우수하나 냄새가 나는 단점이 있다.
② 방부제의 종류

구 분	방부제의 종류
유성	콜타르, 아스팔트, 크레오소트 오일, 페인트
수용성	황산동, 염화아연, 염화 제2수은, 불화소다

28. 가을에 그윽한 향기를 가진 등황색 꽃이 피는 나무는?
㉮ 수수꽃다리   ㉯ 금목서
㉰ 배롱나무   ㉱ 매화나무

해설 금목서
① 상록활엽관목
② 꽃은 9월에 개화되며 등황색이다.

29. 봄(5월경)에 꽃이 백색으로 피는 수종은?
㉮ 산수유   ㉯ 산사나무
㉰ 팔손이나무   ㉱ 능소화

해설 산사나무
① 낙엽활엽소교목이다.
② 4월에 흰색 또는 분홍색의 꽃이 핀다.
③ 산수유 : 3월 노란색 꽃이 핀다.
④ 팔손이나무 : 10월 흰색 꽃이 핀다.
⑤ 능소화 : 7월 황홍색 또는 적황색 꽃이 핀다.

참고 산사나무는 흰색 꽃과 분홍색 꽃이 같이 개화된다.

30. 가설공사 중 시멘트 창고 필요면적 산출 시에 최대로 쌓을 수 있는 시멘트 포대 기준은?
㉮ 9포대   ㉯ 11포대
㉰ 13포대   ㉱ 15포대

해설 시멘트 저장법
① 시멘트는 저장 시 13포 이상 쌓지 않는다.
② 시멘트는 통풍이 잘 되지 않는 곳에 저장한다.
③ 창고의 바닥높이는 지면에서 30cm 이상 떨어진 위치에 쌓는다.

31. 암석을 구성하고 있는 조암광물의 집합상태에 따라 생기는 눈 모양을 무엇이라고 하는가?
㉮ 절리   ㉯ 층리
㉰ 석목   ㉱ 석리

해답 26. ㉮ 27. ㉮ 28. ㉯ 29. ㉯ 30. ㉰ 31. ㉱

해설 석리: 화성암을 고찰할 때 광물 입자들의 모여서 이루는 배열상태에 따라 나타나는 눈의 모양을 석리한다.

32. 일반 벽돌쌓기 시 사용되는 우리나라의 표준형 벽돌의 규격은?(단, 단위는 mm이다.)

㉮ 190×90×57
㉯ 200×90×57
㉰ 200×90×60
㉱ 210×100×60

해설 표준형 벽돌
① 벽돌 한 장의 규격: 190mm(길이)× 90mm(폭)×57mm(높이)
② 0.5B 벽체 두께: 벽돌 한 장의 폭 90mm
③ 1.0B 벽체 두께: 벽돌 한 장의 길이 190mm

33. 침엽수로만 짝지어진 것이 아닌 것은?

㉮ 향나무, 주목
㉯ 낙우송, 잣나무
㉰ 가시나무, 구실잣밤나무
㉱ 편백, 낙엽송

해설 ① 가시나무, 구실잣밤나무: 상록활엽 교목이다.
② 침엽수: 은행나무, 주목, 비자나무, 전나무, 분비나무, 구상나무, 솔송나무, 가문비나무, 독일가문비, 잎갈나무, 잣나무, 스트로브잣나무, 테에다소나무, 리기다소나무, 낙우송, 낙엽송, 방크스소나무, 소나무, 곰솔, 메타세쿼이아, 삼나무, 측백, 편백, 향나무
③ 활엽수: 태산목, 사철나무, 동백나무, 회양목, 호두나무, 해당화, 수수꽃다리, 가시나무, 은수원사시나무, 은백양, 물황철나무, 당버들, 양버들, 수양버들, 버드나무, 능수버들, 용버들, 가래나무, 굴피나무, 자작나무, 박달나무, 오리나무, 물오리나무, 물갬나무, 까치박달, 서어나무, 밤나무, 상수리나무, 굴참나무, 떡갈나무, 튤립나무, 목련, 백목련, 구실잣밤나무

34. 다음 [보기]의 설명에 적합한 시멘트는?

[보기]
- 장기강도는 보통시멘트를 능가한다.
- 건조숙축도 보통 포틀랜드 시멘트에 비해 적다.
- 수화열이 보통 포틀랜드보다 적어 매스 콘크리트용에 적합하다.
- 모르타르 및 콘크리트 등의 화학 저항성이 강하고 수밀성이 우수하다.

㉮ 플라이애시 시멘트
㉯ 조강 포틀랜드 시멘트
㉰ 내황산염 포틀랜드 시멘트
㉱ 알루미나 시멘트

해설 플라이애시 시멘트의 특징
① 수화열이 적고 조기강도는 낮으나 장기강도는 커진다.
② 워커빌리티가 좋고 수밀성이 크며 해안, 하수공사에 사용한다.

35. 자연석은 돌 모양에 따라 8가지의 형태로 분류하는데 그 중 '입석'을 나타낸 것은?

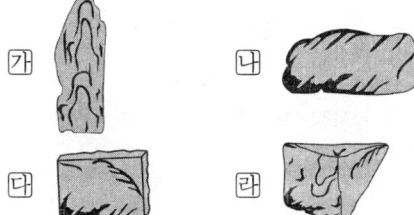

해설 ㉮ 입석: 수석이라고도 하며 입체적으로 관상할 수 있으며 돌의 높이가 좋을수록 좋다.
㉯ 환석: 돌담을 쌓는 축석에 사용하기에는 곤란하지만 간혹 사용한다.
㉰ 각석: 네모형태의 각이 진 모습의 돌을 말한다.
㉱ 사석: 돌 모양의 형태와 해안가 절벽의 형태를 나타낸 것으로 해안가 배경을 나타낼 때 사용되어진다.

해답 32. ㉮ 33. ㉰ 34. ㉮ 35. ㉮

36. 잔디밭 1평(3.3m²)에 규격 30cm×30cm의 잔디를 전면 붙이기로 심고자 한다. 약 몇 장의 잔디가 필요한가?
㉮ 약 11장 ㉯ 약 24장
㉰ 약 30장 ㉱ 약 37장

해설 ① $1m^2 = 11.11$매
규격 : $0.3m \times 0.3m = 0.09m^2$
$\dfrac{1m^2}{0.09m^2} = 11.11$매
② $3.3m^2 = 1m^2 \times 3.3 = 11.11$매 $\times 3.3$
$= 36.663 = 37$매

37. 도시공원 및 녹지 등에 관한 법규에 의한 어린이공원의 설계기준으로 부적합한 것은?
㉮ 유치거리는 250m 이하
㉯ 규모는 1500m² 이상
㉰ 공원시설 부지면적은 60% 이하
㉱ 건물면적은 10% 이하

해설 어린이 공원 건물 면적 : 60%(100분의 60 이하)이다.

38. 골프 코스 설계 시 골프장의 표준 코스는 몇 개의 홀로 구성하는가?
㉮ 9 ㉯ 18 ㉰ 32 ㉱ 36

해설 골프장 표준코스 : 18홀(아웃(out)9홀, 인(in)9홀)

39. 다음 잔디의 종류 중 잔디 깎기에 가장 약한 것은?
㉮ 버뮤다 그래스 ㉯ 벤트 그래스
㉰ 금잔디 ㉱ 켄터키블루 그래스

해설 켄터키블루 그래스 잔디는 한지형 잔디로서 병충해에 강하지만 잔디깎기에 약하다.

40. 소나무의 순따기에 관한 설명 중 틀린 것은?

㉮ 해마다 4~6월경 새순이 6~9cm 자라난 무렵에 실시한다.
㉯ 손 끝으로 따주어야 하고, 가을까지 끝내면 된다.
㉰ 노목이나 약해 보이는 나무는 다소 빨리 실시한다.
㉱ 상장생장(上長生長)을 정지시키고, 곁눈의 발육을 촉진시킴으로써 새로 자라나는 가지의 배치를 고르게 한다.

해설 소나무 순따기 : 순자르기는 원하는 수형을 얻기 위해 실시하는 것으로 생장점을 찾아 조절하는 전정으로 5~6월에 2~3개 정도 남기고 모두 손으로 제거한다.
참고 소나무 순자르기는 6월경에도 가능하나 새순이 잘 전정되지 않으며 송진이 발생하여 좋지 않으므로 5월경이 가장 적당하다.

41. 외부공간 중 통행자가 많은 원로나 광장의 경우 몇 이상의 최저 조도(Lux)를 유지해야 하는가?
㉮ 0.5 ㉯ 1.5 ㉰ 3.0 ㉱ 6.0

해설 조명시설물 관리 : 원로나 광장은 최저 0.5 lux 이상이다.
① 공원, 정원 : 최저 0.5 lux 이상
② 주요원로(길), 시설물 주변 지역 : 최저 2.0 lux 이상
③ 경기장 관람석 : 20~50 lux
④ 레크리에이션(recreation) 장소 : 100 lux
⑤ 수영장(일반) : 200 lux
⑥ 수영 경기장 : 500 lux
⑦ 야구장 내야 : 2000 lux
⑧ 야구장 외야 : 1000 lux

42. 농약 취급 시 주의할 사항으로 부적합한 것은?
㉮ 농약을 살포할 때는 방독면과 방호용 옷을 착용하여야 한다.
㉯ 쓰고 남은 농약은 변질될 수 있으므로

해답 36. ㉱ 37. ㉱ 38. ㉯ 39. ㉱ 40. ㉯ 41. ㉮ 42. ㉰

즉시 주변에 버리거나 다른 용기에 담아 둔다.
㉰ 피로하거나 건강이 나쁠 때는 작업하지 않는다.
㉱ 작업 중에 식사 또는 흡연을 금한다.

[해설] 농약은 별도의 농약 보관함에 보관하는 것이 원칙이다.

43. 일반적으로 계단을 설계할 때 계단의 축상(蹴上) 높이가 12cm일 때 답면(踏面)의 너비(cm)로 가장 적합한 것은?
㉮ 20~25   ㉯ 26~31
㉰ 31~36   ㉱ 36~41

[해설] 계단 구조물 설계 기준
① $2h+b=60~65cm$,
  발판높이: h, 너비: b
② $2h+b=60~65cm$, $h=12cm$
  $(2×12)+b=36~41cm$

44. 소나무 이식 후 줄기에 새끼를 감고 진흙을 바르는 가장 주된 목적은?
㉮ 건조로 말라 죽는 것을 막기 위하여
㉯ 줄기가 햇빛에 타는 것을 막기 위하여
㉰ 추위에 얼어 죽는 것을 막기 위하여
㉱ 소나무 좀의 피해를 예방하기 위하여

[해설] 옮겨 심은 후 줄기에 새끼줄을 감고 진흙을 반드시 이겨 진흙으로 감싸주어서 소나무좀의 병해로부터 방어한다.

45. 여름철 모래터 위에 강한 햇빛을 차단하여 그늘을 만들기 위해 식재하는 녹음용수로 가장 적합한 수종은?
㉮ 버즘나무   ㉯ 잣나무
㉰ 후피향나무 ㉱ 수양버들

[해설] 녹음용 수종
① 지하고가 높은 교목으로 가로수로 쓰이는 나무가 많다.

② 녹음용 수종: 백합나무, 은행나무, 느티나무, 층층나무, 플라타너스
③ 녹음용 수종이란 강한 햇빛을 차단 및 조절하기 위하여 식재하는 수목이다.

46. 일반적으로 관목성 수목의 규격표시 방법으로 가장 적합한 것은?
㉮ 수고×흉고 직경   ㉯ 수고×수관 폭
㉰ 간장×근원 직경   ㉱ 근장×근원 직경

[해설] 수목의 규격 표시
① 관목류 = 수고(H)×수관폭(W)
② 수고: H[m] - 나무의 높이
  수관폭: W[m] - 수관 너비

47. 조경수는 수관본위(本位)의 수형(樹形)에 따라 크게 정형과 부정형으로 구분하고, 거기서 정형은 직선형과 곡선형으로 구분된다. 다음 곡선형 중 타원형(楕圓形) 'G'의 형태를 갖는 수종은?

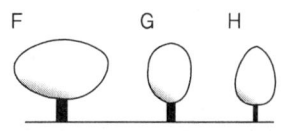

㉮ 미루나무   ㉯ 층층나무
㉰ 박태기나무 ㉱ 히말라야시다

[해설] 박태기나무
① 낙엽활엽관목
② 타원형의 수형을 갖는다.

48. 수목줄기의 썩은 부분을 도려내고 구멍에 충진수술을 하고자 할 때 가장 효과적인 시기는?
㉮ 1~3월   ㉯ 4~6월
㉰ 10~12월 ㉱ 시기에 상관없다.

[해설] 수목의 외과수술
① 수목의 외과수술은 4~9월 중에 실시하며 콘크리트 충전은 낙엽이 진 후 가을철

[해답] 43. ㉱ 44. ㉱ 45. ㉮ 46. ㉯ 47. ㉰ 48. ㉯

에 행한다.
② 부패부제거 → 살균·살충처리 → 방부·방수처리 → 동공충전 → 매트처리 → 인공나무 껍질 처리 → 수지처리

49. 축척 1/50 도면에서 도상(圖上)에 가로 6cm, 세로 8cm 길이로 표시된 연못의 실제 면적(m^2)은?
㉮ 12 ㉯ 24
㉰ 36 ㉱ 48

해설 ① 실제거리 = 도면에 표시된 거리(도상) × 축척
② 가로 : 6cm × 50 = 300cm = 3m
세로 : 8cm × 50 = 400cm = 4m
면적 : 3m × 4m = 12m^2

50. 관리업무의 수행 중 직영방식의 장점이 아닌 것은?
㉮ 관리책임이나 책임소재가 명확하다.
㉯ 긴급한 대응이 가능하다.
㉰ 이용자에게 양질의 서비스가 가능하다.
㉱ 전문가를 합리적으로 이용할 수 있다.

해설 도급방식의 특징
① 도급자에게는 경쟁 입찰을 시켜 비교적 경제적일 수 있다.
② 발주자의 업무가 간단하다.
③ 전문가를 합리적으로 이용할 수 있다.

51. 자연상태의 흙을 파내면 공극으로 인하여 그 피부가 늘어나게 되는데 가장 크게 부피가 늘어나는 것은?
㉮ 모래 ㉯ 진흙
㉰ 보통흙 ㉱ 암석

해설 공극으로 암석의 부피가 가장 많이 늘어난다.

52. 계약된 기간내에 모든 공사를 가장 합리적이고 경제적으로 마칠 수 있도록 공사의 순서를 정하고 단위 공사에 대한 일정을 계획하는 것은?
㉮ 현장인원 편성
㉯ 공정계획
㉰ 자재계획
㉱ 노무계획

해설 공정계획 : 공사의 구체적 과정을 순서, 작업경로, 공사방법 등을 결정하는 공정관리 기능이다.

53. 목재의 일반적인 성질에 대한 설명으로 틀린 것은?
㉮ 섬유포화점 이하에서는 함수율이 낮을수록 강도가 크다.
㉯ 비중이 높을수록 강도가 크다.
㉰ 열전도율은 콘크리트, 석재 등에 비하여 낮다.
㉱ 목재의 강도 크기 순서는 섬유방향에 평행한 강도가 그 직각 방향보다 작다.

해설 ① 나뭇결 직각 방향 강도 > 나무결 방향 강도
② 섬유방향에 평행한 강도(나뭇결 직각 방향)가 그 직각 방향보다(나뭇결 방향)크다.

54. 옥상정원 인공지반 상단의 식재 토양층 조성 시 경량재로 사용하기 가장 부적당한 것은?
㉮ 버미큘라이트(vermiculite)
㉯ 펄라이트(perlite)
㉰ 피트(peat)
㉱ 석회

해설 경량재 : 버미큘라이트, 펄라이트, 피트, 환산재가 있다.

55. 거름을 줄 때 윤상거름 주기를 실시할 경우, 수관폭을 형성하는 가지 끝 아래의 수관선을 기준으로 하여, 환상으로

해답 49. ㉮ 50. ㉱ 51. ㉱ 52. ㉯ 53. ㉱ 54. ㉱ 55. ㉯

깊이 20~25cm로 하고, 너비는 어느 정도로 해야 하는가?

㉮ 10~15cm ㉯ 20~30cm
㉰ 40~50cm ㉱ 50cm 이상

해설 ① 윤상거름주기: 수관폭을 형성하는 가지 끝 아래의 수관선을 기준으로 하여 환상으로 깊이 20~25cm, 너비 20~30cm로 둥글게 판다.
② 방사상거름주기: 파는 도랑의 깊이는 바깥쪽일수록 깊고 넓게 파야 하며, 선을 중심으로 하여 길이는 수관폭의 1/3 정도로 한다.
③ 전면거름주기: 한 그루씩 거름을 줄 경우, 뿌리가 확장되어 있는 부분을 뿌리가 나오는 곳까지 전면으로 땅을 파고 주는 방법이다.
④ 천공거름주기: 수관선상에 깊이 20cm 정도의 구멍을 군데군데 뚫고 거름을 주는 방법으로 액비를 비탈면에 줄 때 적용한다.

56. 내구성과 내마멸성이 좋으나, 일단 파손된 곳은 보수가 어려우므로 시공 때 각별한 주의가 필요하다. 다음 그림과 같은 원로 포장 방법은?

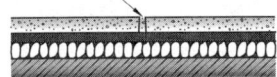

㉮ 마사토 포장 ㉯ 콘크리트 포장
㉰ 판석 포장 ㉱ 벽돌 포장

해설 콘크리트 포장은 시공이 간단하며 유지관리가 용이하나 부분적인 보수가 어렵다.

57. 우리나라 들잔디에 가장 많이 발생하는 병으로 엽맥에 불규칙한 적갈색의 반점이 보이기 시작할 때 즉 5~6월, 9월 중순~10월 하순에 발견할 수 있는 것은?

㉮ 붉은 녹병 ㉯ 후자리움 패치
㉰ 브라운 패치 ㉱ 스노우 몰드

해설 ① 녹병
㉠ 발병시기: 5~6월, 9~10월에 발병한다.
㉡ 증상: 잔디잎에 적색 가루가 나타난다.
㉢ 원인: 질소부족, 고온다습
② 후자리움 패치
㉠ 발병시기: 이른 봄철
㉡ 증상: 직경 30~50cm의 원형모양의 황화현상이 나타난다.
㉢ 원인: 질소성분 과다 및 질소비료 과다 장소에서 나타난다.
㉣ 특징: 한국 잔디에서 발병확률이 높다.
③ 황화현상
㉠ 발병시기: 6~8월에 발병한다.
㉡ 증상: 생육이 부진하고 황색이 나타난다.
㉢ 원인: 고온건조, 햇볕의 부족, 잔디깎기, 객토의 과다
④ 달러 스폿(Dollar Spot)
㉠ 발병시기: 봄, 가을철에 발병한다.
㉡ 증상: 잎과 줄기에 담황색 반점이 나타난다.
㉢ 원인: 봄과 가을철에 10~20℃ 정도의 습한 상태에서 발병한다.
㉣ 특징: 서양잔디에서 발병확률이 높다.

58. 도시공원 및 녹지 등에 관한 법규상 유치거리가 500m 이하의 근린생활권 근린공원 1개소의 유치 규모 기준은?

㉮ 1500m² 이상
㉯ 5000m² 이상
㉰ 10000m² 이상
㉱ 30000m² 이상

해설 ① 어린이 공원: 1500m² 이상
② 근린생활권 근린공원: 10000m² 이상
③ 묘지공원: 100000m² 이상
④ 소공원의 경우 규모 제한은 없다.

59. 견치석 쌓기를 설명한 것 중 틀린 것은?

㉮ 지반이 약한 곳에 석축을 쌓아 올려야 할 때는 잡석이나 콘크리트로 튼튼한 기

초를 만들어 놓은 후 하나씩 주의 깊게 쌓아 올린다.
㈏ 경사도가 1:1보다 완만한 경우를 돌붙임이라 하고, 경사도가 1:1보다 급한 경우를 돌쌓기라고 한다.
㈐ 쌓아 올리고자 하는 높이가 높을 때는 이음매가 수평선을 그리도록 쌓아 올린다.
㈑ 쌓아 올리고자 하는 높이가 높을 때는 군데군데 물 빠짐 구멍을 뚫어 놓는다.

해설 견치석 쌓기
① 견치석 : 쌓아 올리고자 하는 높이가 높을 때는 막힌줄눈이 되도록 쌓는다.
② 통줄눈 : 세로 줄눈의 아래 위가 통한 줄눈이다.
③ 막힌 줄눈 : 세로 줄눈의 아래 위가 통하지 않고 엇갈리어 막힌 것이며 옹벽에 실리는 힘이 골고루 널리 퍼져 전달하게 되어 안전하다.

60. 무궁화나 꽃사과에 많이 발생되는 진딧물의 가장 효과가 좋은 것은?
㈎ 테트라디폰유제(테디온)
㈏ 트리아조포스유제(호스타치온)
㈐ 테메톤-에스-메틸유제(메타시스톡스)
㈑ 페노티오카브유제(우수수)

해설 진딧물은 4월에 메타시스톡스(메타유제), 마라톤유제 등을 살포하여 방제하며 친환경적 방법으로는 천적인 무당벌레류, 꽃등애류, 풀잠자리류의 기생봉을 이용한다.

[별표 4] 〈개정 2009.12.15〉

도시공원 안 건축물의 공원시설 부지면적(제11조 관련)

공원구분		공원면적	공원시설 부지면적
1. 생활권 공원			
	㈎ 소공원	전부 해당	100분의 20이하
	㈏ 어린이공원	전부 해당	100분의 60이하
	㈐ 근린공원	(1) 3만제곱미터 미만	100분의 40이하
		(2) 3만제곱미터 이상 10만제곱미터 미만	100분의 40이하
		(3) 10만제곱미터 이상	100분의 40이하
2. 주제공원			
	㈎ 역사공원	전부 해당	제한 없음
	㈏ 문화공원	전부 해당	제한 없음
	㈐ 수변공원	전부 해당	100분의 40이하
	㈑ 묘지공원	전부 해당	100분의 20이상
	㈒ 체육공원	(1) 3만제곱미터 미만	100분의 50이하
		(2) 3만제곱미터 이상 10만제곱미터 미만	100분의 50이하
		(3) 10만제곱미터 이상	100분의 50이하
	㈓ 특별시·광역시 또는 도의 조례가 정하는 공원	전부 해당	제한 없음

해답 60. ㈐

▶ 2009년 3월 29일 시행

자격종목	코드	시험시간	형별	수험번호	성명
조경기능사	7900	1시간	B		

1. 태호석과 같은 구멍 뚫린 괴석을 세우는 정원 수법은 어느 나라에서 유래되었는가?

㉮ 중국 ㉯ 일본 ㉰ 한국 ㉱ 영국

해설 중국 태호에 나오는 석회암으로서 송나라 때 사용하는 석각산 정원양식이다.

2. 백제의 유민 노자공이 정원 축조수법을 일본에 전해 준 시기는?

㉮ 4세기 초엽 ㉯ 4세기 말엽
㉰ 5세기 중엽 ㉱ 6세기 초엽

해설 ① 백제의 노자공이 일본에 건너가 6세기 초에 남정에 축산식 정원인 수미산과 오교를 세웠다.
② 백제의 기사천성이 일본에 건너가 오오신궁(응신궁)을 세웠다.

3. 일반적인 동선의 성격과 기능을 설명한 것으로 부적합한 것은?

㉮ 동선은 다양한 공간 내에서 사람 또는 사람의 이동 경로를 연결하게 해 주는 기능을 갖는다.
㉯ 동선은 가급적 단순하고 명쾌해야 한다.
㉰ 성격이 다른 동선은 혼합하여도 무방하다.
㉱ 이용도가 높은 동선은 길이는 짧게 해야 한다.

해설 성격이 다른 동선은 형태 등을 달리하여 분리한다.

4. 현장 조사를 통해 식재 현황을 분석하여 식생형으로 구분할 때 천이 초지에 해당하는 것은?

㉮ 경작지
㉯ 학교, 골프장과 같이 인공적으로 관리가 되고 있는 곳
㉰ 주거지, 공업 단지 주변
㉱ 초지로서 천이가 진행되고 있는 곳

해설 천이 초지란 초지의 식물 군락, 종들이 시간의 변화에 따라 변천하여 가는 현상이다.

5. 프로젝트의 수행단계 중 주로 자료의 수집, 분석 종합에 초점을 맞추는 단계는?

㉮ 조경설계 ㉯ 조경시공
㉰ 조경계획 ㉱ 조경관리

해설 조경계획 단계
① 조경계획: 설계하는 목적에 맞게 사전에 예비조사(자료의 수집, 종합, 분석)를 한다.
② 조경설계: 예비조사의 자료를 기준으로 용도 및 목적에 맞게 공간을 기능적, 미적으로 설계한다.
③ 조경 조경프로젝트의 수행단계: 계획 → 설계 → 시공 → 관리

6. 르노트르가 이탈리아에서 수학한 뒤 귀국하여 만든 최초의 평면기하학식 정원은?

㉮ 보르 비 콩트 ㉯ 베르사유
㉰ 루브르궁 ㉱ 옹소공원

해설 프랑스의 니콜라 푸케의 보르 비 콩트 정원으로 앙드레 르노트르의 출세작으로 평면기하학식 정원이다.

해답 1. ㉮ 2. ㉱ 3. ㉰ 4. ㉱ 5. ㉰ 6. ㉮

7. 서양의 각 시대별 조경양식에 관한 설명 중 옳은 것은?
㉮ 서아시아의 조경은 수렵원 및 공중정원이 특징적이다.
㉯ 이집트는 상업 및 집회를 위한 공공정원이 유행하였다.
㉰ 고대 그리스는 포름과 같은 옥외 공간이 형성되었다.
㉱ 고대 로마의 주택정원에는 지스투스(xystus)라는 가족을 위한 사적인 공간을 조성하였다.

해설 ① 서아시아의 조경은 수렵원 및 공중정원이 특징이다.
② 고대 그리스는 상업 및 집회를 위한 공공 광장 아고라가 유행하였다.
③ 고대 로마는 포럼과 같은 옥외 공간이 형성되었다.
④ 고대 로마의 주택정원에는 지스투스라는 후원이 있었으며 가족을 위한 사적인 페리스틸리움 공간을 조성하였다.

8. 19세기 정원의 실용적인 측면이 강조되어 독일에서 만들어진 정원의 형태는?
㉮ 벨베데레원   ㉯ 분구원
㉰ 지구라트   ㉱ 약초원

해설 독일 분구원 정원양식은 200m² 정도의 소정원을 시민에게 대여하여 채소, 꽃, 과수 등을 재배하며 위락공간으로 사용할 수 있게 한 실용적인 정원 형태이다.

9. 조경계획을 실시할 때 조사해야 할 자연환경 요소에 해당하지 않는 것은?
㉮ 기상   ㉯ 식생
㉰ 교통   ㉱ 경관

해설 ① 자연경관요소 : 식생, 기상조건, 토양조사, 해양환경, 동식물, 지질, 암석 등이 있다.
② 인문환경요소 : 주변 교통량, 문화재, 인구

10. 경관구성의 미적 원리를 통일성과 다양성으로 구분할 때 다양성에 해당하는 것은?
㉮ 조화   ㉯ 균형
㉰ 강조   ㉱ 대비

해설 대비
① 성질이 반대되는 것으로 예를 들어 명도가 다른 두색의 서로의 영향을 받아서 밝은 색을 더 밝게 어두운 색은 더 어둡게 느끼는 현상이다.
② 검정과 노랑 : 검정은 더 어둡게 노랑은 더 밝게 나타나는 현상이다.

11. 선의 방향에 따른 분류 중 수평선이 주는 느낌은?
㉮ 권위감   ㉯ 평화감
㉰ 남성감   ㉱ 운동감

해설 수평선 : 평화감을 보여준다.

12. 조경가에 대한 설명으로 틀린 것은?
㉮ 예술성을 지닌 실용적이고 기능적인 생활환경을 만든다.
㉯ 정원사(landscape gardener)라는 개념과 동일하다.
㉰ 미국의 옴스테드(Olmsted, Frederick Law)가 1858년 처음 용어를 사용하였다.
㉱ 건축가의 작업과 많은 유사성을 지니고 있으며 경관 건축가라고도 한다.

해설 ① 정원사는 정원관리만을 대상으로 한다.
② 조경가는 종합과학예술로서 광범위하고 넓은 정원, 공원 등 옥외공간을 대상으로 한다.

13. 조선시대 선비들이 즐겨 심고 가꾸었

해답 7. ㉮ 8. ㉯ 9. ㉰ 10. ㉱ 11. ㉯ 12. ㉯ 13. ㉱

던 사절우(四節友)에 해당하는 식물이 아닌 것은?
㉮ 소나무 ㉯ 대나무
㉰ 매화나무 ㉱ 난초

해설 사절우는 매화, 소나무, 국화, 대나무를 말한다.

14. 경복궁의 경회루 원지(苑池)의 형태는?
㉮ 장방형 ㉯ 원지형
㉰ 반달형 ㉱ 노단형

해설 경회루 원지 형태는 장방형(직사각형)이다.

15. 16세기 이탈리아의 대표적인 정원인 빌라 에스테(villa d'Este)의 특징 설명으로 바르지 못한 것은?
㉮ 사이프러스의 열식
㉯ 자수화단
㉰ 미로
㉱ 연못

해설 ① 사이프러스의 열식 : 스페인의 린다라야 중정에서 사용한 식재 방법이다.
② 빌라 에스테 : 이탈리아의 대표적인 정원 양식으로 미로 덩굴의 자수화단, 연못, 자수화단을 만들었다.

16. 전통정원에서 흔히 볼 수 있고 줄기가 아름다우며 여름에 꽃이 개화하여 100여 일 간다고 해서 백일홍이라 불리는 수종은?
㉮ 백합나무 ㉯ 불두화
㉰ 배롱나무 ㉱ 이팝나무

해설 배롱나무
① 낙엽 소교목
② 7~9월에 100일 동안 붉은색 꽃이 피어 있다.

17. 인공지반 조성 시 토양유실 및 배수 기능이 저하되지 않도록 배수층과 토양층 사이에 여과와 분리를 위해 설치하는 것은?
㉮ 자갈 ㉯ 모래
㉰ 토목섬유 ㉱ 합성수지 배수판

해설 토목섬유: 지반의 분리, 보강, 배수, 방수, 균열방지, 지반구조물 보호, 충격흡수 등의 목적으로 사용하고 있으며 배수층과 토양층 사이에 설치한다.

18. 알칼리에 강한 도료를 써야 하는 경우로서 가장 적합한 것은?
㉮ 목재의 도장 ㉯ 철재의 도장
㉰ 알루미늄의 도장 ㉱ 콘크리트의 도장

해설 콘크리트는 공기 중에서 풍화되므로 알칼리성분으로 도장하여 풍화를 지연시킨다.

19. 목재의 두께가 7.5cm 미만에 폭이 두께의 4배 이상인 제재목은?
㉮ 판재 ㉯ 각재
㉰ 원목 ㉱ 합판

해설 ① 판재: 두께가 7.5cm 미만에 폭이 두께의 4배 이상이다.
② 각재: 폭이 두께의 3배 미만이다.
③ 원목: 가공하지 않는 상태의 나무
④ 합판: 목재를 얇게 오려낸 단판 여러 장을 겹쳐 압축하여 1장의 판으로 만든 것이다.

20. 나무줄기가 옆으로 비스듬히 기울어진 수형을 무엇이라고 하는가?
㉮ 사간 ㉯ 곡간
㉰ 직간 ㉱ 다간

해설 수목의 수형
① 사간: 해안 또는 계곡절벽에서 수년간 바람에 의해 나무줄기가 옆으로 비스듬히 기울어진 수형이며 불안감을 보여준다.

해답 14. ㉮ 15. ㉮ 16. ㉰ 17. ㉰ 18. ㉱ 19. ㉮ 20. ㉮

② 곡간 : 수간이 자연적인 곡선으로 구불구불한 모양이다.
③ 직간 : 수간이 수직으로 곧게 자라는 것을 말한다.
④ 다간 : 밑둥에서 여러 개로 분지된 여러 가지가 직간으로 자란다.
⑤ 쌍간 : 밑둥에서 둘로 분지된 두 가지가 직간으로 자라며 수고가 높을수록 조화미를 잘 보여준다.
⑥ 현애 : 수간이 급각도로 굽어서 초단이 뿌리보다 아래로 늘어진 수목의 형태를 말한다.

21. 다음 조경시설물 중 비철금속을 주로 사용해야 하는 것은?

㉮ 철봉　　㉯ 그네
㉰ 잔디보호책　　㉱ 수경장치물

해설 금속 성분은 물과 반응하며 산화반응이 일어나 녹 및 부식이 발생되므로 비철금속으로 시공한다.

22. 미장재료에 속하는 것은?

㉮ 페인트　　㉯ 니스
㉰ 회반죽　　㉱ 래커

해설 미장재료
① 건축물 또는 조경시설에 바닥, 내·외벽, 천장 등에 적당한 두께로 발라 마무리 하는 재료이다
② 진흙, 회반죽, 석고, 돌로마이트석회, 모르타르, 테라초, 플라스터 등이 있다.
③ 도장재료 : 페인트, 니스, 래커, 퍼티, 아스팔트프라이머 등이 있다.

23. 상록수의 주요한 기능으로 부적합한 것은?

㉮ 시각적으로 불필요한 곳을 가려준다.
㉯ 겨울철에는 바람막이로 유용하다.
㉰ 신록과 단풍으로 계절감을 준다.
㉱ 변화되지 않는 생김새를 유지한다.

해설 ① 상록수 : 계절에 관계없이 잎이 항상 푸른 나무이다.
② 낙엽수 : 잎이 단기간만 가지며 계절의 변화를 주는 수목으로 신록과 단풍으로 계절감을 준다.

24. 수목은 뿌리를 뻗는 상태에 따라 천근성과 심근성으로 분류한다. 천근성(淺根性) 수종으로만 짝지어진 것은?

㉮ 자작나무, 미루나무
㉯ 전나무, 백합나무
㉰ 느티나무, 은행나무
㉱ 백목련, 가시나무

해설 ① 천근성 수종 : 독일가문비, 자작나무, 편백, 버드나무, 매화나무
② 심근성 수종 : 느티나무, 소나무, 전나무, 곰솔, 주목, 백합나무, 상수리나무, 은행나무

25. 1년 내내 푸른 잎을 달고 있으며, 잎이 바늘처럼 뾰족한 나무를 무엇이라 하는가?

㉮ 상록활엽수　　㉯ 상록침엽수
㉰ 낙엽활엽수　　㉱ 낙엽침엽수

해설 상록 침엽수 : 계절에 관계없이 1년 내내 푸른 잎을 달고 있으며, 잎이 바늘처럼 뾰족한 나무이다.

26. 재료의 굵기, 절단, 마모 등에 대한 저항성을 나타내는 용어는?

㉮ 경도(硬度)　　㉯ 강도(強度)
㉰ 전성(展性)　　㉱ 취성(脆性)

해설 경도 : 경도가 크면 재료가 단단하다는 의미로 재료의 굵기, 절단, 마모 등에 대한 재료 고유 성질의 저항성의 정도이다.

27. 일반적인 목재의 특성 중 장점으로 옳은 것은?

해답 21. ㉱　22. ㉰　23. ㉰　24. ㉮　25. ㉯　26. ㉮　27. ㉯

㉮ 충격, 진동에 대한 저항성이 작다.
㉯ 열전도율이 낮다.
㉰ 충격의 흡수성이 크고, 건조에 의한 변형이 크다.
㉱ 가연성이며 인화점이 낮다.

해설 목재는 전기전도율, 열전도율이 낮다.

28. 가공은 용이하나 흡수성이 크고, 내수성이 크지만 강도가 높지 못해 건축용으로는 부적당하여 석축 등에 이용하는 석재는?
㉮ 화강암   ㉯ 현무암
㉰ 응회암   ㉱ 사문암

해설 응회암 : 다공질이며 강도, 내구성이 작아 건축구조재로는 적합하지 않으며 내화성이 있으며 외관이 좋고 조각하기 쉬워 내화재, 장식재, 석축 등에 이용한다.

29. 다음 중 건조지에 가장 잘 견디는 나무는?
㉮ 낙우송   ㉯ 능수버들
㉰ 오리나무 ㉱ 가중나무

해설 건조한 지역에 잘 견디는 수종 : 소나무, 노간주나무, 가중나무, 자작나무, 가죽나무, 향나무, 산오리나무

30. 다음 [보기]가 설명하고 있는 콘크리트의 종류는?

[보기]
- 슬럼프 저하 등 워커빌리티의 변화가 생기기 쉽다.
- 동일 슬럼프를 얻기 위한 단위수량이 많아진다.
- 콜드조인트가 발생하기 쉽다.
- 초기 강도 발현은 빠른 반면에 장기강도가 저하될 수 있다.

㉮ 한중콘크리트   ㉯ 경량콘크리트
㉰ 서중콘크리트   ㉱ 매스콘크리트

해설 ① 한중 콘크리트(cold weather concret)는 평균기온 4℃ 이하에서 동결 현상을 방지하려고 시공한다.
② 서중 콘크리트(hot weather concret)는 하루 평균기온이 25℃ 또는 최고온도가 30℃를 넘으면 서중콘크리트로 시공한다.

31. 조경재료 중 인조재료로 분류하기 어려운 것은?
㉮ 우드칩(wood chip)
㉯ 태호석
㉰ 인조석
㉱ 슬레이트(slate)

해설 태호석은 석회암으로 이루어진 자연석이다.

32. 콘크리트 블록 제품의 특징으로 적합하지 않은 것은?
㉮ 모양을 임의로 만들 수 있다.
㉯ 유지관리비가 적게 든다.
㉰ 인장강도 및 휨강도가 큰 편이다.
㉱ 만드는 방법이 비교적 간단하다.

해설 콘크리트는 압축강도가 가장 크며, 인장강도 및 휨강도, 전단강도가 작아 철근으로 보강한다.

33. 10월경에 붉은 계열의 열매가 관상 대상이 되는 수종이 아닌 것은?
㉮ 남천   ㉯ 산수유
㉰ 왕벚나무 ㉱ 화살나무

해설 왕벚나무
① 5월에 흑색의 열매가 열리며 7월에 열매가 익는다.
② 낙엽활엽교목

해답 28. ㉰ 29. ㉱ 30. ㉰ 31. ㉯ 32. ㉰ 33. ㉰

34. 음수에 해당하는 수종은?
- ㉮ 팔손이나무
- ㉯ 소나무
- ㉰ 무궁화
- ㉱ 일본잎갈나무

해설 ① 음수 : 주목, 전나무, 독일가문비, 팔손이나무, 녹나무, 동백나무, 회양목, 눈주목
② 양수 : 석류나무, 소나무, 모과나무, 산수유, 은행나무, 백목련, 무궁화

35. 조경 소재 중 벽돌의 사용에 있어 가장 부적합한 것은?
- ㉮ 원로의 포장
- ㉯ 담장의 기초
- ㉰ 테라스의 바닥
- ㉱ 경계벽

해설 담장의 기초 : 잡석, 모르타르, 콘크리트 등으로 쌓는다.

36. 수목의 이식 시 조개분으로 분뜨기했을 때 분의 깊이는 근원직경의 몇 배 정도로 하는 것이 적당한가?
- ㉮ 2배
- ㉯ 3배
- ㉰ 4배
- ㉱ 6배

해설 뿌리분의 크기 : 일반적으로 뿌리분의 크기는 근원 직경의 4배 정도 크기로 한다.

37. 수목 해충의 잠복소를 설치하는 가장 적당한 시기는?
- ㉮ 3월 하순 경
- ㉯ 5월 하순 경
- ㉰ 7월 하순 경
- ㉱ 9월 하순 경

해설 해충 및 벌레들을 유인, 살포하여 9월 하순경에 설치하여 봄에 불에 태워 퇴치한다.

38. 나무가 쇠약해지거나 말라 죽는 원인이라고 할 수 없는 것은?
- ㉮ 생리적 노쇠현상
- ㉯ 양분의 결핍
- ㉰ 기상의 영향
- ㉱ 토양 미생물의 왕성한 활동

해설 토양 미생물의 왕성한 활동은 토양의 지력을 높여 주어 토양을 좋게 하여 준다.

39. 가로 조명등의 종류별 특징에 관한 설명으로 틀린 것은?
- ㉮ 강철 조명등은 내구성이 강하지만 부식이 잘 된다.
- ㉯ 알루미늄 조명등은 부식에 약하지만 비용이 저렴한 편이다.
- ㉰ 콘크리트 조명등은 유지가 용이하고, 내구성이 강하지만 설치 시 무게로 인해 장비가 요구된다.
- ㉱ 나무로 만든 조명등은 미관적으로 좋고 초기의 유지가 용이하다.

해설 알루미늄 조명등은 부식에 강하며 비용이 비싼 편이다.

40. 수목종자의 저장 방법 설명으로 틀린 것은?
- ㉮ 건조저장은 종자를 30% 이내의 함수량이 되도록 건조시킨다.
- ㉯ 보호저장은 은행, 밤, 도토리 등을 모래와 혼합하여 실내나 창고에서 5℃로 유지한다.
- ㉰ 밀봉저장은 가문비나무, 삼나무, 편백 등의 종자를 유리병이나 데시케이터 등에 방습제와 함께 넣는다.
- ㉱ 노천매장은 잣나무, 단풍나무류, 느티나무 등의 종자를 모래와 1 : 2의 비율로 섞어 양지쪽에 묻는다.

해설 건조 저장법
① 건조저장은 종자의 함수량이 5~10%가 되도록 건조시킨다.
② 소나무 해송 오리나무, 자작나무 등의 종자를 포대나 가마니, 양파자루 등에 넣어 건조한 곳에 매달아 저장하였다가 봄에 파종한다.

해답 34. ㉮ 35. ㉯ 36. ㉰ 37. ㉱ 38. ㉱ 39. ㉯ 40. ㉮

41. 잡초제거를 위한 제초제 중 잔디밭에 사용할 때 각별한 주의가 요구되는 것은?

㉮ 선택성 제초제 ㉯ 비선택성 제초제
㉰ 접촉성 제초제 ㉱ 호르몬형 제초제

해설 잔디밭에는 클로버 제초제를 많이 사용하며 잔디는 보호하고 클로버는 제거하는 선택성 제초제를 살포하는 것이 옳다. 비선택성 제초제를 살포하면 잔디 및 모든 식물이 제거된다.

42. 대표적인 난지형 잔디로 내답압성이 크며, 관리하기가 가장 용이한 것은?

㉮ 버뮤다그래스 ㉯ 금잔디
㉰ 톨페스큐   ㉱ 라이그래스

해설 버뮤다그래스 : 난지형 잔디로 5~9월까지 초록색을 유지하며 경기장 잔디로 가장 많이 이용되고 있다.

43. 다음 [보기]와 같은 특징 설명에 가장 적합한 시설물은?

[보기]
- 수목에 치명적인 병은 아니지만 발생하면 생육이 위축되고 외관을 나쁘게 한다.
- 병든 낙엽을 모아 태우거나 땅속에 묻음으로써 전염원을 차단하는 것이 필수적이다.
- 통기불량, 일조부족, 질소과다 등이 발병요인이다.

㉮ 흰가루병   ㉯ 녹병
㉰ 빗자루병   ㉱ 그을음병

해설 흰가루병(powdery mildew)
① 흰가루병 피해 수종 : 느티나무, 밤나무, 장미, 단풍나무, 배롱나무, 벚나무, 오리나무
② 석회황합제, 만코지 수화제, 지오판 수화제, 베노밀 수화제 등을 살포한다.
③ 병든 낙엽을 태우거나 땅속에 묻고 전염원을 차단하고 일광 및 통풍을 좋게 한다.

44. 다음 [보기]와 같은 특징 설명에 가장 적합한 시설물은?

[보기]
- 간단한 눈가림 구실을 한다.
- 서양식으로 꾸며진 중문으로 볼 수 있다.
- 보통 가는 철제파이프 또는 각목으로 만든다.
- 장미 등 덩굴식물을 올려 장식한다.

㉮ 퍼걸러
㉯ 아치
㉰ 트렐리스
㉱ 펜스

해설 ① 퍼걸러(pergola) : 마당이나 평평한 장소에 나무를 사용하여 사각형태로 그늘을 만들어 휴식을 취할 수 있는 장소로 등나무, 칡, 담장나무 등 덩굴성 식물이 잘 생장할 수 있도록 만든 장치이다.
② 아치 : 서양식으로 꾸며진 중문을 예를 들어 보면 개구부를 하나의 곡선형태로 할 수 없는 경우 보통 가는 철제파이프 또는 각목으로 만든 부재(굄돌)를 개구부에 쌓아올린 구조를 말한다.
③ 트렐리스(trellis) : 보통 가는 철제파이프 또는 각목으로 만든 격자울타리로 덩굴식물을 올리거나 기댈 수 있게 해준다.
④ 펜스(fence) : 운동장과 관람석을 구별하는 담장이다.

45. 디딤돌로 이용할 돌의 두께로 가장 적당한 것은?

㉮ 1~5cm   ㉯ 10~20cm
㉰ 25~35cm   ㉱ 35~45cm

해설 디딤돌은 사용자의 편의와 지피식물의 보호가 목적이며 보통 디딤돌의 지름은 10~20cm가 적당하다.

46. 다음 전정 방법 중 굵은 가지를 처리하는 방법으로 가장 잘 표현된 것은?

해답 41. ㉯ 42. ㉮ 43. ㉮ 44. ㉯ 45. ㉯ 46. ㉱

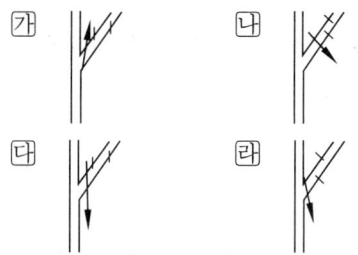

해설 ① 굵은 가지치기는 가지의 밑둥으로부터 10~15cm 부위를 아래서부터 가지 굵기의 1/3 정도 깊이까지 톱자국을 먼저 만들어 놓는다.
② 톱을 돌려 아래쪽에 만들어 놓은 상처보다 약간 높은 곳을 위로부터 내리 자른다.
③ 다시 아랫부분을 자른 후 자른 자리의 거친 면은 손칼로 깨끗이 다듬는다.

47. 토피어리(형상수)를 만드는 방법 및 순서에 관한 설명으로 틀린 것은?

㉮ 상처에 유합 조직이 생기기 쉬운 따뜻한 계절을 택하여 실시한다.
㉯ 불필요하다고 판단되는 가지를 쳐버린 다음, 남은 가지를 적당한 방향으로 유인한다.
㉰ 강전정으로 형태를 단번에 만들지 말고, 연차적으로 원하는 수형을 만들어 간다.
㉱ 토피어리를 만드는 방법은 어떤 수종이든 규준틀을 만들어 가지를 유인하는 것이 가장 효과적이다.

해설 토피어리(형상수) 만드는 방법 : 어떤 수종이든 규준틀을 만들어 전정 및 가지를 유인하지는 않는다.

48. 잔디의 거름주기 방법으로 적당하지 않은 것은?

㉮ 질소질 거름은 1회 주는 양이 $1m^2$당 10g 정도 주어야 한다.
㉯ 난지형 잔디는 하절기에 한지형 잔디는 봄과 가을에 집중해서 거름을 준다.
㉰ 한지형 잔디의 경우 고온에서의 시비는 피해를 촉발시킬 수 있으므로 가능하면 시비를 하지 않는 것이 원칙이다.
㉱ 가능하면 제초작업 후 비 오기 직전에 실시하며 불가능 시에는 시비 후 관수한다.

해설 잔디의 거름주기 방법 : 질소질 거름은 1회 주는 양이 $1m^2$당 4g 이하 정도를 주어야 한다.

49. 다음 그림은 정원수의 거름 주는 방법이다. 이 중 방사상시법에 해당하는 것은?

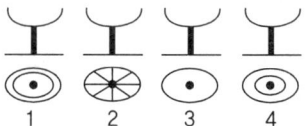

㉮ 1 ㉯ 2 ㉰ 3 ㉱ 4

해설 ① 전면거름주기 : 한 그루씩 거름을 줄 경우, 뿌리가 확장되어 있는 부분을 뿌리가 나오는 곳까지 전면으로 땅을 파고 주는 방법이다.
② 방사상거름주기 : 파는 도랑의 깊이는 바깥쪽일수록 깊고 넓게 파야 하며, 선을 중심으로 하여 길이는 수관폭의 1/3 정도로 한다.
③ 천공거름주기 : 수관선상에 깊이 20cm 정도의 구멍을 군데군데 뚫고 거름을 주는 방법으로 액비를 비탈면에 줄 때 적용한다.
④ 윤상거름주기 : 수관폭을 형성하는 가지 끝 아래의 수관선을 기준으로 환상으로 깊이 20~25cm, 너비 20~30cm로 둥글게 판다.

50. 석축공사의 설명으로 부적합한 것은?

㉮ 견치석 쌓기에서는 터파기를 하고 잡석과 콘크리트를 사용하여 연속기초를 만든다.
㉯ 호박돌 쌓기는 규칙적인 모양으로 쌓는 것이 보기에 자연스럽다.
㉰ 자연석 쌓기의 이음매는 돌과 돌 사이를 모르타르로 굳혀 가면서 쌓는다.

해답 47. ㉱ 48. ㉮ 49. ㉯ 50. ㉰

라 석축의 높이가 높을 때에는 군데군데 물뺌 구멍을 뚫어 놓는다.

해설 자연석 쌓기의 돌틈식재 : 자연석 쌓기의 이음매는 돌과 돌 사이에는 모르타르를 사용하지 않고 좋은 흙을 채워놓고 회양목, 철쭉 등의 관목류나 초화류 등을 돌틈에 심는다.

51. 대규모 공원과 같이 완전한 배수가 요구되지 않는 지역에서 등고선을 고려하여 주관을 설치하고, 주관을 중심으로 양측에 지관을 따라 필요한 곳에 설치하는 방법은?
㉮ 부채살형   ㉯ 빗살형
㉰ 어골형   ㉱ 자유형

해설 ① 자유형(자연형) : 대규모 공원과 같이 완전한 배수가 요구되지 않는 지역에서 사용하며 등고선을 고려하여 주관을 설치하고 설치된 주관을 중심으로 양측에 지관을 설치한다.
② 부채살형(선형) : 지형이 한 방향인 곳에 1개의 지점으로 집중되게 설치하여 주관과 지관의 구별이 없이 배관의 크기가 모두 같다.
③ 빗살형(즐치형) : 규모가 작은 면적의 전 지역에 균일하게 배수할 때 사용한다.
④ 어골형 : 평탄지이고 전 지역에 균일하게 배수가 필요한 지역이며 지관 길이는 30m 이하이고 각도는 45° 이하로 설치한다.

52. 평판측량에서 제도용지의 도상점과 땅 위의 측점을 동일하게 맞추는 것은?
㉮ 정준 ㉯ 자침 ㉰ 표정 ㉱ 구심

해설 평판측량
① 정준 : 수평을 맞춘다.
② 자침 : 평판에 중심을 맞춘다.
③ 표정 : 방향, 방위를 맞춘다.
④ 구심 : 구심기의 고리에 추를 매달아 제도용지의 도상점과 땅 위의 측점을 동일하게 맞춘다.

53. 콘크리트가 굳은 후 거푸집 판을 콘크리트 면에서 잘 떨어지게 하기 위해 거푸집 판에 처리하는 것은?
㉮ 박리제   ㉯ 동바리
㉰ 프라이머 ㉱ 쉘락

해설 박리제
① 콘크리트를 형판과 틀에 쉽게 분리하기 위하여 만든 약제이다.
② 경유, 폐유, 아마인유, 파라핀 합성수지, 식물성기름(아마인유)

54. 시방서의 설명으로 옳은 것은?
㉮ 설계 도면에 필요한 예산계획서이다.
㉯ 공사계약서이다.
㉰ 평면도, 입면도, 투시도 등을 볼 수 있도록 그려 놓은 것이다.
㉱ 공사개요, 시공방법, 특수재료 및 공법에 관한 사항 등을 명기한 것이다.

해설 시방서 : 설계도면에 구체적으로 표사할 수 없는 사항, 시공방법, 자재의 성능, 안전관리계획, 공법, 공정, 시공에 대한 유의사항 등을 명기하며 조경공사의 시공기준을 정한다.

55. 잔디밭에 물을 공급하는 관수에 대한 설명으로 틀린 것은?
㉮ 식물에 물을 공급하는 방법은 지표관개법과 살수관개법으로 나눌 수 있다.
㉯ 살수관개법은 설치비가 많이 들지만, 관수 효과가 높다.
㉰ 수압에 의해 작동하는 회전식은 360°까지 임의 조절이 가능하다.
㉱ 회전장치가 수압에 의해 지면보다 10cm 상승 또는 하강하는 팝업(pop-up)살수기는 평소 시각적으로 불량하다.

해설 팝업살수기는 살수밀도가 높아서 잔디관리에 많이 사용되며 시각적으로 불량하지 않다.

해답 51. ㉱ 52. ㉱ 53. ㉮ 54. ㉱ 55. ㉱

56. 콘크리트의 균열방지를 위한 일반적인 방법으로서 틀린 것은?

㉮ 발열량이 적은 시멘트를 사용한다.
㉯ 슬럼프(slump)값을 작게 한다.
㉰ 타설 시 내·외부 온도차를 줄인다.
㉱ 시멘트의 사용량을 줄이고 단위수량을 증가시킨다.

해설 콘크리트의 균열방지 방법
① 시멘트의 단위시멘트량과 단위수량을 증가시켜야 한다.
② 발열량이 적은 시멘트를 사용한다.
③ 타설 시 내·외부 온도차를 줄인다.
④ 슬럼프(slump)값을 작게 한다.

57. 터닦기할 때 성토 시(흙쌓기) 침하에 대비하여 계획된 높이보다 몇 % 정도 더 돋기를 하는가?

㉮ 3~5% ㉯ 10~15%
㉰ 20~25% ㉱ 30~35%

해설 더돋기 : 절토한 흙을 일정한 장소에 쌓는 성토 시 외부의 압력, 침하에 의해 높이가 줄어드는 것을 방지하고 예측하여 흙을 계획보다 10~15% 정도 더 쌓는 것을 말한다.

58. 아왜나무의 식재 시 품의 산정은 어느 것을 기준으로 하는가?

㉮ 나무높이에 의한 식재
㉯ 흉고직경에 의한 식재
㉰ 근원직경에 의한 식재
㉱ 수관폭에 의한 식재

해설 아왜나무 식재 시 품의 산정 : 수목의 수고에 의한 식재가 기준이다.

59. 수피가 얇은 나무에서 햇빛에 의해 수피가 타는 것을 방지하기 위하여 실시해야 할 작업은?

㉮ 수관주사주입 ㉯ 낙엽깔기
㉰ 줄기싸기 ㉱ 받침대 세우기

해설 수목의 화상 방지 대책 : 여름철 수목의 열과 화상을 방지하기 위해서는 햇볕을 차단하는 인공재료로 줄기싸기를 하거나 석회석을 수목의 수피 부분에 발라 준다.

[참고] 화상 방지는 대책으로는 석회석 및 일반 페인트로 도료해 주며 이식 및 겨울철에는 녹화마대를 사용한다.

60. 가는 가지자르기 방법 설명으로 옳은 것은?

㉮ 자를 가지의 바깥쪽 눈 바로 위를 비스듬히 자른다.
㉯ 자를 가지의 바깥쪽 눈과 평행하게 멀리서 자른다.
㉰ 자를 가지의 안쪽 눈 바로 위를 비스듬히 자른다.
㉱ 자를 가지의 안쪽 눈과 평행한 방향으로 자른다.

해설 마디 위 자르기 : 자를 가지의 바깥쪽 눈에서 7~10mm 위쪽에서 눈과 평행하게 비스듬히 자른다.

해답 56. ㉱ 57. ㉯ 58. ㉮ 59. ㉰ 60. ㉮

2009년 7월 12일 시행

자격종목	코 드	시험시간	형 별	수험번호	성 명
조경기능사	7900	1시간	A		

1. 일본정원 문화의 시초와 관련된 설명으로 옳지 않은 것은?
㉮ 오교　　㉯ 노자공
㉰ 아미산　　㉱ 일본서기

> **해설** 백제의 노자공이 일본에 건너가 남정에 축산식 정원인 수미산과 오교를 설계하였다는 것이 일본서기 문헌에 기록되어 있다.

2. 경관의 유형 중 일시적 경관에 해당하지 않는 것은?
㉮ 기상 변화에 따른 변화
㉯ 물 위에 투영된 영상(影像)
㉰ 동물의 출현
㉱ 산중호수

> **해설** ① 관개경관(canopied landscape) : 터널경관으로서 노폭이 좁은 장소에 상층은 나무 숲, 줄기가 기둥처럼 있고 하층은 관목, 어린 나무들이 있으며 나뭇가지와 잎이 도로를 덮은 지역을 말한다.
> ② 파노라마경관(전경관)
>   ㉠ 시야의 제한 없이 멀리까지 보는 경관이다. 높은 곳에서 멀리 내려다보는 경관으로 자연에 대한 웅장하고 아름다움을 볼 수 있다.
>   ㉡ 독도의 전망대에서 바라보는 경관이다.
> ③ 일시경관(ephemeral landscape) : 기상조건에 따라서 서리, 안개, 동물의 출현 등 경관의 이미지가 일시적으로 새로운 이미지로 변화하는 것을 말한다.
> ④ 지형경관
>   ㉠ 천연미적 경관으로 지형지세가 경관에서 특징을 보여주고 경관의 지표가 된다.
>   ㉡ 산중호수, 에베레스트산(네팔), 미국 뉴욕의 자유의 여신상, 여의도 63빌딩
> ⑤ 위요경관
>   ㉠ 수평적 중심공간 주위에 높은 수직공간에 산, 숲이 둘러싸인 경관이다.
>   ㉡ 명성산 산정호수 : 주위 산에 의해 둘러싸인 산중 호수
> ⑥ 초점경관 : 관찰자의 좌우로의 시선이 제한되고 시선을 유도해 중앙의 한 점으로 초점이 모이는 경관으로 강물이나 계곡 또는 길게 뻗은 도로로 보여진다.
> ⑦ 세부공간 : 관찰자가 가까이 접근하여 좁은 공간의 꽃, 열매, 수목의 형태 등을 자세히 관찰하며 감상하는 경관이다.

3. 운동시설 배치계획 시 시설의 설치 방향에 대한 고려를 가장 신경 쓰지 않아도 되는 것은?
㉮ 골프장의 각 코스
㉯ 실외 야구장
㉰ 축구장
㉱ 스쿼시장

> **해설** 스쿼시장은 실내 스포츠이므로 설치 방향이 고려대상이 되지 않으며 공기 유통이 중요한 고려 대상이다.

4. 버킹검의 「스토우 가든」을 설계하고, 담장 대신 정원 부지의 경계선에 도랑을 파서 외부로부터의 침입을 막은 ha-ha 수법을 실현하게 한 사람은?
㉮ 에디슨　　㉯ 브리지맨
㉰ 켄트　　㉱ 브라운

> **해설** 하하 기법(ha-ha) : 성 밖을 둘러싸는 프랑스의 군사시설 형태로, 정원과 외부 사이

해답 1. ㉰　2. ㉱　3. ㉱　4. ㉯

에 울타리 대신 도랑이나 계곡을 만들어 물리적 경계 없이 정원을 볼 수 있게 하는 방법으로 영국의 브리지맨이 정원양식으로 사용하였다.

5. 다음 중 가장 가볍게 느껴지는 색은?

㉮ 파랑　㉯ 노랑　㉰ 초록　㉱ 연두

해설 색이 가지고 있는 밝고 어두운 정도를 감각적으로 나타내며 색이 밝은 것이 가벼운 느낌을 보여준다.
① 적색, 파랑 : 4
② 노랑 : 6
③ 초록 : 5
④ 흰색 : 9.5

6. 중세 수도원의 전형적인 정원으로 예배실을 비롯한 교단의 공공건물에 의해 둘러싸인 네모난 공지를 가리키는 것은?

㉮ 아트리움(Atrium)
㉯ 페리스틸리움(Peristylium)
㉰ 클라우스트룸(Claustrum)
㉱ 파티오(Patio)

해설 클라우스트룸은 중세 수도원의 전형적인 정원으로 관목으로 식재하였다.

7. 원명원이궁과 만수산이궁은 어느 시대의 대표적 정원인가?

㉮ 명나라　㉯ 청나라
㉰ 송나라　㉱ 당나라

해설 청나라 시대의 정원양식
① 만수산 이궁(이화원) : 청나라 시대의 정원이다.
② 원명원 : 프랑스의 르노트르의 영향을 받은 동양 최초의 프랑스식 정원이다.

8. 조경양식 중 이슬람 양식의 스페인 정원이 속하는 것은?

㉮ 평면 기하학식　㉯ 노단식
㉰ 중정식　㉱ 전원 풍경식

해설 중정식 정원 : 스페인의 이슬람정원(중세)은 중정식 양식으로 물과 분수를 많이 이용하였으며 주변에는 회교도 풍의 정교한 건축수법을 이용한 정원양식이다.

9. 스케일 1/100 축척에서 1cm의 실제 거리는?

㉮ 10cm　㉯ 1m
㉰ 10m　㉱ 100m

해설 ① 실제거리 = 도면에 표시된 거리(도상) ×축척
② 1m = 1000mm, 1m = 100cm, 1cm = 10mm
③ 10mm(1cm)×100(축척) = 1000mm = 1m

10. 정원의 구성 요소 중 점적인 요소로 구별되는 것은?

㉮ 원로　㉯ 생울타리
㉰ 냇물　㉱ 음수대

해설 ① 원로 : 선적인 요소(자유곡선)
② 생울타리 : 선적인 요소(자유곡선)
③ 냇물 : 선적인 요소(자유곡선)
④ 음수대 : 점적인 요소(음수대를 멀리서 보면 점으로 보인다)

11. 일상생활에 필요한 모든 시설을 도보권 내에 두고, 차량 동선을 구역 내에 끌어들이지 않았으며, 간선도로에 의해 경계가 형성되는 도시계획 구상은?

㉮ 하워드의 전원도시론
㉯ 테일러의 위성도시론
㉰ 르코르뷔지에의 찬란한 도시론
㉱ 페리의 근린주구론

해설 페리의 근린주구론
① 페리의 1000~1200명의 학생수를 가진 초등학교를 중심으로 하는 인구 5000~6000명 규모로 계획하는 근린주구 이론이다.

해답 5. ㉯　6. ㉰　7. ㉯　8. ㉰　9. ㉯　10. ㉱　11. ㉱

② 주구와 주구는 간선도로를 경계로 한다.
③ 주구내 가로의 형태는 폭이 좁고 구불구불한 막다른 도로 형식의 쿨데삭(cul-de-sac)으로 처리한다.
④ 단지에서 초등학교까지의 보행거리 한계는 800m로 하며 가정에서 커뮤니티 센터까지의 보행거리는 400m로 하고 있다.

12. 토양 단면에 있어 낙엽과 그 분해 물질 등 대부분 유기물로 되어 있는 토양 고유의 층으로 L층, F층, H층으로 구성되어 있는 것은?

㉮ 용탈층(A층) ㉯ 유기물층(Ao층)
㉰ 집적층(B층) ㉱ 모재층(C층)

해설 ① 유기물층 : 토양 단면에 있어 낙엽과 그 분해 물질 등 대부분 유기물로 되어 있어 양분 함량이 높다.
② 용탈층 : 기후, 식생 등의 영향을 가장 많이 받으며 물 또는 기타 물질이 땅속으로 스며들며 흘러 버린다.

13. 다음 중 신선사상의 영향을 받은 정원은?

㉮ 고산수정원 ㉯ 안압지
㉰ 경복궁   ㉱ 경회루

해설 안압지는 통일신라시대에 거북모양의 연못으로 신선사상의 영향을 받은 삼신산을 암시하는 3개의 섬이 있다.

14. 옥상정원의 환경조건에 대한 설명으로 적합하지 않은 것은?

㉮ 토양 수분의 용량이 적다.
㉯ 토양 온도의 변동 폭이 크다.
㉰ 양분의 유실속도가 늦다.
㉱ 바람의 피해를 받기 쉽다.

해설 옥상정원 설계 : 바람 및 기타 조건으로 양분의 유실 속도가 빠르다.

① 배수 : 옥상정원은 강우량에 따라 알맞은 배수시설을 하여야 하며 펌프설비가 필요하다.
② 바람 : 옥상정원의 하중을 고려하여 설계하므로 토양에 식재한 나무의 뿌리가 얕으므로 바람에 약하므로 외벽을 쌓아거나 관목, 초화류 식물을 식재한다.
③ 온도 및 관수 : 여름철에는 최대 20℃의 온도차가 발생하므로 건조피해가 발생하므로 단열성능, 보수력, 하중을 고려하여 경량재와 일반 흙을 1:1로 섞은 특수 토양을 사용하며 건조에 잘 견디는 내건성 식물로 양지식물을 선택한다.
④ 하중 : 하중을 고려하여 경량재 흙을(버미큘라이트, 피트모스, 펄라이트, 화산재)사용하여 설계한다.
⑤ 방수 : 관상수목을 식재하였을 경우 뿌리에 의해 방수층을 침투하여 건물에 누수 현상이 발생하므로 뿌리가 천근성 수목을 식재하며 다른 수종은 별도의 층을 설계한다.
⑥ 시비 : 식물의 건전한 생장을 조절할 수 있도록 최소량으로 시비한다.
⑦ 잡초 및 병충해 : 잡초를 직접 뽑아주거나 토양을 살균하여 사용한다.
⑧ 식재면적은 전체 옥상면적의 1/3 이내로 한다.
⑨ 수목은 수수꽃다리(라일락)가 가장 좋다.

15. 한국 조경사 중 백제시대의 조경에 해당하지 않는 것은?

㉮ 임류각 ㉯ 궁남지
㉰ 석연지 ㉱ 안학궁

해설 ① 고구려 : 안학궁(427년)
② 백제 : 임류각, 석연지, 궁남지(634년)
③ 신라 : 안압지(674년)
④ 조선 : 양산보의 소쇄원(1530년)

16. 습지식물 재료 중 서식환경 분류상 물속에서 자라며, 미나리아재비목으로 여러해살이 식물인 것은?

해답 12. ㉯ 13. ㉯ 14. ㉰ 15. ㉱ 16. ㉮

㉮ 붕어마름 ㉯ 부들
㉰ 속새 ㉱ 솔잎사초

해설 ① 붕어마름 : 쌍떡잎식물 미나리아재비목 붕어마름과의 여러해살이풀습지식물로 물속에서 자라며 미나리아재비목으로 여러해살이식물로 수생 다년초이며 꽃은 7월에 개화된다.
② 부들 : 외떡잎식물 부들목 부들과의 여러해살이풀로 연못과 습지에서 자라며 다년초이며 꽃은 7월에 개화된다.
③ 속새 : 관다발식물 속새목 속새과의 상록 양치식물로 습한 그늘에서 자라는 상록 다년초이며 꽃이 피지 않는다.
④ 솔잎사초 : 외떡잎식물 벼목 사초과의 여러해살이풀로 습한 곳에서 자라는 다년생 초본이다.

17. 시멘트와 물만을 혼합한 것을 가리키는 것은?
㉮ 시멘트 페이스트 ㉯ 모르타르
㉰ 콘크리트 ㉱ 포틀랜드시멘트

해설 시멘트 페이스트(cement paste, 시멘트 풀) : 시멘트와 물을 섞어 반죽한 것으로 타일붙이기 등에 사용한다.

18. 차폐용 수목의 구비조건이 아닌 것은?
㉮ 맹아력이 커야 한다.
㉯ 가지와 잎이 치밀해야 한다.
㉰ 수관이 크고 지하고가 높아야 한다.
㉱ 아랫가지가 오랫동안 말라죽지 않아야 한다.

해설 흉한 절토면, 쓰레기장 등과 같이 보기 흉한 곳을 가려서 효과를 얻기 위하여 수목을 식재하여 시각적으로 보이지 않게 하는 효과로 지하고가 높으면 안 된다.

19. 겨울철에 줄기의 붉은색을 감상하기 위한 수종으로 가장 적합한 것은?

㉮ 나무수국 ㉯ 불두화
㉰ 신나무 ㉱ 흰말채나무

해설 흰말채나무 : 다간성 낙엽활엽관목으로 여름에는 수피가 청색이며 겨울철에 붉은색으로 변한다.

20. 콘크리트 타설시 시공성을 측정하는 가장 일반적인 것은?
㉮ 슬럼프 시험 ㉯ 압축강도 시험
㉰ 횡강도 시험 ㉱ 인장강도 시험

해설 워커빌리티(시공연도) : 시공연도 측정시험에는 슬럼프시험, 플로시험 등이 있다.

21. 자연석 중 전후 · 좌우 사방 어디에서나 볼 수 있으며, 키가 높아야 효과적인 돌의 형태는?
㉮ 입석(立石) ㉯ 횡석(橫石)
㉰ 평석(平石) ㉱ 와석(臥石)

해설 ① 입석 : 수석이라고도 하며 입체적으로 관상할 수 있으며 돌의 높이가 좋을수록 좋다.
② 횡석 : 가로로 눕혀 사용하는 돌로 불안감을 주는 돌을 받쳐줌으로써 안정감을 보여준다.
③ 평석 : 윗부분이 평평한 돌로 화분을 놓아 사용하기도 하며 안정감을 보여준다.
④ 와석 : 돌의 모양이 소가 누워 있는 형태로 안정감, 균형미를 보여준다.

22. 한지형 잔디에 속하지 않는 것은?
㉮ 버뮤다그래스
㉯ 이탈리안 라이그래스
㉰ 크리핑 벤트그래스
㉱ 켄터키 블루그래스

해설 • 한지형 잔디
① 켄터키 블루그래스, 크리핑 벤트그래스, 이탈리안 라이그래스, 톨 페스큐
② 9월에 뗏밥 주기를 한다.

해답 17. ㉮ 18. ㉰ 19. ㉱ 20. ㉮ 21. ㉮ 22. ㉮

③ 고온에서의 시비는 피해를 촉발시킬 수 있으므로 가능하면 시비를 하지 않는 것이 원칙이다.
• 난지형 잔디
① 한국잔디, 버뮤다그래스
② 6~8월인 여름철에 뗏밥 주기를 한다.

23. 상록침엽성의 수종에 해당하는 것은?
㉮ 산딸나무   ㉯ 낙우송
㉰ 비자나무   ㉱ 동백나무

해설 ① 상록침엽 교목: 소나무, 개잎나무, 향나무, 반송, 주목, 비자나무, 전나무, 독일가문비, 구상나무, 향나무, 섬잣나무, 편백, 화백, 측백
② 낙엽침엽교목: 은행나무, 낙우송, 입갈나무
③ 낙엽활엽교목: 느티나무, 벚나무, 가중나무, 감나무, 포플러, 자두나무, 개오동나무, 오동나무, 자귀나무, 산딸나무
④ 상록활엽교목: 광나무, 가시나무, 후박나무, 감탕나무, 차나무, 녹나무, 동백나무

24. 목재 방부를 위한 약액주입법 중 가압주입법에 속하지 않는 것은?
㉮ 로우리법   ㉯ 리그린법
㉰ 베델법   ㉱ 루핑법

해설 가압주입법
① 원통에 0.7~3.1MPa으로 가압한다.
② 로우리법, 베델법, 루핑법

25. 조경시설재료로 사용되는 목재는 용도에 따라 구조용 재료와 장식용 재료로 구분된다. 다음 중 강도 및 내구성이 커서 구조용 재료에 가장 적합한 수종은?
㉮ 단풍나무   ㉯ 은행나무
㉰ 오동나무   ㉱ 소나무

해설 소나무의 용도: 구조용 재료로서 기둥, 서까래, 대들보, 완구, 조각재, 가구, 펄프, 합판

26. 다음 중 개화 시기가 가장 빠른 것은?
㉮ 황매화   ㉯ 배롱나무
㉰ 매자나무   ㉱ 생강나무

해설 ① 3월에 꽃이 피는 수종: 개나리, 남경도, 생강나무, 매화, 영춘화
② 황매화: 4~5월에 꽃이 핀다.
③ 배롱나무: 7~9월 꽃이 핀다.
④ 매자나무: 5월 꽃이 핀다.

27. 복잡한 형상의 제작 시 품질도 좋고 작업이 용이하며 내식성이 뛰어나다. 탄소 함유량이 약 1.7~6.6%, 용융점은 1100~1200℃로서 선철에 고철을 섞어서 용광로에서 재용해하여 탄소 성분을 조절하여 제조하는 것은?
㉮ 동합금   ㉯ 주철
㉰ 중철   ㉱ 강철

해설 주철: 탄소 함유량이 1.7% 이상인 철을 주철이라 하며 단조, 압연 등의 기계적 가공은 할 수 없으나 복잡한 모양으로 쉽게 주조할 수 있는 특징이다.

28. 정원 내 식재하였을 때 10월경에 향기가 가장 많이 느껴지는 수종은?
㉮ 담쟁이덩굴 ㉯ 피라칸사스
㉰ 식나무   ㉱ 금목서

해설 금목서
① 상록활엽관목
② 꽃은 9월에 개화되며 등황색으로 짙은 향기가 있다.

29. 목재의 장점이라 할 수 있는 것은?
㉮ 가공하기 쉽고 열전도율이 낮다.
㉯ 부패성이 크다.
㉰ 부위에 따라 재질이 고르지 못하나 불에는 강하다.
㉱ 함수율에 따라 변형되기 쉽다.

해답 23. ㉰ 24. ㉯ 25. ㉱ 26. ㉱ 27. ㉯ 28. ㉱ 29. ㉮

해설 목재 재료의 특성
① 재질이 부드럽고 촉감이 좋다.
② 무게가 가벼우면서 강하다.
③ 가공이 편하며 무늬가 아름답다.
④ 열과 전기 전도율이 낮다.
⑤ 화재와 습기에 약하다.

30. 도료의 성분에 의한 분류로 틀린 것은?
㉮ 수성페인트 : 합성수지+용제+안료
㉯ 유성바니시 : 수지+건성유+희석제
㉰ 합성수지도료(용제형) : 합성수지+용제+안료
㉱ 생칠 : 칠나무에서 채취한 그대로의 것

해설 ① 수성페인트 : 아교, 카세인, 녹말+물+안료를 혼합한 도장재료이다.
② 수지성 페인트 : 합성수지+안료+휘발성 용제를 혼합한 도장재료이다.

31. 조경수목의 크기에 따른 분류 방법이 아닌 것은?
㉮ 교목류   ㉯ 관목류
㉰ 만경목류 ㉱ 침엽수류

해설 ① 수목 고유의 모양에 따른 분류
  ㉠ 교목류
  ㉡ 관목류
  ㉢ 만경목류
② 잎의 모양에 따른 분류
  ㉠ 침엽수류
  ㉡ 활엽수류

32. 다음 중 변성암(變成岩) 계통의 석재(石材)인 것은?
㉮ 대리석   ㉯ 화강암
㉰ 화산암   ㉱ 이판암

해설 ① 변성암의 종류 : 대리석, 트래버틴, 사문암
② 화성암의 종류 : 화강암, 안산암, 부석, 현무암, 섬록암

33. 다음 중 연못가나 습지 등에서 가장 잘 견디는 수목은?
㉮ 오리나무   ㉯ 향나무
㉰ 신갈나무   ㉱ 자작나무

해설 습지를 좋아하는 수종 : 낙우송, 주엽나무, 위성류, 오동나무, 수국, 계수나무, 오리나무

34. 혼화제 중 계면활성작용(surface active reaction)에 의해 콘크리트의 워커빌리티, 동결 융해에 대한 저항성 등을 개선시키는 것이 아닌 것은?
㉮ 팽창제   ㉯ 고성능감수제
㉰ AE제   ㉱ 감수제

해설 팽창제 : 콘크리트를 경화과정에서 팽창시키는 것을 말하며 콘크리트 부재의 건조수축을 방지한다.

35. 석재를 조성하고 있는 광물의 조직에 따라 생기는 눈의 모양을 가리키며, 돌결이라는 의미로 사용되기도 하고, 조암광물 중에서 가장 많이 함유된 광물의 결정 벽면과 일치함으로 화강암에서는 장석의 분리면에 해당하는 것은?
㉮ 층리   ㉯ 편리
㉰ 석목   ㉱ 석리

해설 석리 : 화성암을 고찰할 때 광물 입자들의 모여서 이루는 배열상태에 따라 나타나는 눈의 모양을 석리한다.

36. 발주자와 설계용역 계약을 체결하고 충분한 계획과 자료를 수집하여 넓은 지식과 경험을 바탕으로 시방서와 공사내역서를 작성하는 자를 가리키는 용어는?
㉮ 설계자   ㉯ 감리원
㉰ 수급인   ㉱ 현장대리인

해답 30. ㉮ 31. ㉱ 32. ㉮ 33. ㉮ 34. ㉮ 35. ㉱ 36. ㉮

해설 조경설계 기술자
① 도면제도, 기본계획수립, 물량산출 및 시방서 작성 등 이용자의 문화와 생활양식을 받아들여 표현하고 설계한다.
② 우주와 자연의 아름다움을 인간에게 사용할 수 있도록 하는 것이다.
③ 조경시공기술자 : 시설물공사시공 직무를 수행한다.
④ 조경전문가 : 조경설계, 시공기술자를 말하며 우주와 자연의 아름다움을 인간에게 사용할 수 있도록 하는 것이다.

37. 다음 [보기]에서 조경수목의 식재작업을 실시할 때 제일 먼저 선행해야 할 작업은?

[보기]
① 객토(客土)   ② 약제살포
③ 지주세우기   ④ 식혈(植穴)

㉮ ①   ㉯ ②   ㉰ ③   ㉱ ④

해설 ① 식혈 : 수목을 심기 위하여 파는 구덩이를 말한다.
② 객토 : 토양의 지력을 높이기 위해 좋은 흙을 가져다 섞어 다지는 일이다.
③ 지주세우기 : 이식한 나무가 흔들리지 않도록 지주목을 설치한 것이다.

38. 잔디에 관한 설명으로 틀린 것은?
㉮ 잔디는 생육온도에 따라 난지형 잔디와 한지형 잔디로 구분된다.
㉯ 잔디의 번식방법에는 종자파종과 영양번식 등이 있다.
㉰ 한국잔디는 일반적으로 종자번식이 잘 되기 때문에 건설현장에서 종자파종으로 잔디밭을 조성한다.
㉱ 종자파종은 뗏장심기에 비하여 균일하고 치밀한 잔디면을 만들 수 있다.

해설 한국잔디는 일반적으로 종자번식이 잘 되지 않으므로 포보경 번식(줄기번식)을 하는 것이 좋다.

39. 토공사용 기계에 대한 설명으로 부적당한 것은?
㉮ 불도저는 일반적으로 60m 이하의 배토 작업에 사용한다.
㉯ 드래그라인은 기계위치보다 낮은 연질 지반의 굴착에 유리하다.
㉰ 클램셸은 좁은 곳의 수직터파기에 쓰인다.
㉱ 파워셔블은 기계가 위치한 면보다 낮은 곳의 흙파기에 쓰인다.

해설 ① 파워셔블(power shovel) : 원형으로 작업위치보다 높은 굴착에 적합하며 산, 절벽 굴착에 쓰인다.
② 드래그라인 : 긁어파기, 지면보다 낮은 곳을 넓게 굴삭하는 데 사용한다.

40. 수목을 이식하려고 굴취할 경우에 뿌리분(盆)의 크기는 어느 정도가 가장 적합한가?
㉮ 근원직경의 4배
㉯ 흉고직경의 4배
㉰ 근원직경의 1/4배
㉱ 수고의 1/10배

해설 뿌리분의 크기 : 수목의 이식 시 조개분으로 분뜨기했을 때 분의 깊이는 근원직경의 4배 정도로 한다.

41. 지하층 배수에 이용되는 암거의 배치 방법 중 어골형의 형태는?

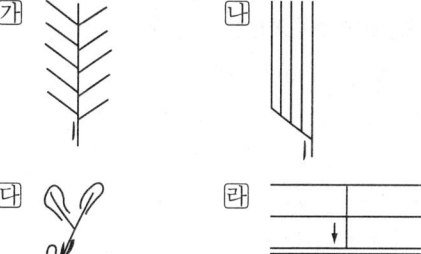

해답 37. ㉱   38. ㉰   39. ㉱   40. ㉮   41. ㉮

[해설] ① 어골형: 평탄지이고 전 지역에 균일하게 배수가 필요한 지역이며 지관길이는 30m 이하이고 각도는 45° 이하로 설치한다.
② 빗살형(즐치형): 규모가 작은 면적의 전 지역에 균일하게 배수할 때 사용한다.
③ 자유형(자연형): 대규모 공원과 같이 완전한 배수가 요구되지 않는 지역에서 사용하며 등고선을 고려하여 주관을 설치하고 설치된 주관을 중심으로 양측에 지관을 설치한다.

42. 공사발주를 하거나 견적을 작성하는 데 필요한 설계도서에 포함되지 않는 것은?
㉮ 일반시방서 ㉯ 일위대가표
㉰ 수량산출서 ㉱ 계약서

[해설] 설계도서 포함 내용: 시방서, 일위대가표, 수량산출서, 구조계산서

43. 건설표준품셈에서 붉은 벽돌의 할증률은 얼마까지 적용할 수 있는가?
㉮ 3% ㉯ 5% ㉰ 10% ㉱ 15%

[해설] 재료의 할증률
① 붉은 벽돌, 내화벽돌, 이형철근, 타일, 경계블록, 호안블록, 합판(일반용): 할증률 3%
② 목재(각재), 합판(수장용), 시멘트벽돌: 할증률 5%
③ 목재(판재), 조경용 수목, 잔디, 초화류: 할증률 10%

44. 조경수목 중 일반적인 상록활엽수(常綠闊葉樹)의 이식적기는?
㉮ 이른 봄과 장마철
㉯ 여름과 휴면기인 겨울
㉰ 초겨울과 생장기인 늦은 봄
㉱ 늦은 봄과 꽃이 진 시기

[해설] 이식 시기
① 상록활엽수: 이른 봄(3~4월)과 장마철(6~7월)
② 낙엽활엽수: 이른 봄(3~4월 초)과 가을철(휴면기, 10~11월)
③ 침엽수: 이른 봄(3~4월 초)과 가을철(9~10월)
④ 침엽수(독성, 심근성): 이른 봄(3~4월 초)과 가을철(8~9월)

45. 지주세우기에서 일반적으로 대형의 나무에 적용하며, 경관적 가치가 요구되는 곳에 설치하는 지주 형태는?
㉮ 이각형
㉯ 삼발이형
㉰ 삼각 및 사각지주형
㉱ 당김줄형

[해설] ① 당김줄형 지주: 턴버클을 이용하여 대형의 나무에 적용하며 경관적 가치가 요구되는 곳에 설치
② 이각지주: 수고 높이가 2m 이하의 교목에 설치한다.
③ 삼각지주: 3개의 가로목과 중간목을 설치한다.
④ 사각지주: 아름답고 견고하지만 비용이 증가된다.
⑤ 삼발이형 지주: 수고 높이가 2m 이상의 교목에 설치한다.

46. 길이쌓기 켜와 마구리쌓기 켜가 번갈아 반복되게 쌓는 방법으로 모서리나 벽이 끝나는 곳에는 반절이나 2·5 토막이 쓰이는 벽돌쌓기 방법은?
㉮ 영국식 쌓기 ㉯ 프랑스식 쌓기
㉰ 영롱 쌓기   ㉱ 미국식 쌓기

[해설] ① 영국식 쌓기
㉠ 모서리에 반절, 이오토막을 사용하며 통줄눈이 생기지 않는 것이 특징이며 한 켜는 마구리쌓기로 하고 다음은 길이쌓기로 하며 교대로 하여 쌓는다.
㉡ 내력벽 쌓기에 사용되며 가장 튼튼한 쌓기법이다.

[해답] 42. ㉱ 43. ㉮ 44. ㉮ 45. ㉱ 46. ㉮

② 프랑스식 쌓기
  ㉠ 끝부분에는 이오토막을 사용하며 한 켜는 길이쌓기로 하고 다음은 마구리쌓기로 하며 교대로 하여 쌓는다.
  ㉡ 치장용으로 많이 사용되며 많은 토막벽돌이 사용된다.
③ 미국식 쌓기
  ㉠ 앞면 5켜까지는 치장벽돌로 길이쌓기로 하고 다음은 마구리쌓기로 하고 뒷면은 영국식으로 쌓는다.
  ㉡ 치장 벽돌을 사용한다.

47. 일반적으로 빗자루병이 가장 쉽게 발생하는 대표 수종은?
㉮ 향나무   ㉯ 동백나무
㉰ 대추나무   ㉱ 장미

[해설] 빗자루병(witche's broom)
① 전나무, 대추나무, 벚나무빗자루병(taphrina wiesneri), 대나무, 살구나무, 오동나무, 붉나무빗자루병
② 테트라사이클린계 항생물질의 수간 주사, 파리티온수화제, 메타유제 1000배액을 살포한다.
③ 대추나무, 오동나무, 벚나무, 대나무, 살구나무, 전나무

48. 소나무에 많이 발생하는 솔나방의 구제에 가장 효과적인 농약은?(단, 월동 유충 활동기(4~5월) 및 부화유충 발생기(8월 하순~9월 중순)가 사용 적기이다.)
㉮ 만코제브수화제(다이센엠-45)
㉯ 캡탄수화제(경농캡탄)
㉰ 폴리옥신디·티오파네이트메틸수화제(보람)
㉱ 트리클로르폰수화제(디프록스)

[해설] 삼림 해충 솔나방 (식엽성 해충류)
① 솔나방(Dendrolimus spectabilis Butler) : 한국, 중국, 일본에 분포한다.
② 피해 수종 : 소나무류
③ 트리므론 25% 수화제를 4월, 9월 살포하여 방제한다.

④ 디프제(디프록스)를 살포한다.

49. 동해(凍害) 발생에 관한 설명 중 틀린 것은?
㉮ 난지(暖地産) 수종, 생육지에서 멀리 떨어져 이식된 수종일수록 동해에 약하다.
㉯ 건조한 토양보다 과습한 토양에서 더 많이 발생한다.
㉰ 바람이 없고 맑게 갠 밤의 새벽에는 서리가 적어 피해가 드물다.
㉱ 침엽수류과 낙엽활엽수류는 상록활엽수류보다 내동성이 크다.

[해설] 동해 : 동해는 추운 겨울보다 2~3월과 가을철에 많이 발생하며 침엽수가 추위에 견디는 내동성이 크다.

50. 조경공사에 사용되는 장비 중 운반용 기계에 해당되지 않는 것은?
㉮ 덤프 트럭(dump truck)
㉯ 크레인(crane)
㉰ 백호우(back hoe)
㉱ 지게차(forklift)

[해설] ① 백호우 드래그셔블(백호우) : 굴착기계로서 작업 위치보다 낮은 장소의 굴착에 사용한다.
② 파워셔블(power shovel) : 원형으로 작업 위치보다 높은 굴착에 적합하며 산, 절벽 굴착에 쓰인다.

51. 설치비용은 비싸지만 열효율이 높고 투시성이 좋으며 관리비도 싸서 안개지역, 터널 등의 장소에 설치하기 적합한 조명등은?
㉮ 할로겐등   ㉯ 고압수은등
㉰ 저압나트륨등 ㉱ 형광등

[해설] ① 저압나트륨등 : 효율이 가장 높고 수명이 가장 길어 도로조명, 터널조명, 안개속 조명으로도 사용된다.

해답 47. ㉰ 48. ㉱ 49. ㉰ 50. ㉰ 51. ㉰

② 고압나트륨등 : 에너지 효율이 높고 황백색으로 노란색 광원이며 터널조명으로 사용된다.
② 백열등 : 효율이 가장 낮고 수명이 가장 짧다.
③ 수은등 : 수목과 잔디의 황록색 조명을 유지한다.

52. 주택정원을 공사할 때 어느 공정을 가장 먼저 실시하여야 하는가?
㉮ 돌쌓기　　㉯ 콘크리트 치기
㉰ 터닦기　　㉱ 나무심기
〔해설〕 터닦기를 제일 먼저 시작하며 수목식재를 마지막에 한다.

53. 잔디깎기의 목적으로 옳지 않은 것은?
㉮ 잡초 방제　　㉯ 이용 편리 도모
㉰ 병충해 방지　　㉱ 잔디의 분열억제
〔해설〕 잔디깎기의 목적은 잔디가 수평으로 분열하는 것을 촉진시키고 통풍을 좋게 하여 좋은 잔디밭을 얻기 위함이 목적이다.

54. 보행인과 차량교통의 분리를 목적으로 설치하는 시설물은?
㉮ 트렐리스(trellis)　　㉯ 벽천
㉰ 볼라드(bollard)　　㉱ 램프
〔해설〕 ① 볼라드(bollard) : 자동차의 주차금지 및 인도에 진입하는 것을 방지하기 위하여 경계면에 세워둔 구조물이다.
② 트렐리스(trellis) : 보통 가는 철제 파이프 또는 각목으로 만들며 덩굴식물이 기대거나 감아서 올라갈 수 있게 해주는 격자 울타리이다.
③ 벽천 : 벽에 설치한 수구, 분수, 조각물의 형상 등에서 물이 나오도록 하는 것으로 분수의 형태이다.
④ 램프(ramp) : 장애인이 사용할 수 있도록 도로, 계단 대신 사용하는 경사로서 휠체어를 사용하는 공간이다.

55. 어린이들을 위한 운동시설로서 모래터에 사용되는 모래의 깊이는 어느 정도가 가장 효과적인가?(단, 놀이의 형태에 규제를 받지 않고 자유로이 놀 수 있는 공간이다.)
㉮ 약 3cm 정도　　㉯ 약 12cm 정도
㉰ 약 15cm 정도　　㉱ 약 25cm 정도
〔해설〕 모래의 깊이 : 25~30cm 이상으로 한다.

56. 디딤돌을 놓을 때 답면(踏面)은 지표(地表)보다 어느 정도 높게 앉혀야 하는가?
㉮ 3~6cm　　㉯ 7~10cm
㉰ 15~20cm　　㉱ 25~30cm
〔해설〕 디딤돌 지표보다 3~6cm 정도 높게 얹힌다.

57. 진흙 굳히기 공법은 주로 어느 조경공사에서 사용되는가?
㉮ 원로공사　　㉯ 암거공사
㉰ 연못공사　　㉱ 옹벽공사
〔해설〕 진흙 굳히기 공법 : 연못공사에 공사에 사용된다.

58. 수목에 약액의 수간주입 방법 설명으로 틀린 것은?
㉮ 약액의 수간 주입은 수액 이동이 활발한 5월 초~9월 말에 실시한다.
㉯ 흐린 날에 실시해야 약액의 주입이 빠르다.
㉰ 영양액이 들어 있는 수간 주입기를 사람 키 높이 되는 곳에 끈으로 매단다.
㉱ 약통 속에 약액이 다 없어지면, 수간 주입기를 걷어내고 도포제를 바른 다음, 코르크 마개로 주입구멍을 막아준다.
〔해설〕 수간 주사 : 수목의 외과수술 및 수간주

〔해답〕 52. ㉰　53. ㉱　54. ㉰　55. ㉱　56. ㉮　57. ㉰　58. ㉯

사는 4~9월 중에 실시하며 수분증산 작용이 좋은 기후가 맑은 날씨에 수간 주사로 치료한다.

59. 콘크리트 공사시의 슬럼프 시험은 무엇으로 측정하기 위한 것인가?
㉮ 반죽질기 ㉯ 피니셔빌리티
㉰ 성형성   ㉱ 블리딩

해설 슬럼프 시험 : 콘크리트의 반죽질기를 측정하여 워커빌리티(시공성)를 측정하는 것이다.

60. 굴취해 온 나무를 가식할 장소로 적합하지 않은 곳은?
㉮ 식재지에서 가까운 곳
㉯ 배수가 잘 되는 곳
㉰ 햇빛이 드는 양지바른 곳
㉱ 그늘이 많이 지는 곳

해설 수목의 수분증발을 방지하여야 한다.

해답 59. ㉮ 60. ㉰

▶ 2009년 9월 27일 시행

자격종목	코 드	시험시간	형 별	수험번호	성 명
조경기능사	7900	1시간	A		

1. 다음 중 여러 단을 만들어 그 곳에 물을 흘러내리게 하는 이탈리아 정원에서 많이 사용되었던 조경기법은?

㉮ 캐스케이드 ㉯ 토피어리
㉰ 록 가든 ㉱ 캐널

해설 캐스케이드(cascade) : 일명 계단폭포이며 물이 흘러내려 계단에서 폭포처럼 쏟아진다.

2. 일반적으로 높이 10m의 방풍림에 있어서 방풍 효과가 미치는 범위를 바람 위쪽과 바람 아래쪽으로 구분할 수 있는데, 바람 아래쪽은 약 얼마까지 방풍효과를 얻을 수 있는가?

㉮ 100m ㉯ 300m
㉰ 500m ㉱ 1000m

해설 방풍림의 방풍효과
① 바람의 위쪽 부분 효과 : 수림대 수고의 위쪽으로 6~10배까지 효과가 미친다.
② 바람의 아래쪽 부분 효과 : 수림대 수고의 아래쪽으로 25~30배까지 효과가 미친다.
③ 높이 10m×(25~30배) = 250~300m까지 효과를 미친다.

3. 다음 중 중국에서 가장 오래전에 큰 규모의 정원으로 만들어졌으나 소실되어 남아 있지 않은 것은?

㉮ 중앙공원 ㉯ 북해공원
㉰ 아방궁 ㉱ 만수산이궁

해설 중국 진나라 진시황이 세운 궁전이다.

4. 영구위조(永久萎凋)시의 토양의 수분 함량은 사토(砂土)의 경우 몇 %인가?

㉮ 2~4% ㉯ 10~15%
㉰ 20~25% ㉱ 30~40%

해설 ① 사토의 수분함량 : 2~4%이며 식물이 결국 고사하게 된다.
② 토양의 구성 : 공기(25%) 수분(25%) 토양(무기물 45% + 유기물 5%)

5. 우리나라에서 조경이라는 용어가 사용되기 시작한 때는?

㉮ 1960년대 초반
㉯ 1970년대 초반
㉰ 1980년대 초반
㉱ 1990년대 초반

해설 1970년대 초반 조경이라는 용어사용과 함께 조경의 중요성이 시작되었다.

6. 조경제도에서 단면도를 그리기 위해 평면도에 절단위치를 표시하고자 한다. 사용할 선의 종류는?

㉮ 실선 ㉯ 파선
㉰ 2점 쇄선 ㉱ 1점 쇄선

해설 ① 1점 쇄선 : 절단선, 경계선, 기준선으로 물체의 절단한 위치를 표시하거나 경계선으로 사용한다.
② 2점 쇄선 : 가상선으로 물체가 있는 것으로 가상되는 부분을 표시하거나 1점 쇄선과 구별할 때 사용된다.
③ 파선 : 숨은선으로 물체가 보이지 않는 부분의 모양을 표시하는 데 사용한다.
④ 실선 : 가는선으로 치수선, 치수보조선, 지시선, 해칭선을 사용한다.

해답 1. ㉮ 2. ㉯ 3. ㉰ 4. ㉮ 5. ㉯ 6. ㉱

7. 18세기 랩턴에 의해 완성된 영국의 정원 수법으로 가장 적합한 것은?
㉮ 노단건축식
㉯ 평면기하학식
㉰ 사의주의 자연풍경식
㉱ 사실주의 자연풍경식

해설 영국의 정원 수법 : 험프리 렙턴(Humphrey Repton, 1752~1818)은 사실주의 자연풍경식 정원의 완성한 이론가 설계자로 자연미를 추구하고 동시에 실용성과 인공적인 특징을 잘 조화시켰다.

8. 다음 중 오픈스페이스의 효용성과 가장 관련이 먼 것은?
㉮ 도시 개발형태의 조절
㉯ 도시 내 자연을 도입
㉰ 도시 내 레크리에이션을 위한 장소를 제공
㉱ 도시 기능 간 완충효과의 감소

해설 오픈 스페이스
① 지붕이 없는 하늘을 향해 열려 있는 땅으로 일상의 생활에서 벗어나 스스로를 재창조할 수 있는 장소로서 공터나 녹지공간을 말한다.
② 효용 : 도시 개발의 조절, 도시환경의 질 개선, 시민생활의 질 개선, 도시내 자연을 만든다.

9. 먼셀의 색상환에서 BG는 무슨 색인가?
㉮ 연두   ㉯ 남색
㉰ 청록   ㉱ 보라

해설 ① BG : 청록색(blue(파랑)+green(초록))
② PB : 남색(남보라)
③ GR : 연두색
④ Y : 노랑색
⑤ P : 보라색

10. 독도는 광활한 바다에 우뚝 솟은 바위섬이다. 독도의 전망대에서 바라보는 경관의 유형으로 가장 적합한 것은?
㉮ 파노라마 경관
㉯ 지형 경관
㉰ 위요 경관
㉱ 초점 경관

해설 파노라마 경관(전경관) : 시야의 제한 없이 멀리까지 보는 경관이다. 높은 곳에서 멀리 내려다보는 경관으로 자연에 대한 웅장하고 아름다움을 볼 수 있다.

11. 축소 지향적인 형태의 양식으로 일본의 상징성으로 조성된 정원 양식은?
㉮ 중정식
㉯ 고산수식 정원
㉰ 전원 풍경식 정원
㉱ 평면기하학식

해설 일본 정원 양식
① 모모야마시대(1580년) : 다정 정원 양식이 발달하였다.
② 일본 정원 양식의 시대적 순서 : 임천식 → 회유임천식 → 축산고산수식(무로마치시대) → 평정고산수식 → 다정식 → 회유식
③ 정신세계의 상징화, 인공적인 기교, 관상적인 가치를 중심에 두었다.
④ 조화에 강조한 자연식 정원, 정원을 축소한 축경식 정원 양식을 사용하였다.
⑤ 고산수식정원 : 축소 지향적으로 수목(산봉우리), 바위(폭포), 왕모래(물)를 사용한 상징성으로 조성된 정원 양식이다.

12. 정원과 밀접한 관계를 가진 자연환경 요소가 아닌 것은?
㉮ 토양   ㉯ 광선
㉰ 바람   ㉱ 인동간격

해설 ① 자연환경(경관)요소 : 식생, 기상조건, 토양조사, 해양환경, 동식물, 지질, 암석 등이 있다.
② 인문환경요소 : 주변 교통량, 문화재, 인구 등이 있다.

해답 7. ㉱ 8. ㉱ 9. ㉰ 10. ㉮ 11. ㉯ 12. ㉱

13. 조경설계에서 보행인의 흐름을 고려하여 최단거리의 직선 동선(動線)으로 설계하지 않아도 되는 것은?

㉮ 대학 캠퍼스 내
㉯ 축구 경기장 입구
㉰ 주차장, 버스정류장 부근
㉱ 공원이나 식물원 내

해설 동선 설계
① 공원, 식물원은 휴식 및 관람을 목적으로 함으로 느린 동선으로 설계한다.
② 대학 캠퍼스 내, 축구 경기장 입구, 주차장, 버스정류장 부근은 이용도가 높은 동선으로 길이는 짧게 해야 한다.

14. 다음 정원요소 중 인도정원에 가장 큰 영향을 미친 것은?

㉮ 노단   ㉯ 토피어리
㉰ 돌수반   ㉱ 물

해설 인도 정원은 정형식 정원양식을 바탕으로 물, 꽃, 그늘이 중심이다.

15. 정연한 가로수, 뜀 돌의 배열, 벽천이나 분수에서 끊임없이 물을 내뿜는 것 등은 어떤 미를 응용한 예인가?

㉮ 점층미   ㉯ 반복미
㉰ 대비미   ㉱ 조화미

해설 같은 형태의 재료들이 일정한 간격을 두고 계속해서 배치하는 방법으로 가로수의 식재된 모습에서 질서적인 면을 강조함으로써 안정감과 통일감을 보여준다.

16. 형상은 절두각추체에 가깝고, 전면은 거의 평면을 이루며 대략 정사각형으로서 뒷길이 접촉면의 폭, 뒷면 등이 규격화된 돌로서 4방락 또는 2방락의 것이 있다. 접촉면의 폭은 전면 1번의 길이의 1/10 이상이라야 하고, 접촉면의 길이는 1번의 평균 길이의 1/2 이상인 돌은?

㉮ 호박돌   ㉯ 다듬돌
㉰ 견치돌   ㉱ 각석

해설 다듬돌 : 일정한 규격으로 다듬어진 돌로 접촉면의 길이는 1번의 평균 길이의 1/2 이상이다.

17. 일반적으로 제재된 목재의 기건상태는 함수율이 몇 %일 때인가?

㉮ 5%   ㉯ 15%   ㉰ 30%   ㉱ 50%

해설 ① 기건 함수율 : 나무에 포함된 수분의 함유량은 15%이다.
② 목재가 대기 중에 온도와 습도가 평형상태를 이루고 있는 상태이다.

18. 정원수 이용 분류상 [보기]의 설명이 해당되는 것은?

[보기]
- 가지다듬기에 잘 견딜 것
- 아랫가지가 말라 죽지 않을 것
- 잎이 아름답고 가지가 치밀할 것

㉮ 가로수   ㉯ 녹음수
㉰ 방풍수   ㉱ 생울타리

해설 생울타리용 수종의 조건
① 적당한 높이로 아래가지가 죽지 않고 오래 살아야 한다.
② 가급적 상록수가 좋으며 잎과 가지가 치밀하여야 한다.
③ 성질이 강하고 아름다우며 번식력이 강한 수종을 선택한다.
④ 맹아력이 크며 척박한 환경조건에도 잘 견디어야 한다.

19. 넝쿨로 자라면서 여름에 아름다운 꽃이 피는 수종은?

㉮ 등나무   ㉯ 홍가시나무
㉰ 능소화   ㉱ 남천

해답 13. ㉱ 14. ㉱ 15. ㉯ 16. ㉯ 17. ㉯ 18. ㉱ 19. ㉰

해설 능소화 : 7월 황홍색 또는 적황색 꽃이 핀다.

20. 다음 중 건조한 땅에 잘 견디는 수종은?
㉮ 가중나무   ㉯ 낙우송
㉰ 능수버들   ㉱ 위성류

해설 건조한 지역에 잘 견디는 수종 : 소나무, 노간주나무, 가중나무, 자작나무, 가죽나무, 향나무, 산오리나무

21. 다음 중 개화기간이 길며, 줄기의 수피 껍질이 매끈하고 적갈색 바탕에 백반이 있어 시각적으로 아름다우며 한 여름에 꽃이 드문 때 개화하는 부처꽃과(科)의 수족은?
㉮ 배롱나무   ㉯ 벚나무
㉰ 산딸나무   ㉱ 회화나무

해설 배롱나무
① 낙엽 소교목
② 여름(7~9월)에 꽃이 개화되어 100일 동안 붉은색 꽃이 피어 있다.

22. 콘크리트의 골재, 석축의 메움(채움) 돌 등으로 주로 사용되는 것은?
㉮ 잡석   ㉯ 호박돌
㉰ 자갈   ㉱ 견치석

해설 자갈 : 지름 5mm 이상을 돌을 자갈이라 하며 보통 5~75mm 크기 정도이다. 콘크리트의 골재, 석축의 메움(채움)돌 등으로 사용한다.

23. 조경 수목의 구비조건으로 적합하지 않은 것은?
㉮ 불리한 환경에서도 견딜 수 있는 힘이 커야 한다.
㉯ 병·해충에 대한 저항성이 강해야 한다.
㉰ 다듬기 작업 등 관리가 용이해야 한다.
㉱ 번식이 어렵고, 소량으로 구입할 수 있어야 한다.

해설 조경수목의 조건
① 이식이 잘 되고 어려운 생태계 환경 속에서도 생존 및 성장을 할 수 있어야 한다.
② 다듬기작업, 시비·병해, 전정 등 수목의 유지관리가 잘 되어야 한다.
③ 주변 경관과 조화를 이루며 사용 목적에 적합해야 한다.

24. 수확한 목재를 주로 가해하는 대표적 해충은?
㉮ 흰개미   ㉯ 매미
㉰ 풍뎅이   ㉱ 흰불나방

해설 흰개미에 의해 많은 피해가 발생하며 문화재의 피해가 심하다.

25. 뚜렷하고 곧은 원줄기가 있고, 줄기와 가지의 구별이 명확하며 줄기의 길이가 현저히 큰 나무를 가리키는 것은?
㉮ 덩굴식물   ㉯ 교목
㉰ 관목   ㉱ 지피식물

해설 ① 교목(arbor) : 높이가 8m 넘고 수간과 가지의 구별이 뚜렷하며 뿌리에서 뚜렷한 원줄기에서 나뭇가지가 뻗어 나가며 줄기의 지름이 크다.
② 관목(shrub) : 높이가 2m 이내이고 뿌리에서 여러 줄기가 나와서 원줄기를 찾을 수 있으며 줄기의 지름이 가늘다.
③ 덩굴성 식물 : 흔히 만경목이라고도 하며 줄기기 길며 곧게 서지 않고 수목이나 지지물에 감기나 붙어서 생장하는 식물이다.
④ 지피식물 : 잔디, 맥문동, 클로버 등 초본류나 이끼류 등처럼 지표면을 낮게 덮는 식물을 말한다.

26. 토양의 비옥도에 따라 수종이 영향을 받는데, 척박지에 잘 견디는 수종으로 가장 적합한 것은?

해답 20. ㉮   21. ㉮   22. ㉰   23. ㉱   24. ㉮   25. ㉯   26. ㉯

㉮ 삼나무　　㉯ 자귀나무
㉰ 배롱나무　㉱ 이팝나무

해설 ① 토양이 좋지 않은 척박지에 생육이 강한 수종: 소나무, 오리나무, 버드나무, 자작나무, 등나무, 보리수나무, 눈향나무, 자귀나무
② 토양이 좋은 비옥지에서 생육이 강한 수종: 측백나무, 벽오동, 회양목, 벚나무, 장미, 모란, 느티나무, 단풍나무

27. 마그마가 지하 10km 정도의 깊이에서 서서히 굳어진 화강암의 주요 구성 광물이 아닌 것은?

㉮ 석회　　㉯ 석영
㉰ 장석　　㉱ 운모

해설 화강암(granite): 석영과 운모, 장석류를 주성분으로 하며 석질이 견고하고 풍화작용과 마멸에 강하다.

28. 콘크리트공사에서 워커빌리티의 측정법으로 부적합한 것은?

㉮ 표준관입시험
㉯ 구관입시험
㉰ 다짐계수시험
㉱ 비비(Vee-Bee)시험

해설 워커빌리티의 측정법: ① 구관입시험, ② 다짐계수시험, ③ 비비시험, ④ 흐름시험(flow test), ⑤ 리몰딩시험(remoulding test), ⑥ 콘크리트를 시공하기에 적당한 물기를 워커빌리티(workability) 또는 시공연도라 한다.

29. 조경재료 중 점토 제품이 아닌 것은?

㉮ 소형고압블록　㉯ 타일
㉰ 적벽돌　　㉱ 오지토관

해설 점토제품
① 타일: 도토나 자토 또는 양질의 점토 등을 원료로 하여 두께 5mm 정도의 판형으로 만든 것이다.

② 기와: 저급 점토을 1000℃로 소성하여 만든다.
③ 도관: 양질의 점토를 유약을 발라 1000℃ 이상의 온도로 구워낸 관이다.
④ 테라코타, 오지토관, 도관, 위생도기, 적벽돌

30. 볏짚의 쓰임 용도로 가장 부적합한 것은?

㉮ 줄기를 싸주거나 지표면을 덮어준다.
㉯ 줄기를 감싸 해충의 잠복소를 만들어 준다.
㉰ 내한력이 약한 나무를 보호하기 위해 사용된다.
㉱ 이식작업이나 운반 등 무거운 물체를 목도할 때 사용된다.

해설 이식작업이나 운반 등 무거운 물체를 목도할 때는 로프를 사용한다.

31. 다음 미장재료 중 가장 자연적인 분위기를 살릴 수 있고, 우리나라 고유의 전통성을 강조시키기에 가장 좋은 것은?

㉮ 시멘트 모르타르　㉯ 테라조
㉰ 벽토　　㉱ 페인트

해설 벽토: 진흙에 부드러운 모래, 짚여물, 안료, 물을 혼합하여 만든 것으로 전통적인 토담이나 담장 등에 바르는 미장재료로서 자연미를 보여준다.

32. 여름에는 연보라 꽃과 초록 잎을, 가을에는 검은 열매를 감상하기 위한 백합과 지피식물은?

㉮ 맥문동　　㉯ 만병초
㉰ 영산홍　　㉱ 칡

해설 맥문동: 여름에는 연보라색 꽃이 개화되며 가을에는 흑자색 열매가 달린다.

33. 일반적인 합판의 특징이 아닌 것은?

해답 27. ㉮　28. ㉮　29. ㉮　30. ㉱　31. ㉰　32. ㉮　33. ㉱

㉮ 함수율 변화에 의한 수축·팽창의 변형이 적다.
㉯ 균일한 크기로 제작 가능하다.
㉰ 균일한 강도를 얻을 수 있다.
㉱ 내화성을 크게 높일 수 있다.

해설 합판의 특징
① 목재를 얇게 오려낸 단판 여러 장을 겹쳐 압축하여 1장의 판으로 만든 것이다.
② 내화성에 약하다.

34. 벤치, 인공폭포, 인공암, 수복 보호판 등으로 이용하기 가장 적합한 것은?
㉮ 경질염화비닐판
㉯ 유리섬유강화플라스틱
㉰ 폴리스티렌수지
㉱ 염화비닐수지

해설 유리섬유 강화플라스틱(FRP : Fiberglass Reinforced Plastic) : 플라스틱에 유리섬유를 첨가시킨 것으로 벤치, 인공폭포, 수목보호판 등에 사용한다.

35. 흰색 계열의 꽃이 피는 수종은?
㉮ 배롱나무   ㉯ 산수유
㉰ 일본목련   ㉱ 백합나무

해설 일본목련
① 백색 계통 꽃이 피는 수종 : 쥐똥나무, 이팝나무, 층층나무, 배나무, 조팝나무, 백목련, 수국, 일본목련
② 5~6월 흰색의 꽃이 핀다.

36. 뿌리분의 직경을 정할 때 그 계산식이 바른 것은?(단, A : 뿌리분의 직경, N : 근원직경, d : 상록수와 낙엽수의 상수)
㉮ $A=24+(N-3) \cdot d$
㉯ $A=22+(N+3) \cdot d$
㉰ $A=26+(N-3) \cdot d$
㉱ $A=20+(N+3) \cdot d$

해설 뿌리분의 지름 $= 24+(N-3) \times D$
N : 줄기의 근원지름
D : 상수(상록수 : 4, 낙엽수: 5)

37. 잔디의 잡초 방제를 위한 방법으로 부적합한 것은?
㉮ 파종 전 갈아엎기
㉯ 잔디깎기
㉰ 손으로 뽑기
㉱ 비선택성 제초제의 사용

해설 잔디밭에는 클로버 제초제를 많이 사용하며 잔디는 보호하고 클로버는 제거하는 선택성 제초제를 살포하는 것이 옳다. 비선택성 제초체를 살포하면 잔디 및 모든 식물이 제거된다.

38. 배수불량 및 과다한 밟기가 원인으로 잎에 황색의 반점과 황색 가루가 발생하는 잔디에 가장 많이 발생하는 병은?
㉮ 녹병   ㉯ 탄저병
㉰ 근부병   ㉱ 입마름병

해설 녹병
㉠ 발병시기 : 5~6월, 9~10월에 발병한다.
㉡ 증상 : 잔디잎에 적색 가루가 나타난다.
㉢ 원인 : 질소부족, 고온다습

39. 일반적으로 원로에 설치되는 계단의 답면(踏面)의 나비를 b, 축상(蹴上)의 높이를 h라고 할 때 $2h+b$가 갖는 적당한 수치 범위는?
㉮ 30~40cm   ㉯ 60~65cm
㉰ 90~100cm   ㉱ 115~125cm

해설 계단 구조물 설계 기준
① $2h+b=60~65cm$, 발판높이 : h, 너비 : b

40. 배나무 붉은별무늬병의 겨울포자 세대의 중간기주 식물은?

해답 34. ㉯ 35. ㉰ 36. ㉮ 37. ㉱ 38. ㉮ 39. ㉯ 40. ㉯

㉮ 잣나무 ㉯ 향나무
㉰ 배나무 ㉱ 느티나무

해설 배나무, 모과나무의 여름포자, 겨울포자, 담자포자시기, 중간 기주 : 향나무

41. 수목을 굴취한 이후 옮겨심기 순서로 가장 적합한 것은?(단, 진행 과정 중 일부 작업은 생략할 수 있음)

㉮ 구덩이 파기 → 수목넣기 → $\frac{2}{3}$ 정도 흙 채우기 → 물 부어 막대기 다지기 → 나머지 흙 채우기

㉯ 구덩이 파기 → 수목 넣기 → 물 붓기 → $\frac{2}{3}$ 정도 흙 채우기 → 다지기 → 나머지 흙 채우기

㉰ 구덩이 파기 → $\frac{2}{3}$ 정도 흙 채우기 → 수목넣기 → 물부어 막대기 다지기 → 나머지 흙 채우기

㉱ 구덩이 파기 → 물 붓기 → 수목넣기 → 나머지 흙 채우기

해설 수목 이식시기
① 가을철이나 이른 봄에 이식하는 것이 가장 좋으며 식재지반을 조성하고 현장에 도착한 수목은 가능한 빨리 심는 것이 좋다.
② 이식식재 순서 : 구덩이 파기 → 수목 넣기 → 2/3 정도 흙 채우기 → 물 부어 막대기 다지기 → 나머지 흙 채우기

42. 조경의 구조물에는 직접기초가 사용되는데, 담장의 기초와 같이 길게 띠 모양으로 받치고 있는 기초를 가리키는 것은?

㉮ 독립기초 ㉯ 복합기초
㉰ 연속기초 ㉱ 전면기초

해설 ① 독립기초 : 한 개의 기초판으로 한 개의 기둥을 받치는 것으로서 동바리기초, 주춧돌 기초, 긴주춧돌 기초 등이 있다.
② 복합기초 : 한 개의 기초판으로 두 개 이상의 기둥을 받치는 기초

③ 줄기초(연속기초) : 벽 또는 일렬의 기둥을 대형의 기초판으로 받치게 한 기초로서 벽돌기초, 콘크리트기초, 장대돌기초 등이 있다.

43. 다음 중 수관 폭을 형성하는 가지 끝 아래의 수관선을 기준으로 환상으로 깊이 20~25cm, 너비 20~30cm 정도로 둥글게 파서 거름을 주는 방법은?

㉮ 윤상거름주기 ㉯ 방사상거름주기
㉰ 천공거름주기 ㉱ 전면거름주기

해설 ① 전면거름주기 : 한 그루씩 거름을 줄 경우, 뿌리가 확장되어 있는 부분을 뿌리가 나오는 곳까지 전면으로 땅을 파고 주는 방법이다.
② 방사상거름주기 : 파는 도랑의 깊이는 바깥쪽일수록 깊고 넓게 파야 하며, 선을 중심으로 하여 길이는 수관폭의 1/3 정도로 한다.
③ 천공거름주기 : 수관선상에 깊이 20cm 정도의 구멍을 군데군데 뚫고 거름을 주는 방법으로 액비를 비탈면에 줄 때 적용한다.
④ 윤상거름주기 : 수관폭을 형성하는 가지 끝 아래의 수관선을 기준으로 환상으로 깊이 20~25cm, 너비 20~30cm로 둥글게 판다.

44. 다음 중 산울타리의 다듬기 방법으로 옳은 것은?

㉮ 전정횟수와 시기는 생장이 완만한 수종의 경우 1년에 5~6회 실시한다.
㉯ 생장이 빠르고 맹아력이 강한 수종은 1년에 8~10회 실시한다.
㉰ 일반 수종은 장마 때와 가을 2회 정도 전정한다.
㉱ 화목류는 꽃이 피기 바로 전 실시하고, 덩굴식물의 경우 여름에 전정한다.

해설 산울타리 다듬기
① 산울타리 용도의 관목류는 5~6월, 9월에 두 번 전정하는 것이 좋다.
② 관목류는 일반적으로 꽃이 떨어진 이후에 전정하는 것이 좋다.

해답 41. ㉮ 42. ㉰ 43. ㉮ 44. ㉰

③ 관목류 : 높이가 2m 이하로 키가 작고 주줄기가 분명하지 않으며 땅속 부분에서부터 줄기가 갈라져 나는 수목이다.

45. 다음 중 유자격자는 모두 입찰에 참여할 수 있으며, 균등한 기회를 제공하고, 공사비를 절감할 수 있으나 부적격자에게 낙찰될 우려가 있는 입찰방식은?
㉮ 특명입찰 ㉯ 일반경쟁입찰
㉰ 지명경쟁입찰 ㉱ 수의계약

[해설] 일반경쟁입찰 방식 : 기회균등, 담합 방지, 공사비 절감 등의 장점이 있으나 부적격자에게 낙찰될 우려, 과다 경쟁 발생 등의 단점이 있다.

46. 다음 중 정원수 전정 시 맹아력이 가장 강한 것은?
㉮ 쥐똥나무 ㉯ 비자나무
㉰ 칠엽수 ㉱ 백송

[해설] ① 맹아력이 강한 수종을 선택하여야 한다.
② 맹아력이 강한 수종 : 주목, 모과나무, 무궁화, 개나리, 가시나무, 느티나무, 플라타너스, 쥐똥나무

47. 다음 [보기]와 같은 특징을 지닌 해충은?

[보기]
- 감나무, 벚나무, 사철나무 등에 잘 발생한다.
- 콩 꼬투리 모양의 보호깍지로 싸여 있고, 왁스 물질을 분비하기도 한다.
- 기계유 유제, 메티다티온 유제를 살포한다.

㉮ 바구미 ㉯ 진딧물
㉰ 깍지벌레 ㉱ 응애

[해설] 깍지벌레
① 수목에 붙어 수액을 빨아먹으며 번식력이 강하다. 직접적인 피해와 2차적으로 그을음병을 발생시킨다.
② 천적을 보호한다(무당벌레, 풀잠자리류).
③ 메치온유제(수프라사이드), 디메토 유제를 10일 간격으로 2~3회 정도 살포한다.

48. 이 비료성분은 탄소동화작용, 질소동화작용, 호흡작용 등 생리기능에 중요하며 뿌리, 가지, 잎 등의 생장점에 많이 분포되어 있다. 결핍 시 신장생장이 불량하여 줄기나 가지가 가늘고 작아지며, 묵은 잎부터 황변하여 떨어지게 하는 것은?
㉮ Fe ㉯ P ㉰ Ca ㉱ N

[해설] ① 질소(N) : 광합성 촉진 작용을 한다.
부족현상 : 잎과 줄기가 가늘어지며 잎이 황색으로 변색되어 떨어진다.
② 인(P) : 세포분열 촉진 기능, 꽃, 열매, 뿌리 성장, 새눈과 잔가지 발육에 기여 한다.
부족현상 : 뿌리 생장 기능 저하되며 잎이 암록색으로 변색되며 생산량이 감소한다.
③ 칼륨(K) : 꽃, 열매의 향기 및 색깔에 조절에 기여한다.
부족현상 : 황화현상 발생한다.
④ 칼슘(Ca) : 단백질 합성, 식물체 유기산 중화의 역할을 한다.
부족현상 : 생장점이 파괴되며 갈색으로 변색된다.
⑤ 비료의 3요소 : 질소+인+칼륨
⑥ 비료의 4요소 : 질소+인+칼륨+칼슘

49. 체계적인 품질관리를 추진하기 위한 데밍(Deming's cycle)의 관리로 가장 적합한 것은?
㉮ 계획(plan)-추진(do)-조치(action)-검토(check)
㉯ 계획(plan)-검토(check)-추진(do)-조치(action)
㉰ 계획(plan)-조치(action)-검토(check)-추진(do)

[해답] 45. ㉯ 46. ㉮ 47. ㉰ 48. ㉱ 49. ㉱

㉣ 계획(plan) – 추진(do) – 검토(check) – 조치(action)

해설 데밍의 품질관리
① 변동에 대한 지식과 공정, 지속적인 교육 훈련, 직무에서의 즐거움으로 품질을 개선한다는 의미이다.
② 계획(plan) – 추진(do) – 검토(check) – 조치(action)

50. 토피어리(Topiary)의 용어 설명으로 가장 적합한 것은?

㉮ 정지, 전정이 잘 된 나무를 뜻한다.
㉯ 어떤 물체의 형태로 다듬어진 나무를 뜻한다.
㉰ 정지, 진정을 잘 하면 모양이 좋아질 나무를 뜻한다.
㉱ 노쇠지, 고사지 등을 완전 제거한 나무를 뜻한다.

해설 형상수(topiary, 토피어리)
① 수목을 사물의 모양이나 형태를 모방하거나 기하학적인 모양으로 수관을 다듬어 만든 수형을 가리킨다.
② 어떤 수종이든 균준틀을 만들어 전정 및 가지를 유인하지는 않는다.
③ 강전정으로 형태를 단번에 만들지 말고, 연차적으로 원하는 수형을 만들어 간다.

51. 조경시공의 일정계획을 수립할 때 사용되는 1일 평균 시공량 산정식으로 옳은 것은?

㉮ $\dfrac{공사량}{작업가능일수}$

㉯ $\dfrac{공사량}{계약기간}$

㉰ $\dfrac{공사량}{(소요작업일수 \times \frac{1}{3})}$

㉱ $\dfrac{공사량}{(작업가능일수 \times \frac{1}{4})}$

해설 1일 평균 시공량 = $\dfrac{공사량}{작업가능일수}$

52. 식재 설계도면상에서 특정 수목의 규격 표시를 H3.0×R10으로 표기하고 있을 때 그 중 'R'이 의미하는 것은?

㉮ 흉고직경 ㉯ 근원직경
㉰ 반지름   ㉱ 수관폭

해설 조경수목의 규격
관목 = 수고(H) × 근원지름(R)

53. 옥외조경공사 지역의 배수관 설치에 관한 설명으로 잘못된 것은?

㉮ 경사는 관의 지름이 작은 것일수록 급하게 한다.
㉯ 배수관의 깊이는 동결심도 바로 위쪽에 설치한다.
㉰ 관에 소켓이 있을 때는 소켓이 관의 상류쪽으로 향하도록 한다.
㉱ 관의 이음부는 관 종류에 따른 적합한 방법으로 시공하며, 이음부의 관 내부는 매끄럽게 마감한다.

해설 배수관의 깊이는 동결심도 이상으로 하여 설치한다.

54. 다음 그림의 비탈면 기울기를 올바르게 나타낸 것은?

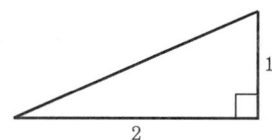

㉮ 경사는 1할이다.
㉯ 경사는 20%이다.
㉰ 경사는 50°이다.
㉱ 경사는 1:2이다.

해설 ① 2 = 수평거리, 1 = 수직거리(높이)
② 경사 1:2

해답 50. ㉯ 51. ㉮ 52. ㉯ 53. ㉯ 54. ㉱

경사도 = $\frac{1}{2} \times 100\% = 50\%$

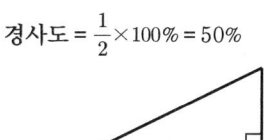

55. 다음과 같이 설명하는 토공사 장비의 종류는?

- 기계가 서 있는 위치보다 낮은 곳의 굴착에 용이
- 넓은 면적을 팔 수 있으나 파는 힘은 강력하지 못함.
- 연질지반 굴착, 모래채취, 수중 흙 파 올리기에 이용

㉮ 백호 ㉯ 파워셔블
㉰ 불도저 ㉱ 드래그라인

해설 ① 드래그라인 : 긁어파기, 지면보다 낮은 곳을 넓게 굴삭하는 데 사용한다.
② 파워셔블(power shovel) : 원형으로 작업 위치보다 높은 굴착에 적합하며 산, 절벽 굴착에 쓰인다.
③ 스크래이퍼(scraper) : 흙을 운반하는 기계이다.
④ 드래그셔블(백호우) : 굴착기계로서 작업 위치보다 낮은 장소의 굴착에 사용한다.

56. 자연식 연못설계와 관련된 설명 중 ( )에 적합한 수치는?

일반적으로 연못의 설계 시 연못의 면적은 정원 전체 면적의 1/9 이하가 힘의 균형을 이룰 수 있는 적정한 규모이며, 최소 ( )m² 이상의 넓이가 바람직하다.

㉮ 1.5 ㉯ 5 ㉰ 10 ㉱ 15

해설 자연식 연못 설계 : 최소 1.5m² 이상의 넓이가 바람직하다.

57. 다음 중 어린이놀이터 시설 설치 시 가장 먼저 고려되어야 할 것은?

㉮ 안전성 ㉯ 쾌적함
㉰ 미적인 사항 ㉱ 시설물간의 조화

해설 어린이 놀이터 시설이므로 어린이의 안전성을 고려해야 한다.

58. 자연석 쌓기 할 면적이 100m², 자연석의 평균 뒤길이가 20cm, 단위중량이 2.5t/m³, 자연석을 쌓을 때의 공극률이 30%라고 할 때 조경공의 노무비는?(단, 정원석 쌓기에 필요한 조경공은 1t 당 2.5명, 조경공의 노임단가는 43,800원이다.)

㉮ 3,550,000원 ㉯ 2,190,000원
㉰ 2,380,000원 ㉱ 3,832,500원

해설 ① 2.5ton/m³, 100m²×0.2m(20cm) = 20m³
② 20m³×0.7(공극률 30%)×2.5ton/m³ = 35ton
③ 35ton×2.5명×43,800원 = 3,832,500원

59. 다음 중 정원수 식재작업의 순서상 가장 먼저 식재를 진행해야 할 수종은?

㉮ 회양목 ㉯ 큰 소나무
㉰ 철쭉류 및 잔디 ㉱ 명자나무

해설 큰 소나무는 이식이 어려운 수종으로 뿌리분의 수분증발을 막기 위해서이다.

60. 네트워크 공정표의 특성에 관한 설명으로 틀린 것은?

㉮ 개개의 작업이 도시되어 있어 프로젝트 전체의 부분 파악이 용이하다.
㉯ 작업순서 관계가 명확하여 공사 담당자 간의 정보교환이 원활하다.
㉰ 네트워크 기법의 표시상의 제약으로 작업의 세분화 정도에는 한계가 있다.
㉱ 공정표가 단순하여 경험이 적은 사람도 이용하기 쉽다.

해설 네트워크 공정표 : 공정표 작성 및 검사에 컴퓨터를 사용해야 하므로 특별한 기능이 필요하다.

해답 55. ㉱ 56. ㉮ 57. ㉮ 58. ㉱ 59. ㉯ 60. ㉱

2010년도 시행 문제

▶ 2010년 1월 31일 시행

자격종목	코 드	시험시간	형 별
조경기능사	7900	1시간	B

1. 조경의 내용 범위에 포함하기 어려운 것은?
㉮ 공원의 조성 ㉯ 자연보호
㉰ 경관의 보조 ㉱ 도시지역의 확대

[해설] 조경의 내용 범위
① '실용성과 즐거움을 줄 수 있는 환경조성에 목적을 두고 자원의 보전과 효율적 관리를 하며 문화적 및 과학적 지식의 응용을 통하여 설계, 계획하고 토지를 관리하며 자연 및 인공 요소를 구성하는 기술'로 정의한다.
② 조경은 공원의 조성, 자연보호 및 관리, 경관의 조성 등을 하며 도시지역 확대는 도시계획 분야의 내용이다.

2. 하나의 정원 속에 여러 비율로 꾸며 놓은 국부를 함께 가지고 있으며 조화보다 대비를 한층 더 중요시한 나라는?
㉮ 중국 ㉯ 영국 ㉰ 독일 ㉱ 한국

[해설] 중국 정원양식의 특징
① 자연풍경축경식 조경양식이다.
② 조화보다 대비에 중점을 두고 있다.
③ 차경수법을 도입하였다.
④ 사의주의, 회화풍경식 조경양식이다.

3. 제도용구로 사용되는 삼각자 한 쌍(직각이등변삼각형과 직삼각형)으로 작도할 수 있는 각도는?
㉮ 65 ㉯ 95 ㉰ 105 ㉱ 125

[해설] 작도 각도
① 직각 이등변삼각형(45°, 45°, 90°)
② 직삼각형(30°, 60°, 90°)
③ 180° − 30° − 45° = 105°

4. 명암순응에 대한 설명으로 틀린 것은?
㉮ 눈이 빛의 밝기에 순응해서 물체를 본다는 것을 명암순응이라 한다.
㉯ 맑은 날 색을 본 것과 흐린 날 색을 본 것이 같이 느껴지는 것을 명순응이라 한다.
㉰ 터널에 들어갈 때 나갈 때의 밝기가 급격히 변하지 않도록 명암순응 식재를 한다.
㉱ 명순응에 비해 암순응은 장시간을 필요로 한다.

[해설] 명암순응식재 : 터널에 진입할 때 터널내부와 외부의 밝고 어두운 차이로 시각적 명암차이 현상이 발생하는 것을 완화 및 단축시키기 위하여 터널입구로부터 200~300m 이내에 상록교목을 심는다.

5. 일반적으로 수종 요구특성은 그 기능에 따라 구분하는데 녹음식재용 수종에서 요구되는 특징으로 가장 적합한 것은?
㉮ 생장이 빠르고 유지관리가 용이한 관목류
㉯ 지하고가 높고 병충해가 적은 낙엽 활엽수
㉰ 아래 가지가 쉽게 말라 죽지 않은 상록수
㉱ 수형이 단정하고 아름다운 상록 침엽수

[해설] 녹음용 수종
① 지하고가 높은 낙엽 활엽수를 녹음식재용 수종으로 사용한다.
② 녹음용 수종 : 백합나무, 은행나무, 느티나무, 층층나무, 플라타너스

[해답] 1. ㉱ 2. ㉮ 3. ㉰ 4. ㉯ 5. ㉯

6. 지면보다 1.5m 높은 현관까지 계단을 설계하려 한다. 답면을 30cm로 적용할 때 계단수는? (단 2a+b=60cm으로 지정한다.)

㉮ 10단 정도   ㉯ 20단 정도
㉰ 30단 정도   ㉱ 40단 정도

해설 계단 설계 기준
① $2h + b = 60 \sim 65cm$, 발판높이: h, 너비: b
② $2a + b = 60cm$, a: 축상(발판높이), b: 답변(너비)
③ $2a + 30 = 60cm$, $b = 15cm$
④ $15cm \times 10 = 150cm = 1.5m$, $1m = 100cm$

7. 어린이공원에 심을 경우 어린이에게 해를 가할 수 있기 때문에 식재하지 말아야 할 수종은?

㉮ 느티나무   ㉯ 음나무
㉰ 일본목련   ㉱ 모란

해설 어린이 공원의 수목 수종 선택조건
① 병충에 강하고 관리 및 유지가 편리한 것을 식재한다.
② 장난에도 견딜 수 있는 튼튼한 수목을 식재한다.
③ 수형이 아름답고 독성 및 가시가 없고 어린이에게 해가 없는 수종을 식재한다.
④ 음나무는 낙엽활엽교목으로 나무줄기에 가시가 나서 위험하다.

8. 회화에 있어서의 농담법과 같은 수법으로 화단의 풀꽃을 엷은 빛깔에서 점점 빛깔로 맞추어 나갈 때 생기는 아름다움은?

㉮ 단순미   ㉯ 통일미
㉰ 반복미   ㉱ 점증미

해설 점증미: 선, 색깔, 형태 등이 점차적으로 증가하거나 점차적으로 감소하는 것으로 이미지를 구성하는 기법을 말한다.

9. 연못의 모양(호안)이 다양하고 못 속에 대(남쪽), 중(북쪽), 소(중앙)개 섬이 타원형을 이루고 있는 정원은?

㉮ 부여의 궁남지   ㉯ 경주의 안압지
㉰ 비원의 옥류천   ㉱ 창덕궁의 부용지

해설 경주의 안압지: 안압지는 통일신라시대에 거북모양의 연못으로 신선사상의 영향을 받은 삼신산을 암시하는 3개의 섬이 있다.

10. 골프장 코스를 구성하는 요소 중 페어웨이와 그린 주변에 모래 웅덩이를 조성해 놓은 곳은?

㉮ 티   ㉯ 벙커
㉰ 해저드   ㉱ 러프

해설 ① 티(tee): 골프장 코스 중 출발지점으로서 1~2% 경사가 있다.
② 벙커(bunker): 코스 중간에 모래로 이루어진 함정으로 모래 웅덩이다.
③ 해저드(hazard): 벙커, 연못, 숲 등 장애지역
④ 러프(rough): 페어웨이와는 다르게 잔디나 풀이 자연상태로 있는 구역이다.

11. 도시공원 및 녹지 등에 관한 법규상 도시공원 설치 및 규모의 기준에서 어린이공원의 최소규모는 얼마인가?

㉮ 500m²   ㉯ 1000m²
㉰ 1500m²   ㉱ 2000m²

해설 ① 묘지공원: 100000m² 이상
② 체육공원: 10000m² 이상
③ 근린생활권 근린공원: 10000m² 이상
④ 어린이 공원: 1500m² 이상

12. 일반도시에서 가장 많이 사용되고 있는 이상적인 녹지 계통은?

㉮ 분산식   ㉯ 방사식
㉰ 환상식   ㉱ 방사환상식

해답 6. ㉮   7. ㉯   8. ㉱   9. ㉯   10. ㉯   11. ㉰   12. ㉱

해설 방사환상식: 방사식 형태와 환상식 형태를 결합하여 사용하는 녹지 형태로 가장 많이 사용하는 이상적인 녹지 계통이다.

13. 치수선 및 치수에 대한 기본적인 설명으로 부적합한 것은?
㉮ 단위는 mm로 하고, 단위표시를 반드시 기입한다.
㉯ 치수를 표시할 때에는 치수선과 치수보조선을 사용한다.
㉰ 치수선은 치수보조선에 지각이 되도록 긋는다.
㉱ 치수의 기입은 치수선에 따라 도면에 평행하게 기입한다.

해설 치수기입 원칙: 단위는 mm로 하고 단위표시는 생략한다.

14. 우리나라 전통조경의 설명으로 옳지 않은 것은?
㉮ 신선사상에 근거를 두고 여기에 음양오행설이 가미되었다.
㉯ 연못의 모양은 조롱박형, 목숨수자형, 마음심자형 등 여러 가지가 있다.
㉰ 연못은 땅 즉 음을 상징하고 있다.
㉱ 둥근 섬은 하늘 즉 양을 상징하고 있다.

해설 연못의 모양은 직사각형 형태인 방지이다.

15. 차경에 대한 설명 중 적당하지 않은 것은?
㉮ 멀리 바라보이는 자연풍경을 경관 구성 재료의 일부분으로 이용하는 수법이다.
㉯ 전망이 좋은 곳에서 쉽게 적용시킬 수 있는 수법이다.
㉰ 축을 강조하는 정원양식에서 특히 많이 사용된다.
㉱ 차경을 이용할 때 정원은 깊이가 있다.

해설 비스타 정원 양식
① 정원 중심으로(주축선) 시선이 집중되어 정원을 한층 더 넓게 보이게 하는 효과가 발생하는 정원을 말한다.
② 축을 강조하는 초점 경관 구성 양식을 말한다.

16. 다음 중 교목에 해당하는 수종은?
㉮ 꼬리조팝나무 ㉯ 꽝꽝나무
㉰ 녹나무   ㉱ 명자나무

해설 녹나무
① 상록활엽교목이다.
② 꽃은 피는 시기 : 5월(황색)
③ 교목 : 높이가 높고 수간과 가지의 구별이 뚜렷하며 뿌리에서 뚜렷한 원줄기에서 나뭇가지가 뻗어 나가며 줄기의 지름이 크다.
④ 명자나무 : 낙엽활엽소관목
⑤ 꼬리조팝나무 : 낙엽활엽관목
⑥ 꽝꽝나무 : 상록활엽관목

17. 다음중 경관적 가치가 요구되는 곳에 있는 대형수목의 지주 재료로 널리 쓰이는 것은?
㉮ 박피 통나무 지주대
㉯ 대나무 지주대
㉰ 철선 지주대
㉱ 철재 지주대

해설 철선 지주대 : 미관상 아름답고 견고하여 대형수목은 철선 지주대를 사용한다.

18. 다음 중 덩굴식물(vine)로만 구성되지 않은 것은?
㉮ 등나무, 개노방덩굴, 멀꿀, 으름
㉯ 송악, 등나무, 능소화, 돈나무
㉰ 담쟁이, 송악, 능소화, 인동덩굴
㉱ 담쟁이, 칡, 개노박덩굴, 능소화

해설 돈나무
① 상록활엽관목이다.
② 꽃피는 시기 : 5~6월(황색)

해답 13. ㉮ 14. ㉰ 15. ㉰ 16. ㉰ 17. ㉰ 18. ㉯

19. 반죽질기의 정도에 따라 작업의 쉽고 어려운 정도 재료의 분리에 저항하는 정도를 나타내는 콘크리트 성질에 관련된 용어는?
㉮ 성형성(plasticity)
㉯ 마감성(finishability)
㉰ 시공성(workability)
㉱ 레이턴스(laitance)

[해설] 워커빌리티(workability) : 워커빌리티 측정시험은 콘크리트 시공의 난이 정도를 측정하기 위한 실험이다.

20. 다음 중 건축과 관련된 재료의 강도에 영향을 주는 요인이 아닌 것은?
㉮ 온도와 습도
㉯ 하중속도
㉰ 하중시간
㉱ 재료의 색

[해설] 재료의 강도
① 온도와 습도, 하중속도, 하중시간에 따라서 달라질 수 있다.
② 재료의 색과 강도와는 관계가 없다.

21. 단풍의 색깔이 선명하게 드는 환경을 올바르게 설명한 것은?
㉮ 날씨가 추워서 햇빛을 보지 못할 때
㉯ 비가 자주 올 때
㉰ 바람이 세게 불고 햇빛을 적게 받을 때
㉱ 가을의 맑은 날이 계속되고 밤, 낮의 기온 차가 클 때

[해설] 수목의 생리현상 : 단풍의 색깔은 맑은 날에 수분증산작용이 활발해지고 기온의 차가 클 때 선명하게 나타난다.

22. 질감(texture)이 가장 부드럽게 느껴지는 수목은?
㉮ 태산목
㉯ 칠엽수
㉰ 회양목
㉱ 팔손이나무

[해설] 회양목
① 낙엽활엽관목이다.
② 질감이 가장 부드럽고 목질이 단단하다.

23. 봄에 가장 일찍 꽃을 볼 수 있는 화초는?
㉮ 팬지
㉯ 백일홍
㉰ 칸나
㉱ 매리골드

[해설] ① 팬지 꽃피는 시기 : 4월~5월
② 칸나 꽃피는 시기 : 6월
③ 매리골드 꽃피는 시기 : 5월

24. 퇴적암의 종류에 속하지 않는 것은?
㉮ 안산암
㉯ 응회암
㉰ 역암
㉱ 사암

[해설] ① 퇴적암(수성암) : 점판암, 사암, 응회암, 석회암, 역암 등이 있다.
② 변성암 : 대리석, 트래버틴, 사문암
③ 화성암 : 화강암, 안산암, 부석

25. 일반적인 목재에 대한 특징 설명으로 부적합한 것은?
㉮ 열전도율이 빠르다.
㉯ 촉감이 좋다.
㉰ 친근감을 준다.
㉱ 내화성이 약하다.

[해설] 목재 재료의 특성
① 재질이 부드럽고 촉감이 좋다.
② 무게가 가벼우면서 강하다.
③ 가공이 편하며 무늬가 아름답다.
④ 열과 전기 전도율이 낮다.
⑤ 화재와 습기에 약하다.

26. 다음 중 일반적으로 대기오염 물질인 아황산가스에 대한 저항성이 강한 수종은?
㉮ 전나무
㉯ 산벚나무
㉰ 편백
㉱ 소나무

해설 ① 대기오염(아황산화물, SO_2)에 강한 수종 : 향나무, 편백, 사철나무, 벽오동, 능수버들, 무궁화, 은행나무
② 대기오염(아황산화물, SO_2)에 약한 수종 : 독일가문비, 소나무(적송), 전나무, 느티나무, 벚나무, 단풍나무, 매화나무

27. 다음 수종 중 음수가 아닌 것은?
㉮ 주목   ㉯ 독일가문비나무
㉰ 팔손이나무   ㉱ 석류

해설 ① 음수 : 주목, 전나무, 독일가문비, 팔손이나무, 녹나무, 동백나무, 회양목
② 양수 : 석류나무, 소나무, 모과나무, 산수유, 은행나무, 백목련, 무궁화

28. 콘크리트의 혼화재료 중 혼화재(混和材)에 해당하는 것은?
㉮ AE제 (공기연행제)
㉯ 분산제 (감수제)
㉰ 응결촉진제
㉱ 고로슬래그

해설 ① 혼화제 : 경화 전후의 콘크리트 성질을 개선할 목적으로 사용한다.
  ㉠ 공기연행제(AE제)
  ㉡ 감수제, AE감수제
  ㉢ 고성능 감수제
  ㉣ 유동화제
  ㉤ 응결 경화 조정제
  ㉥ 기포제
  ㉦ 방청제
② 혼화재 : 워커빌리티 향상, 수화열 감소, 수축저감, 알칼리성의 감소 등을 목적으로 혼합 사용하는 재료이다.
  ㉠ 플라이애시(fly-ash)
  ㉡ 고로슬래그
  ㉢ 실리카흄(silica fume)
  ㉣ 팽창재, 수축저감재

29. 다음중 주로 흙막이용 돌공사에 사용되는 가공석은?
㉮ 각색   ㉯ 판석
㉰ 마름돌   ㉱ 견치돌

해설 견치석(견치돌)
① 석축을 쌓는데 사각뿔 모양의 석재 재료로서 돌을 뜰 때 앞면, 길이, 뒷면, 접촉부 등의 치수를 지정해서 깨낸 돌로 앞면은 정사각형이며, 흙막이용으로 사용되는 재료이다.
② 앞면은 정사각형 또는 직사각형으로 1개의 무게는 보통 70~100kg으로 주로 옹벽 등의 쌓기용으로 메쌓기나 찰쌓기 등에 사용된다.

30. 통나무로 계단 만들 때의 재료로 가장 적합하지 않은 것은?
㉮ 소나무   ㉯ 편백
㉰ 수양버들   ㉱ 떡갈나무

해설 통나무 계단
① 견고한 통나무를 사용하며 뒤틀림, 수축 등의 하자가 없는 재질의 통나무로 계단을 만든다.
② 수양버들은 견고하지 않으므로 가구제로 사용한다.

31. 식물의 생육에 가장 알맞은 토양의 용적 비율(%)은?(단, 광물질 : 수분 : 공기 : 유기질의 순서로 나타낸다.)
㉮ 50 : 20 : 20 : 10   ㉯ 45 : 30 : 20 : 5
㉰ 40 : 30 : 15 : 15   ㉱ 40 : 30 : 20 : 10

해설 토양
① 토양은 식물이 생육할 수 있도록 양분을 제공하며 유기물층, 표층, 하층, 기암, 기층으로 이루어져 있다.
② 광물질 : 수분 : 공기 : 유기질
 = 45 : 30 : 20 : 5

32. 일반적인 플라스틱 제품의 특성으로 옳은 것은?

해답 27. ㉱   28. ㉱   29. ㉱   30. ㉰   31. ㉯   32. ㉮

㉮ 마모가 적고 탄력성이 크므로 바닥재료 등에 적합하다.
㉯ 내열성이 크고 내후성, 내광성이 좋다.
㉰ 불에 타지 않으며 부식이 된다.
㉱ 흡수성이 크고 투수성이 부족하여 방수제로 부적합하다.

해설 플라스틱 제품의 특징
① 녹슬지 않으며 탄력성이 크다.
② 내산성과 내알칼리성이 크다.
③ 탄력성이 크므로 바닥재료 등에 적합하다.

33. 다음 중 석재의 비중을 구하는 식은?

A : 공시체의 건조무게(g)
B : 공시체의 침수 후 표면 건조포화 상태의 공시체의 무게(g)
C : 공시체의 수중무게(g)

㉮ $\dfrac{A}{B+C}$ ㉯ $\dfrac{A}{B-C}$
㉰ $\dfrac{C}{A-B}$ ㉱ $\dfrac{B}{A+C}$

해설 석재의 비중
$$\dfrac{\text{공시체의 건조무게}}{\text{공시체의 침수후 건조포화 상태의 무게} - \text{공시체의 수중무게}}$$

34. 운반 거리가 먼 레미콘이나 무더운 여름철 콘크리트의 시공에 사용되는 혼화제는?
㉮ 지연제
㉯ 감수제
㉰ 방수제
㉱ 경화촉진제

해설 ① 지연제(retarder, retarding admixture) : 지연제를 사용하여 콘크리트를 먼 거리에 장시간 운반할 수 있게 하여 준다.
② 혼화제(chemical admixture, chemical agent) : 지연제, 발포제, 경화촉진제, 철근방청제 등이 있다.

35. 다음 [보기]와 같은 기능을 가진 가장 적합한 수종으로만 구성된 것은?

[보기]
- 차량의 왕래가 빈번하여 많은 소음이 발생되는 곳에서 소음을 차단하거나 감소시키기 위하여 나무를 심어 녹지 공간을 만든다.
- 방음용 수목으로는 잎이 치밀한 상록교목이 바람직하며 지하고가 낮고 자동차의 배기가스에 견디는 힘이 강한 것이 좋다.

㉮ 은행나무, 느티나무
㉯ 녹나무, 아왜나무
㉰ 산벚나무, 수국
㉱ 꽃사과나무, 단풍나무

해설 방음용 수목 조건
① 잎이 치밀한 상록교목이 바람직하며 지하고가 낮고 자동차의 배기가스에 견디는 힘이 강한 나무를 선택한다.
② 녹나무, 아왜나무, 동백나무, 후피향나무

36. 잔디깎기의 설명으로 잘못된 것은?
㉮ 잘라낸 잎은 한곳에 모아서 버린다.
㉯ 가뭄이 계속될 때 짧게 깎아 준다.
㉰ 일정한 주기로 깎아 준다.
㉱ 일반적으로 난지형 잔디로 고온기에 잘 자라므로 여름에 자주 깎아준다.

해설 잔디를 깎으면 탄수화물의 보유량이 줄어들며 잔디의 물 흡수능력이 떨어진다.

37. 해충 중에서 잎에 주사 바늘과 같은 침으로 식물체내에 있는 즙액을 빨아 먹는 종류가 아닌 것은?
㉮ 응애   ㉯ 깍지벌레
㉰ 측백하늘소   ㉱ 매미

해설 측백하늘소, 향나무하늘소
① 측백나무, 향나무의 구멍을 뚫어 도관부를 차단시켜 수목의 상층부를 말라 죽게 한다.

해답 33. ㉯ 34. ㉮ 35. ㉯ 36. ㉯ 37. ㉰

② 3월 중순~4월 중순 사이에 메프(스미치온)유제 200~500배 희석액, 다수진(다이아톤)유제 200~500배 희석액을 혼합하여 살포한다.
③ 비닐과 표피 사이에 다수진 유제 희석액을 주사기로 주입하여 방제한다.

38. 질소와 칼륨 비료의 효과로 부적합한 것은?

㉮ N : 수목 생장 촉진
㉯ K : 뿌리, 가지 생육 촉진
㉰ N : 개화 촉진
㉱ K : 각종 저항성 촉진

해설 ① 질소(N) : 광합성 촉진 작용(수목생장 촉진)을 한다.
부족현상 : 잎과 줄기가 가늘어지며 잎이 황색으로 변색되어 떨어진다.
② 인(P) : 세포분열 촉진 기능, 꽃, 열매, 뿌리 성장, 새눈과 잔가지 발육에 기여 한다.
부족현상 : 뿌리 생장 기능이 저하되며 잎이 암록색으로 변색되며 생산량이 감소한다.
③ 칼륨(K) : 꽃, 열매의 향기 및 색깔에 조절에 기여한다.
부족현상 : 황화현상이 발생한다.
④ 칼슘(Ca) : 단백질 합성, 식물체 유기산 중화의 역할을 한다.
부족현상 : 생장점이 파괴되며 갈색으로 변색된다.

39. 향나무, 주목 등을 일정한 모양으로 유지하기 위하여 전정을 하여 형태를 다듬었다. 이러한 작업은 어떤 목적을 위한 가지다듬기인가?

㉮ 생장조장을 돕는 가지다듬기
㉯ 생장을 억제하는 가지다듬기
㉰ 세력을 갱신하는 가지다듬기
㉱ 생리조정을 위한 가지다듬기

해설 전정의 종류
① 생리 조정을 위한 가지다듬기
 ㉠ 이식할 때 지하부와 지상부의 생리적 균형을 유지하기 위하여 맹아력을 고려하여 가지와 잎을 적당히 잘라준다.
 ㉡ 느티나무, 버즘나무
② 세력을 갱신하는 가지다듬기
 ㉠ 맹아력이 좋은 나무가 너무 오래되었을 때 겨울에 나무의 줄기와 가지를 잘라 주어 새 가지와 새 줄기가 나와 꽃과 열매가 좋게 하기 위하여 갱신한다.
 ㉡ 과일나무, 장미, 배롱나무
③ 생장을 억제하는 가지다듬기
 ㉠ 정원에 있는 녹음수, 산울타리 수종을 일정한 모양으로 유지하기 위하여 형태를 다듬는 전정을 한다.
 ㉡ 향나무, 주목, 회양목, 소나무의 순자르기
④ 생장을 돕기 위한 전정 : 생육상태가 고르지 못한 나무 또는 병충해에 걸린 가지, 죽은 가지, 부러진 가지 등을 다듬어서 전정한다.

40. 평판측량의 3요소에 해당하지 않은 것은?

㉮ 정준 ㉯ 구심
㉰ 수준 ㉱ 표정

해설 평판측량
① 정준 : 수평을 맞춘다.
② 자침 : 평판에 중심을 맞춘다.
③ 표정 : 방향, 방위를 맞춘다.
④ 구심 : 구심기의 고리에 추를 매달아 제도용지의 도상점과 땅 위의 측점을 동일하게 맞춘다.
⑤ 평판측량의 3요소 : 정준, 구심, 표정

41. 다음 중 치장 줄눈용 모르타르의 배합비는?

㉮ 1 : 1 ㉯ 1 : 2 ㉰ 1 : 3 ㉱ 1 : 5

해설 모르타르 배합비
① 쌓기용 모르타르 : 1 : 3~1 : 5
② 아치 쌓기용 모르타르 : 1 : 2
③ 치장용 모르타르 : 1 : 1

42. 조경공사에서 작은 언덕을 조성하는 흙쌓기 용어는?
㉮ 사토 ㉯ 절토
㉰ 마운딩 ㉱ 정지

해설 마운딩(mounding)
① 경관의 변화, 방음, 방설, 방풍 등을 목적으로 흙쌓기 공사를 통하여 동산을 만드는 것을 마운딩이라 한다.
② 지면의 형상을 변화시켜 식재기반조성에 필요한 유효토심을 만든다.
③ 배수방향을 조절하며 자연스러운 경관을 조성하고 토지의 공간기능을 분리한다.

43. 조경 구조물에서 줄기기초라고 부르며 담장의 기초와 같이 길게 띠모양으로 받치는 기초를 가리키는 것은?
㉮ 독립기초 ㉯ 복합기초
㉰ 연속기초 ㉱ 온통기초

해설 ① 온통기초 : 건물의 하부 전체를 기초판으로 형성판 기초로 가장 일반적인 구조 형태이다.
② 독립기초 : 한 개의 기초판으로 한 개의 기둥을 받치는 것으로서 동바리 기초, 주춧돌기초, 긴 주춧돌 기초 등이 있으며 주로 목구조에 사용된다.
③ 복합기초 : 한 개의 기초판으로 두 개 이상의 기둥을 받치는 형태의 기초이다.
③ 줄기기초(연속기초) : 벽 또는 일렬의 기둥을 대형 기초판으로 받치게 한 기초로서 벽돌기초, 콘크리트 기초, 장대돌 기초 등이 있으며 주로 조적식 구조에 적합하다.

44. 이식한 나무가 활착이 잘 되도록 조치하는 방법 중 옳지 않은 것은?
㉮ 현장 조사를 충분히 하여 이식계획을 철저히 세운다.
㉯ 나무의 식재방향과 깊이는 최대한 이식 전의 상태로 한다.
㉰ 유기질, 무기질 거름을 충분히 넣고 식재한다.
㉱ 주풍향, 지형 등을 고려하여 안정되게 지주목을 설치한다.

해설 유기질 거름을 사용해야 하며 흙과 섞어 준다.

45. 잔디밭 관리에 대한 설명으로 옳은 것은?
㉮ 1년에 2~3회만 깎아준다.
㉯ 겨울철에 뗏밥을 준다.
㉰ 여름철 물주기는 한낮에 한다.
㉱ 질소질 비료의 과용은 붉은녹병을 유발한다.

해설 ① 녹병
㉠ 발병시기 : 5~6월, 9~10월에 발병한다.
㉡ 증상 : 잔디잎에 적색 가루가 나타난다.
㉢ 원인 : 질소부족, 고온다습

46. 시공계획의 4대 목표를 구성하는 요소가 아닌 것은?
㉮ 원가 ㉯ 안전 ㉰ 관리 ㉱ 공정

해설 조경시공의 목적
① 원가를 저렴하게(경제적, 원가)
② 공정은 빠르게(능률적, 공정)
③ 품질은 좋게 한다(품질).
④ 안전하게 시공한다(안전성).

47. 사람, 동물 또는 기계가 어떠한 일을 하는 데 있어서 단위당 필요한 노력과 물질이 얼마가 되는지를 수량으로 작성해 놓은 것을 무엇이라 하는가?
㉮ 투자 ㉯ 적산 ㉰ 품셈 ㉱ 견적

해설 ① 품셈 : 어느 공정에 대하여 인건비, 자재비, 경비, 기타 모든 품이 어떻게 들어가는지를 수효와 그 값을 계산하는 작업이다.

해답 42. ㉰ 43. ㉰ 44. ㉰ 45. ㉱ 46. ㉰ 47. ㉰

② 적산 : 도면과 시방서에 의하여 공사에 소요되는 자재의 수량, 시공면적, 체적 등의 공사량을 산출하는 과정이다.
③ 견적 : 어느 공정을 할 때 들어가는 비용을 종합하여 금액을 미리 산정한 것이다.

48. 그림과 같은 뿌리분 새끼감기의 방법은?

㉮ 4줄 한 번 걸기
㉯ 4줄 두 번 걸기
㉰ 4줄 세 번 걸기
㉱ 3줄 두 번 걸기

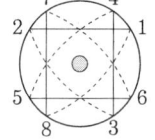

49. 다음 중 파이토플라스마(phytoplasma)에 의한 나무병이 아닌 것은?

㉮ 뽕나무 오갈병
㉯ 대추나무 빗자루병
㉰ 벚나무 빗자루병
㉱ 오동나무 빗자루병

해설 ① 벚나무 비자루병 : 곰팡이균(taphrina wiesneri)에 의해 발생한다.
② 뽕나무오갈병, 대추나무빗자루병, 오동나무 빗자루병 : 파이토플라스마(phyto-plasma)에 의해 발생한다.

50. 솔잎혹파리에는 먹좀벌을 방사시키면 방제효과가 있다. 이러한 방제법에 해당하는 것은?

㉮ 기계적 방제법
㉯ 생물적 방제법
㉰ 물리적 방제법
㉱ 화학적 방제법

해설 솔잎혹파리
① 솔잎혹파리 생물적 방제법으로 먹좀벌을 방사하면 다른 천적들을 보호하며 솔잎혹파리를 제거한다.
② 생물적 방제법이란 미생물, 곤충, 식물 등을 이용하여 인간에게 유해한 병원균, 해충 등을 제거하는 방법을 말한다.

51. 8월 중순경에 양버즘나무의 피해 나무줄기에 잠복소를 설치하여 가장 효과적인 방제가 가능한 해충은?

㉮ 진딧물류
㉯ 미국흰불나방
㉰ 하늘소류
㉱ 버들재주나방

해설 미국흰불나방
① 1년에 2회 발생하며 1주기는 5월 중순~6월 중순이며 2주기는 7월 하순~8월 중순이다.
② 방제법 : 트리클로르수화제(디프록스), 디프수화제, 메프수화제, 스미치온 등을 살포한다.
③ 잠복소를 설치하여 포살한다.
④ 천적(긴등기생파리, 송충알벌)을 보호한다.

52. 다음 중 토피어리(topiary)를 가장 잘 설명한 것은?

㉮ 어떤 물체(새, 배, 거북 등)의 형태로 다듬어진 나무
㉯ 정지, 전정으로 잘 된 나무
㉰ 정지, 전정으로 모양이 좋아질 나무
㉱ 노쇠지, 고사지 등을 완전 제거한 나무

해설 형상수(topiary) : 사물의 모양이나 형태를 모방하거나 기하학적인 모양으로 수목의 수관을 다듬어 만든 수형을 가리킨다.

53. 설계도면에서 특별히 정한 바가 없는 경우에는 옹벽 찰쌓기를 할 때 배수구는 pvc관(경질염화비닐관)을 3m²당 몇 개가 적당한가?

㉮ 1개
㉯ 2개
㉰ 3개
㉱ 4개

해설 2~3m²마다 배수구 1개씩 설치한다.

54. 조경공사에서 바닥포장인 판석시공에 관한 설명으로 틀린 것은?

㉮ 판석은 점판암이나 화강석을 잘라서 사용한다.
㉯ Y형의 줄눈은 불규칙하므로 통일성 있게 +자형의 줄눈이 되도록 한다.
㉰ 기층은 잡석 다짐 후 콘크리트로 조성한다.

해답 48.㉮ 49.㉰ 50.㉯ 51.㉯ 52.㉮ 53.㉮ 54.㉯

㉣ 가장자리에 놓을 판석은 선에 맞춰 절단하여 사용한다.

해설 판석배치 : 판석의 줄눈은 통(+)을 금하고 Y형이 시각적으로 뛰어나며 Y형 줄눈이 되도록 한다.

55. 생울타리를 전지, 전정하려고 한다. 태양의 광선을 가장 골고루 받지 못하는 생울타리 다면의 모양은?

㉠ 원추형 ㉡ 원뿔형
㉢ 역삼각형 ㉣ 달걀형

해설 역삼각형 : 태양의 광선을 골고루 받지 못한 형태로 가지가 불규칙하게 자라났다.

56. 바람의 피해로부터 보호하기 위해 굵은 가지치기를 실시하지 않아도 되는 수종으로 가장 적합한 것은?

㉠ 독일가문비나무 ㉡ 수양버들
㉢ 자작나무 ㉣ 느티나무

해설 느티나무는 낙엽활엽관목으로서 가지가 위로 갈수록 갈라지는 형태로 바람에 강하다.

57. 나무를 옮길 때 잘려 진 뿌리의 절단면으로부터 새로운 뿌리가 돋아나는 데 가장 중요한 영향을 미치는 것은?

㉠ C/N율
㉡ 식물호르몬
㉢ 토양의 보비력
㉣ 잎으로부터의 증산 정도

해설 밀생한 가지나 잎 등을 솎아주어 수분의 증산 면적을 감소시켜 뿌리가 빨리 활착되게 한다.

58. 모과나무, 벽오동, 배롱나무 등의 수목에 사용하는 월동방법으로 가장 적당한 것은?

㉠ 흙묻기
㉡ 짚싸기
㉢ 연기 씌우기
㉣ 시비 조절하기

해설 나무줄기를 짚을 감아주는 짚싸기를 하여 추위로부터 보호한다.

59. 응애(mite)의 피해 및 구제법으로 틀린 것은?

㉠ 살비제를 살포하여 구제한다.
㉡ 같은 농약의 연용을 피하는 것이 좋다.
㉢ 발생지역에 4월 중순부터 1주일 간격으로 2~3회 정도 살포한다.
㉣ 침엽수에는 피해를 주지 않으므로 약제를 살포하지 않는다.

해설 응애(mite)
① 수목에 1~2년 동안은 수목에 영향이 없으나 2년이 지난 후에는 수목의 즙액을 빨아먹으며 잎이 황색반점이 나타나고 심하면 황갈색으로 변하며 고사한다.
② 천적인 무당벌레, 거미, 풀잠자리를 이용한다.
③ 4월에 살비제 2~3회 정도 살포한다.
④ 메타시스톡스, 마라티온 등의 농약을 2~3회 정도 살포한다.

60. 오동나무 탄저병에 대한 설명으로 옳은 것은?

㉠ 주로 뿌리에 발생하여 뿌리를 썩게 한다.
㉡ 주로 열매에 많이 발생한다.
㉢ 담자균이 균사상태로 줄기에서 월동한다.
㉣ 주로 묘목의 줄기와 잎에 발생한다.

해설 오동나무 탄저병
① 주목 어린 묘목의 줄기와 잎에 발생한다.
② 6월 상순부터 만코지수화제 500배액을 뿌려준다.
③ 병든 나무의 낙엽을 태우거나 묻어서 제거한다.

해답 55. ㉢ 56. ㉣ 57. ㉣ 58. ㉡ 59. ㉣ 60. ㉣

▶ 2010년 3월 28일 시행

자격종목	코 드	시험시간	형 별	수험번호	성 명
조경기능사	7900	1시간	B		

1. 다음은 정원과 바람과의 관계에 대한 설명이다. 이 중 적당하지 않은 것은?
㉮ 통풍이 잘 이루어지지 않으면 식물은 병해충의 피해를 받기 쉽다.
㉯ 겨울에 북서풍이 불어오는 곳은 바람막이를 위해 상록수를 식재한다.
㉰ 주택 안의 통풍을 위해서 담장은 낮고 건물 가까이 위치하는 것이 좋다.
㉱ 생울타리는 바람을 막는 데 효과적이며 시선을 유도할 수 있다.

해설 담장
① 경계 구분하는 것으로 출입 통제 및 침입 방지를 목적으로 사용한다.
② 출입 통제 담장의 높이: 0.6~1.0m
③ 침입 방지 담장의 높이: 1.8~2.1m

2. 임해전이 주로 직선으로 된 연못의 서쪽에 남북축선상에 배치되어 있고, 연못 내 돌을 쌓아 무산 12봉을 본딴 석가산을 조성한 통일신라시대에 건립된 조경유적은?
㉮ 안압지   ㉯ 부용지
㉰ 포석정   ㉱ 향원지

해설 ① 안압지는 통일신라시대에 거북모양의 연못으로 신선사상의 영향을 받은 삼신산을 암시하는 3개의 섬이 있다.
② 신라: 안압지(674년)

3. 제도에서 사용되는 물체의 중심선, 절단선, 경계선 등을 표시하는 데 가장 적합한 선은?

㉮ 실선   ㉯ 파선
㉰ 1점 쇄선   ㉱ 2점 쇄선

해설 ① 1점 쇄선: 절단선, 경계선, 기준선으로 물체의 절단한 위치를 표시하거나 경계선으로 사용한다.
② 2점 쇄선: 가상선으로 물체가 있는 것으로 가상되는 부분을 표시하거나 1점 쇄선과 구별할 때 사용된다.
③ 파선: 숨은선으로 물체가 보이지 않는 부분의 모양을 표시하는 데 사용한다.
④ 실선: 가는선으로 치수선, 치수보조선, 지시선, 해칭선을 사용한다.

4. 도시공원 및 녹지 등에 관한 법률 시행규칙상 도시공원 중 설치규모가 가장 큰 곳은?
㉮ 광역권 근린 공원
㉯ 체육 공원
㉰ 묘지 공원
㉱ 도시지역권 근린 공원

해설 ① 광역권 근린 공원: 1000000m² 이상
② 어린이 공원: 1500m² 이상
③ 근린 생활권 근린 공원: 10000m² 이상
④ 묘지 공원: 100000m² 이상
⑤ 소공원의 경우 규모 제한은 없다.
⑥ 체육 공원: 10000m² 이상
⑦ 도시지역권 근린 공원: 100000m² 이상

5. 조경의 설명으로 잘못된 것은?
㉮ 도시에 자연을 도입하는 것이다.
㉯ 급속한 공업화를 도모해서 인간생활을 편리하게 하는 것이다.
㉰ 도시를 건강하고 아름답게 하는 것이다.

해답 1. ㉰ 2. ㉮ 3. ㉰ 4. ㉮ 5. ㉯

㉣ 옥외에서의 운동, 산책, 휴양 등의 효과를 목적으로 한다.

해설 공업화로 인한 환경파괴로부터 자연생태계와 조화롭게 하여 인간생활을 편리하게 하는 것이다.

6. S.Gold(1980)의 레크리에이션 계획에 있어 과거의 일반 대중이 여가시간에 언제, 어디에서, 무엇을 하는가를 상세하게 파악하여 그들의 행동 패턴에 맞추어 계획하는 방법은?

㉮ 자원 접근 방법
㉯ 활동 접근 방법
㉰ 경제 접근 방법
㉱ 행태 접근 방법

해설 레크리에이션 계획 접근 형태
① 행태 접근법(과거의 일반대중) : 사용자의 구체적인 행동 및 생활양식을 분석 및 판단하고 계획에 반영하여 행동하는 방법이다.
② 활동접근법(일반대중) : 레크리에이션 활동에서의 과거 참가사례가 앞으로의 레크리에이션 기회를 결정하도록 계획하는 방법으로, 즉 공급이 수요를 만들어내는 방법이다.
③ 경제접근방법 : 지역사회의 경제 기반 및 예산이 레크리에이션의 종류, 입지를 결정한다.
④ 자원접근법 : 공급이 수요를 제한하는 형태로 물리적 자원, 자연자원이 레크리에이션의 유형과 양을 결정하는 접근 방법이다.

7. 조경을 프로젝트의 수행단계별로 구분할 때, 기능적으로 다른 분류에 해당하는 곳은?

㉮ 전통민가   ㉯ 휴양지
㉰ 유원지   ㉱ 골프장

해설 ① 위락, 관광시설 : 경마장, 휴양지, 유원지, 골프장, 낚시터, 스키장
② 문화재 시설 : 전통민가, 사찰, 궁궐, 왕릉, 고분

8. 자유로운 선이나 재료를 써서 자연 그대로의 경관 또는 그것에 가까운 것이 생기도록 조성하는 정원 양식은?

㉮ 건축식   ㉯ 풍경식
㉰ 정형식   ㉱ 규칙식

해설 풍경식 : 자연의 모든 것을 자연 그대로 받아들여 조성하는 정원 양식이다.

9. 식재, 포장, 계단, 분수 등과 같은 한정된 문제를 해결하기 위해 구성 요소, 재료, 수목들을 선정하여 기능적이고 미적인 3차원적 공간을 구체적으로 창조하는데 초점을 두어 발전시키는 것은?

㉮ 조경설계   ㉯ 평가
㉰ 단지계획   ㉱ 조경계획

해설 조경설계 : 주위의 환경, 자연적 조건, 사회적 조건 등을 분석하여 인간이 요구하는 의도에 따라 실용적 기능과 미적인 3차원 공간을 구체적으로 창조할 수 있도록 도면에 나타내는 것이다.

10. 형광등 아래서 물건을 고를 때 외부로 나가면 어떤 색으로 보일까 망설이게 된다. 이처럼 조명광에 의하여 물체의 색을 결정하는 광원의 성질은?

㉮ 직진성   ㉯ 연색성
㉰ 발광성   ㉱ 색순응

해설 연색성(color rendering)
① 조명광에 의해 물체의 색감이 다르게 보이는 현상이며 광원의 연색성이라 한다.
② 자연색감 그대로 나타내기 위하여 천연색 형광 방전관을 사용한다.

11. 골프 코스 중 출발지점을 무엇이라 하는가?

㉮ 티   ㉯ 그린
㉰ 페어웨이   ㉱ 러프

해답 6. ㉱ 7. ㉮ 8. ㉯ 9. ㉮ 10. ㉯ 11. ㉮

해설 ① 티(tee) : 출발점으로서 1~2% 경사가 있다.
② 그린(green) : 종착점으로서 홀컵이 있으며 2~5% 경사가 있다.
③ 러프(rough) : 페어웨이와는 다르게 잔디나 풀이 자연 상태로 있는 구역이다.
④ 페어웨이(fair way) : 티와 그린 사이의 코스 중의 일부 잔디가 일정한 길이로 깎여져 있는 구역

12. 스페인 정원의 대표적인 조경양식은?
㉮ 중정정원   ㉯ 원로정원
㉰ 공중정원   ㉱ 비스타정원

해설 스페인(=에스파냐) 정원 양식 : 중정식(회랑식, 파티오식)
① 파티오식(중정식, patio) 발달 : 로마 별장의 영향
② 스페인의 이슬람정원(중세)은 중정식 양식으로 물과 분수를 많이 이용하였으며 주변에는 회교도풍의 정교한 건축수법을 이용한 정원양식이다.
③ 이슬람교(=회교)의 영향을 받아 물을 정원에서 가장 신성시하였다.

13. 아미산 후원 교태전의 굴뚝에 장식된 문양이 아닌 것은?
㉮ 반송   ㉯ 매화
㉰ 호랑이   ㉱ 해태

해설 학, 박쥐, 봉황, 나티, 소나무, 매화, 대나무, 국화, 불로초, 바위, 새, 사슴, 나비, 해태, 불가사리 등이 있다.

14. 고대 로마의 정원 배치는 3개의 중정으로 구성되어 있었다. 그중 사적인 기능을 가진 제2중정에 속하는 곳은?
㉮ 아트리움   ㉯ 지스투스
㉰ 페리스틸리움   ㉱ 아고라

해설 로마의 정원
① 포럼(Fourm) : 토론의 광장이자 왕의 업무 중심이며 상업 기능은 없다.
② 아트리움(Atrium) : 제1중정, 방문자의 상담을 위한 공적 공간이다.
③ 페리스틸리움(Peristyrium) : 제2중정, 거실용도로 사용한다.
④ 지스투스(Xystus) : 제3중정, 후원으로 사적공간이다.
⑤ 아고라 : 그리스 정원으로 상업, 토론의 광장이다.

15. 괴석이라고도 불리는 태호석이 특징적인 정원 요소로 사용된 나라는?
㉮ 한국   ㉯ 일본
㉰ 중국   ㉱ 인도

해설 중국 태호에 나오는 석회암으로서 송나라 때 사용하는 석각산 정원양식이다.

16. 다음 접착제로 사용되는 수지 중 접착력이 제일 우수한 것은?
㉮ 요소수지   ㉯ 에폭시수지
㉰ 멜라닌수지   ㉱ 페놀수지

해설 에폭시수지
① 에피클로히드린과 비스페놀에이를 알칼리로 반응시켜 만든 접착성이 가장 좋은 수지이다.
② 내·외장 스프레이 코팅재, 방수재 및 벽, 바닥, 천장재로 쓰인다.
요소수지 : 열에 의해 색깔이 없는 무색투명하므로 착색이 간단하고 용이하게 할 수 있으며 내수성이 없어 물에 약한 것이 특징이다.

17. 한여름에 뿌리분을 크게 하고 잎을 모조리 따낸 후 이식하면 쉽게 활착할 수 있는 나무는?
㉮ 소나무   ㉯ 목련
㉰ 단풍나무   ㉱ 섬잣나무

해설 ① 단풍나무 : 3~4월, 10~11월에 안정적 이식 시기이나 잎을 모조리 따내고 뿌

해답 12. ㉮ 13. ㉮ 14. ㉰ 15. ㉰ 16. ㉯ 17. ㉰

리분을 크게 하면 수분증산이 억제되어 여름철에도 이식이 가능하다.
② 소나무, 목련, 섬잣나무 : 이식이 어려운 수종이다.

18. 다음과 같은 특징을 갖는 시멘트는?

- 조기강도가 크다(재령 1일에 보통포틀랜드시멘트의 재령 28일 강도와 비슷함).
- 산, 염류, 해수 등의 화학적 작용에 대한 저항성이 크다.
- 내화성이 우수하다.
- 한중 콘크리트에 적합하다.

㉮ 알루미나 시멘트
㉯ 실리카 시멘트
㉰ 포졸란 시멘트
㉱ 플라이애시 시멘트

해설 알루미나시멘트 : 알루미나시멘트는 조기강도가 커서 재령 1일로 강도가 나타나며 수화열이 크고 수축이 적으며 내화성이 크다.

19. 지피식물에 해당되지 않는 것은?

㉮ 인동덩굴   ㉯ 송악
㉰ 금목서   ㉱ 맥문동

해설 ① 지피식물 : 잔디, 맥문동, 클로버 등 초본류나 이끼류 등처럼 지표면을 낮게 덮는 식물을 말한다.
② 금목서 : 상록활엽관목

20. 흰색 계열의 작은 꽃은 5~6월에 피고 가을에 붉은 계통의 단풍잎 또는 관상가치가 있으며, 음지사면에 식재하면 좋은 수종은?

㉮ 왕벚나무   ㉯ 모과나무
㉰ 국수나무   ㉱ 족제비싸리

해설 국수나무
① 꽃피는 시기 : 5~6월(흰색)

② 가을 : 단풍잎(붉은색)
③ 낙엽활엽관목

21. 다음 중 상록침엽수에 해당하는 수종은?

㉮ 은행나무   ㉯ 전나무
㉰ 메타세쿼이아   ㉱ 일본잎갈나무

해설 ① 전나무 : 상록침엽교목
② 은행나무 : 낙엽침엽교목

22. 표면이 거칠고 투수율이 크므로 연기나 공기의 환기통으로 사용하는 관은?

㉮ 테라코타   ㉯ 토관
㉰ 강관   ㉱ 콘크리트관

해설 토관 : 논밭의 점토를 원료로 하여 1000℃ 이하의 온도로 구워 만든 관으로서 흡수성이 커서 대부분 배수용, 하수도용, 환기통으로 사용된다.

23. 목재의 심재에 대한 설명으로 틀린 것은?

㉮ 변재보다 비중이 크다.
㉯ 변재보다 신축이 크다.
㉰ 변재보다 내구성이 크다.
㉱ 변재보다 강도가 크다.

해설 심재는 함수율이 작으며 변재보다 신축이 작다.

24. 가을에 단풍이 노란색으로 물드는 수종은?

㉮ 붉나무   ㉯ 붉은고로쇠나무
㉰ 담쟁이덩굴   ㉱ 화살나무

해설 ① 고로쇠나무 : 황색 단풍(가을), 낙엽활엽교목
② 황색(노란색) 단풍 : 은행나무, 계수나무, 낙엽송, 느티나무, 벽오동, 갈참나무, 자작나무, 백합나무, 배롱나무

해답 18. ㉮ 19. ㉰ 20. ㉰ 21. ㉯ 22. ㉯ 23. ㉯ 24. ㉯

25. 다음 중 단풍나무과 수종이 아닌 것은?
㉮ 고로쇠나무　㉯ 이나무
㉰ 신나무　㉱ 복자기

해설 이나무 : 이나무과(Flacourtiaceae), 낙엽활엽교목

26. 여러해살이 화초에 해당되는 것은?
㉮ 베고니아　㉯ 금어초
㉰ 맨드라미　㉱ 금잔화

해설 베고니아(Begonia) : 관엽식물로 상록 여러해살이풀이다.

27. 다음 중 한지형 잔디에 속하지 않는 것은?
㉮ 버뮤다그래스
㉯ 켄터키블루그래스
㉰ 퍼레니얼라이그래스
㉱ 톨훼스큐

해설 버뮤다그래스 : 난지형 잔디로 5~9월까지 초록색을 유지하며 경기장 잔디로 가장 많이 이용되고 있다.

28. 다음 시멘트에 관한 설명 중 틀린 것은?
㉮ 포틀랜드시멘트에는 보통, 조강, 중용열, 백색 등이 있다.
㉯ 시멘트의 제조방법에는 건식법, 습식법, 반습식법이 있다.
㉰ 실리카 성분이 많아서 수화열이 작고 내구성이 좋아 댐과 같은 매시브한 콘크리트에 사용하는 것이 내황산염 포틀랜드시멘트이다.
㉱ 철분, 마그네시아가 적은 백색 점토와 석회석을 원료로 하고, 소성연료는 중유를 사용하여 만들어지는 시멘트가 백색 포틀랜드시멘트이다.

해설 중용열 포틀랜드시멘트
① 수화열의 발생이 적으며 균열이 적어 안정성이 높다.
② 댐 축조, 콘크리트 포장, 방사능 차폐용으로 사용한다.

29. 비파괴검사에 의하여 검사할 수 없는 것은?
㉮ 콘크리트 강도
㉯ 콘크리트 배합비
㉰ 철근부식 유무
㉱ 콘크리트 부재의 크기

해설 비파괴검사 : 강도, 철근의 부식 유무, 부재의 크기 등 결함, 안정도, 수명 등을 알 수 있다.

30. 콘크리트의 측압은 콘크리트 타설 전에 검토해야 할 매우 중요한 시공 요인이다. 다음 중 콘크리트 측압에 영향을 미치는 요인에 대한 설명으로 틀린 것은?
㉮ 콘크리트의 타설 높이가 높으면 측압은 커지게 된다.
㉯ 콘크리트의 타설 속도가 빠르면 측압은 커지게 된다.
㉰ 콘크리트의 슬럼프가 커질수록 측압은 커지게 된다.
㉱ 콘크리트의 온도가 높을수록 측압은 커지게 된다.

해설 콘크리트의 측압과 온도 관계
① 콘크리트의 측압은 온도가 높을수록 작아진다.
② 측압 : 측면 압력으로서 거푸집에 미치는 압력이다.

31. 시멘트 공장에서 포틀랜드시멘트를 제조할 때 석고를 첨가하는 주요 이유는?
㉮ 시멘트의 강도 및 내구성 증진을 위하여

해답 25. ㉯　26. ㉮　27. ㉮　28. ㉰　29. ㉯　30. ㉱　31. ㉰

㉯ 시멘트의 장기강도 발현성을 높이기 위하여
㉰ 시멘트의 급격한 응결을 조정하기 위하여
㉱ 시멘트의 건조수축을 작게 하기 위하여

해설 시멘트의 응결시간은 석고의 혼입량에 따라 응결 시간이 늦고 빨라진다. 적당한 혼입량은 1~3%이다.

32. 열가소성 수지의 일반적인 설명으로 부적합한 것은?
㉮ 축합반응을 하여 고분자로 된 것이다.
㉯ 열에 의해 연화된다.
㉰ 수장재로 이용된다.
㉱ 냉각하면 그 형태가 붕괴되지 않고 고체로 된다.

해설 열가소성 수지 : 중합 반응에 의해 만들어진 수지이다.

33. 화성암의 일종으로 돌 색깔은 흰색 또는 담회색으로 단단하고 내구성이 있어, 주로 경관석, 바닥 포장용, 석탑, 석등, 묘석 등에 사용되는 것은?
㉮ 석회암   ㉯ 점판암
㉰ 응회암   ㉱ 화강암

해설 화강암 : 경관석, 바닥포장용, 석탑, 묘석 등 건축, 토목의 구조재, 내외장재로 많이 사용된다.

34. 공해에 대한 저항성은 강하나 맹아력이 약한 수종은?
㉮ 이팝나무   ㉯ 메타세쿼이아
㉰ 쥐똥나무   ㉱ 느티나무

해설 맹아력이 약한 수종 : 소나무, 감나무, 녹나무, 굴거리나무, 벚나무, 이팝나무

35. 수성페인트칠의 공정에 관한 순서가 바르게 된 것은?

㉠ 바탕만들기   ㉡ 퍼티먹임
㉢ 초벌칠하기   ㉣ 재벌칠하기
㉤ 정벌칠하기   ㉥ 연마작업

㉮ ㉠-㉢-㉡-㉤-㉥-㉣
㉯ ㉠-㉢-㉡-㉣-㉥-㉤
㉰ ㉠-㉡-㉢-㉥-㉣-㉤
㉱ ㉠-㉡-㉢-㉤-㉥-㉣

해설 수성페인트
① 아교, 카세인, 녹말+안료+물을 혼합한 수성 페인트
② 거실, 사무실 등 습기가 없는 곳에 사용한다.
③ 바탕만들기 → 초벌칠하기 → 퍼티먹임 → 연마작업 재벌칠하기 → 정벌칠하기

36. 그 해에 자란 가지에서 꽃눈이 분화하여 그 해에 개화하기 때문에 2~3년 된 가지 등을 깊이 전정해도 좋은 수종은?
㉮ 배롱나무   ㉯ 매화나무
㉰ 명자나무   ㉱ 개나리

해설 배롱나무
① 낙엽활엽소교목
② 7~9월 꽃이 핀다.
③ 뿌리에서 가지가 잘 돋아난다.

37. 설계도면에 표시하기 어려운 사항 및 공사수행에 관련된 제반 규정 및 요구사항 등을 구체적으로 글로 써서 설계 내용의 전달을 명확히 하고 적정한 공사를 시행하기 위한 것은?
㉮ 적산서   ㉯ 계약서
㉰ 현장설명서 ㉱ 시방서

해설 시방서(specification) : 설계, 시공 등 도면으로 나타낼 수 없는 사항을 구체적으로 글로 써서 설계 내용의 전달을 명확히 하고 적정한 공사를 시행하기 위한 것이다.

해답 32. ㉮ 33. ㉱ 34. ㉮ 35. ㉯ 36. ㉮ 37. ㉱

38. 다음 중 오리나무 갈색무늬병균의 전반에 대한 설명으로 옳은 것은?
㉮ 곤충 및 소동물에 의해서 전반된다.
㉯ 물에 의해서 전반된다.
㉰ 종자의 표면에 부착해서 전반된다.
㉱ 바람에 의해서 전반된다.

해설 오리나무 갈색무늬병
① 종자의 표면에 부착해서 전반된다.
② 주로 봄부터 가을 사이에 발생하며 보르도액을 살포한다.

39. 자연상태의 토량 1000m³을 굴착하면 그 흐트러진 상태의 토양은 얼마가 되는가? (단, 토량 변화율을 $L=1.25$, $C = 0.9$라고 가정한다.)
㉮ 900m³   ㉯ 1000m³
㉰ 1125m³   ㉱ 1250m³

해설 $L = \dfrac{흐트러진\ 상태의\ 토량[m^3]}{자연상태의\ 토량[m^3]}$
L : 토량의 증가율
$1.25 = \dfrac{X}{1000\ m^3}$
$X = 1.25 \times 1000 = 1250$

40. 다음 중 조경 수목의 병해와 방제 방법이 맞는 것은?
㉮ 빗자루병 – 배수구 설치
㉯ 검은점무늬병 – 만코제브수화제(다이센엠-45)
㉰ 잎녹병 – 페니트로티온수화제(메프치온)
㉱ 흰가루병 – 트리클로르폰수화제(디프록스)

해설 ① 빗자루병 : 파라티온수화제, 메타유제
② 잎녹병 : 만코지 수화제, 폴리옥신 수화제, 티디폰수화제
③ 흰가루병 : 석회황합제, 만코지수화제, 지오판수화제, 베노밀수화제

41. 일반적으로 대형나무 및 경관적으로 중요한 곳에 설치하며, 나무줄기의 적당한 높이에서 고정한 와이어로프를 세 방향으로 벌려서 지하에 고정하는 지주설치 방법은?
㉮ 삼발이형   ㉯ 당김줄형
㉰ 매몰형   ㉱ 연결형

해설 당김줄형
① 당김줄형 지주 : 턴버클을 이용하여 대형의 나무에 적용하며 경관적 가치가 요구되는 곳에 설치
② 삼발이형 지주 : 수고 높이가 2m 이상의 교목에 설치

42. 다음중 인공적인 수형을 만드는 데 적합한 수종이 아닌 것은?
㉮ 꽝꽝나무   ㉯ 아왜나무
㉰ 주목   ㉱ 벚나무

해설 벚나무 : 낙엽활엽교목으로서 자연적인 수형을 만든다.

43. 암거배수의 설명으로 가장 적합한 것은?
㉮ 강우 시 표면에 떨어지는 물을 처리하기 위한 배수시설
㉯ 땅속으로 돌이나 관을 묻어 배수시키는 시설
㉰ 지하수를 이용하기 위한 시설
㉱ 돌이나 관을 땅에 수직으로 뚫어 기둥을 설치하는 시설

해설 땅속에 돌이나 관을 묻어 배수시키는 방법이다.

44. 벽천을 구성하고 있는 요소의 명칭이라고 할 수 없는 것은?
㉮ 벽체   ㉯ 토수구

해답 38. ㉰   39. ㉱   40. ㉯   41. ㉯   42. ㉱   43. ㉯   44. ㉱

㉰ 수반　　㉱ 낙수받이

[해설] 벽천 구성 요소
① 벽에 설치한 수구, 분수, 조각물의 형상 등에서 물이 나오도록 하는 것으로 분수의 형태이다.
② 벽체, 토수구, 수반

45. 일반적으로 돌쌓기 시공 상 유의할 점으로 틀린 것은?

㉮ 밑돌은 가장 큰 돌을, 아래 부위에 쌓을수록 비교적 큰 돌을 쌓아 안전도를 높인다.
㉯ 돌끼리 접촉이 좋도록 하고, 굄돌을 사용하여 안정되게 놓는다.
㉰ 줄눈 두께는 9~12mm로 통줄눈이 되도록 한다.
㉱ 모르타르 배합비는 보통 1:2~1:3으로 한다.

[해설] 줄눈의 나비는 9~12mm이며 통줄눈이 되지 않도록 한다.

46. 잔디의 생육상태가 쇠약하고, 잎이 누렇게 변할 때에는 어떤 비료를 주는 것이 가장 효과적인가?

㉮ 요소　　㉯ 과인산석회
㉰ 용성인비　㉱ 염화칼륨

[해설] 요소 : 질소성분으로 잎, 뿌리, 줄기 등의 생장에 영양을 공급한다.

47. 식물의 생육에 필요한 필수 원소 중 다량원소가 아닌 것은?

㉮ Mg　　㉯ H
㉰ Ca　　㉱ Fe

[해설] 식물생육에 필요한 원소 16가지 : C, H, O, N, S, Mg, Ca, P, K, Mn, Zn, B, Cu, Fe, Mo, Cl. Fe는 소량 원소이다.

48. 일반적으로 수목을 뿌리돌림할 때, 분의 크기는 근원 지름의 몇 배 정도가 적당한가?

㉮ 2배　　㉯ 4배
㉰ 8배　　㉱ 12배

[해설] 뿌리분의 크기 : 일반적으로 뿌리분의 크기는 근원 직경의 4배 정도 크기로 한다.

49. 일반적인 가로수 식재 수종의 설명으로 부적합한 것은?

㉮ 도시 중심가의 경우 직간의 높이는 2~2.3m 이상의 지하고를 가진 것을 택한다.
㉯ 가지가 고르게 자리 잡아 어느 방향으로 보아도 정형적인 수형을 가진 것이 좋다.
㉰ 둥근 형태로 다듬어진 작은 수종이 적합하다.
㉱ 대기오염에 저항력이 강하고 생장이 빠른 것이 적합하다.

[해설] 수형이 좋고 잎 모양이 아름다운 낙엽교목이어야 한다.

50. 다음 중 가뭄에 잔디보다 강하며, 토양산도는 영향이 적어 잔디밭에 발생되는 잡초는?

㉮ 쑥　　㉯ 매자기
㉰ 벗풀　　㉱ 마디꽃

[해설] 쑥 : 잔디밭에서 자라는 잡초이다.

51. 퍼걸러 설치와 관련한 설명으로 부적합한 것은?

㉮ 보행동선과의 마찰을 피한다.
㉯ 높이에 비해 넓이가 약간 넓게 축조한다.
㉰ 퍼걸러는 그늘을 만들기 위한 목적이다.
㉱ 불결하고 외진 곳을 피하여 배치한다.

[해설] 퍼걸러는 보행동선과 마주친다.

[해답] 45. ㉰　46. ㉮　47. ㉱　48. ㉯　49. ㉰　50. ㉮　51. ㉮

52. 지주목 설치 요령 중 적합하지 않은 것은?
㉮ 지주목을 묶어야 할 나무줄기 부위는 타이어 튜브나 마대 혹은 새끼 등의 완충재를 감는다.
㉯ 지주목의 아래는 뾰족하게 깎아서 땅속으로 30~50cm 정도의 깊이로 박는다.
㉰ 지상부의 지주는 페인트칠을 하는 것이 좋다.
㉱ 통행인이 많은 곳은 삼발이형, 적은 곳은 사각지주와 삼각지주가 많이 설치된다.
　[해설] 통행인이 많은 장소에는 삼각지주, 사각지주를 설치한다.
　① 삼각지주 : 3개의 가로목과 중간목을 설치한다.
　② 사각지주 : 아름답고 견고하지만 비용이 증가된다.

53. 다음 중 봄에 꽃이 피는 진달래 등의 꽃나무류 전정시기로 가장 적당한 것은?
㉮ 꽃이 진 직후
㉯ 여름의 도장지가 무성할 때
㉰ 늦가을
㉱ 장마 이후
　[해설] 진달래 : 꽃이 진 직후에 전정한다.

54. 조경공사에서 이식 적기가 아닌 때 식재공사를 하는 방법으로 틀린 것은?
㉮ 가지의 일부를 쳐내서 증산량을 줄인다.
㉯ 뿌리분을 작게 만들어 수분조절을 해 준다.
㉰ 증산억제제를 나무에 살포한다.
㉱ 봄철의 이식 적기보다 늦어질 경우 이른 봄에 미리 굴취하여 가식한다.
　[해설] 뿌리분을 크게 만들어 수분조절을 한다.

55. 다음중 소나무재선충의 전반에 중요한 역할을 하는 곤충은?
㉮ 북방수염하늘소　㉯ 노린재
㉰ 혹파리류　㉱ 진딧물
　[해설] 북방수염하늘소(솔수염하늘소)에 기생하며 잎을 갉아먹을 때 소나무에 침투한다.

56. 일반적으로 수목에 거름을 주는 요령으로 맞는 것은?
㉮ 밑거름은 늦가을부터 이른 봄 사이에 준다.
㉯ 효력이 빠른 거름은 3월경 싹이 틀 때, 꽃이 졌을 때 그리고 열매 따기 전 여름에 준다.
㉰ 산울타리는 수관선 바깥쪽으로 방사상으로 땅을 파고 거름을 준다.
㉱ 유기질 비료는 속효성이므로 덧거름을 준다.
　[해설] 걸음 주기 : 이른 봄 또는 늦가을에 주며 늦가을에 주는 것이 가장 좋다.

57. 수목을 전정한 뒤 수분증발 및 병균침입을 막기 위하여 상처 부위에 칠하는 도포제로 사용할 수 있는 것은?
㉮ 유황　㉯ 석회
㉰ 톱신페이스트　㉱ 다이센 M
　[해설] 수분증발 및 병균침입방지, 화상방지 등을 목적으로 톱신페이스트 도포제를 수목의 상처 부위에 칠하여 준다.

58. 흙쌓기 작업 시 시간이 경과하면서 가라앉을 것을 예측하여 더돋기를 하는데 이때 일반적으로 계획된 높이보다 어느 정도 더 높이 쌓아 올리는가?
㉮ 1~5%　㉯ 10~15%
㉰ 20~25%　㉱ 30~35%

[해답] 52. ㉱　53. ㉮　54. ㉯　55. ㉮　56. ㉮　57. ㉰　58. ㉯

해설 더돋기: 절토한 흙을 일정한 장소에 쌓는 성토 시 외부의 압력, 침하에 의해 높이가 줄어드는 것을 방지하고 예측하여 흙을 계획보다 10~15% 정도 더 쌓는 것을 말한다.

59. 골프장의 잔디밭에 뗏밥넣기의 두께로 가장 적당한 것은?
- ㉮ 0.1~0.2cm
- ㉯ 0.3~0.7cm
- ㉰ 1.0~1.5cm
- ㉱ 1.6~2.5cm

해설 골프장 뗏밥넣기 두께: 0.3~0.7cm
일반 가정 정원 뗏밥넣기 두께: 0.5~1.0cm

60. 수목의 굴취 시 흉고직경에 의한 식재품을 적용한 것이 가장 적합한 수종은?
- ㉮ 산수유
- ㉯ 은행나무
- ㉰ 리기다소나무
- ㉱ 느티나무

해설 교목: 수고×흉고직경

해답 59. ㉯ 60. ㉯

▶ 2010년 7월 11일 시행

자격종목	코드	시험시간	형별	수험번호	성명
조경기능사	7900	1시간	B		

1. 관찰자 시선의 중심선을 기준으로 형태감이나 색채감에서 양쪽의 크기나 무게가 안정감을 줄 때 나타나는 아름다움은?

㉮ 대비미 ㉯ 강조미
㉰ 균형미 ㉱ 반복미

해설 균형미란 가정한 중심선을 기준으로 좌, 우, 상, 하가 균등하게 배치되어 양쪽의 크기나 무게가 보는 사람에게 안정감을 줄 때를 말한다.

2. 1/100 축척의 설계 도면에서 1cm는 실제 공사 현장에서는 얼마를 의미하는가?

㉮ 1cm ㉯ 1mm
㉰ 1m ㉱ 10m

해설 ① 실제 거리 = 도면에 표시된 거리(도상) × 축적
② 1m = 1000mm, 1m = 100cm, 1cm = 10mm
③ 10mm(1cm) × 100(축적) = 1000mm = 1m

3. 사적지 조경 시 민가 뒤뜰에 식재하는 수종으로 잘 어울리지 않는 것은?

㉮ 버즘나무 ㉯ 감나무
㉰ 앵두나무 ㉱ 대추나무

해설 사적지 조경 설계 지침
① 민가의 안마당은 전통적 향토 수종인 화목류, 관목류로 식재하며 마당으로 이용하나 극히 제한적으로 사용한다.
② 사찰 회랑 내부, 성의 외곽, 석탑 주변에는 나무를 심지 않는다.
③ 성의 하층부, 후원 등에 전통적 향토 수종의 나무를 심는다.
④ 궁이나 절의 건물터는 잔디를 심는다.
⑤ 묘역 안에는 큰 나무를 심지 않는다.
⑥ 안내판은 문화재보호법의 규정대로 설치한다.
• 버즘나무 : 서아시아, 지중해 지역이 원산지이며 낙엽활엽교목이다.

4. 다음 중 인간적 척도(human scale)와 밀접한 관계를 갖기가 가장 어려운 경관은?

㉮ 관개 경관 ㉯ 지형 경관
㉰ 세부 경관 ㉱ 위요 경관

해설 ① 인간적 척도란 인간이 활동하기 위한 공간을 말한다.
② 지형 경관
㉠ 천연미적 경관으로 지형지세가 경관에서 특징을 보여 주고 경관의 지표가 된다.
㉡ 산중호수, 에베레스트 산(네팔), 미국 뉴욕의 자유의 여신상, 여의도 63빌딩
③ 관개 경관(canopied landscape) : 터널경관으로서 노폭이 좁은 장소에 상층은 나무 숲, 줄기가 기둥처럼 있고 하층은 관목, 어린 나무들이 있으며 나뭇가지와 잎이 도로를 덮은 지역을 말한다.
④ 세부 경관 : 관찰자가 가까이 접근하여 좁은 공간의 꽃, 열매, 수목의 형태 등을 자세히 관찰하며 감상하는 경관이다.
⑤ 위요 경관
㉠ 수평적 중심 공간 주위에 높은 수직 공간의 산, 숲이 둘러싸인 경관이다.
㉡ 명정산 산정호수 : 주위 산에 의해 둘러싸인 산중 호수

5. 선의 분류 중 모양에 따른 분류가 아닌 것은?

해답 1. ㉰ 2. ㉰ 3. ㉮ 4. ㉯ 5. ㉱

㉮ 실선 ㉯ 파선
㉰ 1점 쇄선 ㉱ 치수선

해설 ① 선의 모양의 따른 분류 : 실선, 파선, 1점 쇄선, 2점 쇄선
② 선의 굵기에 따른 분류
㉠ 굵은선(윤곽선, 외곽선, 단면선)
㉡ 중간선(외형선, 경계선, 파선)
㉢ 가는선(보조선, 치수선, 지시선, 해칭선)

6. 서양에서 정원이 건축의 일부로 종속되던 시대에서 벗어나 건축물을 정원 양식의 일부로 다루려는 경향이 나타난 시대는?

㉮ 중세 ㉯ 르네상스
㉰ 고대 ㉱ 현대

해설 르네상스 시대의 조경 : 정원이 건축의 일부로 종속된 시대에서 벗어나 정원이 정원 양식이라는 새로운 범주에 속하게 되었다.

7. 조경 양식 발생 요인 가운데 사회 환경 요인이 아닌 것은?

㉮ 민족성 ㉯ 사상
㉰ 종교 ㉱ 기후

해설 ① 자연환경 요소 : 지형, 식생, 기상 조건, 토양 조사, 해양 환경, 동식물, 지질
② 인문환경 요소 : 주변 교통량, 문화재, 인구

8. 우리나라에서 최초의 유럽식 정원이 도입된 곳은?

㉮ 덕수궁 석조전 앞 정원
㉯ 파고다 공원
㉰ 장충단 공원
㉱ 구 중앙정부청사 주위 정원

해설 ① 덕수궁 석조전 앞 정원(1909년) : 우리나라에 있는 최초의 유럽식 정원이다.
② 탑골공원(파고다 공원, 1895년) : 우리나라 최초의 대중 공원이다.

9. 공원 설계 시 보행자 2인이 나란히 통행 가능한 최소 원로폭은?

㉮ 4~5m ㉯ 3~4m
㉰ 1.5~2m ㉱ 0.3~1m

해설 도로의 조경 계획
① 보행자 1인 통행 원로폭 : 0.8~1m
② 보행자 2인 통행 원로폭 : 1.5~2m
③ 승용차 통행 원로폭 : 2.5m 정도

10. 조경을 프로젝트의 대상지별로 구분할 때 문화재 주변 공간에 해당되지 않는 곳은?

㉮ 궁궐 ㉯ 사찰
㉰ 유원지 ㉱ 왕릉

해설 ① 공원 : 도시공원과 녹지, 소공원, 어린이공원, 묘지공원, 근린공원, 체육공원, 광장, 완충녹지, 경관녹지
② 자연공원 : 국립공원, 도립공원, 군립공원, 천연기념물 보호구역
③ 위락 관광시설 : 유원지, 휴양지, 골프장, 야영장, 경마장, 스키장, 낚시터, 삼림욕장, 관광농원
④ 문화재 : 전통민가, 궁궐, 사찰, 성터, 고분, 왕릉, 목조와 석조 건축물
⑤ 기타 시설 : 고속도로, 자전거도로, 공업단지, 보행자 전용도로

11. 도시공원 및 녹지 등에 관한 법률 시행 규칙에 의해 도시공원의 효용을 다하기 위하여 설치하는 공원 시설 중 편익 시설로 분류되는 것은?

㉮ 야유회장 ㉯ 자연 체험장
㉰ 정글짐 ㉱ 전망대

해설 편익 시설
① 우체통, 공중 전화실, 휴게 음식점, 일반 음식점, 약국, 수화물 예치소, 전망대, 시계탑, 음수장, 다과점 및 사진관 그 밖에 이와 유사한 시설로서 공원 이용객에게 편리함을 제공하는 시설

해답 6. ㉯ 7. ㉱ 8. ㉮ 9. ㉰ 10. ㉰ 11. ㉱

② 유스호스텔
③ 선수 전용 숙소, 운동시설 관련 사무실, 「유통산업발전법 시행령」 별표 1에 따른 대형마트 및 쇼핑센터

12. 각종 기구(T자, 삼각자, 스케일 등)를 사용하여 설계자의 의사를 선, 기호, 문장 등으로 용지에 표시하여 전달하는 것은?
㉮ 모델링   ㉯ 계획
㉰ 제도   ㉱ 제작

[해설] 제도 : 설계자의 의사를 선, 기호, 문장을 도면에 표시하여 빠르게 전달하는 작업이다.

13. 이탈리아 르네상스 시대의 조경 작품이 아닌 것은?
㉮ 빌라 토스카나(Villa Toscana)
㉯ 빌라 란셀로티(Villa Lancelotti)
㉰ 빌라 메디치(Villa de Medici)
㉱ 빌라 란테(Villa Lante)

[해설] 르네상스 시대의 작품
① 빌라 메디치(Villa de Medici) : 르네상스 시대의 차경 수법을 이용한 최초의 빌라이다.
② 빌라 란셀로티(Villa Lancelotti) : 르네상스 시대 후기 정원이다(바로크 양식).
③ 빌라 란테(Villa Lante) : 르네상스 시대의 작품으로 4개의 노단과 물을 사용한 양식이다.
④ 빌라 토스카나(Villa Toscana) : 고대 로마시대 도시형 별장 양식이다.

14. 골프장의 각 코스를 설계할 때 어느 방향으로 길게 배치하는 것이 가장 이상적인가?
㉮ 동서 방향   ㉯ 남북 방향
㉰ 동남 방향   ㉱ 북서 방향

[해설] 골프장 계획
① 남북 방향으로 설계한다.
② 방위는 잔디를 위해 남사면 또는 남동 사면으로 설계한다.

15. 영국의 스토우(Stowe)원을 설계했으며, 정원 내에 하하(Ha-ha)의 기교를 생각해낸 조경가는?
㉮ 브리지맨   ㉯ 윌리엄 켄트
㉰ 험프리 렙턴 ㉱ 에디슨

[해설] 하하(ha-ha) 기법 : 성 밖을 둘러싸는 프랑스의 군사시설 형태로, 정원과 외부 사이에 울타리 대신 도랑이나 계곡을 만들어 물리적 경계 없이 정원을 볼 수 있게 하는 방법으로 영국의 브리지맨이 정원 양식으로 사용하였다.

16. 다음 중 맹아력이 가장 약한 수종은?
㉮ 가시나무   ㉯ 쥐똥나무
㉰ 벚나무   ㉱ 사철나무

[해설] ① 맹아력이 약한 수종 : 소나무, 감나무, 녹나무, 굴거리나무, 벚나무, 백송, 철쭉, 비자나무, 태산목, 자작나무
② 맹아력이 강한 수종 : 주목, 모과나무, 무궁화, 개나리, 가시나무, 플라타너스, 미루나무, 회양목, 모과나무, 층층나무

17. 외벽을 아름답게 나타내는 데 사용하는 미장재료는?
㉮ 타르   ㉯ 벽토   ㉰ 니스   ㉱ 래커

[해설] 벽토 : 진흙에 부드러운 모래, 짚여물, 안료, 물을 혼합하여 만든 것으로 전통적인 토담이 담장 등에 바르는 미장 재료로서 자연미를 보여 준다.

18. 분쇄목인 우드칩(wood chip)을 멀칭 재료로 사용할 때의 효과가 아닌 것은?

[해답] 12. ㉰ 13. ㉮ 14. ㉯ 15. ㉮ 16. ㉰ 17. ㉯ 18. ㉰

㉮ 미관 효과 우수　㉯ 잡초 억제 기능
㉰ 배수 억제 효과　㉱ 토양 개량 효과

해설 분쇄목 우드칩(wood-chip)
① 지반 멀칭 재료 토양의 경화 방지, 호흡 증대, 수분 유지, 토양 전염성 병균 방지를 목적으로 한다.
② 멀칭(mulching) : 수목을 식재한 후 주위를 토양으로 덮어 주는 것을 말한다. 토양 침식 방지, 토양 수분 유지, 지온 조절, 잡초 억제, 토양 전염성 병균 방지, 토양 오염 방지 등의 목적으로 실시된다.

19. 잔디밭 조성 시 뗏장 심기와 비교한 종자 파종 방법의 이점이 아닌 것은?

㉮ 비용이 적게 든다.
㉯ 작업이 비교적 쉽다.
㉰ 균일하고 치밀한 잔디를 얻을 수 있다.
㉱ 잔디밭 조성에 짧은 시일이 걸린다.

해설 종자 파종은 잔디밭 조성에 많은 시일이 걸린다.

20. 시멘트가 경화하는 힘의 크기를 나타내며, 시멘트의 분말도, 화합물 조성 및 온도 등에 따라 결정되는 것은?

㉮ 전성　　　㉯ 소성
㉰ 인성　　　㉱ 강도

해설 시멘트의 강도 : 시멘트가 경화되는 정도를 나타낸 것이다.

21. 봄에 씨뿌림하는 1년초에 해당하지 않는 것은?

㉮ 매리골드　　㉯ 피튜니아
㉰ 채송화　　　㉱ 샐비어

해설 ① 봄뿌림 화초 : 맨드라미, 샐비어, 채송화, 봉선화, 매리골드, 나팔꽃, 백일홍
② 가을뿌림 화초 : 피튜니아, 팬지, 안개초, 스위트피, 금어초, 금잔화

22. 목재의 건조 목적과 가장 관련이 없는 것은?

㉮ 부패 방지
㉯ 사용 후의 수축, 균열 방지
㉰ 강도 증진
㉱ 무늬 강조

해설 목재의 건조 목적
① 목재 건조의 목적 : 목재의 부패 방지, 강도 증가, 단열 및 전기 절연 효과가 증가된다.
② 목재의 기건 함수율 : 15%

23. 플라스틱 제품 제작 시 첨가하는 재료가 아닌 것은?

㉮ 가소제　　㉯ 안정제
㉰ 충전제　　㉱ AE제

해설 AE제 : 콘크리트 혼화제로 경화 전후의 콘크리트 성질을 개선할 목적으로 사용한다.

24. 일반적인 금속 재료의 장점이라고 볼 수 없는 것은?

㉮ 여러 가지 하중에 대한 강도가 크다.
㉯ 재질이 균일하고 불연재이다.
㉰ 각기 고유의 광택이 있다.
㉱ 가열에 강하고 질감이 따뜻하다.

해설 불에 타지 않는 성질이 있으나, 가열에 약하고 차가운 색채와 질감을 준다.

25. 다음 중 음수이며 또한 천근성인 수종에 해당되는 것은?

㉮ 전나무　　㉯ 모과나무
㉰ 자작나무　㉱ 독일가문비

해설 ① 천근성 수종 : 독일가문비, 자작나무, 편백, 버드나무, 매화나무, 황철나무, 포플러
② 음수 : 주목, 전나무, 독일가문비, 팔손이나무, 녹나무, 동백나무, 회양목, 눈주목

해답 19. ㉱　20. ㉱　21. ㉯　22. ㉱　23. ㉱　24. ㉱　25. ㉱

26. 우리나라에서 사용되고 있는 점토벽돌은 기존형과 표준형으로 분류되는데 그 중 기존형 벽돌의 규격은?

㉮ 20cm × 9cm × 5cm
㉯ 21cm × 10cm × 6cm
㉰ 22cm × 12cm × 6.5cm
㉱ 19cm × 9cm × 5.7cm

해설 벽돌의 규격
① 기존형 벽돌 한 장의 규격 : 210mm(길이)×100mm(폭)×60mm(높이)
② 표준 벽돌 한 장의 규격 : 190mm(길이)×90mm(폭)×57mm(높이)

27. 다음 [보기]가 설명하는 합성수지의 종류는?

[보기]
- 특히 내수성, 내열성이 우수하다.
- 내연성, 전기적 절연성이 있고 유리섬유관, 텍스, 피혁류 등과 접착이 가능하다.
- 용도는 방수제, 도료 접착제 등이다.
- 500℃ 이상 견디는 수지이다.

㉮ 실리콘수지   ㉯ 멜라민수지
㉰ 푸란수지   ㉱ 폴리에틸렌수지

해설 실리콘 수지의 특성
① 내알칼리성, 전기 절연성, 내후성, 특히 내열, 내한성이 극히 우수하며 발수성이 있어 방수 재료로도 쓰인다.
② 액체인 실리콘 오일은 펌프류, 절연유, 방수제 등으로 쓰인다.

28. 다음 중 석가산을 만들고자 할 때 적합한 돌은?

㉮ 잡석   ㉯ 괴석
㉰ 호박돌   ㉱ 자갈

해설 석가산
① 산석, 강석 : 50~100cm 정도의 돌로 괴석이라고 하며 주로 경관석, 석가산용으로 쓰인다.
② 산석이란 산에 있는 돌로 정의한다.

29. 주목(Taxus cuspidata S. et Z)에 관한 설명으로 부적합한 것은?

㉮ 9월경 붉은색의 열매가 열린다.
㉯ 큰 줄기가 적갈색으로 관상 가치가 높다.
㉰ 맹아력이 강하며, 음수이나 양지에서 생육이 가능하다.
㉱ 생장 속도가 매우 빠르다.

해설 주목 : 기후와 환경에 의해 성장 속도가 달라지며 보통 주목이라는 나무는 생장 속도가 매우 느리다.

30. 목재의 옹이와 관련된 설명 중 틀린 것은?

㉮ 옹이는 목재강도를 감소시키는 가장 흔한 결점이다.
㉯ 죽은 옹이는 산 옹이보다 일반적으로 기계적 성질에 미치는 영향은 적다.
㉰ 옹이가 있으면 인장 강도는 증가한다.
㉱ 같은 크기의 옹이가 한 곳에 많이 모인 집중옹이가 고루 분포된 경우보다 강도 감소에 끼치는 영향은 더욱 크다.

해설 목재의 옹이 : 나무가 비정상적인 상태일 때 발생하는 형태로 목재의 가치 감소 및 인장강도 감소에 영향을 준다.

31. 다음 중 일반적으로 봄에 가장 먼저 황색 계통의 꽃이 피는 수종은?

㉮ 등나무   ㉯ 산수유
㉰ 박태기나무 ㉱ 벚나무

해설 ① 산수유 : 3~4월에 황색꽃이 핀다.
② 등나무 : 5월에 자주색 꽃이 핀다.
③ 박태기나무 : 4월 하순에 자홍색 꽃이 핀다.
④ 벚나무 : 4월~5월에 백색 꽃이 핀다.

해답 26. ㉯ 27. ㉮ 28. ㉯ 29. ㉱ 30. ㉰ 31. ㉯

32. 디딤돌로 사용하는 돌 중에서 보행 중 군데군데 잠시 멈추어 설 수 있도록 설치하는 돌의 크기(지름)로 가장 적당한 것은?(단, 성인을 기준으로 한다.)
㉮ 10~15cm　㉯ 20~25cm
㉰ 30~35cm　㉱ 50~55cm

해설　디딤돌의 크기
① 디딤돌의 크기 : 30cm 정도
② 시작, 끝부분, 갈라지는 지점의 디딤돌의 크기 : 50cm 정도

33. 토양 개량제로 활용되지 못하는 것은?
㉮ 홀맥스콘　㉯ 피트오스
㉰ 부엽토　㉱ 펄라이트

해설　홀맥스콘(hormex-con) : 식물성 호르몬으로 뿌리 발근 및 촉진 개선제로서 뿌리에 흡착시킨다.

34. 다음 중 일반적으로 살아있는 가지를 자를 경우 수종별 상처 부위의 부후 위험성이 가장 적은 수종은?
㉮ 왕벚나무　㉯ 소나무
㉰ 목련　㉱ 느릅나무

해설　① 소나무는 송진이 많이 나오며 상처 부위의 조직이 잘 유합되어 부후 위험성이 적다.
② 왕벚나무, 목련, 느릅나무는 가지를 자르고 탈지면에 알코올 소독하고 방균, 방수를 목적으로 도포제를 발라 준다.

35. 조경용으로 벽돌, 도관, 타일, 기와 등을 만드는 재료로 가장 적당한 것은?
㉮ 금속　㉯ 플라스틱
㉰ 점토　㉱ 시멘트

해설　점토 제품
① 타일 : 도토나 자토 또는 양질의 점토 등을 원료로 하여 두께 5mm 정도의 판형을 만든 것이다.
② 기와 : 저급 점토를 1000℃로 소성하여 만든다.
③ 도관 : 양질의 점토를 유약을 발라 1000℃ 이상의 온도로 구워낸 관이다.
④ 테라코타, 오지토관, 도관, 위생도기, 적벽돌

36. 굳지 않은 콘크리트의 성질을 표시하는 용어 중 거푸집 등의 형상에 순응하여 채우기가 쉽고, 분리가 일어나지 않는 성질을 가리키는 것은?
㉮ 워커빌리티(workabillity)
㉯ 컨시스턴시(consistency)
㉰ 플라스티서티(plasticity)
㉱ 펌퍼빌리티(pumpability)

해설　플라스티서티(plasticity, 성형성) : 구조체에 콘크리트를 거푸집에 순응하여 재료를 채우기 쉽고 분리가 일어나지 않는 성질의 정도를 말한다.

37. 시공 관리 주요 계획 목표라고 볼 수 없는 것은?
㉮ 우수한 품질
㉯ 공사 기간의 단축
㉰ 우수한 시각미
㉱ 경제적 시공

해설　시공 관리
① 우량한 품질 : 품질 관리
② 공사 기간의 단축 : 공정 관리
③ 경제적 시공 : 원가 관리
④ 사고 방지 : 안전 관리

38. 추위에 의하여 나무의 줄기 또는 수피가 수선 방향으로 갈라지는 현상을 무엇이라 하는가?
㉮ 고사　㉯ 피소　㉰ 상렬　㉱ 괴사

해설　상렬 : 추위로 인해 나무의 껍질이 얼어

해답　32. ㉱　33. ㉮　34. ㉯　35. ㉰　36. ㉰　37. ㉰　38. ㉰

서 나무줄기 또는 수피가 수선 방향으로 갈라지는 현상을 말한다.

39. 토공사에서 흐트러진 상태의 토양 변환율이 1.1일 때 터파기량이 10m³, 되메우기량이 7m³이라면 잔토 처리량은?

㉮ 3m³ ㉯ 3.3m³ ㉰ 7m³ ㉱ 17m³

해설 잔토 처리량 = 터파기량 – 되메우기
= $10m^3 - 7m^3 = 3m^3 \times 1.1$(토양 변화율)
= $3.3m^3$

40. 조경 공사에서 수목 및 잔디의 할증률은 몇 %인가?

㉮ 1% ㉯ 5% ㉰ 10% ㉱ 20%

해설 재료의 할증률
① 붉은 벽돌, 내화 벽돌, 이형 철근, 타일, 경계 블록, 호안 블록, 합판(일반용) : 할증률 3%
② 목재(각재), 합판(수장용), 시멘트 벽돌 : 할증률 5%
③ 목재(판재), 조경용 수목, 잔디, 초화류 : 할증률 10%

41. 연못의 급배수에 대한 설명으로 부적합한 것은?

㉮ 배수공은 연못 바닥의 가장 깊은 곳에 설치한다.
㉯ 항상 일정한 수위를 유지하기 위한 시설을 토수구라 한다.
㉰ 순환 펌프 시설이나 정수 시설을 설치 시 차폐 식재를 하여 가려 준다.
㉱ 급배수에 필요한 파이프의 굵기는 강우량과 급수량을 고려해야 한다.

해설 ① 월류구
㉠ 오버플로(overflow)관이다.
㉡ 연못 변면에 설치한다.
㉢ 항상 일정한 수위를 유지한다.
② 일류공 : 연못의 중앙에 설치한다.
③ 퇴수구(토수구)
㉠ 연못 가장 낮은 바닥에 설치한다.
㉡ 배수되는 곳이다.

42. 새끼줄로 뿌리분을 감는 방법 중 석줄 두 번 걸기를 표현한 것은?

해설 ㉮ 넉줄 한번 걸기 ㉯ 석줄 한번 걸기
㉰ 넉줄 두번 걸기 ㉱ 석줄 두번 걸기

43. 다음 설명과 관련이 있는 잔디의 병은?

- 17~22℃ 정도의 기온에서 습윤 시 잘 발생
- 질소질 비료 성분이 부족한 지역에서 발생하기 쉬움
- 담자균류에 속하는 곰팡이로서 년 2회 발생
- 디니코나졸수화제를 살포하여 방제

㉮ 흰가루병 ㉯ 그을음병
㉰ 잎마름병 ㉱ 녹병

해설 녹병
㉠ 발병 시기 : 5~6월, 9~10월에 발병한다.
㉡ 증상 : 잔디잎에 적색 가루가 나타난다.
㉢ 원인 : 질소 부족, 고온 다습
㉣ 디니코나졸 수화제를 살포하여 방제한다.
㉤ 질소(N), 인산(P), 칼륨(K)의 영양분을 준다.

44. 조경 수목 중 탄수화물의 생성이 풍부할 때 꽃이 잘 필 수 있는 조건에 맞는 탄소와 질소의 관계로 가장 적당한 것은?

해답 39. ㉯ 40. ㉰ 41. ㉯ 42. ㉱ 43. ㉱ 44. ㉰

㉮ N>C ㉯ N=C
㉰ N<C ㉱ N≧C

해설 ① C : 탄소, N : 질소
② 탄소가 많아지면 꽃눈이 많아진다.
③ 질소가 많아지면 잎눈이 많아진다.
④ 꽃눈이 많아지면 결과적으로 탄소가 많으므로 C/N율이 높아진다.

45. 좁은 정원에 식재된 나무가 필요 이상으로 커지지 않게 하기 위하여 녹음수를 전정하는 것은?
㉮ 생장을 돕기 위한 전정
㉯ 생장을 억제하는 전정
㉰ 생리 조정을 위한 전정
㉱ 갱신을 위한 전정

해설 생장을 억제하는 전정
① 정원에 있는 녹음수, 산울타리 수종으로 일정한 모양으로 유지하기 위하여 형태를 다듬는 전정을 한다.
② 향나무, 주목, 회양목, 소나무의 순자르기

46. 낙엽수의 휴면기 겨울 전정(12~3월)의 장점으로 틀린 것은?
㉮ 병충해의 피해를 입은 가지의 발견이 쉽다.
㉯ 가지의 배치나 수형이 잘 드러나므로 전정하기가 쉽다.
㉰ 굵은 가지를 잘라 내어도 전정의 영향을 거의 받지 않는다.
㉱ 막눈 발생을 유도하며 새가지가 나오기 전까지 수종 고유의 아름다운 수형을 감상할 수 있다.

해설 겨울 전정 : 새가지가 나오기 전까지 수종 고유의 아름다운 수형을 감상할 수 있으며 막눈이 발생하지 않는다.

47. 잔디 1매(30×30cm)에 1본의 꼬치가 필요하다. 경사 면적이 45m²인 곳에 잔디를 전면붙이기로 식재하려 한다면 이 경사지에 필요한 꼬치는 약 몇 개인가?(단, 가장 근사값을 정한다.)
㉮ 46본 ㉯ 333본
㉰ 450본 ㉱ 495본

해설 ① 30cm×30cm = 900cm² = 0.09m²
1m = 100cm
1m×1m = 100cm×100cm = 1m² = 10⁴cm²
② 45m²÷0.09m² = 500매 (가장 근사값을 정한다. 오차 ±5)

48. 덩굴식물이 시설물을 타고 올라가 정원적인 미를 살릴 수 있는 시설물이 아닌 것은?
㉮ 퍼걸러 ㉯ 테라스
㉰ 아치 ㉱ 트렐리스

해설 테라스 : 건물에 연결하여 만든 것으로 건물의 내부와 외부를 연결하는 공간이다.

49. 다음 중 제초제가 아닌 것은?
㉮ 페니트로티온 수화제
㉯ 시마진 수화제
㉰ 알라클로르 유제
㉱ 파라콰트디클로라이드 액제

해설 페니트로티온(스미치온, 메프치온) 수화제 : 농약 살충제로서 과수류 살충 및 갈색여치 등을 방제한다.

50. 병·해충의 화학적 방제 내용으로 틀린 것은?
㉮ 병·해충을 일찍 발견해야 방제 효과가 크다.
㉯ 될 수 있으면 발생 후에 약을 뿌려준다.
㉰ 병·해충이 발생하는 과정이나 습성을 미리 알아 두어야 한다.
㉱ 약해에 주의해야 한다.

해설 화학적 방제 : 발생 전에 뿌려 주어 병충해로부터 보호하는 것이 가장 좋다.

해답 45. ㉯ 46. ㉱ 47. ㉱ 48. ㉯ 49. ㉮ 50. ㉯

51. 디딤돌 놓기의 방법 설명으로 틀린 것은?

㉮ 디딤돌의 간격은 보폭을 고려하여야 한다.
㉯ 디딤돌 놓기는 직선 위주로 놓는다.
㉰ 디딤돌이 시작하는 곳, 끝나는 곳, 갈라지는 곳에는 다른 것에 비해 큰 디딤돌을 놓는다.
㉱ 디딤돌의 긴지름은 보행자 진행 방향과 수직을 이루어야 한다.

[해설] 디딤돌 놓기 : 디딤돌은 크고 작은 것을 조화롭게 하여 직선보다는 어긋나게 배치하여 단조로움과 균형의 불안함을 없도록 한다.

52. 야외용 의자 제작 시 2인용을 기준으로 할 때 얼마 정도의 길이가 필요한가? (단, 여유 공간을 포함한다.)

㉮ 60cm 정도
㉯ 120cm 정도
㉰ 180cm 정도
㉱ 200cm 정도

[해설] 벤치의 길이
① 1인용 벤치 : 45~47cm (450~470mm)
② 2인용 벤치 : 120cm (1200mm)
③ 3인용 벤치 : 250cm (2500mm)

53. 다음 중 정구장과 같이 좁고 긴 형태의 전 지역을 균일하게 배수하려는 암거 방법은?

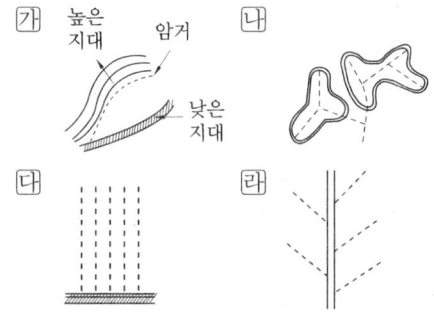

[해설] ㉮ 차단형 : 경사면 자체의 유수를 방지하기 위하여 경사면 바로 위에 설치하는 배수 형태이다.
㉯ 자유형(자연형) : 대규모 공원과 같이 완전한 배수가 요구되지 않는 지역에서 사용하며 등고선을 고려하여 주관을 설치하고 설치된 주관을 중심으로 양측에 지관을 설치한다.
㉰ 빗살형(즐치형) : 규모가 작은 면적의 전 지역에 균일하게 배수할 때 사용한다.
㉱ 어골형 : 평탄지이고 전 지역에 균일하게 배수가 필요한 지역이며, 지관 길이는 30m 이하이고, 각도는 45° 이하로 설치한다.

54. 돌가루와 아스팔트를 섞어 가열한 것을 식기 전에 다져 놓은 자갈층 위에 고르게 깔아 롤러로 다져 끝맺음한 포장 방법은?

㉮ 소형 고압 블록 포장
㉯ 콘크리트 포장
㉰ 아스팔트 포장
㉱ 마사토 포장

[해설] 아스팔트 포장 : 고점도 물질로서 고열이 발생하며 다져 놓은 자갈층 위에 고르게 깔아 롤러로 다져 포장한다.

55. 소나무 혹병의 환부가 4~5월경에 터져서 흩어져 나오는 포자는?

㉮ 녹포자
㉯ 녹병포자
㉰ 여름포자
㉱ 겨울포자

[해설] 소나무 혹병 : 소나무의 가지나 줄기에 감염되면 비정상적인 세포분열 현상이 발생되어 혹이 생기며 4~5월경에 터져서 녹포자(황색 가루)가 나타난다.

56. 일반적으로 표면 배수 시 빗물받이는 몇 m마다 1개씩 설치하는 것이 효과적인가?

㉮ 1~10m
㉯ 20~30m
㉰ 40~50m
㉱ 60~70m

[해설] 20~30m마다 1개씩 설치한다.

해답 51. ㉯ 52. ㉯ 53. ㉰ 54. ㉰ 55. ㉮ 56. ㉯

57. 조경수목 중 낙엽수류의 일반적인 뿌리돌림 시기로 가장 알맞은 것은?

㉮ 3월 중순~4월 상순
㉯ 5월 상순~7월 상순
㉰ 7월 하순~8월 하순
㉱ 8월 상순~9월 상순

해설 낙엽수 뿌리돌림 시기: 수목 뿌리의 생장이 왕성한 이른 봄(3월 중순~4월 상순)에 하는 것이 가장 이상적이다.

58. 화단을 조성하는 장소의 환경 조건과 구성하는 재료 등에 따라 구분할 때 '경재 화단'에 대한 설명으로 바른 것은?

㉮ 화단의 어느 방향에서나 관상 가능하도록 중앙 부위는 높게, 가장 자리는 낮게 조성한다.
㉯ 양쪽 방향에서 관상할 수 있으며 키가 작고 잎이나 꽃이 화려하고 아름다운 것을 심어 준다.
㉰ 전면에서만 감상되기 때문에 화단 앞쪽은 키가 작은 것을, 뒤쪽으로 갈수록 큰 초화류를 심는다.
㉱ 가장 규모가 크고 아름다운 화단으로 광장이나 잔디밭 등에 조성되며 화려하고 복잡한 문양 등으로 펼쳐진다.

해설 ① 기식 화단(모듬 화단): 사방에서 감상할 수 있도록 화단의 중심부에 장미 등을 식재하며 주변에는 여러 가지 화초를 식재한다. 색채를 아름답고 조화롭게 배색하여 사방에서 감상할 수 있도록 한 것이다.
② 매듭 화단: 낮게 깎은 회양목 등으로 화단을 여러 가지 기하학적 모양으로 만든 것을 말한다.
③ 카펫 화단(화문 화단): 키가 작은 초화를 사용하며 개화 기간이 긴 꽃들을 선택한다. 꽃색을 아름답게 배치하며 밀식하여 지면이 보이지 않게 하고 여러 가지 무늬를 감상한다.
④ 경재 화단: 울타리 담벽, 건물의 담장, 경사면을 배경으로 장방형의 긴 형태로 앞쪽은 키가 작은 채송화 같은 화초를, 뒤쪽은 키가 큰 매리골드 등의 화초를 식재하여 한쪽에서만 감상하게 된다.

59. 포분열을 촉진하여 식물체의 각 기관들의 수를 증가, 특히 꽃과 열매를 많이 달리게 하고, 뿌리의 발육, 녹말 생산, 엽록소의 기능을 높이는 데 관여하는 영양소는?

㉮ N ㉯ P
㉰ K ㉱ Ca

해설 비료의 3요소: 질소+인+칼륨
비료의 4요소: 질소+인+칼륨+칼슘
① 질소(N): 광합성 촉진 작용을 한다.
부족 현상: 잎과 줄기가 가늘어지며 잎이 황색으로 변색되어 떨어진다.
② 인(P): 세포 분열 촉진 기능, 꽃, 열매, 뿌리 성장, 새눈과 잔가지 발육에 기여한다.
부족 현상: 뿌리 생장 기능이 저하되고 잎이 암록색으로 변색되며 생산량이 감소한다.
③ 칼륨(K): 꽃, 열매의 향기 및 색깔의 조절에 기여한다.
부족 현상: 황화 현상이 발생한다.
④ 칼슘(Ca): 단백질 합성, 식물체 유기산 중화의 역할을 한다.
부족 현상: 생장점이 파괴되며 갈색으로 변색된다.

60. 응애만을 죽이는 농약의 종류에 해당하는 것은?

㉮ 살충제 ㉯ 살균제
㉰ 살비제 ㉱ 살서제

해설 ① 살균제: 분홍색(병원균 제거)
② 살충제: 녹색(해충 제거)
③ 제초제: 황색
④ 비선택형 제초제: 적색
⑤ 생장 조절제: 청색
⑥ 살비제: 응애만을 제거하는 농약

▶ 2010년 10월 3일 시행

자격종목	코 드	시험시간	형 별
조경기능사	7900	1시간	B

1. 다음 중 무리지어 나는 철새, 설경 또는 수면에 투영된 영상 등에서 느껴지는 경관은?

㉮ 초점 경관　㉯ 관개 경관
㉰ 세부 경관　㉱ 일시 경관

해설 ① 일시 경관(ephemeral landscape) : 기상 조건에 따라서 서리, 안개, 동물의 출현 등 경관의 이미지가 일시적으로 새로운 이미지로 변화하는 것을 말한다.
② 세부 공간 : 관찰자가 가까이 접근하여 좁은 공간의 꽃, 열매, 수목의 형태 등을 자세히 관찰하며 감상하는 경관이다.

2. 다음 중 사군자(四君子)에 해당되지 않는 것은?

㉮ 매화　㉯ 난초
㉰ 국화　㉱ 소나무

해설 사군자(四君子) : 매란국죽(梅蘭菊竹) - 매화, 난초, 국화, 대나무

3. 조선시대 사대부나 양반 계급에 속했던 사람들이 시골 별서에 꾸민 정원의 유적이 아닌 것은?

㉮ 양산보의 소쇄원
㉯ 윤선도의 부용동원림
㉰ 정약용의 다산정원
㉱ 퇴계 이황의 도산서원

해설 ① 퇴계 이황의 도산서원 : 유생 교육 장소
② 별서정원 : 소쇄원(양산보), 다산초당(정약용), 서석지, 부용동정원(윤선도), 옥호정(김조순), 소한정(우규동)

4. 백제 무왕 35년(634년경)에 만들어진 조경 유적은?

㉮ 안압지　㉯ 포석정
㉰ 궁남지　㉱ 안학궁

해설 궁남지(무왕35년)
① 삼국사기, 동사강목 문헌에 기록이 있다.
② 최초의 신선상을 나타내는 정원이다.
③ 연못에는 봉래산을 상징하는 섬을 조성하였으며 주위에는 버드나무를 식재하였다.

5. 인도 정원에 해당하는 것은?

㉮ 알람브라(Alhambra)
㉯ 보르 비 콩트(Vaux-le-Vicomte)
㉰ 베르사유(Versailles) 궁원
㉱ 타지마할(Taj-Mahal)

해설 ① 타지마할(Taj-Mahal) : 무굴 인도의 묘지 정원
② 보르비콩트(Vaux-le-vicomte), 베르사유(Versailles) 궁원 : 프랑스 정원
③ 알람브라(Alhambra) 궁전 : 스페인 정원

6. 르네상스 문화와 더불어 최초로 노단 건축식 정원이 발달한 곳은?

㉮ 로마　㉯ 피렌체
㉰ 아테네　㉱ 폼페이

해설 피렌체 : 최초의 노단(계단) 건축식 정원이다(이탈리아).

7. 자연식 조경 중 물을 전혀 사용하지 않고 나무, 바위와 왕모래 등으로 상징적인 정원을 만드는 양식은?

해답　1. ㉱　2. ㉱　3. ㉱　4. ㉰　5. ㉱　6. ㉯　7. ㉰

㉮ 전원풍경식 ㉯ 회유임천식
㉰ 고산수식 ㉱ 중정식

해설 일본 정원 양식
① 모모야마 시대(1580년) : 다정 정원 양식이 발달하였다.
② 일본 정원 양식의 시대적 순서 : 임천식 → 회유임천식 → 축산고산수식(무로마치 시대) → 평정고산수식 → 다정식 → 회유식
③ 고산수식 정원 : 축소 지향적으로 수목(산봉우리), 바위(폭포), 왕모래(물)를 사용한 상징성으로 조성된 정원 양식이다.

8. 다음 조경의 대상 중 자연적 환경요소가 가장 빈약한 곳은?

㉮ 도시 조경
㉯ 명승지, 천연기념물
㉰ 도립공원
㉱ 국립공원

해설 ① 도시 조경은 상대적으로 자연적 요소가 부족하며 새롭게 설계해야 한다.
② '자연공원'이란 국립공원, 도립공원 및 군립공원(郡立公園)을 말한다.
③ '국립공원'이란 우리나라의 자연 생태계나 자연 및 문화 경관(이하 '경관'이라 한다)을 대표할 만한 지역으로서 지정된 공원을 말한다.
④ '도립공원'이란 특별시, 광역시, 도 및 특별자치도(이하 '시, 도'라 한다)의 자연 생태계나 경관을 대표할 만한 지역으로서 지정된 공원을 말한다.
⑤ '군립공원'이란 시·군 및 자치구(이하 '군'이라 한다)의 자연 생태계나 경관을 대표할 만한 지역으로서 지정된 공원을 말한다.

9. 조경 시 기본 계획을 수립하는 데 가장 기초로 이용되는 도면은?

㉮ 조감도 ㉯ 입면도 ㉰ 현황도 ㉱ 상세도

해설 현황도 : 조경 기본 계획을 수립하는 데 있어 기초로 사용되는 도면으로 식물, 동물의 군집과 토지 이용을 나타낸 도시 생태 현황도(biotope map)와 도시 지역, 녹지 지역, 오픈 스페이스 지역 등을 나타낸 토지 이용 현황도가 있다.

10. 정숙한 장소로서 장래 시가화가 예상되지 않는 자연녹지 지역에 10만 제곱미터 규모 이상 설치할 수 있는 기준을 적용하는 도시의 주제 공원은? (단, 도시공원 및 녹지 등에 관한 법률 시행규칙을 적용한다.)

㉮ 어린이공원 ㉯ 체육공원
㉰ 묘지공원 ㉱ 도보권 근린공원

해설 [별표 4] 도시공원 및 녹지 등에 관한 법률
도시공원 안 건축물의 공원시설 부지면적(제11조 관련)

공원 구분	공원 면적	공원 시설 부지 면적
1. 생활권 공원		
㉮ 소공원	전부 해당	100분의 20이하
㉯ 어린이공원	전부 해당	100분의 60이하
㉰ 근린공원	(1) 3만 제곱미터 미만	100분의 40이하
	(2) 3만 제곱미터 이상 10만 제곱미터 미만	100분의 40이하
	(3) 10만 제곱미터 이상	100분의 40이하
2. 주제공원		
㉮ 역사공원	전부 해당	제한 없음
㉯ 문화공원	전부 해당	제한 없음
㉰ 수변공원	전부 해당	100분의 40이하
㉱ 묘지공원	전부 해당	100분의 20이상
㉲ 체육공원	(1) 3만 제곱미터 미만	100분의 50이하
	(2) 3만 제곱미터 이상 10만 제곱미터 미만	100분의 50이하
	(3) 10만 제곱미터 이상	100분의 50이하
㉳ 특별시·광역시 또는 도의 조례가 정하는 공원	전부 해당	제한 없음

11. '조경가'에 관한 설명으로 부적합한 것은?

㉮ 조경가와 건축가의 작업은 많은 유사성

해답 8. ㉮ 9. ㉰ 10. ㉰ 11. ㉯

이 있다.
㉯ 정원사와 같은 개념이다.
㉰ 미국의 옴스테드가 처음으로 용어를 사용했다.
㉱ 경관을 조성하는 전문가이다.

해설 ① 좁은 의미 : 단지 집 정원만을 대상으로 가꾸는 일을 하며 정원사가 한다.
② 넓은 의미 : 정원을 포함한 광범위한 옥외공간을 다루는 일. 조경가가 수행한다.
③ 정원사는 정원 관리만을 대상으로 한다.
④ 조경가는 종합과학예술로서 광범위하고 넓은 정원, 공원 등 옥외 공간을 대상으로 한다.

12. 인출선에 대한 설명으로 옳지 않은 것은?

㉮ 수목명, 본수, 규격 등을 기입하기 위하여 주로 이용되는 선이다.
㉯ 도면의 내용물 자체에 설명을 기입할 수 없을 때 사용하는 선이다.
㉰ 인출선의 긋는 방향과 기울기는 서로 다르게 하는 것이 효과적이다.
㉱ 인출선은 가는 실선을 사용하며, 한 도면 내에서는 그 굵기와 질은 동일하게 유지한다.

해설 인출선
① 도면의 내용물 자체에 설명을 기입할 수 없을 때 사용하는 선이다.
② 조경 도면에서는 수목명, 본수, 규격 등을 기입하기 위하여 주로 사용되는 선이다.
③ 인출선은 긋는 방향과 기울기는 서로 통일시키는 것이 효과적이다.
④ 인출선은 가는 실선을 사용하며 한 도면 내에서는 그 굵기와 질은 동일하게 유지한다.
⑤ 명료하게 가는 실선으로 긋고 깨끗하게 마무리한다.
⑥ 인출선은 수평 방향 부분의 길이는 기입 내용 길이와 동일하게 한다.
⑦ 인출선은 교차(직각)하지 않는다.

13. 다음 중 청(靑)나라 때의 대표적인 정원은?

㉮ 원명원 이궁   ㉯ 온천궁
㉰ 상림원   ㉱ 사자림

해설 시대별 정원
① 아방궁, 만리장성 – 진나라
② 온천궁 – 당나라
③ 이화원, 원명원 이궁 – 청나라
④ 상림원 – 한나라
⑤ 화림원 – 삼국시대
⑥ 사자림 – 원나라

14. 다음 중 플래니미터를 바르게 설명한 것은?

㉮ 설계도상 부정형 지역의 면적 측정 시 주로 사용되는 기구이다.
㉯ 수목 흉고 직경 측정 시 사용되는 기구이다.
㉰ 수목의 높이를 관측하는 기구이다.
㉱ 설계도상의 곡선 길이를 측정하는 기구이다.

해설 플래니미터(planimeter) : 부정형 지역의 면적 측정 시 사용한다.

15. 프레더릭 로 옴스테드가 도시 한복판에 근대 공원의 면모를 갖추어 만든 최초의 공원은?

㉮ 런던의 하이드 파크
㉯ 뉴욕의 센트럴 파크
㉰ 파리의 테일리원
㉱ 런던의 세인트 제임스 파크

해설 미국 센트럴 파크(Central Park) 공원
① 미국 뉴욕주 뉴욕시 맨해튼에 위치한 도시공원
② 옴스테드 설계 : 1850년에 시작하여 1960

해답 12. ㉰ 13. ㉮ 14. ㉮ 15. ㉯

년에 완성하였다.
③ 면적 : 3.4km²
④ 사각형 형태의 시민 도시공원으로서 국립공원의 효시가 되었다.

16. 다음 중 수용성 목재 방부제이지만 성분상의 맹독성 때문에 사용을 금지하고 있는 것은?

㉮ CCA계 방부제　㉯ 크레오소트유
㉰ 콜타르　　　　㉱ 오일스테인

[해설] 방부제의 종류
① CCA 방부제(수용성 방부제) : 취급이 간단하고 크롬, 비소, 구리의 화합물이다.
② ACC 방부제(수용성) : 크롬-구리의 화합물이다.
③ 유용성 방부제 : 크레오소트유는 방부력이 우수하고 내습성도 있으며 침투성이 좋아서 목재에 깊게 주입할 수 있지만 냄새가 나서 실내에서는 사용하지 않는다.

17. 다음 중 산울타리 및 은폐용 수종으로 적당하지 않은 것은?

㉮ 꽝꽝나무　　　㉯ 호랑가시나무
㉰ 사철나무　　　㉱ 눈향나무

[해설] 눈향나무
① 상록 침엽관목으로서 줄기가 나무 모양을 가지지 못하므로 지피식물 대용으로 사용할 수 있지만, 산울타리 및 은폐용 수종으로는 불가능하다.
② 눈향나무 수고 : 최대 75cm 이하이다.

18. 다음 중 양수(陽樹)로만 짝지어진 것은?

㉮ 느티나무, 가죽나무
㉯ 주목, 버즘나무
㉰ 아왜나무, 소나무
㉱ 식나무, 팔손이나무

[해설] ① 음수 : 주목, 전나무, 독일가문비, 팔손이나무, 녹나무, 동백나무, 회양목, 눈주목
② 양수 : 느티나무, 가죽나무, 석류나무, 소나무, 모과나무, 산수유, 은행나무, 백목련, 무궁화

19. 다음 각종 재료의 관리에 대한 설명으로 틀린 것은?

㉮ 목재가 갈라진 경우에는 내부를 퍼티로 채우고 샌드페이퍼로 문질러 준 후 페인트로 마무리 칠한다.
㉯ 철재에 녹이 슨 부분은 녹을 제거한 후 2회에 걸쳐 광명단 도료를 칠한다.
㉰ 콘크리트의 균열이 생긴 곳은 유성 페인트를 칠한다.
㉱ 철재 시설의 회전부분에 마찰음이 나지 않도록 그리스를 주입한다.

[해설] 콘크리트 균열 대책 : 균열이 발생한 곳에는 시멘트 페이스트, 모르타르, 에폭시 등을 주입하고 균열이 진행되면 탄성 실링제를 바른다.

20. 조경 수목을 이용 목적으로 분류할 때 바르게 짝지어진 것은?

㉮ 방풍용-회양목
㉯ 방음용-아왜나무
㉰ 산울타리용-은행나무
㉱ 가로수용-무궁화

[해설] 방음용 수종
① 수종 : 구실잣나무, 식나무, 아왜나무, 후피향나무, 동백나무, 녹나무
② 잎이 치밀한 상록 교목이 좋으며 지하고가 낮고 자동차의 배기가스에 강한 수종이어야 한다.

21. 수목과 열매의 색채가 맞게 연결된 것은?

㉮ 사철나무-적색 계통
㉯ 산딸나무-황색 계통

[해답] 16. ㉮　17. ㉱　18. ㉮　19. ㉰　20. ㉯　21. ㉮

㉰ 붉나무 – 검은색 계통
㉱ 화살나무 – 청색 계통

해설 열매의 색채
① 사철나무 : 적색
② 산딸나무 : 적색
③ 붉나무 : 자황색, 백록색
④ 화살나무 : 적색

22. 수목과 관련된 설명 중 틀린 것은?

㉮ 나무의 줄기가 2개는 쌍간, 여러 갈래는 다간이라고 한다.
㉯ 나무를 다듬어 짐승의 모양이나 어떤 사물의 모양을 만들어 내는 것을 "토피어리"라 한다.
㉰ 염해는 주로 잎의 표면에 붙은 염분이 원형질 분리 현상을 일으킨다.
㉱ 풍경식 정원에선 주로 정형수를 많이 쓴다.

해설 자연풍경식 정원은 자연의 숲을 만들기 위해 다양한 형태의 수목으로 표현한다.

23. 목재의 강도에 대한 설명으로 옳은 것은? (단, 가력 방향은 섬유에 평행하다.)

㉮ 압축 강도가 인장 강도보다 크다.
㉯ 인장 강도가 압축 강도보다 크다.
㉰ 인장 강도와 압축 강도가 동일하다.
㉱ 휨강도와 전단 강도가 동일하다.

해설 목재의 강도 크기 : 인장 강도 > 휨강도 > 압축 강도 > 전단 강도

24. 질감이 거칠어 큰 건물이나 서양식 건물에 가장 잘 어울리는 수종은?

㉮ 철쭉류   ㉯ 소나무
㉰ 버즘나무   ㉱ 편백

해설 버즘나무 : 수피가 큰 조각처럼 떨어지며 질감이 거칠어 큰 건물에 잘 어울리는 수종이다.
① 질감이 거친 수종 : 칠엽수, 벽오동, 버즘나무, 태산목, 팔손이나무, 플라타너스
② 질감이 부드러운 수종 : 회양목, 편백, 화백, 잣나무

25. 다음 중 가로수용으로 사용되기 가장 부적합한 수종은?

㉮ 은행나무   ㉯ 사스레피나무
㉰ 가중나무   ㉱ 플라타너스

해설 가로수용 수종의 조건
① 가로수용 수종 : 벚나무, 은행나무, 느티나무, 가중나무, 메타세쿼이아
② 강한 바람에도 잘 견딜 수 있는 것
③ 각종 공해에 잘 견디는 것
④ 여름철 그늘을 만들고 병해충에 잘 견디는 것

[참고] 사스레피나무 : 관상용(상록활엽관목)

26. 재료가 외력을 받아서 변형을 일으킨 뒤 외력을 제거하면 다시 원형으로 돌아가는 성질은?

㉮ 소성   ㉯ 연성
㉰ 탄성   ㉱ 강성

해설 ① 탄성 : 물체에 외력이 작용하면 순간적으로 변형이 생겼다가 외력을 제거하면 원래의 상태로 되돌아가는 성질을 말한다.
② 소성 : 재료가 외력을 받아 변형이 생겼을 때 외력을 제거해도 원상태로 되돌아가지 않고 변형된 상태로 남아 있는 성질이다.
③ 연성 : 재료가 인장력에 의해 잘 늘어나는 성질이다.
④ 취성 : 외력을 받았을 때 극히 미비한 변형에도 파괴되는 성질이다.
⑤ 인성 : 재료가 외력을 받아 파괴될 때까지 큰 응력에 저항하며 변형이 크게 일어나는 성질이다.

해답 22. ㉱   23. ㉯   24. ㉰   25. ㉯   26. ㉰

27. 시멘트의 저장방법 중 주의사항에 해당하지 않는 것은?
㉮ 시멘트 창고 설치 시 주위에 배수도랑을 두고 누수를 방지한다.
㉯ 저장 중 굳은 시멘트부터 가급적 빠른 시간 내에 공사에 사용한다.
㉰ 포대 시멘트는 땅바닥에서 30cm 이상 띄우고 방습 처리한다.
㉱ 시멘트의 온도가 너무 높을 때는 그 온도를 낮추어서 사용해야 한다.

[해설] 시멘트 저장법
① 시멘트는 저장 시 13포 이상 쌓지 않는다.
② 시멘트는 통풍이 잘 되지 않는 곳에 저장한다.
③ 창고의 바닥 높이는 지면에서 30cm 이상 떨어진 위치에 쌓는다.
[참고] 굳은 시멘트는 사용이 불가능하다.

28. 다음 그림과 같은 돌 쌓기에 가장 적합한 재료는?

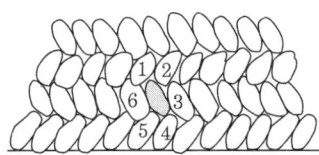

㉮ 견치석   ㉯ 마름돌
㉰ 잡석   ㉱ 호박돌

[해설] 호박돌 쌓기(둥근돌 쌓기)
① 호박돌 쌓기는 규칙적인 모양으로 쌓는 것이 보기에 자연스럽다.
② 호박돌 쌓기는 자연스러운 미를 나타내고자 할 때 사용하며 육법 쌓기와 줄어긋나게 쌓기법이 있다.

29. 크레오소트유를 사용하여 내용년수가 장기간 요구되는 철도 침목에 많이 이용되는 방부법은?
㉮ 가압주입법   ㉯ 표면탄화법
㉰ 약제도포법   ㉱ 상압주입법

[해설] 가압주입법
① 건조시킨 목재에 압력용기 원통에 크레오소트유 오일을 넣고 0.7~3.1MPa으로 가압하여 주입시킨다.
② 로우리법, 베델법, 루핑법

30. 지피식물로 지표면을 덮을 때 유의할 조건으로 부적합한 것은?
㉮ 지표면을 치밀하게 피복해야 한다.
㉯ 식물체의 키가 높고, 일년생이어야 한다.
㉰ 번식력이 왕성하고, 생장이 비교적 빨라야 한다.
㉱ 관리가 용이하고, 병충해에 잘 견뎌야 한다.

[해설] 지피식물의 지표면 식재
① 식물체의 키가 낮고 다년생이면서 부드러워야 한다.
② 지표면을 치밀하게 피복해야 한다.
③ 번식력이 왕성하고 생장이 비교적 빨라야 한다.
④ 관리가 용이하고 병충해에 잘 견뎌야 한다.
⑤ 환경 조건에 강하고 적응성이 넓어야 한다.

31. 건조 전 질량이 113kg인 목재를 건조시켜서 100kg이 되었다면 함수율은?
㉮ 0.13%   ㉯ 0.30%
㉰ 3.00%   ㉱ 13.00%

[해설] 함수율
$= \dfrac{\text{건조 전 목재의 무게} - \text{완전 건조 시 무게}}{\text{완전 건조 시 무게}} \times 100$
$= \dfrac{113\text{kg} - 100\text{kg}}{100\text{kg}} \times 100\% = 13\%$

32. 조경의 목적을 달성하기 위해 식재되는 조경 수목은 식재지의 위치나 환경 조건 등에 따라 적절히 선택되어지는데 다음 중 조경 수목이 갖추어야 할 조건이 아닌 것은?

㉮ 쉽게 옮겨 심을 수 있을 것
㉯ 착근이 잘 되고 생장이 잘 되는 것
㉰ 그 땅의 토질에 잘 적응할 수 있는 것
㉱ 희귀하여 가치가 있는 것

해설 조경 수목의 구비 조건
① 이식이 잘 되는 수목이고 불리한 환경에서도 잘 성장해야 한다.
② 유지 관리가 잘 되어야 한다.
③ 주변 경관과 조화를 이루며 사용 목적에 적합해야 한다.

33. 다음 중 이식에 대한 적응성이 강하여 이식이 가장 쉬운 수종으로만 짝지어진 것은?
㉮ 소나무, 태산목
㉯ 주목, 섬잣나무
㉰ 사철나무, 쥐똥나무
㉱ 백합나무, 감나무

해설 ① 이식하기 어려운 수종 : 목련, 소나무, 독일가문비, 주목, 섬잣나무, 굴거리나무, 느티나무, 백합나무, 구상나무, 오동나무
② 이식하기 쉬운 수종 : 편백, 향나무, 사철나무, 은행나무, 버즘나무, 철쭉, 메타세쿼이아, 향나무, 무궁화, 측백나무, 쥐똥나무

34. 다음 중 목련과(科)의 나무가 아닌 것은?
㉮ 태산목   ㉯ 튤립나무
㉰ 후박나무   ㉱ 함박꽃나무

해설 ① 후박나무 : 상록활엽교목(녹나뭇과)
② 함박꽃나무 : 낙엽활엽 소교목
③ 튤립나무 : 낙엽활엽 교목
④ 태산목 : 상록활엽 교목

35. 구근화초로서 봄심기를 하는 화초는?
㉮ 맨드라미   ㉯ 봉선화
㉰ 달리아   ㉱ 매리골드

해설 알뿌리 화초(구근화초)
① 봄심기 화초 : 칸나, 아마릴리스, 상사화, 달리아, 상사화, 진저, 글라디올러스
② 가을심기 화초 : 크로커스, 백합, 수선화, 아네모네, 아이리스, 튤립

36. 다음 중 루비깍지벌레의 구제에 가장 효과적인 농약은?
㉮ 메피쿼트클로라이드 액제(나왕)
㉯ 트리아디메폰 수화제(바리톤)
㉰ 트리클로르폰 수화제(디프록스)
㉱ 메티다티온 유제(수프라사이드)

해설 루비 깍지벌레 방제
① 수목에 붙어 수액을 빨아 먹으며 번식력이 강하며 직접적인 피해와 2차적으로 그을음병을 발생시킨다.
② 천적을 보호한다(무당벌레, 풀잠자리류)
③ 메치온유제(수프라사이드), 디메토 유제를 10일 간격으로 2~3회 정도 살포한다.
④ 원시적 방법으로는 직접 손으로 제거한다.

37. 동일 면적에서 가장 많은 주차 대수를 설계할 수 있는 주차 방식은?
㉮ 직각 주차 방식   ㉯ 30° 주차 방식
㉰ 45° 주차 방식   ㉱ 60° 주차 방식

해설 직각 주차방식
① 90도 주차 방식 : $27.2m^2$/1대
② 45도 주차 방식 : $32.3m^2$/1대
③ 60도 주차 방식 : $29.8m^2$/1대

38. 다음 중 보행에 큰 어려움을 느낄 수 있는 지형에서 약 얼마의 경사도를 넘을 때 계단을 설치해야 하는가?
㉮ 3%   ㉯ 5%
㉰ 8%   ㉱ 18%

해설 경사도가 15%를 초과할 경우 편리함을 위해 계단을 설치한다.

해답 33. ㉰   34. ㉰   35. ㉰   36. ㉱   37. ㉮   38. ㉱

39. 다음 중 소형 고압블록 포장의 시공 방법이 아닌 것은?
㉮ 보도의 가장 자리는 보통 경계석을 설치하여 형태를 규정짓는다.
㉯ 기존 지반을 잘 다진 후 모래를 3~5cm 정도 깔고 보도블록을 포장한다.
㉰ 일반적으로 원로의 종단 기울기가 5% 이상인 구간의 포장은 미끄럼 방지를 위하여 거친 면으로 마감한다.
㉱ 보도블록의 최종 높이는 경계석의 높이보다 약간 높게 설치한다.

해설 소형 고압블록 포장 시공 방법 : 보도블록의 최종 높이는 경계석 높이와 수평이 되게 한다.

40. 침엽수류와 상록활엽수류의 가장 일반적인 이식 적기는?
㉮ 이른 봄   ㉯ 초여름
㉰ 늦은 여름   ㉱ 겨울철 엄동기

해설 수목의 이식 시기
① 낙엽활엽수 : 수분 증사량이 가장 적은 휴면기(가을철, 이른 봄)에 이식한다.
 ㉠ 가을철 : 휴면기 (10~11월)
 ㉡ 봄 : 3~4월 상순
② 상록 활엽수 : 공기 중에 습도가 많으면 세포 분열이 잘 일어나므로 장마철에 실시하지만 주로 이른 봄에 많이 한다.
 ㉠ 봄철 : 3월 하순~4월 상순
 ㉡ 장마철 : 6~7월
③ 침엽수
 ㉠ 봄철 : 3월(해토)~4월 상순
 ㉡ 가을철 : 9월 하순~10월 하순

41. 디딤돌(징검돌) 놓기에 대한 설명으로 옳지 못한 것은?
㉮ 디딤돌로 사용되는 자연석은 윗면이 편평한 것으로 석질이 단단하여 쉽게 마멸되지 않아야 한다.
㉯ 정원에서 디딤돌의 크기가 30~40cm인 경우에는 디딤돌의 상면이 지표면보다 3cm 정도 높게 배치한다.
㉰ 디딤돌 놓는 방향은 걸어가는 방향으로 디딤돌의 넓은 방향이 되도록 하고 지면보다 낮게 한다.
㉱ 공원에서 징검돌의 상단은 수면보다 15cm 정도 높게 배치하고, 한 면의 길이가 30~60cm 정도 되게 한다.

해설 디딤돌 놓기 방법 : 돌의 좁아지는 방향과 걸어가는 방향이 일치하도록 하여 방향성을 주고 지표보다 1.5~5cm 정도 높게 한다.

42. 수목을 목적에 알맞은 수형으로 만들기 위해 나무의 일부분을 잘라 주는 것을 무엇이라 하는가?
㉮ 근접   ㉯ 전정
㉰ 갱신   ㉱ 순지르기

해설 전정(pruning) : 수목의 수형, 개화 결실, 생육 상태 조절 등을 목적으로 수목의 불필요한 나뭇가지의 일부분을 잘라 주는 것을 말한다.

43. 중앙에 큰 맹암거를 중심으로 하여 작은 맹암거를 좌우에 어긋나게 설치하는 방법으로 평탄한 지역에 가장 적합한 형태로 설치되고 있는 맹암거 배치 형태는?
㉮ 어골형   ㉯ 빗살형
㉰ 부채살형   ㉱ 자유형

해설 ① 어골형 : 평탄지이고 전 지역에 균일하게 배수가 필요한 지역이며 지관길이는 30m 이하이고, 각도는 45° 이하로 설치한다.
② 빗살형(즐치형) : 규모가 작은 면적의 전 지역에 균일하게 배수할 때 사용한다.
③ 부채살형(선형) : 지형이 한 방향인 곳에 1개의 지점으로 집중되게 설치하여 주관과 지관의 구별이 없이 배관의 크기가 모두 같다.

해답 39. ㉱ 40. ㉮ 41. ㉰ 42. ㉯ 43. ㉮

④ 자유형(자연형) : 대규모 공원과 같이 완전한 배수가 요구되지 않는 지역에서 사용하며 등고선을 고려하여 주관을 설치하고 설치된 주관을 중심으로 양측에 지관을 설치한다.
⑤ 차단형 : 경사면 자체의 유수를 방지하기 위하여 경사면 바로 위에 설치하는 배수 형태이다.

44. 다음 평판 측량 방법과 관계가 없는 것은?

㉮ 방사법 ㉯ 전진법
㉰ 좌표법 ㉱ 교회법

해설 평판 측량
① 정준 : 수평을 맞춘다.
② 자침 : 평판에 중심을 맞춘다.
③ 표정 : 방향, 방위를 맞춘다.
④ 구심 : 구심기의 고리에 추를 매달아 제도용지의 도상점과 땅 위의 측점을 동일하게 맞춘다.
⑤ 방사법 : 장애물이 없고 좁은 지역 측량에 적합하다.
⑥ 전진법 : 장애물이 많고 방사법이 불가능할 때 적합하다.
⑦ 교회법 : 장애물이 있고 넓은 지역 측량에 적합하다.

45. 축척 1/100 도면에 0.6m×50m의 녹지면적을 $H0.5 \times W0.3$ 규격의 수목으로 수관의 중복 없이 식재할 경우 약 몇 주가 필요한가?

㉮ 225주 ㉯ 334주
㉰ 520주 ㉱ 750주

해설 ① $0.6 \div 0.3 = 2$줄 식재
② $50m \div 0.3m = 166.66$그루 × 2줄 식재
  $= 333.33$
W : 수관의 폭, H : 수고

46. 설계도서 중 일위대가표를 작성할 때 일위대가표 금액란의 금액 단위 표준은?

㉮ 0.01원 ㉯ 0.1원
㉰ 1원   ㉱ 10원

해설 일위대가표

품목	금액의 단위
일위대가표 금액란	0.1원
설계서의 총액	1000원
설계서의 소계	1원
설계서의 금액	1원
일위 대가표의 소계	1원

47. 다음 중 파이토플라스마에 의한 빗자루병에 잘 걸리는 수종은?

㉮ 소나무 ㉯ 대나무
㉰ 오동나무 ㉱ 낙엽송

해설 빗자루병(witches' broom)
① 전나무, 대추나무, 벚나무빗자루병(Taphrina wiesneri), 대나무, 살구나무, 오동나무, 붉나무빗자루병
② 테트라사이클린계 항생 물질의 수간 주사, 파리티온수화제, 메타유제 1000배액을 살포한다.
③ 병징 : 파이토(마이코)플라스마 병원균

48. 이용 지도의 목적에 따른 분류에 해당하지 않는 것은?

㉮ 공원 녹지의 보전
㉯ 안전 · 쾌적 이용
㉰ 적절한 예산의 배정
㉱ 유효 이용

해설 이용 지도의 목적
① 사회 조사의 목적이다.
② 안전, 쾌적의 목적이다.
③ 유효 이용의 목적이다.
④ 공원 녹지의 보전 목적이다.

49. 골프장 잔디의 거름주기 요령으로 옳지 않은 것은?

해답 44. ㉰ 45. ㉯ 46. ㉯ 47. ㉰ 48. ㉰ 49. ㉰

㉮ 한국잔디의 경우에는 보통 5~8월에 집중적인 시비를 실시한다.
㉯ 시비 시기는 잔디에 따라 다르지만 대체적으로 생육량이 늘어가기 시작할 때, 즉 생육이 앞으로 예상 때 비료를 주는 것이 원칙이다.
㉰ 일반적으로 관리가 잘 된 기존 골프장의 경우 질소, 인산, 칼륨의 비율을 5:2:1 정도로 하여 시비할 것을 권장하고 있다.
㉱ 비배 관리 시 다른 모든 요소가 충분히 있어도 한 요소가 부족하면 식물생육은 부족한 원소에 지배를 받는다.

[해설] 질소(5) : 인산(3) : 칼륨(2) 비율로 시비한다.

50. 줄기감기를 하는 목적이 아닌 것은?
㉮ 수분 증발을 활성화시키고자
㉯ 병·해충의 침입을 막고자
㉰ 강한 태양 광선의 피해를 방지하고자
㉱ 물리적 힘으로부터 수피의 손상을 방지하고자

[해설] 줄기 감기 목적 : 수분을 증발을 막고 병·해충의 침입을 방지를 위해서이다.

51. KS 규격에서 정하는 설계 도면상 표현되는 대상물의 치수를 보여 주는 기본 단위는 무엇인가?
㉮ 밀리미터(mm)　㉯ 센티미터(cm)
㉰ 미터(m)　　　　㉱ 인치(inch)

[해설] 설계도면에서는 단위 기입은 mm(밀리미터)를 원칙으로 한다.

52. 굵은 골재의 최대 치수, 잔골재율, 잔골재의 입도, 반죽 질기 등에 따르는 마무리하기 쉬운 정도를 말하는 굳지 않은 콘크리트의 성질은?

㉮ workability　　㉯ plasticity
㉰ consistency　　㉱ inishability

[해설]
① 워커빌리티(workbility) : 콘크리트를 시공하기에 적당한 묽기를 워커빌티 또는 시공연도라 하다.
② 블리딩 : 콘크리트 타설 후 콘크리트 표면에 수분이 상승하는 현상으로 곰보가 생긴다.
③ 레이턴스 : 블리딩에 의하여 콘크리트 표면에 올라온 미세한 물질이며 부착력이 약하고 수밀성을 떨어뜨린다.
④ 피니셔빌리티(finishability, 마감성) : 콘크리트 타설 후에 굵은 골재의 최대치수, 잔골재율, 잔골재의 입도, 반죽 질기 등에 따르는 마무리하기 쉬운 정도를 말하는 굳지 않은 콘크리트의 성질이다.
⑤ 성형성(plasticity) : 콘크리트를 구조체에 쉽게 넣을 수 있고, 구조체 틀인 거푸집을 제거하면 형상은 변하지만 재료가 분리되지 않은 정도를 말한다.

53. 다음 그림과 같이 쌓는 벽돌 쌓기의 방법은?

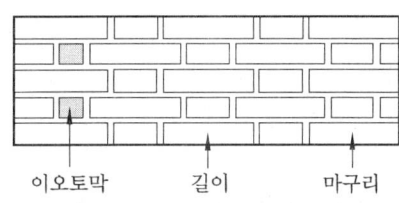

㉮ 영국식 쌓기　　㉯ 프랑스식 쌓기
㉰ 영롱 쌓기　　　㉱ 미국식 쌓기

[해설] 프랑스식 쌓기
① 끝부분에는 이오토막을 사용하며 한켜는 길이쌓기로 하고 다음은 마구리쌓기로 하며 교대로 하여 쌓는다.
② 치장용으로 많이 사용되며 많은 토막 벽돌이 사용된다.

54. 지형도에서 두 지점 사이의 고저차는 20m이고, 동일한 지형도에서 두 지점 사이의 수평거리는 100m일 때 경사도(%)는?

[해답] 50. ㉮　51. ㉮　52. ㉱　53. ㉯　54. ㉯

㉮ 10%　　㉯ 20%
㉰ 50%　　㉱ 80%

해설　경사도(%) = $\dfrac{수직거리}{수평거리} \times 100\%$
　　　　　　　 = $\dfrac{20}{100} \times 100\% = 20\%$

55. 농약의 사용 시 확인할 농약의 방제 대상별 포장지의 색깔과 구분이 올바른 것은?
㉮ 살균제 – 청색
㉯ 제초제 – 분홍색
㉰ 살충제 – 초록색
㉱ 생장 조절제 – 노란색

해설　① 살균제 : 분홍색(병원균 제거)
　　　② 살충제 : 녹색(해충 제거)
　　　③ 제초제 : 황색
　　　④ 비선택형 제초제 : 적색
　　　⑤ 생장 조절제 : 청색
　　　⑥ 살비제 : 응애만을 제거하는 농약

56. 다음 중 공원의 산책로 등 자연의 질감을 그대로 유지하면서도 표토층을 보존할 필요가 있는 지역의 포장으로 알맞은 것은?
㉮ 인터로킹 블록포장　㉯ 판석 포장
㉰ 타일 포장　　㉱ 마사토 포장

해설　마사토 포장 : 자연의 질감을 그대로 유지하면서도 표토층을 보존할 필요가 있는 지역에 마사토 포장을 한다.

57. 수목의 한해(寒害)에 관한 설명 중 옳지 않은 것은?
㉮ 동면(冬眠)에 들어가는 수종들은 특히 한해(寒害)에 약하다.
㉯ 이른 서리는 특히 연약한 가지에 많은 피해를 준다.
㉰ 추위에 의해 나무의 줄기나 껍질이 수선방향으로 갈라지는 현상을 '상렬'이라 한다.
㉱ 서리에 의한 피해는 일반적으로 침엽수가 낙엽수보다 강하다.

해설　① 한해 : 저온에 의한 피해로 정의하며 한상과 동해로 구분한다.
　　　② 동면에 들어가는 수종들은 특히 한해에 강하다.

58. 다음 흙의 성질 중 점토와 사질토의 비교 설명으로 틀린 것은?
㉮ 투수 계수는 사질토가 점토보다 크다.
㉯ 압밀속도는 사질토가 점토보다 빠르다.
㉰ 내부 마찰각은 점토가 사질토보다 크다.
㉱ 동결 피해는 점토가 사질토보다 크다.

해설　내부 마찰각 : 점토 < 사질토

59. 다음 중 식물체의 생리기능을 돕는 미량원소가 아닌 것은?
㉮ Mn　　㉯ Zn
㉰ Fe　　㉱ Mg

해설　식물 생육에 필요한 원소 16가지
　　① C, H, O, N, S, Mg, Ca, P, K, Mn, Zn, B, Cu, Fe, Mo, Cl
　　② 미량 원소 : B(붕소), Cu(구리), Mn(망간), Zn(아연), Fe(철), Mo(몰리브덴), Cl(염소)
　　③ 다량 원소 : C(탄소), H(수소), O(산소), N(질소), S(황), Mg(마그네슘), Ca(칼슘), P(인), K(칼륨)

60. 도급 공사는 공사 실시 방식에 따른 분류와 공사비 지불 방식에 따른 분류로 구분할 수 있다. 다음 중 공사 실시 방식에 따른 분류에 해당하는 것은?
㉮ 분할 도급
㉯ 정액 도급
㉰ 단가 도급
㉱ 실비청산 보수가산 도급

해설　공사 도급 방식 : ① 직영 방식 ② 분할 도급 방식 ③ 일시도급 방식

해답　55. ㉰　56. ㉱　57. ㉮　58. ㉰　59. ㉱　60. ㉮

2011년도 시행 문제

▶ 2011년 2월 13일 시행

자격종목	코 드	시험시간	형 별	수험번호	성 명
조경기능사	7900	1시간	B		

1. 식재설계 시 인출선에 포함되어야 할 내용이 아닌 것은?

㉮ 수량 ㉯ 수목명
㉰ 규격 ㉱ 수목 성상

해설 인출선 : 도면의 내용물을 설명할 수 없을 때에 사용하는 가는 실선으로 수목명, 수량, 규격을 표시한다.

2. 14세기경 일본에서 나무를 다듬어 산봉우리를 나타내고 바위를 세워 폭포를 상징하여 왕모래를 깔아 냇물처럼 보이게 한 수법은?

㉮ 침전식 ㉯ 임천식
㉰ 축산고산수식 ㉱ 평정고산수식

해설 일본 정원 양식
① 모모야마 시대(1580년) : 다정 정원 양식이 발달하였다.
② 일본 정원 양식의 시대적 순서 : 임천식 → 회유임천식 → 축산고산수식(무로마치 시대) → 평정고산수식 → 다정식 → 회유식
③ 정신세계의 상징화, 인공적인 기교, 관상적인 가치를 중심에 두었다.
④ 조화에 강조한 자연식 정원, 정원을 축소한 축경식 정원 양식을 사용하였다.
⑤ 고산수식 정원 : 축소 지향적으로 수목(산봉우리), 바위(폭포), 왕모래(물)를 사용한 상장성으로 조성된 정원 양식이다.

3. 통일신라시대의 안압지에 관한 설명으로 틀린 것은?

㉮ 연못의 남쪽과 서쪽은 직선이고 동안은 돌출하는 반도로 되어 있으며, 북쪽은 굴곡 있는 해안형으로 되어 있다.
㉯ 신선사상을 배경으로 한 해안풍경을 묘사하였다.
㉰ 연못 속에는 3개의 섬이 있는데 임해전의 동쪽에 가장 큰 섬과 가장 작은 섬이 위치한다.
㉱ 물이 유입되고 나가는 입구와 출구가 한 군데 모여 있다.

해설 안압지
① 연못의 남쪽과 서쪽은 직선이고 동안은 돌출하는 반도로 되어 있으며, 북쪽은 굴곡 있는 해안형으로 되어 있다.
② 연못 속에는 3개의 섬이 있는데 임해전의 동쪽에 가장 큰 섬과 가장 작은 섬이 위치한다.
③ 북쪽 호안과 석가산 앞에 해당되는 동쪽 호안은 직선형 형태이다.
④ 북쪽 호안과 동쪽 호안은 곡선형 형태이다.
⑤ 남쪽 호안과 서쪽 호안은 직선형 형태이다.
⑥ 물의 입구는 남쪽에서 유입되고 석조를 여러 단으로 하여 토사를 거를 수 있게 하였으며, 출구는 북안 서쪽으로 흘러가게 설계하였다.
⑦ 바닥은 강화로 처리하였으며 바닷가의 돌과 조약돌을 많이 사용하였다.
⑧ 2m 내외의 대형 나무 화분을 우물 정자(井) 형태로 만들어 연꽃을 심었으며 뱃놀이에 방해되지 않게 설계하였다.
⑨ 가산은 무산십이봉을 나타내며 2단 폭포를 설계하였다.

해답 1. ㉱ 2. ㉰ 3. ㉱

4. 염분 피해가 많은 임해공업지대에 가장 생육이 양호한 수종은?
㉮ 노간주나무   ㉯ 단풍나무
㉰ 목련   ㉱ 개나리

해설 임해공업단지 조경 수종 선정 조건
① 조해 및 염분에 의한 재해가 발생할 수 있으므로 공해 및 염분에 대한 저항력이 강한 나무를 식재한다.
② 손상회복 및 생장속도가 빠르고 이식이 가능한 나무를 식재한다.
③ 광나무, 사철나무, 해송, 비자나무, 곰솔, 주목, 측백, 굴거리나무, 해당화, 무궁화, 진달래, 가이즈카향나무, 녹나무, 감나무

5. 다음 중 미기후에 대한 설명으로 가장 거리가 먼 것은?
㉮ 호수에서 바람이 불어오는 곳은 겨울에는 따뜻하고 여름에는 서늘하다.
㉯ 야간에는 언덕보다 골짜기의 온도가 낮고, 습도는 높다.
㉰ 야간에 바람은 산 위에서 계곡을 향해 분다.
㉱ 계곡의 맨 아래쪽은 비교적 주택지로서 양호한 편이다.

해설 미기후(microclimate)
① 숲의 내부·외부 기온차 또는 작물 생육지의 내부와 외부의 기온차를 나타내는 작은 범위 대기의 부분적 장소의 독특한 기상 상태를 말한다.
② 조사 항목 : ㉠ 태양 복사열을 받는 정도 ㉡ 공기 유통의 정도 ㉢ 안개 및 서리 피해 유무 ㉣ 일조 시간 조사

6. 조경이 타 건설 분야와 차별화될 수 있는 가장 독특한 구성 요소는?
㉮ 지형   ㉯ 암석
㉰ 식물   ㉱ 물

해설 조경은 인공 재료와 식물 재료를 서로 조화롭게 사용하는 것이 특징이다.

7. 정원의 개조 전후의 모습을 보여 주는 레드북(Red book)의 창안자는?
㉮ 험프리 렙턴 (Humphrey Repton)
㉯ 윌리엄 켄트 (William Kent)
㉰ 랜실롯 브라운 (Lancelot Brown)
㉱ 브리지맨 (Bridge man)

해설 험프리 렙턴(Humphrey Repton, 1752~1818)은 사실주의 자연풍경식 정원의 완성한 이론가 설계자로 자연미를 추구하고 동시에 실용성과 인공적인 특징을 잘 조화시켰으며 레드북(스케치북)의 창안자이다.

8. 도형의 색이 바탕색의 잔상으로 나타나는 심리 보색의 방향으로 변화되어 지각되는 대비 효과를 무엇이라고 하는가?
㉮ 색상 대비   ㉯ 명도 대비
㉰ 채도 대비   ㉱ 동시 대비

해설 색상 대비 : 색상이 다른 색을 서로 대비하여 색상 차가 많이 나타나게 하는 현상을 말한다.

9. 수목 규격의 표시는 수고, 수관 폭, 흉고 직경, 근원 직경, 수관 길이를 조합하여 표시할 수 있다. 표시법 중 $H \times W \times R$로 표시할 수 있는 가장 적합한 수종은?
㉮ 은행나무   ㉯ 사철나무
㉰ 주목   ㉱ 소나무

해설 수목의 규격 표시
① 교목 : $H \times B$ = 은행나무, 가중나무, 계수나무, 메타세쿼이아, 벽오동, 수양버들, 자작나무,
② 교목 : $H \times W$ = 잣나무, 주목, 측백나무
③ 교목 : $H \times R$ = 감나무, 느티나무, 단풍나무, 산수유, 꽃사과, 산딸나무
④ 관목 : $H \times W$ = 산철쭉, 수수꽃다리, 자산홍, 쥐똥나무, 명자나무, 병꽃나무
⑤ 관목 : $H \times R$ = 능소화, 노박덩굴
⑥ 관목 : $H \times W \times L$ = 눈향나무

해답 4. ㉮ 5. ㉱ 6. ㉰ 7. ㉮ 8. ㉮ 9. ㉱

⑦ 관목 : H × 가지의 수 = 개나리, 덩굴장미
⑧ 만경목 : H × R = 등나무
⑨ 소나무 : H × W × R
= H3.5[m] × W12.0[m] × R15[cm]

10. 경관 구성은 우세 요소와 가변 요소로 구분할 수 있는데, 다음 중 우세 요소에 해당하지 않는 것은?

㉮ 형태 ㉯ 위치
㉰ 질감 ㉱ 시간

해설 경관 구성의 요소
① 경관 구성의 기본 요소(우세 요소) : 선(line) > 형태(foam) > 질감(텍스처, texture) > 색채(color) > 크기와 위치 > 농담
② 경관 구성의 가변 요소 : 광선, 기상 조건, 운동, 거리, 계절, 규모, 시간

11. 중국 송시대의 수법을 모방한 화원과 석가산 및 누각 등이 많이 나타난 시기는?

㉮ 백제시대 ㉯ 신라시대
㉰ 고려시대 ㉱ 조선시대

해설 고려 시대 정원의 특징
① 석가산, 격구장(동적 느낌), 애완동물, 화초를 도입하여 화원을 조성하였다.
② 정자, 누각이 정원 시설의 건축물로서 역할을 하였다.
  ㉠ 석가산 : 괴석을 사용하여 쌓은 인공의 산을 말한다.
  ㉡ 누각 : 마을의 고을 수령이 사용하는 장소로 공적인 집단의 수양 공간이며 방이 없으며 2층으로 만들어져 있으며 연회나 행사를 할 수 있는 공적인 장소이다.
  ㉢ 정자 : 다양한 사람들에 의해 만들어진 공간으로 자연 속에서 개인적인 수양 공간으로서 단층으로 만들어져 있으며 방이 존재하며 폐쇄적인 공간이다.

12. 맥하그(Ian McHarg)가 주장한 생태적 결정론(ecological determinism)의 설명으로 옳은 것은?

㉮ 자연계는 생태계의 원리에 의해 구성되어 있으며, 따라서 생태적 질서가 인간 환경의 물리적 형태를 지배한다는 이론이다.
㉯ 생태계의 원리는 조경 설계의 대안 결정을 지배해야 한다는 이론이다.
㉰ 인간 환경은 생태계의 원리로 구성되어 있으며, 따라서 인간사회는 생태적 진화를 이루어 왔다는 이론이다.
㉱ 인간 행태는 생태적 질서의 지배를 받는다는 이론이다.

해설 맥하그(Ian McHarg)의 생태적 결정론 : 자연계는 생태계의 생산과 소비에 의해 생긴 생태적 질서가 인간환경의 물리적 형태를 지배한다는 이론이다.

13. 자연 공원을 조성하려 할 때 가장 중요하게 고려해야 할 요소는?

㉮ 자연경관 요소 ㉯ 인공경관 요소
㉰ 미적 요소 ㉱ 기능적 요소

해설 자연공원은 조성을 할 때는 자연 경관이 좋은 장소를 그대로 이용하는 것이 가장 좋으며 주변 자연경관도 고려해야 한다.

14. 경관 구성의 미적 원리는 통일성과 다양성으로 구분할 수 있다. 다음 중 통일성과 관련이 가장 적은 것은?

㉮ 균형과 대칭 ㉯ 강조
㉰ 조화 ㉱ 율동

해설 경관 구성의 미적 원리
① 통일성 : 정원수의 60%까지를 소나무로 배치하거나 향나무를 심어 전체를 하나의 힘찬 형태나 색채 또는 선으로 통일시켰을 때 나타나는 아름다움을 통일미라 한다.
  ㉠ 조화(harmony)
  ㉡ 균형(balance)과 대칭(symmetry)
  ㉢ 비대칭 균형(skew)

㉣ 반복(repetition) : 같은 형태의 재료들을 일정한 간격을 두고 계속해서 배치하는 방법으로 가로수의 식재된 모습에서 질서적인 면을 강조함으로써 안정감과 통일감을 보여준다.
㉤ 강조(accent) : 자연 경관에서 구조물을 강조하는 수단으로 비슷한 형태나 색감들 사이에 이와 상반되는 것을 넣어 강조함으로써 통일감을 조성한다.

② 다양성
㉠ 비례(proportion)
㉡ 율동(rhythm) : 선, 면, 형태, 색채, 질감이 규칙적으로 주기적으로 연속적인 것을 말한다.
㉢ 대비(contrast) : 성질이 상대적으로 반대가 되는 것을 말하며 크고 작고 부드럽고 거칠고 등 서로 비교하여 보는 사람에게 강한 자극을 주는 조경미를 말한다.
㉣ 점이
㉤ 단순미(simple)

15. 조선시대의 정원 중 연결이 올바른 것은?

㉮ 양산보-다산초당
㉯ 윤선도-부용동 정원
㉰ 정약용-운조루 정원
㉱ 이유주-소쇄원

해설 소쇄원(양산보), 다산초당(정약용), 부용동정원(윤선도), 옥호정(김조순), 소한정(우규동)

16. 건조된 소나무(적송)의 단위 중량에 가장 가까운 것은?

㉮ 250 kg/m³　　㉯ 360 kg/m³
㉰ 590 kg/m³　　㉱ 1100 kg/m³

해설 건축 품셈
① 적송 소나무(건재) : 590kg/m³
② 소나무(건재) : 580kg/m³
③ 미송(건재) : 420~700kg/m³

17. 감수제를 사용하였을 때 얻는 효과로서 적당하지 않는 것은?

㉮ 내약품성이 커진다.
㉯ 수밀성이 향상되고 투수성이 감소된다.
㉰ 소요의 워커빌리티를 얻기 위하여 필요한 단위 수량을 약 30% 증가시킬 수 있다.
㉱ 동일 워커빌리티 및 강도의 콘크리트를 얻기 위하여 필요한 단위 시멘트량을 감소시킨다.

해설 감수제 : 콘크리트의 워커빌리티(workability) 향상을 목적으로 사용하는 혼합제이며, 콘크리트의 단위 수량을 감소시키면 워커빌리티를 향상하는 혼화제이다.

18. 다음 중 내식성이 가장 높은 재료는?

㉮ 티탄　　㉯ 동
㉰ 아연　　㉱ 스테인리스강

해설 ① 티탄(Ti, 타이타늄)의 성질 : 내식성이 강하며 단단하고 비중이 작아 가볍다.
② 스테인리스강의 성질 : 부식에 강하나 무겁다.

19. 아스팔트의 양부를 판단하는데 적합한 것은?

㉮ 연화도　　㉯ 침입도
㉰ 시공연도　　㉱ 마모도

해설 아스팔트 양부 시험
① 침입도, 신도, 점도, 연화점, 감온성 등이 있다.
② 침입도 : 아스팔트 경도를 말한다.

20. 다음 중 1속에서 잎이 5개 나오는 수종은?

㉮ 백송　　㉯ 방크스소나무
㉰ 리기다소나무　　㉱ 스트로브잣나무

해설 ① 스트로브잣나무, 섬잣나무 : 5엽속
② 소나무, 백송, 리기다 : 3엽속

해답　15. ㉯　16. ㉰　17. ㉰　18. ㉮　19. ㉯　20. ㉱

③ 소나무(적송), 해송, 곰솔, 금강소나무 : 2엽속
④ 금송 : 1엽속

21. 목재의 심재와 비교한 변재의 일반적인 특징 설명으로 틀린 것은?

㉮ 재질이 단단하다.　㉯ 흡수성이 크다.
㉰ 수축변형이 크다.　㉱ 내구성이 작다.

해설 목재의 구조
① 나이테 : 수목의 성장 연수를 나타내는 동시에 강도의 표준이 된다.
② 춘재 : 봄, 여름에 생긴 세포로서 세포는 크며 세포막은 얇고 유연한다.
③ 추재 : 가을, 겨울에 생긴 세포로서 세포는 작으며 세포막은 두껍고 견고하다.
④ 심재 : 목재의 수심에 가까이 위치하고 있는 암색 부분으로, 심재 부분의 세포는 견고성을 높여 주며 재질이 단단하다.
⑤ 변재 : 목재의 겉껍질에 가까이 위치하며 담색 부분이다.
⑥ 변재 부분의 세포는 수액의 유통과 저장 역할을 한다.
⑦ 변재는 심재에 비하여 건조됨에 따라 수축변형이 심하고, 내구성이 부족하여 충해를 받기 쉽다.

22. 황색 계열의 꽃이 피는 수종이 아닌 것은?

㉮ 풍년화　　　㉯ 생강나무
㉰ 금목서　　　㉱ 등나무

해설 등나무 : 5월에 연한 자주색 꽃이 핀다.

23. 다음 중 이식의 성공률이 가장 낮은 수종은?

㉮ 가시나무　　㉯ 버드나무
㉰ 은행나무　　㉱ 사철나무

해설 ① 이식하기 어려운 수종 : 목련, 소나무, 독일가문비, 주목, 섬잣나무, 굴거리나무, 느티나무, 백합나무, 구상나무
② 이식하기 쉬운 수종 : 편백, 향나무, 사철나무, 은행나무, 버즘나무, 철쭉, 메타세쿼이아, 무궁화, 측백나무

24. 액체 상태나 용융 상태의 수지에 경화제를 넣어 사용하며 내산, 내알칼리성 등이 우수하여 콘크리트, 항공기, 기계 부품 등의 접착에 사용되는 것은?

㉮ 멜라민계 접착제　㉯ 에폭시계 접착제
㉰ 페놀계 접착제　　㉱ 실리콘계 접착제

해설 에폭시계 접착제 : 내산, 내알칼리성 등이 우수하여 금속 접합(항공기, 차량, 기계)에 사용하면 좋다.

25. 유성 도료에 관한 설명 중 옳지 않은 것은?

㉮ 유성 페인트는 내후성이 좋다.
㉯ 유성 페인트는 내알칼리성이 양호하다.
㉰ 보일드유와 안료를 혼합한 것이 유성 페인트이다.
㉱ 건성유 자체로도 도막을 형성할 수 있으나 건성유를 가열 처리하여 점도, 건조성, 색채 등을 개량한 것이 보일드유이다.

해설 유성 페인트의 성질
① 경도가 낮으며 건속 속도가 늦다.
② 밀착성, 내후성이 좋다.
③ 내알칼리성에 약하다.
④ 보일유 + 건조제 + 안료 + 용제(벤젠, 테레핀유)로 혼합하여 개량한 것이다.

26. 다음 중 속명(屬名)이 Trachelospernum이고, 명명이 Chineses Jasmine이며, 한자명이 백화등(白花藤)인 것은?

㉮ 으아리　　　㉯ 인동덩굴
㉰ 줄사철　　　㉱ 마삭줄

해설 마삭줄
① 마삭줄(백화 마삭줄) : 가지에 털이 없고, 잎의 길이 2~5cm, 잎의 폭 1~3cm
② 백화등 : 가지에 털이 있고, 잎의 길이 2~5cm, 잎의 폭 1~3cm

해답 21. ㉮　22. ㉱　23. ㉮　24. ㉯　25. ㉯　26. ㉱

27. 다음 중 인공 폭포, 인공암 등을 만드는데 사용되는 플라스틱 제품인 것은?

㉮ ILP ㉯ FRP ㉰ MDF ㉱ OSB

해설 유리섬유 강화 플라스틱(FRP : Fiberglass Reinforced Plastic) : 플라스틱에 유리섬유를 첨가시킨 것으로 벤치, 인공폭포, 수목 보호판 등에 사용한다.

28. 한국산업표준(KS)에 규정된 벽돌의 표준형 크기는?

㉮ 190×90×57mm ㉯ 195×90×60mm
㉰ 210×100×60mm ㉱ 210×95×57mm

해설 ① 표준 벽돌 한 장의 규격 : 190mm×90mm×57mm
② 기존형 벽돌 한 장의 규격 : 210mm×100mm×60mm

29. 암석 재료의 특징에 관한 설명 중 틀린 것은?

㉮ 외관이 매우 아름답다.
㉯ 내구성과 강도가 크다.
㉰ 변형되지 않으며, 가공성이 있다.
㉱ 가격이 싸다.

해설 암석 재료의 특징
① 가공하기가 어렵다.
② 변형되지 않으며 강도가 크다.
③ 인장 강도가 작으며 가격이 고가이다.

30. 흰말채나무의 특징에 대한 설명으로 틀린 것은?

㉮ 노란색의 열매가 특징적이다.
㉯ 층층나무과로 낙엽활엽관목이다.
㉰ 수피가 여름에는 녹색이나 가을, 겨울철의 붉은 줄기가 아름답다.
㉱ 잎은 대생하며 타원형 또는 난상 타원형이고, 표면에 작은 털이 있으며 뒷면은 흰색의 특징을 갖는다.

해설 흰말채나무
① 다간성 낙엽활엽관목이다.
② 수피가 여름에는 녹색이나 가을, 겨울철의 붉은 줄기가 아름답고 8~9월에 백색의 열매가 열린다.

31. 다음 중 높이떼기의 번식 방법을 사용하기 가장 적합한 수종은?

㉮ 개나리 ㉯ 덩굴장미
㉰ 등나무 ㉱ 배롱나무

해설 높이떼기 번식 방법
① 적용 수종 : 고무나무류, 크로톤, 배롱나무, 만병초, 동백, 석류나무, 단풍나무
② 적용 시기 : 온실 식물 3~5월, 나무 5~6월에 실시한다.

32. 초기 강도가 매우 크고 해수 및 기타 화학적 저항성이 크며 열분해 온도가 높아 내화용 콘크리트에 적합한 시멘트는?

㉮ 조강 포틀랜드 시멘트
㉯ 알루미나 시멘트
㉰ 고로슬래그 시멘트
㉱ 플라이애시 시멘트

해설 알루미나 시멘트
① 알루미나 시멘트는 조기 강도가 커서 재령 1일로 강도가 나타나며 수화열이 크고 수축이 적고 내화성이 크다.
② 한중 콘크리트에 적합하다.

33. 죽(竹)은 대나무류, 조릿대류, 밤부류로 분류할 수 있다. 그 중 조릿대류로 길게 자라며, 생장 후에도 껍질이 떨어지지 않으며 붙어 있는 종류는?

㉮ 죽순대 ㉯ 오죽
㉰ 신이대 ㉱ 마디대

해설 신이대
① 학명 : Sasa coreana Nakai
② 포기 번식을 한다.

해답 27. ㉯ 28. ㉮ 29. ㉱ 30. ㉮ 31. ㉱ 32. ㉯ 33. ㉰

34. 다음 수종 중 양수에 속하는 것은?
- ㉮ 백목련
- ㉯ 후박나무
- ㉰ 팔손이
- ㉱ 전나무

해설 ① 음수: 주목, 전나무, 독일가문비, 팔손이나무, 녹나무, 동백나무, 회양목, 눈주목, 후박나무
② 양수: 석류나무, 소나무, 모과나무, 산수유, 은행나무, 백목련, 무궁화

35. 재료의 기계적 성질 중 작은 변형에도 파괴되는 성질을 무엇이라 하는가?
- ㉮ 취성
- ㉯ 소성
- ㉰ 강성
- ㉱ 탄성

해설 ① 탄성: 물체에 외력이 작용하면 순간적으로 변형이 생겼다가 외력을 제거하면 원래의 상태로 되돌아가는 성질을 말한다.
② 소성: 재료가 외력을 받아 변형이 생겼을 때 외력을 제거해도 원상태로 되돌아가지 않고 변형된 상태로 남아 있는 성질이다.
③ 연성: 재료가 인장력에 의해 잘 늘어나는 성질이다.
④ 취성: 외력을 받았을 때 극히 미비한 변형에도 파괴되는 성질이다.
⑤ 인성: 재료가 외력을 받아 파괴될 때까지 큰 응력에 저항하며 변형이 크게 일어나는 성질이다.

36. 잔디밭을 만들 때 잔디 종자가 사용되는데 다음 중 우량종자의 구비 조건으로 부적합한 것은?
- ㉮ 여러 번 교잡한 잡종 종자일 것
- ㉯ 본질적으로 우량한 인자를 가진 것
- ㉰ 완숙 종자일 것
- ㉱ 신선한 햇종자일 것

해설 잔디 종자의 선택 조건
① 오래 묵은 종자가 아닐 것
② 발아율이 높아야 한다.
③ 여러 번 교잡한 잡종 종자가 아니고 순도가 높아야 한다.

37. 약제를 식물체의 뿌리, 줄기, 잎 등에 흡수시켜 깍지벌레와 같은 흡즙성 해충을 죽게 하는 살충제의 형태는?
- ㉮ 기피제
- ㉯ 유인제
- ㉰ 소화 중독제
- ㉱ 침투성 살충제

해설 침투성 살충제(systemic insecticide): 수목의 뿌리, 줄기, 잎 등에 흡수되어 응애, 깍지벌레와 같은 해충을 죽게 하는 살충제이다.

38. 기본 설계도 중 위에서 수직 투영된 모양을 일정한 축척으로 나타내는 도면으로 2차원적이며, 입체감이 없는 도면은?
- ㉮ 평면도
- ㉯ 단면도
- ㉰ 입면도
- ㉱ 투시도

해설 ① 조감도: 높은 곳에서 구조물을 새가 내려다본 것을 표현한 도면이다.
② 투시도
㉠ 보통 사람이 선 자세에서 건물을 보았을 경우 실제 눈에 보이는 대로 절단한 면을 그린 그림이며, 3차원의 느낌이 가장 실제의 모습과 가깝다.
㉡ 투시도에 있어서 투사선은 관측자의 시선으로서, 화면을 통과하여 시점에 모이게 된다.
③ 평면도: 물체를 위에서 내려다 본 것으로 가정하고 수평면상에 투영하여 작도한 것으로 2차원적이며, 입체감이 없는 도면이다.
④ 입면도: 정면도라고 하며 물체를 정면에서 본대로 본 그림 도면이다.
⑤ 단면도: 사물을 위에서 아래로 자른 다음 정면에서 보이는 것을 그려내는 것으로 그 물체의 내부 구조를 나타낸 그림 도면이다.

39. 정원수 전정의 목적으로 부적합한 것은?
- ㉮ 지나치게 자라는 현상을 억제하여 나무의 자라는 힘을 고르게 한다.
- ㉯ 움이 트는 것을 억제하여 나무를 속성으로 생김새를 만든다.

해답 34. ㉮ 35. ㉮ 36. ㉮ 37. ㉱ 38. ㉮ 39. ㉯

㉰ 강한 바람에 의해 나무가 쓰러지거나 가지가 손상되는 것을 막는다.
㉱ 채광, 통풍을 도움으로써 병해충의 피해를 미연에 방지한다.

해설 정원수 전정의 목적
① 수관 내부의 일조 부족에 의한 허약한 가지와 병충해 발생의 원인을 제거한다.
② 도장지의 처리로 생육을 고르게 한다.
③ 화목류의 적절한 전정은 개화, 결실을 촉진시킨다.
④ 수목의 모양을 목적에 맞게 하고 생장을 조절해 주는 기능을 하도록 나무의 가지를 잘라 주는 것을 말하며 수목의 생장을 돕는 의미이며 촉진, 속성과는 거리가 멀다.

40. 시방서의 기재 사항이 아닌 것은?
㉮ 재료의 종류 및 품질
㉯ 건물 인도의 시기
㉰ 재료의 필요한 시험
㉱ 시공 방법의 정도 및 완성에 관한 사항

해설 시방서(specification) : 설계, 제조, 시공 등 설계도면에 표시하기 어려운 재료의 종류, 품질, 기준 등을 문서로 작성한 규정된 사항이다.

41. 벽돌쌓기 시공에서 벽돌 벽을 하루에 쌓을 수 있는 최대 높이는 몇 m 이하인가?
㉮ 1.0m   ㉯ 1.2m
㉰ 1.5m   ㉱ 2.0m

해설 하루 벽돌 쌓기 : 1.2 정도(평균)~1.5m 정도(최대)

42. 다음 중 거푸집을 빨리 제거하고 단시일에 소요 강도를 내기 위하여 고온, 증기로 보양하는 것으로 한중콘크리트에도 유리한 보양법은?
㉮ 습윤 보양   ㉯ 증기 보양
㉰ 전기 보양   ㉱ 피막 보양

해설 증기 보양
① 거푸집을 빨리 해체하고 단시일 내 소요 강도를 내기 위하여 고온으로 보양하는 것을 말한다.
② 보양 시 온도가 높을수록 강도가 빨리 나타난다.

43. 주거 지역에 인접한 공장부지 주변에 공장 경관을 아름답게 하고, 가스, 분진 등의 대기오염과 소음 등을 차단하기 위해 조성되는 녹지의 형태는?
㉮ 차폐 녹지   ㉯ 차단 녹지
㉰ 완충 녹지   ㉱ 자연 녹지

해설 완충 녹지 : 가스, 분진 등의 대기오염과 소음 등을 차단하고 공해와 각종 사고와 자연 재해 등을 방지하기 위하여 조성되는 녹지의 형태이다.

44. 측백나무 하늘소 방제로 가장 알맞은 시기는?
㉮ 봄   ㉯ 여름   ㉰ 가을   ㉱ 겨울

해설 측백나무 하늘소 방제법
① 애벌레가 측백나무, 향나무에 구멍을 뚫어 나무를 말라 죽게 한다.
② 벌채목은 소각하고 나무가 쇠약하지 않도록 한다.
③ 3월 중순~4월 중순 사이에 줄기에 메프제를 뿌려 부화 애벌레를 제거한다.

45. 뿌리돌림의 방법으로 옳은 것은?
㉮ 노목은 피해를 줄이기 위해 한번에 뿌리돌림 작업을 끝내는 것이 좋다.
㉯ 뿌리돌림을 하는 분은 이식할 당시의 뿌리분보다 약간 크게 한다.
㉰ 낙엽수의 경우 생장이 끝난 가을에 뿌리돌림을 하는 것이 좋다.
㉱ 뿌리돌림 시 남겨 둘 곧은 뿌리는 15~20cm의 폭으로 환상 박피한다.

해답 40. ㉯ 41. ㉰ 42. ㉯ 43. ㉰ 44. ㉮ 45. ㉱

해설 뿌리돌림 방법
① 노목은 살리기 위해 약 2~3년 동안에 $\frac{1}{2}$, $\frac{1}{3}$씩 천천히 뿌리돌림한다.
② 뿌리돌림분은 이식할 때 약간 작게 뿌리돌림 한다.
③ 생장이 활발한 봄에 한다.
④ 뿌림 돌림 시 남겨 둘 곧은 뿌리는 15~20cm의 폭으로 환상 박피한다.

46. 점질토와 사질토의 특성 설명으로 옳은 것은?
㉮ 투수계수는 사질토가 점질토보다 작다.
㉯ 건조 수축량은 사질토가 점질토보다 크다.
㉰ 압밀 속도는 사질토가 점질토보다 빠르다.
㉱ 내부 마찰각은 사질토가 점질토보다 작다.

해설 점질토 사질토의 비교
① 투수 계수 : 점질토>사질토
② 건조 수축량 : 점질토>사질토
③ 내부 마찰각 : 점질토<사질토
④ 압밀 속도 : 점질토<사질토

47. 건설표준품셈에서 시멘트 벽돌의 할증률은 얼마까지 적용할 수 있는가?
㉮ 3%   ㉯ 5%
㉰ 10%   ㉱ 15%

해설 재료의 할증률
① 붉은 벽돌, 내화 벽돌, 이형철근, 타일, 경계블록, 호안블록, 합판(일반용) : 할증률 3%
② 목재(각재), 합판(수장용), 시멘트 벽돌 : 할증률 5%
③ 목재(판재), 조경용 수목, 잔디, 초화류 : 할증률 10%

48. 콘크리트 공사의 시공과정 중 휴식시간 등으로 응결하기 시작한 콘크리트에 새로운 콘크리트를 이어 칠 때 일체화가 저해되어 발생하는 줄눈의 형태는?
㉮ 콜드 조인트(cold joint)
㉯ 컨트롤 조인트(control joint)
㉰ 익스팬션 조인트(expansion joint)
㉱ 콘트랙션 조인트(contraction joint)

해설 콜드 조인트(cold joint) : 콘크리트 공사의 시공 과정 중 휴식시간 등으로 응결하기 시작한 콘크리트에 새로운 콘크리트를 이어 칠 때 일체화가 저해되어 불량 이음부가 생기는 형태이다.

49. 치장벽돌을 사용하여 벽체의 앞면 5~6켜까지는 길이쌓기로 하고 그 위 한 켜는 마구리쌓기로 하여 본 벽돌벽에 물려 쌓는 벽돌쌓기 방식은?
㉮ 프랑스식 쌓기   ㉯ 미국식 쌓기
㉰ 영국식 쌓기   ㉱ 네덜란드식 쌓기

해설 ① 영국식 쌓기
㉠ 모서리에 반절, 이오토막을 사용하며 통줄눈이 생기지 않는 것이 특징이며 한 켜는 마구리쌓기로 하고 다음은 길이쌓기로 하며 교대로 하여 쌓는다.
㉡ 가장 튼튼한 구조이며 내력벽 쌓기에 사용되며 가장 튼튼한 쌓기법이다.
② 프랑스식 쌓기
㉠ 끝부분에는 이오토막을 사용하며 한 켜는 길이쌓기로 하고 다음은 마구리쌓기로 하며 교대로 하여 쌓는다.
㉡ 치장용으로 많이 사용되며 많은 토막 벽돌이 사용된다.
③ 미국식 쌓기
㉠ 앞면 5켜까지는 치장벽돌로 길이쌓기로 하고 다음은 마구리쌓기로 하고 뒷면은 영국식으로 쌓는다.
㉡ 치장 벽돌을 사용한다.
④ 화란식(네덜란드식) 쌓기
㉠ 모서리 또는 끝부분에는 칠오토막을 사용하며 한 켜는 길이쌓기로 하고 다음은 마구리쌓기로 하며 마무리하는 벽돌쌓기법이다.
㉡ 한 면은 벽돌 마구리와 길이가 교대로 되고 다른 면은 영국식으로 쌓는다.
㉢ 작업하기 쉬워 일반적으로 가장 많이 사용하는 벽돌 쌓기법이다.

해답 46. ㉰ 47. ㉯ 48. ㉮ 49. ㉯

50. 거푸집에 미치는 콘크리트의 측압에 관한 설명으로 틀린 것은?
㉮ 시공 연도가 좋을수록 측압은 크다.
㉯ 수평 부재가 수직 부재보다 측압이 작다.
㉰ 경화 속도가 빠를수록 측압이 크다.
㉱ 붓기 속도가 빠를수록 측압이 크다.

해설 콘크리트의 측압
① 경화 속도가 빠를수록 측압은 작아진다.
② 온도, 습도가 높으면 측압은 커진다.

51. 단독 도급과 비교하여 공동 도급(joint venture) 방식의 특징으로 거리가 먼 것은?
㉮ 대규모 공사를 단독으로 도급하는 것보다 적자 등의 위험 부담이 분담된다.
㉯ 공동 도급에 구성된 상호간의 이해 충돌이 없고 현장 관리가 용이하다.
㉰ 2 이상의 업자가 공동으로 도급함으로써 자금 부담이 경감된다.
㉱ 각 구성원이 공사에 대하여 연대책임을 지므로 단독 도급에 비해 발주자는 더 큰 안정성을 기대할 수 있다.

해설 공동 도급 방식의 단점 : 공동 도급은 구성간의 이해에 따라 대립과 충돌이 발생하여 현장 통제가 어려워진다.

52. 수목의 흰가루병은 가을이 되면 병환부에 흰 가루가 섞여서 미세한 흑색의 알갱이가 다수 형성되는데 다음 중 이것을 무엇이라 하는가?
㉮ 균사(菌絲)
㉯ 자낭구(子囊球)
㉰ 분생자병(分生子柄)
㉱ 분생포자(分生胞子)

해설 자낭구(cleistothecium, 子囊球) : 장미, 라일락 등 수목의 변환부에 흰 가루가 섞여서 미세한 흑색의 알맹이가 많은 양의 구의 형태로 형성된다.

53. 다음 중 기준점 및 규준틀에 관한 설명으로 틀린 것은?
㉮ 규준틀은 공사가 완료된 후에 설치한다.
㉯ 규준틀은 토공의 높이, 나비 등의 기준을 표시한 것이다.
㉰ 기준점은 이동의 염려가 없는 곳에 설치한다.
㉱ 기준점은 최소 2개소 이상 여러 곳에 설치한다.

해설 규준틀(batter board) : 조경 공사 시 측량 이후에는 시공 과정에서 건물의 위치, 높이, 시공 장소 등을 표시한다.

54. 다음 중 한발의 해에 가장 강한 수종은?
㉮ 오리나무   ㉯ 버드나무
㉰ 소나무   ㉱ 미루나무

해설 한발의 해 : 가뭄으로 수분이 부족하여 수목의 신진대사가 잘 이루어지지 않아 생장하지 않고 서서히 말라 죽는 현상으로, 소나무는 건조한 지역에서 강하므로 한발의 해에 강한 수종을 볼 수 있다.

55. 수목의 총중량은 지상부와 지하부의 합으로 계산할 수 있는데, 그중 지하부(뿌리분)의 무게를 계산하는 식은 $W = V \times K$이다. 이 중 V가 지하부(뿌리분)의 체적일 때 K는 무엇을 의미하는가?
㉮ 뿌리분의 단위 체적 중량
㉯ 뿌리분의 형상 계수
㉰ 뿌리분의 지름
㉱ 뿌리분의 높이

해설 지하부(뿌리분)의 수목 무게 계산
$W[\text{kg}] = V[\text{m}^3] \times K[\text{kg/m}^3]$
W : 수목 중량(kg)
V : 뿌리분의 체적(m^3)
K : 뿌리분의 단위 체적 중량(kg/m^3)

해답 50. ㉰ 51. ㉯ 52. ㉯ 53. ㉮ 54. ㉰ 55. ㉮

56. 자연석 무너짐 쌓기에 대한 설명으로 부적합한 것은?

㉮ 크고 작은 돌이 서로 상재미가 있도록 좌우로 놓아 나간다.
㉯ 돌을 쌓은 단면의 중간이 볼록하게 나오는 것이 좋다.
㉰ 제일 윗부분에 놓이는 돌은 돌의 윗부분이 수평이 되도록 놓는다.
㉱ 돌과 돌이 맞물리는 곳에는 작은 돌을 끼워 넣지 않도록 한다.

[해설] 자연석 무너짐 쌓기
① 기초가 될 밑돌은 약간 큰 돌을 땅속에 20~30cm 정도의 깊이로 묻히게 한다.
② 제일 윗부분에 놓는 상부 돌은 작아야 하며 돌의 윗부분이 평평하고 자연스러운 높낮이가 되도록 하며 모두 고저 차가 나지 않도록 놓는다.
③ 돌과 돌이 맞물리는 곳에는 작은 돌을 끼워 넣지 않는다.
④ 단면의 중간 부분도 자연스럽게 하며 기형적으로 볼록하게 나오는 것은 좋지 않다.

57. 축척 1/1000의 도면의 단위 면적이 16m²일 것을 이용하여 축척 1/2000의 도면의 단위 면적으로 환산하면 얼마인가?

㉮ 32m²   ㉯ 64m²
㉰ 128m² ㉱ 256m²

[해설] 실제 거리 = 도면 거리 × 축척
① 축척(1/1000 기준) 가로 : 4mm(0.4cm) × 1000 = 4000 ÷ 1000 = 4m
   축척(1/1000 기준) 가로 : 4mm(0.4cm) × 1000 = 4000 ÷ 1000 = 4m
② (축척 1/2000) 가로 : 4mm × 2000 = 8m
   (축척 1/2000) 세로 : 4mm × 2000 = 8m
③ 면적 = 가로 × 세로 = 8m × 8m = 64m²

58. 1/1000 축척의 도면에서 가로 20m, 세로 50m의 공간에 잔디를 전면붙이기를 할 경우 몇 장의 잔디가 필요한가?(단, 잔디는 25×25cm 규격을 사용한다.)

㉮ 5500장   ㉯ 11000장
㉰ 16000장   ㉱ 22000장

[해설] 잔디 수량 계산
① 면적 = 20m × 50m = 1000m²
② 잔디 규격 : 25cm × 25cm = 0.0625m², 1m² = 10⁴cm²
③ 1000m² ÷ 0.0625m² = 16000장

59. 비료는 화학적 반응을 통해 산성 비료, 중성 비료, 염기성 비료로 분류되는데, 다음 중 산성 비료에 해당하는 것은?

㉮ 황산암모늄   ㉯ 과인산석회
㉰ 요소   ㉱ 용성인비

[해설] 황산암모늄
① 산성 비료 : 과인산석회, 중과인산석회, 황산암모늄, 중과인산석회
② 염기성 비료 : 회분, 석회질소, 어분
③ 중성 비료 : 요소, 질산암모늄

60. 석재의 가공 공정상 날망치를 사용하는 표면 마무리 작업은?

㉮ 혹떼기
㉯ 잔다듬
㉰ 정다듬
㉱ 도드락다듬

[해설] 돌(석재) 가공 순서
① 혹두기 → 정다듬 → 도드락다듬 → 잔다듬 → 물갈기
② 도드락 다듬 : 정다듬한 면을 도드락망치로 더욱 평탄하게 다듬는 것
③ 물갈기 : 잔다듬한 면에 금강사, 카보런덤, 모래, 숫돌 등으로 물을 주면서 갈아 광택이 나게 한 것이다.
④ 정다듬 : 혹두기한 면을 다시 정으로 비교적 고르고 곱게 다듬는 정도의 다듬기
⑤ 잔다듬 : 도드락다듬 위에 양날망치로 곱게 쪼아 표면을 더욱 평탄하고 균일하게 한 것이다.

▶ 2011년 4월 17일 시행

자격종목	코드	시험시간	형별	수험번호	성명
조경기능사	7900	1시간	B		

1. 옥상 조경 토양 경량재가 아닌 것은?
㉮ 펄라이트   ㉯ 버미큘라이트
㉰ 피트모스   ㉱ 마사토

해설 ① 토양 경량재 : 가벼운 경량제로서 펄라이트, 버미큘라이트, 피트모스 등이 있다.
② 마사토 : 화강암이 풍화되어 생긴 토양이다.

2. 정원 양식의 발생요인 중 자연환경 요인이 아닌 것은?
㉮ 기후   ㉯ 지형
㉰ 식물   ㉱ 종교

해설 ① 자연환경(경관) 요소 : 식생, 기상 조건, 토양 조사, 해양 환경, 동식물, 지질, 암석
② 인문환경 요소 : 주변 교통량, 문화재, 인구, 종교

3. 동양 정원에서 연못을 파서 그 가운데 섬을 만드는 수법에 가장 큰 영향을 준 것은?
㉮ 자연 지형   ㉯ 기상 요인
㉰ 신선 사상   ㉱ 생활양식

해설 연못 중앙에 섬을 만들어 신선이 있는 장소로 보았으며 신을 중심으로 하는 신선 사상을 나타내었다.

4. 녹지 계통의 형태가 아닌 것은?
㉮ 분산형(산재형)   ㉯ 환상형
㉰ 입체 분리형   ㉱ 방사형

해설 녹지대 계통의 종류와 형식
① 분산형 : 녹지대가 여러 형태로 흩어져 있는 형태로 녹지 효과가 발생하기 어렵다.
② 환상형 : 도시를 중심으로 5~10km 폭으로 녹지가 환상 형태로 둘러싸 도시가 확대되는 현상을 방지하는 효과가 있다.
③ 방사형 : 도시의 중심부에서 외부로 녹지대를 형성하며 도로는 환상 방사식 형태로 한다.
④ 방사 환상형 : 방사형 녹지 형태와 환상형 녹지 형태를 결합한 것으로 이상적인 녹지 형태이다.

5. 다음 그림과 같이 구릉지의 맨 위쪽에 세워진 건물은 토지의 이용 방법 중 어떠한 것에 속하는가?

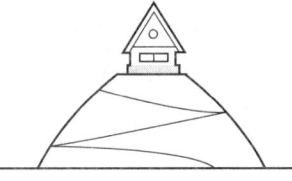

㉮ 강조   ㉯ 통일
㉰ 대비   ㉱ 보존

해설 경관 구성의 미적 원리
① 통일미 : 정원수의 60%까지를 소나무로 배치하거나 향나무를 심어 전체를 하나의 힘찬 형태나 색채 또는 선으로 통일시켰을 때 나타나는 아름다움을 통일미라 한다.
㉠ 조화(harmony)
㉡ 균형(balance)과 대칭(symmetry)
㉢ 비대칭균형(skew)
㉣ 반복(repetition) : 같은 형태의 재료들이 일정한 간격을 두고 계속해서 배치하는 방법이다. 가로수의 식재된 모습에서

해답 1. ㉱ 2. ㉱ 3. ㉰ 4. ㉰ 5. ㉮

질서적인 면을 강조함으로써 안정감과 통일감을 보여준다.
ⓜ 강조(accent) : 자연경관에서 구조물을 강조하는 수단으로, 비슷한 형태나 색감들 사이에 이와 상반되는 것을 넣어 강조함으로써 통일감을 조성한다.
② 다양성
ⓐ 비례(proportion)
ⓑ 율동(rhythm) : 선, 면, 형태, 색채, 질감이 규칙적이고 주기적으로 연속적인 것을 말한다.
ⓒ 대비(contrast) : 성질이 상대적으로 반대가 되는 것을 말하며 크고 작고 부드럽고 거칠고 등 서로 비교하여 보는 사람에게 강한 자극을 주는 조경미를 말한다.
ⓓ 점이
ⓔ 단순미(simple)

6. 일본의 모모야마(桃山) 시대에 새롭게 만들어져 발달한 정원양식은?
㉮ 회유임천식 ㉯ 축산고산수식
㉰ 홍교수법   ㉱ 다정

해설 일본 정원 양식
① 조화에 비중을 두며 자연식으로 축소 지향적, 인공적 기교, 추상적 구성을 하였다.
② 모모야마 시대(1580년) : 다정 정원 양식이 발달하였다.
③ 일본정원 양식의 시대적 순서 : 임천식 → 회유임천식 → 축산고산수식(무로마치 시대) → 평정고산수식 → 다정식 → 회유식

7. 고대 그리스 조경에 관한 설명 중 틀린 것은?
㉮ 구릉이 많은 지형에 영향을 받았다.
㉯ 짐나지움(Gymnasium)과 같은 공공적인 정원이 발달하였다.
㉰ 히포다모스에 의해 도시 계획에서 격자형이 채택되었다.
㉱ 서민들의 정원은 발달을 보지 못했으나 왕이나 귀족의 저택은 대규모이며 사치스러운 정원을 가졌다.

해설 그리스 시대의 특징 : 귀족의 정원보다는 공공의 정원이 발달하였다.

8. 설계자의 의도를 개략적인 형태로 나타낸 일종의 시각 언어로서 도면을 단순화시켜 상징적으로 표현한 그림을 의미하는 것은?
㉮ 상세도   ㉯ 다이어그램
㉰ 조감도   ㉱ 평면도

해설 다이어그램(diagram) : 기본 설계의 공간 구성에 있어서 3차원 공간 구성의 전이 단계로서 설계의 의도를 정리하여 공간 배치 및 동선 체계를 시각적으로 표현한다.

9. 등고선 간격이 20m인 1/25000 지도의 지도상 인접한 등고선에 직각인 평면 거리가 2cm인 두 지점의 경사도는?
㉮ 2%   ㉯ 4%
㉰ 5%   ㉱ 10%

해설 ① 실제 거리 = 도면에 표시된 거리(도상) × 축적
② 실제 거리 = 20mm(2cm) × 25000
            = 500000mm ÷ 1000mm
            = 500m
   1m = 1000mm, 1cm = 10mm
③ 경사도(%) = $\frac{수직높이}{수평거리} \times 100\%$
            = $\frac{20}{500} \times 100\% = 4\%$

10. 다음 중 수문(水文) 계획에서 고려하여야 할 것은?
㉮ 집수 구역   ㉯ 식생 분포
㉰ 야생 동물   ㉱ 식생 구조

해답 6. ㉱ 7. ㉱ 8. ㉯ 9. ㉯ 10. ㉮

해설 수문 계획
① 조경 시설의 용수 계획 : 연못, 분수, 벽천 등의 시설의 용수 계획을 세운다.
② 홍수 예방을 위한 치수 계획을 세운다.
③ 배수 계획에 대한 집수 구역의 면적, 유출량 산정, 생태계 조사 등을 한다.

11. 자연공원법상 자연공원이 아닌 것은?
㉮ 국립공원　　㉯ 도립공원
㉰ 군립공원　　㉱ 생태공원

해설 자연공원의 종류
① "자연공원"이란 국립공원, 도립공원 및 군립공원(郡立公園)을 말한다.
② "국립공원"이란 우리나라의 자연생태계나 자연 및 문화경관(이하 "경관"이라 한다)을 대표할 만한 지역으로서 지정된 공원을 말한다.
③ "도립공원"이란 특별시·광역시·도 및 특별자치도(이하 "시·도"라 한다)의 자연생태계나 경관을 대표할 만한 지역으로서 지정된 공원을 말한다.
④ "군립공원"이란 시·군 및 자치구(이하 "군"이라 한다)의 자연생태계나 경관을 대표할 만한 지역으로서 지정된 공원을 말한다.

12. 부귀나 영화를 등지고 자연과 벗하며 농경하고 살기 위해 세운 주거를 별서(別墅) 정원이라 한다. 우리나라에 현존하는 대표적인 것은?
㉮ 윤선도의 부용동 원림
㉯ 강릉의 선교장
㉰ 이덕유의 평천산장
㉱ 구례의 운조루

해설 별서 정원
① 세속을 벗어나 자연을 벗삼아 풍류를 즐기며 전원생활을 하는 정원이다.
② 소쇄원(양산보), 다산초당(정약용), 서석지, 부용동정원(윤선도), 옥호정(김조순), 소한정(우규동)

13. 전통민가 조경이 프로젝트의 대상이 되는 분야는?
㉮ 기타시설　　㉯ 주거지
㉰ 공원　　　　㉱ 문화재

해설 조경 대상지 분류
① 공원
  ㉠ 도시공원과 녹지 : 소공원, 어린이 공원, 묘지공원, 근린공원, 체육공원, 광장, 완충녹지, 경관녹지
  ㉡ 자연공원 : 국립공원, 도립공원, 군립공원, 천연기념물 보호구역
② 위락 관광시설 : 유원지, 휴양지, 골프장, 야영장, 경마장, 스키장, 낚시터, 산림욕장, 관광농원
③ 문화재 : 전통민가, 궁궐, 사찰, 성터, 고분, 왕릉, 목조와 석조 건축물
④ 기타 시설 : 고속도로, 자전거도로, 공업단지, 보행자 전용도로

14. 우리나라 최초의 국립공원은?
㉮ 설악산　　㉯ 한라산
㉰ 지리산　　㉱ 내장산

해설 ① 덕수궁 석조전 앞 정원(1909년) : 우리나라에 있는 최초의 유럽식 정원이다.
② 탑골공원(파고다공원, 1895년) : 우리나라 최초의 대중 공원이다.
③ 지리산(1967년) : 우리나라 최초의 국립공원이다.
④ 설악산(1982년), 한라산(2003년) : 유네스코에서 국제 생물권 보존지역으로 지정하였다.

15. 회교문화의 영향을 입어 독특한 정원 양식을 보이는 곳은?
㉮ 이탈리아 정원　　㉯ 프랑스 정원
㉰ 영국 정원　　　　㉱ 스페인 정원

해설 중정식(회랑식, 파티오식) : 스페인(= 에스파냐)
① 파티오식(중정식, patio) 발달 : 로마 별장의 영향

해답 11. ㉱　12. ㉮　13. ㉱　14. ㉰　15. ㉱

② 스페인의 이슬람 정원(중세)은 중정식 양식으로 물과 분수를 많이 이용하였으며 주변에는 회교도 풍의 정교한 건축 수법을 이용한 정원 양식이다.
③ 이슬람교(=회교)의 영향을 받아 물을 정원에서 가장 신성시하였다.

16. 목재를 방부 처리하고자 할 때 주로 사용되는 방부제는?
㉮ 알코올 ㉯ 크레오소트유
㉰ 광명단 ㉱ 니스

해설 목재 방부제의 종류 : 콜타르, 아스팔트, 크레오소트유, 페인트, 염화아연

17. 석재의 특성 중 장점에 해당되지 않은 것은?
㉮ 불연성이며 압축강도가 크고 내구성, 내화학성이 풍부하며 마모성이 작다.
㉯ 종류가 다양하고 같은 종류의 석재라도 산지나 조직에 따라 여러 외관과 색조가 나타난다.
㉰ 외관이 장중하고 치밀하며 가공 시 아름다운 광택을 낸다.
㉱ 화열에 닿으면 화강암 등은 균열이 생기고, 석회암이나 대리석과 같이 분해가 일어나기도 한다.

해설 화강암은 내화도가 낮아 고열을 받는 곳에 적당하지 않다.

18. 다음 중 목재에 관한 설명으로 틀린 것은?
㉮ 단열성이 크다.
㉯ 가공성이 좋다.
㉰ 소리, 전기 등의 전도성이 크다.
㉱ 건조가 불충분한 것은 썩기 쉽다.

해설 목재의 성질
① 열팽창률과 열전도율이 작다.
② 가볍고 가공하기 쉽다.
③ 외관이 아름답다.
④ 습기 있는 장소에서는 부패하기 쉽다.
⑤ 소리, 전기 등의 전도성이 작다.

19. 다음 중 수목의 맹아성이 가장 약한 것은?
㉮ 비자나무 ㉯ 능수버들
㉰ 회양목   ㉱ 쥐똥나무

해설 ① 맹아력이 약한 수종 : 소나무, 감나무, 녹나무, 굴거리나무, 벚나무, 백송, 철쭉, 비자나무, 태산목, 자작나무
② 맹아력이 강한 수종 : 능수버들, 쥐똥나무, 주목, 모과나무, 무궁화, 개나리, 가시나무, 플라타너스, 미루나무, 회양목, 모과나무, 층층나무

20. 다음 중 수종의 특징상 관상 부위가 주로 줄기인 것은?
㉮ 자작나무 ㉯ 자귀나무
㉰ 수양버들 ㉱ 위성류

해설 수간의 수피에 관상이 아름다운 수종
① 자작나무, 거제수나무 : 백색 계통
② 흰말채나무, 적송, 주목 : 적색 계통
③ 대나무류, 푸른말채나무, 식나무 : 녹색 계통

21. 다음 중 내염성에 대해 가장 약한 수종은?
㉮ 아왜나무   ㉯ 곰솔
㉰ 일본목련   ㉱ 모감주나무

해설 ① 내염성이 약한 수종 : 일본목련, 독일가문비, 소나무, 목련, 단풍나무, 개나리, 삼나무, 양버들, 오리나무
② 내염성이 강한 수종 : 비자나무, 주목, 동백나무, 곰솔, 후박나무, 감탕나무, 측백나무, 굴거리나무, 녹나무, 태산목, 아왜나무, 위성류, 모감주나무

해답 16. ㉯ 17. ㉱ 18. ㉰ 19. ㉮ 20. ㉮ 21. ㉰

22. 다음 중 상록수로만 짝지어진 것은?

㉮ 섬잣나무, 리기다소나무, 동백나무, 낙엽송
㉯ 소나무, 배롱나무, 은행나무, 사철나무
㉰ 철쭉, 주목, 모과나무, 장마
㉱ 사철나무, 아왜나무, 회양목, 독일가문비

해설
① 사철나무 : 상록활엽관목
② 아왜나무 : 상록활엽소교목
③ 회양목 : 상록활엽 관목
④ 독일가문비 : 상록침엽교목

23. 다음 중 일반적으로 자동차 매연에 대한 저항성이 가장 강한 수종은?

㉮ 은행나무   ㉯ 소나무
㉰ 목련   ㉱ 단풍나무

해설
① 대기오염(아황산화물, SO_2)에 강한 수종 : 향나무, 편백, 사철나무, 벽오동, 능수버들, 무궁화, 은행나무
② 대기오염(아황산화물, SO_2)에 약한 수종 : 독일가문비, 소나무(적송), 전나무, 느티나무, 벚나무, 단풍나무, 매화나무, 목련

24. 다음 중 식재 시 수목의 규격 표기 방법이 다른 것은?

㉮ 은행나무   ㉯ 메타세쿼이아
㉰ 잣나무   ㉱ 벚나무

해설 수목의 규격 표시 : 잣나무 = $H3.5[m]$
① 교목 : $H \times B$ = 은행나무, 가중나무, 계수나무, 메타세쿼이아, 벽오동, 수양버들, 자작나무,
② 교목 : $H \times W$ = 잣나무, 주목, 측백나무
③ 교목 : $H \times R$ = 감나무, 느티나무, 단풍나무, 산수유, 꽃사과, 산딸나무
④ 관목 : $H \times W$ = 산철쭉, 수수꽃다리, 자산홍, 쥐똥나무, 명자나무, 병꽃나무
⑤ 관목 : $H \times R$ = 능소화, 노박덩굴
⑥ 관목 : $H \times W \times L$ = 눈향나무
⑦ 관목 : $H \times$ 가지의 수 = 개나리, 덩굴장미
⑧ 만경목 : $H \times R$ = 등나무
⑨ 소나무 : $H \times W \times R$
  = $H3.5[m] \times W12.0[m] \times R15[cm]$

25. 다음 중 수목의 분류상 교목으로 분류할 수 없는 것은?

㉮ 일본목련   ㉯ 느티나무
㉰ 목련   ㉱ 병꽃나무

해설 병꽃나무
① 낙엽활엽관목이다.
② 5월에 황녹색 꽃이 핀다.

26. 다음 중 합판의 특징 설명으로 틀린 것은?

㉮ 동일한 원재로부터 많은 정목판과 나무결 무늬판이 제조된다.
㉯ 내구성, 내습성이 작다.
㉰ 폭이 넓은 판을 얻을 수 있다.
㉱ 팽창, 수축 등으로 생기는 변형이 거의 없다.

해설 합판의 특징 : 나뭇결이 아름답고 팽창, 수축 등으로 생기는 변형이 거의 없으며 내구성, 내습성이 크다.

27. 다음 중 열경화성(축합형) 수지인 것은?

㉮ 폴리에틸렌 수지   ㉯ 폴리염화비닐 수지
㉰ 아크릴 수지   ㉱ 멜라민 수지

해설
① 열가소성 수지
  ㉠ 폴리에틸렌, 나일론, 폴리아세탈 수지, 염화비닐 수지, 폴리스티렌, ABS 수지, 아크릴 수지
  ㉡ 중합 반응에 의해 만들어진 수지로 열의 의해 변형되는 수지이다.
② 열경화성 수지
  ㉠ 멜라민 수지, 페놀 수지, 요소 수지, 폴리에스테르 수지, 실리콘 수지, 에폭시 수지
  ㉡ 가열하면 가소성이 되었다가 다시 가열하면 변형되지 않는 합성수지이다.

해답 22. ㉱ 23. ㉮ 24. ㉰ 25. ㉱ 26. ㉯ 27. ㉱

28. 시멘트를 만드는 과정에서 일정량의 석고를 첨가하는 목적은?
㉮ 응결시간 조절   ㉯ 수밀성 증대
㉰ 경화촉진   ㉱ 초기강도 증진

해설 시멘트의 응결 시간 : 시멘트의 응결 시간은 석고의 혼입량에 따라 빨라질 수도 또는 늦어질 수도 있다.

29. 다음 중 성형가공이 자유롭지만 온도의 변화에 약한 제품은?
㉮ 콘크리트 제품   ㉯ 플라스틱 제품
㉰ 금속 제품   ㉱ 목질 제품

해설 플라스틱 제품의 특징
① 내화성이 없다.
② 온도의 변화에 약하다.
③ 산과 알칼리에 견디는 힘이 크다.

30. 다음 [보기]에서 설명하는 수종은?

[보기]
- 원산지는 중국이다.
- 줄기 색채가 녹색이고, 6월경에 개화하며 꽃 색은 황색이다.
- 성상이 낙엽활엽교목으로 열매는 5개의 분과로 익기 전에 벌어져서 완두콩 같은 종자가 보이고 10월에 익는다.

㉮ 태산목   ㉯ 황매화
㉰ 벽오동   ㉱ 노각나무

해설 벽오동
① 잎은 호생하고 잎의 끝이 3~5개로 갈라진다.
② 낙엽활엽교목이다.

31. 다음 화초 중 재배 특성에 따른 분류 중 알뿌리 화초에 해당하는 것은?
㉮ 크로커스   ㉯ 맨드라미
㉰ 과꽃   ㉱ 백일홍

해설 알뿌리 화초(구근화초)
① 봄심기 화초 : 칸나, 아마릴리스, 상사화, 달리아, 진저, 글라디올러스
② 가을심기 화초 : 크로커스, 백합, 수선화, 아네모네, 아이리스, 튤립

32. 콘크리트의 배합 방법 중에서 1 : 2 : 4, 1 : 3 : 6과 같은 형태의 배합 방법으로 가장 적합한 것은?
㉮ 용적 배합   ㉯ 중량 배합
㉰ 복식 배합   ㉱ 표준개량 배합

해설 콘크리트 용접 배합
① 철근 콘크리트 : 시멘트(1) : 모래(2) : 자갈(4)
② 무근 콘크리트 : 시멘트(1) : 모래(3) : 자갈(6)

33. 표준형 벽돌을 사용하여 줄눈 10mm로 시공할 때 2.0B 벽돌 벽의 두께는? (단, 공간쌓기는 아니다.)
㉮ 210mm   ㉯ 390mm
㉰ 320mm   ㉱ 430mm

해설 ① 벽돌 한 장의 규격 : 190mm(길이)×90mm(폭)×57mm(높이)
② 0.5B 벽체 두께 : 벽돌 한 장 폭 90mm
③ 1.0B 벽체 두께 : 벽돌 한 장 길이 190mm
④ 2.0B : 190(1.0B) + 10(모르타르) + 190(1.0B) = 390mm

34. 석회암이 변화되어 결정화한 것으로 석질이 치밀하고 견고할 뿐 아니라 외관이 미려하여 실내 장식재 또는 조각 재료로 사용되는 것은?
㉮ 응회암   ㉯ 사문암
㉰ 대리석   ㉱ 점판암

해설 대리석(marble)
① 장식용 석재로 많이 사용되며 가장 고급재로 쓰인다.

해답 28. ㉮ 29. ㉯ 30. ㉰ 31. ㉮ 32. ㉮ 33. ㉯ 34. ㉰

② 변성암의 일종인 대리석은 치밀하고 견고하며 포함된 성분에 따라 경도, 색채, 무늬 등이 매우 다양하며 아름답고, 갈면 광택이 나므로 장식용 석재 중에서 가장 고급재로 쓰인다.
③ 석회암이 오랜 세월 동안 변질된 것으로 열, 산에 약하며 내화도가 낮다.

35. 일반적으로 건설 재료로 사용하는 목재의 비중이란 다음 중 어떤 상태의 것을 말하는가?(단, 함수율이 약 15% 정도일 때를 의미한다.)
㉮ 포수비중　　㉯ 절대비중
㉰ 진비중　　　㉱ 기건비중

해설　기건비중
① 기건재의 단위 용적 무게에 대한 값으로 함수율이 15%가 된 상태를 말한다.
② 기건비중 = $\dfrac{기건재의\ 중량}{기건재의\ 용적}$

36. 다음 중 전정의 효과로 적합하지 않은 것은?
㉮ 수목의 생장을 촉진시킨다.
㉯ 수관 내부의 일조 부족에 의한 허약한 가지와 병충해 발생의 원인을 제거한다.
㉰ 도장지의 처리로 생육을 고르게 한다.
㉱ 화목류의 적절한 전정은 개화, 결실을 촉진시킨다.

해설　전정의 효과 : 수목의 모양을 목적에 맞게 하고 생장을 조절해 주는 기능을 하도록 나무의 가지를 잘라 주는 것을 말하며 수목의 생장을 돕는 의미이며 촉진과는 거리가 멀다.

37. 다음 중 설계도면을 작성할 때 치수선, 치수 보조선에 이용되는 선의 종류는?
㉮ 1점 쇄선　　㉯ 2점 쇄선
㉰ 파선　　　　㉱ 실선

해설　실선
① 가는 선 : 치수선, 치수보조선, 지시선, 해칭선
② 전선 : 단면선, 외형선, 파단선

38. 성인이 이용할 정원의 디딤돌 놓기 방법으로 틀린 것은?
㉮ 납작하면서도 가운데가 약간 두둑하여 빗물이 고이지 않는 것이 좋다.
㉯ 디딤돌의 간격은 느린 보행 폭을 기준하여 35~50cm 정도가 좋다.
㉰ 디딤돌의 가급적 사각형에 가까운 것이 자연미가 있어 좋다.
㉱ 디딤돌 및 징검돌의 장축은 진행 방향에 직각이 되도록 배치한다.

해설　① 디딤돌은 주로 물이 고이지 않는 돌로 가운데 부분이 약간 두툼한 행태로 한다.
② 돌의 크기와 모양은 크기가 크고 작은 것을 조화롭게 배치한다.

39. 다음 그림 중 수목의 가지에서 마디 위 다듬기의 요령으로 가장 좋은 것은?

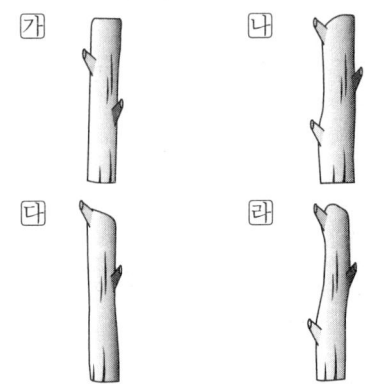

해설　마디 위 가지 다듬기는 눈 기준으로 0.7~1cm 위에서 눈과 평행하게 비스듬히 자른다.

40. 다음 중 콘크리트 소재의 미끄럼대를 시공할 경우 일반적으로 지표면과 미끄럼

해답　35. ㉱　36. ㉮　37. ㉱　38. ㉰　39. ㉱　40. ㉰

판의 활강 부분이 수평면과 이루는 각도로 가장 적합한 것은?

㉮ 70 ㉯ 55 ㉰ 35 ㉱ 15

[해설] 미끄럼판의 활강 부분과 지표면의 각도 : 35°가 가장 적합하다.

41. 수기 설계 시 배치 간격은 바람이 없을 때를 기준으로 살수 작동 최대 간격을 살수 직경의 몇 %로 제한하는가?

㉮ 45~55% ㉯ 60~65%
㉰ 70~75% ㉱ 80~85%

[해설] 살수기 배치 간격 : 살수 직경의 60~65%

42. 설계안이 완공되었을 경우를 가정하여 설계 내용을 실제 눈에 보이는 대로 절단한 면에서 먼 곳에 있는 것은 작게, 가까이 있는 것은 크고 깊이가 있게 하나의 화면에 그리는 것은?

㉮ 평면도 ㉯ 조감도
㉰ 투시도 ㉱ 상세도

[해설] 투시도
① 보통 사람이 선 자세에서 건물을 보았을 경우 실제 눈에 보이는 대로 절단한 면을 그린 그림이며 3차원의 느낌이 가장 실제의 모습과 가깝다.
② 투시도에 있어서 투사선은 관측자의 시선으로서, 화면을 통과하여 시점에 모이게 된다.

43. 항공사진 측량 시 낙엽수와 침엽수, 토양의 습윤도 등의 판독에 쓰이는 것은?

㉮ 질감 ㉯ 음영
㉰ 색조 ㉱ 모양

[해설] 삼림 지역 항공사진 판독 요소
① 색조 : 밝고 또는 어두운 정도를 말한다.
② 낙엽수 삼림 지역은 색조가 여름철에는 어둡고 겨울철에는 밝다.
③ 침엽수 삼림 지역은 계절과 무관하게 어둡다.
④ 토양은 습한 토양일수록 건조 토양보다 어둡다.

44. 일반적으로 식재할 구덩이 파기를 할 때 뿌리분 크기의 몇 배 이상으로 구덩이를 파고 해로운 물질을 제거해야 하는가?

㉮ 1.5 ㉯ 2.5 ㉰ 3.5 ㉱ 4.5

[해설] 식재 구덩이 파기
① 식재 시 구덩이는 토질, 경도, 배수성을 검토한 후 뿌리분 크기의 1.5배 이상을 파고 불순물을 제거한다.
② 심근성 수종은 깊게 파고, 천근성 수종은 넓게 구덩이를 판다.

45. 다수진 25% 유제 100cc를 0.05%로 희석하려 할 때 필요한 물의 양은?

㉮ 5L ㉯ 25L
㉰ 50L ㉱ 100L

[해설] ① 물의 양 = 원액의 용량
$\times (\frac{원액의 농도}{희석농도} - 1) \times 원액의 비중$
② 물의 비중=1, 1L=1000cc
③ 물의 양 $= 100 \times (\frac{25}{0.05} - 1) \times 1$
$= 49900cc \div 1000 = 49.9L$

46. 조경 수목의 관리 계획은 정기 관리 작업, 부정기 관리 작업, 임시 관리 작업으로 분류할 수 있다. 그중 정기 관리 작업에 속하는 것은?

㉮ 고사목 제거 ㉯ 토양 개량
㉰ 세척 ㉱ 거름 주기

[해설] 조경 수목의 관리 계획
① 정기 관리 작업 : 거름 주기, 수목의 손질
② 부정기 관리 작업 : 고사목 제거 및 보수, 토양 개량
③ 임시 관리 작업 : 세척

[해답] 41. ㉯ 42. ㉰ 43. ㉰ 44. ㉮ 45. ㉰ 46. ㉱

47. 다음 [보기]에서 설명하는 기상 피해는?

[보기]
어린 나무에서는 피해가 거의 생기지 않고 흉고 직경 15~20cm 이상인 나무에서 피해가 많다.
피해 방향은 남쪽과 남서쪽에 위치하는 줄기 부위이다. 특히 남서 방향의 1/2 부위가 가장 심하며 북측은 피해가 없다. 피해 범위는 지제부에서 지상 2m 높이 내외이다.

㉮ 볕데기 ㉯ 한해
㉰ 풍해 ㉱ 설해

해설 볕데기 : 수피가 얇은 수목이 햇빛에 노출되어 수분이 증발되어 가지가 말라 죽는 현상을 말한다.

48. 다음 중 소나무 혹병의 중간 기주는?
㉮ 송이풀 ㉯ 배나무
㉰ 참나무류 ㉱ 향나무

해설 소나무 혹병 : 소나무와 참나무를 기주로 교대하는 기생균에 의해 발생한다.

49. 비탈면 경사의 표시에서 1 : 2.5에서 2.5는 무엇을 뜻하는가?
㉮ 수지고 ㉯ 수평거리
㉰ 경사면의 길이 ㉱ 안시각

해설 수직거리(1) : 수평거리(2.5)

50. 다음 중 굵은 가지를 전정하였을 때 다른 수종들보다 전정 부위에 반드시 도포제를 발라 주어야 하는 것은?
㉮ 잣나무 ㉯ 메타세쿼이아
㉰ 느티나무 ㉱ 자목련

해설 왕벚나무, 목련, 느릅나무는 상처 부위의 조직이 잘 유합되지 않으므로 가지를 자르고 탈지면에 알코올 소독하고 방균, 방수를 목적으로 도포제를 발라 준다.

51. 다음 중 호박돌 쌓기의 방법 설명으로 부적합한 것은?
㉮ 표면이 깨끗한 돌을 사용한다.
㉯ 크기가 비슷한 것이 좋다.
㉰ 불규칙하게 쌓는 것이 좋다.
㉱ 기초 공사 후 찰쌓기로 시공한다.

해설 호박돌 쌓기 : 불규칙하게 쌓는 것보다 규칙적으로 쌓으며 내민 줄눈의 형태로 많이 쌓는다.

52. 다음 중 잔디에 가장 많이 발생하는 병과 그에 따른 방제법이 맞는 것은?
㉮ 녹병 : 헥사코나졸 수화제(5%) 살포
㉯ 엽진병 : 다이아지논 유제 살포
㉰ 흰가루병 : 디코폴 수화제(5%) 살포
㉱ 근부병 : 다이아지논 분제 살포

해설 녹병 : 헥사코나졸 수화제를 살포한다.

53. 시멘트 500포대를 저장할 수 있는 가설 창고의 최소 필요 면적은?(단, 쌓기 단수는 최대 13단으로 한다.)
㉮ 15.4m² ㉯ 16.5m²
㉰ 18.5m² ㉱ 20.4m²

해설 시멘트 보관 장소 면적
$$저장\ 면적 = \frac{시멘트\ 량}{쌓기\ 단수} \times 0.4$$
$$= \frac{500}{13} \times 0.4 = 15.38\ m^2$$

54. 다음 단계 중 시방서 및 공사비 내역서 등을 주로 포함하고 있는 것은?
㉮ 기본 구상 ㉯ 기본 계획
㉰ 기본 설계 ㉱ 실시 설계

해설 ① 조경 계획 : 목표 설정 → 자료 분석 및 종합 → 기본 계획 → 기본 설계 → 실시 설계
② 실시 설계는 기본 설계 바탕으로 실제 시

해답 47. ㉮ 48. ㉰ 49. ㉯ 50. ㉱ 51. ㉰ 52. ㉮ 53. ㉮ 54. ㉱

공이 가능할 수 있도록 평면도, 단면도, 표준 시방서, 공사비 내역서 등을 포함하여 작성한다.

55. 도급업자 입장에서 지급받을 수 있는 공사비 중 통상적으로 90%까지 지불받을 수 있는 공사비의 명칭은?

㉮ 착공금(전도금)
㉯ 준공불(완공불)
㉰ 하자보증금
㉱ 중간불(기성불)

해설 중간불(기성불) : 기성불이라고 하며 계약된 공정 부분별로 공사비 중 90%까지 지급한다.

56. 다음중 뿌리분의 형태를 조개분으로 굴취하는 수종으로만 나열된 것은?

㉮ 소나무, 느티나무
㉯ 버드나무, 가문비나무
㉰ 눈주목, 편백
㉱ 사철나무, 사시나무

해설 뿌리분의 형태
① 접시분(천근성 수종) 형태 : 편백, 향나무, 자작나무
② 보통분(일반적 수종) 형태 : 일반적 수종 (벚나무)
③ 조개분(심근성 수종) 형태 : 느티나무, 소나무, 주목

57. 진딧물, 깍지벌레와 관계가 가장 깊은 병은?

㉮ 흰가루병   ㉯ 빗자루병
㉰ 줄기마름병 ㉱ 그을음병

해설 그을음병
① 발병 원인 : 깍지벌레, 진딧물 등 흡수성 해충의 배설물에 의해 발병한다.
② 증상 : 잎과 줄기, 열매 등에 그을음이 발생한.

③ 방제 방법 : 발견 즉시 살충제(만코지, 티오판 수화제)로 깍지벌레와 진딧물을 제거한다.

58. 큰 돌을 운반하거나 앉힐 때 주로 쓰이는 기구는?

㉮ 예불기   ㉯ 스크레이퍼
㉰ 체인블록   ㉱ 롤러

해설 ① 체인블록 : 운반기계로서 무거운 돌 등을 운반하거나 앉힐 때 사용하여 정원석 쌓기에 많이 사용된다.
② 스크레이퍼 : 트랙터의 일종으로 굴착, 운반, 성토, 정지 작업 등을 한다.
③ 롤러 : 다짐 기계의 일종으로 땅을 다진다.
④ 예불기 : 잡초 제거 및 잡목을 제거한다.

59. 철재(鐵材)로 만든 놀이시설에 녹이 슬어 다시 페인트칠을 하려 한다. 그 작업 순서로 옳은 것은?

㉮ 녹닦기(샌드페이퍼등) → 연단(광명단)칠하기 → 에나멜 페이트 칠하기
㉯ 에나멜 페인트 칠하기 → 녹닦기(샌드페이퍼 등) → 연단(광명단)칠하기
㉰ 연단(광명단)칠하기 → 녹닦기(샌드페이퍼 등) → 바니쉬 칠하기
㉱ 수성페인트 칠하기 → 바니쉬 칠하기 → 녹닦기(샌드페이퍼 등)

해설 철재 시설 페인트 작업 공정 : 녹닦기(샌드페이퍼 등) → 연단(광명단) 칠하기 → 에나멜 페인트 칠하기

60. 다음 중 건설 기계의 용도 분류상 굴착용으로 사용하기에 부적합한 것은?

㉮ 클램쉘   ㉯ 파워셔블
㉰ 드래그라인 ㉱ 스크레이퍼

해설 스크레이퍼 : 성토 및 정지 작업에 가장 적합하다.

해답 55. ㉱ 56. ㉮ 57. ㉱ 58. ㉰ 59. ㉮ 60. ㉱

▶ 2011년 7월 31일 시행

자격종목	코 드	시험시간	형 별	수험번호	성 명
조경기능사	7900	1시간	B		

1. 다음 우리나라 조경 가운데 가장 오래된 것은?
㉮ 소쇄원(瀟灑園)   ㉯ 순천관(順天館)
㉰ 아미산정원   ㉱ 안압지(眼壓池)

해설 ① 안압지(雁鴨池) : 《삼국사기》 674년 (문무왕 14년)
② 소쇄원(瀟灑園) : 1530년(중종 25년) 조광조의 제자 소쇄 양산보가 건립하였다.
③ 순천관(順天館) : 대명궁을 고려시대 동왕(32년) 때에 순천관으로 개칭하였다.
④ 아미산 정원 : 1867년(고종 4년) 흥선대원군에 의해 중건되었다.

2. 설계 도면에서 표제란에 위치한 막대축척이 1/200이다. 도면에서 1cm는 실제 몇 m인가?
㉮ 0.5 m   ㉯ 1 m
㉰ 2 m   ㉱ 4 m

해설 ① 실제거리 = 도면에 표시된 거리 × 축척
② 0.01 m(1 cm) × 200 = 2 m

3. 경관의 시각적 구성 요소를 우세요소와 가변요소로 구분할 때 가변요소에 해당하지 않는 것은?
㉮ 광선   ㉯ 기상조건
㉰ 질감   ㉱ 계절

해설 ① 경관구성의 기본요소(우세요소) : 선(line) > 형태(form) > 질감(텍스처, texture) > 색채(color) > 크기와 위치 > 농담
② 경관구성의 가변요소 : 광선, 기상조건, 운동, 거리, 계절, 규모, 시간

4. 주택정원에 설치하는 시설물 중 수경시설에 해당하는 것은?
㉮ 퍼걸러   ㉯ 미끄럼틀
㉰ 정원등   ㉱ 벽천

해설 벽천
① 벽에 설치한 것으로 벽, 또는 조각물 형상에서 물이 나오는 장식용 분수, 식수대 또는 인공폭포이다.
  ㉠ 깊이 : 50cm이다.
  ㉡ 벽천의 낙하 높이(3) : 저수면 너비(2)
② 벽천의 3요소
  ㉠ 투수구 : 청동 (구리 + 주석),
  ㉡ 벽면 : 유리섬유 강화플라스틱 (FRP)
  ㉢ 수반 : 콘크리트로 만든 물받이로 깊이 0.5m 이상 유지한다.

5. 다음 골프와 관련된 용어 설명으로 옳지 않는 것은?
㉮ 에이프런 칼라(apron collar) : 임시로 그린의 표면을 잔디가 아닌 모래로 마감한 그린을 말한다.
㉯ 코스(course) : 골프장 내 플레이가 허용되는 모든 구역을 말한다.
㉰ 해저드(hazard) : 벙커 및 워터 해저드를 말한다.
㉱ 티샷(tee shot) : 티 그라운드에서 제1타를 치는 것을 말한다.

해설 ① 에이프런 칼라(apron collar) : 그린 칼라 구역으로 가는 공간이다.
② 에이프런(apron), 그린 에지(green edge), 그린 칼라(green collar)
③ 페어웨이 : 에이프런(apron), 칼라(collar),

해답 1. ㉱   2. ㉰   3. ㉰   4. ㉱   5. ㉮

어프로치(approach), 벙커 에지(bunker edge)

6. 자연 그대로의 짜임새가 생겨나도록 하는 사실주의 자연풍경식 조경 수법이 발달한 나라는?

㉮ 스페인　　㉯ 프랑스
㉰ 영국　　㉱ 이탈리아

해설 영국
① 17세기까지 : 정형식 정원
② 18세기 : 사실주의적 자연 풍경식 정원이 발달하였다.

7. 조경식물에 대한 옛 용어와 현대에 사용되는 식물명의 연결이 잘못된 것은?

㉮ 자미(紫薇)-장미
㉯ 산다(山茶)-동백
㉰ 옥란(玉蘭)-백목련
㉱ 부거(芙渠)-연(蓮)

해설 배롱나무의 옛 용어 : 자미(紫薇)화, 원숭이미끄럼나무, 간즈름나무, 목백일홍, 백일홍나무

8. 다음 중 고대 로마의 폼페이 주택정원에서 볼 수 없는 것은?

㉮ 아트리움　　㉯ 페리스틸리움
㉰ 포름　　㉱ 지스투스

해설 폼페이
① 공공건축, 주택, 상점가로 구획하였다.
② 주택정원 구성 : 아트리움(제1중정), 페리스틸리움(제2중정), 지스투스(제3중정)로 이루어져 있다.

9. 넓은 초원과 같이 시야가 가리지 않고 멀리 터져 보이는 경관을 무엇이라 하는가?

㉮ 전경관　　㉯ 지형경관
㉰ 위요경관　　㉱ 초점경관

해설 ① 파노라마 경관 (전경관)
㉠ 시야의 제한 없이 멀리까지 보고, 높은 곳에서 멀리 내려다보는 경관으로 자연에 대한 웅장함과 아름다움을 볼 수 있다.
㉡ 독도의 전망대에서 바라보는 경관이다.
㉢ 주로 높은 곳에서 내려다보는 경관으로 조감도적 성격을 가진다.
② 관개경관(canopied landscape) : 터널경관으로서 노폭이 좁은 장소에 상층은 나무 숲, 줄기가 기둥처럼 있고 하층은 관목, 어린 나무들이 있으며 나뭇가지와 잎이 도로를 덮은 지역을 말한다.
③ 일시경관(ephemeral landscape) : 기상조건에 따라서 서리, 안개, 동물의 출현 등 경관의 이미지가 일시적으로 새로운 이미지로 변화하는 것을 말한다.
④ 지형경관
㉠ 천연미적 경관으로 지형지세가 경관에서 특징을 보여주고 경관의 지표가 된다.
㉡ 산중호수, 에베레스트산 (네팔), 미국 뉴욕의 자유의 여신상, 여의도 63빌딩
⑤ 위요경관
㉠ 수평적 중심공간 주위에 높은 수직공간인 산, 숲으로 둘러싼 경관이다.
㉡ 명성산 산정호수 : 주위 산에 의해 둘러싸인 산중 호수
⑥ 초점경관 : 관찰자의 좌우 시선이 제한되고 시선을 유도해 중앙의 한 점으로 초점이 모이는 경관으로 강물이나 계곡 또는 길게 뻗은 도로이다.
⑦ 세부경관 : 관찰자가 가까이 접근하여 좁은 공간의 꽃, 열매, 수목의 형태 등을 자세히 관찰하며 감상하는 경관이다.

10. 다음 중 차경(借景)을 가장 잘 설명한 것은?

㉮ 멀리 보이는 자연풍경을 경관 구성 재료의 일부로 이용하는 것
㉯ 산림이나 하천 등의 경치를 잘 나타낸 것
㉰ 아름다운 경치를 정원 내에 만든 것

해답 6. ㉰　7. ㉮　8. ㉰　9. ㉮　10. ㉮

㉣ 연못의 수면이나 잔디밭이 한눈에 보이지 않게 하는 것
   해설) 차경 : 멀리 보이는 아름다운 자연풍경을 가져다 사용하는 수법이다.

11. 중국정원의 가장 중요한 특색이라 할 수 있는 것은?
   ㉮ 조화   ㉯ 대비   ㉰ 반복   ㉱ 대칭
   해설) 중국 정원의 특징
   ① 중국 정원은 자연풍경 축경식 조경양식이다.
   ② 조화보다 대비에 중점을 두고 있다.
   ③ 차경수법을 도입하였다.
   ④ 사의주의, 회화풍경식 조경양식이다.

12. 정원에서 미적요소 구성은 재료의 짝지음에서 나타나는데 도면상 선적인 요소에 해당되는 것은?
   ㉮ 분수   ㉯ 독립수   ㉰ 원로   ㉱ 연못
   해설) ① 자연적인 선 : 변화와 다양성, 생명감, 편안함
   ② 인공적인 선 : 단순한 느낌을 준다.

13. 다음 중 조경가의 입장에서 가장 우선을 두어야 할 것은?
   ㉮ 편리한 교통체계의 증설
   ㉯ 공공을 위한 녹지의 조성
   ㉰ 미개발지의 화려한 개발 촉진
   ㉱ 상업위주의 도입시설 증설
   해설) 조경전문가
   ① 조경설계, 시공기술자를 말하며 우주와 자연의 아름다움을 인간이 사용할 수 있도록 한다.
   ② 공공을 위한 녹지의 조성이 최우선이다.

14. 백제시대에 정원의 점경물로 만들어졌고, 물을 담아 연꽃을 심고 부들, 개구리밥, 마름 등의 부엽식물을 곁들이며 물고기도 넣어 키웠던 것은?
   ㉮ 석연지   ㉯ 석조전
   ㉰ 안압지   ㉱ 포석정
   해설) 석연지 : 백제말(의자왕)에 화강암을 이용하여 물고기 모양으로 물을 담아 연꽃을 심었다. 부들, 개구리밥, 마름 등의 부엽식물을 곁들이며 물고기도 넣어 키우며 즐겼다.

15. 일본 정원의 발달순서가 올바르게 연결된 것은?
   ㉮ 임천식 – 축산고산수식 – 평정고산수식 – 다정식
   ㉯ 다정식 – 회유식 – 임천식 – 평정고산수식
   ㉰ 회유식 – 임천식 – 평정고산수식 – 축산고산수식
   ㉱ 축산고산수식 – 다정식 – 임천식 – 회유식
   해설) 일본정원 양식의 시대적 순서 : 임천식 → 회유임천식 → 축산고산수식(무로마치 시대) → 평정고산수식 → 다정식 → 회유식

16. 배수가 잘 되지 않는 저습지대에 식재하려 할 경우 적합하지 않는 수종은?
   ㉮ 메타세쿼이아   ㉯ 자작나무
   ㉰ 오리나무   ㉱ 능수버들
   해설) ① 건조한 지역에 잘 견디는 수종 : 소나무, 노간주나무, 가중나무, 자작나무, 가죽나무, 향나무
   ② 습지를 좋아하는 수종 : 낙우송, 주엽나무, 위성류, 오동나무, 수국, 계수나무, 오리나무

17. 목재의 단면에서 수액이 적고 강도, 내구성이 등이 우수하기 때문에 목재로서 이용가치가 큰 부위는?
   ㉮ 변재   ㉯ 수피
   ㉰ 심재   ㉱ 변재와 심재사이
   해설) ① 심재 : 목재의 수심에 가까이 위치하고 있는 암색부분으로, 심재 부분의 세포

해답) 11. ㉯   12. ㉰   13. ㉯   14. ㉮   15. ㉮   16. ㉯   17. ㉰

는 견고성을 높여준다.
② 변재
㉠ 목재의 겉껍질에 가까이 위치하며 담색 부분이다.
㉡ 변재 부분의 세포는 수액을 유통하고 저장하는 역할을 한다.
㉢ 변재는 심재에 비하여 건조됨에 따라 수축변형이 심하고 또 내구성이 부족하여 충해를 받기 쉽다.

18. 합판의 특징에 대한 설명으로 옳은 것은?

㉮ 팽창, 수축 등으로 생기는 변형이 크다.
㉯ 목재의 완전 이용이 불가능하다.
㉰ 제품이 규격화되어 사용에 능률적이다.
㉱ 섬유방향에 따라 강도의 차이가 크다.

해설 합판의 특징
① 나뭇결이 아름다운 판을 얻을 수 있다.
② 수축, 팽창을 방지할 수 있다.
③ 고른 강도를 유지하며 방향에 따른 강도 차이가 적다.
④ 넓고 큰 판을 만들 수 있으며 쉽게 곡면 판을 만들 수 있다.
⑤ 내구성과 내습성이 크다.
⑥ 섬유방향과 직교되게 3, 5, 7, 9 등의 홀수겹으로 겹쳐 붙여 된 것이다.
⑦ 제품이 규격화되어 사용에 능률적이다.

19. 양질의 포졸란을 사용한 시멘트의 일반적인 특징 설명으로 틀린 것은?

㉮ 수밀성이 크다.
㉯ 해수(海水) 등에 화학 저항성이 크다.
㉰ 발열량이 적다.
㉱ 강도의 증진이 빠르나 장기강도가 작다.

해설 포졸란 시멘트
① 수밀성이 높아진다.
② 수화열량이 적다.
③ 경화작용이 늦어지므로 조기강도가 낮아지나 장기간 습윤 양생하여 장기강도가 커진다.

20. 미리 골재를 거푸집 안에 채우고 특수 탄화제를 섞은 모르타르를 주입하여 골재의 빈틈을 메워 콘크리트를 만드는 형식은?

㉮ 서중 콘크리트
㉯ 프리팩트 콘크리트
㉰ 프리스트레스트 콘크리트
㉱ 한중 콘크리트

해설 프리팩트(prepacked) 콘크리트
① 내수성, 내구성이 강하다.
② 동해 및 융해에 강하다.

21. 시공 시 설계도면에 수목의 치수를 구분하고자 한다. 다음 중 흉고직경을 표시하는 기호는?

㉮ B   ㉯ C.L
㉰ F   ㉱ W

해설 수목의 규격 표시
① 흉고직경 B [Diameter breast height] : cm
② 근원직경 R [Root] : cm
③ 수고 H [Height] : m
④ 지하고 BH [breast height] : 지상을 기준으로 하여 최초의 가지까지의 높이를 말한다.
⑤ 수관폭 W [width] : m

22. 다음 중 심근성 수종이 아닌 것은?

㉮ 자작나무   ㉯ 전나무
㉰ 후박나무   ㉱ 백합나무

해설 ① 천근성 수종 : 독일가문비, 자작나무, 편백, 버드나무, 자작나무, 매화나무, 황철나무, 포플러
② 심근성 수종 : 느티나무, 소나무, 전나무, 곰솔, 주목, 백합나무, 상수리나무, 은행나무, 칠엽수, 동백나무

해답 18. ㉰ 19. ㉱ 20. ㉯ 21. ㉮ 22. ㉮

23. 다음이 설명하고 있는 수종은?

- 17세기 체코 선교사를 기념하는데서 유래되었다.
- 상록활엽 소교목으로 수형은 구형이다.
- 꽃은 한 개씩 정생 또는 액생, 꽃받침과 꽃잎은 5~7개이다.
- 열매는 삭과, 둥글며 3개로 갈라지고, 지름 3~4 cm 정도이다.
- 짙은 녹색의 잎과 겨울철 붉은색 꽃이 아름다우며 음수로서 반음지나 음지에 식재하고, 전정에 잘 견딘다.

㉮ 생강나무 ㉯ 동백나무
㉰ 노각나무 ㉱ 후박나무

해설 동백나무
① 상록활엽 소교목이다.
② 짙은 녹색의 잎이 나고 겨울철에 붉은색 꽃이 핀다.

24. 화강암(granite)의 특징 설명으로 옳지 않은 것은?

㉮ 조직이 균일하고 내구성 및 강도가 크다.
㉯ 내화성이 우수하여 고열을 받는 곳에 적당하다.
㉰ 외관이 아름답기 때문에 장식재로 쓸 수 있다.
㉱ 자갈, 쇄석 등과 같은 콘크리트용 골재로 많이 사용된다.

해설 화강암
① 내화도가 낮아서 고열을 받는 곳에는 적당하지 않다.
② 한국 돌의 70 % 이상이며 건축, 토목의 구조재, 내외장재, 디딤돌, 계단용 경계석, 석탑 등으로 사용한다.

25. 이른 봄에 꽃이 피는 수종끼리만 짝지어진 것은?

㉮ 매화나무, 풍년화, 박태기나무
㉯ 은목서, 산수유, 백합나무
㉰ 배롱나무, 무궁화, 동백나무
㉱ 자귀나무, 태산목, 목련

해설 이른 봄에 개화하는 수종
① 3월 : 생강나무(황색), 매화나무(담홍색, 백색), 풍년화(황색), 개나리(황색)
② 4월 : 박태기나무(담홍색)

26. 기름을 뺀 대나무로 등나무를 올리기 위한 시렁을 만들면 윤기가 나고 색이 변하지 않는다. 대나무 기름 빼는 방법으로 옳은 것은?

㉮ 불에 쬐어 수세미로 닦아 준다.
㉯ 알코올 등으로 닦아 준다.
㉰ 물에 오래 담가 놓았다가 수세미로 닦아 준다.
㉱ 석유, 휘발유 등에 담근 후 닦아 준다.

해설 대나무 기름 : 물에 담가 놓았다가 불에 쬐어 주면 양쪽으로 대나무 기름이 나온다.
참고 참대나무를 60 cm 정도로 잘라서 반으로 갈라 물에 담갔다가 24시간이 지난 후에 열을 가하면 대나무 기름이 나온다.

27. 골재의 표면에는 수분이 없으나 내부의 공극은 수분으로 가득차서 콘크리트 반죽 시에 투입되는 물의 양이 골재에 의해 증감되지 않는 이상적인 상태를 무엇이라 하는가?

㉮ 표면건조 포화상태
㉯ 습윤상태
㉰ 공기 중 건조상태
㉱ 절대건조상태

해설 표면건조 포화상태 : 골재의 표면에는 수분이 없으나 내부의 공극은 수분으로 가득차서 콘크리트 반죽 시에 투입되는 물의 양이 골재에 의해 증감되지 않는 이상적인 상태를 말한다.

28. 다음 중 교목으로만 짝지어진 것은?

㉮ 동백나무, 회양목, 철쭉
㉯ 전나무, 송악, 옥향
㉰ 녹나무, 잣나무, 소나무
㉱ 백목련, 명자나무, 마삭줄

해설 교목(arbor) : ① 수간과 가지의 구별이 뚜렷하다. 뿌리에서 뚜렷한 원줄기에서 나뭇가지가 뻗어 나가며 줄기의 지름이 크다.
② 산수유, 주목, 소나무, 잣나무, 향나무, 대추나무, 단풍나무, 배롱나무, 계수나무, 백목련

29. 일반적으로 여름에 백색 계통의 꽃이 피는 수목은?

㉮ 산사나무   ㉯ 왕벚나무
㉰ 산수유   ㉱ 산딸나무

해설 산딸나무
① 낙엽활엽교목이다.
② 꽃은 6~7월에 백색 계통의 꽃이 핀다.

30. 흙막이용 돌쌓기에 일반적으로 가장 많이 사용되는 것으로 앞면의 길이를 기준으로 하여 길이는 1.5배 이상, 접촉부 나비는 1/10 이상으로 하는 시공 재료는?

㉮ 호박돌   ㉯ 경관석
㉰ 판석   ㉱ 견치돌

해설 ① 견치돌
㉠ 돌쌓기에 쓰는 정사각뿔 모양의 돌이다. 앞면은 정사각형 또는 직사각형으로 주로 벽돌, 옹벽 등의 쌓기용으로 메쌓기나 찰쌓기 등에 사용한다.
㉡ 앞면의 길이를 기준으로 하여 길이는 1.5배 이상, 접촉부 나비는 1/10 이상으로 한다.
② 잡석 : 깬 돌로서 기초용으로 사용된다.

③ 호박돌 : 호박 모양의 천연석으로 가공하지 않은 돌이다. 지름 18cm 이상의 돌이며 연못 바닥, 원로포장 등에 육법쌓기(줄눈 어긋나게 쌓기) 방법으로 쌓는다.

31. 우리나라에서 사용하는 표준형 벽돌의 규격은? (단, 단위는 mm로 한다.)

㉮ 300 × 300 × 60
㉯ 190 × 90 × 57
㉰ 210 × 100 × 60
㉱ 390 × 190 × 190

해설 표준형 벽돌 규격 : 190mm(길이) × 90mm(폭) × 57mm(높이)

32. 일반적으로 추운 지방이나 겨울철에 콘크리트가 빨리 굳어지도록 주로 섞어 주는 것은?

㉮ 석회   ㉯ 염화칼슘
㉰ 붕사   ㉱ 마그네슘

해설 경화촉진제
① 콘크리트를 빨리 굳게 하기 위하여 사용하는 경화촉진제에는 염화칼슘이 많이 쓰인다.
② 응결시간이 촉진되므로 시공공사를 빨리 해야 한다.
③ 경화촉진제는 발열량을 증가시킨다.
④ 사용량이 많으며 흡수성이 커지고 철물을 부식시킨다.
⑤ 경화촉진제 종류 : 규산나트륨, 식염, 염화칼슘, 염화마그네슘

33. 케빈 린치(K. Lynch)가 주장하는 경관의 이미지 요소 중에서 관찰자의 이동에 따라, 연속적으로 경관이 변해가는 과정을 설명할 수 있는 것은?

㉮ landmark(지표물)
㉯ path(통로)
㉰ edge(모서리)

해답 28. ㉰ 29. ㉱ 30. ㉱ 31. ㉯ 32. ㉯ 33. ㉯

㉣ district(지역)

해설 케빈 린치(Kevin Lynch)의 도시이미지 5요소: 도시를 이미지화할 수 있도록 만드는 도시의 물리적 구조에 관한 요소를 5가지로 구분하였다. 다섯 가지 요소는 통로(paths), 경계(edges), 지구(districts), 결절(nodes), 랜드마크(landmarks)이다.
① 통로(path): 이동의 경로로서 경관이 변해가는 과정을 설명한다.
② 경계(edges): 역 또는 지구를 다른 부분으로부터 구분할 수 있는 선형적 영역이다. 철도의 모서리 등으로 구역(지역)을 다른 부분으로부터 구분한다.
③ 지역(districts): 인식 가능한 독자적 특징을 나타내는 영역이다.
④ 결절(nodes): 도시의 핵, 통로의 교차 또는 로터리를 말한다.
⑤ 랜드마크(landmarks): 시각적으로 쉽게 구별될 수 있는 것으로 기념탑처럼 강한 이미지 요소를 말한다.

34. 수목식재 후 지주목 설치 시에 필요한 완충 재료로서 작업능률이 뛰어나고 내구성이 뛰어난 환경 친화적인 재료이며, 상열을 막기 위해 사용하는 것은?
㉮ 새끼 ㉯ 고무판
㉰ 보온덮개 ㉱ 녹화테이프

해설 화상방지 대책으로 석회석 및 일반 페인트로 도료해주며 천연재료인 녹화테이프를 사용하기도 한다.

35. 다음 중 방음용 수목으로 사용하기 부적합한 것은?
㉮ 아왜나무 ㉯ 녹나무
㉰ 은행나무 ㉱ 구실잣밤나무

해설 방음용 수목
① 소음이 발생하는 곳에 소음을 차단하거나 감소시키기 위해 수목을 식재하여 소음으로부터 보호하는 녹지공간을 만든다.
② 자동차 배기 가스에 강해야 하고 잎이 치밀한 상록교목 수종이 적합하다.
③ 아왜나무, 녹나무, 구실잣밤나무, 식나무, 후피향나무, 동백나무

36. 배식설계도 작성 시 고려될 사항으로 옳지 않은 것은?
㉮ 배식평면도에는 수목의 위치, 수종, 규격, 수량 등을 표기한다.
㉯ 배식평면도에서는 일반적으로 수목수량표를 표제란에 기입한다.
㉰ 배식평면도는 시설물평면도와 무관하게 작성할 수 있다.
㉱ 배식평면도는 작성 시 성장을 고려하여 설계할 필요가 있다.

해설 배식 평면도 설계는 시설물평면도 설계와 병행하여 설계하여야 한다.
참고 배식 평면도 설계 수목 배식 및 정원 조경 시설물을 배치 시공하는 정원설계 도면이다.

37. 다음 설계 기호는 무엇을 표시한 것인가?

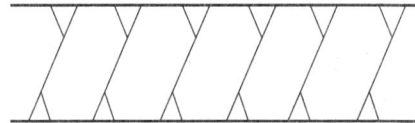

㉮ 인조석 다짐 ㉯ 잡석 다짐
㉰ 보도블록 포장 ㉱ 콘크리트 포장

해설 잡석 다짐이다.

38. 비교적 좁은 지역에서 대축척으로 세부 측량을 할 경우 효율적이며, 지역 내에 장애물이 없는 경우 유리한 평판 측량 방법은?
㉮ 방사법 ㉯ 전진법
㉰ 전방교회법 ㉱ 후방교회법

해답 34. ㉱ 35. ㉰ 36. ㉰ 37. ㉯ 38. ㉮

해설 방사법 : 지역 내에 장애물이 없는 경우에 하는 평판 측량법으로 한 번에 여러 점들에 선을 연결하여 쉽게 측량할 수 있다.

39. 다음 중 질소질 속효성 비료로서 주로 덧거름으로 쓰이는 비료는?
㉮ 황산암모늄 ㉯ 두엄
㉰ 생석회   ㉱ 깻묵

해설 ① 질소비료 : 황산암모늄
② 칼륨비료 : 황산칼륨

40. 터파기 공사를 할 경우 평균부피가 굴착전 보다 가장 많이 증가하는 것은?
㉮ 모래 ㉯ 보통흙 ㉰ 자갈 ㉱ 암석

해설 암석 : 마그마가 굳어져서 암석이 되며 굴착 후 공극에 공기나 수분이 들어가면 암석의 부피가 증가하며 암석이 파괴되기도 한다.

41. 다음 도시공원 시설 중 유희시설에 해당되는 것은? (단, 도시공원 및 녹지 등에 관한 법률 시행규칙을 적용한다.)
㉮ 야영장   ㉯ 잔디밭
㉰ 도서관   ㉱ 낚시터

해설 도시공원 유희시설 : 시소·정글짐·사다리·순환회전차·궤도·모험놀이장, 유원시설(「관광진흥법」에 따른 유기시설 또는 유기기구를 말한다), 발물놀이터·뱃놀이터 및 낚시터 그 밖에 이와 유사한 시설로서 도시민의 여가선용을 위한 놀이시설

42. 정원에서 간단한 눈가림 구실을 할 수 있는 시설물로 가장 적합한 것은?
㉮ 퍼걸러   ㉯ 트렐리스
㉰ 정자   ㉱ 테라스

해설 트렐리스 : 좁은 가로변에 덩굴식물을 심어 올릴 수 있으며 눈가림 할 수 있는 시설물이다.

43. 수목을 옮겨심기 전에 뿌리돌림을 하는 이유로 가장 중요한 것은?
㉮ 관리가 편리하도록
㉯ 수목 내의 수분 양을 줄이기 위하여
㉰ 무게를 줄여 운반이 쉽게 하기 위해
㉱ 잔뿌리를 발생시켜 수목의 활착을 돕기 위하여

해설 뿌리돌림의 목적
① 이식력이 약한 나무의 뿌리에 세근(잔뿌리)을 발달시켜 뿌리굴착이 잘 되어 이식이 잘 되게 하는 것이 목적이다.
② 노목이나 쇠약목의 뿌리발달을 촉진시켜 성장을 잘하게 함이 목적이다.
③ 뿌리돌림 방법 : 이식 전에 행하며 환상박피를 실시한다.

44. 오리나무잎벌레의 천적으로 가장 보호되어야 할 곤충은?
㉮ 벼룩좀벌   ㉯ 침노린재
㉰ 무당벌레   ㉱ 실잠자리

해설 오리나무잎벌레
① 디프수화제를 살포한다.
② 무당벌레를 보호한다.

45. 조경 수목에 거름 주는 방법 중 윤상거름주기 방법으로 옳은 것은?
㉮ 수목의 밑동으로부터 밖으로 방사상 모양으로 땅을 파고 거름을 주는 방식이다.
㉯ 수관폭을 형성하는 가지 끝 아래의 수관선을 기준으로 환상으로 둥글게 파고 거름을 주는 방식이다.
㉰ 수목의 밑동부터 일정한 간격을 두고 도랑처럼 길게 구덩이를 파서 거름을 주는 방식이다.

해답 39. ㉮ 40. ㉱ 41. ㉱ 42. ㉯ 43. ㉱ 44. ㉰ 45. ㉯

㉣ 수관선상에 구멍을 군데군데 뚫고 거름을 주는 방식으로 주로 액비를 비탈면에 줄때 적용한다.

해설 토양 내 시비법
① 윤상거름주기 : 수관폭을 형성하는 가지 끝 아래의 수관선을 기준으로 환상으로 깊이 20~25 cm, 너비 20~30 cm로 둥글게 판다.
② 방사상거름주기 : 파는 도랑의 깊이는 바깥쪽일수록 깊고 넓게 파야하며, 선을 중심으로 하여 길이는 수관폭의 1/3 정도로 한다.
③ 전면거름주기 : 한 그루씩 거름을 줄 경우, 뿌리가 확장되어 있는 부분을 뿌리가 나오는 곳까지 전면으로 땅을 파고 주는 방법이다.
④ 천공거름주기 : 수관선상에 깊이 20 cm 정도의 구멍을 군데군데 뚫고 거름을 주는 방법으로 액비를 비탈면에 줄 때 적용하며 액비가 아닐 때에는 가볍게 덮어 준다.
⑤ 선상거름주기 : 산울타리처럼 수목이 집단으로 식재되었을 때 일정한 간격을 두고 길게 홀(hole)을 파서 거름을 주는 방법이다.
⑥ 대상 거름주기 : 윤상 거름주기의 형태와 비슷하나 일정한 간격으로 거름을 시비하여 다음해에 다른 위치에 거름을 일정한 간격으로 주는 형태이다.

46. 식물병의 발병에 관여하는 3대 요인과 가장 거리가 먼 것은?
㉮ 일조부족   ㉯ 병원체의 밀도
㉰ 야생동물의 가해 ㉱ 기주식물의 감수성

해설 식물병의 발생요인
① 일조부족
② 병원체의 밀도
③ 기주식물의 감수성 및 환경

47. 제거대상 가지로 적당하지 않는 것은?
㉮ 얽힌 가지
㉯ 죽은 가지
㉰ 세력이 좋은 가지
㉱ 병충해 피해 입은 가지

해설 전정 : 약지는 길게 전정하며 강지는 짧게 전정한다.

48. 소나무류를 옮겨 심을 경우 줄기를 진흙으로 이겨 발라 놓은 이유가 아닌 것은?
㉮ 해충을 구제하기 위해
㉯ 수분의 증산을 억제
㉰ 겨울을 나기 위한 월동 대책
㉱ 일시적인 나무의 외상을 방지

해설 소나무의 진흙 바르기
① 소나무의 경우 이식 후 소나무좀 예방이 주목적이다.
② 해충을 구제하고 수분의 증산을 억제하며, 일시적인 나무의 외상을 방지한다.

49. 조경수목의 관리를 위한 작업 가운데 정기적으로 해주지 않아도 되는 것은?
㉮ 전정(剪定) 및 거름주기
㉯ 병충해 방제
㉰ 잡초제거 및 관수(灌水)
㉱ 토양개량 및 고사목 제거

해설 정기적 유지 관리 계획 : 식물의 전정 및 거름주기, 병충해 방제, 잡초 제거 및 관수

50. 경관석을 여러 개 무리지어 놓은 것에 대한 설명 중 틀린 것은?
㉮ 홀수로 조합한다.
㉯ 일직선상으로 놓는다.
㉰ 크기가 서로 다른 것을 조합한다.
㉱ 경관석 여려 개를 무리지어 놓는 것을 경관석 짜임이라 한다.

해설 경관석 놓기 : 직선보다는 곡선으로 놓으며 주위 배경과 잘 어울리게 짜임새 있게 배치한다.

해답 46. ㉰ 47. ㉰ 48. ㉰ 49. ㉱ 50. ㉯

51. 울타리는 종류나 쓰이는 목적에 따라 높이가 다른데 일반적으로 사람의 침입을 방지하기 위한 울타리의 경우 높이는 어느 정도가 가장 적당한가?

㉮ 20~30 cm   ㉯ 50~60 cm
㉰ 80~100 cm ㉱ 180~200 cm

해설 울타리의 높이 : 1.8 m~2 m

52. 콘크리트 부어 넣기의 방법이 옳은 것은?

㉮ 비빔장소에서 먼 곳으로부터 가까운 곳으로 옮겨가며 붓는다.
㉯ 계획된 작업구역 내에서 연속적인 붓기를 하면 안 된다.
㉰ 한 구역 내에서는 콘크리트 표면이 경사지게 붓는다.
㉱ 재료가 분리된 경우에는 물을 넣어 다시 비벼 쓴다.

해설 콘크리트 부어 넣기 : 타설된 부분에 충격을 주지 않기 위해서는 비빔장소에서 먼 곳으로부터 가까운 곳으로 옮겨가며 붓는다.

53. 수목 줄기의 썩은 부분을 도려내고 구멍에 충진 수술을 하고자 할 때 가장 효과적인 시기는?

㉮ 1~3월
㉯ 5~8월
㉰ 10~12월
㉱ 시기는 상관없다.

해설 수목의 충진수술 : 수목의 생장이 왕성하여 세포조직이 잘 융합되는 4월~9월에 실시한다.

54. 비탈면에 교목과 관목을 식재하기에 적합한 비탈면 경사로 모두 옳은 것은?

㉮ 교목 1:2 이하, 관목 1:3 이하
㉯ 교목 1:3 이상, 관목 1:2 이상
㉰ 교목 1:2 이상, 관목 1:3 이상
㉱ 교목 1:3 이하, 관목 1:2 이하

해설 비탈면 식재 경사도
① 교목 1:3 이하
② 관목 1:2 이하

55. 아스팔트 포장에서 아스팔트 양이 과잉되거나 골재의 입도 불량일 때 발생하는 현상은?

㉮ 균열   ㉯ 국부침하
㉰ 파상요철   ㉱ 표면연화

해설 연질의 아스팔트, 덱코트의 과잉 사용으로 발생한다.

56. 계절적 휴면형 잡초 종자의 감응 조건으로 가장 적합한 것은?

㉮ 온도   ㉯ 일장
㉰ 습도   ㉱ 광도

해설 종자의 감응 조건 : 종자가 물과 반응하는 것을 흔히 말하며 일장(햇볕의 길이)에 따라 식물의 호르몬이 생성된다.

57. 2.0B 벽두께로 표준형 벽돌 쌓기를 실시할 때 기준량(m^2당)은?

㉮ 약 195장   ㉯ 약 224장
㉰ 약 244장   ㉱ 약 298장

해설 ① (190 mm + 10 mm(줄눈)) × (57 mm + 10 mm(줄눈)) = 0.0134 m^2
② 1 m^2 ÷ 0.0134 m^2 = 74.62
③ 1.0B = 0.5B + 0.5B
       = 74.62 + 74.62 = 149.24
④ 2.0B = 149.24 + 149.24 = 298장

58. 농약보관 시 주의하여야 할 사항으로 옳은 것은?

㉮ 농약은 고온보다 저온에서 분해가 촉진

해답 51. ㉱ 52. ㉮ 53. ㉯ 54. ㉱ 55. ㉱ 56. ㉯ 57. ㉱ 58. ㉰

된다.
㉯ 분말제제는 흡습되어도 물리성에는 영향이 없다.
㉰ 유제는 유기용제의 혼합으로 화재의 위험성이 있다.
㉱ 고독성 농약은 일반 저독성 약재와 혼작하여도 무방하다.

해설 농약의 취급 및 관리 : 농약은 열에 반응하면 화재가 발생하는 성질을 가지고 있으므로 혼합하거나 열을 피해 서늘하고 햇볕이 없는 곳에 저장한다.

59. 알루민산 석회를 주광물로 한 시멘트로 조기강도(24시간에 보통 포틀랜드 시멘트의 28일 강도)가 아주 크므로 긴급공사 등에 많이 사용되며, 해안공사, 동절기 공사에 적합한 시멘트의 종류는?

㉮ 알루미나 시멘트
㉯ 백색 포틀랜드 시멘트
㉰ 팽창시멘트
㉱ 중용열 포틀랜드 시멘트

해설 알루미나 시멘트 : 수화열, 내화성이 크며 동절기 공사, 해수 공사, 긴급 공사에 쓰인다.

60. 주로 수량의 다소에 따라서 반죽이 되고 진 정도를 나타내는 굳지 않은 콘크리트의 성질은?

㉮ workablity (워커빌리티)
㉯ plasticity (성형성)
㉰ consistency (반죽질기)
㉱ finishability (피니셔빌리티)

해설 반죽질기 : 콘크리트의 반죽은 물에 의해 되고 진 정도를 나타내는데 굳지 않은 콘크리트의 성질 중 하나를 말한다.

[참고] 반죽질기(consistency) : 반죽이 질면(슬럼프 값이 높으면), 작업이 쉽다.

- 반죽이 질면 나타나는 현상
  - 콘크리트를 비비기가 쉽다.
  - 펌프카로 압송하기가 쉽다.
  - 표면 마감을 하기가 쉽다.
  - 진동기로 다지기가 쉽다.
  - 유동성이 좋다.

해답 59. ㉮ 60. ㉰

▶ 2011년 10월 9일 시행

자격종목	코 드	시험시간	형 별
조경기능사	7900	1시간	B

1. 다음 중 날씨가 어두워지면 제일 먼저 보이지 않는 것은?

㉮ 빨강   ㉯ 파랑
㉰ 노랑   ㉱ 녹색

[해설] ① 빨강 : 5R 4/13 (빨간색으로 명도는 4 채도는 13이다.)
② 파랑 : 7.5PB 2.5/7.5
③ 노랑 : 2.5Y 8/12
④ 녹색 : 5G 5.5/6

[참고] 빨강을 5R 4/13로 표시한다. 명도는 4, 채도는 13

2. 다음 중 옥상정원의 설계기준으로 옳지 않은 것은?

㉮ 식재 토양의 깊이는 옥상이라는 점을 고려하여 가능한 깊어야 한다.
㉯ 열악한 생육환경에 견딜 수 있고, 경관 구조와 기능적인 면에 만족할 수 있는 수종을 선택하여야 한다.
㉰ 건물구조에 영향을 미치는 하중문제를 우선 고려하여야 한다.
㉱ 바람, 한발, 강우 등 자연재해로부터의 안전성을 고려하여야 한다.

[해설] 옥상정원 설계
① 배수 : 옥상정원은 강우량에 따라 알맞은 배수시설을 하여야 하며 펌프설비가 필요하다.
② 바람 : 옥상정원의 하중을 고려하여 설계하므로 토양에 식재한 나무의 뿌리가 얕아 바람에 약하므로 외벽을 쌓거나 관목, 초화류 식물을 식재한다.
③ 온도 및 관수 : 여름철에는 최대 20의 온도차가 발생하므로 건조피해가 발생한다. 그래서 단열성능, 보수력, 하중을 고려하여 경량재와 일반 흙을 1:1로 섞은 특수 토양을 사용하며 건조에 잘 견디는 내건성 식물로 양지식물을 선택한다.
④ 하중 : 하중을 고려하여 경량재 흙을(버미큘라이트, 피트모스, 펄라이트, 화산재)사용하여 설계한다.
⑤ 방수 : 관상수목을 식재하였을 경우 뿌리에 의해 방수층을 침투하여 건물에 누수 현상이 발생할 수 있다. 뿌리가 천근성인 수목을 식재하며 다른 수종은 별도의 층으로 설계한다.
⑥ 시비 : 식물의 건전한 생장을 조절할 수 있도록 최소량으로 시비한다.
⑦ 잡초 및 병충해 : 잡초를 직접 뽑아주거나 토양을 살균하여 사용한다.
⑧ 식재면적은 전체옥상면적의 1/3 이내로 한다.
⑨ 수목은 수수꽃다리(라일락)가 가장 좋다.

3. 어린이공원의 유치거리와 규모 기준으로 옳은 것은?

㉮ 150 m 이하, 1500 m² 이상
㉯ 200 m 이하, 1000 m² 이상
㉰ 250 m 이하, 1500 m² 이상
㉱ 500 m 이하, 10000 m² 이상

[해설] 도시공원의 설치 및 규모의 기준(별표3)
① 250 m 이하
② 1500 m² 이상

4. 창덕궁 후원의 명칭이 아닌 것은?

㉮ 비원   ㉯ 북원

[해답] 1. ㉮   2. ㉮   3. ㉰   4. ㉰

㉰ 능원　　㉱ 금원

해설 창덕궁 후원 : 조선왕조실록 기록에 의하면 북원, 후원, 금원으로 기록되어 있다.

5. A2 도면의 크기 수치로 옳은 것은? (단, 단위는 mm이다.)

㉮ 841 × 1189　　㉯ 594 × 841
㉰ 420 × 594　　㉱ 210 × 297

해설 도면의 크기
① A0 : 841 × 1189
② A1 : 594 × 841
③ A2 : 420 × 594
④ A3 : 297 × 420
⑤ A4 : 210 × 297

6. 다음 보기의 설명은 어느 시대의 정원에 관한 것인가?

- 석가산과 원정, 화원 등이 특징이다.
- 대표적 정원 유적으로 동지(東池), 만월대, 수창궁원, 청평사 문수원 정원 등이 있다.
- 휴식과 조망을 위한 정자를 설치하기 시작하였다.
- 송나라의 영향으로 화려한 관상 위주의 이국적 정원을 만들었다.

㉮ 고구려　　㉯ 백제
㉰ 고려　　㉱ 통일신라

해설 고려시대 정원의 특징
① 관상 위주의 정원(시각적 느낌)이다.
② 석가산, 격구장(동적 느낌), 애완동물, 화초를 도입하여 화원을 조성하였다.
③ 정자가 정원 시설의 건축물로서 역할을 하였다.
④ 화원 : 예종 때 2곳에 화원을 조성하였다.
⑤ 석가산 : 북원에 괴석을 쌓아 석가산을 만들어 만수정이라는 정자를 세웠다.

7. 다음 중 점토의 함량이 가장 많은 토성은?

㉮ 식토(clay)　　㉯ 양토(loam)
㉰ 미사토(silt)　　㉱ 식양토(clay loam)

해설 ① 식토(clay) : 점토함량이 40 % 이상, 모래 45 % 이하, 미사 40 % 이하인 토양
② 양토 : 점토함량이 25~37.5 %인 토양을 양토라 함
③ 미사토 : 미사함량 80 % 이상, 적토함량 12 % 이하인 미사토를 제외한 토양
④ 식양토 : 점토함량이 27~40 %이고 모래함량이 20~45 %인 토성

참고 미사토 : 미사함량이 50% 이상, 적토함량이 27 % 이내인 토양 중 미사함량 80 % 이상, 적토함량 12 % 이하인 미사토를 제외한 범위에 있는 토양

8. 다음 중 백제 시대의 유적이 아닌 것은?

㉮ 몽촌토성　　㉯ 임류각
㉰ 장안성　　㉱ 궁남지

해설 고구려 시대의 대표적 정원 : 안학궁, 장안성, 대성산성

9. 유럽 정원은 어느 조경 수법을 바탕으로 발달하였는가?

㉮ 기하학식　　㉯ 풍경식
㉰ 자연식　　㉱ 사의적 정원양식

해설 정형식(=건축식, 기하학식)
① 유럽지역에서 발달하였다.
② 직선, 원, 원호를 사용한 정형적인 형태이다.

10. 다음 중 정원양식을 결정하는 사회적인 조건은?

㉮ 식물　　㉯ 지형
㉰ 기상　　㉱ 국민성

해설 조경양식의 발생 요소
① 자연환경요소 : 지형, 식생, 기상조건, 토양조사, 해양환경, 동식물, 지질 등이 있다.

해답 5. ㉰　6. ㉰　7. ㉮　8. ㉰　9. ㉮　10. ㉱

② 인문(사회)환경요소 : 주변 교통량, 문화재, 인구, 국민성 등

11. 청나라의 건륭제가 조영하였으며, 만수산과 곤명호로 구성되어 있는 정원은?

㉮ 서호　　　　　㉯ 졸정원
㉰ 원명호　　　　㉱ 이화원

해설 청 시대
① 원명원
　㉠ 청나라 4대 왕 강희제가 축조하였다.
　㉡ 35%가 수면(호수)이 차지하고 면적이 350ha이다.
　㉢ 장춘원은 정원공간으로 유럽풍의 르노트르의 영향을 받고 바로크 양식도 첨가되었다.
② 이화원 : 건륭제가 증축, 개축하여 원림을 완공하였으며 신선 사상을 배경으로 한 목조 건축의 대표작이다.

12. 다음 중 조성시기가 가장 빠른 것은?

㉮ 서울 부암정　　㉯ 강진 다산초당
㉰ 대전 남간정사　㉱ 영양 서석지

해설 서석지
① 조선 중기의 연못과 정자이다.
② 정영방(鄭榮邦)이 1613년(광해군 5)에 축조하였다
③ 조선시대 3대 민가의 연못이다.

13. "수로의 중정", 캐널 양끝에는 대리석으로 만든 연꽃 모양의 분수반이 있고 물은 이곳을 통해 캐널로 흐르게 만든 파티오식 정원은?

㉮ 알함브라 궁원　㉯ 헤네랄리페 궁원
㉰ 알카자르 궁원　㉱ 나샤트 궁원

해설 헤네랄리페 궁원 : 분수의 풍부한 물을 이용하였으며 파티오식 정원 양식이다.

14. 다음 중 주택정원에 사용하는 정원수의 아름다움을 표현하는 미적요소로 가장 거리가 먼 것은?

㉮ 색채미　　　　㉯ 형태미
㉰ 내용미　　　　㉱ 조형미

해설 정원 수목의 미적 형태 : ① 색채미, ② 형태미, ③ 내용미
참고 조형미(造形美) : 어떤 모습을 입체감(立體感)있게 예술적(藝術的)으로 나타내는 미(美)의 표현 형태이다.

15. 중국에서 자연식 정원의 대표적인 것 중 현존하지 않는 것은?

㉮ 북해공원　　　㉯ 이화원
㉰ 상림원　　　　㉱ 만수산

해설 상림원
① 한나라 시대의 이궁이며 현존하지 않는다.
② 꽃나무를 식재하였으며 곤명호, 곤영지, 사파지 등 6개 호수를 조성하였다.

16. 수목의 높이에 따른 분류 중 관목에 해당하는 수목은?

㉮ 산당화　　　　㉯ 능수버들
㉰ 백합나무　　　㉱ 산수유

해설 산당화
① 장미과로서 낙엽활엽관목이다.
② 4월에 붉은색 계통의 꽃이 핀다.

17. 목재의 기건 상태에서 건조 전의 무게가 250 g이고, 절대건조무게가 220 g인 목재의 전건량 기준 함수율은?

㉮ 12.6 %　　　　㉯ 13.6%
㉰ 14.6 %　　　　㉱ 15.6 %

해설 ① 목재의 함수율
$$= \frac{건조\ 전\ 중량 - 건조\ 중량}{건조\ 중량} \times 100\ \%$$
$$= \frac{250-220}{220} \times 100\ \% = 13.6\ \%$$

해답 11. ㉱　12. ㉱　13. ㉯　14. ㉱　15. ㉰　16. ㉮　17. ㉯

18. 기존의 퇴적암 또는 화성암이 지열, 지각의 변동에 의한 압력작용 및 화학작용 등에 의해 조직이 변화한 암석은?

㉮ 화성암 　　㉯ 수성암
㉰ 변성암 　　㉱ 석회질암

해설 변성암 : 화성암, 퇴적암의 지열, 지각의 변동에 의한 압력작용 및 화학작용 등에 의해 조직이 변화한 암석을 말한다.

19. 다음 보기에서 설명하는 수지의 종류는?

- 상온에서 유백색의 탄성이 있는 열가소성 수지
- 얇은 시트, 벽체 발포 온판 및 건축용 성형품으로 이용

㉮ 폴리에틸렌수지
㉯ 멜라민 수지
㉰ 페놀수지
㉱ 아크릴 수지

해설 폴리에틸렌수지
① 전기절연성 및 내약품성이 크며 내충격성에 강하다.
② 포장 필름, 수도관, 공업용배관, 전선피복 등에 사용한다.
③ 열가소성수지이다.

20. 사면(slope)의 안정 계산 시 고려해야 할 요소 중 가장 거리가 먼 것은?

㉮ 흙의 간극비
㉯ 흙의 점착력
㉰ 흙의 단위 중량
㉱ 흙의 내부 마찰각

해설 사면의 안정계산 : 사면 붕괴에 대한 안정성을 말한다.
① 흙의 점착력
② 흙의 내부 마찰각
③ 흙의 단위 중량

참고 점착력 : 점토의 전단강도를 말하며 전단응력의 범주 안에 포함되어 있다. (전단응력 > 점착력)

21. 서양잔디의 특성 설명으로 가장 부적합한 것은?

㉮ 그늘에서도 비교적 잘 견딘다.
㉯ 대부분 숙근성 다년초로 병충해에 강하다.
㉰ 일반적으로 씨뿌림으로 시공한다.
㉱ 상록성인 것도 있다.

해설 서양잔디의 특성 : 상록성 다년초이며 병충해에 약하다.

22. 콘크리트에 사용되는 재료의 저장에 관한 설명으로 틀린 것은?

㉮ 시멘트의 온도가 너무 높을 때는 그 온도를 65℃ 정도 이하로 낮춘 다음 사용한다.
㉯ 잔골재 및 굵은 골재에 있어 종류와 입도가 다른 골재는 각각 구분하여 따로따로 저장한다.
㉰ 혼화제는 방습적인 사일로 또는 창고 등에 품종별로 구분하여 저장하고 입하된 순서대로 사용하여야 한다.
㉱ 혼화제는 먼지, 기타의 불순물이 혼입되지 않도록, 액상의 혼화제는 분리되거나 변질되거나 동결되지 않도록, 또 분말상의 혼화제는 습기를 흡수하거나 굳어지는 일이 없도록 저장하여야 한다.

해설 시멘트의 온도가 너무 높을 때는 그 온도를 60℃ 정도 이하로 낮춘 다음 사용한다.

23. 단위용적중량이 1700 kgf/m³, 비중이 2.6인 골재의 실적률은?

해답 18. ㉰　19. ㉮　20. ㉮　21. ㉯　22. ㉮　23. ㉮

㉮ 65.4 % ㉯ 152.9 %
㉰ 4.42 % ㉱ 6.53 %

해설 골재의 실적률

$$d = \frac{w}{\rho} \times 100\% = \frac{\frac{1700}{1000}}{2.6} \times 100\% = 65.4$$

여기서, d : 실적률(%), ρ : 비중
w : 단위 용적 중량(kg/L)

참고 ① 실적률(實積率) $d = \frac{w}{\rho} \times 100\%$

② 공극률(空隙率)

$$v = \left(1 - \frac{w}{\rho}\right) \times 100\%$$

여기서, v : 공극률(%)

24. 녹화테이프, 마대의 효과가 아닌 것은?

㉮ 시간과 노동력이 감소된다.
㉯ 인장강도가 볏짚제품보다 크다.
㉰ 미관에 좋고 가격이 저렴하다.
㉱ 천연소재로서 하자율이 많이 발생한다.

해설 천연소재로서 인공재료보다 수목에 좋은 영향을 준다.

25. 조경수목의 이용목적으로 본 분류 중 보기의 설명에 해당하는 것은?

- 수형이나 잎의 모양 및 색깔이 아름다운 낙엽교목 이어야 하며, 다듬기 작업이 용이해야 하고, 병충해 및 공해에 강한 수목

㉮ 가로수
㉯ 방음수
㉰ 방풍수
㉱ 생울타리

해설 가로수 수종의 조건
① 가로수용 수종 : 벚나무, 은행나무, 느티나무, 가중나무, 메타세쿼이아
② 강한 바람에도 잘 견딜 수 있는 것
③ 각종 공해에 잘 견디는 것
④ 여름철 그늘을 만들고 병해충에 잘 견디는 것

26. 다음 중 작은 변형에도 쉽게 파괴되는 재료의 성질은?

㉮ 연성
㉯ 인성
㉰ 전성
㉱ 취성

해설 ① 탄성 : 물체에 외력이 작용하면 순간적으로 변형이 생겼다가 외력을 제거하면 원래의 상태로 되돌아가는 성질을 말한다.
② 소성 : 재료가 외력을 받아 변형이 생겼을 때 외력을 제거해도 원상태로 되돌아가지 않고 변형된 상태로 남아있는 성질이다.
③ 연성 : 재료가 인장력에 의해 잘 늘어나는 성질이다.
④ 취성 : 외력을 받았을 때 극히 미비한 변형에도 파괴되는 성질이다.
⑤ 인성 : 재료가 외력을 받아 파괴될 때까지 큰 응력에 저항하며 변형이 크게 일어나는 성질이다.

27. 다음 중 목재의 건조방법 중 나머지 셋과 다른 것은?

㉮ 수침법
㉯ 자비법
㉰ 증기법
㉱ 훈연법

해설 목재의 건조방법
① 수액건조법 : 원목은 현지에서 1년 이상 방치해 두면 비와 이슬에 의하여 수액이 빠지고 건조가 빨라진다.
② 자연건조법
㉠ 건조비가 작게 들고 재질도 변질이 적어서 좋으나 건조시간이 길고 변형이 생기기 쉽다.
㉡ 공기건조법, 침수법
③ 인공건조법
㉠ 건조가 빠르고 변형도 적으나 시설비, 가공비가 많이 들어 가격이 비싸다.
㉡ 찌는법, 증기법, 공기가열건조법, 훈연건조법, 진공법, 고주파건조법(두꺼운 목재)

해답 24. ㉱ 25. ㉮ 26. ㉱ 27. ㉮

28. 다음 건설재료 중 유기재료로 분류되는 것은?

㉮ 강(steel)
㉯ 알루미늄(aluminium)
㉰ 아스팔트(asphalt)
㉱ 콘크리트(concrete)

해설 유기재료
① 탄소화합물이 들어있는 재료이다.
② 아스팔트(asphalt)는 수소와 탄소로 이루어져 있다.

29. 수로의 사면보호, 연못바닥, 원로의 포장 등에 주로 쓰이는 돌은?

㉮ 산석
㉯ 하천석
㉰ 잡석
㉱ 호박돌

해설 호박돌 : 호박 모양의 천연석으로 가공하지 않은 돌이다. 지름 18cm 이상의 돌이며 연못바닥, 원로포장 등에 육법쌓기(줄눈 어긋나게 쌓기) 방법으로 쌓는다.

30. 합판의 특징으로 옳은 것은?

㉮ 열과 소리의 전도율이 크다.
㉯ 팽창 수축 등으로 생기는 변형이 거의 없다.
㉰ 제품의 규격화가 어렵고, 사용이 비능률적이다.
㉱ 강도가 커 곡면으로 된 판을 얻기 힘들다.

해설 합판의 특징
① 나뭇결이 아름다운 판을 얻을 수 있다.
② 수축, 팽창을 방지할 수 있다.
③ 고른 강도를 유지하며 방향에 따른 강도 차이가 적다.
④ 넓고 큰 판을 만들 수 있으며 쉽게 곡면판을 만들 수 있다.
⑤ 내구성과 내습성이 크다.
⑥ 섬유방향과 직교되게 3, 5, 7, 9 등의 홀수겹으로 겹쳐 붙여 된 것이다.
⑦ 제품이 규격화되어 사용에 능률적이다.

31. 다음 보기에서 설명하는 수종은?

- 수형이 단정하고, 지엽이 치밀하고 섬세하며, 아름다운 적, 황색 단풍이 특징적이다.
- 심근성이며 전통적인 정자목이다.
- 군락식재, 녹음수로 널리 사용되며, 가로수로도 적합하다.

㉮ 느티나무
㉯ 위성류
㉰ 일본목련
㉱ 모과나무

해설 느티나무
① 낙엽활엽교목이다.
② 꽃은 담황록색이다.

32. 암석의 규격재 종류 중 엄격한 규격에 맞추어 만들지 않고 견치돌과 비슷하게 크기가 지름 10~30 cm 정도로 막 깨낸 돌로 흙막이용 돌쌓기 또는 붙임돌용으로 사용되는 것은?

㉮ 각석
㉯ 판석
㉰ 잡석
㉱ 마름돌

33. 다음 중 낙우송과(Taxodiaceae) 수종은?

㉮ 삼나무
㉯ 백송
㉰ 비자나무
㉱ 은사시나무

해설 삼나무 : 낙우송과로 상록침엽교목이다.

34. 봄에 강한 향기를 지닌 꽃이 피는 수종은?

㉮ 치자나무
㉯ 서향
㉰ 불두화
㉱ 튤립나무

해설 향기가 좋은 나무
① 꽃향기가 좋은 나무 : 매화나무, 서향, 치자나무, 태산목, 함박꽃나무, 목서
② 열매 향기가 좋은 나무 : 녹나무, 모과나무, 구상나무, 가문비나무, 유자나무

해답 28. ㉰ 29. ㉱ 30. ㉯ 31. ㉮ 32. ㉰ 33. ㉮ 34. ㉯

③ 잎이 향기가 좋은 나무 : 녹나무, 월계수, 측백나무, 생강나무
④ 서향 : 상록활엽관목이며 꽃은 3~4월에 피며 백색 또는 홍자색이고 향기가 있다.

35. 다음 석재 중 압축강도(kgf/cm²)가 가장 큰 것은?
㉮ 화강암   ㉯ 응회암
㉰ 안산암   ㉱ 대리석

해설 석재의 압축강도
① 화강암 : 1720 kgf/cm²
② 응회암 : 180 kgf/cm²
③ 안산암 : 1150 kgf/cm²
④ 대리석 : 1260 kgf/cm²

36. 나무의 뿌리를 절단한 후 새로운 뿌리가 돋아 나오는 요인과 관계가 없는 것은?
㉮ C/N율   ㉯ 토양수분
㉰ 온도   ㉱ B-9 처리

해설 나무의 뿌리와 잎의 성장의 요인
① C/N율
② 토양수분
③ 온도

37. 다음 조경 구조물 중 계단의 설계 기준을 h(단 높이)와 b(단 너비)를 이용하여 바르게 나타낸 것은?
㉮ $h + b = 60 \sim 65$ cm
㉯ $h + 2b = 60 \sim 65$ cm
㉰ $2h + b = 60 \sim 65$ cm
㉱ $2h + 2b = 60 \sim 65$ cm

해설 계단의 설치 기준
① $2h + b = 60 \sim 65$
여기서, h : 계단의 높이, $b(=w)$: 계단의 폭

38. 진비중이 2.6이고, 가비중이 1.2인 토양의 공극률은 약 얼마인가?

㉮ 34.2%   ㉯ 46.5%
㉰ 53.8%   ㉱ 66.4%

해설 공극률 $= 100 - \left(\dfrac{\text{가비중}}{\text{진비중}} \times 100\%\right)$
$= 100 - \left(\dfrac{1.2}{2.6} \times 100\%\right) = 53.8\%$

[참고] 토양공극은 편리상 모세관공극(capil-lary pore)과 비모세관공극(non-capillary pore)으로 나뉜다.

39. 도급받은 건설공사의 전부 또는 일부를 도급하기 위하여 수급인이 제3자와 체결하는 계약을 무엇이라 하는가?
㉮ 하도급   ㉯ 도급
㉰ 발주   ㉱ 재하도급

해설 하도급 : 건설공사의 전부 또는 일부를 도급하기 위하여 수급인이 제3자의 업체와 체결하는 계약을 말한다.

40. 다음 중에서 경사도가 가장 완만한 곳은?
㉮ 1 : 1   ㉯ 1 : 2
㉰ 45%   ㉱ 50°

해설 ① $1 : 1 = \dfrac{1}{1} \times 100\% = 100\%$
② $1 : 2 = \dfrac{1}{2} \times 100\% = 50\%$
③ 45%

41. 다음 중 수목의 흉고직경을 측정할 때 사용하는 기구는?
㉮ 윤척   ㉯ 와이제측고기
㉰ 덴드로메타 ㉱ 경척

해설 ① 윤척 : 흉고직경 측정을 한다.
② 와이제측고기 : 수목의 수고 측정

42. 소나무의 순따기 설명으로 올바른 것은?

해답 35. ㉮ 36. ㉱ 37. ㉰ 38. ㉰ 39. ㉮ 40. ㉰ 41. ㉮ 42. ㉰

㉮ 가지는 길게 자라게 하기 위해 실시한다.
㉯ 새순이 나오는 이른 봄 3~4월에 주로 실시한다.
㉰ 필요하지 않다고 생각되는 방향으로 자라는 순은 밑동으로부터 따 버린다.
㉱ 원하지 않은 순을 제거 후 남은 것 중에서 자라는 힘이 지나친 것은 1/8~1/10 정도만 남기고 따 버린다.

해설 약간만 전정을 한다. $\left(\dfrac{1}{3} \sim \dfrac{1}{2}\right)$

43. 다음 중 호박돌 쌓기의 방식으로 가장 적합한 것은?

㉮ 수평쌓기   ㉯ 세로쌓기
㉰ 육법쌓기   ㉱ 무너짐쌓기

해설 호박돌 : 호박 모양의 천연석으로 가공하지 않은 돌이다. 지름 18cm 이상의 돌이며 연못바닥, 원로포장 등에 육법쌓기(줄눈 어긋나게 쌓기) 방법으로 쌓는다.

44. 굴취해 온 수목을 현장의 사정으로 즉시식재하지 못하는 경우 가식하게 되는데 그 가식 장소로 부적합한 곳은?

㉮ 햇볕이 잘 드는 양지바른 곳
㉯ 배수가 잘 되는 곳
㉰ 식재할 때 운반이 편리한 곳
㉱ 주변의 위험으로부터 보호받을 수 있는 곳

해설 이식 장소
① 햇볕이 잘 들지 않는 음지
② 배수가 잘 되는 곳
③ 식재할 때 운반이 편리한 곳
④ 주변의 위험으로부터 보호받을 수 있는 곳

45. 다음 중 살충제에 해당되는 것은?

㉮ 아토닉 액제
㉯ 옥시테트라사이클린 수화제
㉰ 시마진 수화제
㉱ 포스파미돈 액제

해설 포스파미돈 액제 : 진딧물, 솔잎혹파리, 솔껍질 깍지벌레를 방제하기 위한 나무주사용 고독성 농약이다.

46. 벽돌쌓기의 여러 가지 기법 가운데 가장 튼튼하게 쌓을 수 있는 것은?

㉮ 영국식 쌓기   ㉯ 미국식 쌓기
㉰ 네덜란드식 쌓기   ㉱ 프랑스식 쌓기

해설 ① 영국식 쌓기
㉠ 모서리에 반절, 이오토막을 사용하여 통줄눈이 생기지 않는 것이 특징이며 한 켜는 마구리쌓기로 하고 다음은 길이쌓기로 하며 교대로 하여 쌓는다.
㉡ 가장 튼튼한 구조이며 내력벽 쌓기에 사용되며 가장 튼튼한 쌓기법이다.
② 프랑스식 쌓기
㉠ 끝부분에는 이오토막을 사용하며 한 켜는 길이쌓기로 하고 다음은 마구리쌓기로 하며 교대로 하여 쌓는다.
㉡ 치장용으로 많이 사용되며 많은 토막 벽돌이 사용된다.
③ 미국식 쌓기
㉠ 앞면 5켜까지는 치장벽돌로 길이쌓기로 하고 다음은 마구리쌓기로 하고 뒷면은 영국식으로 쌓는다.
㉡ 치장 벽돌을 사용한다.
④ 화란식(네덜란드) 쌓기
㉠ 모서리 또는 끝부분에는 칠오토막을 사용하며 한 켜는 길이쌓기로 하고 다음은 마구리쌓기로 하며 마무리하는 벽돌쌓기법이다.
㉡ 한 면은 벽돌이 마구리와 길이가 교대로 되고 다른 면은 영국식으로 쌓는다.
㉢ 작업하기 쉬워 일반적으로 가장 많이 사용하는 벽돌 쌓기법이다.

47. 시멘트 보관 및 창고의 구비조건 설명으로 옳은 것은?

㉮ 간단한 나무구조로 통풍이 잘 되게 한다.

㉯ 시멘트를 쌓을 마루높이는 지면에서 10cm 정도로 유지한다.
㉰ 창고 둘레 주위에는 비가 내릴 때 물을 담아 공사 시 이용할 저장 장소를 파 놓는다.
㉱ 시멘트 쌓기는 최대 높이 13포대로 한다.

해설 시멘트
① 시멘트 1포의 무게는 40kg이다.
  (1포 : 40 kg)
② 시멘트 저장법
  ㉠ 시멘트는 저장 시 13포 이상 쌓지 않는다.
  ㉡ 시멘트는 통풍이 잘되지 않는 곳에 저장한다.
  ㉢ 창고의 바닥 높이는 지면에서 30 cm 이상 떨어진 위치에 쌓는다.

48. 다음 중 시설물 상세도의 표현 기호에 대한 설명이 틀린 것은?
㉮ D : 지름   ㉯ H : 높이
㉰ R : 넓이   ㉱ THK : 두께

해설 R : 반지름

49. 등나무 등의 덩굴식물을 올려 가꾸기 위한 시렁과 비슷한 생김새를 가진 시설물로 여름철 그늘을 지어 주기 위한 것은?
㉮ 플랜터(planter)   ㉯ 퍼걸러(pergola)
㉰ 볼라드(bollard)   ㉱ 래더(ladder)

해설 퍼걸러 : 여름철 그늘을 제공하는 시설물이다.

50. 수목 동공의 외과수술 순서로 가장 적합한 것은?
㉮ 부패부 제거 → 동공 가장자리의 형성층 노출 → 소독 및 방부처리 → 동공충전 → 방수처리 → 표면경화처리 → 인공수피 처리
㉯ 부패부 제거 → 소독 및 방부처리 → 동공 가장자리의 형성층 노출 → 방수처리 → 동공충전 → 표면경화처리 → 인공수피 처리
㉰ 부패부 제거 → 동공 가장자리의 형성층 노출 → 동공충전 → 방수처리 → 소독 및 방부처리 → 표면경화처리 → 인공수피 처리
㉱ 부패부 제거 → 동공 가장자리의 형성층 노출 → 방수처리 → 동공충전 → 표면경화처리 → 소독 및 방부처리 → 인공수피 처리

해설 4월~9월 중에 실시한다.

51. 관상용 열매의 착색을 촉진시키기 위하여 살포하는 농약은?
㉮ 지베렐린산 수용제
㉯ 다미노자이드 수화제
㉰ 글리포세이트 액제
㉱ 에테폰 액제

해설 에테폰 액제(ethephon) : 관상용 열매의 착색 및 숙성을 촉진시킨다.

52. 복합비료의 표시가 21-17-18일 때 설명으로 옳은 것은?
㉮ 인산 21%, 칼륨 17%, 질소 18%
㉯ 칼륨 21%, 인산 17%, 질소 18%
㉰ 질소 21%, 인산 17%, 칼륨 18%
㉱ 인산 21%, 질소 17%, 칼륨 18%

해설 21-17-18 : 질소 21%, 인산 17%, 칼륨 18%

53. 전정시기와 방법에 관한 설명 중 옳지 않은 것은?
㉮ 상록활엽수는 겨울전정 시에 강전정을 하여야 한다.
㉯ 화목류의 봄전정은 꽃이 진 후에 하는

해답 48. ㉰ 49. ㉯ 50. ㉮ 51. ㉱ 52. ㉰ 53. ㉮

것이 좋다.
㉢ 여름전정은 수광(受光)과 통풍을 좋게 할 목적으로 행한다.
㉣ 상록활엽수는 가을전정이 적기(適期)이다.

해설 상록 활엽수는 겨울전정을 금지한다.

54. 조경 수목의 연간 관리작업 계획표를 작성하려고 한다. 다음 중 작업내용의 분류상 성격이 다른 하나는?
㉮ 병·해충 방제 ㉯ 시비
㉰ 뗏밥 주기   ㉱ 수관 손질

해설 ① 정기 작업 : 병·해충 방제, 시비, 수관 손질
② 부정기 작업 : 뗏밥 주기, 시설물 보수

55. 한중 콘크리트의 양생에 관한 설명으로 옳지 않은 것은?
㉮ 골재가 동결되어 있거나 골재에 빙설이 혼입되어 있는 정도의 골재는 그대로 사용할 수 있다.
㉯ 하루의 평균기온이 4℃ 이하가 예상되는 조건일 때는 콘크리트가 동결할 염려가 있으므로 한중 콘크리트 시공하여야 한다.
㉰ 한중 콘크리트에는 공기연행 콘크리트를 사용하는 것을 원칙으로 한다.
㉱ 물-결합재비는 원칙적으로 60% 이하로 하여야 한다.

해설 골재가 동결되어 있는 골재는 사용할 수 있다.

56. 일반적인 주택정원의 잔디깎는 높이로 가장 적합한 것은?
㉮ 1~5 mm   ㉯ 5~15 mm
㉰ 15~25 mm ㉱ 25~40 mm

해설 주택 정원의 잔디깎기 높이 : 25~40 mm

57. 다음 보기에서 설명하고 있는 병은?

- 수목에 치명적인 병은 아니지만 발생하면 생육이 위축되고 외관을 나쁘게 한다.
- 장미, 단풍나무, 배롱나무, 벚나무 등에 많이 발생한다.
- 병든 낙엽을 모아 태우거나 땅속에 묻음으로써 전염원을 차단하는 것이 필수적이다.
- 통기불량, 일조부족, 질소과다 등이 발병유인이다.

㉮ 흰가루병   ㉯ 녹병
㉰ 빗자루병   ㉱ 그을음병

해설 흰가루병(powdery mildew)
① 흰가루병 피해 수종 : 느티나무, 밤나무, 장미, 단풍나무, 배롱나무, 벚나무, 오리나무
② 석회황합제, 만코지 수화제, 지오판 수화제, 베노밀 수화제 등을 살포한다.

58. 조경수목에 유기질 거름을 주는 방법으로 틀린 것은?
㉮ 거름을 주는 양은 식물의 종류와 크기, 그 곳의 기후와 토질, 생육기간에 따라 각기 다르므로 자라는 상태를 보고 정한다.
㉯ 거름주기 시기는 낙엽이 진 후 땅이 얼기 전 늦가을에 실시하는 것이 가장 효과적이다.
㉰ 약간 덜 썩은 유기질 거름은 지속적으로 나무뿌리에 양분을 공급하므로 중간 정도 썩은 것을 사용한다.
㉱ 나무에 따라 거름 줄 위치를 정한 후 수관선을 따라 나비 20~30 cm, 깊이 20~30 cm 정도가 되도록 구덩이를 판다.

해설 수목의 질소부족 현상이 발생할 수도 있다.

해답 54. ㉰ 55. ㉮ 56. ㉱ 57. ㉮ 58. ㉰

59. 다음 중 바람에 대한 이식 수목의 보호조치로 가장 효과가 없는 것은?

㉮ 큰 가지치기 ㉯ 지주 세우기
㉰ 수피감기   ㉱ 방풍막 치기

[해설] 수분증발 억제 효과
① 큰 가지치기   ② 지주 세우기
③ 방풍막 치기

60. 다음 중 재료별 할증률(%)의 크기가 가장 작은 것은?

㉮ 조경용 수목 ㉯ 경계블록
㉰ 잔디 및 초화류 ㉱ 수장용 합판

[해설] ① 조경용 수목 (10 %)
② 경계블록(3 %)
③ 잔디 및 초화류 (10 %)
④ 수장용 합판(5 %)

[별표 3] 도시공원의 설치 및 규모의 기준(제6조관련)

공원 구분	설치기준	유치거리	규 모
1. 생활권 공원			
㉮ 소공원	제한 없음	제한 없음	제한 없음
㉯ 어린이공원	제한 없음	250 미터 이하	1천5백제곱미터 이상
㉰ 근린공원			
(1) 근린생활권 근린공원(주로 인근에 거주하는 자의 이용에 제공할 것을 목적으로 하는 근린공원)	제한 없음	500 미터 이하	1만 제곱미터 이상
(2) 도보권 근린공원(주로 도보권 안에 거주하는 자의 이용에 제공할 것을 목적으로 하는 근린공원)	제한 없음	1천 미터 이하	3만 제곱미터 이상
(3) 도시지역권 근린공원(도시지역 안에 거주하는 전체 주민의 종합적인 이용에 제공할 것을 목적으로 하는 근린공원)	해당도시공원의 기능을 충분히 발휘할 수 있는 장소에 설치	제한 없음	10만제곱미터 이상
(4) 광역권 근린공원(하나의 도시지역을 초과하는 광역적인 이용에 제공할 것을 목적으로 하는 근린공원)	해당도시공원의 기능을 충분히 발휘할 수 있는 장소에 설치	제한 없음	100만제곱미터 이상
2. 주제공원			
㉮ 역사공원	제한 없음	제한 없음	제한 없음
㉯ 문화공원	제한 없음	제한 없음	제한 없음
㉰ 수변공원	하천·호수 등의 수변과 접하고 있어 친수공간을 조성할 수 있는 곳에 설치	제한 없음	제한 없음
㉱ 묘지공원	정숙한 장소로 장래 시가화가 예상되지 아니하는 자연녹지지역에 설치	제한 없음	10만제곱미터 이상
㉲ 체육공원	해당도시공원의 기능을 충분히 발휘할 수 있는 장소에 설치	제한 없음	1만제곱미터 이상
㉳ 특별시·광역시 또는 도의 조례가 정하는 공원	제한 없음	제한 없음	제한 없음

[해답] 59. ㉰ 60. ㉯

2012년도 시행 문제

▶ 2012년 2월 12일 시행

자격종목	코 드	시험시간	형 별	수험번호	성 명
조경기능사	7900	1시간	B		

1. 사대부나 양반 계급에 속했던 사람이 자연 속에 묻혀 야인으로서의 생활을 즐기던 별서 정원이 아닌 것은?

㉮ 소쇄원 ㉯ 방화수류정
㉰ 다산초당 ㉱ 부용동정원

[해설] ① 별서 정원 : 소쇄원(양산보), 다산초당(정약용), 서석지, 부용동정원(윤선도), 옥호정(김조순), 소한정(우규동)
② 방화수류정 : 조선 정조 18년(1794) 건립한 정자와 누각이다.

2. 다음 정원 시설 중 우리나라 전통 조경 시설이 아닌 것은?

㉮ 취병(생울타리) ㉯ 화계
㉰ 벽천 ㉱ 석지

[해설] 전통 조경 시설
① 취병 : 궁궐에 살아있는 나무를 심어 만든 생울타리이다.
② 화계 : 궁궐, 절, 집터의 계단 뜰을 만들어 꽃을 심는 것을 말한다.
③ 석지 : 돌로 만든 화분 형태로 물과 꽃을 심는 것을 말한다.
[참고] 벽천 : 벽에서 수구(水口) 또는 조각물에서 물이 나오게 만든 분수 형태인 것을 말한다.

3. 사적인 정원 중심에서 공적인 대중 공원의 성격을 띤 시대는?

㉮ 14세기 후반 에스파니아
㉯ 17세기 전반 프랑스
㉰ 19세기 전반 영국
㉱ 20세기 전반 미국

[해설] 영국의 공적 대중 공원
① 영국의 자연 풍경식 정원을 정립한 랜시롯 브라운에 의해 18세기, 19세기, 20세기에 걸쳐 전 세계적으로 공공 정원에 영향을 많이 주었다.
② 19세기 전반 귀족 중심의 사적 중심에서 공공의 공적 중심으로 전환되었다.

4. 조선시대 후원 양식에 대한 설명 중 틀린 것은?

㉮ 중엽 이후 풍수지리설의 영향을 받아 후원 양식이 생겼다.
㉯ 건물 뒤에 자리잡은 언덕배기를 계단 모양으로 다듬어 만들었다.
㉰ 각 계단에는 향나무를 주로 한 나무를 다듬어 장식하였다.
㉱ 경복궁 교태전 후원인 아미산, 창덕궁 낙선재의 후원 등이 그 예이다.

[해설] 조선시대 후원 양식
① 4계절 변화를 뚜렷하게 느끼게 설계하였으며, 낙엽활엽수를 식재하였다.
② 향나무 : 상록 침엽 소교목이다.

5. 영국 정형식 정원의 특징 중 매듭화단이란 무엇인가?

㉮ 낮게 깎은 회양목 등으로 화단을 기하학적 문양으로 구획한 화단
㉯ 수목을 전정하여 정형적 모양으로 만든 미로

[해답] 1. ㉯ 2. ㉰ 3. ㉰ 4. ㉰ 5. ㉮

㈐ 가늘고 긴 형태로 한쪽 방향에서만 관상할 수 있는 화단

㈑ 카펫을 깔아놓은 듯 화려하고 복잡한 문양이 펼쳐진 화단

해설 ① 기식 화단(모듬 화단) : 사방에서 감상할 수 있도록 화단의 중심부에 장미 등을 식재하고 주변에는 여러 가지 화초를 식재하며, 색채를 아름답고 조화롭게 배색하여 사방에서 감상할 수 있도록 한 것이다.
② 매듭 화단 : 낮게 깎은 회양목 등으로 화단을 여러 가지 기하학적 모양으로 만든 것을 말한다.
③ 카펫 화단(화문 화단) : 키가 작은 초화를 사용하며, 개화 기간이 긴 꽃들을 선택한다. 꽃의 색을 아름답게 배치하며, 밀식하여 지면이 보이지 않게 하여 여러 가지 무늬를 감상한다.
④ 경재 화단 : 울타리 담벽, 건물의 담장, 경사면을 배경으로 장방형의 긴 형태로 앞쪽은 키가 작은 채송화 같은 화초를 식재하며 뒤쪽은 키가 큰 매리골드 등의 화초를 식재하여 한쪽에서만 감상한다.

6. 고대 그리스에서 아고라(agora)는 무엇인가?

㈎ 광장   ㈏ 성지
㈐ 유원지   ㈑ 농경지

해설 아고라(agora) : 그리스 시대의 시장, 상업, 정치 등 토론 중심의 광장이다.

7. 고려시대 궁궐 정원을 맡아보던 관서는?

㈎ 원야   ㈏ 장원서
㈐ 상림원   ㈑ 내원서

해설 ① 고려시대 : 궁궐 조경 관리 부서-내원서(충렬왕)
② 조선시대 : 상림원(태조), 장원서(세조)

8. 조경 양식을 형태적으로 분류했을 때 성격이 다른 것은?

㈎ 평면기하학식   ㈏ 중정식
㈐ 회유임천식   ㈑ 노단식

해설 정원의 종류
① 자연식 : 전원 풍경식, 고산수식, 회유임천식
② 정형식 : 평면기하학식, 중정식(파티오식), 노단식(계단식)

9. 조감도는 소점이 몇 개인가?

㈎ 1개   ㈏ 2개   ㈐ 3개   ㈑ 4개

해설 조감도
① 높은 곳에서 구조물을 새가 내려다본 것처럼 표현한 도면이다.
② 3소점 투시도이다.

10. 19세기 유럽에서 정형식 정원의 의장을 탈피하고 자연 그대로의 경관을 표현하고자 한 조경 수법은?

㈎ 노단식   ㈏ 자연풍경식
㈐ 실용주의식   ㈑ 회교식

11. 다음 중 가장 가볍게 느껴지는 색은?

㈎ 파랑   ㈏ 노랑   ㈐ 초록   ㈑ 연두

해설 ① 노랑 : 2.5Y, 8/12 (명도 8)
② 파랑 : 7.5PB, 2.5/8 (명도 2.5)
③ 초록 : bG, 5/6 (명도 5)
④ 연두 : GY, 7/10 (명도 7)

12. 다음 중 도시공원 및 녹지 등에 관한 법률 시행규칙에서 공원 규모가 가장 작은 것은?

㈎ 묘지공원   ㈏ 체육공원
㈐ 광역권 근린공원   ㈑ 어린이공원

해설 ① 어린이공원 : $1500m^2$ 이상
② 체육공원 : $10,000 m^2$ 이상
③ 광역권 근린공원 : $100,000 m^2$ 이상
④ 묘지공원 : $100,000 m^2$ 이상

해답 6. ㈎ 7. ㈑ 8. ㈐ 9. ㈐ 10. ㈏ 11. ㈏ 12. ㈑

13. 주차장법 시행규칙상 주차장의 주차 단위 구획 기준은? (단, 평행 주차 형식 외의 장애인전용 방식이다.)
㉮ 2.0 m 이상 × 4.5 m 이상
㉯ 3.0 m 이상 × 5.0 m 이상
㉰ 2.3 m 이상 × 4.5 m 이상
㉱ 3.3 m 이상 × 5.0 m 이상

해설 ① 장애인 전용(평행 주차식) : 3.3m 이상 × 5.0m 이상
② 일반형(평행 주차식) : 2.3 × 5.0m 이상

14. 옴스테드와 캘버트 보가 제시한 그린스워드 안의 내용이 아닌 것은?
㉮ 평면적 동선 체계
㉯ 차음과 차폐를 위한 주변 식재
㉰ 넓고 쾌적한 마차 드라이브 코스
㉱ 동적 놀이를 위한 운동장

해설 그린스워드 플랜 (greensward plan) : 입체적 동선 체계, 교육적 효과를 제시하였다.

15. 보행에 지장을 주어 보행 속도를 억제하고자 하는 포장 재료는?
㉮ 아스팔트   ㉯ 콘크리트
㉰ 블록   ㉱ 조약돌

해설 조약돌 : 시각적 질감이 우수하고 독특한 촉감이 있어 정원, 공원의 산책로에 많이 사용한다.

16. 다음 중 가로수를 심는 목적이라고 볼 수 없는 것은?
㉮ 녹음을 제공한다.
㉯ 도시환경을 개선한다.
㉰ 방음과 방화의 효과가 있다.
㉱ 시선을 유도한다.

해설 가로수 식재의 목적 : 지역 환경과 국토 환경에 이바지하며, 차량 주행의 시선 유도로 안전과 녹음 등 도시 환경을 개선한다.

17. 근대 독일 구성식 조경에서 발달한 조경시설물의 하나로 실용과 미관을 겸비한 시설은?
㉮ 연못   ㉯ 벽천
㉰ 분수   ㉱ 캐스케이드

해설 독일 구성식 조경 : 정원을 실내의 연장으로 바라보았으며, 도시 소주택의 정원 속 소규모 공간에 벤치, 데크, 퍼걸러, 벽천, 정원 가구 등이 발달하였다.

18. 다음 중 거푸집에서 미치는 콘크리트의 측압 설명으로 틀린 것은?
㉮ 경화속도가 빠를수록 측압이 크다.
㉯ 시공연도가 좋을수록 측압이 크다.
㉰ 붓기속도가 빠를수록 측압이 크다.
㉱ 수평부재가 수직부재보다 측압이 크다.

해설 콘크리트의 측압
① 콘크리트 시공 시 그 자중에 의해 거푸집에 미치는 횡하중, 즉 거푸집에 미치는 압력이다.
② 온도가 높고 경화속도가 증가하면 측압은 작아진다.

19. 다음 중 비옥지를 가장 좋아하는 수종은?
㉮ 소나무   ㉯ 아까시나무
㉰ 사방오리나무 ㉱ 주목

해설 ① 토양이 좋지 않은 척박지에 생육이 강한 수종 : 소나무, 오리나무, 버드나무, 자작나무, 등나무, 보리수나무, 눈향나무, 자귀나무
② 토양이 좋은 비옥지에서 생육이 강한 수종 : 측백나무, 벽오동, 회양목, 벚나무, 장미, 모란, 느티나무, 단풍나무

해답 13. ㉱   14. ㉮   15. ㉱   16. ㉰   17. ㉯   18. ㉮   19. ㉱

20. 용광로에서 선철을 제조할 때 나온 광석 찌꺼기를 석고와 함께 시멘트에 섞은 것으로서 수화열이 낮고, 내수성이 높으며 화학적 저항성이 큰 한편, 투수가 적은 특징을 갖는 것은?

㉮ 실리카 시멘트
㉯ 고로 시멘트
㉰ 알루미나 시멘트
㉱ 조강 포틀랜드 시멘트

[해설] 고로 시멘트 : 포틀랜드 시멘트 클링커와 슬래그(slag)에 적당량의 석고를 넣어 가루로 만든 것이다. 해수를 받는 곳이나 큰 구조체 공사에 적합하다.

21. 다음 수목 중 봄철에 꽃을 가장 빨리 보려면 어떤 수종을 식재하여야 하는가?

㉮ 말발도리   ㉯ 자귀나무
㉰ 매실나무   ㉱ 금목서

[해설] 매실나무(매화) : 이른 봄 2월에 백색, 담황색 꽃이 피기 시작한다.

22. 다음 [보기]가 설명하는 식물명은?

[보기]
- 홍초과에 해당된다.
- 잎은 넓은 타원형이며 길이 30~40cm로서 양끝이 좁고 밑부분이 엽초로 되어 원줄기를 감싸며 측맥이 평행하다.
- 삭과는 둥글고 잔돌기가 있다.
- 뿌리는 고구마 같은 굵은 근경이 있다.

㉮ 히아신스   ㉯ 튤립
㉰ 수선화   ㉱ 칸나

[해설] 칸나(홍초) : 여러해살이풀로 홍초과에 해당된다.

23. 다음 중 상록용으로 사용할 수 없는 식물은?

㉮ 마삭줄   ㉯ 불로화
㉰ 골고사리 ㉱ 남천

[참고] ① 상록형은 주로 녹색을 유지한다.
② 불로화 : 한해살이풀이다.

24. 다음 골재의 입도에 대한 설명 중 옳지 않은 것은?

㉮ 입도 시험을 위한 골재는 4분법이나 시료분취기에 의하여 필요한 양을 채취한다.
㉯ 입도란 크고 작은 골재알이 혼합되어 있는 정도를 말하며 체가름 시험에 의하여 구할 수 있다.
㉰ 입도가 좋은 골재를 사용한 콘크리트는 공극이 커지기 때문에 강도가 저하한다.
㉱ 입도 곡선이란 골재의 체가름 시험 결과를 곡선으로 표시한 것이며, 입도 곡선이 표준 입도 곡선 내에 들어가야 한다.

[해설] 골재의 입도
① 크고 작은 알갱이가 혼합되어 있는 정도를 말한다.
② 좋은 입도라는 것은 크고 작은 골재의 알갱이가 고루 섞여 있어 공극률이 작아서 시멘트풀이 적게 든다.
③ 공극이 작아지면 강도가 증가한다.

25. 조경시설물 중 유리섬유 강화플라스틱(FRP)으로 만들기 가장 부적합한 것은?

㉮ 인공암   ㉯ 화분대
㉰ 수목 보호판 ㉱ 수족관의 수조

[해설] 유리섬유 강화플라스틱(FRP : Fiberglass Reinforced Plastic)
① 플라스틱에 유리섬유를 첨가시킨 것으로 벤치, 인공폭포, 수목보호판 등에 사용한다.
② 물고기에 치명적인 화학물질을 발생시킬 수 있으므로 수족관의 수조로는 사용을 금지한다.

[해답] 20. ㉯ 21. ㉰ 22. ㉱ 23. ㉯ 24. ㉰ 25. ㉱

26. 수준 측량과 관련이 없는 것은?
㉮ 레벨   ㉯ 표척
㉰ 앨리데이드   ㉱ 야장

해설 ① 레벨 측량(수준 측량) : 두 점 사이의 고저 차이를 측량한다.
② 앨리데이드(alidade) : 평판 측량에서 측선의 방향 측정과 거리 측정에 사용하는 기구이다.

27. 다음 수종들 중 단풍이 붉은색이 아닌 것은?
㉮ 신나무   ㉯ 복자기
㉰ 화살나무   ㉱ 고로쇠나무

해설 ① 붉은색(홍색) 단풍나무 : 단풍나무, 감나무, 화살나무, 붉나무, 담쟁이덩굴, 산딸나무, 옻나무, 벚나무, 검양옻나무
② 황색 단풍나무 : 고로쇠나무, 은행나무, 계수나무, 느티나무, 벽오동, 배롱나무, 자작나무, 메타세퀴아, 백합나무

28. 다음 수목 중 일반적으로 생장속도가 가장 느린 것은?
㉮ 네군도단풍   ㉯ 층층나무
㉰ 개나리   ㉱ 비자나무

해설 비자나무
① 상록침엽교목으로 주목과에 속한다.
② 나이테가 없는 것처럼 생장이 매우 느리며 바둑판으로 사용하기도 한다.

29. 단위용적중량이 1.65 t/m³이고 굵은 골재 비중이 2.65일 때 이 골재의 실적률(A)과 공극률(B)은 각각 얼마인가?
㉮ A : 62.3%   B : 37.7%
㉯ A : 69.7%   B : 30.3%
㉰ A : 66.7%   B : 37.3%
㉱ A : 71.4%   B : 28.6%

해설 ① 골재의 실적률
$$= \frac{단위용적무게}{비중} = \frac{w}{\rho}$$
실적률 $= \frac{w}{\rho} = \frac{1.65}{2.65} \times 100\% = 62.26$
w : 단위용적무게(kg/l), ρ : 비중
② 골재의 공극률
$$= \left(1 - \frac{단위용적무게}{비중}\right) = \left(1 - \frac{w}{\rho}\right)$$
공극률 $= \left(1 - \frac{w}{\rho}\right)$
$= \left(1 - \frac{1.65}{2.65}\right) \times 100\% = 37.37$

30. 스프레이 건(spary gun)을 쓰는 것이 가장 적합한 도료는?
㉮ 수성페인트   ㉯ 유성페인트
㉰ 래커   ㉱ 에나멜

해설 래커 : 액체를 입자 형태, 즉 스프레이(spary) 형태로 분사하는 것으로 스프레이 건으로 분사한다.

31. 다음 중 수목을 기하학적인 모양으로 수관을 다듬어 만든 수형을 가리키는 용어는?
㉮ 정형수   ㉯ 형상수
㉰ 경관수   ㉱ 녹음수

해설 형상수(topiary, 토피어리)
① 수목을 사물의 모양이나 형태를 모방하거나 기하학적인 모양으로 수관을 다듬어 만든 수형을 가리킨다.
② 어떤 수종이든 규준틀을 만들어 전정 및 가지를 유인하지는 않는다.
③ 강전정으로 형태를 단번에 만들지 말고, 연차적으로 원하는 수형을 만든다.

32. 목재 방부제에 요구되는 성질로 부적합한 것은?
㉮ 목재에 침투가 잘 되고 방부성이 클 것

㉯ 목재에 접촉되는 금속이나 인체에 피해가 없을 것
㉰ 목재의 인화성, 흡수성에 증기가 없을 것
㉱ 목재의 강도가 커지고 중량이 증가될 것

해설 방부제의 성질
① 목재에 침투가 잘되고 방부성이 커야 한다.
② 악취가 나거나 변색되지 않아야 한다.
③ 인화성, 흡수성 증가가 없어야 한다.
④ 목재의 강도 저하나 중량 증가가 없어야 한다.

33. 다음 [보기]가 설명하고 있는 것은?

[보기]
- 열경화성수지도료이다.
- 내수성이 크고 열탕에서도 침식되지 않는다.
- 무색 투명하고 착색이 자유로우면 아주 굳고 내수성, 내약품성, 내용제성이 뛰어나다.
- 알키드수지로 변성하여 도료, 내수베니어합판의 접착제 등에 이용된다.

㉮ 석탄산수지 도료
㉯ 프탈산수지 도료
㉰ 염화비닐수지 도료
㉱ 멜라민수지 도료

해설 멜라민수지 도료
① 접착성, 내열성, 내수성이 우수(페놀보다 부족하다)하다.
② 무색투명하다.
③ 고가이다.

34. 유리의 주성분이 아닌 것은?
㉮ 규산   ㉯ 소다
㉰ 석회   ㉱ 수산화칼슘

해설 유리의 주성분
① 산성분 : 규산, 붕산, 인산
② 염기성분 : 소다, 산화칼륨, 석회, 중토, 고토, 산화납, 번토, 산화제이철

35. 블리딩 현상에 따라 콘크리트 표면에 떠올라 표면의 물이 증발함에 따라 콘크리트 표면에 남는 가볍고 미세한 물질로서 시공 시 작업이음을 형성하는 것에 대한 용어로서 맞는 것은?
㉮ workability   ㉯ consistency
㉰ laitance   ㉱ plasticity

해설 ① 블리딩 : 콘크리트 타설 후 콘크리트 표면에 수분이 상승하는 현상이다.
② 레이턴스(laitance) : 블리딩에 의하여 콘크리트 표면에 올라온 미세한 물질이다.

36. 거실이나 응접실 또는 식당 앞에 건물과 잇대어서 만드는 시설물은?
㉮ 정자   ㉯ 테라스
㉰ 모래터   ㉱ 트레리스

해설 테라스 : 건물에 연결하여 만든 것으로 건물의 내부와 외부를 연결하는 공간이다.

37. 다음 보도블록 포장공사의 단면 그림 중 블록 아래 부분은 무엇으로 채우는 것이 좋은가?

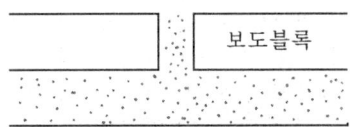

㉮ 자갈   ㉯ 모래
㉰ 잡석   ㉱ 콘크리트

해설 보도블록 → 모래 → 쇄석 → 원지반 다짐

38. 조경설계 과정에서 가장 먼저 이루어져야 하는 것은?
㉮ 구상개념도 작성
㉯ 실시설계도 작성
㉰ 평면도 작성

해답 33. ㉱   34. ㉱   35. ㉰   36. ㉯   37. ㉯   38. ㉮

라 내역서 작성

해설 구상개념도 : 설계개념도라 말하며 도면 처음 작업에 해당한다. 계량적이고 자유롭게 다이어그램의 표현 기법을 사용하여 나타낸다.

39. 원로의 디딤돌 놓기에 관한 설명으로 틀린 것은?

가 디딤돌은 주로 화강암을 넓적하고 둥글게 기계로 깎아 다듬어 놓은 돌만을 이용한다.
나 디딤돌은 보행을 위하여 공원이나 정원에서 잔디밭, 자갈 위에 설치하는 것이다.
다 징검돌을 상면이 평평하고 지름 또한 한 면의 길이가 30~60 cm, 높이가 30 cm 이상인 크기의 강석을 주로 사용한다.
라 디딤돌의 배치 간격 및 형식 등은 설계도면에 따르되 윗면은 수평으로 놓고 지면과의 높이는 5 cm 내외로 한다.

해설 ① 디딤돌로 사용되는 자연석은 윗면이 편평한 것으로 석질이 단단하여 쉽게 마멸되지 않아야 한다.
② 정원에서 디딤돌의 크기가 30~40 cm인 경우에는 디딤돌의 상면이 지표면보다 3 cm 정도 높게 배치한다.
③ 돌의 좁아지는 방향과 걸어가는 방향이 일치하도록 하여 방향성을 주고 지표보다 1.5~5 cm 정도 높게 한다.
④ 공원에서 징검돌의 상단은 수면보다 15cm 정도 높게 배치하고, 한 면의 길이가 0~60cm 정도로 되게 한다.
⑤ 자연석을 주로 사용하는 것이 좋다.

40. 다음 중 전정을 할 때 큰 줄기나 가지자르기를 삼가해야 하는 수종은?

가 벚나무   나 수양버들
다 오동나무 라 현사시나무

해설 벚나무 : 전정을 한 부분에 부패가 발생하기 쉽다.

41. 오늘날 세계 3대 수목병에 속하지 않는 것은?

가 잣나무 털녹병
나 느릅나무 시들음병
다 밤나무 줄기마름병
라 소나무류 리지나뿌리썩음병

해설 세계 3대 수병
① 느릅나무 시들음병
② 밤나무 줄기마름병
③ 잣나무 털녹병

42. 자연석(조경석) 쌓기의 설명으로 옳지 않은 것은?

가 크고 작은 자연석을 이용하여 잘 배치하고 견고하게 쌓는다.
나 사용되는 돌의 선택은 인공적으로 다듬은 것으로 가급적 벌어짐이 없이 연결될 수 있도록 배치한다.
다 자연석으로 서로 어울리게 배치하고 자연석 틈 사이에 관목류를 이용하여 채운다.
라 맨 밑에는 큰 돌을 기초석으로 배치하고 보기 좋은 면이 앞면으로 오게 한다.

해설 대부분 자연석으로 조화롭게 배치한다.

43. 벽돌쌓기 시공에 대한 주의사항으로 틀린 것은?

가 굳기 시작한 모르타르는 사용하지 않는다.
나 붉은 벽돌을 쌓기 전에 충분한 물 축임을 실시한다.
다 1일 쌓기 높이는 1.2 m를 표준으로 하고, 최대 1.5 m 이하로 한다.
라 벽돌벽은 가급적 담장의 중앙 부분을 높

해답 39. 가 40. 가 41. 라 42. 나 43. 라

게 하고 끝부분을 낮게 한다.

해설 벽돌쌓기 : 벽돌은 중간부 부터 한 켜씩 쌓아가며 공사 시방서대로 균형 있게 쌓는다.

44. 다음 중 농약의 혼용사용 시 장점이 아닌 것은?
㉮ 약해 증가   ㉯ 독성 경감
㉰ 약효 상승   ㉱ 약효지속기간 연장

해설 농약의 혼용사용 시 단점 : 농약에 의한 해가 증가되어 식물에 피해가 커진다.

45. 실내조경 식물의 선정기준이 아닌 것은?
㉮ 낮은 광도에 견디는 식물
㉯ 온도 변화에 예민한 식물
㉰ 가스에 잘 견디는 식물
㉱ 내건성과 내습성이 강한 식물

해설 실내조경 식물의 선정기준
① 낮은 광도에 견디는 식물
② 온도 변화에 민감하지 않고 적응을 잘하는 식물
③ 내건성과 내습성이 강한 식물
④ 병해충에 강한 식물
⑤ 가시, 독성이 없고 유해성이 없는 안전한 식물

46. 나무를 옮겨 심었을 때 잘려진 뿌리로 부터 새 뿌리가 나오게 하여 활착이 잘 되게 하는데 가장 중요한 것은?
㉮ 호르몬과 온도
㉯ C/N율과 토양의 온도
㉰ 온도와 지주목의 종류
㉱ 잎으로 부터의 증산과 뿌리의 흡수

해설 수목 이식 후 조치 : 가지와 잎을 솎아주어 수분의 증발을 막아주고 뿌리에 수분이 많게 하여 뿌리 활착 및 신진대사가 잘 되도록 한다.

47. 퍼걸러(pergola) 설치 장소로 적합하지 않은 것은?
㉮ 건물에 붙여 만들어진 테라스 위
㉯ 주택 정원의 가운데
㉰ 통경선의 끝부분
㉱ 주택 정원의 구석진 곳

해설 퍼걸러(pergola) : 정원의 구성 양식으로 마당이나 평평한 지붕 위에 등나무, 포도나무 같은 덩굴성 식물을 올리도록 만든 장치다.

48. 경사가 있는 보도교의 경우 종단 기울기가 얼마를 넘지 않도록 하여야 하는가?
㉮ 3°   ㉯ 5°   ㉰ 8°   ㉱ 15°

해설 기울기 8° 이내로 하여 보행에 불편을 주지 말아야 한다.

49. 벽돌쌓기에서 사용되는 모르타르의 배합비 중 가장 부적합한 것은?
㉮ 1 : 1   ㉯ 1 : 2
㉰ 1 : 3   ㉱ 1 : 4

해설 모르타르의 배합비
시멘트(1) : 모래(1)~시멘트(1) : 모래(3)

50. 조경수 전정의 방법이 옳지 않은 것은?
㉮ 전체적인 수형의 구성을 미리 정한다.
㉯ 충분한 햇빛을 받을 수 있도록 가지를 배치한다.
㉰ 병해충 피해를 받은 가지는 제거한다.
㉱ 아래에서 위로 올라가면서 전정한다.

해설 조경수 전정 방법 : 수목 위쪽에서부터 아래쪽으로 가면서 전정한다.

51. 직영 공사의 특징 설명으로 옳지 않

해답 44. ㉮   45. ㉯   46. ㉱   47. ㉰   48. ㉰   49. ㉱   50. ㉱   51. ㉰

은 것은?

㉮ 공사 내용이 단순하고 시공 과정이 용이할 때
㉯ 풍부하고 저렴한 노동력, 재료의 보유 또는 구입 편의가 있을 때
㉰ 시급한 준공을 필요로 할 때
㉱ 일반 도급으로 단가를 정하기 곤란한 특수한 공사가 필요할 때

해설 직영 공사 : 공사의 설계, 시공, 감리 등 발주자가 직접 시공자가 되며 공사의 모든 책임을 지는 공사를 말하며, 전문성이 결여되어 하자가 발생할 때 경비, 재료비, 노무비가 증가되어 공사 기간이 연장될 수 있다.

52. 솔수염하늘소의 성충이 최대로 출현하는 최성기로 가장 적합한 것은?

㉮ 3~4월   ㉯ 4~5월
㉰ 6~7월   ㉱ 9~10월

해설 솔수염하늘소
① 성충의 발생 시기 : 5~7월
② 메프유제 또는 치아클로프리드액상수화제를 살포한다.
③ 수피 밑에서 형성층과 목질부를 갉아먹는다.

53. 다음 중 일반적인 토양의 상태에 따른 뿌리 발달의 특징 설명으로 옳지 않은 것은?

㉮ 비옥한 토양에서는 뿌리목 가까이에서 많은 뿌리가 갈라져 나가고 길게 뻗지 않는다.
㉯ 척박지에서는 뿌리의 갈라짐이 적고 길게 뻗어나간다.
㉰ 건조한 토양에서는 뿌리가 짧고 좁게 퍼진다.
㉱ 습한 토양에서는 호흡을 위하여 땅 표면 가까운 곳에 뿌리가 퍼진다.

해설 ① 습한 토양에서는 나무가 뿌리가 짧고 좁게 퍼진다.
② 건조한 토양에서는 나무가 생존하기 위해서 뿌리가 길고 넓게 퍼진다.

54. 비탈면의 기울기는 관목 식재 시 어느 정도 경사보다 완만하게 식재하여야 하는가?

㉮ 1 : 0.3 보다 완만하게
㉯ 1 : 1 보다 완만하게
㉰ 1 : 2 보다 완만하게
㉱ 1 : 3 보다 완만하게

해설 식재 지반의 조성(비탈면)
① 교목 식재 : 1 : 3 보다 완만하게 한다.
② 관목 식재 : 1 : 2 보다 완만하게 한다.

55. 조경 시설물 중 관리 시설물로 분류되는 것은?

㉮ 분수, 인공폭포
㉯ 그네, 미끄럼틀
㉰ 축구장, 철봉
㉱ 조명시설, 표지판

해설 공원 관리시설 : 창고, 차고, 게시판, 표지, 조명시설, 쓰레기처리장, 쓰레기통, 수도, 우물, 태양광발전시설(건축물에 설치하는 것으로 한정한다.)

56. 다음 중 공사현장의 공사 및 기술 관리, 기타 공사 업무 시행에 관한 모든 사항을 처리하여야 할 사람은?

㉮ 공사 발주자
㉯ 공사 현장대리인
㉰ 공사 현장감독관
㉱ 공사 현장감리원

해설 공사 현장대리인(현장소장) : 공사 현장에 상주하여 공사 현장의 공사 및 기술 관

해답 52. ㉰   53. ㉰   54. ㉰   55. ㉱   56. ㉯

리, 기타 공사 업무 시행에 관한 모든 사항을 처리하는 자를 말한다.

57. 다음 배수관 중 가장 경사를 급하게 설치해야 하는 것은?

㉮ $\phi 100\,mm$ ㉯ $\phi 200\,mm$
㉰ $\phi 300\,mm$ ㉱ $\phi 400\,mm$

해설 ① 관경이 작을수록 경사도를 높인다.
② 경사도가 높으면 배수의 흐름이 빠르게 되어 배수량이 증가된다.

58. 지역이 광대해서 하수를 한 개소로 모으기가 곤란할 때 배수 지역을 수 개 또는 그 이상으로 구분해서 배관하는 배수 방식은?

㉮ 직각식   ㉯ 차집식
㉰ 방사식   ㉱ 선형식

해설 ① 직각식 : 하수관을 방류수면에 직각으로 배치한다.
② 차집식 : 차집거를 설치하여 간선에 따라 한 쪽 방향으로 방류하는 방식
③ 선형식 : 나무가지형 형태의 배수로에 한 장소로 집수하여 처리하는 방식
④ 방사식 : 도시 중심이 높을 때 배수지역을 여러 지역으로 구분해서 배관하는 배수 방식이다.

59. 다음 수목 중 식재 시 근원 직경에 의한 품셈을 적용할 수 있는 것은?

㉮ 은행나무   ㉯ 왕벚나무
㉰ 아왜나무   ㉱ 꽃사과나무

해설 꽃사과나무 : 소교목이므로 근원 직경으로 한다.

60. 항공사진측량의 장점 중 틀린 것은?

㉮ 축적 변경이 용이하다.
㉯ 분업화에 의한 작업능률성이 높다.
㉰ 동적인 대상물의 측량이 가능하다.
㉱ 좁은 지역 측량에서 50% 정도의 경비가 절약된다.

해설 항공사진측량(aerial photogrammetry) : 시설비용이 많이 들어가며 사진 판독이 불가능할 경우 직접 현장조사를 하여야 한다.

해답 57. ㉮ 58. ㉰ 59. ㉱ 60. ㉱

▶ 2012년 4월 8일 시행

자격종목	코드	시험시간	형별
조경기능사	7900	1시간	B

수험번호 / 성명

1. 다음 중 별서의 개념과 가장 거리가 먼 것은?
㉮ 은둔 생활을 하기 위한 것
㉯ 효도하기 위한 것
㉰ 별장의 성격을 갖기 위한 것
㉱ 수목을 가꾸기 위한 것
〔해설〕 별서 정원 : 세속을 벗어나 자연을 벗삼아 풍류를 즐기며 전원생활을 하는 정원이다.

2. 메소포타미아의 대표적인 정원은?
㉮ 마야 사원
㉯ 베르사유 궁전
㉰ 바빌론의 공중정원
㉱ 타지마할 사원
〔해설〕 공중정원(hanging garden)
① 기원전 500년경 네부카드네자르 2세가 왕비 아비타스를 위하여 수도 바빌론에 건설한 정원이다.
② 피라미드 화단에는 꽃, 덩굴초, 과일 나무를 식재하였다.

3. 조경의 직무는 조경 설계 기술자, 조경 시공 기술자, 조경 관리 기술자로 크게 분류할 수 있다. 그중 조경 설계 기술자의 직무 내용에 해당하는 것은?
㉮ 식재 공사
㉯ 시공 감리
㉰ 병해충 방제
㉱ 조경 묘목 생산
〔해설〕 조경 설계 기술자 : 조사한 자료를 기준으로 용도 및 목적에 맞게 공간을 기능적, 미적으로 설계하며, 설계한 도면의 작업 공정을 관리, 감독한다.

4. 오방색 중 황(黃)의 오행과 방위가 바르게 짝지어진 것은?
㉮ 금(金) - 서쪽
㉯ 목(木) - 동쪽
㉰ 토(土) - 중앙
㉱ 수(水) - 북쪽
〔해설〕 오방 정색 (음양오행설)
청(靑) - 동쪽 - 목(木)
적(赤) - 남쪽 - 화(火)
황(黃) - 중앙 - 토(土)
백(白) - 서쪽 - 금(金)
흑(黑) - 북쪽 - 수(水)

5. 다음 [보기]의 ( ) 안에 들어갈 디자인 요소는?

[보기]
형태, 색채와 더불어 (   )은(는) 디자인의 필수 요소로서 물체의 조성 성질을 말하며, 이는 우리의 감각을 통해 형태에 대한 지식을 제공한다.

㉮ 질감 ㉯ 광선 ㉰ 공간 ㉱ 입체
〔해설〕 질감(texture) : 물체 표면의 거칠고 매끄러운 정도를 시각적으로 느끼는 특성이다.

6. 영국인 Brown의 지도하에 덕수궁 석조전 앞뜰에 조성된 정원 양식과 관계되는 것은?
㉮ 빌라 메디치
㉯ 보르비콩트 정원
㉰ 분구원
㉱ 센트럴 파크
〔해설〕 덕수궁 : 연못과 분수를 중심으로 한 프랑스식 정원 양식으로 우리나라 최초의 유럽식 정원이다.

해답 1. ㉱ 2. ㉰ 3. ㉯ 4. ㉰ 5. ㉮ 6. ㉯

7. 먼셀의 색상환에서 BG는 무슨 색인가?
㉮ 연두색 ㉯ 남색
㉰ 청록색 ㉱ 보라색

해설
① BG : 청록색(Blue(파랑) + Green(초록))
② PB : 남색(남보라)
③ GR : 연두색
④ Y : 노란색

8. 중국 청나라 때의 유적이 아닌 것은?
㉮ 자금성 금원 ㉯ 원명원 이궁
㉰ 이화원 ㉱ 졸정원

해설 졸정원 : 졸정원은 명나라 시대(1509년)의 왕헌신이 조성하였으며, 중국의 대표적인 사가원림이다.

9. 다음 설명에 해당하는 도시공원의 종류는 어느 것인가?

[보기]
– 설치기준의 제한은 없으며, 유치거리 500 m 이하, 공원 면적 10,000㎡ 이상으로 할 수 있다.
– 주로 인근에 거주하는 자의 이용에 제공할 목적으로 설치한다.

㉮ 어린이공원
㉯ 근린생활권근린공원
㉰ 도보권근린공원
㉱ 묘지공원

해설 도시공원
① 어린이공원 : 1,500㎡ 이상
② 근린생활권근린공원 : 10,000㎡ 이상
③ 도보권근린공원 : 30,000㎡ 이상
④ 묘지공원 : 100,000㎡ 이상

10. 경관 구성의 미적 원리를 통일성과 다양성으로 구분할 때, 다음 중 다양성에 해당하는 것은?
㉮ 조화 ㉯ 균형
㉰ 강조 ㉱ 대비

해설 경관 구성의 미적 원리 중 다양성에 해당하는 것은 비례(proportion), 율동(rhythm), 대비(contrast) 등이다.

11. 정형식 배식 방법에 대한 설명이 옳지 않은 것은?
㉮ 단식 – 생김새가 우수하고, 중량감을 갖춘 정형수를 단독으로 식재
㉯ 대식 – 시선축의 좌우에 같은 형태, 같은 종류의 나무를 대칭 식재
㉰ 열식 – 같은 형태와 종류의 나무를 일정한 간격으로 직선상에 식재
㉱ 교호식재 – 서로 마주보게 배치하는 식재

해설 교호식재는 열식의 형태에서 서로 같은 간격으로 지그재그식으로 식재한다.

12. [보기]와 같은 목적의 뜰은 주택 정원의 어디에 해당하는가?

[보기]
– 응접실이나 거실 쪽에 면한다.
– 주택 정원의 중심이 된다.
– 가족의 구성단위나 취향에 따라 계획한다.

㉮ 안뜰 ㉯ 앞뜰
㉰ 뒤뜰 ㉱ 작업뜰

해설 안뜰(주정)은 휴식 공간, 단란 공간으로, 가정의 중심적 역할을 한다.

13. 주축선 양쪽에 짙은 수림을 만들어 주축선이 두드러지게 하는 비스타(vista) 수법을 가장 많이 이용한 정원은?
㉮ 영국 정원 ㉯ 독일 정원

해답 7. ㉰ 8. ㉱ 9. ㉯ 10. ㉱ 11. ㉱ 12. ㉮ 13. ㉱

㉰ 이탈리아 정원 ㉱ 프랑스 정원

해설 프랑스 정원은 주축선 양쪽에 짙은 수림을 만들어 주축선이 두드러지게 하는 비스타 수법을 가장 많이 이용하였으며, 평면기하식에서 함께 사용되었다.

14. 실선의 굵기에 따른 종류(굵은선, 중간선, 가는선)와 용도가 바르게 연결되어 있는 것은?

㉮ 굵은선 – 도면의 윤곽선
㉯ 중간선 – 치수선
㉰ 가는선 – 단면선
㉱ 가는선 – 파선

해설 ① 가는선 – 치수선, 치수보조선, 지시선, 해칭선
② 중간선 – 물체의 외곽선, 경계선

15. 우리나라에서 처음 조경의 필요성을 느끼게 된 가장 큰 이유는?

㉮ 인구 증가로 인한 놀이, 휴게 시설의 부족 해결을 위해
㉯ 고속도로, 댐 등 각종 경제개발에 따른 국토의 자연 훼손의 해결을 위해
㉰ 급속한 자동차의 증가로 인한 대기 오염을 줄이기 위해
㉱ 공장 폐수로 인한 수질 오염을 해결하기 위해

해설 경제개발에 따른 국토 훼손 및 환경 파괴로 인하여 조경의 필요성을 느꼈다.

16. 다음 [보기]에서 설명하는 수종은?

[보기]
- 낙엽활엽교목으로 부채꼴형 수형이다.
- 야합수(夜合樹)라 불리기도 한다.
- 여름에 피는 꽃은 분홍색으로 화려하다.
- 천근성 수종으로 이식에 어려움이 있다.

㉮ 자귀나무 ㉯ 치자나무
㉰ 은목서   ㉱ 서향

해설 자귀나무는 낙엽활엽소교목으로, 6~7월에 개화한다.

17. 다음 중 화성암 계통의 석재인 것은?

㉮ 화강암 ㉯ 점판암
㉰ 대리석 ㉱ 사문암

해설 화성암
① 화산 작용으로 응집되어 만들어진 돌로서 강도가 단단하고 강하다.
② 화강암은 한국 돌의 70% 이상을 차지하며, 건축, 토목의 구조재, 내외장재, 디딤돌, 계단용 경계석, 석탑 등으로 사용한다.

18. 산울타리에 적합하지 않은 식물 재료는?

㉮ 무궁화 ㉯ 측백나무
㉰ 느릅나무 ㉱ 꽝꽝나무

해설 산울타리 수종은 적당한 높이로 아래 가지가 죽지 않고 오래 살아야 한다. 둥근 형태의 느릅나무는 낙엽활엽교목으로, 나무의 키가 30m까지 자라 녹음용 수종에 알맞다.

19. 시멘트 액체 방수제의 종류가 아닌 것은?

㉮ 염화칼슘계 ㉯ 지방산계
㉰ 비소계   ㉱ 규산소다계

해설 시멘트 액체 방수제의 종류
① 무기질계 : 염화칼슘계, 규산(유산)소다계, 규산질분말계
② 유기질계 : 지방산계, 파라핀계
③ 폴리머계 : 합성고무 라텍스계, 아크릴 에멀션계

20. 활엽수이지만 잎의 형태가 침엽수와 같아서 조경적으로 침엽수로 이용하는 것

해답 14. ㉮ 15. ㉯ 16. ㉮ 17. ㉮ 18. ㉰ 19. ㉰ 20. ㉰

은 어느 것인가?

㉮ 은행나무　　㉯ 산딸나무
㉰ 위성류　　　㉱ 이나무

해설 은행나무, 산딸나무, 이나무는 침엽수이고, 위성류는 활엽수(낙엽활엽소교목)이다.

21. 수종에 따라 또는 같은 수종이라도 개체의 성질에 따라 삽수의 발근에 차이가 있는데 일반적으로 삽목 시 발근이 잘 되지 않는 수종은?

㉮ 오리나무　　㉯ 무궁화
㉰ 개나리　　　㉱ 꽝꽝나무

22. 다음 중 인공지반을 만들려고 할 때 사용되는 경량토로 부적합한 것은?

㉮ 버미큘라이트　㉯ 모래
㉰ 펄라이트　　　㉱ 부엽토

해설 인공 토양 경량재에는 버미큘라이트, 펄라이트, 부엽토, 이탄(peat), 화산 모래, 화산 자갈 등이 있다.

23. 다음 조경 수목 중 음수인 것은?

㉮ 비자나무　　㉯ 소나무
㉰ 향나무　　　㉱ 느티나무

해설 ① 양수 : 석류나무, 소나무, 느티나무, 모과나무, 향나무, 백목련
② 음수 : 주목, 전나무, 독일가문비, 녹나무, 회양목, 비자나무

24. 형상수로 이용할 수 있는 수종은?

㉮ 주목　　　　㉯ 명자나무
㉰ 단풍나무　　㉱ 소나무

해설 주목은 녹색의 잎과 붉은 열매를 가지고 있어 아름다운 멋을 나타내며, 생장 속도는 매우 느리다.

참고 토피어리(형상수)는 강전정으로 형태를 단번에 만들지 말고, 연차적으로 원하는 수형을 만들어 간다.

25. 조경 수목의 규격에 관한 설명으로 옳은 것은? (단, 괄호 안의 영문은 기호를 의미한다.)

㉮ 흉고 직경(R) : 지표면 줄기의 굵기
㉯ 근원 직경(B) : 가슴 높이 정도의 줄기의 지름
㉰ 수고(W) : 지표면으로부터 수관의 하단 부까지의 수직 높이
㉱ 지하고(BH) : 지표면에서 수관의 맨 아랫가지까지의 수직 높이

해설 ① 흉고 직경(B, DBH) : diameter of breast height, 지표면에서 1.2m 부위의 수간 직경
② 근원 직경(R) : root-collar caliper, 지표면 부위의 수간 직경
③ 수고(H) : height, 나무 높이
④ 지하고(BH) : brace height, 지표면에서 최초의 가지까지의 높이
⑤ 수관폭(W) : width, spread, 나무 폭

26. 석재의 분류 방법 중 가장 보편적으로 사용되는 방법은?

㉮ 화학 성분에 의한 방법
㉯ 성인에 의한 방법
㉰ 산출 상태에 의한 방법
㉱ 조직 구조에 의한 방법

해설 성인(成因)은 돌이 이루어진 원리를 말한다.

27. 목재의 방부 처리 방법 중 일반적으로 가장 효과가 우수한 것은?

㉮ 침지법　　　㉯ 도포법
㉰ 생리적 주입법　㉱ 가압주입법

해답 21. ㉮　22. ㉯　23. ㉮　24. ㉮　25. ㉱　26. ㉯　27. ㉱

해설 가압주입법은 압력 탱크 속에 목재를 넣고 고압으로 방부제를 침투시키는 방법으로 조경 시설물에 주로 사용한다.

28. 기건 상태에서 목재 표준 함수율은 어느 정도인가?
- ㉮ 5% 내외
- ㉯ 15% 내외
- ㉰ 25% 내외
- ㉱ 35% 내외

해설 기건 상태에서 목재의 표준 함수율은 15%를 기준으로 한다.

29. 다음 중 압축강도(kgf/cm²)가 가장 큰 목재는?
- ㉮ 삼나무
- ㉯ 낙엽송
- ㉰ 오동나무
- ㉱ 밤나무

해설 낙엽송(530) > 삼나무(380) > 오동나무(300) > 밤나무(200)

30. 홍색(紅色) 열매를 맺지 않는 수종은?
- ㉮ 산수유
- ㉯ 쥐똥나무
- ㉰ 주목
- ㉱ 사철나무

해설 쥐똥나무는 낙엽활엽관목으로, 4~5월에 흰색 꽃이 피며 검은색 열매가 열린다.

31. 생태 복원을 목적으로 사용하는 재료로서 가장 거리가 먼 것은?
- ㉮ 식생매트
- ㉯ 잔디블록
- ㉰ 녹화마대
- ㉱ 식생자루

해설 녹화마대는 수피 감기, 뿌리분 감기에 사용된다.

32. 혼화재의 설명 중 옳은 것은?
- ㉮ 혼화재는 혼화제와 같은 것이다.
- ㉯ 종류로는 포졸란, AE제 등이 있다.
- ㉰ 종류로는 슬래그, 감수제 등이 있다.
- ㉱ 혼화재료는 그 사용량이 비교적 많아서 그 자체의 부피가 콘크리트의 배합 계산에 관계된다.

해설 ① 혼화재(混和材)는 워커빌리티 향상, 수화열 감소, 수축 저감, 알칼리성의 감소 등을 목적으로 혼합 사용하는 재료이다.
　㉠ 플라이애시
　㉡ 고로슬래그
　㉢ 실리카 퓸
　㉣ 팽창재, 수축 저감재
　㉤ 사용량이 비교적 많아서 그 자체의 부피(5% 이상)가 콘크리트의 배합 계산에 관계된다.
② 혼화제(混和劑, chemical admixture)는 경화 전후의 콘크리트 성질을 개선할 목적으로 사용한다.
　㉠ 공기 연행제
　㉡ 감수제
　㉢ 고성능 감수제
　㉣ 유동화제
　㉤ 응결 경화 조정제
　㉥ 기포제
　㉦ 방청제, 지연제, 발포제, 경화 촉진제
　㉧ 사용량이 매우 적어 그 자체의 부피(1% 이하)가 콘크리트의 배합 계산에 포함되지 않는다.

33. 줄기의 색이 아름다워 관상 가치를 가진 대표적인 수종의 연결로 옳지 않은 것은?
- ㉮ 백색계의 수목 : 자작나무
- ㉯ 갈색계의 수목 : 편백
- ㉰ 적갈색계의 수목 : 소나무
- ㉱ 흑갈색계의 수목 : 벽오동

해설 식나무, 탱자나무, 죽도화, 찔레, 벽오동나무는 수피가 아름다운 청록색 나무이다.

34. 쾌적한 가로 환경과 환경 보전, 교통 제어, 녹음과 계절성, 시선 유도 등으로

해답 28. ㉯　29. ㉯　30. ㉯　31. ㉰　32. ㉱　33. ㉱　34. ㉱

활용하고 있는 가로수로 적합하지 않은 수종은?

㉮ 이팝나무 ㉯ 은행나무
㉰ 메타세쿼이아 ㉱ 능소화

해설 능소화는 낙엽활엽 덩굴성 나무로, 8~9월에 적색 꽃이 핀다.

[참고] 가로수용 수종
① 여름철 그늘을 만들고 병해충에 잘 견디는 수종일 것
② 벚나무, 은행나무, 느티나무, 가중나무, 메타세쿼이아, 이팝나무

35. 좋은 콘크리트를 만들려면 좋은 품질의 골재를 사용해야 하는데, 좋은 골재에 관한 설명으로 옳지 않은 것은?

㉮ 골재의 표면이 깨끗하고 유해 물질이 없을 것
㉯ 굳은 시멘트 페이스트보다 약한 석질일 것
㉰ 납작하거나 길지 않고 구형에 가까울 것
㉱ 굵고 잔 것이 골고루 섞여 있을 것

해설 콘크리트 골재의 조건
① 형태는 거칠고 구형에 가까운 것이 가장 좋으며 편평하거나 세장한 것은 좋지 않다.
② 진흙이나 유기 불순물 등의 유해물이 포함되지 않아야 한다.
③ 강도는 콘크리트 중에 경화 시멘트 페이스트의 강도 이상이어야 한다.

36. 다음 [보기]에서 입찰의 순서로 옳은 것은?

[보기]
㉠ 입찰 공고 ㉡ 입찰 ㉢ 낙찰
㉣ 계약 ㉤ 현장 설명 ㉥ 개찰

㉮ ㉠ → ㉡ → ㉢ → ㉣ → ㉤ → ㉥
㉯ ㉠ → ㉤ → ㉡ → ㉥ → ㉢ → ㉣
㉰ ㉠ → ㉡ → ㉥ → ㉢ → ㉣ → ㉤
㉱ ㉤ → ㉥ → ㉠ → ㉡ → ㉢ → ㉣

해설 입찰 공고 → 현장 설명 → 입찰 → 개찰 → 낙찰 → 계약
① 입찰: 낙찰 가격을 서면으로 제출한다.
② 개찰: 입찰한 가격을 비교하여 검사한다.
③ 낙찰: 입찰한 결과에 따라 계약의 성립 업체를 선정한다.

37. 다음 중 교목의 식재 공사 공정으로 옳은 것은?

㉮ 구덩이 파기 → 물 죽쑤기 → 묻기 → 지주세우기 → 수목 방향 정하기 → 물집 만들기
㉯ 구덩이 파기 → 수목 방향 정하기 → 묻기 → 물 죽쑤기 → 지주 세우기 → 물집 만들기
㉰ 수목 방향 정하기 → 구덩이 파기 → 물 죽쑤기 → 묻기 → 지주 세우기 → 물집 만들기
㉱ 수목 방향 정하기 → 구덩이 파기 → 묻기 → 지주 세우기 → 물 죽쑤기 → 물집 만들기

38. 질소 기아 현상에 대한 설명으로 옳지 않은 것은?

㉮ 탄질률이 높은 유기물이 토양에 가해질 경우 발생한다.
㉯ 미생물과 고등식물 간에 질소 경쟁이 일어난다.
㉰ 미생물 상호간의 질소 경쟁이 일어난다.
㉱ 토양으로부터 질소의 유실이 촉진된다.

해설 질소 기아(nitrogen starvation) 현상: 완전히 부패되지 않은 유기물이 토양에 가해질 경우 미생물이 질소를 흡입하여 토양 속에서 식물에 필요한 질소가 부족하여 발생하

해답 35. ㉯ 36. ㉯ 37. ㉯ 38. ㉱

는 현상으로, 미생물로부터 질소의 유실이 촉진된다.

39. 다음 중 세균에 의한 수목병은?
㉮ 밤나무 뿌리혹병
㉯ 뽕나무 오갈병
㉰ 소나무 잎녹병
㉱ 포플러 모자이크병

> **해설** 세균(bacteria)은 매우 작은 원핵 세포의 단세포 생물이다. 밤나무 뿌리혹병(세균)에 걸리면 수분 섭취가 어려워 오랜 시간이 지난 후에 나무가 말라 죽는다.

40. 겨울 전정의 설명으로 틀린 것은?
㉮ 12~3월에 실시한다.
㉯ 상록수는 동계에 강전정하는 것이 가장 좋다.
㉰ 제거 대상 가지를 발견하기 쉽고 작업도 용이하다.
㉱ 휴면 중이기 때문에 굵은 가지를 잘라내어도 전정의 영향을 거의 받지 않는다.

> **해설** 상록 활엽수는 추위에 약하므로 겨울에 강전정을 하지 않는다. 5~6월과 9~10월에 두 번 전정을 실시한다.

41. 공사의 실시방식 중 공동 도급의 특징이 아닌 것은?
㉮ 공사 이행의 확실성이 보장된다.
㉯ 여러 회사의 참여로 위험이 분산된다.
㉰ 이해 충돌이 없고, 임기응변 처리가 가능하다.
㉱ 공사의 하자 책임이 불분명하다.

> **해설** 공동 도급
> ① 중소업체 보호 및 위험을 분산하여 위험도를 감소시킬 수 있다.
> ② 경비가 증대되며 이해 충돌 및 책임 회피가 발생할 수 있다.

42. 다음 중 수간주입 방법으로 옳지 않은 것은?
㉮ 구멍 속의 이물질과 공기를 뺀 후 주입관을 넣는다.
㉯ 중력식 수간주사는 가능한 한 지제부 가까이에 구멍을 뚫는다.
㉰ 구멍의 각도는 50~60° 가량 경사지게 세워서, 구멍지름 20mm 정도로 한다.
㉱ 뿌리가 제 구실을 못하고 다른 시비방법이 없을 때, 빠른 수세회복을 원할 때 사용한다.

> **해설** 구멍의 각도는 20~30° 가량 경사지게 세워서, 구멍지름 5mm 정도로 한다.

43. 다음 중 뿌리분의 형태별 종류에 해당되지 않는 것은?
㉮ 보통분   ㉯ 사각분
㉰ 접시분   ㉱ 조개분

> **해설** 뿌리분의 크기
> ① 접시분 : 천근성 수종 굴취 시 사용한다.
> ② 조개분 : 심근성 수종 굴취 시 사용한다.
> ③ 보통분 : 일반적 수종

44. 다음 [보기]를 공원 행사의 개최 순서대로 나열한 것은?

[보기]
① 제작   ② 실시   ③ 기획   ④ 평가

㉮ ① → ② → ③ → ④
㉯ ③ → ① → ② → ④
㉰ ④ → ① → ② → ③
㉱ ① → ④ → ③ → ②

> **해설** 기획 → 제작 → 실시 → 평가

45. 다음 중 수목의 굵은 가지치기 방법으로 옳지 않은 것은?

해답 39. ㉮ 40. ㉯ 41. ㉰ 42. ㉰ 43. ㉯ 44. ㉯ 45. ㉮

㉮ 잘라낼 부위는 먼저 가지의 밑동으로부터 10~15cm 부위를 위에서부터 아래까지 내리자른다.
㉯ 잘라낼 부위는 아래쪽에 가지 굵기의 1/3 정도 깊이까지 톱자국을 먼저 만들어 놓는다.
㉰ 톱을 돌려 아래쪽에 만들어 놓은 상처보다 약간 높은 곳을 위에서부터 내리자른다.
㉱ 톱으로 자른 자리의 거친 면은 손칼로 깨끗이 다듬는다.

해설) 수목의 굵은 가지치기 : 잘라낼 부위는 먼저 가지의 밑동으로부터 10~15cm 부위를 1/3 정도 깊이까지 아래서부터 위로 올려 자른 후 톱을 돌려 아래쪽에 만들어 놓은 상처보다 약간 높은 곳을 위에서부터 내리자른다.

46. 지형도에서 U자 모양으로 그 바닥이 낮은 높이의 등고선을 향하면 이것은 무엇을 의미하는가?

㉮ 계곡   ㉯ 능선
㉰ 현애   ㉱ 동굴

해설) ① U : 능선
② V : 계곡
③ M(W) : M(W)형태의 등고선

47. 크롬산 아연을 안료로 하고, 알키드 수지를 전색료로 한 것으로서 알루미늄 녹막이 초벌칠에 적당한 도료는?

㉮ 광명단   ㉯ 파커라이징
㉰ 그라파이트 ㉱ 징크로메이트

해설) ① 알루미늄 녹막이 : 징크로메이트
② 광명단 : 철재 녹막이

48. 한국 잔디의 해충으로 가장 큰 피해를 주는 것은?

㉮ 풍뎅이 유충   ㉯ 거세미나방
㉰ 땅강아지   ㉱ 선충

해설) 잔디의 피해 : 풍뎅이(굼벵이) 유충은 뿌리를 먹고 성장한다.

49. 생울타리처럼 수목이 대상으로 군식되었을 때 거름 주는 방법으로 가장 적당한 것은?

㉮ 전면 거름주기   ㉯ 방사상 거름주기
㉰ 천공 거름주기   ㉱ 선상 거름주기

해설) 선상 거름주기는 산울타리처럼 수목이 집단으로 식재되었을 때 일정한 간격을 두고 길게 홀(hole)을 파서 거름을 주는 방법이다.

50. 정원수의 거름주기 설명으로 옳지 않은 것은?

㉮ 속효성 거름은 7월 이후에 준다.
㉯ 지효성의 유기질 비료는 밑거름으로 준다.
㉰ 질소질 비료와 같은 속효성 비료는 덧거름으로 준다.
㉱ 지효성 비료는 늦가을에서 이른 봄 사이에 준다.

해설) 정원수 거름주기
① 속효성 거름 : 효과가 빠르게 나타나는 성질이므로 7월까지 준다.
② 지효성 거름 : 유기질이 부패해서 나타나므로 효과가 늦게 나타난다.

51. 배수 공사 중 지하층 배수와 관련된 설명으로 옳지 않은 것은?

㉮ 지하층 배수는 속도랑을 설치해 줌으로써 가능하다.
㉯ 암거배수의 배치 형태는 어골형, 평행형, 빗살형, 부채살형, 자유형 등이 있다.
㉰ 속도랑의 깊이는 심근성보다 천근성 수

해답) 46. ㉯ 47. ㉱ 48. ㉮ 49. ㉱ 50. ㉮ 51. ㉰

종을 식재할 때 더 깊게 한다.
㉣ 큰 공원에서는 자연 지형에 따라 배치하는 자연형 배수 방법이 많이 이용된다.

해설 속도랑의 깊이는 심근성 수종을 더 깊게 한다.

52. 흙깎기(切土) 공사에 대한 설명으로 옳은 것은?
㉮ 보통 토질에서는 흙깎기 비탈면 경사를 1 : 0.5 정도로 한다.
㉯ 흙깎기를 할 때는 안식각보다 약간 크게 하여 비탈면의 안정을 유지한다.
㉰ 작업물량이 기준보다 작은 경우 인력보다는 장비를 동원하여 시공하는 것이 경제적이다.
㉣ 식재 공사가 포함된 경우의 흙깎기에서는 지표면 표토를 보존하여 식물 생육에 유용하도록 한다.

해설 흙깎기(切土) 공사
① 보통 토질에서 흙깎기 비탈면 경사도를 1 : 1.5 정도로 한다.
② 흙깎기를 할 때는 안식각보다 약간 작게 하여 비탈면의 안정을 유지한다.
③ 작업물량이 기준보다 작은 경우 인력을 동원하여 시공하는 것이 경제적이다.

53. 콘크리트를 혼합한 다음 운반해서 다져 넣을 때까지 시공성의 좋고 나쁨을 나타내는 성질, 즉 콘크리트의 시공성을 나타내는 것은?
㉮ 슬럼프 시험   ㉯ 워커빌리티
㉰ 물·시멘트비   ㉣ 양생

해설 워커빌리티(시공연도) : 콘크리트를 시공하기에 적당한 물기를 워커빌리티(workability) 또는 시공연도라 한다.

54. 참나무 시들음병에 대한 설명으로 옳지 않은 것은?
㉮ 매개충은 광릉긴나무좀이다.
㉯ 피해목은 초가을에 모든 잎이 낙엽된다.
㉰ 매개충의 암컷 등판에는 곰팡이를 넣는 균낭이 있다.
㉣ 월동한 성충은 5월경에 침입공을 빠져나와 새로운 나무를 가해한다.

해설 참나무 시들음병에 걸린 나무에는 겨울에도 잎이 붙어 있으며, 피해가 심한 경우 제거하여 완전히 소각한다.

55. 다음 설명하는 해충으로 가장 적합한 것은?

- 유충은 적색, 분홍색, 검은색이다.
- 끈끈한 분비물을 분비한다.
- 식물의 어린잎이나 새가지, 꽃봉오리에 붙어 수액을 빨아먹어 생육을 억제한다.
- 점착성 분비물을 배설하여 그을음병을 발생시킨다.

㉮ 응애   ㉯ 솜벌레
㉰ 진딧물   ㉣ 깍지벌레

해설 진딧물의 배설물은 잎의 호흡 불량을 유발하고 광합성을 방해한다.

56. 공사원가에 의한 공사비 구성 중 안전관리비가 해당되는 것은?
㉮ 간접재료비   ㉯ 간접노무비
㉰ 경비   ㉣ 일반관리비

해설 경비는 공사의 시공을 위하여 소요되는 공사원가 중 재료비, 노무비를 제외한 원가를 말한다. 안전관리비는 경비에 해당된다.
안전관리비의 항목별 사용 내역
1. 안전관리자 등의 인건비 및 각종 업무 수당
2. 안전시설비
3. 개인 보호구 및 안전장구 구입비
4. 사업장의 안전진단비

해답 52. ㉣   53. ㉯   54. ㉯   55. ㉰   56. ㉰

5. 안전보건교육비 및 행사비
6. 근로자의 건강관리비
7. 건설재해예방기술지도비
8. 본사 사용비

57. 잔디의 상토 소독에 사용하는 약제는?

㉮ 디캄바
㉯ 에테폰
㉰ 메티다티온
㉱ 메틸브로마이드

해설 상토 소독에 사용하는 메틸브로마이드 (methyl bromide)는 자연적으로 생성되는 물질이며, 식물에 영향을 주지 않고 동물에만 독성을 보인다.

58. 다음 중 학교 조경의 수목 선정 기준에 가장 부적합한 것은?

㉮ 생태적 특성
㉯ 경관적 특성
㉰ 교육적 특성
㉱ 조형적 특성

해설 학교 조경 수목 선정 시 생태적 특성, 경관적 특성, 교육적 특성, 학생들의 심리 등을 고려한다.

59. 어린이 놀이 시설물 설치에 대한 설명으로 옳지 않은 것은?

㉮ 시소는 출입구에 가까운 곳, 휴게소 근처에 배치하도록 한다.
㉯ 미끄럼대의 미끄럼판의 각도는 일반적으로 30~40° 정도의 범위로 한다.
㉰ 그네는 통행이 많은 곳을 피하여 동서 방향으로 설치한다.
㉱ 모래터는 하루 4~5시간의 햇볕이 쬐고 통풍이 잘 되는 곳에 위치한다.

해설 그네는 햇빛을 피하여 북향 또는 동향으로 설치한다.

60. 토공 작업 시 지반면보다 낮은 면의 굴착에 사용하는 기계로 깊이 6m 정도의 굴착에 적당하며, 백호(back hoe)라고도 불리는 기계는?

㉮ 클램 셸
㉯ 드래그 라인
㉰ 파워 셔블
㉱ 드래그 셔블

해설 드래그 셔블은 지반면보다 낮은 면의 굴착에 사용한다.

해답 57. ㉱ 58. ㉱ 59. ㉰ 60. ㉱

▶ 2012년 7월 22일 시행

자격종목	코 드	시험시간	형 별
조경기능사	7900	1시간	B

1. 다음 중 정형식 정원에 해당하지 않는 양식은?
㉮ 평면기하학식 ㉯ 노단식
㉰ 중정식 ㉱ 회유임천식

해설 자연식 정원 : 전원풍경식, 회유임천식, 고산수식

2. 다음 중 식물 재료의 특성으로 부적합한 것은?
㉮ 생물로서, 생명 활동을 하는 자연성을 지니고 있다.
㉯ 불변성과 가공성을 지니고 있다.
㉰ 생장과 번식을 계속하는 연속성이 있다.
㉱ 계절적으로 다양하게 변화함으로써 주변과의 조화성을 가진다.

해설 조경 재료 중 무생물 재료는 균일성, 가공성, 불변성을 지닌다.

3. 우리나라 후원 양식의 정원수법이 형성되는데 영향을 미친 것이 아닌 것은?
㉮ 불교의 영향 ㉯ 음양오행설
㉰ 유교의 영향 ㉱ 풍수지리설

해설 불교 사상은 극락정토 사상을 근본으로 하여 사찰 정원을 중심으로 석등, 석탑, 석불 등 불교 미술품에 많은 영향을 주었다.

4. 조선 시대 정자의 평면 유형은 유실형(중심형, 편심형, 분리형, 배면형)과 무실형으로 구분할 수 있는데 다음 중 유형이 다른 것은?

㉮ 광풍각 ㉯ 임대정
㉰ 거연정 ㉱ 세연정

해설 ① 거연정 : 배면형
② 광풍각, 임대정, 세연정 : 중심형

5. 노외주차장의 구조·설비기준으로 틀린 것은 어느 것인가? (단, 주차장법 시행규칙을 적용한다.)
㉮ 노외주차장의 출구와 입구에서 자동차의 회전을 쉽게 하기 위하여 필요한 경우에는 차로와 도로가 접하는 부분을 곡선형으로 하여야 한다.
㉯ 노외주차장의 출구 부근의 구조는 해당 출구로부터 2m를 후퇴한 노외주차장의 차로의 중심선상 1.0m의 높이에서 도로의 중심선에 직각으로 향한 왼쪽·오른쪽 각각 45°의 범위에서 해당 도로를 통행하는 자를 확인할 수 있도록 하여야 한다.
㉰ 노외주차장의 출입구 너비를 3.5m 이상으로 하여야 하며, 주차대수 규모가 50대 이상인 경우에는 출구와 입구를 분리하거나 너비 5.5m 이상의 출입구를 설치하여 소통이 원활하도록 하여야 한다.
㉱ 노외주차장에서 주차에 사용되는 부분의 높이는 주차 바닥면으로부터 2.1m 이상으로 하여야 한다.

해설 제6조(노외주차장의 구조·설비기준)
① 노외주차장의 구조·설비기준은 다음 각 호와 같다.
  1. 노외주차장의 출구와 입구에서 자동차의 회전을 쉽게 하기 위하여 필요한 경

해답 1. ㉱ 2. ㉯ 3. ㉮ 4. ㉰ 5. ㉯

우에는 차로와 도로가 접하는 부분을 곡선형으로 하여야 한다.
   2. 노외주차장의 출구 부근의 구조는 해당 출구로부터 2m(이륜자동차 전용 출구의 경우에는 1.3m)를 후퇴한 노외주차장의 차로의 중심선상 1.4m의 높이에서 도로의 중심선에 직각으로 향한 왼쪽·오른쪽 각각 60°의 범위에서 해당 도로를 통행하는 자를 확인할 수 있도록 하여야 한다.

6. 우리나라 고유의 공원을 대표할 만한 문화재적 가치를 지닌 정원은?
   ㉮ 경복궁의 후원   ㉯ 덕수궁의 후원
   ㉰ 창경궁의 후원   ㉱ 창덕궁의 후원

   해설 창덕궁의 후원은 자연의 순리를 존중하며 자연과의 조화를 기본으로 하는 한국적 미학의 특성이 표현된 정원으로, 유네스코의 세계문화유산으로 등록되어 있다.

7. 화단의 초화류를 엷은 색에서 점점 짙은 색으로 배열할 때 가장 강하게 느껴지는 조화미는?
   ㉮ 통일미   ㉯ 균형미
   ㉰ 점층미   ㉱ 대비미

   해설 점층미는 선, 색깔, 형태 등이 점차적으로 증가하거나 점차적으로 감소할 때 느껴지는 아름다움으로 이미지를 구성하는 기법을 말한다.

8. 센트럴 파크(central park)에 대한 설명 중 틀린 것은?
   ㉮ 르코르뷔지에(Le Corbusier)가 설계하였다.
   ㉯ 19세기 중엽 미국 뉴욕에 조성되었다.
   ㉰ 면적은 약 334헥타르의 장방형 슈퍼블록으로 구성되었다.
   ㉱ 모든 시민을 위한 근대적이고 본격적인 공원이다.

   해설 센트럴 파크(central park)는 옴스테트가 설계하였으며, 1850년에 시작하여 1960년에 완성하였다.

9. 조경 제도 용품 중 곡선자라고 하여 각종 반지름의 원호를 그릴 때 사용하기 가장 적합한 재료는?
   ㉮ 원호자   ㉯ 운형자
   ㉰ 삼각자   ㉱ T자

   해설 곡선자의 종류
   ① 원호자 : 곡선자로 원호를 그릴 때 사용한다.
   ② 운형자 : 원호나 불규칙한 곡선을 그릴 때 사용한다.
   ③ 자유곡선자 : 여러 가지 곡선을 자유롭게 그리는 데 사용한다.
   ④ 삼각자 : T자와 함께 수직선, 사선을 긋는 데 사용한다.
   ⑤ T자 : 수평선을 긋거나 삼각자의 안내자로 사용한다.

10. 다음 중 사절우(四節友)에 해당되지 않는 것은?
   ㉮ 소나무   ㉯ 난초
   ㉰ 국화   ㉱ 대나무

   해설 사절우는 매화, 소나무, 국화, 대나무를 말한다.

11. 주변 지역의 경관과 비교할 때 지배적이며, 특징을 가지고 있어 지표적인 역할을 하는 것을 무엇이라고 하는가?
   ㉮ vista   ㉯ districts
   ㉰ nodes   ㉱ landmarks

   해설 랜드마크(landmark)는 어떤 지역의 지형, 지물 등의 식별성이 높은 지표물을 말한다. 예) 남산타워, 남대문

해답 6. ㉱   7. ㉰   8. ㉮   9. ㉮   10. ㉯   11. ㉱

12. 조선시대 경승지에 세운 누각들 중 경기도 수원에 위치한 것은?

㉮ 연광정   ㉯ 사허정
㉰ 방화수류정   ㉱ 영호정

해설 방화수류정은 수원성의 북수구문인 화홍문의 동쪽에 인접한 정자이다.

13. 다음 중 조화(harmony)의 설명으로 가장 적합한 것은?

㉮ 각 요소들이 강약, 장단의 주기성이나 규칙성을 가지면서 전체적으로 연속적인 운동감을 가지는 것
㉯ 모양이나 색깔 등이 비슷비슷하면서도 실은 똑같지 않은 것끼리 모여 균형을 유지하는 것
㉰ 서로 다른 것끼리 모여 서로를 강조시켜 주는 것
㉱ 축선을 중심으로 하여 양쪽의 비중을 똑같이 만드는 것

해설 조경 설계 시 자연 풍경과 시설물들이 잘 조화되도록 설계해야 한다.

14. 단독 주택 정원에서 일반적으로 장독대, 쓰레기통, 창고 등이 설치되는 공간은?

㉮ 뒤뜰   ㉯ 안뜰
㉰ 앞뜰   ㉱ 작업뜰

해설 주택 정원의 설계
① 작업뜰(작업 정) ; 차폐식재, 방수재, 벽돌, 타일로 포장한다.
② 앞뜰(전정) : 대문에서 시작하여 현관문에 이르는 밝은 공간, 전이공간이다.
③ 안뜰(주정) : 가정 정원의 중심적인 역할을 하며 휴식 공간, 단란 공간이다.
④ 뒤뜰(후정) : 사생활이 보장된 정숙한 프라이버시 강조 공간이다.

15. 다음 중 색의 3속성에 관한 설명으로 옳은 것은?

㉮ 감각에 따라 식별되는 색의 종명을 채도라 한다.
㉯ 두 색상 중에서 빛의 반사율이 높은 쪽이 밝은 색이다.
㉰ 색의 포화 상태, 즉 강약을 말하는 것은 명도이다.
㉱ 그레이 스케일(gray scale)은 채도의 기준 척도로 사용된다.

해설 ① 감각에 따라 식별되는 색의 종명을 색상(hue)이라 한다.
② 색의 포화 상태, 즉 강약을 말하는 것은 채도(saturation)이다.
③ 그레이 스케일(gray scale)은 명도의 기준 척도로 사용된다.

16. 가을에 그윽한 향기를 가진 등황색 꽃이 피는 수종은?

㉮ 금목서   ㉯ 남천
㉰ 팔손이나무   ㉱ 생강나무

해설 금목서는 상록 활엽관목으로, 9~10월에 등황색의 꽃이 핀다.

17. 석재를 형상에 따라 구분할 때 견치돌에 대한 설명으로 옳은 것은?

㉮ 폭이 두께의 3배 미만으로 육면체 모양을 가진 돌
㉯ 치수가 불규칙하고 일반적으로 뒷면이 없는 돌
㉰ 두께가 15cm 미만이고 폭이 두께의 3배 이상인 육면체 모양의 돌
㉱ 전면은 정사각형에 가깝고, 뒷길이, 접촉면, 뒷면 등의 규격화된 돌

해설 견치돌은 돌쌓기에 쓰는 정사각뿔 모양의 돌로 앞면은 정사각형 또는 직사각형이

해답 12. ㉰   13. ㉯   14. ㉱   15. ㉯   16. ㉮   17. ㉱

며, 주로 벽돌 옹벽 등의 쌓기용으로 메쌓기나 찰쌓기 등에 사용된다.

18. 다음 중 음수대에 관한 설명으로 옳지 않은 것은?

㉮ 표면 재료는 청결성, 내구성, 보수성을 고려한다.
㉯ 양지 바른 곳에 설치하고, 가급적 습한 곳은 피한다.
㉰ 유지관리상 배수는 수직 배수관을 많이 사용하는 것이 좋다.
㉱ 음수전의 높이는 성인, 어린이, 장애인 등 이용자의 신체 특성을 고려하여 적정 높이로 한다.

해설 배수구는 관리하기 쉽게 설치하여야 한다.

19. 투명도가 높으므로 유기유리라는 명칭이 있고 착색이 자유로워 채광판, 도어판, 칸막이판 등에 이용되는 것은?

㉮ 아크릴 수지
㉯ 멜라민 수지
㉰ 알키드 수지
㉱ 폴리에스테르 수지

해설 아크릴 수지
① 무색 투명판은 광선 및 자외선의 투과성이 크고 내약품성, 전기 절연성이 크며, 내충격 강도는 무기유리보다 8~10배 정도나 크다.
② 스크린, 칸막이판, 창유리, 문짝, 조명기구 등을 만드는 데 쓰인다.

20. 콘크리트의 흡수성, 투수성을 감소시키기 위해 사용하는 방수용 혼화제의 종류(무기질계, 유기질계)가 아닌 것은?

㉮ 염화칼슘
㉯ 탄산소다
㉰ 고급지방산
㉱ 실리카질 분말

해설 방수제의 주성분은 염화칼슘, 지방산비누, 규산나트륨이다.

21. 정원수는 개화 생리에 따라 당년에 자란 가지에 꽃피는 수종, 2년생 가지에 꽃피는 수종, 3년생 가지에 꽃피는 수종으로 구분한다. 다음 중 2년생 가지에 꽃피는 수종은?

㉮ 장미
㉯ 무궁화
㉰ 살구나무
㉱ 명자나무

해설 수목의 개화
① 1년생(당년) 가지 : 장미, 무궁화
② 2년생 가지 : 진달래, 개나리, 수수꽃다리, 매화나무, 살구나무
③ 3년생 가지 : 명자나무, 배나무

22. 다음 합판의 제조 방법 중 목재의 이용 효율이 높고, 가장 널리 사용되는 것은?

㉮ 로터리 베니어(rotary veneer)
㉯ 슬라이스 베니어(sliced veneer)
㉰ 소드 베니어(sawed veneer)
㉱ 플라이우드(plywood)

해설 합판(단판) 제조 방법
① 로터리 베니어(rotary veneer) : 원목을 회전하여 대팻날로 연속적으로 벗기어 접착제를 발라서 양쪽에서 가압하여 붙이거나, 얇은 판재 여러 장을 접착제에 의해 한 층씩 적층한 재를 위에서 가압하여 만든다.
② 슬라이스 베니어(sliced veneer) : 원목을 상하 수평으로 이동하여 얇게 자르고 2개 또는 4개로 쪼개 접착제를 발라서 양쪽에서 붙이거나 가압하여 만든다.
③ 소드 베니어(sawed veneer) : 원목에 수직형 띠톱을 사용하여 접착제를 발라서 양쪽에서 붙이거나 가압하여 만든다.

해답 18. ㉰ 19. ㉮ 20. ㉯ 21. ㉰ 22. ㉮

23. 우리나라 들잔디(zoysia japonica)의 특징으로 옳지 않은 것은?
㉮ 여름에는 무성하지만 겨울에는 잎이 말라 죽어 푸른빛을 잃는다.
㉯ 번식은 지하경(地下莖)에 의한 영양 번식을 위주로 한다.
㉰ 척박한 토양에서 잘 자란다.
㉱ 더위 및 건조에 약한 편이다.
해설 들잔디는 건조, 고온, 척박지에서 성장하며 내습력에 약하다.

24. 담금질을 한 강에 인성을 주기 위하여 변태점 이하의 적당한 온도에서 가열한 다음 냉각시키는 조작을 의미하는 것은?
㉮ 풀림   ㉯ 사출
㉰ 불림   ㉱ 뜨임질
해설 뜨임질은 담금질을 한 후에 적당한 온도에서 가열한 다음 서서히 냉각시켜 취성이 조금 약해지면서 외부 충격을 잘 견디게 하는 작업이다.

25. 심근성 수종에 해당하지 않는 것은?
㉮ 섬잣나무   ㉯ 태산목
㉰ 은행나무   ㉱ 현사시나무
해설 천근성 수종은 뿌리가 얕게 뻗은 것이 특징이며, 독일가문비, 자작나무, 편백, 매화나무, 현사시나무 등이 여기에 속한다.

26. 흰말채나무의 설명으로 옳지 않은 것은?
㉮ 층층나무과로 낙엽활엽관목이다.
㉯ 노란색의 열매가 특징적이다.
㉰ 수피가 여름에는 녹색이나 가을, 겨울철의 붉은 줄기가 아름답다.
㉱ 잎은 대생하며 타원형 또는 난상타원형이고, 표면에 작은 털, 뒷면은 흰색의 특징을 갖는다.
해설 흰말채나무는 8~9월에 타원형의 열매가 백색으로 익는다.

27. 미장 재료 중 혼화 재료가 아닌 것은?
㉮ 방수제   ㉯ 방동제
㉰ 방청제   ㉱ 착색제
해설 미장 재료는 경화에 따라 분류하는데, 결합재는 그 자신이 물리적 또는 화학적으로 고체화하여 미장 바름의 주체가 되는 재료이며, 시멘트, 점토, 석회 등이 있다. 혼화 재료는 방수, 내화, 단열의 효과를 얻기 위한 재료로 촉진제, 급결제, 착색제가 있다.

28. 목재의 강도에 대한 설명 중 가장 거리가 먼 것은?
㉮ 휨강도는 전단강도보다 크다.
㉯ 비중이 크면 목재의 강도는 증가하게 된다.
㉰ 목재는 외력이 섬유 방향으로 작용할 때 가장 강하다.
㉱ 섬유포화점에서 전건상태에 가까워짐에 따라 강도는 작아진다.
해설 목재의 강도 : 섬유포화점 이상의 함수 상태에서는 강도가 일정하나 그 이하에서는 함수율이 작을수록 강도가 커진다. 생나무 강도를 1로 하면 기건재의 강도는 1.5배, 전건재의 강도는 3배 정도로 알려져 있다.

29. 보통 포틀랜드 시멘트와 비교했을 때 고로(高爐) 시멘트의 일반적 특성에 해당되지 않는 것은?
㉮ 초기강도가 크다.
㉯ 내열성이 크고 수밀성이 양호하다.
㉰ 해수(海水)에 대한 저항성이 크다.

해답 23. ㉱   24. ㉱   25. ㉱   26. ㉯   27. ㉰   28. ㉱   29. ㉮

㉣ 수화열이 적어 매스콘크리트에 적합하다.

[해설] 고로(슬래그) 시멘트는 보통 시멘트에 비하여 응결이 늦고 초기강도는 낮으나, 화학작용에 대한 저항성, 수밀성이 크고 발열량이 적어서 균열 발생이 적다.

30. 인공 폭포나 인공 동굴의 재료로 가장 일반적으로 많이 쓰이는 경량 소재는?

㉮ 복합 플라스틱 구조재(FRP)
㉯ 레드 우드(red wood)
㉰ 스테인리스 강철(stainless steel)
㉱ 폴리에틸렌(polyethylene)

[해설] 복합 플라스틱 구조재(FRP)는 벤치, 인공 폭포, 수목호, 보호판 등에 사용한다.

31. 콘크리트에 사용되는 골재에 대한 설명으로 옳지 않은 것은?

㉮ 잔 것과 굵은 것이 적당히 혼합된 것이 좋다.
㉯ 불순물이 묻어 있지 않아야 한다.
㉰ 형태는 매끈하고 편평, 세장한 것이 좋다.
㉱ 유해물질이 없어야 한다.

[해설] 형태는 거칠고 구형에 가까운 것이 좋으며, 편평하거나 세장한 것은 좋지 않다.

32. 다음 중 줄기의 색채가 백색 계열에 속하는 수종은?

㉮ 모과나무   ㉯ 자작나무
㉰ 노각나무   ㉱ 해송

[해설] 자작나무는 낙엽활엽교목으로 줄기가 백색이다.

33. 벽돌쌓기 방법 중 가장 견고하고 튼튼한 것은?

㉮ 영국식 쌓기   ㉯ 미국식 쌓기
㉰ 네덜란드식 쌓기   ㉱ 프랑스식 쌓기

[해설] 벽돌쌓기법 종류
① 영국식 쌓기
 ㉠ 모서리에 반절, 이오토막을 사용하여 통줄눈이 생기지 않는 것이 특징이며, 한 켜는 마구리쌓기, 다음은 길이쌓기를 교대로 하여 쌓는다.
 ㉡ 가장 튼튼한 구조이며 내력벽 쌓기에 사용된다.
② 프랑스식 쌓기
 ㉠ 끝부분에는 이오토막을 사용하며, 한 켜는 길이쌓기, 다음은 마구리 쌓기를 교대로 하여 쌓는다.
 ㉡ 치장용으로 많이 사용되며, 많은 토막 벽돌이 사용된다.
③ 미국식 쌓기
 ㉠ 앞면 5켜까지는 길이쌓기, 다음은 마구리 쌓기로 하고, 뒷면은 영국식으로 쌓는다.
 ㉡ 치장 벽돌을 사용한다.
④ 화란식(네덜란드식) 쌓기
 ㉠ 모서리 또는 끝부분에는 칠오토막을 사용하고 한 켜는 길이쌓기, 다음은 마구리쌓기를 하여 마무리하는 벽돌쌓기법이다.
 ㉡ 한 면은 벽돌 마구리와 길이가 교대로 되고, 다른 면은 영국식으로 쌓는다.
 ㉢ 작업하기 쉬워 일반적으로 가장 많이 사용하는 벽돌쌓기법이다.

34. 다음 중 차폐식재로 사용하기 가장 부적합한 수종은?

㉮ 계수나무   ㉯ 서양측백
㉰ 호랑가시   ㉱ 쥐똥나무

[해설] 계수나무는 낙엽활엽교목으로 향기가 있고 5월에 꽃이 핀다.

[참고] 차폐식재
① 미관상 좋지 않거나 경관상 나쁜 시설이나 장소 등에 나무를 식재하여 가려 줄 수 있는 식재 방법이다.
② 잎과 가지가 치밀하고 지하고가 낮으며, 아랫가지가 잘 죽지 않아야 한다.

[해답] 30. ㉮   31. ㉰   32. ㉯   33. ㉮   34. ㉮

③ 차폐식재 수종 : 주목, 잣나무, 호랑가시, 쥐똥나무, 눈향나무, 서양측백

35. 다음 중 점토에 대한 설명으로 옳지 않은 것은?

㉮ 암석이 오랜 기간에 걸쳐 풍화 또는 분해되어 생긴 세립자 물질이다.
㉯ 가소성은 점토 입자가 미세할수록 좋고 또한 미세 부분은 콜로이드로서의 특성을 가지고 있다.
㉰ 화학 성분에 따라 내화성, 소성 시 비틀림 정도, 색채의 변화 등의 차이로 인해 용도에 맞게 선택된다.
㉱ 습윤 상태에서는 가소성을 가지고 고온으로 구우면 경화되지만 다시 습윤 상태로 만들면 가소성을 갖는다.

해설 점토
① 점토는 물에 젖으면 가소성이 생기고 건조하면 굳어지며 높은 온도로 구웠다가 식히면 경화되어 그 강도가 더욱 커진다.
② 내화성, 소성변형, 색채 등에 영향을 준다.

36. 비중이 1.15인 이소푸로치오란 유제(50%) 100 mL로 0.05 % 살포액을 제조하는 데 필요한 물의 양은?

㉮ 104.9 L   ㉯ 110.5 L
㉰ 114.9 L   ㉱ 124.9 L

해설 ① 물의 양
$= 원액의 용량 \times \left(\dfrac{원액\ 농도}{희석액\ 농도} - 1 \right) \times 원액의 비중$
② 물의 비중 = 1,   1L = 1000mL
③ 물의 양 $= 100\text{mL} \times \left(\dfrac{50}{0.05} - 1 \right) \times 1.15$
$= 114,885\text{mL} ≒ 114.9\text{L}$

37. 한 켜는 마구리쌓기, 다음 켜는 길이쌓기로 하고 길이 켜의 모서리와 벽 끝에 칠오토막을 사용하는 벽돌쌓기 방법은?

㉮ 네덜란드식 쌓기   ㉯ 영국식 쌓기
㉰ 프랑스식 쌓기   ㉱ 미국식 쌓기

38. 중앙에 큰 암거를 설치하고 좌우에 작은 암거를 연결시키는 형태로, 경기장과 같이 전 지역의 배수가 균일하게 요구되는 곳에 주로 이용되는 형태는?

㉮ 어골형   ㉯ 즐치형
㉰ 자연형   ㉱ 차단법

해설 ① 차단형 : 경사면 자체의 유수를 방지하기 위하여 경사면 바로 위에 설치하는 배수 형태다.
② 자유형(자연형) : 대규모 공원과 같이 완전한 배수가 요구되지 않는 지역에서 사용하며 등고선을 고려하여 주관을 설치하고 설치된 주관을 중심으로 양측에 지관을 설치한다.
③ 빗살형(즐치형) : 규모가 작은 면적의 전 지역에 균일하게 배수할 때 사용한다.
④ 어골형 : 평탄지이고 전 지역에 균일하게 배수가 필요한 지역이며 지관 길이는 30m 이하이고 각도는 45° 이하로 설치한다.

39. 상해(霜害)의 피해와 관련된 설명으로 틀린 것은?

㉮ 분지를 이루고 있는 우묵한 지형에 상해가 심하다.
㉯ 성목보다 유령목에 피해를 받기 쉽다.
㉰ 일차(日差)가 심한 남쪽 경사면보다 북쪽 경사면이 피해가 심하다.
㉱ 건조한 토양보다 과습한 토양에서 피해가 많다.

해설 상해의 피해는 북쪽 경사면보다 남쪽 경사면에서 더 심하게 나타난다.

40. 하수도시설기준에 따라 오수관거의 최소 관지름은 몇 mm를 표준으로 하는가?

해답 35. ㉱   36. ㉰   37. ㉮   38. ㉮   39. ㉰   40. ㉰

⑦ 100 mm　　　　㉯ 150 mm
㉰ 200 mm　　　　㉲ 250 mm

해설 하수도 시설기준
① 오수관거 최소 관지름 : $D200mm$
② 우수관거 최소 관지름 : $D250mm$

41. 상록수를 옮겨 심기 위하여 나무를 캐 올릴 때 뿌리분의 지름으로 가장 적합한 것은?

㉮ 근원지름의 1/2배　㉯ 근원지름의 1배
㉰ 근원지름의 3배　㉲ 근원지름의 4배

해설 뿌리분의 지름은 근원지름의 4배 정도의 크기로 한다.

42. 솔나방의 생태적 특성으로 옳지 않은 것은?

㉮ 식엽성 해충으로 분류된다.
㉯ 줄기에 약 400개의 알을 낳는다.
㉰ 1년에 1회로 성충은 7~8월에 발생한다.
㉲ 유충이 잎을 가해하며, 심하게 피해를 받으면 소나무가 고사하기도 한다.

해설 솔나방 : 소나무를 가해하는 주요 해충으로 식엽성 해충으로 분류되며, 성충의 몸길이는 암컷 40mm, 수컷 30mm 정도이다. 솔나방 알덩어리의 알 수는 300개 정도이다.

43. 일반적인 조경 관리에 해당되지 않는 것은?

㉮ 운영 관리　　　㉯ 유지 관리
㉰ 이용 관리　　　㉲ 생산 관리

해설 조경 관리
① 유지 관리 : 잔디 및 수목 관리
② 운영 관리 : 예산, 조직, 제도
③ 이용 관리 : 안전 관리 및 홍보

44. 다음 해충 중 성충의 피해가 문제되는 것은?

㉮ 솔나방　　　　㉯ 소나무좀
㉰ 뽕나무하늘소　㉲ 밤나무순혹벌

해설 소나무좀은 6월에 성충이 되어 새순을 갉아 먹는다.

45. 조경설계기준에서 인공 지반에 식재된 식물과 생육에 필요한 최소 식재토심으로 옳은 것은? (단, 배수구배는 1.5~2%, 자연토양을 사용)

㉮ 잔디 : 15 cm　　㉯ 초본류 : 20 cm
㉰ 소관목 : 40 cm　㉲ 대관목 : 60 cm

해설 잔디, 초화류 생존 최소 깊이 : 15 cm

46. 다음 중 한발이 계속될 때 짚깔기나 물주기를 제일 먼저 해야 될 나무는?

㉮ 소나무　　　　㉯ 향나무
㉰ 가중나무　　　㉲ 낙우송

해설 낙우송은 낙엽침엽교목으로 물기나 습기를 좋아하는 수종이므로 짚을 깔아 수분 증발, 동해, 잡초 발생을 억제해야 한다.

47. 우리나라의 조선시대 전통 정원을 꾸미고자 할 때 다음 중 연못 시공으로 적합한 호안공은?

㉮ 자연석 호안공　㉯ 사괴석 호안공
㉰ 편책 호안공　　㉲ 마름돌 호안공

해설 사괴석은 벽이나 돌담을 쌓는 데 주로 사용하는 돌이며, 호안공(기슭막이)은 기슭이 패는 것을 방지하기 위하여 물 흐름 방향과 평행하게 만든 구조물이다.

48. 다음 중 농약의 보조제가 아닌 것은?

㉮ 증량제　　　　㉯ 협력제
㉰ 유인제　　　　㉲ 유화제

해설 농약의 보조제는 농약의 효과를 증진시키고 약해는 감소시키기 위하여 사용하는 용

해답 41. ㉲　42. ㉯　43. ㉲　44. ㉯　45. ㉮　46. ㉲　47. ㉯　48. ㉰

제로 계면 활성제, 광물유, 식물유, 증량제, 유화제, 협력제 등이 있다.

49. 주로 종자에 의하여 번식되는 잡초는?
㉮ 올미   ㉯ 가래
㉰ 피   ㉱ 너도방동사니

해설 잡초의 번식법
① 유성번식 (종자번식) : 피, 바랭이, 마디꽃, 알방동사니, 뚝새풀, 개기장, 명아주
② 무성번식 (영양번식) : 종자 이외의 번식기관으로 번식하는 방식으로 주로 다년생 잡초이다. 가래, 물방개, 미나리, 메꽃, 엉겅퀴류, 올미, 감자
③ 종자영양번식 : 너도방동사니, 산딸기

50. 표면 건조 내부 포수상태의 골재에 포함하고 있는 흡수량의 절대 건조상태의 골재 중량에 대한 백분율은 다음 중 무엇을 기초로 하는가?
㉮ 골재의 함수율   ㉯ 골재의 흡수율
㉰ 골재의 표면수율 ㉱ 골재의 조립률

해설 골재의 흡수율
① 표면 건조 내부 포수상태 : 표면은 건조되어 있으나 내부는 물로 꽉 차 있는 상태
② 골재의 흡수율
$= \dfrac{\text{표면 건조 내부 포수상태} - \text{절대 건조상태}}{\text{절대 건조상태}} \times 100$

51. 삼각형의 세 변의 길이가 각각 5m, 4m, 5m라고 하면 면적은 약 얼마인가?
㉮ 약 8.2 m²   ㉯ 약 9.2 m²
㉰ 약 10.2 m²   ㉱ 약 11.2 m²

해설 Heron 공식
$2s = (a+b+c)$
$s = \dfrac{1}{2}(5+4+5) = 7$
$S = \sqrt{s(s-a)(s-b)(s-c)}$
$\quad = \sqrt{7(7-5)(7-4)(7-5)} = 9.16 \text{m}^2$

52. 곁눈 밑에 상처를 내어 놓으면 잎에서 만들어진 동화물질이 축적되어 잎눈이 꽃눈으로 변하는 일이 많다. 어떤 이유 때문인가?
㉮ C/N율이 낮아지므로
㉯ C/N율이 높아지므로
㉰ T/R율이 낮아지므로
㉱ T/R율이 높아지므로

해설 C/N율이란 식물체 내의 탄소(C)와 질소(N)의 함량 비율을 말한다. 탄소가 많게 되면 C/N율이 높아져 꽃눈이 많아지고 질소가 많게 되면 C/N율이 낮아져 잎눈이 많아진다.

53. 관상하기에 편리하도록 땅을 1~2m 깊이로 파 내려가 평평한 바닥을 조성하고, 그 바닥에 화단을 조성한 것은?
㉮ 기식 화단   ㉯ 모둠 화단
㉰ 양탄자 화단   ㉱ 침상 화단

해설 ① 기식 화단 (모둠 화단) : 사방에서 감상할 수 있도록 화단의 중심부에 장미 등을 식재하며 주변에는 색채를 아름답고 조화롭게 배색하여 여러 가지 화초를 식재한다.
② 매듭 화단 : 낮게 깎은 회양목 등으로 화단을 여러 가지 기하학적 모양으로 만든 것을 말한다.
③ 카펫 화단 (화문 화단, 양탄자 화단) : 여러 가지 무늬를 감상할 수 있도록 키가 작은 초화와 개화 기간이 긴 꽃들을 선택하여 꽃 색을 아름답게 배치하고 밀식하여 지면이 보이지 않게 만든 화단이다.
④ 경재 화단 : 울타리 담벽, 건물의 담장, 경사면을 배경으로 장방형의 긴 형태로 앞쪽은 키가 작은 채송화 같은 화초를 식재하고 뒤쪽은 키가 큰 매리골드 등의 화초를 식재하여 한쪽에서만 감상할 수 있다.

54. 다음 중 줄기의 수피가 얇아 옮겨 심은 직후 줄기감기를 반드시 하여야 되는

해답 49. ㉰ 50. ㉯ 51. ㉯ 52. ㉯ 53. ㉱ 54. ㉮

수종은?

㉮ 배롱나무 ㉯ 소나무
㉰ 향나무   ㉱ 은행나무

해설 줄기감기를 해야 하는 수종
① 가지나 잎의 제거가 많은 이식 수목
② 뇌쇠목이나 내한성이 약한 나무
③ 배롱나무, 느티나무 등 수피가 얇은 수종
④ 수간이 노출되어 동해의 우려가 있는 나무

55. 돌쌓기 시공상 유의해야 할 사항으로 옳지 않은 것은?

㉮ 서로 이웃하는 상하층의 세로 줄눈을 연속되게 한다.
㉯ 돌쌓기 시 뒤채움을 잘 하여야 한다.
㉰ 석재는 충분하게 수분을 흡수시켜서 사용해야 한다.
㉱ 하루에 1~1.2m 이하로 찰쌓기를 하는 것이 좋다.

해설 돌쌓기를 할 때 상하층의 세로 줄눈을 연속되게 하면 한 줄눈이 되므로 부동침하가 발생할 수 있다.

56. 잔디밭의 관수 시간으로 가장 적당한 것은?

㉮ 오후 2시경에 실시하는 것이 좋다.
㉯ 정오경에 실시하는 것이 좋다.
㉰ 오후 6시 이후 저녁이나 일출 전에 한다.
㉱ 아무 때나 잔디가 타면 관수한다.

해설 잔디의 관수 시간으로 오전 및 오후가 가장 좋다.

57. 다음 중 무거운 돌을 놓거나, 큰 나무를 옮길 때 신속하게 운반과 적재를 동시에 할 수 있어 편리한 장비는?

㉮ 체인 블록   ㉯ 모터 그레이더
㉰ 트럭 크레인 ㉱ 콤바인

해설 조경 굴착 기계
① 파워셔블(power shovel) : 원형으로 작업 위치보다 높은 굴착에 적합하며 산, 절벽 굴착에 쓰인다.
② 드래그 라인 : 지면보다 낮은 곳을 넓게 굴착하는 데 사용하며, 긁어 파기에 이용된다.
③ 클램 셸 : 수중 굴착, 폭발 작업 등 좁은 장소의 수직 굴착에 사용한다.
④ 모터 그레이더(motor grader) : 지면을 절삭하여 평활하게 다듬는 것이 목적이다.
⑤ 드래그 셔블(백호) : 굴착 기계로서 작업 위치보다 낮은 장소의 굴착에 사용한다.
⑥ 불도저 : 연약한 장소나 습지 지역의 작업에 좋다.

58. 내충성이 강한 품종을 선택하는 것은 다음 중 어느 방제법에 속하는가?

㉮ 물리적 방제법 ㉯ 화학적 방제법
㉰ 생물적 방제법 ㉱ 재배학적 방제법

59. 작물-잡초 간의 경합에 있어서 임계 경합 기간 (critical period of competition)이란?

㉮ 경합이 끝나는 시기
㉯ 경합이 시작되는 시기
㉰ 작물이 경합에 가장 민감한 시기
㉱ 잡초가 경합에 가장 민감한 시기

60. 다음 중 정원수의 덧거름으로 가장 적합한 것은?

㉮ 요소   ㉯ 생석회
㉰ 두엄   ㉱ 쌀겨

해설 덧거름은 작물 재배 기간이 비교적 장기간인 경우 밑거름만으로는 양분 공급이 부족하기 때문에 생육 중반기에 추가로 사용하는 비료로 속효성 비료(질소질 비료)를 사용한다.

해답 55. ㉮ 56. ㉰ 57. ㉰ 58. ㉱ 59. ㉰ 60. ㉮

▶ 2012년 10월 20일 시행

자격종목	코 드	시험시간	형 별	수험번호	성 명
조경기능사	7900	1시간	B		

1. 주택 정원의 세부 공간 중 가장 공공성이 강한 성격을 갖는 공간은?

㉮ 안뜰 ㉯ 앞뜰
㉰ 뒤뜰 ㉱ 작업뜰

해설 주택 정원
① 앞뜰 : 대문에서 시작하여 현관문에 이르는 밝은 공간, 전이 공간이다.
② 안뜰 : 가정 정원의 중심적 역할을 하며 휴식 공간, 단란 공간이다.
③ 작업뜰 : 차폐식재, 벽돌, 타일로 포장한다.

2. 주택단지 안의 건축물 또는 옥외에 설치하는 계단의 경우 공동으로 사용할 목적인 경우 최소 얼마 이상의 유효 폭을 가져야 하는가? (단, 단 높이는 18cm 이하, 단 너비는 26cm 이상으로 한다.)

㉮ 100cm ㉯ 120cm
㉰ 140cm ㉱ 160cm

해설 주택건설기준 등에 관한 규정(제16조 계단 등) : 주택단지 안의 건축물 또는 옥외에 설치하는 계단의 각 부위의 치수는 다음 표의 기준에 적합하여야 한다.

(단위 : cm)

계단의 종류	유효 폭	단 높이	단 너비
공동으로 사용하는 계단	120 이상	18 이하	26 이상
세대 내 계단 또는 건축물의 옥외계단	90 이상 (세대 내 계단의 경우 75 이상)	20 이하	24 이상

3. 일본 정원에서 가장 중점을 두고 있는 것은?

㉮ 대비 ㉯ 조화 ㉰ 반복 ㉱ 대칭

해설 일본 정원 양식은 조화에 비중을 두며, 자연식으로 축소 지향적, 인공적 기교, 추상적 구성을 하였다.

4. 다음 중 중국 정원의 특징에 해당하는 것은?

㉮ 정형식 ㉯ 태호석
㉰ 침전조정원 ㉱ 직선미

해설 태호석은 중국 태호에서 나오는 석회암으로 송나라 때 석간산 정원 양식에 사용되었다.

5. 스페인의 코르도바를 중심으로 한 지역에서 발달한 정원 양식은?

㉮ patio ㉯ court
㉰ atrium ㉱ peristylium

해설 중정식(patio) 정원은 스페인의 이슬람 정원(중세)의 대표적인 양식으로, 건물 내부에 정원을 꾸민다. 스페인의 코르도바는 별장과 페리스타일의 정원을 조성하였으며 파티오 양식이 발달하였다.

6. 다음 중 성목의 수간 질감이 가장 거칠고, 줄기는 아래로 처지며, 수피가 회갈색으로 갈라져 벗겨지는 것은?

㉮ 배롱나무 ㉯ 개잎갈나무
㉰ 벽오동 ㉱ 주목

해설 개잎갈나무는 상록 침엽 교목으로, 수

해답 1. ㉯ 2. ㉯ 3. ㉯ 4. ㉯ 5. ㉮ 6. ㉯

피는 회색을 띤 갈색이고 조각이 갈라져 벗겨지며 조경수로 식재한다.

7. 조경 계획을 위한 경사 분석을 하고자 한다. 다음과 같은 조사 항목이 주어질 때 해당지역의 경사도는 몇 % 인가?

- 등고선 간격 : 5 m
- 등고선에 직각인 두 등고선의 평면거리 : 20 m

㉮ 40% ㉯ 10% ㉰ 4% ㉱ 25%

해설 경사도 = $\frac{수직높이}{수평거리} \times 100\%$
$= \frac{5}{20} \times 100 = 25\%$

8. 우리나라의 정원 양식이 한국적 색채가 짙게 발달한 시기는?

㉮ 고조선시대 ㉯ 삼국시대
㉰ 고려시대 ㉱ 조선시대

해설 조선시대는 우리나라 정원 양식이 크게 발전한 시기로, 중국의 정원 양식에서 탈피하여 신선사상, 음양오행사상, 자연존중사상 등이 반영된 한국적인 정원 양식이 성립·발전되었다.

9. 자연 경관을 인공으로 축경화(縮景化)하여 산을 쌓고, 연못, 계류, 수림을 조성한 정원은?

㉮ 전원풍경식 ㉯ 회유임천식
㉰ 고산수식 ㉱ 중정식

해설 회유임천식은 자연 경관을 인공으로 축경화하여 연못과 섬을 만들고 다리를 연결해 주변을 회유하면서 감상하는 양식이다.

10. 다음 중 1858년에 조경가(landscape architect) 라는 말을 처음으로 사용하기 시작한 사람이나 단체는?

㉮ 세계조경가협회(IFLA)
㉯ 옴스테드(F.L.Olmsted)
㉰ 르 노트르(Le Notre)
㉱ 미국조경가협회(ASLA)

해설 옴스테드는 근대 조경학의 선구자로 조경가(landscape architect)라는 용어를 1858년 처음 사용하였다.

11. 다음 중 이탈리아 정원의 가장 큰 특징은?

㉮ 평면기하학식 ㉯ 노단건축식
㉰ 자연풍경식 ㉱ 중정식

해설 ① 평면기하학식 : 프랑스
② 자연풍경식 : 영국(18C)
③ 중정식 : 스페인

12. 다음 중 순공사원가에 해당되지 않는 것은?

㉮ 재료비 ㉯ 노무비
㉰ 이윤 ㉱ 경비

해설 순공사원가 = 재료비 + 노무비 + 경비

13. 다음 중 위요경관에 속하는 것은?

㉮ 넓은 초원 ㉯ 노출된 바위
㉰ 숲속의 호수 ㉱ 계곡 끝의 폭포

해설 위요경관은 수평적 중심 공간 주위에 높은 수직 공간이 있으며 산과 숲이 둘러싸인 경관이다.

14. 다음 식의 A 에 해당하는 것은?

$$용적률 = \frac{A}{대지면적} \times 100$$

㉮ 건축면적 ㉯ 건축연면적
㉰ 1호당 면적 ㉱ 평균층수

해설 용적률
① 건축물에 의한 토지이용도를 나타낸다.

해답 7. ㉱ 8. ㉱ 9. ㉯ 10. ㉯ 11. ㉯ 12. ㉰ 13. ㉰ 14. ㉯

② 용적률 = $\frac{건축연면적}{대지면적} \times 100$

③ 건폐율 = $\frac{건축면적}{대지면적} \times 100$

15. 우리나라에서 세계문화유산으로 등록되어지지 않은 곳은?

㉮ 독립문
㉯ 고인돌 유적
㉰ 경주역사 유적지구
㉱ 수원화성

[해설] 우리나라의 세계문화유산
① 창덕궁 (1963년 사적 제 122호로 지정, 1997년 12월 유네스코 세계문화유산으로 등재)
② 수원화성 (1963년 사적 제3호로 지정, 1997년 유네스코 세계문화유산으로 등재)
③ 석굴암, 불국사 (1995년 12월 유네스코 세계문화유산으로 등재)
④ 해인사 장경판전 (1995년 12월 유네스코 세계문화유산으로 등재)
⑤ 종묘 (1995년 12월 유네스코 세계문화유산으로 등재)
⑥ 경주역사 유적지구 (2000년 12월 유네스코 세계문화유산으로 등재)
⑦ 고인돌 유적 (2000년 12월 유네스코 세계문화유산으로 등재)
⑧ 조선시대 왕릉 40기 (2009년 06월 27일 유네스코 세계문화유산으로 등재)
⑨ 안동하회마을, 경주양동마을 (2010년 7월 31일 유네스코 세계문화유산으로 등재)
⑩ 제주 화산섬과 용암동굴 (2007년 유네스코 세계문화유산으로 등재)

16. 1년 내내 푸른 잎을 달고 있으며, 잎이 바늘처럼 뾰족한 나무를 가리키는 명칭은?

㉮ 상록활엽수 ㉯ 상록침엽수
㉰ 낙엽활엽수 ㉱ 낙엽침엽수

[해설] 상록침엽수는 잎이 바늘처럼 뾰족하고 사계절 내내 항상 잎의 색이 푸른 나무이다.

17. 철근을 $D13$으로 표현했을 때, D는 무엇을 의미하는가?

㉮ 둥근 철근의 지름 ㉯ 이형 철근의 지름
㉰ 둥근 철근의 길이 ㉱ 이형 철근의 길이

[해설] $D13@200, \phi12$
① 원형 철근 지름 : ϕ
② 이형 철근 지름 : D
③ 간격 : @
④ $\phi12$는 원형 철근 지름이 12mm임을 나타내고, $D13@200$은 13mm의 이형 철근을 200mm 간격으로 배치한다는 의미이다.

18. 식물의 분류와 해당 식물들의 연결이 옳지 않은 것은?

㉮ 한국잔디류 : 들잔디, 금잔디, 비로드잔디
㉯ 소관목류 : 회양목, 이팝나무, 원추리
㉰ 초본류 : 맥문동, 비비추, 원추리
㉱ 덩굴성 식물류 : 송악, 칡, 등나무

[해설] 이팝나무는 낙엽활엽교목, 회양목은 상록활엽관목이다.

19. 다음 중 건축과 관련된 재료의 강도에 영향을 주는 요인으로 가장 거리가 먼 것은?

㉮ 온도와 습도 ㉯ 재료의 색
㉰ 하중시간 ㉱ 하중속도

[해설] 강도는 재료에 하중이 작용할 때 그 하중에 견디어 낼 수 있는 재료의 세기 정도이다.

20. 일반적인 목재의 특성 중 장점에 해당되는 것은?

㉮ 충격, 진동에 대한 저항성이 작다.
㉯ 열전도율이 낮다.
㉰ 충격의 흡수성이 크고, 건조에 의한 변형이 크다.

[해답] 15. ㉮ 16. ㉯ 17. ㉯ 18. ㉯ 19. ㉯ 20. ㉯

㉰ 가연성이며 인화점이 낮다.

해설 목재의 특성
① 가볍고 가공이 용이하며 감촉이 좋다.
② 열전도율과 열팽창률이 작다.
③ 종류가 많고 각각 외관이 다르며 우아하다.
④ 산성약품 및 염분에 강하다.

21. 자연석 중 눕혀서 사용하는 돌로, 불안감을 주는 돌을 받쳐서 안정감을 갖게 하는 돌의 모양은?

㉮ 입석   ㉯ 평석   ㉰ 환석   ㉱ 횡석

해설 자연석의 모양
① 입석 : 수석이라고도 하며 입체적으로 관상할 수 있고 돌의 높이가 높을수록 좋다.
② 환석 : 돌담을 쌓는 축석에 사용하기에는 곤란하다.
③ 평석 : 윗부분이 평평한 돌로 안정감을 보여주며, 화분을 놓아 사용하기도 한다.
④ 횡석 : 가로로 눕혀 사용하는 돌로 불안감을 주는 돌을 받쳐 안정감을 갖게 한다.

22. 다음 중 콘크리트 타설 시 염화칼슘의 사용 목적은?

㉮ 콘크리트의 조기 강도
㉯ 콘크리트의 장기 강도
㉰ 고온증기 양생
㉱ 황산염에 대한 저항성 증대

해설 염화칼슘은 경화 촉진제로 콘크리트의 굳는 시간을 단축시키며, 겨울철에는 얼지 않도록 하는 효과가 있다.

23. 가로수로서 갖추어야 할 조건을 기술한 것 중 옳지 않은 것은?

㉮ 사철 푸른 상록수
㉯ 각종 공해에 잘 견디는 수종
㉰ 강한 바람에도 잘 견딜 수 있는 수종
㉱ 여름철 그늘을 만들고 병해충에 잘 견디는 수종

해설 가로수용 수종
① 여름철 그늘을 만들고 병해충에 잘 견디는 것
② 각종 공해에 잘 견디는 것
③ 강한 바람에도 잘 견딜 수 있는 것
④ 종류 : 벚나무, 은행나무, 느티나무, 가중나무, 메타세쿼이아

24. 수목을 관상적인 측면에서 본 분류 중 열매를 감상하기 위한 수종에 해당되는 것은?

㉮ 은행나무   ㉯ 모과나무
㉰ 반송   ㉱ 낙우송

해설 열매를 감상하기 위한 수종에는 모과나무, 오미자, 해당화, 자두나무, 뽕나무, 석류나무, 감나무, 생강나무, 산수유 등이 있다.

25. 목재의 건조 방법은 자연 건조법과 인공 건조법으로 구분될 수 있다. 다음 중 인공 건조법이 아닌 것은?

㉮ 증기법   ㉯ 침수법
㉰ 훈연 건조법   ㉱ 고주파 건조법

해설 목재의 건조 방법
① 수액 건조법
② 자연 건조법 : 공기 건조법, 침수법
③ 인공 건조법 : 증기법, 공기 가열 건조법, 훈연 건조법, 진공법, 고주파 건조법 (두꺼운 목재)

26. 콘크리트용 혼화 재료로 사용되는 플라이 애시에 대한 설명 중 틀린 것은?

㉮ 포졸란 반응에 의해서 중성화 속도가 저감된다.
㉯ 플라이 애시의 비중은 보통 포틀랜드 시멘트보다 작다.
㉰ 입자가 구형이고 표면 조직이 매끄러워 단위수량을 감소시킨다.

해답 21. ㉱   22. ㉮   23. ㉮   24. ㉯   25. ㉯   26. ㉮

㉣ 플라이 애시는 이산화규소(SiO_2)의 함유율이 가장 많은 비결정질 재료이다.

해설 플라이 애시(fly ash)는 강알칼리성 수산화칼슘을 소비하게 만들어 중성화에 취약해져 중성화 속도를 빠르게 하고, 워커빌리티와 수밀성을 증가시키며, 수화열을 감소시킨다.

27. 두 종류 이상의 제초제를 혼합하여 얻은 효과가 단독으로 처리한 반응을 각각 합한 것보다 높을 때의 효과는?

㉮ 부가 효과(additive effect)
㉯ 상승 효과(synergistic effect)
㉰ 길항 효과(antagonistic effect)
㉱ 독립 효과(independent effect)

해설 약물의 상호작용
① 상승 효과(synergistic effect) : 2가지 약물을 동시에 투여할 경우 한 곳에 작용하여 약효가 더 강해지는 경우를 말한다.
② 부가 효과(additive effect) : 유사한 두 약물을 투여할 경우 고용량 한 가지 약물을 투여했을 경우와 같이 효과가 나타나는 경우를 말한다.
③ 길항 효과(antagonistic effect) : 2가지 약물을 동시에 투여할 경우 한 곳에 작용하여 약효가 1가지 약물보다 적은 경우를 말한다.

28. 형상수(topiary)를 만들기에 알맞은 수종은?

㉮ 느티나무   ㉯ 주목
㉰ 단풍나무   ㉱ 송악

해설 주목은 상록침엽교목으로 열매는 8~9월에 익고, 원뿔 모양의 형상수로 사용하기에 가장 좋다.

29. 산울타리용 수종으로 부적합한 것은?

㉮ 개나리   ㉯ 칠엽수

㉰ 꽝꽝나무   ㉱ 명자나무

해설 칠엽수는 낙엽활엽교목으로 둥근 수형이며 녹음수로 식재한다. 산울타리 수종에는 측백나무, 사철나무, 개나리, 쥐똥나무, 탱자나무, 꽝꽝나무, 향나무, 무궁화, 회양목 등이 있다.

30. 다음 설명하는 수종은?

- 학명은 "Betula schmidtii Regel"이다.
- Schmidt birch 또는 단목(檀木)이라 불리기도 한다.
- 곧추 자라나 불규칙하며, 수피는 흑회색이다.
- 5월에 개화하고 암수 한 그루이며, 수형은 원추형, 뿌리는 심근성, 잎의 질감이 섬세하여 녹음수로 사용 가능하다.

㉮ 오리나무   ㉯ 박달나무
㉰ 소사나무   ㉱ 녹나무

해설 박달나무는 낙엽활엽교목으로, 열매는 9월에 익는다.

31. 다음 그림과 같은 콘크리트 제품의 명칭으로 가장 적합한 것은?

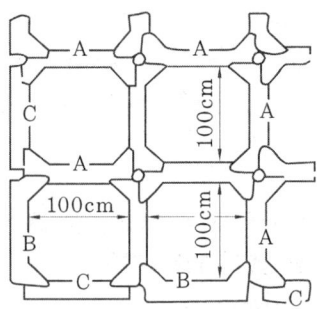

㉮ 견치 블록   ㉯ 격자 블록
㉰ 기본 블록   ㉱ 힘줄 블록

해설 격자 블록은 비탈면 보안 공사에 사용한다.

32. 다음 중 보도 포장 재료로서 부적당한 것은?

㉮ 내구성이 있을 것
㉯ 자연 배수가 용이할 것
㉰ 보행 시 마찰력이 전혀 없을 것
㉱ 외관 및 질감이 좋을 것

해설 보도 포장 재료는 탄력성이 있고 마멸이나 미끄럼이 작아야 한다.

33. 콘크리트용 골재의 흡수량과 비중을 측정하는 주된 목적은?

㉮ 혼합수에 미치는 영향을 미리 알기 위하여
㉯ 혼화재료의 사용 여부를 결정하기 위하여
㉰ 콘크리트의 배합 설계를 고려하기 위하여
㉱ 공사의 적합 여부를 판단하기 위하여

해설 콘크리트 배합 설계의 고려 사항
① 시멘트 및 골재의 비중
② 골재의 입도
③ 함수량(표면수량, 흡수량)
④ 단위용적 질량

34. 줄기의 색이 아름다워 관상가치가 있는 수목들 중 줄기의 색계열과 그 연결이 옳지 않은 것은?

㉮ 백색계의 수목 : 백송(pinus bungeana)
㉯ 갈색계의 수목 : 편백(chamaecyparis obtusa)
㉰ 청록색계의 수목 : 식나무(aucuba japonica)
㉱ 적갈색계의 수목 : 서어나무(carpinus laxiflora)

해설 서어나무는 낙엽활엽교목으로, 나무 껍질은 회백색의 울퉁불퉁한 근육 모양이다.

35. 덩굴로 자라면서 여름(7~8월경)에 아름다운 주황색 꽃이 피는 수종은?

㉮ 남천   ㉯ 능소화
㉰ 등나무 ㉱ 홍가시나무

해설 능소화는 낙엽활엽 덩굴성 나무로, 8~9월에 아름다운 주황색의 꽃이 핀다.

36. 마스터 플랜(master plan)이란?

㉮ 기본 계획이다.
㉯ 실시 설계이다.
㉰ 수목 배식도이다.
㉱ 공사용 상세도이다.

해설 마스터 플랜은 일정한 목적이나 목표를 실행하기 위해 설정한 기본 계획을 말한다.

37. 소량의 소수성 용매에 원제를 용해하고 유화제를 사용하여 물에 유화시킨 액을 의미하는 것은?

㉮ 용액   ㉯ 유탁액
㉰ 수용액   ㉱ 현탁액

해설
① 용액(solution) : 일반적으로 균일한 액상 혼합물을 말한다.
② 수용액(aqueous solution) : 용매를 물로 하여 만들어진 혼합물을 말한다.
③ 현탁액(suspension) : 액체 속에 고체 미소 입자가 분산해서 떠 있는 것을 말한다.
④ 유탁액(emulsion) : 2개의 액체 중에 하나가 다른 하나의 액체 중에 미립자로 분산되어 있는 것을 말한다.

38. 다음 중 전정의 목적 설명으로 옳지 않은 것은?

㉮ 희귀한 수종의 번식에 중점을 두고 한다.
㉯ 미관에 중점을 두고 한다.
㉰ 실용적인 면에 중점을 두고 한다.
㉱ 생리적인 면에 중점을 두고 한다.

해설 전정은 나무의 세부 가지를 솎아주거나 잘라내는 것을 말하며, 수목이 잘 성장할 수

해답 32. ㉰ 33. ㉰ 34. ㉱ 35. ㉯ 36. ㉮ 37. ㉯ 38. ㉮

있도록 도와준다. 미관과 생리적, 실용적 측면, 생장과 고유의 아름다움에 중점을 두고 실시하며, 수종의 번식에 미치는 영향은 미미하다.

39. 건물과 정원을 연결시키는 역할을 하는 시설은?

㉮ 아치　　　㉯ 트렐리스
㉰ 퍼걸러　　㉱ 테라스

해설 테라스는 건물과 정원을 연결하여 만든 것으로, 건물의 내부와 외부를 연결하는 공간이다.

40. 시설물의 기초 부위에서 발생하는 토공량의 관계식으로 옳은 것은?

㉮ 잔토처리 토량 = 되메우기 체적 − 터파기 체적
㉯ 되메우기 토량 = 터파기 체적 − 기초 구조부 체적
㉰ 되메우기 토량 = 기초 구조부 체적 − 터파기 체적
㉱ 잔토처리 토량 = 기초 구조부 체적 − 터파기 체적

해설 토공량 계산식
① 잔토량 = 터파기량 − 되메우기량
② 되메우기 토량 = 터파기량 − 잔토량
= 터파기 체적 − 기초 구조부 체적

41. 꽃이 피고 난 뒤 낙화할 무렵 바로 가지다듬기를 해야 좋은 수종은?

㉮ 철쭉　　　㉯ 목련
㉰ 명자나무　㉱ 사과나무

해설 철쭉의 가지다듬기는 시기를 가리지 않고 가능하나 꽃이 피고 난 뒤 낙화할 무렵 바로 하는 것이 좋다.

42. 다음 중 관리하자에 의한 사고에 해당되지 않는 것은?

㉮ 시설의 구조 자체의 결함에 의한 것
㉯ 시설의 노후·파손에 의한 것
㉰ 위험장소에 대한 안전대책 미비에 의한 것
㉱ 위험물 방치에 의한 것

해설 시설의 구조 자체의 결함은 시공상의 문제이다.

43. 화단에 초화류를 식재하는 방법으로 옳지 않은 것은?

㉮ 식재할 곳에 $1m^2$당 퇴비 1~2 kg, 복합비료 80~120 g을 밑거름으로 뿌리고 20~30 cm 깊이로 갈아준다.
㉯ 큰 면적의 화단은 바깥쪽부터 시작하여 중앙 부위로 심어 나가는 것이 좋다.
㉰ 식재하는 줄이 바뀔 때마다 서로 어긋나게 심는 것이 보기에 좋고 생장에 유리하다.
㉱ 심기 한나절 전에 관수해 주면 캘낼 때 뿌리에 흙이 많이 붙어 활착에 좋다.

해설 초화류를 식재할 때는 중앙 부위부터 시작하여 바깥쪽으로 심어 나가는 것이 좋다.

44. 창살 울타리(trellis)는 설치 목적에 따라 높이 차이가 결정되는데 그 목적이 적극적 침입 방지의 기능일 경우 최소 얼마 이상으로 하여야 하는가?

㉮ 2.5 m　㉯ 1.5 m　㉰ 1 m　㉱ 50 cm

해설 조경 시설물 설계 (울타리류)
① 울타리 및 잔디울타리는 침입 방지, 출입 통제, 경계 표시가 필요한 곳에 사용한다.
② 적극적 침입 방지 : 1.8~2.1m의 높이
③ 소극적 출입 통제 : 0.6~1.0m의 높이
④ 단순한 경계 표시 : 0.4m 이하의 높이
⑤ 잔디울타리는 보행 통행이 많고 잔디밭의 훼손이 우려되는 곳에 설치하되, 모서

해답 39. ㉱　40. ㉯　41. ㉮　42. ㉮　43. ㉯　44. ㉯

리 부분에는 필요 시 관목류를 식재하여 날카로움을 완화시킨다.

45. 다음 뗏장을 입히는 방법 중 줄붙이기 방법에 해당하는 것은?

㉮ [그림] ㉯ [그림]
㉰ [그림] ㉱ [그림]

해설 ㉮ : 전면 붙이기, ㉰ : 어긋나게 붙이기
㉱ : 줄(떼)붙이기

46. 조경설계기준상 휴게시설의 의자에 관한 설명으로 틀린 것은?

㉮ 체류시간을 고려하여 설계하며, 긴 휴식에 이용되는 의자는 앉음판의 높이가 낮고 등받이를 길게 설계한다.
㉯ 등받이 각도는 수평면을 기준으로 85~95°를 기준으로 한다.
㉰ 앉음판의 높이는 34~46 cm를 기준으로 하되, 어린이를 위한 의자는 낮게 할 수 있다.
㉱ 의자의 길이는 1인당 최소 45 cm를 기준으로 하되, 팔걸이 부분의 폭은 제외한다.

해설 등받이 각도는 수평면을 기준으로 95~110°를 기준으로 한다.

47. 가로수는 키큰나무(교목)의 경우 식재 간격을 몇 m 이상으로 할 수 있는가? (단, 도로의 위치와 주위 여건, 식재 수종의 수관폭과 생장속도, 가로수로 인한 피해 등을 고려하여 식재 간격을 조정할 수 있다.)

㉮ 6 m ㉯ 8 m ㉰ 10 m ㉱ 12 m

해설 가로수 식재 간격은 보통 6~10m (간혹 15m)이다.

48. 다음 설명하는 해충은?

- 가해 수종으로는 향나무, 편백, 삼나무 등이 있다.
- 똥을 줄기 밖으로 배출하지 않기 때문에 발견하기 어렵다.
- 기생성 천적인 좀벌류, 맵시벌류, 기생파리류로 생물학적 방제를 한다.

㉮ 박쥐나방 ㉯ 측백나무하늘소
㉰ 미끈이하늘소 ㉱ 장수하늘소

해설 측백나무하늘소(향나무하늘소)는 수피 바로 밑의 형성층을 갉아먹어 나무를 급속히 말라 죽게 한다.

49. 거푸집에 쉽게 다져 넣을 수 있고 거푸집을 제거하면 천천히 형상이 변화하지만 재료가 분리되거나 허물어지지 않는 굳지 않는 콘크리트의 성질은?

㉮ workability ㉯ plasticity
㉰ consistency ㉱ finishability

해설 성형성(plasticity)은 거푸집에 주입하기 좋고, 거푸집을 제거하면 서서히 형상이 변화하지만 허물어지거나 재료가 분리하지 않고 굳지 않은 콘크리트의 성질을 말한다.

50. 다음 콘크리트와 관련된 설명 중 옳은 것은?

㉮ 콘크리트의 굵은 골재 최대 치수는 20mm이다.
㉯ 물-결합재비는 원칙적으로 60% 이하이어야 한다.
㉰ 콘크리트는 원칙적으로 공기연행제를 사용하지 않는다.
㉱ 강도는 일반적으로 표준양생을 실시한

해답 45. ㉱ 46. ㉯ 47. ㉯ 48. ㉯ 49. ㉯ 50. ㉯

콘크리트 공시체의 재령 30일일 때 시험 값을 기준으로 한다.

해설 ① 콘크리트의 골재 치수

구분	부재 최소 치수	철근 순간격	최소 (표준)	최대
RC조	1/5	3/4	25	40
무근	1/4	–	40	100

② 물-결합재비는 원칙적으로 60% 이하이어야 한다.
③ AE제의 공기량 2~5%를 사용하며 3~5%일 때 적절한 때 강도가 증가한다.
④ 콘크리트 공시체의 재령 28일일 때 시험 값을 기준으로 한다.

51. 나무의 특성에 따라 조화미, 균형미, 주위 환경과의 미적 적응 등을 고려하여 나무 모양을 위주로 한 전정을 실시하는데, 그 설명으로 옳은 것은?

㉮ 조경 수목의 대부분에 적용되는 것은 아니다.
㉯ 전정 시기는 3월 중순~6월 중순, 10월 말~12월 중순이 이상적이다.
㉰ 일반적으로 전정 작업 순서는 위에서 아래로 수형의 균형을 잃을 정도로 강한 가지, 얽힌 가지, 난잡한 가지를 제거한다.
㉱ 상록수의 전정은 6~9월이 좋다.

해설 전정의 시기
① 대부분은 겨울에 전정을 한다.
② 상록활엽수는 5~6월과 9~10월경 두 번 실시한다.

52. 원로의 시공계획 시 일반적인 사항을 설명한 것 중 틀린 것은?

㉮ 원로는 단순 명쾌하게 설계, 시공이 되어야 한다.
㉯ 보행자 한 사람 통행 가능한 원로 폭은 0.8~1.0m이다.
㉰ 원칙적으로 보도와 차도를 겸할 수 없도록 하고, 최소한 분리시키도록 한다.
㉱ 보행자 2인이 나란히 통행 가능한 원로 폭은 1.5~2.0m이다.

해설 보도와 차도를 겸용할 수 있다.

53. 공사 일정 관리를 위한 횡선식 공정표와 비교한 네트워크(network) 공정표의 설명으로 옳지 않은 것은?

㉮ 공사 통제 기능이 좋다.
㉯ 문제점의 사전 예측이 용이하다.
㉰ 일정의 변화를 탄력적으로 대처할 수 있다.
㉱ 간단한 공사 및 시급한 공사, 개략적인 공정에 사용된다.

해설 네트워크(network) 공정표
① 대형 공사, 복잡한 공사에 사용한다.
② 다른 공정표에 비해 작성 시간이 많이 걸린다.

54. 일반적으로 빗자루병이 가장 발생하기 쉬운 수종은?

㉮ 향나무   ㉯ 대추나무
㉰ 동백나무   ㉱ 장미

해설 빗자루병(witches' broom)
① 전나무, 대추나무, 벚나무 빗자루병(taphrina wiesneri), 대나무, 살구나무, 오동나무, 붉나무 빗자루병
② 테트라사이클린계 항생물질의 수간 주사, 파리티온 수화제, 메타유제 1000배액을 살포한다.
③ 병원균 : 파이토(마이코)플라스마

55. 관수의 효과가 아닌 것은?

㉮ 토양 중의 양분을 용해하고 흡수하여 신진대사를 원활하게 한다.
㉯ 증산작용으로 인한 잎의 온도 상승을 막고 식물체 온도를 유지한다.

해답 51. ㉰ 52. ㉱ 53. ㉱ 54. ㉯ 55. ㉰

㉢ 지표와 공중의 습도가 높아져 증산량이 증대된다.
㉣ 토양의 건조를 막고 생육 환경을 형성하여 나무의 생장을 촉진시킨다.

해설 관수를 하면 지표와 공중의 습도가 높아져 상대적으로 수분 증산량이 감소된다.

56. 기본계획 수립 시 도면으로 표현되는 작업이 아닌 것은?

㉮ 동선계획   ㉯ 집행계획
㉰ 시설물배치계획   ㉱ 식재계획

해설 조경 기본계획
① 설계의 개략적인 방향을 정한다.
② 기본 원칙과 광범위한 구상의 범위 내에서 탄력성이 있어야 한다.
③ 토지이용계획, 교통동선계획, 시설물배치계획, 식재계획, 하부구조계획, 집행계획
④ 집행계획 : 투자계획, 법규 검토를 행한다.

57. AE 콘크리트의 성질 및 특징 설명으로 틀린 것은?

㉮ 수밀성이 향상된다.
㉯ 콘크리트 경화에 따른 발열이 커진다.
㉰ 입형이나 입도가 불량한 골재를 사용할 경우에 공기연행의 효과가 크다.
㉱ 일반적으로 빈배합의 콘크리트일수록 공기연행에 의한 워커빌리티의 개선 효과가 크다.

해설 AE 콘크리트의 특성
① 콘크리트를 비빌 때 AE제를 넣어 인공적으로 미세한 기포가 생기게 하여 다공질로 만든 콘크리트이다.
② 콘크리트 수화발열량이 작아진다.
③ 흡수열이 커서 수축량이 많아진다.

58. Methidathion (메티온) 40 % 유제를 1000배액으로 희석해서 10a당 6말 (20L/말)을 살포하여 해충을 방제하고자 할 때 유제의 소요량은 몇 mL인가?

㉮ 100   ㉯ 120
㉰ 150   ㉱ 240

해설 약제의 소요량(사용할 양) = $\dfrac{\text{총 소요량}}{\text{희석 배수}}$

$= \dfrac{6말 \times 20L}{1000배}$

$= \dfrac{120L}{1000} = \dfrac{120000mL}{1000} = 120mL$

59. 흙을 이용하여 2m 높이로 마운딩하려 할 때, 더돋기를 고려해 실제 쌓아야 하는 높이로 가장 적합한 것은?

㉮ 2m   ㉯ 2m 20cm
㉰ 3m   ㉱ 3m 30cm

해설 더돋기
① 절토한 흙을 일정한 장소에 쌓는 성토 시 외부의 압력, 침하에 의해 높이가 줄어드는 것을 방지하고 예측하여 흙을 계획보다 10~15% 정도 더 쌓는 것을 말한다.
② $2 \times (0.1 \sim 0.15) = 0.2 \sim 0.3m$
$2m + (0.2 \sim 0.3m) = 2.2 \sim 2.3m$
$= 2m\,20cm \sim 2m\,30cm$

60. 다음 [보기]의 잔디종자 파종작업들을 순서대로 바르게 나열한 것은?

[보기]
㉠ 기비 살포   ㉡ 정지작업   ㉢ 파종
㉣ 멀칭   ㉤ 전압   ㉥ 복토   ㉦ 경운

㉮ ㉦→㉠→㉡→㉢→㉥→㉤→㉣
㉯ ㉠→㉦→㉡→㉢→㉥→㉣→㉤
㉰ ㉡→㉢→㉤→㉥→㉠→㉦→㉣
㉱ ㉢→㉠→㉦→㉡→㉥→㉤→㉦→㉣

해설 ① 경운→기비 살포→정지작업→파종→복토→전압→멀칭
② 전압 : 잔디종자와 토양을 밀착시킨다.
③ 멀칭 : 볏짚 등 기타 재료로 덮어 주어 수분을 보존하고 씨앗의 유실을 막는다.

해답 56. ㉯   57. ㉰   58. ㉯   59. ㉯   60. ㉮

2013년도 시행 문제

▶ 2013년 1월 27일 시행

자격종목	코드	시험시간	형별	수험번호	성 명
조경기능사	7900	1시간	A		

1. 다음 중 조선시대 중엽 이후에 정원 양식에 가장 큰 영향을 미친 사상은?
㉮ 음양오행설 ㉯ 신선설
㉰ 자연복귀설 ㉱ 임천회유설

해설 조선시대 정원 양식
① 연못을 만들 때는 음양오행설을 고려하여 방지원도를 축조하였다.
② 신선사상을 원리로 하여 음양오행설을 가미하였다.

2. 공공의 조경이 크게 부각되기 시작한 때는?
㉮ 고대 ㉯ 중세
㉰ 근세 ㉱ 군주시대

해설 영국의 자연풍경식 정원을 정립한 랜시롯 브라운에 의해 18, 19, 20세기에 걸쳐 전 세계적으로 공공 정원에 영향을 많이 주었다.

3. 다음 중 중국 4대 명원(四大名園)에 포함되지 않는 것은?
㉮ 작원 ㉯ 사자림
㉰ 졸정원 ㉱ 창랑정

해설 중국의 4대 명원 : 사자림, 유원, 졸정원, 창랑정

4. 다음 중 경복궁 교태전 후원과 관계 없는 것은?
㉮ 화계가 있다.
㉯ 상량전이 있다.
㉰ 아미산이라 칭한다.
㉱ 굴뚝은 육각형 4개가 있다.

해설 상량전은 창덕궁 낙선재 후원 언덕에 있는 육각형의 누각이다.

5. 다음 중 몰(mall)에 대한 설명으로 옳지 않은 것은?
㉮ 도시환경을 개선하는 한 방법이다.
㉯ 차량은 전혀 들어갈 수 없게 만들어진다.
㉰ 보행자 위주의 도로이다.
㉱ 원래의 뜻은 나무 그늘이 있는 산책길이란 뜻이다.

해설 몰(mall) : 충분한 주차장을 갖춘 보행자 중심의 도로 및 산책로를 말한다.

6. 계단의 설계 시 고려해야 할 기준으로 옳지 않은 것은?
㉮ 계단의 경사는 최대 30~35°가 넘지 않도록 해야 한다.
㉯ 단 높이를 h, 단 너비를 b로 할 때 $2h+b=60~65$ cm가 적당하다.
㉰ 진행 방향에 따라 중간에 1인용일 때 단 너비 90~110 cm 정도의 계단참을 설치한다.
㉱ 계단의 높이가 5m 이상이 될 때에만 중간에 계단참을 설치한다.

해설 ① 높이 2m를 넘는 계단에는 2m 이내마다 계단 유효 폭 이상으로 단 너비 120 cm 이상의 계단참을 둔다.

해답 1. ㉮ 2. ㉰ 3. ㉮ 4. ㉯ 5. ㉯ 6. ㉱

② 높이를 h, 단 너비를 b로 할 때 $2h+b$ =60~65cm가 적당하다.

7. 프랑스의 르 노트르(Le Notre)가 유학하여 조경을 공부한 나라는?

㉮ 이탈리아　　㉯ 영국
㉰ 미국　　　　㉱ 스페인

해설 르 노트르(Le Notre) : 아버지 장 르 노트르는 루이 13세의 수석 정원사로 튈르리 궁전에서 일했으며, 이탈리아 여행 중 노단식 정원을 배웠으며 프랑스로 돌아가서는 프랑스의 지형과 풍토에 알맞은 정원 수법을 고안하였다.

8. 우리나라의 산림대별 특징 수종 중 식물의 분류학상 한대림(cold temperate forest)에 해당되는 것은?

㉮ 아왜나무
㉯ 구실잣밤나무
㉰ 붉가시나무
㉱ 잎갈나무

해설 산림대별 특징 수종
① 난대림 : 녹나무, 동백나무, 가시나무류, 아왜나무
② 한대림 : 잣나무, 전나무, 주목, 잎갈나무, 분비나무

9. 도시 공원 및 녹지 등에 관한 법률에 의한 어린이 공원의 기준에 관한 설명으로 옳은 것은?

㉮ 유치거리는 500미터 이하로 제한한다.
㉯ 1개소 면적은 1200 m^2 이상으로 한다.
㉰ 공원 시설 부지 면적은 전체 면적의 60% 이하로 한다.
㉱ 공원 구역 경계로부터 500미터 이내에 거주하는 주민 250명 이상의 요청 시 어린이공원 조성 계획의 정비를 요청할 수 있다.

해설 도시공원 규모의 기준

구 분		유치거리	규 모
생활 공원			
	소공원	제한 없음	제한 없음
	어린이공원	250 m 이하	1천5백 m^2 이상
근린 공원	근린 생활권	500 m	1만 m^2 이상
	도보권	1000 m	3만 m^2 이상
	도시 지역권	제한 없음	10만 m^2 이상
	광역권	제한 없음	100만 m^2 이상
주제 공원			
	역사공원	제한 없음	제한 없음
	문화공원	제한 없음	제한 없음
	수변공원	제한 없음	제한 없음
	묘지공원	제한 없음	10만 m^2 이상
	체육공원	제한 없음	1만 m^2 이상
특별시·광역시 또는 도의 조례가 정하는 공원		제한 없음	제한 없음

10. 다음 중 조경에 관한 설명으로 옳지 않은 것은?

㉮ 주택의 정원만 꾸미는 것을 말한다.
㉯ 경관을 보존 정비하는 종합 과학이다.
㉰ 우리의 생활 환경을 정비하고 미화하는 일이다.
㉱ 국토 전체 경관의 보존, 정비를 과학적이고 조형적으로 다루는 기술이다.

해설 조경 : 경관을 조성하는 전문 분야로, 인간이 생활하기 위해 하는 환경 개선을 말한다.

11. 다음 중 일본에서 가장 먼저 발달한 정원 양식은?

㉮ 고산수식　　㉯ 회유임천식
㉰ 다정　　　　㉱ 축경식

해설 백제로부터 불교와 조경이 유입되었으

해답 7. ㉮　8. ㉱　9. ㉰　10. ㉮　11. ㉯

며 침전식, 축산임천식, 회유임천식 순으로 발달하였다.

12. 디자인 요소를 같은 양, 같은 간격으로 일정하게 되풀이 하여 움직임과 율동감을 느끼게 하는 것으로 리듬의 유형 중 가장 기본적인 것은?
㉮ 반복 ㉯ 점층 ㉰ 방사 ㉱ 강조

해설 반복(repetition) : 같은 형태의 재료들이 일정한 간격을 두고 계속해서 배치하는 방법이다. 가로수의 식재된 모습에서 질서적인 면을 강조함으로써 안정감과 통일성을 보여준다.

13. 조경의 대상을 기능별로 분류해 볼 때 「자연공원」에 포함되는 것은?
㉮ 묘지공원 ㉯ 휴양지
㉰ 군립공원 ㉱ 경관녹지

해설 자연공원법 : 제2조(정의) 이 법에서 사용하는 용어의 뜻은 다음과 같다.
〈개정 2011. 7. 28〉
1. "자연공원"이란 국립공원·도립공원·군립공원(郡立公園) 및 지질공원을 말한다.
2. "국립공원"이란 우리나라의 자연생태계나 자연 및 문화경관(이하 "경관"이라 한다)을 대표할 만한 지역으로서 지정된 공원을 말한다.
3. "도립공원"이란 특별시·광역시·특별자치시·도 및 특별자치도(이하 "시·도"라 한다)의 자연생태계나 경관을 대표할 만한 지역으로서 지정된 공원을 말한다.
4. "군립공원"이란 시·군 및 자치구(이하 "군"이라 한다)의 자연생태계나 경관을 대표할 만한 지역으로서 지정된 공원을 말한다.
4의2. "지질공원"이란 지구과학적으로 중요하고 경관이 우수한 지역으로서 이를 보전하고 교육·관광 사업 등에 활용하기 위하여 환경부장관이 인증한 공원을 말한다.

14. 통일신라 문무왕 14년에 중국의 무산 12봉을 본 딴 산을 만들고 화초를 심었던 정원은?
㉮ 비원 ㉯ 안압지
㉰ 소쇄원 ㉱ 향원지

해설 안압지 : 궁 안에 만든 연못으로 연못 중앙에 삼신도라는 대, 중, 소 3개의 섬이 있으며 그중 하나는 거북 모양을 나타낸다.

15. 골프장에서 우리나라 들잔디를 사용하기가 가장 어려운 지역은?
㉮ 페어웨이 ㉯ 러프
㉰ 티 ㉱ 그린

해설 골프장 잔디 식재
① 들잔디 : 티, 페어웨이, 러프 지역에 사용한다.
② 벤트그래스 : 그린 지역에 사용한다.

16. 다음 조경용 소재 및 시설물 중에서 평면적 재료에 가장 적합한 것은?
㉮ 잔디 ㉯ 조경수목
㉰ 퍼걸러 ㉱ 분수

해설 ① 평면적 재료 : 잔디, 지피식물
② 입체적 재료 : 수목, 조각상, 담장, 정원석, 퍼걸러

17. 다음 중 열경화성 수지의 종류와 특징 설명이 옳지 않은 것은?
㉮ 페놀수지 : 강도·전기절연성·내산성·내수성 모두 양호하나 내알칼리성이 약하다.
㉯ 멜라민수지 : 요소수지와 같으나 경도가 크고 내수성은 약하다.
㉰ 우레탄수지 : 투광성이 크고 내후성이 양호하며 착색이 자유롭다.
㉱ 실리콘수지 : 열절연성이 크고 내약품성

해답 12. ㉮ 13. ㉰ 14. ㉯ 15. ㉱ 16. ㉮ 17. ㉰

과 내후성이 좋으며 전기적 성능이 우수하다.

> **해설** 우레탄수지
> ① 내약품성이 있으며 열절연성이 크다.
> ② 내수피막, 접착제로 사용한다.

18. 수목의 규격을 "$H \times W$"로 표시하는 수종으로만 짝지어진 것은?

㉮ 소나무, 느티나무
㉯ 회양목, 장미
㉰ 주목, 철쭉
㉱ 백합나무, 향나무

> **해설** 수목의 규격 표시
> ① 교목 : $H \times B$ = 은행나무, 가중나무, 계수나무, 메타세쿼이아, 벽오동, 수양버들, 자작나무
> ② 교목 : $H \times W$ = 잣나무, 주목, 측백나무, 철쭉
> ③ 교목 : $H \times R$ = 감나무, 느티나무, 단풍나무, 산수유, 꽃사과, 산딸나무
> ④ 관목 : $H \times W$ = 산철쭉, 수수꽃다리, 자산홍, 쥐똥나무, 명자나무, 병꽃나무
> ⑤ 관목 : $H \times R$ = 능소화, 노박덩굴
> ⑥ 관목 : $H \times W \times L$ = 눈향나무
> ⑦ 관목 : $H \times$ 가지의 수 = 개나리, 덩굴장미
> ⑧ 만경목 : $H \times R$ = 등나무
> ⑨ 소나무 : $H \times W \times R$
> $\quad = H 3.5m \times W 2.0m \times R 15cm$

19. 여름철에 강한 햇빛을 차단하기 위해 식재되는 수목을 가리키는 것은?

㉮ 녹음수   ㉯ 방풍수
㉰ 차폐수   ㉱ 방음수

> **해설** 녹음수 : 푸른 잎이 우거진 나무를 말하며 햇빛을 차단하는 기능을 한다.

20. 다음 중 낙우송의 설명으로 옳지 않은 것은?

㉮ 잎은 5~10 cm 길이로 마주나는 대생이다.
㉯ 소엽은 편평한 새의 깃 모양으로서 가을에 단풍이 든다.
㉰ 열매는 둥근 달걀 모양으로 길이 2~3 cm, 지름 1.8~3.0 cm의 암갈색이다.
㉱ 종자는 삼각형의 각모에 광택이 있으며 날개가 있다.

> **해설** 낙우송
> ① 잎은 장지에서 어긋나기를 하며 5~10cm 길이로 깃 모양이며 짧은 가지에서는 2줄로 어긋나게 한다.
> ② 낙엽침엽교목이다.
>
> [참고] 대생(對生) : 잎이 서로 붙어서 마주나는 것을 말한다.

21. 두께 15 cm 미만이며, 폭이 두께의 3배 이상인 판 모양의 석재를 무엇이라고 하는가?

㉮ 각석   ㉯ 판석
㉰ 마름돌   ㉱ 견치돌

> **해설** 판석 : 대리석이나 화강석을 일정한 형태로 가공한 것을 말한다.
>
> [참고] 디딤석 : 판석 중 사람이 밟고 다닐 수 있도록 시공하는 판재를 말한다.

22. 목재의 심재와 변재에 관한 설명으로 옳지 않은 것은?

㉮ 심재는 수액의 통로이며 양분의 저장소이다.
㉯ 심재의 색깔은 짙으며 변재의 색깔은 비교적 엷다.
㉰ 심재는 변재보다 단단하여 강도가 크고 신축 등 변형이 적다.

> **해답** 18. ㉰ 19. ㉮ 20. ㉮ 21. ㉯ 22. ㉮

㉣ 변재는 심재 외측과 수피 내측 사이에 있는 생활세포의 집합이다.

해설 변재
① 변재 부분의 세포는 수액의 유통과 저장 역할을 한다.
② 목재의 겉껍질에 가까이 위치하며 담색 부분이다.
③ 변재는 심재에 비하여 건조됨에 따라 수축 변형이 심하다.
④ 내구성이 부족하여 충해를 받기 쉽다.

23. 점토, 석영, 장석, 도석 등을 원료로 하여 적당한 비율로 배합한 다음 높은 온도로 가열하여 유리화될 때까지 충분히 구워 굳힌 제품으로써, 대개 흰색 유리질로서 반투명하여 흡수성이 없고 기계적 강도가 크며, 때리면 맑은 소리를 내는 것은?

㉠ 토기 ㉡ 자기
㉢ 도기 ㉣ 석기

참고 자기(자토)
① 석영의 풍화물이다.
② 흡수성이 적고, 경도, 강도가 크다.
③ 백색의 반투명질 제품이다.

24. 정적인 상태의 수경 경관을 도입하고자 할 때 바른 것은?

㉠ 하천 ㉡ 계단 폭포
㉢ 호수 ㉣ 분수

해설 물 재료의 특징
① 정적인 상태의 물 : 연못, 풀장(pool), 호수
② 동적인 상태의 물 : 분수, 벽천, 폭포, 캐스케이드

25. 다음 목재 접착제 중 내수성이 큰 순서대로 바르게 나열된 것은?

㉠ 요소수지 > 아교 > 페놀수지
㉡ 아교 > 페놀수지 > 요소수지
㉢ 페놀수지 > 요소수지 > 아교
㉣ 아교 > 요소수지 > 페놀수지

해설 합판 접착제
① 1류 합판 : 페놀수지 접착제
② 2류 합판 : 요소수지 접착제
③ 3류 합판 : 아교 접착제

26. 건물 주위에 식재 시 양수와 음수의 조합으로 되어 있는 수종들은?

㉠ 눈주목, 팔손이나무
㉡ 사철나무, 전나무
㉢ 자작나무, 개비자나무
㉣ 일본잎갈나무, 향나무

해설 ① 음수 : 주목, 전나무, 독일가문비, 팔손이나무, 녹나무, 동백나무, 회양목, 식나무, 개비자나무
② 양수 : 향나무, 주목, 석류나무, 소나무, 모과나무, 산수유, 은행나무, 백목련, 무궁화, 메타세쿼이아, 버즘나무, 자작나무, 해송, 낙엽송

27. 강(鋼)과 비교한 알루미늄의 특징에 대한 내용 중 옳지 않은 것은?

㉠ 강도가 작다.
㉡ 비중이 작다.
㉢ 열팽창률이 작다.
㉣ 전기전도율이 높다.

해설 알루미늄
① 열이나 전기전도율이 높고 전성과 연성이 풍부하며 가공이 용이하다.
② 내식성이 크다.

28. 다음 석재 중 일반적으로 내구연한이 가장 짧은 것은?

㉠ 석회암 ㉡ 화강석
㉢ 대리석 ㉣ 석영암

해설 내구연한(耐久年限) : 원상대로 오랫동안 사용할 수 있는 것을 말한다.

해답 23. ㉡ 24. ㉢ 25. ㉢ 26. ㉢ 27. ㉢ 28. ㉠

석회암 : 석질은 치밀하고 견고하나 내산성, 내화성이 부족하기 때문에 석재로 쓰기에는 부적당하다. 시멘트의 원료로 사용한다.

29. 콘크리트용 혼화재로 실리카 퓸(silica fume)을 사용한 경우 효과에 대한 설명으로 잘못된 것은?
㉮ 내화학약품성이 향상된다.
㉯ 단위수량과 건조수축이 감소된다.
㉰ 알칼리 골재반응의 억제효과가 있다.
㉱ 콘크리트의 재료분리 저항성, 수밀성이 향상된다.

해설 실리카 퓸(silica fume) : 고성능 감수제와 병용하면 단위 수량을 감소시킬 수 있다.

30. 다음 중 석탄을 235~315℃에서 고온건조하여 얻은 타르 제품으로써 독성이 적고 자극적인 냄새가 있는 유성 목재 방부제는?
㉮ 콜타르
㉯ 크레오소트유
㉰ 플로오르화나트륨
㉱ 펜타클로로페놀

해설 크레오소트(creosote) : 흑갈색 용액으로 방부력이 우수하고 내습성도 있으며 침투성이 좋아서 목재에 깊게 주입할 수 있다.

31. 다음 중 목재 내 할렬(checks)은 어느 때 발생하는가?
㉮ 목재의 부분별 수축이 다를 때
㉯ 건조 초기에 상대습도가 높을 때
㉰ 함수율이 높은 목재를 서서히 건조할 때
㉱ 건조 응력이 목재의 횡인장강도보다 클 때

해설 할렬(checks) : 건조 응력이 목재의 횡인장강도보다 클 때 목재가 갈라지는 현상으로, 수분증발을 방지하면 어느 정도는 할렬을 방지할 수 있다.

32. 구조재료의 용도상 필요한 물리·화학적 성질을 강화시키고, 미관을 증진시킬 목적으로 재료의 표면에 피막을 형성시키는 액체 재료를 무엇이라고 하는가?
㉮ 도료
㉯ 착색
㉰ 강도
㉱ 방수

해설 도료 : 물체의 표면에 칠하여 부식을 방지하고 표면을 보호하여 광택, 색채, 무늬 등을 이용하여 아름답게 하는 데 쓰이는 재료이다.

33. 다음 중 조경수의 이식에 대한 적응이 가장 쉬운 수종은?
㉮ 벽오동
㉯ 전나무
㉰ 섬잣나무
㉱ 가시나무

해설 ① 이식하기 어려운 수종 : 목련, 소나무, 독일가문비, 주목, 섬잣나무, 굴거리나무, 느티나무, 백합나무, 구상나무
② 이식하기 쉬운 수종 : 편백, 향나무, 사철나무, 은행나무, 버즘나무, 철쭉, 메타세쿼이아, 벽오동, 무궁화, 측백나무

34. 목재가 통상 대기의 온도, 습도와 평형된 수분을 함유한 상태의 함수율은?
㉮ 약 7%
㉯ 약 15%
㉰ 약 20%
㉱ 약 30%

해설 기건재 : 대기 중의 습도와 균형 상태의 함수율이 15%가 된 상태이다.

35. 겨울철 화단용으로 가장 알맞은 식물은?
㉮ 팬지
㉯ 피튜니아
㉰ 샐비어
㉱ 꽃양배추

해답 29. ㉯ 30. ㉯ 31. ㉱ 32. ㉮ 33. ㉮ 34. ㉯ 35. ㉱

[해설] 알뿌리 화초 : 일명 구근 화초라 하며, 알뿌리를 가지는 것을 말한다.
① 봄 화단용 식물 : 튤립, 수선화
② 여름, 가을 화단용 식물 : 다알리아, 칸나
③ 겨울 화단용 식물 : 꽃양배추

36. 골재알의 모양을 판정하는 척도인 실적률(%)을 구하는 식으로 옳은 것은?

㉮ 공극률 – 100   ㉯ 100 – 공극률
㉰ 100 – 조립률   ㉱ 조립률 – 100

[해설] ① 공극률 $= \left(1 - \dfrac{\text{단위 용적 무게}}{\text{비중}}\right)$

② 실적률 $= \left(\dfrac{\text{단위 용적 무게}}{\text{비중}}\right)$

③ 실적률 = 1(100%) – 공극률

37. 다음 제초제 중 잡초와 작물 모두를 살멸시키는 비선택성 제초제는?

㉮ 디캄바액제   ㉯ 글리포세이트액제
㉰ 펜티온유제   ㉱ 에테폰액제

[해설] 비선택성 제초제
① 잡초와 작물을 모두 제거시키는 제초제이다.
② 글리포세이트액제, 글리포세이트암모늄액제, 글리포세이트포타슘액제 등이 있다.

38. 다음 설명하는 잡초로 옳은 것은?

- 일년생 광엽 잡초
- 논잡초로 많이 발생할 경우는 기계수확이 곤란
- 줄기 기부가 비스듬히 땅을 기며 뿌리가 내리는 잡초

㉮ 메꽃   ㉯ 한련초
㉰ 가막사리   ㉱ 사마귀풀

[해설] 사마귀풀
① 논과 습기가 많은 곳에 자라는 1년생 광엽 잡초 한해살이풀이다.
② 피리벤족심유제(피안커)의 약제를 사용하여 제거한다.

39. 다음 중 식엽성(食葉性) 해충이 아닌 것은?

㉮ 솔나방   ㉯ 텐트나방
㉰ 복숭아명나방   ㉱ 미국흰불나방

[해설] 복숭아명나방 : 밤나무 수확에 피해가 심하며 종실 해충으로 분류한다.

[참고] 종실 해충 : 잡식성 해충으로 밤나무, 복숭아나무 등 과실의 종실을 식해한다.

40. 다음 중 흙쌓기에서 비탈면의 안정 효과를 가장 크게 얻을 수 있는 경사는?

㉮ 1 : 0.3   ㉯ 1 : 0.5
㉰ 1 : 0.8   ㉱ 1 : 1.5

[해설] 흙쌓기
① 3m 미만의 흙쌓기를 할 경우 10% 정도의 더돋기를 한다.
② 지반다짐을 30~60cm마다 한다.
③ 비탈면 경사 : (1 : 1.5)

41. 다음 중 파이토플라스마에 의한 수목병은?

㉮ 뽕나무 오갈병
㉯ 잣나무 털녹병
㉰ 밤나무 뿌리혹병
㉱ 낙엽송 끝마름병

[해설] ① 벚나무 빗자루병 : 곰팡이균(taphrina wiesneri)에 의해 발생한다.
② 뽕나무 오갈병, 대추나무 빗자루병, 오동나무빗자루병 : 파이토플라스마(phytoplasma)에 의해 발생한다.

42. 건물이나 담장 앞 또는 원로에 따라 길게 만들어지는 화단은?

㉮ 모둠 화단   ㉯ 경재 화단
㉰ 카펫 화단   ㉱ 침상 화단

[해답] 36. ㉯   37. ㉯   38. ㉱   39. ㉰   40. ㉱   41. ㉮   42. ㉯

해설 ① 기식 화단 (모둠 화단) : 사방에서 감상할 수 있도록 화단의 중심부에 장미 등을 식재하고 주변에는 여러 가지 화초를 식재하여 색채를 아름답고 조화롭게 배색한 화단이다.
② 매듭 화단 : 낮게 깎은 회양목 등으로 화단을 여러 가지 기하학적 모양으로 만든 것을 말한다.
③ 카펫 화단 (화문 화단) : 키가 작은 초화와 개화 기간이 긴 꽃들을 선택하여 꽃 색을 아름답게 배치하고 밀식하여 여러 가지 무늬를 감상할 수 있게 한 화단이다.
④ 경재 화단 : 울타리 담벽, 건물의 담장, 경사면을 배경으로 장방형의 긴 형태로 앞쪽은 키가 작은 채송화 같은 화초를 식재하며 뒤쪽은 키가 큰 매리골드 등의 화초를 식재하여 한쪽에서만 감상하게 만든 화단이다.

43. 평판측량에서 평판을 정치하는 데 생기는 오차 중 측량 결과에 가장 큰 영향을 주므로 특히 주의해야 할 것은?

㉮ 수평 맞추기 오차
㉯ 중심 맞추기 오차
㉰ 방향 맞추기 오차
㉱ 앨리데이드의 수준기에 따른 오차

해설 평판측량 오차 : 표정 오차로서 표정 시 판을 돌려 맞춰야 한다.
참고 평판측량
① 정준 : 수평을 맞춘다.
② 자침 : 평판에 중심을 맞춘다.
③ 표정 : 방향, 방위를 맞춘다.
④ 구심 : 구심기의 고리에 추를 매달아 제도 용지의 도상점과 땅 위의 측점을 동일하게 맞춘다.
⑤ 평판측량의 3요소 : 정준, 구심, 표정

44. 표준형 벽돌을 사용하여 1.5B로 시공한 담장의 총 두께는? (단, 줄눈의 두께는 10mm이다.)

㉮ 210mm ㉯ 270mm
㉰ 290mm ㉱ 330mm

해설 1.5B=0.5B+1.0B
=0.5B+10mm(시멘트 모르타르 부분)+1.0B
=90+10+190
=290mm
① 벽돌 한 장의 규격 : 190mm (길이)×90 mm (폭)×57mm (높이)
② 0.5B 벽체 두께 : 벽돌 한 장의 폭인 90mm
③ 1.0B 벽체 두께 : 벽돌 한 장 길이 190mm
④ 2.0B : 190 (1.0B) + 10 (모르타르) + 190 (1.0B) = 390mm
⑤ 2.5B : 390 (2.0B) + 10 (모르타르) + 90 (0.5B) = 490mm
⑥ 1.5B 공간벽 : 0.5B (90 mm) + 공간 (70 mm) + 1.0B (190 mm) = 350 mm
⑦ 1.5B 공간벽 : 0.5B (90 mm) + 공간 (120 mm) + 1.0B (190 mm) = 400 mm

45. 잔디밭을 조성하려 할 때 떼장붙이는 방법으로 틀린 것은?

㉮ 떼장붙이기 전에 미리 땅을 갈고 정지(整地)하여 밑거름을 넣는 것이 좋다.
㉯ 떼장붙이는 방법에는 전면붙이기, 어긋나게붙이기, 줄붙이기 등이 있다.
㉰ 줄붙이기나 어긋나게붙이기는 떼장을 절약하는 방법이지만, 아름다운 잔디밭이 완성되기까지에는 긴 시간이 소요된다.
㉱ 경사면에는 평떼 전면붙이기를 시행한다.

해설 경사면에는 이음매붙이기, 즉 어긋나게 식재를 하여야 한다.

46. 경석(景石)의 배석(配石)에 대한 설명으로 옳은 것은?

㉮ 원칙적으로 정원 내에 눈에 뜨이지 않는 곳에 두는 것이 좋다.
㉯ 차경(借景)의 정원에 쓰면 유효하다.

해답 43. ㉰ 44. ㉰ 45. ㉱ 46. ㉯

㉰ 자연석보다 다소 가공하여 형태를 만들어 쓰도록 한다.
㉱ 입석(立石)인 때에는 역삼각형으로 놓는 것이 좋다.

[해설] 경관석의 배치 기법 : 돌의 아름다운 부분을 많이 노출시키고 산돌은 산의 경치, 바닷돌은 바다의 경치 및 분위기를 살릴 수 있도록 조경 공간에 배치한다.

47. 수간에 약액 주입 시 구멍 뚫는 각도로 가장 적절한 것은?

㉮ 수평　　　　　㉯ 0㎜~ 10㎜
㉰ 20㎜~ 30㎜　　㉱ 50㎜~ 60㎜

[해설] 수간주사
① 나무밑 높이 5~10cm 정도에서 지름 5mm 정도의 크기로 각도는 20~30°, 깊이 3~4cm 정도의 구멍을 뚫고, 반대쪽 5~10cm 정도의 높이에서 깊이 3~4cm 정도의 구멍을 뚫는다.
② 드릴, 돌보송곳을 사용한다.

48. 다져진 잔디밭에 공기 유통이 잘되도록 구멍을 뚫는 기계는?

㉮ 소드 바운드(sod bound)
㉯ 론 모우어(lawn mower)
㉰ 론 스파이크(lawn spike)
㉱ 레이크(rake)

[해설] ① 통기 작업 : 그린시어, 버티파이어
② 슬라이싱 : 레노베이어, 론 에어
③ 스파이킹 : 스파이크 에어, 스파이커, 론 스파이크(lawn spike)

49. 설계도서에 포함되지 않는 것은?

㉮ 물량내역서　　㉯ 공사시방서
㉰ 설계도면　　　㉱ 현장사진

[해설] 설계도서
① 국토행양부 장관이 정한 설계도서 기준에 적합하게 설계하여야 한다.
② 공사시방서
③ 설계도면
④ 물량내역서

50. 생울타리를 전지·전정하려고 한다. 태양의 광선을 골고루 받게 하여 생울타리의 밑가지 생육을 건전하게 하려면 생울타리의 단면 모양은 어떻게 하는 것이 가장 적합한가?

㉮ 삼각형　　　　㉯ 사각형
㉰ 팔각형　　　　㉱ 원형

[해설] 생울타리 모양
① 삼각형 : 태양을 골고루 받아 가지가 잘 자라게 하여야 한다.
② 역삼각형 : 태양의 광선을 골고루 받지 못한 형태로 가지가 불규칙하게 자라난다.

51. 비료의 3요소가 아닌 것은?

㉮ 질소(N)　　　　㉯ 인산(P)
㉰ 칼슘(Ca)　　　㉱ 칼륨(K)

[해설] 비료의 3요소 : 질소+인+칼륨
비료의 4요소 : 질소+인+칼륨+칼슘
① 질소(N) : 광합성 촉진 작용을 한다.
[부족현상] 잎과 줄기가 가늘어지며 잎이 황색으로 변색되어 떨어진다.
② 인(P) : 세포분열 촉진 기능, 꽃, 열매, 뿌리 성장, 새눈과 잔가지 발육에 기여한다.
[부족현상] 뿌리 생장 기능이 저하되며 잎이 암록색으로 변색되며 생산량이 감소한다.
③ 칼륨(K) : 꽃, 열매의 향기 및 색깔 조절에 기여한다.
[부족현상] 황화현상이 발생한다.
④ 칼슘(Ca) : 단백질 합성, 식물체 유기산 중화의 역할을 한다.
[부족현상] 생장점이 파괴되며 갈색으로 변색된다.

[해답] 47. ㉰　48. ㉰　49. ㉱　50. ㉮　51. ㉰

52. 솔소나무류의 순따기에 알맞은 적기는?

㉮ 1~2월 ㉯ 3~4월
㉰ 5~6월 ㉱ 7~8월

[해설] 소나무 순자르기 : 순자르기는 원하는 수형을 얻기 위해 실시하는 것으로 생장점을 찾아 조절하는 전정이며, 5~6월에 2~3개 정도 남기고 모두 손으로 제거한다.

[참고] 소나무 순자르기는 6월경에도 가능하나 새순이 잘 전정되지 않으며 송진이 발생하여 좋지 않으므로 5월경이 가장 적당하다.

53. 지하층의 배수를 위한 시스템 중 넓고 평탄한 지역에 주로 사용되는 것은?

㉮ 어골형, 평행형 ㉯ 즐치형, 선형
㉰ 자연형 ㉱ 차단법

[해설] ① 어골형 : 평탄지이고 전 지역에 균일하게 배수가 필요한 지역에 사용하며, 지관길이는 30m 이하이고, 각도는 45㉯하로 설치한다.
② 빗살형(즐치형) : 규모가 작은 면적의 전 지역에 균일하게 배수할 때 사용한다.
③ 자유형(자연형) : 대규모 공원과 같이 완전한 배수가 요구되지 않는 지역에 사용하며, 등고선을 고려하여 주관을 설치하고 설치된 주관을 중심으로 양측에 지관을 설치한다.

54. 다음 시멘트의 종류 중 혼합시멘트가 아닌 것은?

㉮ 알루미나 시멘트
㉯ 플라이 애시 시멘트
㉰ 고로 슬래그 시멘트
㉱ 포틀랜드 포졸란 시멘트

[해설] 혼합시멘트
① 고로 슬래그 시멘트 : 해수를 받는 곳이나 큰 구조체 공사에 적합하다.
② 플라이 애시 시멘트 : 하천, 해안, 해수공사 등에 많이 사용된다.
③ 포틀랜드 포졸란 시멘트(실리카 시멘트) : 구조용, 미장모르타르용으로 사용된다.

55. 조형(造形)을 목적으로 한 전정을 가장 잘 설명한 것은?

㉮ 고사지 또는 병지를 제거한다.
㉯ 밀생한 가지를 솎아준다.
㉰ 도장지를 제거하고 결과지를 조정한다.
㉱ 나무 원형의 특징을 살려 다듬는다.

[해설] 수목의 고유 특징을 살릴 수 있도록 전정하는 것이 바람직하다.

56. 다음 중 들잔디의 관리 설명으로 옳지 않은 것은?

㉮ 들잔디의 깎기 높이는 2~3cm로 한다.
㉯ 떳밥은 초겨울 또는 해동이 되는 이른 봄에 준다.
㉰ 해충은 황금충류가 가장 큰 피해를 준다.
㉱ 병은 녹병의 발생이 많다.

[해설] ① 난지형 잔디(들잔디) : 6~8월인 여름철에 떳밥 주기를 한다.
② 한지형 잔디 : 9월에 떳밥 주기를 한다.

57. 조경설계기준상 공동으로 사용되는 계단의 경우 높이 2m를 넘는 계단에는 2m 이내마다 당해 계단의 유효 폭 이상의 폭으로 너비 얼마 이상의 참을 두어야 하는가? (단, 단 높이는 18cm 이하, 단 너비는 26cm 이상이다.)

㉮ 70 cm ㉯ 80 cm
㉰ 100 cm ㉱ 120 cm

[해설] 계단 설치 기준
① 높이 2m를 넘는 계단에는 2m 이내마다 계단 유효 폭 이상으로 노 너비 120cm 이상의 계단참을 둔다.

[해답] 52. ㉰ 53. ㉮ 54. ㉮ 55. ㉱ 56. ㉯ 57. ㉱

② 높이를 h, 단 너비를 b로 할 때 $2h+b=$ 60~65cm가 적당하다.
③ 안전성 시험 : 오토클래브 팽창도 시험, 침수법
④ 압축강도 시험 : flow test 시험

58. 토양의 입경조성에 의한 토양의 분류를 무엇이라고 하는가?

㉮ 토성
㉯ 토양통
㉰ 토양반응
㉱ 토양분류

해설 ① 토양을 구성하는 기체 입자의 크기를 입경조성이라 하고 이는 토성으로 나타낸다.
② 토양의 분류 : 토양 무기 입자들(자갈, 모래, 미사, 점토)의 크기로 구분하는 것을 말한다.

59. 다음 가지다듬기 중 생리조정을 위한 가지다듬기는?

㉮ 병·해충 피해를 입은 가지를 잘라 내었다.
㉯ 향나무를 일정한 모양으로 깎아 다듬었다.
㉰ 늙은 가지를 젊은 가지로 갱신하였다.
㉱ 이식한 정원수의 가지를 알맞게 잘라 내었다.

해설 전정의 종류
① 생리 조정을 위한 가지 다듬기
㉠ 이식할 때 지하부와 지상부의 생리적 균형을 유지하기 위하여 맹아력을 고려하여 가지와 잎을 적당히 잘라준다.
㉡ 느티나무, 버즘나무
② 세력을 갱신하는 가지 다듬기
㉠ 맹아력이 좋은 나무가 너무 오래되어 겨울에 나무의 줄기와 가지를 잘라 주어 새 가지와 새 줄기가 나와 꽃과 열매를 좋게 하기 위하여 갱신한다.
㉡ 과일나무, 장미, 배롱나무
③ 생장을 억제하는 가지 다듬기
㉠ 정원에 있는 녹음수, 산울타리 수종으로 일정한 모양으로 유지하기 위하여 형태를 다듬는 전정을 한다.
㉡ 향나무, 주목, 회양목, 소나무의 순 자르기
④ 생장을 돕기 위한 전정 : 생육 상태가 고르지 못한 나무 또는 병충해에 걸린 가지, 죽은 가지, 부러진 가지 등을 다듬어서 전정한다.

60. 시멘트의 각종 시험과 연결이 옳은 것은?

㉮ 비중 시험 - 길모어 장치
㉯ 분말도 시험 - 루사델리 비중병
㉰ 응결 시험 - 블레인법
㉱ 안정성 시험 - 오토클레이브

해설 ① 비중 시험 : 르샤틀리에 플라스크
② 분말도 시험 : 표준체에 의한 시험
③ 응결시간 시험 : 길모어 장치

해답 58. ㉮ 59. ㉱ 60. ㉱

▶ 2013년 4월 14일 시행

자격종목	코드	시험시간	형별	수험번호	성명
조경기능사	7900	1시간	A		

1. 그리스 시대 공공건물과 주랑으로 둘러싸인 다목적 열린 공간으로 무덤의 전실을 가리키기도 했던 곳은?

㉮ 포룸　㉯ 빌라　㉰ 테라스　㉱ 커넬

해설 포룸(forum) : 공공 건축물과 주랑(柱廊)으로 둘러싸인 다목적 열린 공간으로 그리스의 아고라와 같이 집회장이나 시장으로 사용하였으며 무덤의 전실(前室)을 가리키기도 했다.

2. 다음 중 본격적인 프랑스식 정원으로서 루이 14세 당시의 니콜라스 푸케와 관련 있는 정원은?

㉮ 보르뷔콩트 (Vaux-le-Vicomte)
㉯ 베르사유 (Versailles) 궁원
㉰ 퐁텐블로 (Fontainebleau)
㉱ 샘-클루 (Saint-Cloud)

해설 보르뷔콩트 (Vaux-le-Vicomte) : 루이 14세, 즉 1640년에 니콜라스 푸케에 의해 르 노트르가 설계하였으며, 르 노트르의 성공작이며 출세작이다.

3. 오방색 중 오행으로는 목(木)에 해당하며 동방(東方)의 색으로 양기가 가장 강한 곳이다. 계절로는 만물이 생성하는 봄의 색이고 오륜은 인(仁)을 암시하는 색은?

㉮ 적(赤)　㉯ 청(青)
㉰ 황(黃)　㉱ 백(白)

해설 오방 정색(음양오행설)
① 청(青) - 동쪽 - 목(木) - 인(仁)
② 적(赤) - 남쪽 - 화(火) - 예(禮)
③ 황(黃) - 중앙 - 토(土) - 신(信)
④ 백(白) - 서쪽 - 금(金) - 의(義)
⑤ 흑(黑) - 북쪽 - 수(水) - 지(智)

4. 다음 중 정원에서의 눈가림 수법에 대한 설명으로 틀린 것은?

㉮ 좁은 정원에서는 눈가림 수법을 쓰지 않는 것이 정원을 더 넓어 보이게 한다.
㉯ 눈가림은 변화와 거리감을 강조하는 수법이다.
㉰ 이 수법은 원래 동양적인 것이다.
㉱ 정원이 한층 더 깊이가 있어 보이게 하는 수법이다.

해설 ① 눈가림 수법 : 정원의 넓이를 한층 더 크고 변화 있게 하려는 조경기술로서 변화, 거리감을 보여 준다.
② 비스타 (통경선) : 정원 중심으로(주축선) 시선이 집중되어 정원을 한층 더 넓게 보이게 하는 효과가 발생하는 정원을 말한다.

5. 빠른 보행을 필요로 하는 곳에 포장재료로 사용되기 가장 부적합한 것은?

㉮ 아스팔트　㉯ 콘크리트
㉰ 조약돌　㉱ 소형고압 블록

해설 조약돌 : 산책로에 많이 사용되며 시각적인 질감이 우수하고 보행촉감이 독특하지만 빠른 보행 시에는 방해가 된다.

6. 작은 색견본을 보고 색을 선택한 다음 아파트 외벽에 칠했더니 명도와 채도가

해답 1. ㉮　2. ㉮　3. ㉯　4. ㉮　5. ㉰　6. ㉰

높아져 보였다. 이러한 현상을 무엇이라고 하는가?
㉮ 색상 대비   ㉯ 한난 대비
㉰ 면적 대비   ㉱ 보색 대비

해설 면적 대비(area contrast, 面積對比) : 같은 색이라도 면적에 따라서 채도와 명도가 달라 보이는 현상으로, 면적이 증가하면 명도와 채도가 증가하고, 감소하면 명도와 채도가 작아지는 현상이다.

7. 도시공원 및 녹지 등에 관한 법률 시행 규칙상 도시의 소공원 공원시설 부지면적 기준은?
㉮ 100분의 20 이하
㉯ 100분의 30 이하
㉰ 100분의 40 이하
㉱ 100분의 60 이하

8. 조경식재 설계도를 작성할 때 수목명, 규격, 본수 등을 기입하기 위한 인출선 사용의 유의사항으로 올바르지 않은 것은?
㉮ 가는 선으로 명료하게 긋는다.
㉯ 인출선의 수평부분은 기입 사항의 길이와 맞춘다.
㉰ 인출선간의 교차나 치수선의 교차를 피한다.
㉱ 인출선의 방향과 기울기는 자유롭게 표기하는 것이 좋다.

해설 인출선
① 내용물 자체에 설명을 표시할 수 없을 때에 사용하는 선이다.
② 가는 실선으로 사용한다.
③ 인출선의 굵기는 동일하게 한다.
④ 긋는 방향과 기울기는 규칙적으로 표기하는 것이 바람직하다.

9. '사자(死者)의 정원'이라는 이름의 묘지 정원을 조성한 고대 정원은?
㉮ 그리스 정원   ㉯ 바빌로니아 정원
㉰ 페르시아 정원   ㉱ 이집트 정원

해설 이집트의 사자(死者)의 정원(묘지 정원)
① 레크미르의 무덤벽화
② 시누헤 이야기
③ 묘지 앞에 소정원을 설치하여 죽은 자를 위로하였다.

10. 미적인 형 그 자체로는 균형을 이루지 못하지만 시각적인 형의 통합에 의해 균형을 이룬 것처럼 느끼게 하여 동적인 감각과 변화있는 개성적 감정을 불러 일으키며, 세련미와 성숙미 그리고 운동감과 유연성을 주는 미적 원리는?
㉮ 비례   ㉯ 비대칭
㉰ 집중   ㉱ 대비

해설 비대칭(asymmetry) : 가정한 중심축으로부터 좌우상하의 형태와 색채, 크기 등이 다르면서 시각적으로는 안정감을 이루고 변화성과 경쾌감을 준다.

11. 다음 중 "피서산장, 이화원, 원명원"은 중국의 어느 시대 정원인가?
㉮ 진   ㉯ 명   ㉰ 청   ㉱ 당

해설 청시대의 조경
① 원명원 이궁 : 청나라 4대왕 강희제가 축조하였다.
② 만수산 이화원 : 건륭제가 증축, 개조하였다.
③ 열하 피서산장 : 왕의 여름 별장이다.

12. 다음 중 온도감이 따뜻하게 느껴지는 색은?
㉮ 보라색   ㉯ 초록색
㉰ 주황색   ㉱ 남색

해설 ① 따뜻한 색(빨강, 주황색 계통) : 여성

해답 7. ㉮   8. ㉱   9. ㉱   10. ㉯   11. ㉰   12. ㉰

적, 정열적 느낌
② 차가운 색(청색, 보라색 계통) : 냉정함, 상쾌한 느낌

13. 다음 [보기]에서 (   )에 들어갈 적당한 공간 표현은?

[보기]
서오능 시민 휴식공원 기본계획에는 왕릉의 보존과 단체 이용객에 대한 개방이라는 상충되는 문제를 해결하기 위하여 (   )을(를) 설정함으로써 왕릉과 공간을 분리시켰다.

㉮ 진입광장 ㉯ 동적공간
㉰ 완충녹지 ㉱ 휴게공간

해설 완충녹지 : 대기오염, 소음, 진동, 악취, 공해와 각종 사고나 자연재해, 그 밖에 이에 준하는 재해 등의 방지를 위하여 설치하는 녹지를 말한다.

14. 다음 중 물체가 있는 것으로 가상되는 부분을 표시하는 선의 종류는?

㉮ 실선   ㉯ 파선
㉰ 1점 쇄선 ㉱ 2점 쇄선

해설 2점 쇄선 : 물체가 있는 것으로 가상되는 부분을 표시하거나 1점 쇄선과 구별할 때 사용된다.

15. 다음 중 창덕궁 후원 내 옥류천 일원에 위치하고 있는 궁궐 내 유일의 초정은?

㉮ 애련정   ㉯ 부용정
㉰ 관람정   ㉱ 청의정

해설 창덕궁 청의정 : 창덕궁 후원 내 있는 정자이다.

16. 비금속재료의 특성에 관한 설명 중 옳지 않은 것은?

㉮ 납은 비중이 크고 연질이며 전성, 연성이 풍부하다.
㉯ 알루미늄은 비중이 비교적 작고 연질이며 강도도 낮다.
㉰ 아연은 산 및 알칼리에 강하나 공기 중 및 수중에서는 내식성이 작다.
㉱ 동은 상온의 건조공기 중에서 변화하지 않으나 습기가 있으면 광택을 소실하고 녹청색으로 된다.

해설 아연
① 강도가 높고 연성 및 내식성도 양호하다.
② 습기 및 이산화탄소에는 표면에 피막이 생겨 내부가 보호된다.
③ 철강의 방식용 피복제로 철사에 도금한다.

17. 다음 석재 중 조직이 균질하고 내구성 및 강도가 큰 편이며, 외관이 아름다운 장점이 있는 반면 내화성이 작아 고열을 받는 곳에는 적합하지 않은 것은?

㉮ 응회암   ㉯ 화강암
㉰ 편마암   ㉱ 안산암

해설 화강암
① 우리나라 돌의 70% 이상이며 건축, 토목의 구조재, 내외장재, 디딤돌, 계단용 경계석, 석탑 등으로 사용한다.
② 내화도가 낮아서 고열을 받는 곳에는 적당하지 않다.
③ 세밀한 조각이 필요한 곳에는 가공이 불편하여 적당하지 않다.

18. 합성수지 중에서 파이프, 튜브, 물받이통 등의 제품에 가장 많이 사용되는 열가소성 수지는?

㉮ 페놀 수지   ㉯ 멜라민 수지
㉰ 염화비닐 수지 ㉱ 폴리에스테르 수지

해설 염화비닐 수지

해답 13. ㉰ 14. ㉱ 15. ㉱ 16. ㉰ 17. ㉯ 18. ㉰

① 열가소성 수지이다.
② 내알칼리성, 전기절연성, 내후성이 크다.
③ 값이 싸서 판, 타일, 시트, 파이프, 도료, 필름 등에 사용된다.

19. 목구조의 보강철물로서 사용되지 않는 것은?

㉮ 나사못 ㉯ 듀벨
㉰ 고장력 볼트 ㉱ 꺾쇠

[해설] 목구조 보강철물 : 나사못, 엇꺾쇠, 와사 볼트, 듀벨, 꺾쇠 등

20. 정원의 한 구석에 녹음용수로 쓰기 위해서 단독으로 식재하려 할 때 적합한 수종은?

㉮ 홍단풍 ㉯ 박태기나무
㉰ 꽝꽝나무 ㉱ 칠엽수

[해설] 녹음용수
① 강한 햇빛을 조절하는 것이 목적이며 여름철에는 그늘을 만들고 겨울철에는 낙엽이 떨어져 햇빛을 차단하지 말아야 한다.
② 수관이 크고 잎이 치밀하며 지하고가 높아야 한다.
③ 은행나무, 칠엽수, 느티나무, 버즘나무, 벽오동, 합나무, 회화나무
④ 칠엽수 : 낙엽활엽교목이다.
[참고] ① 박태기 나무 : 낙엽활엽관목이다.
② 홍단풍 : 낙엽활엽관목이다.
③ 꽝꽝나무 : 상록활엽관목이다.

21. 강을 적당한 온도(800~1000℃)로 가열하여 소정의 시간까지 유지한 후에 노(爐) 내부에서 천천히 냉각시키는 열처리법은?

㉮ 풀림 (annealing)
㉯ 불림 (normalizing)
㉰ 뜨임질 (tempering)
㉱ 담금질 (quenching)

[해설] ① 풀림 : 강을 적당한 온도로 가열한 다음 노(爐) 안에서 서서히 냉각시킨다.
② 뜨임질 : 담금질을 한 후 적당한 온도로 가열한 다음 서서히 냉각시키면 취성이 조금 약해져 외부충격을 잘 견디게 된다.

22. 흙에 시멘트와 다목적 토양개량제를 섞어 기층과 표층을 겸하는 간이 포장 재료는?

㉮ 우레탄 ㉯ 콘크리트
㉰ 카프 ㉱ 칼라 세라믹

[해설] 카프(Korea Anti pollution Method) : 흙, 시멘트, 다량의 토양개량제를 혼합한 후 흙다짐하여 산책로 등의 포장에 주로 쓰이는 자연 친화적 흙다짐 포장재이다.

23. 다음 중 난대림의 대표 수종인 것은?

㉮ 녹나무 ㉯ 주목
㉰ 전나무 ㉱ 분비나무

[해설] 산림대별 특징 수종

산림대		특징 수종
난대림		녹나무, 동백나무, 가시나무류, 아왜나무
온대림	남부지역	곰솔, 대나무류, 서어나무, 사철나무, 단풍나무
	중부지역	신갈나무, 향나무, 소나무
	북부지역	박달나무, 신갈나무, 잣나무, 사시나무
한대림		잣나무, 전나무, 주목, 가문비나무, 분비나무

24. 투명도가 높으므로 유기유리라는 명칭이 있으며, 착색이 자유롭고 내충격 강도가 크고, 평판, 골판 등의 각종 형태의 성형품으로 만들어 채광판, 도어판, 칸막이벽 등에 쓰이는 합성수지는?

㉮ 요소수지 ㉯ 아크릴수지
㉰ 에폭시수지 ㉱ 폴리스티렌수지

[해답] 19. ㉰ 20. ㉱ 21. ㉮ 22. ㉰ 23. ㉮ 24. ㉯

해설 아크릴 수지
① 무색투명한 광선 및 자외선의 투과성이 크고 내약품성, 전기 전열성이 크다.
② 내충격 강도는 무기 유리보다 8~10배 정도 크다.
③ 유기 유리라 하여 비행기의 방풍 유리로 사용한다.

25. 다음 재료 중 기건 상태에서 열전도율이 가장 작은 것은?
㉮ 유리 ㉯ 석고보드
㉰ 콘크리트 ㉱ 알루미늄

해설 석고보드 : 가공이 쉬우며 방부성, 방화성이 좋고 팽창, 수축의 변형이 적으며 열전도율이 낮아 난연성이다.

26. 재료의 역학적 성질 중 "탄성"에 관한 설명으로 옳은 것은?
㉮ 재료가 작은 변형에도 쉽게 파괴하는 성질
㉯ 물체에 외력을 가한 후 외력을 제거시켰을 때 영구변형이 남는 성질
㉰ 물체에 외력을 가한 후 외력을 제거하면 원래의 모양과 크기로 돌아가는 성질
㉱ 재료가 하중을 받아 파괴될 때까지 높은 응력에 견디며 큰 변형을 나타내는 성질

해설 ① 탄성 : 재료가 외력을 받아 변형이 생겼을 때 외력을 제거하면 원상태로 되돌아가는 성질이다.
② 소성 : 재료가 외력을 받아 변형이 생겼을 때 외력을 제거해도 원상태로 되돌아가지 못하고 변형된 상태로 남아있는 성질이다.

27. 수확한 목재를 주로 가해하는 대표적 해충은?
㉮ 흰개미 ㉯ 매미
㉰ 풍뎅이 ㉱ 흰불나방

해설 흰개미 : 흰개미는 습한 곳을 좋아하여 습한 목재를 공격한다.

28. 다음 중 [보기]와 같은 특성을 지닌 정원수는?

[보기]
- 형상수로 많이 이용되고, 가을에 열매가 붉게 된다.
- 내음성이 강하며, 비옥지에서 잘 자란다.

㉮ 주목 ㉯ 쥐똥나무
㉰ 화살나무 ㉱ 산수유

해설 주목
① 상록침엽교목이다.
② 잔뿌리가 많으며 원뿔 모형이다.

29. 물의 이용 방법 중 동적인 것은?
㉮ 연못 ㉯ 캐스케이드
㉰ 호수 ㉱ 풀

30. 양질의 포졸란(pozzolan)을 사용한 콘크리트의 성질로 옳지 않은 것은?
㉮ 수밀성이 크고 발열량이 적다.
㉯ 화학적 저항성이 크다.
㉰ 워커빌리티 및 피니셔빌리티가 좋다.
㉱ 강도의 증진이 빠르고 단기강도가 크다.

해설 포졸란 (성질 개량제 및 중량제) 사용 시 특징
① 건조 수축률은 증가하고 초기 강도 증진은 늦으나 장기 강도는 커진다.
② 시공연도가 좋아지고 블리딩은 감소하며, 수밀성은 증대된다.
③ 인장강도와 신장능력이 커진다.

31. 여름에 꽃피는 알뿌리 화초인 것은?
㉮ 히아신스 ㉯ 글라디올러스
㉰ 수선화 ㉱ 백합

해답 25. ㉯ 26. ㉰ 27. ㉮ 28. ㉮ 29. ㉯ 30. ㉱ 31. ㉯

해설 글라디올러스 : 봄에 심어 여름에 꽃이 핀다.

32. 다음 [보기]의 목재 방부법에 사용되는 방부제는?

[보기]
- 방부력이 우수하고 내습성도 있으며 값이 싸다.
- 냄새가 좋지 않아서 실내에 사용할 수 없다.
- 미관을 고려하지 않은 외부에 사용된다.

㉮ 광명단　　　㉯ 동유리
㉰ 크레오소트　㉱ 황암모니아

해설 크레오소트(creosote)
① 흑갈색 용액으로 방부력이 우수하고 내습성도 있으며 침투성이 좋아서 목재에 깊게 주입할 수 있다.
② 페인트로 덧칠할 수 없으며 좋지 못한 냄새가 나서 실내에서는 쓸 수 없다.

33. 토양 수분과 조경 수목과의 관계 중 습지를 좋아하는 수종은?

㉮ 주엽나무　㉯ 소나무
㉰ 신갈나무　㉱ 노간주나무

해설 습지를 좋아하는 수종 : 낙우송, 주엽나무, 위성류, 오동나무, 수국, 계수나무, 오리나무

34. 나무 줄기의 색채가 흰색 계열이 아닌 수종은?

㉮ 분비나무　㉯ 서어나무
㉰ 자작나무　㉱ 모과나무

해설 모과나무 : 수피는 붉은 갈색과 녹색 얼룩 무늬로 되어 있으며, 나뭇가지는 자갈색으로 되어 있다.

35. 암석 재료의 가공 방법 중 쇠망치로 석재 표면의 큰 돌출 부분만 대강 떼어내는 정도의 거친 면을 마무리하는 작업을 무엇이라 하는가?

㉮ 잔다듬　㉯ 물갈기
㉰ 혹두기　㉱ 도드락다듬

해설 석재(돌)의 가공 순서
① 혹두기 : 쇠메로 돌의 거친 면을 대강 다듬는 것
② 도드락 다듬 : 정다듬한 면을 도드락 망치로 더욱 평탄하게 다듬는 것
③ 물갈기 : 잔다듬한 면에 금강사, 카보런덤, 모래, 숫돌 등으로 물을 주면서 갈아 광택이 나게 하는 것
④ 정다듬 : 혹두기한 면을 다시 정으로 비교적 고르고 곱게 다듬는 것
⑤ 잔다듬 : 도드락 다듬한 위에 양날망치로 곱게 쪼아 표면을 더욱 평탄하고 균일하게 다듬는 것

36. 콘크리트를 친 후 응결과 경화가 완전히 이루어지도록 보호하는 것을 가리키는 용어는?

㉮ 타설　㉯ 파종　㉰ 다지기　㉱ 양생

해설 양생(養生) : 콘크리트가 응결과 경화가 완전히 이루어지도록 적당한 수분을 유지하고 충격을 받거나 얼지 않도록 보호하는 것을 말한다.

37. 다음 복합비료 중 주성분 함량이 가장 많은 비료는?

㉮ 0-40-10　㉯ 11-21-11
㉰ 21-21-17　㉱ 19-18-18

해설 복합 비료 : 21-21-17
질소 21%, 인산 21%, 칼륨 17%

38. 표준품셈에서 포함된 것으로 규정된 소운반 거리는 몇 m 이내를 말하는가?

㉮ 10 m　㉯ 20 m　㉰ 30 m　㉱ 50 m

해답 32. ㉰　33. ㉮　34. ㉱　35. ㉰　36. ㉱　37. ㉰　38. ㉯

해설 소운반 거리 : 20m 이내의 거리이다. 경사면 – 수직(직고) 1m를 수평거리 6m의 비율로 한다.

39. 암거는 지하수위가 높은 곳, 배수 불량 지반에 설치한다. 암거의 종류 중 중앙에 큰 암거를 설치하고, 좌우에 작은 암거를 연결시키는 형태로 넓이에 관계없이 경기장이나 어린이놀이터와 같은 소규모의 평탄한 지역에 설치할 수 있는 것은?

㉮ 어골형 ㉯ 빗살형
㉰ 부채살형 ㉱ 자연형

해설 ① 차단형 : 경사면 자체의 유수를 방지하기 위하여 경사면 바로 위에 설치하는 배수 형태이다.
② 자유형 (자연형) : 대규모 공원과 같이 완전한 배수가 요구되지 않는 지역에서 사용하며 등고선을 고려하여 주관을 설치하고 설치된 주관을 중심으로 양측에 지관을 설치한다.
③ 빗살형 (즐치형) : 규모가 작은 면적의 전 지역에 균일하게 배수할 때 사용한다.
④ 어골형 : 평탄지이고 전 지역에 균일하게 배수가 필요한 지역이며 지관길이는 30m 이하이고 각도는 45° 이하로 설치한다.

40. 눈이 트기 전 가지의 여러 곳에 자리 잡은 눈 가운데 필요로 하지 않은 눈을 따버리는 작업을 무엇이라 하는가?

㉮ 순자르기 ㉯ 열매따기
㉰ 눈따기 ㉱ 가지치기

해설 눈따기 : 주로 이른 봄 또는 눈이 트기 전에 필요로 하지 않거나 결손된 눈을 따 버리는 작업을 말한다.

41. 다음 그림과 같은 땅깎기 공사 단면의 절토 면적은?

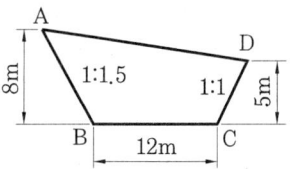

㉮ 64 m² ㉯ 80 m²
㉰ 102 m² ㉱ 128 m²

해설 절토 면적
① 삼각형 면적
$(7.5 + 12 + 5) \times 3 \times \dfrac{1}{2} = 36.75$
② 사다리꼴 면적
$12 + (7.5 + 12 + 5) \times 5 \times \dfrac{1}{2} = 91.25$

[참고] ① 삼각형 면적 : 밑변 × 높이 × $\dfrac{1}{2}$
② 사다리꼴 면적 : (윗변+아랫변) × 높이 × $\dfrac{1}{2}$

42. 심근성 수목을 굴치할 때 뿌리분의 형태는?

㉮ 접시분 ㉯ 사각평분
㉰ 보통분 ㉱ 조개분

해설 ㉮ 접시분 :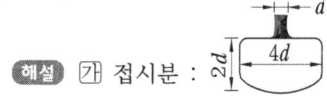

㉰ 보통분 :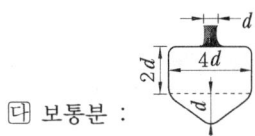

㉱ 조개분 :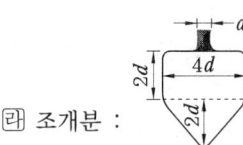

43. 수목에 영양공급 시 그 효과가 가장 빨리 나타나는 것은?

㉮ 토양천공시비 ㉯ 수간주사
㉰ 엽면시비 ㉱ 유기물시비

해답 39. ㉮ 40. ㉰ 41. ㉱ 42. ㉱ 43. ㉰

해설 엽면시비법 : 나무의 잎에 직접 살포하는 것으로 효과가 매우 빠르며 수분의 증산작용이 왕성한 맑은 날에 작업하는 것이 좋다.

44. 다음 토양층위 중 집적층에 해당되는 것은?

㉮ A층　　㉯ B층　　㉰ C층　　㉱ D층

해설 토양 생성 과정(土壤生成過程)
① 구성 : 유기물층, 표토(A층), 심토(B층), 모재층(C층), 기반암으로 이루어져 있다.
② 심토(B층) : 표토(A층)에서 이동된 부식물과 광물질이 집적된 층으로 점토가 많다.

45. 이른 봄 늦게 오는 서리로 인한 수목의 피해를 나타내는 것은?

㉮ 조상(早霜)　　㉯ 만상(晚霜)
㉰ 동상(凍傷)　　㉱ 한상(寒傷)

해설 ① 만상(晚霜) : 봄에 늦게 내리는 서리
② 조상(早霜) : 서리내리는 계절보다 빨리 내리는 서리

46. 벽면에 벽돌 길이만 나타나게 쌓는 방법은?

㉮ 길이 쌓기　　㉯ 마구리 쌓기
㉰ 옆세워 쌓기　　㉱ 네덜란드식 쌓기

해설 길이 쌓기(stretcher bond) : 벽면에 벽돌의 길이가 나타나게 하는 벽돌 쌓기 공법이다.

47. 수목의 가슴 높이 지름을 나타내는 기호는?

㉮ F　　㉯ S.D　　㉰ B　　㉱ W

해설 수목의 규격
① 흉고 직경 : B, DBH (diameter breast height) : cm
② 근원 직경 : R (root-collar caliper) : cm
③ 수고 : H (height) : m
④ 지하고 : BH (breast height), C (canopy)

: 지상을 기준으로 하여 최초의 가지까지의 높이를 말한다.
⑤ 수관폭 W (width, spread) : m

48. 다음 수목의 외과 수술용 재료 중 동공 충전물의 재료로 가장 부적합한 것은?

㉮ 골타르
㉯ 에폭시 수지
㉰ 불포화 폴리에스테르 수지
㉱ 우레탄 고무

해설 수목의 동공 충전
① 인공수지를 많이 사용하며 동공충 전후에 햇빛으로부터 보호하기 위하여 인공수피 처리를 반드시 하여야 한다.
② 인공 수지 : 에폭시 수지, 불포화 폴리에스테르 수지, 우레탄고무, 폴리우레탄

49. 솔잎혹파리에 대한 설명 중 틀린 것은?

㉮ 1년에 1회 발생한다.
㉯ 유충으로 땅속에서 월동한다.
㉰ 우리나라에서는 1929년에 처음 발견되었다.
㉱ 유충은 솔잎을 밑부에서 부터 갉아 먹는다.

해설 솔잎혹파리
① 유충은 솔잎 속에 들어가 줄기에 혹을 만든다. 즉, 벌레혹이라 한다.
② 9월말부터 벌레혹에서 나와 땅속에서 월동한다.

50. 토양의 물리성과 화학성을 개선하기 위한 유기질 토양 개량재는 어떤 것인가?

㉮ 펄라이트　　㉯ 버미큘라이트
㉰ 피트모스　　㉱ 제올라이트

해설 유기질 토양 개량제 : 유기물이 부패되지 않는 피트모스, 코코피트를 사용해야 한다.

해답 44. ㉯　45. ㉯　46. ㉮　47. ㉰　48. ㉮　49. ㉱　50. ㉰

51. 정원석을 쌓을 면적이 60 m², 정원석의 평균 윗길이 50 cm, 공극률이 40%라고 할 때 실제적인 자연석의 체적은 얼마인가?

㉮ 12 m³ ㉯ 16 m³ ㉰ 18 m³ ㉱ 20 m³

[해설] 자연석의 체적
$V = 가로(m) \times 세로(m) \times 높이(m)$
① $60 \times 0.5 = 30 \, m^3$
② 자연석의 실제 체적
 $= 30 \, m^3 \times (1 - 0.4) = 18 \, m^3$

52. 토양의 3상이 아닌 것은?

㉮ 고상 ㉯ 기상 ㉰ 액상 ㉱ 입상

[해설] 토양의 3상
① 고상(固相) : 토양 유기물, 토양무기물, 미생물
② 액상(液相) : 토양수에 녹아 있는 유기산, 무기산으로 토양 수분이다.
③ 기상(氣相) : 토양 속에 질소, 산소 등과 같은 유기물이 부패하면서 발생하는 기체이다.

53. 벽돌 수량 산출방법 중 면적 산출 시 표준형 벽돌로 시공 시 1m²를 0.5B의 두께로 쌓으면 소요되는 벽돌량은? (단, 줄눈은 10mm로 한다.)

㉮ 65매   ㉯ 130매
㉰ 75매   ㉱ 149매

[해설] 0.5B
① 입면 방향 = 190 × 90 × 57
② 줄눈 = 10mm이다.
③ $190 + 10 = 200 \, mm \div 1000 = 0.2 \, m$
 $57 + 10 = 67 \, mm \div 1000 = 0.067 \, m$
④ $0.2 \, m \times 0.067 \, m = 0.0134 \, m^2$
 $\dfrac{1 \, m^2}{0.0134 \, m^2} = 74.626$ 장
∴ 0.5B 는 75장 소요된다.
⑤ 실제 수량 : $3.75 + 75 = 78.75 = 79$장
 할증률 5% 적용 = $75 \times 0.05 = 3.75$

54. 콘크리트 슬럼프값 측정 순서로 옳은 것은?

㉮ 시료 채취 → 다지기 → 콘에 채우기 → 상단 고르기 → 콘 벗기기 → 슬럼프값 측정

㉯ 시료 채취 → 콘에 채우기 → 콘 벗기기 → 상단 고르기 → 다지기 → 슬럼프값 측정

㉰ 시료 채취 → 콘에 채우기 → 다지기 → 상단 고르기 → 콘 벗기기 → 슬럼프값 측정

㉱ 다지기 → 시료 채취 → 콘에 채우기 → 상단 고르기 → 콘 벗기기 → 슬럼프값 측정

[해설] 콘크리트 슬럼프 시험(slump test) : 콘크리트의 반죽 질기를 파악하여 시공연도를 좋게 하기 위해서 실행하는 시험이다.

55. 다음 중 주요 기능의 관점에서 옥외 레크리에이션의 관리 체계와 가장 거리가 먼 것은?

㉮ 이용자 관리   ㉯ 자원 관리
㉰ 공정 관리   ㉱ 서비스 관리

[해설] 옥외 레크리에이션 관리 체계 3요소
① 이용자 관리 : 사용자에 대한 이해
② 자원 관리 : 생태계 관리
③ 서비스 관리 : 임대차 관리, 지역 관리
[참고] 공정 관리 : 조경 시공의 목적이다.

56. 잔디밭에서 많이 발생하는 잡초인 클로버(토끼풀)를 제초하는 데 가장 효율적인 것은?

㉮ 베노밀 수화제   ㉯ 캡탄 수화제
㉰ 디코플 수화제   ㉱ 디캄바 액제

[해설] 디캄바 액제 : 맹독성 호르몬형 제초제

[해답] 51. ㉰ 52. ㉱ 53. ㉰ 54. ㉰ 55. ㉰ 56. ㉱

57. 농약 살포작업을 위해 물 100L를 가지고 1000 배액을 만들 경우 얼마의 액량이 필요한가?

㉮ 50 mL   ㉯ 100 mL
㉰ 150 mL ㉱ 200 mL

해설 약제의 소용량(사용할 양) = $\dfrac{\text{총 소요량}}{\text{희석 배수}}$

① $\dfrac{\text{총 소요량}}{\text{희석 배수}} = \dfrac{100\,L}{1000\,배}$
$= \dfrac{100000\,mL}{1000} = 100\,mL$

② $1\,L = 1000\,mL$

58. 다음 중 계곡선에 대한 설명 중 맞는 것은?

㉮ 주곡선 간격의 1/2 거리의 가는 파선으로 그어진 것이다.
㉯ 주곡선의 다섯 줄마다 굵은선으로 그어진 것이다.
㉰ 간곡선 간격의 1/2 거리의 가는 점선으로 그어진 것이다.
㉱ 1/5000의 지형도 축척에서 등고선은 10m 간격으로 나타난다.

해설 등고선의 종류 및 간격
① 주곡선는 지형표시의 기본선으로 가는 실선으로 그어진다.
② 주곡선은 다섯 줄마다 굵은선으로 그어진 것으로 계곡선이라고도 한다.
③ 간곡선은 주곡선 간격의 1/2 거리의 세 파선으로 그어진다.
④ 1/5000의 지형도 축척에서 등고선은 주곡선으로 나타내며, 20m 간격으로 나타난다.

59. 생울타리처럼 수목이 대상으로 군식되었을 때 거름 주는 방법으로 가장 적당한 것은?

㉮ 전면 거름주기
㉯ 천공 거름주기
㉰ 선상 거름주기
㉱ 방사상 거름주기

해설 거름주기
① 윤상 거름주기 : 수관폭을 형성하는 가지 끝 아래의 수관선을 따라 환상으로 깊이 20~25cm, 너비 20~30cm를 둥글게 판다.
② 방사상 거름주기 : 도랑의 깊이는 바깥쪽 일수록 깊고 넓게 파야 하며, 선을 중심으로 하여 길이는 수관폭의 1/3 정도로 한다.
③ 전면 거름주기 : 한 그루씩 거름을 줄 경우, 뿌리가 확장되어 있는 부분을 뿌리가 나오는 곳까지 전면으로 땅을 파고 주는 방법이다.
④ 천공 거름주기 : 수관선상에 깊이 20cm 정도의 구멍을 군데군데 뚫고 거름을 주는 방법으로 액비를 비탈면에 줄 때 적용하며 액비가 아닐 때에는 가볍게 덮어 준다.
⑤ 선상 거름주기 : 산울타리처럼 수목이 집단으로 식재되었을 때 일정한 간격을 두고 길게 홀(hole)을 파서 거름을 주는 방법이다.
⑥ 대상 거름주기 : 윤상 거름주기의 형태와 비슷하나 올해에 시비할 곳을 지정하여 지정한 곳에만 거름을 주며 다음 해에는 다른 위치에 거름을 주는 형태이다.

60. 임해매립지 식재지반에서의 조경 시공 시 고려하여야 할 사항으로 가장 거리가 먼 것은?

㉮ 지하수위조정
㉯ 염분제거
㉰ 발생가스 및 악취제거
㉱ 배수관부설

해설 임해매립지 식재지반 개량
① 염분을 제거하기 위해서는 지하 수위 조정 및 배수관 부설을 하여야 한다.
② 조경 수목을 식재하기 위해서는 식재 지반 개량을 실시하여야 한다.

▶ 2013년 7월 21일 시행

자격종목	코 드	시험시간	형 별	수험번호	성 명
조경기능사	7900	1시간	A		

1. 줄기나 가지가 꺾이거나 다치면 그 부근에 있던 숨은 눈이 자라 싹이 나오는 것을 무엇이라 하는가?
㉮ 휴면성　　㉯ 생장성
㉰ 성장력　　㉱ 맹아력

해설 맹아력 : 수목의 가지를 자르거나 또는 꺾으면 그 부근에서 나무줄기 싹이 나오며 이것이 성장하면 나뭇가지가 된다. 이때 수목에 줄기 싹이 나오는 것을 맹아력이라 한다.

2. 다음 중 왕과 왕비만이 즐길 수 있는 사적인 정원이 아닌 곳은?
㉮ 경복궁의 아미산
㉯ 창덕궁 낙선재의 후원
㉰ 덕수궁 석조전 전정
㉱ 덕수궁 준명당의 후원

해설 석조전 전정 : 하딩이 설계한 우리나라 최초의 서양 건물이며, 전정은 분수와 연못으로 이루어져 있다.

3. 일본의 다정(茶庭)이 나타내는 아름다움의 미는?
㉮ 조화미　　㉯ 대비미
㉰ 단순미　　㉱ 통일미

해설 다정은 조화미를 나타내며 차를 마시며 다도를 구성하는 요소이다.

4. 주위가 건물로 둘러싸여 있어 식물의 생육을 위한 채광, 통풍, 배수 등에 주의해야 할 곳은?

㉮ 주정(主庭)　　㉯ 후정(後庭)
㉰ 중정(中庭)　　㉱ 원로(園路)

해설 중정(中庭) : 뜰이 한가운데에 있는 곳이다. 中(중) : 가운데, 庭(정) : 뜰

5. 훌륭한 조경가가 되기 위한 자질에 대한 설명 중 틀린 것은?
㉮ 건축이나 토목 등에 관련된 공학적인 지식도 요구된다.
㉯ 합리적 사고보다는 감성적 판단이 더욱 필요하다.
㉰ 토양, 지질, 지형, 수문(水文) 등 자연과학적 지식이 요구된다.
㉱ 인류학, 지리학, 사회학, 환경심리학 등에 관한 인문과학적 지식도 요구된다.

해설 조경가는 조경에 필요한 전문적인 자질을 가지고 있어야 한다.

6. 다음 설명하는 그림은?

- 눈높이나 눈보다 조금 높은 위치에서 보여지는 공간을 실제 보이는 대로 자연스럽게 표현한 그림
- 나타내고자 하는 의도의 윤곽을 잡아 개략적으로 표현하고자 할 때, 즉 아이디어를 수집, 기록, 정착화하는 과정에 필요
- 디자이너에게 순간적으로 떠오르는 불확실한 아이디어의 이미지를 고정, 정착화시켜 나가는 초기 단계

㉮ 투시도　　㉯ 스케치

해답 1. ㉱　2. ㉰　3. ㉮　4. ㉰　5. ㉯　6. ㉯

㉰ 입면도 ㉱ 조감도

해설 스케치 : 아이디어 등 머릿속에 있는 여러 가지 창의성을 형상으로 구체화시키는 작업이다.

7. 조경 양식 중 노단식 정원 양식을 발전시키게 한 자연적인 요인은?

㉮ 기후 ㉯ 지형
㉰ 식물 ㉱ 토질

해설 지형은 정원 형태가 발생하는 데 가장 큰 영향을 준다. 구릉, 산간 지역이 많은 이탈리아는 노단식 정원 양식이 발생하였으며, 평야지대인 프랑스에는 평면 기하학식 정원 양식이 발생하였다.

8. 다음 중 어린이 공원의 설계 시 공간 구성 설명으로 옳은 것은?

㉮ 동적인 놀이 공간에는 아늑하고 햇빛이 잘 드는 곳에 잔디밭, 모래밭을 배치하여 준다.
㉯ 정적인 놀이 공간에는 각종 놀이시설과 운동시설을 배치하여 준다.
㉰ 감독 및 휴게를 위한 공간은 놀이 공간이 잘 보이는 곳으로 아늑한 곳으로 배치한다.
㉱ 공원 외곽은 보행자나 근처 주민이 들여다 볼 수 없도록 밀식한다.

해설 휴게 공간
① 놀이 공간이 잘 보이는 곳에 배치한다.
② 놀이터의 휴게 공간에는 원두막·의자 등의 휴게 시설을 놀이 기능과 조화를 이루도록 배치한다.

9. 조경 양식을 형태(정형식, 자연식, 절충식) 중심으로 분류할 때, 자연식 조경 양식에 해당하는 것은?

㉮ 서아시아와 프랑스에서 발달된 양식이다.
㉯ 강한 축을 중심으로 좌우 대칭형으로 구성된다.
㉰ 한 공간 내에서 실용성과 자연성을 동시에 강조하였다.
㉱ 주변을 돌 수 있는 산책로를 만들어서 다양한 경관을 즐길 수 있다.

해설 자연식 정원 : 자연에 있는 형태를 그대로 사용하여 정원을 만들고, 정원 주변에 산책로를 만들어 연못, 호수 등 주변의 다양한 자연 경관을 볼 수 있게 하는 양식이다.

10. 휴게 공간의 입지 조건으로 적합하지 않은 것은?

㉮ 경관이 양호한 곳
㉯ 시야에 잘 띄지 않는 곳
㉰ 보행 동선이 합쳐지는 곳
㉱ 기존 녹음수가 조성된 곳

해설 휴게 공간의 입지 조건 : 전체적으로 시야에 잘 띄는 곳을 고려해야 한다.

11. 조선시대 전기 조경 관련 대표 저술서이며, 정원 식물의 특성과 번식법, 괴석의 배치법, 꽃을 화분에 심는 법, 최화법(催花法), 꽃이 꺼리는 것, 꽃을 취하는 법과 기르는 법, 화분 놓는 법과 관리법 등의 내용이 수록되어 있는 것은?

㉮ 양화소록 ㉯ 작정기
㉰ 동사강목 ㉱ 택리지

해설 양화소록 : 조선 세조 때 강희안이 지은 원예서이다.

12. 수고 3m인 감나무 3주의 식재공사에서 조경공 0.25인, 보통 인부 0.20의 식재노무비 일의 대가는 얼마인가? (단, 조경공 : 40,000원/일, 보통 인부 : 30,000원/일)

㉮ 6,000원 ㉯ 10,000원

해답 7. ㉯ 8. ㉰ 9. ㉱ 10. ㉯ 11. ㉮ 12. ㉰

㉰ 16,000원 ㉱ 48,000원

해설 $(0.25 \times 40,000) + (0.20 \times 30,000) = 16,000$

13. 도시공원 및 녹지 등에 관한 법률에서 정하고 있는 녹지가 아닌 것은?

㉮ 완충 녹지 ㉯ 경관 녹지
㉰ 연결 녹지 ㉱ 시설 녹지

해설 녹지의 종류
① 완충 녹지 : 대기오염, 소음, 진동, 악취, 그 밖에 이에 준하는 공해와 각종 사고나 자연재해 등을 방지하기 위하여 설치하는 녹지
② 경관 녹지 : 도시의 자연적 환경을 보전하거나 이를 개선하고, 이미 자연이 훼손된 지역을 복원·개선함으로써 도시경관을 향상시키기 위하여 설치하는 녹지
③ 연결 녹지 : 도시 안의 공원, 하천, 산지 등을 유기적으로 연결하고 도시민에게 산책 공간의 역할을 하는 등 여가·휴식을 제공하는 선형(線型)의 녹지

14. 다음 중 이탈리아의 정원 양식에 해당하는 것은?

㉮ 자연풍경식 ㉯ 평면기하학식
㉰ 노단건축식 ㉱ 풍경식

해설 ① 프랑스 정원 : 평면기하학식 정원
② 이탈리아 정원 : 노단건축식 정원
③ 영국 정원 : 자연풍경식 정원

15. 도면상에서 식물재료의 표기 방법으로 바르지 않은 것은?

㉮ 덩굴성 식물의 규격은 길이로 표시한다.
㉯ 같은 수종은 인출선을 연결하여 표시하도록 한다.
㉰ 수종에 따라 규격은 H×W, H×B, H×R 등의 표기 방식이 다르다.
㉱ 수목에 인출선을 사용하여 수종명, 규격, 관목·교목을 구분하여 표시하고 총 수량을 함께 기입한다.

해설 수목의 인출선 : 도면의 내용물에 설명을 할 수 없을 때에 사용하는 가는 실선으로 수목명, 수량, 규격을 표시한다.

16. 형상은 재두각추체에 가깝고 전면은 거의 평면을 이루며 대략 정사각형으로서 뒷길이, 접촉면의 폭, 뒷면 등이 규격화된 돌로, 접촉면의 폭은 전면 1변의 길이의 1/10 이상이라야 하고, 접촉면의 길이는 1변의 평균 길이의 1/2 이상인 석재는?

㉮ 사고석 ㉯ 각석
㉰ 판석 ㉱ 견치석

해설 견치석(견치돌) : 주로 흙막이용 돌쌓기에 사용된다. 정사각뿔 모양으로 전면은 정사각형에 가깝고 뒷길이, 접촉면, 뒷면 등은 규격화된 치수를 지정하여 깨낸 돌을 말한다.

17. 콘크리트의 균열발생 방지법으로 옳지 않은 것은?

㉮ 물시멘트비를 작게 한다.
㉯ 단위 시멘트량을 증가시킨다.
㉰ 콘크리트의 온도 상승을 작게 한다.
㉱ 발열량이 적은 시멘트와 혼화제를 사용한다.

해설 콘크리트의 균열 방지법
① 물시멘트비를 작게 한다.
② 콘크리트의 온도 상승을 작게 한다.
③ 단위 수량 및 시멘트량을 감소시킨다.
④ 팽창제를 사용한다.

18. 다음 중 야외용 조경 시설물 재료로서 가장 내구성이 낮은 재료는?

㉮ 미송 ㉯ 나왕재

해답 13. ㉱ 14. ㉰ 15. ㉱ 16. ㉱ 17. ㉯ 18. ㉯

㉰ 플라스틱재 ㉱ 콘크리트재

해설 ① 나왕재 (Lauan)
㉠ 용도 : 가구재, 건축재, 팔레트 합판, 문틀재, 창호재, 바닥재
㉡ 특징 : 여러 가지 색상을 가지고 있다. 아름답고 광택이 있으며 일반적으로 가공이 용이하나 내구성과 병충해에 약한 편이다.
② 미송 (소나무과, white pine)
㉠ 용도 : 건축재, 합판, 소품가구재, 토목, 목관
㉡ 특징 : 단단하고 가볍다.

19. 여름에 꽃을 피우는 수종이 아닌 것은?
㉮ 배롱나무 ㉯ 석류나무
㉰ 조팝나무 ㉱ 능소화

해설 조팝나무
① 낙엽활엽관목이다.
② 꽃은 4월 말~5월 말에 핀다.

20. 정원에 사용되는 자연석의 특징과 선택에 관한 내용 중 옳지 않은 것은?
㉮ 정원석으로 사용되는 자연석은 산이나 개천에 흩어져 있는 돌을 그대로 운반하여 이용한 것이다.
㉯ 경도가 높은 돌은 기품과 운치가 있는 것이 많고 무게가 있어 보여 가치가 높다.
㉰ 부지 내 타물체와의 대비, 비례, 균형을 고려하여 크기가 적당한 것을 사용한다.
㉱ 돌에는 색채가 있어서 생명력을 느낄 수 있고 검은색과 흰색은 예로부터 귀하게 여겨지고 있다.

해설 ① 자연석 : 자연에 산재되어 있는 모양이 다양하고 불규칙한 형태의 돌을 말한다.
② 고대에는 돌은 생명력이 있어 돌 속에는 피가 흐르고 스스로 움직인다고 믿었다.

21. 다음 수종 중 상록활엽수가 아닌 것은?
㉮ 동백나무 ㉯ 후박나무
㉰ 굴거리나무 ㉱ 메타세쿼이아

해설 메타세쿼이아
① 낙엽침엽교목이다.
② 꽃은 2~3월에 개화한다.

22. 다음 중 인공토양을 만들기 위한 경량재가 아닌 것은?
㉮ 부엽토
㉯ 화산재
㉰ 펄라이트(perlite)
㉱ 버미큘라이트(vermiculite)

해설 ① 부엽토
㉠ 나뭇잎 또는 작은 나뭇가지 등에 흙과 만나 미생물에 의해 부패, 분해되어 만들어진 흙이다.
㉡ 배수가 좋고 영양이 풍부하여 원예에 가장 많이 이용된다.
② 토양경량재 : 화산재, 펄라이트, 버미큘라이트, 피트모스

23. 일정한 응력을 가할 때, 변형이 시간과 더불어 증대하는 현상을 의미하는 것은?
㉮ 탄성 ㉯ 취성
㉰ 크리프 ㉱ 릴랙세이션

해설 ① 크리프 (creep) : 오랜 시간 일정한 응력을 가할 때 시간에 따라 변형이 증대되어 파괴되는 현상이다.
② 릴랙세이션 (relaxation) : 인장응력이 시간에 따라 감소하는 현상이다.

24. 학교조경에 도입되는 수목을 선정할 때 조경 수목의 생태적 특성 설명으로 옳

해답 19. ㉰ 20. ㉱ 21. ㉱ 22. ㉮ 23. ㉰ 24. ㉯

은 것은?

㉮ 학교 이미지 개선에 도움이 되며, 계절의 변화를 느낄 수 있도록 수목을 선정
㉯ 학교가 위치한 지역의 기후, 토양 등의 환경에 조건이 맞도록 수목을 선정
㉰ 교과서에서 나오는 수목이 선정되도록 하며 학생들과 교직원들이 선호하는 수목을 선정
㉱ 구입하기 쉽고 병충해가 적고 관리하기가 쉬운 수목을 선정

해설 학교조경 수목 선정 조건
① 교과서에 나오는 수목이 선정되도록 하며 학생들이 선호하는 수목을 고려하여 선정한다.
② 관상 가치가 있고 주변 환경에 잘 견디며 생장속도가 빠른 식물을 선정한다.
③ 지역의 향토식물을 선정한다.

25. 다음 중 유리의 제 성질에 대한 일반적인 설명으로 옳지 않은 것은?

㉮ 열전도율 및 열팽창률이 작다.
㉯ 굴절률은 2.1~2.9 정도이고, 납을 함유하면 낮아진다.
㉰ 약한 산에는 침식되지 않지만 염산·황산·질산 등에는 서서히 침식된다.
㉱ 광선에 대한 성질은 유리의 성분, 두께, 표면의 평활도 등에 따라 다르다.

해설 유리의 성질
① 굴절률은 1.5~1.9 정도이고 납을 함유하면 높아진다.
② 유리의 비중 : 2.2~6.3
③ 경도 : 4.5~5.5

26. 플라스틱 제품의 특성이 아닌 것은?

㉮ 비교적 산과 알칼리에 견디는 힘이 콘크리트나 철 등에 비해 우수하다.
㉯ 접착이 자유롭고 가공성이 크다.
㉰ 열팽창계수가 적어 저온에서도 파손이 안 된다.
㉱ 내열성이 약하여 열가소성수지는 60℃ 이상에서 연화된다.

해설 플라스틱 제품의 특징
① 가소성을 가지고 있어 합성수지라고도 한다.
② 내열·내화성이 부족하여 150℃ 이상의 온도에 견디는 것이 드물다.
③ 열팽창계수가 크다.

27. 92~96%의 철을 함유하고 나머지는 크롬·규소·망간·유황·인 등으로 구성되어 있으며 창호철물, 자물쇠, 맨홀 뚜껑 등의 재료로 사용되는 것은?

㉮ 선철   ㉯ 강철
㉰ 주철   ㉱ 순철

해설 주철(cast iron)
① 탄소 함유량이 1.7~6.67%에 해당되는 것을 주철이라 하며 단조, 압연 등의 기계적 가공은 할 수 없으나 복잡한 모양으로 쉽게 주조할 수 있는 특징이 있다.
② 선철에서 만든 주철을 편의상 보통 주철이라 한다.
③ 수장을 주로 하는 장식 철물, 방열기, 주철관 등에 널리 사용된다.

28. 콘크리트의 단위중량 계산, 배합설계 및 시멘트의 품질 판정에 주로 이용되는 시멘트의 성질은?

㉮ 분말도   ㉯ 응결시간
㉰ 비중   ㉱ 압축강도

해설 비중(specific gravity) : 풍화의 정도를 알 수 있으며 콘크리트의 배합, 단위용적, 중량계산 등에 필요한 성질이다.

29. 다음 [보기]의 설명에 해당하는 수종은 어느 것인가?

해답 25. ㉯ 26. ㉰ 27. ㉰ 28. ㉰ 29. ㉯

[보기]
- 어린가지의 색은 녹색 또는 적갈색으로 엽흔이 발달하고 있다.
- 수피에서는 냄새가 나며 약간 골이 파여 있다.
- 단풍나무 중 복엽이면서 가장 노란색 단풍이 든다.
- 내조성, 속성수로서 조기녹화에 적당하며 녹음수로 이용 가치가 높으며 폭이 없는 가로에 가로수를 심는다.

㉮ 복장나무 ㉯ 네군도단풍
㉰ 단풍나무 ㉱ 고로쇠나무

해설 네군도단풍
① 낙엽활엽교목이다.
② 꽃은 3~4월에 황록색 꽃이 핀다.

30. 여름부터 가을까지 꽃을 감상할 수 있는 알뿌리 화초는?

㉮ 금잔화 ㉯ 수선화
㉰ 색비름 ㉱ 칸나

해설 ① 알뿌리 화초 : 일명 구근 화초라 하며 알뿌리를 가지는 것을 말한다.
② 봄 화단용 식물(알뿌리 화초) : 튤립, 수선화
③ 여름, 가을 화단용 식물(알뿌리 화초) : 달리아, 칸나
④ 겨울 화단용 식물 : 꽃양배추

31. 콘크리트 공사 중 거푸집 상호 간의 간격을 일정하게 유지시키기 위한 것은?

㉮ 캠버 (camber)
㉯ 긴장기 (form tie)
㉰ 스페이서 (spacer)
㉱ 세퍼레이터 (seperator)

해설 스페이서(spacer) : 철근을 이격할 때 사용한다.

32. 다음 중 트래버틴(travertine)은 어떤 암석의 일종인가?

㉮ 화강암 ㉯ 안산암
㉰ 대리석 ㉱ 응회암

해설 ① 트래버틴(travertine) : 대리석의 일종으로 다공질이며 특수한 실내 장식재로 이용된다.
② 대리석(marble) : 석회암이 오랜 세월 동안 땅속에서 지열, 지압으로 변질되어 결정화된 것으로 주성분은 탄산석회($CaCO_3$)이다.

33. 다음 중 산울타리 수종이 갖추어야 할 조건으로 틀린 것은?

㉮ 전정에 강할 것
㉯ 아래가지가 오래갈 것
㉰ 지엽이 치밀할 것
㉱ 주로 교목활엽수일 것

해설 산울타리용 수종의 조건
① 적당한 높이로 아래가지가 죽지 않고 오래 살아야 한다.
② 가급적 상록수가 좋으며 잎과 가지가 치밀하여야 한다.
③ 성질이 강하고 아름다우며 번식력이 강한 수종을 선택한다.
④ 맹아력이 크며 척박한 환경 조건에도 잘 견디어야 한다.

34. 다음 [보기]에서 설명하는 합성수지는?

[보기]
- 특히 내수성, 내열성이 우수하다.
- 내연성, 전기적 절연성이 있고 유리섬유판, 텍스, 피혁류 등 모든 접착이 가능하다.
- 방수제로도 사용하고 500℃ 이상 견디는 유일한 수지이다.
- 용도는 방수제, 도료, 접착제로 쓰인다.

㉮ 페놀 수지 ㉯ 에폭시 수지

해답 30. ㉱ 31. ㉰ 32. ㉰ 33. ㉱ 34. ㉰

㉰ 실리콘 수지   ㉱ 폴리에스테르 수지

해설 실리콘 수지의 특성
① 내알칼리성, 전기 절연성, 내후성, 특히 내열, 내한성이 극히 우수하며 발수성이 있어 방수 재료로도 쓰인다.
② 액체인 실리콘 오일은 펌프류, 절연유, 방수제 등으로 쓰인다.

35. 목재의 방부법 중 그 방법이 나머지 셋과 다른 하나는?

㉮ 도포법   ㉯ 침지법
㉰ 분무법   ㉱ 방청법

해설 목재방부법 : 도포법, 가압법, 표면탄화법, 침지법, 분무법
① 침지법 : 완전히 물속에 잠기면 공기가 차단되므로 균류가 발생하지 않는다.
② 표면탄화법 : 목재의 표면을 약간 태워서 탄화시키는 방법이다.
③ 표면피복법 : 옻, 페인트, 바니시 등의 도료로 표면을 피복하여 공기를 차단하고 방습, 방수가 되게 하여 부패균이나 해충의 침입을 방지하는 것이다.
④ 분무법 : 약액을 분무기를 사용하여 살포하는 방법이다.

36. 수목의 식재 시 해당 수목의 규격을 수고와 근원직경으로 표시하는 것은? (단, 건설공사 표준품셈을 적용한다.)

㉮ 목련   ㉯ 은행나무
㉰ 자작나무   ㉱ 현사시나무

해설 수목의 규격 표시
① 교목 : $H \times B$ = 은행나무, 가중나무, 계수나무, 메타세쿼이아, 벽오동, 수양버들, 자작나무
② 교목 : $H \times W$ = 잣나무, 주목, 측백나무
③ 교목 : $H \times R$ = 감나무, 느티나무, 단풍나무, 산수유, 꽃사과, 산딸나무, 목련
④ 관목 : $H \times W$ = 산철쭉, 수수꽃다리, 자산홍, 쥐똥나무, 명자나무, 병꽃나무

⑤ 관목 : $H \times R$ = 능소화, 노박덩굴
⑥ 관목 : $H \times W \times L$ = 눈향나무
⑦ 관목 : $H \times$ 가지의 수 = 개나리, 덩굴장미
⑧ 만경목 : $H \times R$ = 등나무
⑨ 소나무 : $H \times W \times R$ = $H\,3.5[\mathrm{m}] \times W\,2.0[\mathrm{m}] \times R\,15[\mathrm{cm}]$

37. 다음 중 미국흰불나방 구제에 가장 효과가 좋은 것은?

㉮ 디캄바액제(반벨)
㉯ 디니코나졸 수화제(빈나리)
㉰ 시마진 수화제(시마진)
㉱ 카바릴 수화제(세빈)

해설 미국흰불나방
① 화학적 방제법 : 그로포 수화제, 디프 수화제, 메프 수화제, 스미치온 등을 살포한다.
② 카바릴 수화제(세빈) : 혼용 효과가 좋은 종합 살충제이다.

38. 난지형 잔디에 뗏밥을 주는 가장 적합한 시기는?

㉮ 3~4월   ㉯ 5~7월
㉰ 9~10월   ㉱ 11~1월

해설 뗏밥 주는 시기
① 난지형 잔디 : 생육이 왕성한 6~8월에 월 1회, 연 3회 정도 준다.
② 한지형 잔디 : 봄, 가을에 준다.

39. 조경수를 이용한 가로막이 시설의 기능이 아닌 것은?

㉮ 보행자의 움직임 규제
㉯ 시선 차단
㉰ 광선 방지
㉱ 악취 방지

해설 가로막이 시설
① 보행자의 움직임 차단

해답 35. ㉱ 36. ㉮ 37. ㉱ 38. ㉯ 39. ㉱

② 시선 차단
③ 광선 방지
④ 차폐
⑤ 동선 유도

40. 모래밭(모래터) 조성에 관한 설명으로 가장 부적합한 것은?

㉮ 적어도 하루에 4~5시간의 햇볕을 쬐고 통풍이 잘 되는 곳에 설치한다.
㉯ 모래밭은 가급적 휴게시설에서 멀리 배치한다.
㉰ 모래밭의 깊이는 놀이의 안전을 고려하여 30cm 이상으로 한다.
㉱ 가장자리는 방부처리한 목재 또는 각종 소재를 사용하여 지표보다 높게 모래막이 시설을 해준다.

해설 모래밭 시설
① 휴게시설 : 퍼걸러, 원두막, 의자, 정자 등 휴게를 목적으로 다른 시설과 조화를 이루도록 배치한다.
② 모래밭은 기울기가 없도록 하고 휴게시설과 가깝게 하여 조화를 이루도록 배치한다.

41. 우리나라 조선 정원에서 사용되었던 홍예문의 성격을 띤 구조물이라 할 수 있는 것은?

㉮ 정자　　　㉯ 테라스
㉰ 트렐리스　　㉱ 아치

해설 홍예문 : 화강암으로 석축을 쌓고 터널처럼 만든 석문으로 아치의 형태에 가깝다.

42. 심경관석 놓기의 설명으로 옳은 것은 어느 것인가?

㉮ 경관석은 항상 단독으로만 배치한다.
㉯ 일반적으로 3, 5, 7 등 홀수로 배치한다.
㉰ 같은 크기의 경관석으로 조합하면 통일감이 있어 자연스럽다.
㉱ 경관석의 배치는 돌 사이의 거리나 크기 등을 조정 배치하여 힘이 분산되도록 한다.

해설 경관석 놓기
① 시선이 집중되는 곳이나 중요한 자리에 한두 개 또는 몇 개를 짜임새 있게 놓고 감상한다.
② 경관석 짜기의 기본은 주석(중심석)과 부석을 조화시켜 놓고 3, 5, 7 등 홀수로 놓으며 부등변 삼각형 형태로 배치한다.
③ 경관석을 다 놓은 후에 그 주변에 알맞은 관목이나 초화류를 식재하여 조화롭고 돋보이는 경관이 되도록 하며, 주변 환경에 따라 경관석에 흑색을 사용하기도 한다.

43. 다음 중 정형식 배식 유형은?

㉮ 부등변삼각형 식재
㉯ 임의 식재
㉰ 군식
㉱ 교호 식재

해설 정형식 배식
① 점식(단식) : 수형이 좋은 한 그루를 다른 나무 없이 독립하여 식재한다.
② 대식 : 동일한 수종을 축으로부터 좌우에 대칭하여 식재하는 수법으로 정연한 질서감을 표현하며 계단 양측 등에 식재한다.
③ 열식 : 나무의 수종 및 형태가 같은 수목을 일정한 간격을 두고 줄을 맞춰서 직선으로 식재한다.
④ 교호 식재 : 두 줄 열식으로 엇갈리게 식재하는 형태이다.
⑤ 정형식 모아심기(군식) : 관목이나 초본류를 모아 무더기로 식재한다.

44. 사철나무 탄저병에 관한 설명으로 틀린 것은?

㉮ 관리가 부실한 나무에서 많이 발생하므로 거름주기와 가지치기 등의 관리를 철

해답 40. ㉯　41. ㉱　42. ㉯　43. ㉱　44. ㉯

저히 하면 문제가 없다.
㉯ 흔히 그을음병과 같이 발생하는 경향이 있으며 병징도 혼동될 때가 있다.
㉰ 상습발생지에서는 병든 잎을 모아 태우거나 땅속에 묻고, 6월경부터 살균제를 3~4회 살포한다.
㉱ 잎에 크고 작은 점무늬가 생기고 차츰 움푹 들어가면서 진전되므로 지저분한 느낌을 준다.

해설 ① 그을음병
  ㉠ 자낭균에 의해 발생하며 잎의 표면은 곰팡이가 자라 검은색의 그을음 덩어리로 덮여 있다.
  ㉡ 7~8월에 **빠른** 속도로 번진다.
② 탄저병
  ㉠ 잎에 반점이 불규칙하게 발생하며 반점이 확대되어 중앙 부분이 회백색으로 변하며 어린 가지나 과실이 검게 변한다.
  ㉡ 5~6월에 발생하여 장마철에 **빠른** 속도로 번진다.

45. 벽돌 쌓기법에서 한 켜는 마구리 쌓기, 다음 켜는 길이 쌓기로 하고 모서리 벽 끝에 이오토막을 사용하는 벽돌 쌓기 방법인 것은?

㉮ 미국식 쌓기 ㉯ 영국식 쌓기
㉰ 프랑스식 쌓기 ㉱ 마구리 쌓기

해설 벽돌 쌓기법 종류
① 영국식 쌓기
  ㉠ 모서리에 반절, 이오토막을 사용하며 통줄눈이 생기지 않는 것이 특징이다. 한 켜는 마구리 쌓기로 하고 다음은 길이 쌓기로 하며 교대로 하여 쌓는다.
  ㉡ 가장 튼튼한 구조이며 내력벽 쌓기에 사용된다.
② 프랑식 쌓기
  ㉠ 끝부분에는 이오토막을 사용하며 한 켜는 길이 쌓기로 하고 다음은 마구리 쌓기로 하여 교대로 쌓는다.
  ㉡ 치장용으로 많이 사용되며 많은 토막 벽돌이 사용된다.
③ 미국식 쌓기
  ㉠ 앞면 5켜까지는 치장 벽돌로 길이 쌓기로 하고, 다음은 마구리 쌓기로 하고 뒷면은 영국식으로 쌓는다.
  ㉡ 치장 벽돌을 사용한다.
④ 화란식(네덜란드식) 쌓기
  ㉠ 모서리 또는 끝부분에는 칠오토막을 사용하며 한 켜는 길이 쌓기로 하고 다음은 마구리 쌓기로 하며 마무리하는 벽돌 쌓기법이다.
  ㉡ 한 면은 벽돌 마구리와 길이가 교대로 되고 다른 면은 영국식으로 쌓는다.
  ㉢ 작업하기 쉬워 일반적으로 가장 많이 사용하는 벽돌 쌓기법이다.

46. 다음 중 수목의 전정 시 제거해야 하는 가지가 아닌 것은?

㉮ 밑에서 움돋는 가지
㉯ 아래를 향해 자라는 주지
㉰ 위를 향해 자라는 주지
㉱ 교차한 교차지

해설 전정할 가지
① 도장지
② 안으로 향한 가지
③ 아래로 향한 가지
④ 말라죽은 가지와 병충해를 입은 가지
⑤ 줄기에 움돋은 가지와 뿌리 밑둥에서 올라온 가지
⑥ 교차한 가지
⑦ 평행지

47. 설계도면에서 선의 용도에 따라 구분할 때 "실선"의 용도에 해당되지 않는 것은?

㉮ 대상물의 보이는 부분을 표시한다.

해답 45. ㉯ 46. ㉰ 47. ㉱

㉰ 치수를 기입하기 위해 사용한다.
㉱ 지시 또는 기호 등을 나타내기 위해 사용한다.
㉲ 물체가 있을 것으로 가상되는 부분을 표시한다.

해설 ① 가상선 : 물체가 있는 것으로 가상되는 부분을 표시하거나 1점 쇄선과 구별할 때 사용한다.
② 실선의 용도 : 단면선, 외형선, 파단선
③ 2점 쇄선의 용도 : 가상선

48. 수중에 있는 골재를 채취했을 때 무게가 1000g, 표면건조 내부포화상태의 무게가 900g, 대기건조 상태의 무게가 860g, 완전건조 상태의 무게가 850g일 때 함수율 값은?

㉮ 4.65 % ㉯ 5.88 %
㉰ 11.11 % ㉱ 17.65 %

해설 함수율 : 목질 절대 건조 중량에 대한 중량 백분율을 의미한다.

$$\mu = \frac{W_1 - W_2}{W_2} \times 100\%$$

$$= \frac{1000 - 850}{850} \times 100 = 17.647$$

여기서, μ : 함수율
W_1 : 생재 무게
W_2 : 완전 건조 무게

49. 다음 중 접붙이기 번식을 하는 목적으로 가장 거리가 먼 것은?

㉮ 종자가 없고 꺾꽂이로도 뿌리 내리지 못하는 수목의 증식에 이용된다.
㉯ 씨 뿌림으로는 품종이 지니고 있는 고유의 특징을 계승시킬 수 없는 수목의 증식에 이용된다.
㉰ 가지가 쇠약해지거나 말라 죽은 경우 이것을 보태주거나 또는 힘을 회복시키기 위해서 이용된다.
㉱ 바탕나무의 특성보다 우수한 품종을 개발하기 위해 이용된다.

해설 접붙이기 번식
① 우량형질을 얻기 위해서 행하는 방식이다.
② 종자가 없거나 삽목이 어려운 수종에 행하여 증식시킬 수 있다.
③ 개화, 결실이 촉진된다.
④ 동질 형질의 개체를 일식에 다수 번식시킬 수 있다.

50. 다음 중 밭에 많이 발생하여 우생하는 잡초는?

㉮ 바랭이 ㉯ 올미
㉰ 가래   ㉱ 너도방동사니

해설 ① 바랭이
㉠ 한해살이풀이다.
㉡ 밭에서 자라는 잡초이며 봄에 발아하여 여름 동안 성장하고 잎은 연한 녹색이다.
② 올미 : 논밭과 연못의 가장자리에서 자라는 여러해살이풀이다.
③ 가래 : 물속에서 자라는 여러해살이풀 관엽식물이다.
④ 너도방동사니 : 연못가나 논밭 근처의 습지에 나는 여러해살이풀이다.

51. 다음 중 건설장비 분류상 "배토정지용 기계"에 해당되는 것은?

㉮ 래머   ㉯ 모터그레이더
㉰ 드래그라인 ㉱ 파워셔블

해설 ① 모터그레이더(motor grader) : 배토판으로 지면을 절삭하여 평활하게 다듬는 것이 목적이다.
② 드래그라인(drag line) : 지면보다 낮은 곳을 넓게 긁어파기를 한다.
③ 파워셔블(power shovel) : 기계보다 높은 곳의 굴착에 사용한다.
④ 래머(rammer) : 지반을 다지는 소형 기계이다.

해답 48. ㉱ 49. ㉱ 50. ㉮ 51. ㉯

52. 소나무의 순자르기, 활엽수의 잎 따기 등에 해당하는 전정법은?

㉮ 생장을 돕기 위한 전정
㉯ 생장을 억제하기 위한 전정
㉰ 생리를 조절하는 전정
㉱ 세력을 갱신하는 전정

해설 소나무의 순자르기
① 자르는 힘이 지나치다고 생각될 때에는 1/3~1/2 정도 남겨두고 끝부분을 따 버린다.
② 가지가 지나치게 생장하는 것을 억제하는 전정이다.
③ 5~6월에 2~3개 정도 남기고 모두 손으로 제거한다.

53. 염해지 토양의 가장 뚜렷한 특징을 설명한 것은?

㉮ 유기물의 함량이 높다.
㉯ 활성철의 함량이 높다.
㉰ 치환성석회의 함량이 높다.
㉱ 마그네슘, 나트륨 함량이 높다.

해설 염해지(鹽海地) : 토양에 염수가 침입하거나 증발로 인하여 염분의 농도가 많이 함유된 토양으로 식물의 생육에 피해를 준다.

54. 배롱나무, 장미 등과 같은 내한성이 약한 나무의 지상부를 보호하기 위하여 사용되는 가장 적합한 월동 조치법은?

㉮ 흙묻기   ㉯ 새끼감기
㉰ 연기씌우기 ㉱ 짚싸기

해설 짚싸기
① 내한성이 약한 나무의 지상부를 동해로부터 보호하기 위하여 사용하는 월동 조치법이다.
② 이식한 후 나무줄기의 수분 증산을 억제한다.
③ 쇠약한 나무의 병해충의 침입을 방지한다.
④ 햇볕에 의한 화상과 추위로 인해 나무껍질이 얼어 터지는 것을 방지한다.

55. 다음 중 큰 나무의 뿌리돌림에 대한 설명으로 가장 거리가 먼 것은?

㉮ 굵은 뿌리를 3~4개 정도 남겨 둔다.
㉯ 굵은 뿌리 절단 시는 톱으로 깨끗이 절단한다.
㉰ 뿌리돌림을 한 후에 새끼로 뿌리 분을 감아두면 뿌리의 부패를 촉진하여 좋지 않다.
㉱ 뿌리돌림을 하기 전 수목이 흔들리지 않도록 지주목을 설치하여 작업하는 방법도 좋다.

해설 뿌리돌림 시기
① 이식 전에 행하며 환상박피를 실시한다.
② 수분의 증발을 억제하기 위하여 줄기에 새끼감기를 한다.

56. 다음 중 침상화단(sunken garden)에 관한 설명으로 가장 적합한 것은?

㉮ 관상하기 편리하도록 지면을 1~2m 정도 파내려가 꾸민 화단
㉯ 중앙부를 낮게 하기 위하여 키 작은 꽃을 중앙에 심어 꾸민 화단
㉰ 양탄자를 내려다보듯이 꾸민 화단
㉱ 경계부분을 따라서 1열로 꾸민 화단

해설 침상화단
① 조경 면적이 좁고 습한 토지에서 배수 처리하는 방법으로 서구에서 발전된 조경 양식이다.
② 평면 상태의 지면에 평면보다 1~2m 정도 낮게 우묵하게 파서 초화식재 화단 전체를 한눈에 내려다볼 수 있도록 설치한 것이다.

57. 양분 결핍 현상이 생육초기에 일어나기 쉬우며, 새 잎에 황화 현상이 나타나

해답 52. ㉯ 53. ㉱ 54. ㉱ 55. ㉰ 56. ㉮ 57. ㉮

고 엽맥 사이가 비단무늬 모양으로 되는 결핍 원소는?
㉮ Fe   ㉯ Mn
㉰ Zn   ㉱ Cu

해설 철(Fe)의 결핍 현상
① 활엽수 : 어린잎의 황화현상이 나타난다.
② 침엽수 : 백화현상이 나타난다.

58. 공원 내에 설치된 목재 벤치 좌판(坐板)의 도장보수는 보통 얼마 주기로 실시하는 것이 좋은가?
㉮ 계절이 바뀔 때
㉯ 6개월
㉰ 매년
㉱ 2~3년

해설 목재벤치
① 도장 보수 : 2~3년마다 실시한다.
② 내용 연수 : 7년

59. 다음 중 교목류의 높은 가지를 전정하거나 열매를 채취할 때 주로 사용할 수 있는 가위는?

㉮ 대형 전정가위
㉯ 조형 전정가위
㉰ 순치기 가위
㉱ 갈쿠리 전정가위

해설 갈쿠리 전정가위(고지 가위) : 향나무처럼 손질이 복잡한 것은 제외하고 손질이 간단한 소나무와 오엽송 등 높은 위치에 가지를 전정하거나 열매를 채취할 때 사용하는 전정가위로서 큰 장대에 고정해 놓은 가지가위를 도르래에 체인을 걸어 잡아당기며 전정한다.

60. 평판측량에서 도면상에서 없는 미지점에 평판을 세워 그 점(미지점)의 위치를 결정하는 측량방법은?
㉮ 원형 교선법
㉯ 후방 교선법
㉰ 측방 교선법
㉱ 복전진법

해설 후방 교선법
① 직접 거리 측량을 하기 어려운 경우에 사용한다.
② 미지점을 시준할 때와 도상에 미지점의 위치를 결정하는 방법이다.

해답 58. ㉱   59. ㉱   60. ㉯

▶ 2013년 10월 12일 시행

자격종목	코 드	시험시간	형 별
조경기능사	7900	1시간	B

1. 물체의 절단한 위치 및 경계를 표시하는 선은?

㉮ 실선 ㉯ 파선
㉰ 1점 쇄선 ㉱ 2점 쇄선

해설 ① 1점 쇄선 : 절단선, 경계선, 기준선으로 물체의 절단한 위치를 표시하거나 경계선으로 사용한다.
② 2점 쇄선 : 가상선으로 물체가 있는 것으로 가상되는 부분을 표시하거나 1점쇄선 구별할 때 사용된다.
③ 파선 : 숨은선으로 물체가 보이지 않는 부분의 모양을 표시하는 데 사용한다.
④ 실선 : 가는선으로 치수선, 치수보조선, 지시선, 해칭선을 사용한다.

2. 버킹검의「스토 가든」을 설계하고, 담장 대신 정원 부지의 경계선에 도랑을 파서 외부로부터의 침입을 막은 Ha-ha 수법을 실현하게 한 사람은?

㉮ 켄트 ㉯ 브리지맨
㉰ 와이즈맨 ㉱ 챔버

해설 찰스 브리지맨(Charles Bridgeman, 1680~1745년)
① 작품 : 치즈위크하우스, 로샴(Rousham), 스토어헤드(stourhead)
② 스토 정원에 하하(Ha-ha) 수법을 최초로 도입하였다.
③ 하하 수법 : 성 밖을 둘러싸는 프랑스의 군사 시설 형태로 정원과 외부 사이를 스스로 파서 경계하는 기법으로 영국의 브리지맨이 정원 양식에 사용하였다.

3. 다음 설명 중 중국 정원의 특징이 아닌 것은?

㉮ 차경 수법을 도입하였다.
㉯ 태호석을 이용한 석가산 수법이 유행하였다.
㉰ 사의주의보다는 상징적 축조가 주를 이루는 사실주의에 입각하여 조경이 구성되었다.
㉱ 자연경관이 수려한 곳에 인위적으로 암석과 수목을 배치하였다.

해설 중국 정원의 특징
① 사의주의, 회화 풍경식 조경 양식이다.
② 차경 수법을 도입하였다.
③ 조화보다 대비에 중점을 두고 있다.
④ 중국 정원은 자연풍경 축경식 조경 양식이다.

4. 19세기 미국에서 식민지 시대의 사유지 중심의 정원에서 공공적인 성격을 지닌 조경으로 전환되는 전기를 만련한 것은?

㉮ 센트럴 파크 ㉯ 프랭클린 파크
㉰ 비큰히드 파크 ㉱ 프로스펙트 파크

해설 미국 센트럴 파크(Central Park) 공원
① 미국 뉴욕주 뉴욕시 맨해튼에 위치한 도시 공원이다.
② 옴스테드가 설계했으며 1850년에 시작하여 1960년에 완성하였다.
③ 최초의 도시공원으로 미국 공공 조경 발달의 효시가 되었다.

5. 우리나라에서 한국적인 색채가 농후한 정원 양식이 확립되었다고 할 수 있는 때는?

해답 1. ㉰ 2. ㉯ 3. ㉰ 4. ㉮ 5. ㉱

㉮ 통일신라　　㉯ 고려전기
㉰ 고려후기　　㉱ 조선시대

해설 조선시대 정원의 특징 : 우라나라 정원양식이 크게 발전한 시대이며 중국의 정원양식에서 탈피하여 신선사상, 음양오행사상, 자연 존중 사상 등이 반영된 한국적인 정원양식이 성립 및 발전되었다.

6. 다음 정원의 개념을 잘 나타내고 있는 중정은?

- 무어 양식의 극치라고 일컬어지는 알함브라(Alhambra)궁의 여러 개 정(Patio) 중 하나임
- 4개의 수로에 의해 4분되는 파라다이스 정원
- 가장 화려한 정원으로서 물의 존귀성이 드러남

㉮ 사자의 중정　　㉯ 창격자 중정
㉰ 연못의 중정　　㉱ Lindaraja Patio

해설 ① 사자의 중정
　㉠ 검은 대리석으로 만든 12마리의 사자가 물시계 역할을 했던 수반과 분수를 받치고 있어 오아시스를 연상하게 한다.
　㉡ 물의 신성함을 나타내었다.
② 알함브라 (Alhambra) 궁전
　㉠ 13세기 후반에 스페인의 그라나다에 세워진 궁전으로 이슬람 정원 양식이 강하게 표현되었다.
　㉡ 구성 : 밀트르의 중정(中庭), 코마레스의 탑(謁見廣場), 사자의 중정, 두 자매의 방, 왕들의 방, 아벤셀라헤스의 방, 욕장으로 구성되어져 있다.
　㉢ 옥외 공간 처리 능력이 뛰어나 무어 세력의 극치를 보여 준다.

7. 우리나라 고려시대 궁궐 정원을 맡아보던 곳은?

㉮ 내원서　　㉯ 상림원
㉰ 장원서　　㉱ 원야

해설 정원 관리 부서
① 내원서 : 고려시대
② 상림원 : 조선시대(태조)
③ 장원서 : 조선시대(세조)

8. 이탈리아 정원양식의 특성과 가장 관계가 먼 것은?

㉮ 테라스 정원
㉯ 노단식 정원
㉰ 평면기하학식 정원
㉱ 축선상에 여러 개의 분수 설치

해설 프랑스 정원과 이탈리아 정원의 비교

이탈리아	프랑스
노단 건축식 정원	평면 기하학식 정원
구릉과 산악 지역	평탄한 저습 지역
입체적 경관	평면적 경관
캐스케이드, 분수, 물풍금 등 다이내믹	수로, 해자 등 잔잔하고 넓은 수면

9. 황금비는 단변이 1일 때 장변은 얼마인가?

㉮ 1.681　　㉯ 1.618
㉰ 1.186　　㉱ 1.861

해설 황금비
$1 : 1.618 (≒ \sqrt{3})$

10. 다음 중 넓은 잔디밭을 이용한 전원적이며 목가적인 정원양식은 무엇인가?

㉮ 전원풍경식　　㉯ 회유임천식
㉰ 고산수식　　㉱ 다정식

해설 전원 풍경식 정원양식 : 기하학적인 형상의 정원과는 달리 초원에 있는 양들과 능선 등 자연을 풍경화적으로 나타낸 것을 전원 풍경식 정원양식이라 한다.

해답 6. ㉮　7. ㉮　8. ㉰　9. ㉯　10. ㉮

11. 미기후에 관련된 조사항목으로 적당하지 않은 것은?

㉮ 대기오염 정도
㉯ 태양 복사열
㉰ 안개 및 서리
㉱ 지역온도 및 전국온도

해설 미기후(micro climate)
① 미기후 조사 항목 : 태양 복사열의 정도, 공기 유통의 정도, 안개 및 서리 피해 유무
② 조사 항목 제외 대상 : 지하수 유입지역은 미기후와 무관하며 조사 대상에서 제외한다.
③ 숲의 내부, 외부 기온차 또는 작물 생육지의 내부와 외부 기온차를 나타내는 작은 범위 대기의 독특한 기상 상태를 말한다.

12. 다음 중 점층(漸層)에 관한 설명으로 가장 적합한 것은?

㉮ 조경재료의 형태나 색깔, 음향 등의 점진적 증가
㉯ 대소, 장단, 명암, 강약
㉰ 일정한 간격을 두고 흘러오는 소리, 다변화되는 색채
㉱ 중심축을 두고 좌우 대칭

해설 점층(漸層) : 선, 색깔, 형태 등이 점차적으로 증가하는 것으로 이미지를 구성하는 기법을 말한다.

13. 안정감과 포근함 등과 같은 정적인 느낌을 받을 수 있는 경관은?

㉮ 파노라마 경관
㉯ 위요 경관
㉰ 초점 경관
㉱ 지형 경관

해설 ① 관개 경관(canopied landscape) : 터널경관으로서 노폭이 좁은 장소에 상층은 나무 숲이나 줄기가 기둥처럼 있고 하층은 관목과 어린 나무들이 있으며 나뭇가지와 잎이 도로를 덮은 지역을 말한다.
② 파노라마 경관 (전 경관)
㉠ 시야의 제한 없이 멀리까지 보는 경관이다. 높은 곳에서 멀리 내려다보는 경관으로 자연에 대한 웅장함과 아름다움을 볼 수 있다.
㉡ 독도의 전망대에서 바라보는 경관이다.
③ 일시 경관(ephemeral landscape) : 기상조건에 따라서 서리, 안개, 동물의 출현 등 경관의 이미지가 일시적으로 새로운 이미지로 변화하는 것을 말한다.
④ 지형 경관
㉠ 천연미적 경관으로 지형지세가 경관에서 특징을 보여주고 경관의 지표가 된다.
㉡ 산중호수, 에베레스트산(네팔), 미국 뉴욕의 자유의 여신상, 여의도 63빌딩
⑤ 위요 경관
㉠ 수평적 중심공간 주위의 높은 수직공간에 산, 숲이 둘러싸인 경관이다.
㉡ 명성산 산정호수 : 주위 산에 의해 둘러싸인 산중 호수
⑥ 초점 경관 : 관찰자의 좌우로의 시선이 제한되고 시선을 유도해 중앙의 한 점으로 초점이 모이는 경관으로 강물이나 계곡 또는 길게 뻗은 도로로 보여진다.
⑦ 세부 공간 : 관찰자가 가까이 접근하여 좁은 공간의 꽃, 열매, 수목의 형태 등을 자세히 관찰하며 감상하는 경관이다.

14. 골프장에서 사용되는 잔디 중 난지형 잔디는?

㉮ 들잔디
㉯ 벤트그라스
㉰ 켄터키블루그라스
㉱ 라이그라스

해설 ① 난지형 잔디
㉠ 들잔디, 금잔디, 비단잔디, 갯잔디, 왕잔디, 버뮤다그라스류, 카펫그라스, 그라마그라스류
㉡ 따뜻한 여름철에 성장하고 추운 겨울철에는 생육이 정지된다.
② 한지형 잔디
㉠ 블루그라스류, 벤트그라스류, 페스쿠류, 라이그라스류, 휘트그라스류
㉡ 서늘한 봄과 가을철에 성장하며 여름철에는 잘 자라지 못한다.

해답 11. ㉱ 12. ㉮ 13. ㉯ 14. ㉮

15. 주축선을 따라 설치된 원로의 양쪽에 짙은 수림을 조성하여 시선을 주축선으로 집중시키는 수법을 무엇이라 하는가?
- ㉮ 테라스(terrace) ㉯ 파티오(patio)
- ㉰ 비스타(vista) ㉱ 퍼걸러(pergola)

해설 비스타(vista) 정원
① 정원 중심으로(주축선) 시선이 집중되어 정원을 한층 더 넓게 보이게 하는 효과가 발생하는 정원을 말한다.
② 초점 경관 구성 양식으로 프랑스 정원의 특징이다.

16. 감탕나무과(Aquifoliaceae)에 해당하지 않는 것은?
- ㉮ 호랑가시나무 ㉯ 먼나무
- ㉰ 꽝꽝나무 ㉱ 소태나무

해설 ① 소태나무
  ㉠ Simaroubaceae (소태나무과)
  ㉡ 낙엽활엽소교목
② 호랑가시나무
  ㉠ Aquifoliaceae (감탕나무과)
  ㉡ 상록활엽관목
③ 먼나무
  ㉠ Aquifoliaceae (감탕나무과)
  ㉡ 상록활엽관목
④ 꽝꽝나무
  ㉠ Aquifoliaceae (감탕나무과)
  ㉡ 상록활엽관목

17. 시멘트의 응결에 대한 설명으로 옳지 않은 것은?
- ㉮ 시멘트와 물이 화학반응을 일으키는 작용이다.
- ㉯ 수화에 의하여 유동성과 점성을 상실하고 고화하는 현상이다.
- ㉰ 시멘트 겔이 서로 응집하여 시멘트 입자가 치밀하게 채워지는 단계로서 경화하여 강도를 발휘하기 직전의 상태이다.
- ㉱ 저장 중 공기에 노출되어 공기 중의 습지 및 탄산가스를 흡수하여 가벼운 수화반응을 일으켜 탄산화하여 고화되는 현상이다.

해설 시멘트의 성분 및 반응
① 응결 : 시멘트에 적당한 물을 부어 뒤섞으면 유동성이 점점 없어지고 차차 굳어지는 상태이다.
② 수화열 : 시멘트 구성 화합물들은 물과 접촉하면 각각 특유한 화학반응을 일으켜 다른 화합물이 되는 것을 수화작용이라 한다.

18. 다음 중 훼손지비탈면의 초류종자 살포(종비토뿜어붙이기)와 가장 관계 없는 것은?
- ㉮ 종자 ㉯ 생육기반재
- ㉰ 지효성비료 ㉱ 농약

해설 훼손지비탈면의 종비토 뿜어붙이기
① 급경사지 또는 훼손지비탈면이 초기에 녹화할 수 있도록 시공한다.
② 물, 초본, 목본류 식물종자, 비료, 비토(흙) 또는 유기질이 많은 대용 토양 섬유류, 색소, 전착제, 기타 토양미생물재료 등을 사용한다.

19. 다음 중 공기 중에 환원력이 커서 산화가 쉽고, 이온화 경향이 가장 큰 금속은?
- ㉮ Pb ㉯ Fe ㉰ Al ㉱ Cu

해설 금속의 이온화 경향 순서
K(칼륨) > Ba(바륨) > Ca(칼슘) > Na(나트륨) > Mg(마그네슘) > Al(알루미늄) > Zn(아연) > Fe(철) > Ni(니켈) > Sn(주석) > Pb(납) > H(수소) > Cu(구리) > Hg(수은) > Ag(은)

20. 인조목의 특징이 아닌 것은?

해답 15. ㉰ 16. ㉱ 17. ㉱ 18. ㉱ 19. ㉰ 20. ㉮

㉮ 마모가 심하여 파손되는 경우가 많다.
㉯ 제작 시 숙련공이 다루지 않으면 조잡한 제품을 생산하게 된다.
㉰ 안료를 잘못 배합하면 표면에서 분말이 나오게 되어 시각적으로 좋지 않고 이용에도 문제가 생긴다.
㉱ 목재의 질감은 표출되지만 목재에서 느끼는 촉감을 맛 볼 수 없다.

해설 인조목재 : 천연목재와 비슷한 신축성을 가지며 불연성, 내식성, 내약품성, 내해충성을 가지며, 폐자원을 이용하므로 제조원가가 저렴하다.

21. 우리나라에서 식물의 천연분포를 결정짓는 가장 주된 요인은?
㉮ 광선 ㉯ 온도
㉰ 바람 ㉱ 토양

해설 식물의 천연분포 : 식물은 기후, 지형, 지질, 토양 등의 여러 환경의 요인에 의해 영향을 받지만 특히 기후의 절대적인 영향을 받으며 온도는 산림대 분포에 절대적인 영향을 준다.

22. 수목의 여러 가지 이용 중 단풍의 아름다움을 관상하려 할 때 적합하지 않은 수종은?
㉮ 신나무 ㉯ 칠엽수
㉰ 화살나무 ㉱ 팥배나무

해설 ① 단풍이 아름다운 수종 : 감나무, 화살나무, 자작나무, 고로쇠나무, 느티나무, 단풍나무, 담쟁이덩굴, 홍단풍, 옻나무, 은행나무, 신나무
② 신나무
　㉠ 낙엽활엽소교목이다.
　㉡ Aceraceae(단풍나무과)
③ 팥배나무
　㉠ 낙엽활엽관목이다.
　㉡ Rosaceae(장미과)

23. 돌을 뜰 때 앞면, 뒷면, 길이 접촉부 등이 치수를 지정해서 깨낸 돌을 무엇이라 하는가?
㉮ 견치돌 ㉯ 호박돌
㉰ 사괴석 ㉱ 평석

해설 견치석(견치돌) : 주로 흙막이용 돌쌓기에 사용되며 정사각뿔 모양으로 전면은 정사각형에 가깝고 뒷길이, 접촉면, 뒷면 등이 규격화된 치수를 지정하여 깨낸 돌을 말한다.

24. 재료가 탄성한계 이상의 힘을 받아도 파괴되지 않고 가늘고 길게 늘어나는 성질은?
㉮ 취성(脆性) ㉯ 인성(靭性)
㉰ 연성(延性) ㉱ 전성(展性)

해설 ① 연성 : 재료가 인장력을 받을 때 잘 늘어나는 성질이다.
② 전성 : 재료를 두드릴 때 얇게 펴지는 성질이다.
③ 인성 : 재료가 외력을 받아 파괴될 때까지 큰 응력에 견디며, 변형이 크게 일어나는 성질이다.
④ 취성 : 재료가 외력을 받을 때 작은 변형에도 파괴되는 성질이다.

25. 화강암(granite)에 대한 설명 중 옳지 않은 것은?
㉮ 내마모성이 우수하다.
㉯ 구조재로 사용이 가능하다.
㉰ 내화도가 높아 가열 시 균열이 적다.
㉱ 절리의 거리가 비교적 커서 큰 판재를 생산할 수 있다.

해설 화강암
① 내화도가 낮아서 고열을 받는 곳에는 적당하지 않는다.
② 세밀한 조각이 필요한 곳에는 가공이 불편하여 적당하지 않다.
③ 건축, 토목의 구조재, 내외장재로 많이

해답 21. ㉯ 22. ㉱ 23. ㉮ 24. ㉰ 25. ㉰

사용된다.
④ 바탕색과 반점이 아름답다.
⑤ 석질이 견고하고 풍화작용이나 마멸에 강하다.

26. 해사 중 염분이 허용한도를 넘을 때 철근콘크리트의 조치 방안으로서 옳지 않은 것은?

㉮ 아연도금 철근을 사용한다.
㉯ 방청제를 사용하여 철근의 부식을 방지한다.
㉰ 살수 또는 침수법을 통하여 염분을 제거한다.
㉱ 단위 시멘트량이 적은 빈배합으로 하여 염분과 반응성을 줄인다.

[해설] 콘크리트를 부배합으로 하여 수밀성을 높인다.

27. 일반적으로 봄 화단용 꽃으로만 짝지어진 것은?

㉮ 맨드라미, 국화 ㉯ 데이지, 금잔화
㉰ 샐비어, 색비름 ㉱ 칸나, 매리골드

[해설] ① 봄 화단용 식물 : 팬지, 금어초, 데이지, 튤립, 수선화, 금잔화
② 겨울 화단용 식물 : 꽃양배추
③ 여름, 가을 화단용 식물 : 샐비어, 채송화, 봉숭아, 맨드라미, 국화, 부용, 달리아, 칸나

28. 다음 중 조경수목의 생장 속도가 빠른 수종은?

㉮ 둥근향나무   ㉯ 감나무
㉰ 모과나무   ㉱ 삼나무

[해설] 삼나무 : 수형이 곧고 소나무보다 생장속도가 1.5배 가량 빠르다.

29. 호랑가시나무(감탕나무과)와 목서(물푸레나무과)의 특징 비교 중 옳지 않은 것은?

㉮ 목서의 꽃은 백색으로 9~10월에 개화한다.
㉯ 호랑가시나무의 잎은 마주나며 얇고 윤택이 없다.
㉰ 호랑가시나무의 열매는 지름 0.8~1.0cm로 9~10월에 적색으로 익는다.
㉱ 목서의 열매는 타원형으로 이듬해 10월경에 암자색으로 익는다.

[해설] 호랑가시나무
① 감탕나무과 (Aquifoliaceae) 상록활엽관목이다.
② 잎은 어긋나기하며 두껍고 윤기가 있으며 육각형 형태로 각점(角點)에 가시가 있다.
③ 길이는 3.5~10cm로서, 잎자루 길이는 5~8mm이다.

30. 합성수지에 관한 설명 중 잘못된 것은?

㉮ 기밀성, 접착성이 크다.
㉯ 비중에 비하여 강도가 크다.
㉰ 착색이 자유롭고 가공성이 크므로 장식적 마감재에 적합하다.
㉱ 내마모성이 보통 시멘트콘크리트에 비교하면 극히 적어 바닥 재료로는 적합하지 않다.

[해설] 합성수지의 특징 : 합성수지의 일반적 성질은 경도가 낮아서 잘 긁히며 마멸되기 쉬우나 합성수지 제품 중 바닥 재료로 사용하는 염화비닐 시트는 타력성이 크며 내마멸성, 난연성이 있는 바닥 재료로 사용한다.

31. 목재의 구조에는 춘재와 추재가 있는데 추재(秋材)를 바르게 설명한 것은?

㉮ 세포는 막이 얇고 크다.

[해답] 26. ㉱ 27. ㉯ 28. ㉱ 29. ㉯ 30. ㉱ 31. ㉰

㉯ 빛깔이 엷고 재질이 연하다.
㉰ 빛깔이 짙고 재질이 치밀하다.
㉱ 춘재보다 자람의 폭이 넓다.

해설 ① 추재 : 가을, 겨울에 생긴 세포로서 세포는 작으며 세포막은 두껍고 견고하다.
② 춘재 : 봄, 여름에 생긴 세포로서 세포는 크며 세포막은 얇고 유연하다.

32. 다음 중 황색의 꽃을 갖는 수목은?

㉮ 모감주나무 ㉯ 조팝나무
㉰ 박태기나무 ㉱ 산철쭉

해설 ① 모감주나무
㉠ 무환자나무과 낙엽활엽소교목이다.
㉡ 6월 말에서 7월 중순에 황색의 꽃이 핀다.
② 조팝나무
㉠ 장미과 낙엽활엽관목이다.
㉡ 4월 말에서 5월 말에 백색의 꽃이 핀다.
③ 박태기나무
㉠ 콩과 낙엽활엽관목이다.
㉡ 4월 하순 홍자색과 붉은색의 꽃이 핀다.
④ 산철쭉
㉠ 진달래과 낙엽활엽관목이다.
㉡ 4~5월에 연한 홍자색의 꽃이 핀다.

33. 다음 중 방풍용수의 조건으로 옳지 않은 것은?

㉮ 양질의 토양으로 주기적으로 이식한 천근성 수목
㉯ 일반적으로 견디는 힘이 큰 낙엽활엽수보다 상록활엽수
㉰ 파종에 의해 자란 자생수종으로 직근(直根)을 가진 것
㉱ 대표적으로 소나무, 가시나무, 느티나무 등임

해설 방풍용 수종 : 바람을 약화시키거나 막기 위하여 식재하는 수목으로서 심근성이면서 줄기와 가지가 튼튼해야 한다.

34. 점토제품 제조를 위한 소성(燒成) 공정 순서로 맞는 것은?

㉮ 예비처리 – 원료조합 – 반죽 – 숙성 – 성형 – 시유(施釉) – 소성
㉯ 원료조합 – 반죽 – 숙성 – 예비처리 – 소성 – 성형 – 시유
㉰ 반죽 – 숙성 – 성형 – 원료조합 – 시유 – 소성 – 예비처리
㉱ 예비처리 – 반죽 – 원료조합 – 숙성 – 시유 – 성형 – 소성

해설 점토제품 제조
① 예비처리 – 원료조합 – 반죽 – 숙성 – 성형 – 건조 – 소성 – 시유
② 예비처리 – 원료조합 – 반죽 – 숙성 – 성형 – 건조 – 시유(施釉) – 소성

35. 다음 설명에 적합한 수목은?

- 감탕나무과 식물이다.
- 상록활엽소교목으로 열매가 적색이다.
- 잎은 호생으로 타원상의 6각형이며 가장자리에 바늘 같은 각점(角點)이 있다.
- 자웅이주이다.
- 열매는 구형으로서 지름 8~10mm이며, 적색으로 익는다.

㉮ 감탕나무 ㉯ 낙상홍
㉰ 먼나무   ㉱ 호랑가시나무

해설 호랑가시나무
① 감탕나무과(Aquifoliaceae) 상록활엽관목이다.
② 잎은 어긋나기하며 두껍고 윤기가 있으며 육각형 형태로 각점(角點)에 가시가 있다.
③ 길이는 3.5~10cm로서, 잎자루 길이는 5~8mm이다.

36. 조경시설물의 관리원칙으로 옳지 않은 것은?

해답 32. ㉮ 33. ㉮ 34. ㉮ 35. ㉱ 36. ㉯

㉮ 여름철 그늘이 필요한 곳에 차광시설이나 녹음수를 식재한다.
㉯ 노인, 주부 등이 오랜 시간 머무는 곳은 가급적 석재를 사용한다.
㉰ 바닥에 물이 고이는 곳은 배수시설을 하고 다시 포장한다.
㉱ 이용자의 사용빈도가 높은 것은 충분히 조이거나 용접한다.

해설 ① 노인, 주부 등이 오랜 시간 머무는 곳의 시설물은 가급적 목재를 사용한다.
② 그늘, 습기가 많은 곳의 시설물은 가급적 콘크리트나 석재를 사용한다.

37. 수목의 전정작업 요령에 관한 설명으로 옳지 않은 것은?

㉮ 상부는 가볍게, 하부는 강하게 한다.
㉯ 우선 나무의 정상부로부터 주지의 전정을 실시한다.
㉰ 전정작업을 하기 전 나무의 수형을 살펴 이루어질 가지의 배치를 염두에 둔다.
㉱ 주지의 전정은 주간에 대해서 사방으로 고르게 굵은 가지를 배치하는 동시에 상하(上下)로도 적당한 간격으로 자리잡도록 한다.

해설 수목의 전정
① 상부는 강하게, 하부는 약하게 전정한다.
② 가지를 전정할 때는 수관 위쪽에서부터 아래쪽으로, 수관 밖에서는 안쪽으로 향해 잘라 나간다.

38. 개화를 촉진하는 정원수 관리에 관한 설명으로 옳지 않은 것은?

㉮ 햇빛을 충분히 받도록 해준다.
㉯ 물을 되도록 적게 주어 꽃눈이 많이 생기도록 한다.
㉰ 깻묵, 닭똥, 요소, 두엄 등을 15일 간격으로 시비한다.
㉱ 너무 많은 꽃봉오리는 솎아 낸다.

해설 개화 촉진 정원수 관리
① 시비하지 않으며 토양의 표면이 마르거나 건조하면 물을 준다.
② 물을 되도록 적게 주어 꽃눈이 많이 생기도록 한다.
③ 온도를 높이거나 햇빛을 충분히 받도록 해준다.
④ 너무 많은 꽃봉오리는 솎아 낸다.

39. 다음 중 일반적으로 전정 시 제거해야 하는 가지가 아닌 것은?

㉮ 도장한 가지   ㉯ 바퀴살 가지
㉰ 얽힌 가지   ㉱ 주지(主枝)

해설 ① 주지 : 수목의 근원이 되는 원가지로서 전정을 잘 하지 않는다.
② 나무 수형의 형태, 균형, 성장, 미관에 방해가 되면 전정한다.

40. 콘크리트의 재료 분리 현상을 줄이기 위한 방법으로 옳지 않은 것은?

㉮ 플라이애시를 적당량 사용한다.
㉯ 세장한 골재보다는 둥근 골재를 사용한다.
㉰ 중량골재와 경량골재 등 비중차가 큰 골재를 사용한다.
㉱ AE제나 AE감수제 등을 사용하여 사용 수량을 감소시킨다.

해설 재료 분리(segregation of materials)
① 시멘트, 골재, 콘크리트 등 원료가 좋은 것을 사용한다.
② 조합 및 혼합을 충분히 하여 형틀에 넣을 때 잘 다져 시공한다.
③ 워커빌리티를 얻을 수 있는 범위 내에서 단위 수량을 감소시킨다.
④ 형틀을 가볍게 진동기 또는 해머(hammer) 등으로 진동시켜 균질하게 한다.
⑤ 수화 속도를 증진시키거나 응결촉진제를 사용한다.

해답 37. ㉮ 38. ㉰ 39. ㉱ 40. ㉰

41. 다음 그림과 같은 비탈면 보호공의 공종은?

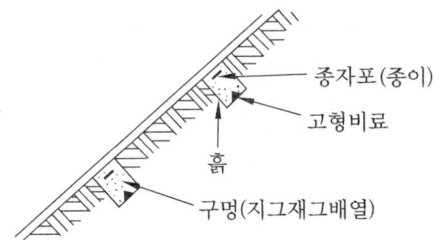

㉮ 식생구멍공 ㉯ 식생자루공
㉰ 식생매트공 ㉱ 줄떼심기공

해설 비탈면 보호공의 종류
① 식생공법 : 붕괴 우려가 적은 비탈면에 식생으로 표층부에 안전을 도모한다.
  ㉠ 종자뿜어붙이기공
  ㉡ 식생매트공
  ㉢ 평떼심기공
  ㉣ 줄떼심기공
  ㉤ 식생띠공
  ㉥ 식생판공
  ㉦ 식생자루공
  ㉧ 식생구멍공
② 구조물에 의한 공법
③ 낙석 방지공
④ 배수공

42. 일반적으로 근원 직경이 10cm인 수목의 뿌리분을 뜨고자 할 때 뿌리분의 직경으로 적당한 크기는?

㉮ 20 cm ㉯ 40 cm
㉰ 80 cm ㉱ 120 cm

해설 뿌리분의 크기
① 뿌리분의 지름은 근원 지름의 4배 정도로 한다.
② 10 cm × 4배 = 40 cm

43. 마운딩(maunding)의 기능으로 옳지 않은 것은?

㉮ 유효 토심확보
㉯ 배수 방향 조절
㉰ 공간 연결의 역할
㉱ 자연스러운 경관 연출

해설 마운딩(maunding)
① 경관에 변화, 방음, 방풍, 방설 등을 위한 목적으로 작은 동산을 인공적으로 만드는 경우를 말한다.
② 주변 경관 지역의 토지이용현황, 반입가능토량, 대상지역의 폭원, 식재기반조성 목적 등을 고려하여 공사한다.

44. 수목의 키를 낮추려면 다음 중 어떠한 방법으로 전정하는 것이 가장 좋은가?

㉮ 수액이 유동하기 전에 약전정을 한다.
㉯ 수액이 유동한 후에 약전정을 한다.
㉰ 수액이 유동하기 전에 강전정을 한다.
㉱ 수액이 유동한 후에 강전정을 한다.

해설 수목의 생장을 억제하기 위하여 전정수액이 유동하기 전 이른 봄에 강전정을 실시한다.

45. 꺾꽂이(삽목)번식과 관련된 설명으로 옳지 않은 것은?

㉮ 왜성화할 수도 있다.
㉯ 봄철에는 새싹이 나오고 난 직후에 실시한다.
㉰ 실생묘에 비해 개화·결실이 빠르다.
㉱ 20~30℃의 온도와 포화상태에 가까운 습도 조건이면 항시 가능하다.

해설 꺾꽂이(삽목)의 시기
① 봄철 : 새싹이 트기 직전에 실시한다.
② 여름철 : 생장을 일시 정지하는 장마철에 실시한다.
③ 가을철 : 생장이 둔화되고 휴면기에 들어가기 전에 실시한다.

46. 흡즙성 해충의 분비물로 인하여 발생

해답 41. ㉮ 42. ㉯ 43. ㉰ 44. ㉰ 45. ㉯ 46. ㉰

하는 병은?
㉮ 흰가루병 ㉯ 혹병
㉰ 그을음병 ㉱ 점무늬병

해설 그을음병
① 발병 원인 : 깍지벌레, 진딧물 등 흡수성 해설해충의 배설물에 의해 발병한다.
② 증상 : 잎과 줄기, 열매 등에 그을음이 발생한다.
③ 방제 방법 : 발견 즉시 살충제(만코지, 디오판 수화제)로 깍지벌레와 진딧물을 제거한다.

47. 다음 중 토양수분의 형태적 분류와 설명이 옳지 않은 것은?

㉮ 결합수(結合水) – 토양 중의 화합물의 한 성분
㉯ 흡습수(吸濕水) – 흡착되어 있어서 식물이 이용하지 못하는 수분
㉰ 모관수(毛管水) – 식물이 이용할 수 있는 수분의 대부분
㉱ 중력수(重力水) – 중력에 내려가지 않고 표면장력에 의하여 토양입자에 붙어있는 수분

해설 중력수(重力水) : 토양의 공극(틈새)에 채우고 있는 물로, 토양에 흡착되어 있지 않고 중력에 의하여 자유롭게 밑으로 흐른다.

48. 측량에서 활용되는 다음 설명의 곡면은?

> 정지된 평균 해수면을 육지까지 연장하여 지구 전체를 둘러쌌다고 가상한 곡면

㉮ 타원체면 ㉯ 지오이드면
㉰ 물리적 지표면 ㉱ 회전타원체면

해설 지오이드면(geoid surface) : 지구 전체를 정지한 바다로 덮었다고 가상한 경우의 평균 해수면이다.

49. 벽 뒤로부터의 토압에 의한 붕괴를 막기 위한 공사는?

㉮ 옹벽쌓기 ㉯ 기슭막이
㉰ 견치석쌓기 ㉱ 호안공

해설 옹벽쌓기 : 옹벽(retaining walls)은 토압에 저항하여 흙이 붕괴되는 것을 막기 위해서 사용하는 구조물이다.

50. 조경현장에서 사고가 발생하였다고 할 때 응급조치를 잘못 취한 것은?

㉮ 기계의 작동이나 전원을 단절시켜 사고의 진행을 막는다.
㉯ 현장에 관중이 모이거나 흥분이 고조되지 않도록 하여야 한다.
㉰ 사고 현장은 사고 조사가 끝날 때까지 그대로 보존하여 두어야 한다.
㉱ 상해자가 발생 시는 관계 조사관이 현장을 확인 보존 후 이후 전문의의 치료를 받게 한다.

해설 환자에 대한 응급처치와 동시에 119 구급대에 연락하여 긴급 후송한다.

51. 과습지역 토양의 물리적 관리 방법이 아닌 것은?

㉮ 암거배수 시설 설치
㉯ 명거배수 시설 설치
㉰ 토양치환
㉱ 석회사용

해설 토양의 물리적 관리 방법
① 명거, 암거배수 시설 설치
② 토양치환

참고 석회석은 산성토양 개량제로 pH에 따른 수종을 선택해야 한다.

52. 잎응애(spider mite)에 관한 설명으로 옳지 않은 것은?

해답 47. ㉱ 48. ㉯ 49. ㉮ 50. ㉱ 51. ㉱ 52. ㉰

㉮ 절지동물로서 거미강에 속한다.
㉯ 무당벌레, 풀잠자리, 거미 등의 천적이 있다.
㉰ 5월부터 세심히 관찰하여 약충이 발견되면, 다이아지논입제 등 살충제를 살포한다.
㉱ 육안으로 보이지 않기 때문에 응애피해를 다른 병으로 잘못 진단하는 경우가 자주 있다.

[해설] 잎응애(spider mite)
① 5월부터 세심히 관찰하여 약충이 발견되면, 아키루지 유제 등 살비제를 살포한다.
② 약제에 대해 빠른 저항성을 가지고 있으므로 같은 약을 반복해서 살포하지 않는다.

53. 단풍나무를 식재 적기가 아닌 여름에 옮겨 심을 때 실시해야 하는 작업은?

㉮ 뿌리분을 크게 하고, 잎을 모조리 따내고 식재
㉯ 뿌리분을 적게 하고, 가지를 잘라낸 후 식재
㉰ 굵은 뿌리는 자르고, 가지를 솎아내고 식재
㉱ 잔뿌리 및 굵은 뿌리를 적당히 자르고 식재

[해설] 뿌리분을 크게 하고, 잎을 모조리 따내고 식재하여 수분의 증발을 막아준다.

54. 벽면적 4.8m² 크기에 1.5B 두께로 붉은 벽돌을 쌓고자 할 때 벽돌의 소요매수는? (단, 줄눈의 두께는 10mm이고, 할증률을 고려한다.)

㉮ 925매 ㉯ 963매
㉰ 1109매 ㉱ 1245매

[해설] 표준형 1.5B
① 적벽돌=224매/m²당×4.8m²=1,107.456매 +(할증 3% = 32.256) = 1,107.456매
② 시멘트벽돌=224매/m²당×4.8m²=1,075.2매+(할증 5% = 53.76)=1,128.96매

55. 잔디의 잎에 갈색 병반이 동그랗게 생기고, 특히 6~9월경에 벤트 그라스에 주로 나타나는 병해는?

㉮ 녹병 ㉯ 황화병
㉰ 브라운패치 ㉱ 설부병

[해설] 브라운패치
① 원인 : 6~9월에 과습한 잔디밭이나 질소가 결핍할 때 발생한다.
② 치료 방법 : 6~7월 장마철에 예방을 위해 월 2회 이상 약을 살포한다.
③ 치료 약제 : 지오판 수화제, 터부코나졸 수화제

56. 각 재료의 할증률로 맞는 것은?

㉮ 이형철근 : 5%
㉯ 강판 : 12%
㉰ 경계블록(벽돌): 5%
㉱ 조경용 수목 : 10%

[해설] 재료의 할증률
① 강판 : 10%
② 경계블록(벽돌) : 3%
③ 이형철근 : 3%
④ 조경용 수목 : 10%

57. 소나무류는 생장조절 및 수형을 바로 잡기 위하여 순따기를 실시하는데 대략 어느 시기에 실시하는가?

㉮ 3~4월 ㉯ 5~6월
㉰ 9~10월 ㉱ 11~12월

[해설] 소나무 순따기 : 소나무 순따기는 6월경에도 가능하나 새순이 잘 전정되지 않으며 송진이 발생하여 좋지 않으므로 5월경에 가장 적당하다.

58. 다음 중 호박돌 쌓기에 이용되는 쌓

[해답] 53. ㉮ 54. ㉰ 55. ㉰ 56. ㉱ 57. ㉯ 58. ㉰

기법으로 가장 적합한 것은?

㉮ +자 줄눈 쌓기
㉯ 줄눈 어긋나게 쌓기
㉰ 이음매 경사지게 쌓기
㉱ 평석 쌓기

해설 호박돌 쌓기(둥근돌 쌓기) : 호박돌 쌓기는 자연스러운 미를 나타내고자 할 때 사용하며 육법쌓기와 줄 어긋나게 쌓기법이 있다.

59. 흙은 같은 양이라 하더라도 자연 상태(N)와 흐트러진 상태(S), 인공적으로 다져진 상태(H)에 따라 각각 그 부피가 달라진다. 자연 상태의 흙의 부피(N)를 1.0으로 할 경우 부피가 큰 순서로 적당한 것은?

㉮ H > N > S   ㉯ N > H > S
㉰ S > N > H   ㉱ S > H > N

해설 흙의 크기 : 흐트러진 상태(S) > 자연 상태(N) > 인공적으로 다져진 상태(H)

60. 콘크리트의 크리프(creep) 현상에 관한 설명으로 옳지 않은 것은?

㉮ 부재의 건조 정도가 높을수록 크리프는 증가된다.
㉯ 양생, 보양이 나쁠수록 크리프는 증가한다.
㉰ 온도가 높을수록 크리프는 증가한다.
㉱ 단위 수량이 적을수록 크리프는 증가한다.

해설 크리프(creep) 영향 요인
① 부재의 건조 정도가 높을수록 증가한다.
② 양생, 보양이 나쁠수록 증가한다.
③ 온도가 높을수록 증가한다.
④ 단위 수량이 많을수록 증가한다.
⑤ 재령이 짧을수록 증가한다.
⑥ 응력이 클수록 증가한다.
⑦ 대기 중 습도가 낮을수록 증가한다.
⑧ 물시멘트비가 클수록 증가한다.
⑨ 대기의 온도가 높을수록 증가한다.
⑩ 다짐이 나쁠수록 증가한다.

해답 59. ㉰ 60. ㉱

조경기능사 필기

2010년 6월 25일 1판 1쇄
2012년 1월 10일 2판 1쇄
2014년 1월 10일 3판 1쇄

저　자 : 조경자격시험연구회
펴낸이 : 이정일

펴낸곳 : 도서출판 **일진사**
www.iljinsa.com
140-896 서울시 용산구 효창원로 64길 6
전화 : 704-1616 / 팩스 : 715-3536
등록 : 제1979-000009호 (1979.4.2)

값 22,000 원

ISBN : 978-89-429-1373-2

● 불법복사는 지적재산을 훔치는 범죄행위입니다.
　저작권법 제97조의 5 (권리의 침해죄)에 따라 위반자는
　5년 이하의 징역 또는 5천만원 이하의 벌금에 처하거나
　이를 병과할 수 있습니다.